KUSCH MATHEMATIK 2

Geometrie und Trigonometrie

KUSCH MATHEMATIK 2

Geometrie und Trigonometrie

Eigenschaften und Konstruktion ebener Figuren, Berechnungen an Körpern, Bestimmung von Schwerpunkten, Einführung der trigonometrischen Funktionen und ihre Anwendung, mehr als 1000 Übungsaufgaben, 150 durchgerechnete Beispiele, mehr als 100 vollständig gelöste Aufgaben und Probleme sowie 130 Fragen zur Wiederholung

Von Lothar Kusch
Theo Glocke

Bearbeitet von Theo Glocke
unter Mitarbeit der Verlagsredaktion

Elfte, völlig neu bearbeitete Auflage

Cornelsen

Zu diesem Buch gibt es eine **Aufgabensammlung mit Lösungswegen (Best.-Nr. 413926)**, die auch die Lösungen der Aufgaben des vorliegenden Bandes enthält.
Alternativ dazu sind in einem **Ergebnisheft (Best.-Nr. 413829)** ausschließlich die Lösungen zusammengestellt. Beide Titel sind über den Buchhandel zu beziehen.

Kartenvorlage
Ausschnitt aus der Topografischen Karte 1:25000, Blatt 5812, vervielfältigt mit Genehmigung des Landesvermessungsamtes Rheinland-Pfalz, Nr. 3/2000: S. 150

Bildnachweis
Leipzig Tourist Service eV., Leipzig/LTS-Schmidt: S. 152
Alfons Uhl Verlag, Nördlingen (von Albrecht Dürer, aus: „Herin sind begriffen vier Bücher von menschlicher Proportion", 2. Auflage): S. 153

Redaktion: Dr. Horst Wedell
Herstellung: Wolf-Dieter Stark
Zeichnungen: Wolfgang Mattern, Bochum
Umschlaggestaltung: Wenzel Schmidt, Essen
Satz: Universitätsdruckerei H. Stürtz AG, Würzburg

Cornelsen online http://www.cornelsen.de

11. Auflage € Druck 4 3 2 1 Jahr 04 03 02 01

Alle Drucke dieser Auflage sind inhaltlich unverändert
und können im Unterricht nebeneinander verwendet werden.

Druck: Universitätsdruckerei H. Stürtz AG, Würzburg

ISBN 3-464-41302-0

Bestellnummer 413020

Gedruckt auf säurefreiem Papier, umweltschonend hergestellt aus chlorfrei gebleichten Faserstoffen.

Vorwort

Die Geometrie ist die älteste Wissenschaft. Sie ist vor langer Zeit aus praktischen Bedürfnissen der Menschen wie z. B. dem Entwerfen von Bauwerken, dem Vermessen von Land, dem Deuten des Laufs der Gestirne entstanden. In der Auseinandersetzung mit der Umwelt, im Bestreben, die Bedürfnisse der Menschen immer besser zu befriedigen, wurden immer mehr geometrische Erkenntnisse gefunden und gesammelt. Räumlichen Gebilden und ihren Bestandteilen wurden Namen gegeben: Würfel, Kugel, Strecke, Punkt, Gerade u. a. Es entstanden Begriffe, welche die Beziehungen zwischen räumlichen und ebenen Gebilden widerspiegelten: Parallel sein, zueinander senkrecht sein, sich schneiden usw. Männer wie *THALES*, *PYTHAGORAS* und *HIPPOKRATES* sorgten für eine wachsende Fülle geometrischen „Materials“, das schließlich andere Gelehrte ordneten, indem sie herausarbeiteten, wie die verschiedenen Begriffe miteinander zusammenhängen, welcher Begriff mithilfe welcher anderen erklärt werden kann und welche geometrische Aussage mithilfe welcher anderen Aussagen begründet oder bewiesen werden kann. Hier ist vor allem *EUKLID* zu nennen. Er trug wesentlich dazu bei, dass ein System entstand, das die logischen Beziehungen zwischen geometrischen Begriffen und Aussagen widerspiegelt – womit die Geometrie als Wissenschaft geboren wurde. Die Bücher von *EUKLID*, die „Elemente“, waren bis in die Neuzeit wesentliche Grundlagen des in den allgemein bildenden Schulen zu vermittelnden Stoffs.

Aus der Reihe der großen griechischen Mathematiker soll noch *ARCHIMEDES* erwähnt werden. Er war wohl der Bedeutendste der mathematischen Gilde des Altertums. Und das nicht zuletzt deshalb, weil für sein Wirken die Verbindung theoretischen Denkens mit praktischen Anwendungen charakteristisch ist.

Geometrie war über die Jahrtausende und ist noch heute eine wichtige und faszinierende Disziplin der Mathematik. Die Fülle der geometrischen Entwicklungen der letzten drei Jahrhunderte kann hier nicht gewürdigt und schon gar nicht im Buch vorgestellt werden.

Im vorliegenden Band wird vor allem die klassische Geometrie der Ebene nach euklidischem Muster, einschließlich der Strecken- und Flächenberechnung behandelt. Ergänzend werden Berechnungen von und an Körpern durchgeführt. Mit Blick auf die Anwendung geometrischer Verfahren auf praktische Probleme werden Schwerpunkte von Strecken und Flächen bestimmt und die Guldinschen Regeln eingeführt. Auch die Behandlung der ebenen Trigonometrie erfolgt nicht zuletzt unter diesem Gesichtspunkt.

Aber neben dem stofflichen muss ein weiterer Aspekt genannt werden, der dem Konzept des Buches zugrunde liegt. Die Geometrie erlaubt in einfacher und schöner Weise ein Bekanntwerden mit wichtigen Arbeitsmethoden der Mathematik. Das exakte Einführen neuer Begriffe – das Definieren – die logisch einwandfreie Begründung geometrischer Aussagen – das Beweisen von Lehrsätzen – aber auch das schöpferische Erkunden geometrischer Beziehungen – das Aufstellen von Vermutungen – und das Lösen von Konstruktionsaufgaben – all das wird man im vorliegenden Buch finden können.

Möge das Buch seinen Nutzern hilfreich sein, ihnen aber auch Freude am geometrischen Denken und Arbeiten vermitteln.

Mein besonderer Dank gilt – wie schon bei dem ersten Band der Kusch-Reihe – dem verantwortlichen Redakteur des Verlags, der wieder durch vielfältige Hinweise und intensive Mitarbeit großen Anteil an der Entstehung des Buches hatte.

Anregungen und Hinweise zu seiner Vervollkommnung sind stets willkommen.

Theo Glocke

Hinweise zur Benutzung des Buches

Mit diesem Buch wird nun auch der 2. Band der Kusch-Reihe „Mathematik für Schule und Beruf", der sich mit geometrischen Grundkenntnissen beschäftigt, in einer vollständig überarbeiteten Fassung vorgelegt. Dabei wurden Sprech- und Schreibweisen dem gegenwärtigen Stand angepasst, insbesondere klar zwischen den geometrischen Objekten und ihren Größen – z. B. Strecken und ihren Längen sowie Winkeln und ihren Größen – unterschieden. Um den Leser noch besser zum selbstständigen Lösen von Konstruktions- und Beweisaufgaben zu befähigen, wurden entsprechende methodisch-heuristische Hinweise eingefügt und deren Anwendung in vielen Beispielen gezeigt und erläutert.

Die Neubearbeitung verfolgte aber auch das Ziel, die bewährte didaktische Konzeption der Kusch-Bücher beizubehalten.

- Das Buch ist wieder zweispaltig aufgebaut. Dadurch können theoretische Erörterungen durch begleitende Übungen und Beispiele verdeutlicht und das Vorangehen eines Lösungsprozesses kommentiert werden, ohne dessen Darstellung unterbrechen zu müssen.

Beispiel:

Die geometrische Interpretation der beiden Gleichungen $b^2 = c \cdot p$ und $a^2 = c \cdot q$ ist als der **Lehrsatz des Euklid** bekannt.

Merke:

Das Quadrat über einer Kathete eines rechtwinkligen Dreiecks ist flächengleich dem Rechteck aus der Hypotenuse und dem der Kathete anliegenden Hypotenusenabschnitt:

$$b^2 = c \cdot p \text{ und } a^2 = c \cdot q.$$

Der griechische Mathematiker Euklid lebte ungefähr von 365 bis 300 v. u. Z.

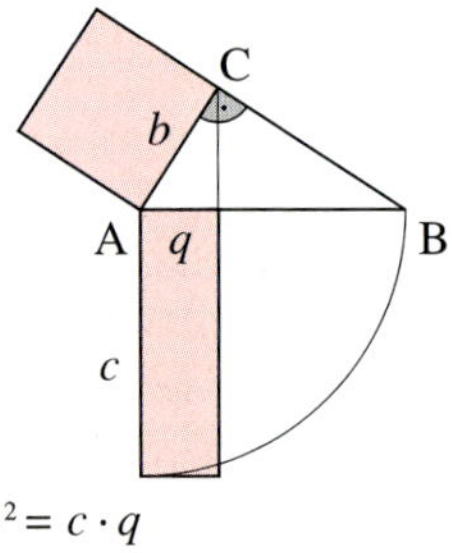

$b^2 = c \cdot q$

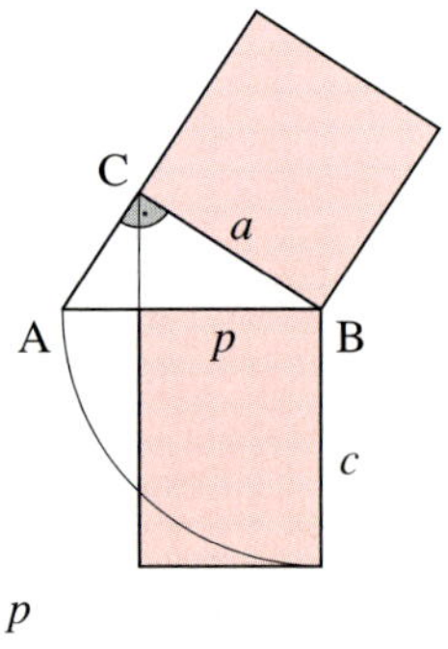

$a^2 = c \cdot p$

Denkt man sich die Zeichnungen zum Satz des Euklid so übereinandergelegt, dass die „großen" rechtwinkligen Dreiecke aufeinander fallen, so ergänzen sich die zugehörigen Rechtecke offenbar zu einem Quadrat mit der Seitenlänge c. Man kann **vermuten**, dass die Summe der Flächeninhalte der Kathetenquadrate eines rechtwinkligen Dreiecks dem Flächeninhalt des Quadrats über der Hypotenuse gleich ist.

Es wird die Summe der Flächeninhalte der Kathetenquadrate gebildet und mit dem Flächeninhalt des Hypotenusenquadrats verglichen.
In den Gleichungen zum Lehrsatz des Euklid kommen die Quadrate über den Katheten vor.

Man addiert die Gleichungen und betrachtet die Summe ihrer rechten Seiten.
Aus der Summe $c \cdot p + c \cdot q$ kann c ausgeklammert werden. In der Klammer steht dann $p + q$, und das ist c.
Die Vermutung trifft also zu.

Lehrsatz des Pythagoras

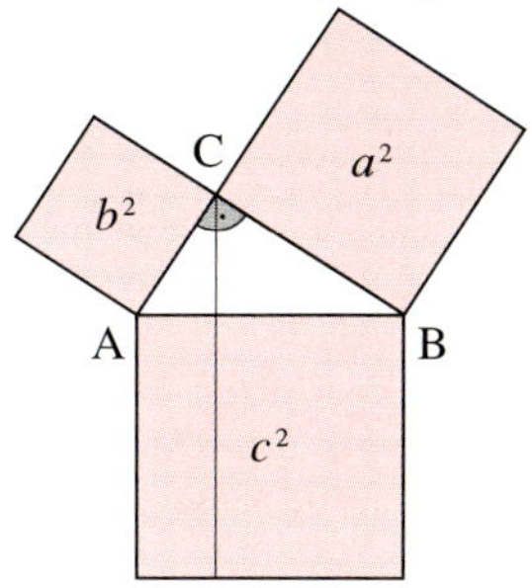

$a^2 = c \cdot p$ und $b^2 = c \cdot q$
$a^2 + b^2 = c \cdot p + c \cdot q = c(p + q)$
$a^2 + b^2 = c^2$

Merke:

Im rechtwinkligen Dreieck ist die Summe der Flächen der Kathetenquadrate der Fläche des Hypotenusenquadrats gleich: $a^2 + b^2 = c^2$ ► **Satz des Pythagoras**

- Das Buch kann nach wie vor ohne umfangreiche geometrische Vorkenntnisse durchgearbeitet werden. Dadurch können es Selbstlerner mit Erfolg nutzen, es ist aber ebenso in der Sekundarstufe 1 an allgemein bildenden Schulen wie an berufsbildenden Schulen einsetzbar.
- Zahlreiche Probleme, Aufgaben und Aufträge veranlassen und ermöglichen die selbstständige Arbeit des Lesers. Aufträge beinhalten in der Regel Messungen an geometrischen Objekten, deren Auswertung auf Vermutungen über Zusammenhänge und geometrische Lehrsätze führt. Die genauere Erkundung von Vermutungen oder die Aufforderung zum Beweis eines vermuteten Zusammenhangs bilden den Inhalt der Probleme. Die Aufgaben sind vorzugsweise geometrische Konstruktionsaufgaben.
- Die Einführung in die einzelnen Themen erfolgt in der Regel durch ein Beispiel, ein Problem oder eine Erläuterung. Aus der Lösung des Problems oder der Untersuchung von Beispielen werden Lehrsätze oder Regeln abgeleitet, die als Merksätze formuliert und hervorgehoben werden.
- Das Wesentliche eines Stoffabschnitts wird in Merktexten übersichtlich zusammengefasst, die als „Merke“-Kästchen leicht zu finden sind.
- Durch Zwischenüberschriften oder das Zeichen ● wird innerhalb der im Text verwendeten Dezimalklassifikation eine weitere Untergliederung des Lehrstoffs in solche kleineren Einheiten vorgenommen, welche in sich in gewisser Weise abgeschlossen sind. In der Regel finden sich am Ende solcher Lerneinheiten einige vollständig durchgeführte und erläuterte Beispiele.
- Das Zeichen ► symbolisiert Aufforderungen und Denkanstöße der Art: „Beachten Sie!“ „Bedenken Sie!“ „Erinnern Sie sich!“.
- Den verwendeten Schreib- und Sprechweisen liegt die Norm 1302 „Allgemeine mathematische Zeichen und Begriffe“ vom November 1999 zugrunde.
- Häufig werden kleine griechische Buchstaben verwendet:

α	β	γ	δ	ε	ζ	η	ϑ	ι	κ	λ	μ
Alpha	Beta	Gamma	Delta	Epsilon	Zeta	Eta	Theta	Jota	Kappa	Lambda	My
ν	ξ	o	π	ϱ	σ	τ	υ	φ	χ	ψ	ω
Ny	Xi	Omikron	Pi	Rho	Sigma	Tau	Ypsilon	Phi	Chi	Psi	Omega

Inhalt

1 Grundlegende Begriffe

Jede rationale Zahl kann mit Hilfe der nur 10 arabischen Ziffern 0; 1; 2; 3; 4; 5; 6; 7; 8; 9 aufgeschrieben werden. Diese arabischen Ziffern sind gewissermaßen Grundbausteine für die Darstellung der rationalen Zahlen.
Auch für die geometrischen Figuren und Körper gibt es Grundbausteine, einfache **geometrische Objekte**, aus denen sie aufgebaut sind.
Deren Namen sind für die Geometrie **grundlegende Begriffe**.
Solche Objekte sind z. B. Punkt, Strecke, Gerade, Strahl, Ebene, Winkel und Kreis. Sie werden im Folgenden beschrieben. Sie können in der Zeichenebene oder auch im Anschauungsraum liegen. Die anschließenden Überlegungen beziehen sich, solange nicht etwas anderes gesagt wird, auf die Geometrie in der Zeichenebene.
Für die zeichnerische Darstellung und Benennung der genannten grundlegenden Begriffe sollen bestimmte Verabredungen getroffen werden.

Vorbemerkungen:
1. Zum Zeichnen oder Konstruieren geometrischer Figuren verwendet man spezielle **Zeichengeräte**. Für die Lösung der in diesem Buch gestellten Aufgaben benötigt man ein **Lineal** (30 cm lang, mit Millimetereinteilung), ein **Geometriedreieck** (**Geodreieck**, rechtwinklig, mit Millimetereinteilung und Winkelmesser) sowie einen **Zirkel**. Der Umgang mit diesen Geräten wird von Fall zu Fall beschrieben.
2. Stellt man Geraden oder Kreise mittels eines Lineals oder eines Zirkels her, so spricht man von **Zeichnen**. Entsteht eine geometrische Figur dadurch, dass man die Figur „bestimmende" Punkte als Schnittpunkte von Geraden mit Geraden oder von Kreisen mit Kreisen oder von Geraden mit Kreisen gewinnt, so spricht man von **Konstruieren**.

Punkte werden als Kreuze aus kleinen Strichen oder auch als kleine Voll- oder Hohlkreise markiert, wenn dies der besseren „Lesbarkeit" der Zeichnung dient. Punkte werden in diesem Buch mit Großbuchstaben bezeichnet.

Punkte

Zeichnet man mittels eines Zeichenstifts und eines Lineals oder eines Geodreiecks die Verbindungslinie zweier voneinander verschiedener Punkte A und B von A nach B, so entsteht die **Strecke** $\overline{AB}$. Auf ihr liegen unendlich viele Punkte, die jedoch nicht gesondert markiert werden.

Die begrenzenden Punkte A und B werden **Anfangs-** bzw. **Endpunkt** der Strecke $\overline{AB}$ genannt.

Das nebenstehende Bild zeigt, dass die Strecke die **kürzeste Verbindung** von A und B ist.

Strecken

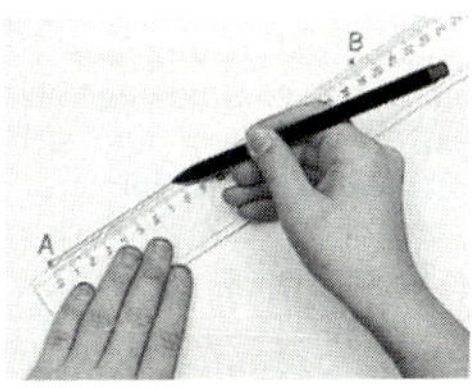

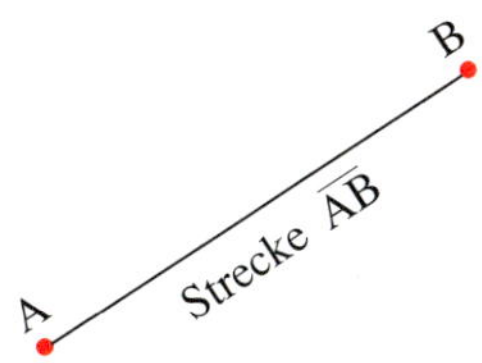

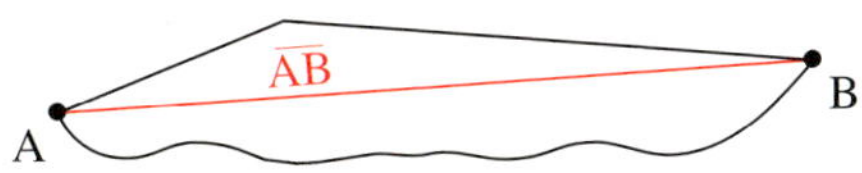

► A: Anfangspunkt; B: Endpunkt der Strecke $\overline{AB}$

Strecken werden durch ihren Anfangs- und Endpunkt bezeichnet, über die man einen kleinen geraden Strich setzt. Sie werden aber auch durch kleine lateinische Buchstaben wie a, b oder c bezeichnet

Zwei voneinander verschiedene Punkte bestimmen genau eine Strecke.

Jede Strecke hat eine **Länge**. Für die Länge der Strecke $\overline{AB}$ schreibt man $|\overline{AB}|$, für die Länge der Strecke a schreibt man $|a|$ oder auch a in gedruckten Texten.
Um die Länge einer Strecke festzustellen, vergleicht man sie mit einer **Einheitsstrecke**. In der Regel wird man den hundertsten Teil des Meters (m), also einen Zentimeter (cm), als eine solche Einheits- oder Messstrecke benutzen, der auf den Skalen der Lineale aufgetragen ist. Ein Millimeter (mm) ist der zehnte Teil eines Zentimeters.
Man kann jede beliebige Strecke e als Einheitsstrecke benutzen. Man ermittelt dann, wie oft diese in der zu messenden Strecke enthalten ist. In einem solchen Fall muß man angeben, welche Einheitsstrecke man verwendet.

Eine **Gerade** entsteht durch eine gedachte unbegrenzte Verlängerung einer Strecke über ihren Anfangs- und Endpunkt hinaus. Eine Länge kann ihr deshalb nicht zugeordnet werden.
Von einer Geraden kann mithilfe eines Lineals immer nur ein endlicher Abschnitt bis zu den Rändern eines Zeichenblatts gezeichnet werden.
Die Begrenztheit eines Zeichenblattes wird nebenstehend und im weiteren durch Umranden der Zeichnungen angedeutet.

Geraden werden i. Allg. mit Kleinbuchstaben wie g und h, aber auch mit $g_1, g_2 \ldots$ bezeichnet. Auf einer Geraden liegen unendlich viele Punkte. Markiert man einen Punkt A auf einer Geraden g, so sagt man, **A liegt auf g**. Zeichnet man eine Gerade g durch den Punkt A, so sagt man, **g geht durch A**.

Hierfür schreibt man in beiden Fällen auch $A \in g$, gelesen: A ist ein Element von g.

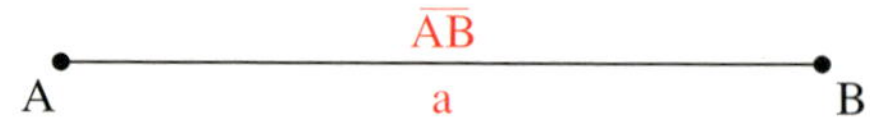

► a oder $\overline{AB}$ bezeichnet die Strecke von A nach B.

Streckenlänge

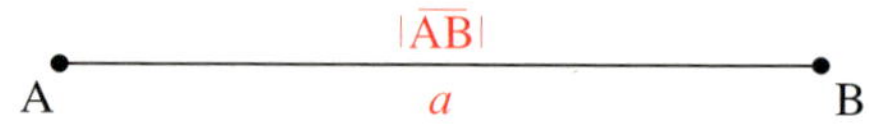

► $\overline{AB}$: Strecke, $|\overline{AB}|$: Länge von AB
► a: Strecke, $|a|$ oder a: Länge von a

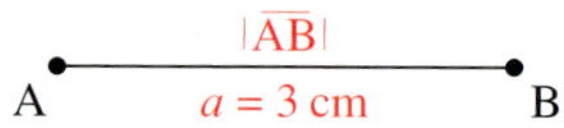

Für die Länge der Strecke $\overline{AB}$ bzw. a gilt:

$|\overline{AB}| = |a| = 3$ cm.

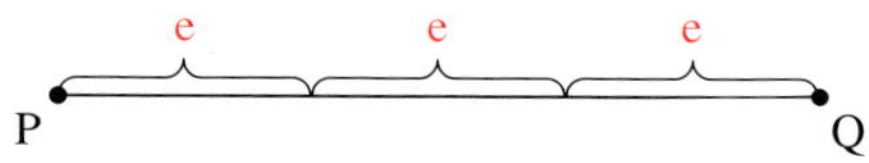

Wenn e eine Einheitsstrecke ist, so gilt:

$|\overline{PQ}| = 3 \cdot |e| = 3e$

Geraden

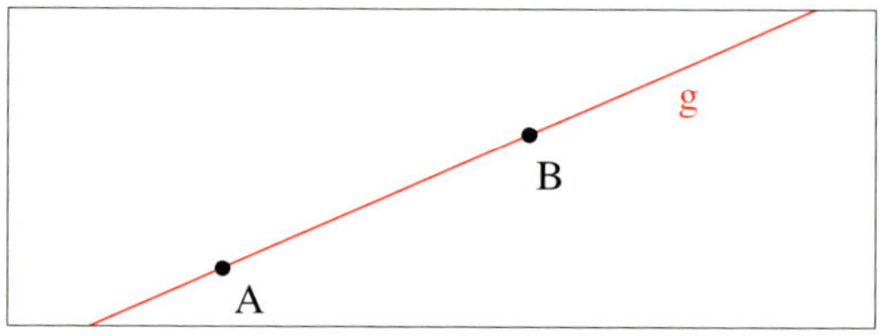

► Die Gerade g ist in beiden Richtungen über die Begrenzung des Zeichenblatts hinaus unbegrenzt zu denken.

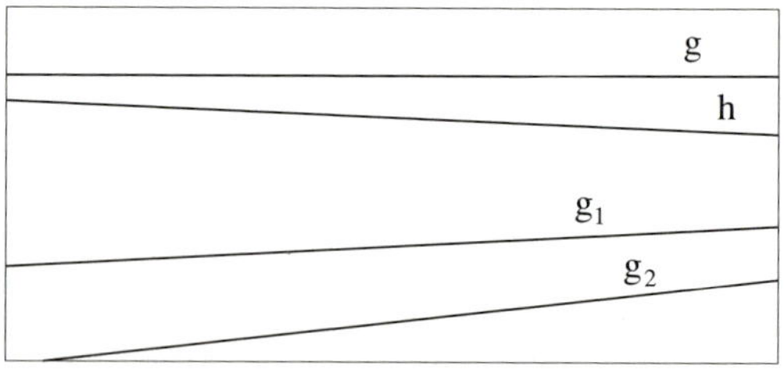

► g und h: Geraden
► g_1 und g_2: Geraden

Durch einen Punkt können unendlich viele Geraden gehen. Man spricht dann von einem **Geradenbüschel**.

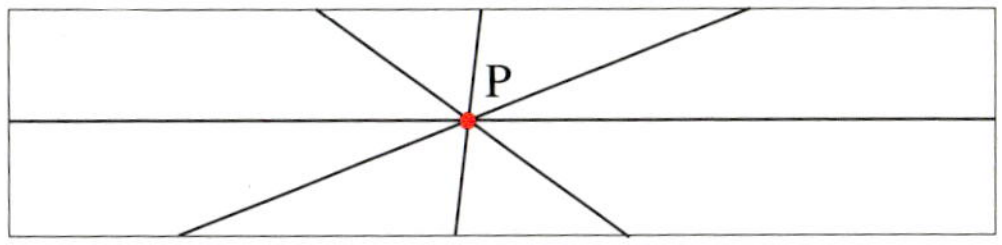

► Geradenbüschel durch P

Durch zwei voneinander verschiedene Punkte A und B aber gibt es nur eine einzige Gerade g. Zwei solche Punkte bestimmen genau eine Gerade. Für die Gerade g durch A und B schreibt man auch AB oder $g = AB$.

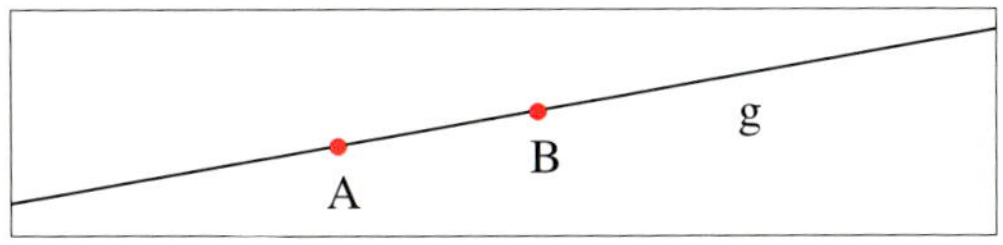

► $g = AB$ bezeichnet die Gerade durch A und B

Zwei Geraden g und h können

- sich in genau einem Punkt S schneiden, man schreibt dann $g \cap h = S$;

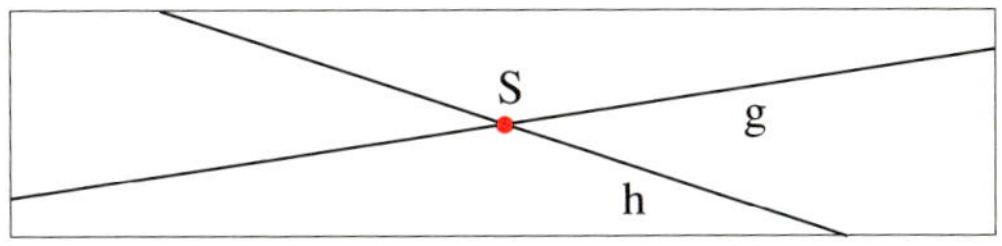

► sich in einem Punkt S schneidende Geraden

- alle Punkte gemeinsam haben, also zusammenfallen oder identisch sein, man schreibt $g = h$;

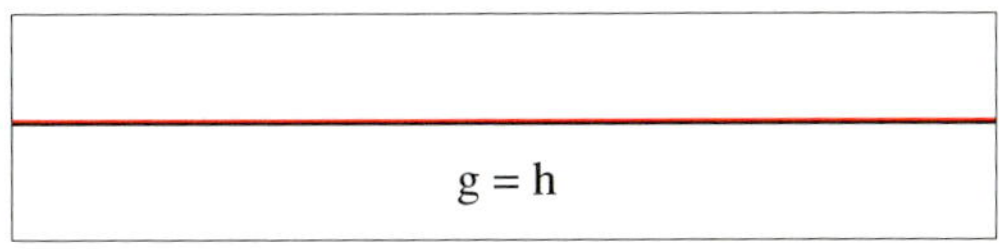

► zusammenfallende oder identische Geraden

- keinen Punkt gemeinsam haben, so weit man sie auch verlängert.

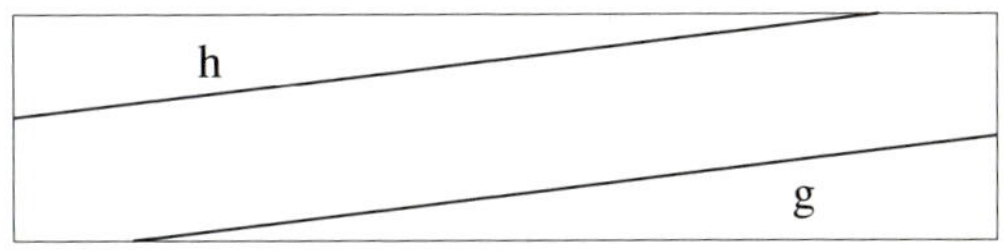

► sich nicht schneidende Geraden

Strahlen

Ein beliebiger Punkt S auf einer Geraden g zerlegt diese in zwei **Halbgeraden** oder **Strahlen**. Im Folgenden wird die Bezeichnung Strahl verwendet. Liegt der Punkt A auf g auf der einen Seite, der Punkt B auf der anderen Seite von S, so spricht man vom Strahl aus S durch A bzw. vom Strahl aus S durch B. Geht ein Strahl z. B. von S aus durch A, so schreibt man auch $\overline{SA}$.

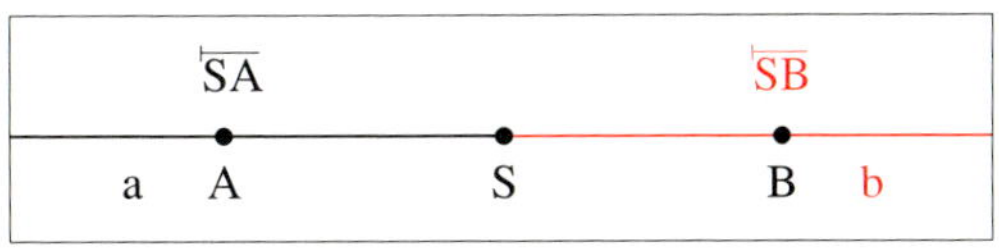

► $\overline{SA}$ oder a: Strahl aus S durch A
► $\overline{SB}$ oder b: Strahl aus S durch B

Auch Strahlen werden mit kleinen lateinischen Buchstaben bezeichnet.

Ein Strahl $\overline{SP}$ hat einen Anfangspunkt – nämlich S –, aber keinen Endpunkt. Er hat demzufolge keine endliche Länge.

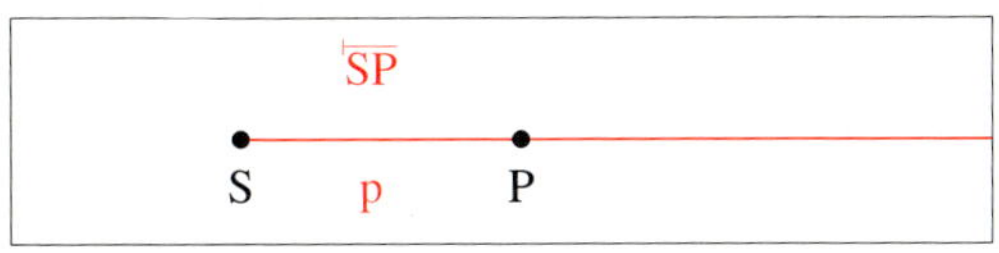

► $\overline{SP}$ oder p: Strahl aus S durch P
► S ist Anfangspunkt von $\overline{SP}$

Von jedem Punkt der Zeichenebene können unendlich viele Strahlen ausgehen.
Man spricht dann von einem **Strahlenbüschel**.

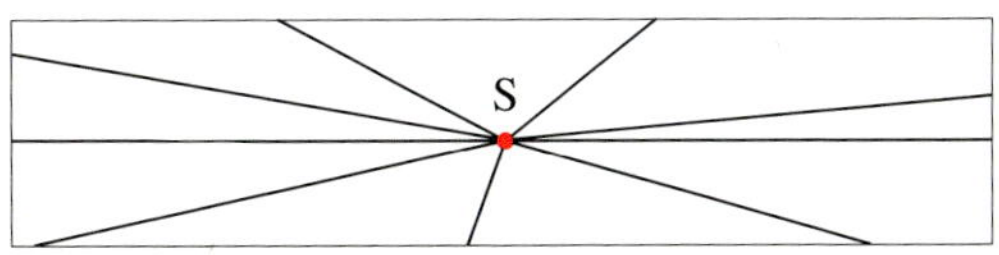

► Strahlenbüschel von S aus

Eine Gerade g und ein nicht auf ihr liegender Punkt P bestimmen genau eine **Ebene**, in der g und P liegen. Daher enthält auch eine Ebene unendlich viele Punkte. Ebenen werden mit großen Buchstaben wie z. B. E, E_1 oder E_2 ... bezeichnet.

Ebene

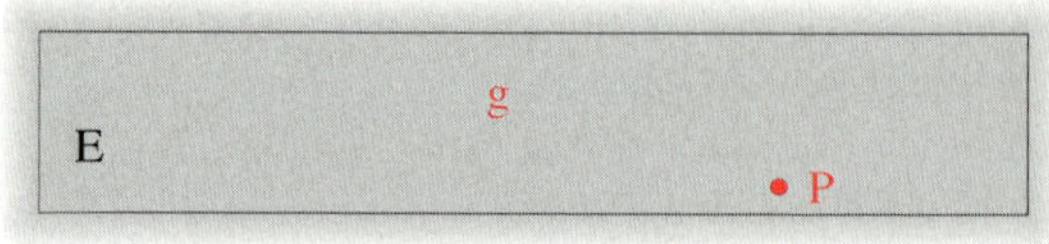

► Die Ebene E mit der Geraden g und einem Punkt P außerhalb von g. Die Ebene E ist über die Begrenzung des Zeichenblatts hinaus nach allen Seiten unbegrenzt zu denken.

Ist S ein Punkt in einer Ebene E, so wird E durch zwei von S ausgehende Strahlen in zwei Felder geteilt. In der nebenstehenden Zeichnung sind diese Felder mit F_1 und F_2 bezeichnet. Eine Figur, die aus den Punkten eines Strahlenpaares und den Punkten eines von diesem Strahlenpaar erzeugten Feldes der Ebene besteht, wird als **Winkel** bezeichnet. Zwei von einem Punkt ausgehende Strahlen erzeugen also zwei Winkel. Um zu kennzeichnen, welchen der beiden Winkel man in einem bestimmten Zusammenhang meint, markiert man diesen häufig durch einen Bogen, der von Strahl zu Strahl durch das gemeinte Feld führt.

Der gemeinsame Anfangspunkt S der Strahlen heißt **Scheitel** des Winkels, die Strahlen heißen **Schenkel** des Winkels.

Für einen Winkel mit den Schenkeln s und t schreibt man $\sphericalangle(s, t)$. In der Regel werden die Winkelschenkel entgegen dem Uhrzeigerdrehsinn aufgeführt. Der Winkel $\sphericalangle(s, t)$ kann in dieser Bezeichnungsweise ein anderer sein als der Winkel $\sphericalangle(t, s)$.

In diesem Buch gibt im Zweifelsfalle jedoch immer der Bogen, der von dem einen zum anderen Winkelschenkel führt, an, welcher Winkel jeweils gemeint ist. In der nebenstehenden Zeichnung gilt also $\sphericalangle(s, t) \neq \sphericalangle(t, s)$.

Hat der Winkel $\sphericalangle(s, t)$ den Scheitel S und liegen die Punkte A auf s und B auf t, so schreibt man auch $\sphericalangle(ASB)$, wobei die Bezeichnung für den Scheitelpunkt stets an zweiter Stelle – also in der Mitte der drei Buchstaben – steht.

Bilden die Strahlen s und t eine Gerade, so erzeugen sie einen **gestreckten Winkel**.

Winkel

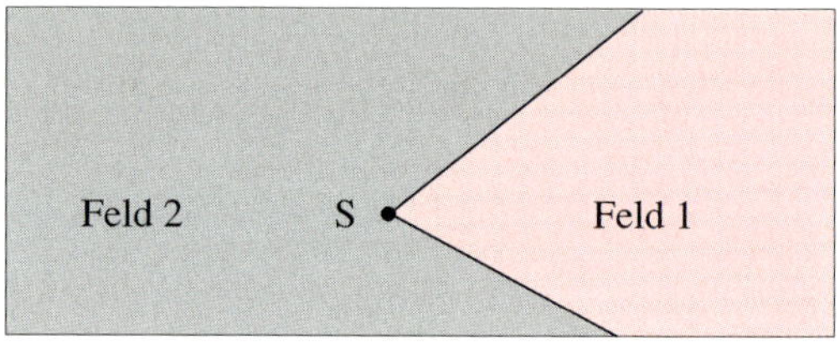

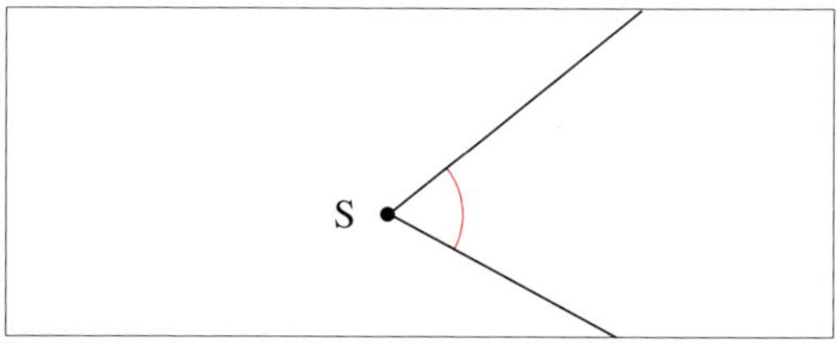

► Winkel zum Feld 1; S ist Scheitelpunkt

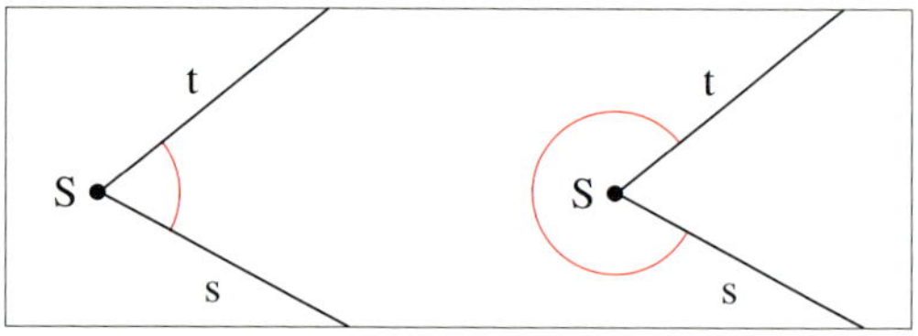

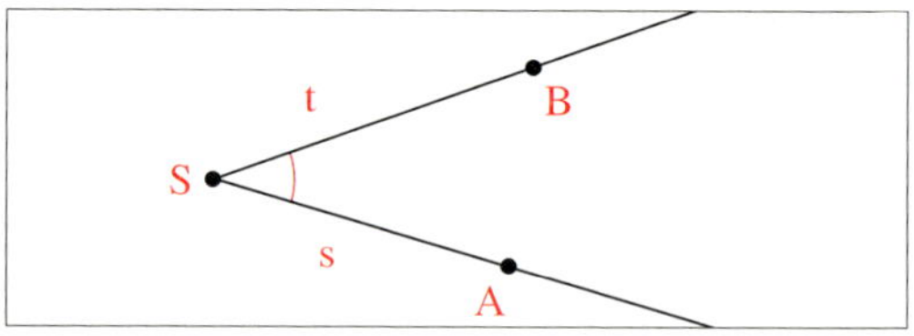

► S: Scheitel
► s und t bzw. $\overline{SA}$ und $\overline{SB}$: Schenkel
► $\sphericalangle(s, t)$ oder $\sphericalangle(ASB)$

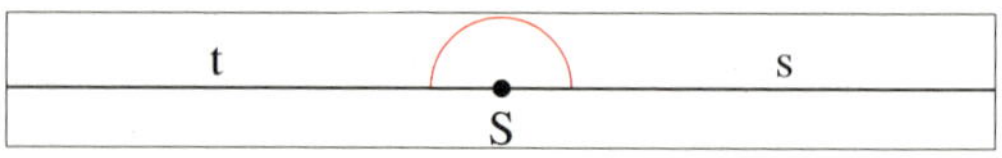

► gestreckter Winkel

Jeder Winkel hat eine **Größe**. Um diese festzustellen, vergleicht man den gegebenen Winkel mit einem Einheitswinkel. Seit alters her teilt man den gestreckten Winkel in 180 gleiche Teile ein. Man nennt ein solches Einhundertachtzigstel des gestreckten Winkels ein **Grad** und schreibt für die Größe des gestreckten Winkels 180°, fügt also an die Maßzahl des Winkels als Einheitenzeichen ein hochgestelltes kleines o an. Die Größe 1° wird traditionell in 60′ (gelesen 60 Minuten) und 1′ in 60″ (gelesen 60 Sekunden) eingeteilt.

Die beschriebene Teilung des gestreckten Winkels in 180° ist auf dem **Geodreieck** angebracht. Dieser Teil des Geodreiecks heißt **Winkelmesser**. Durch Vergleich mit der Skala dieses Winkelmessers wird die Größe eines Winkels festgestellt.
Dazu legt man das Geodreieck wie in der nebenstehenden Zeichnung angegeben mit dem Punkt, welcher der Null entspricht, auf dem Scheitelpunkt und der langen Seite an dem einen Schenkel an und liest am anderen Schenkel die gesuchte Größe ab.

Für die Größe des Winkels $\sphericalangle(s_1, s_2)$ schreibt man $|\sphericalangle(s_1, s_2)|$, also z. B. $|\sphericalangle(s_1, s_2)| = 70°$, wenn der Winkel 70° groß ist. Wenn aber aus dem jeweiligen Zusammenhang, in welchem das Zeichen $\sphericalangle(s_1, s_2)$ benutzt wird, eindeutig hervorgeht, dass die Größe des Winkels gemeint ist, kann man die beiden eingrenzenden Striche auch weglassen, also z. B. schreiben $\sphericalangle(s_1, s_2) = 70°$.

Winkel und Winkelgrößen werden häufig auch mit kleinen griechischen Buchstaben wie α, β, γ bezeichnet. Aus dem Zusammenhang geht jeweils hervor, in welcher Bedeutung die Bezeichnungen zu verstehen sind.

Der Winkel von 90° wird auch **rechter Winkel** genannt. Er wird in der Regel durch  gekennzeichnet.

Winkelgrößen

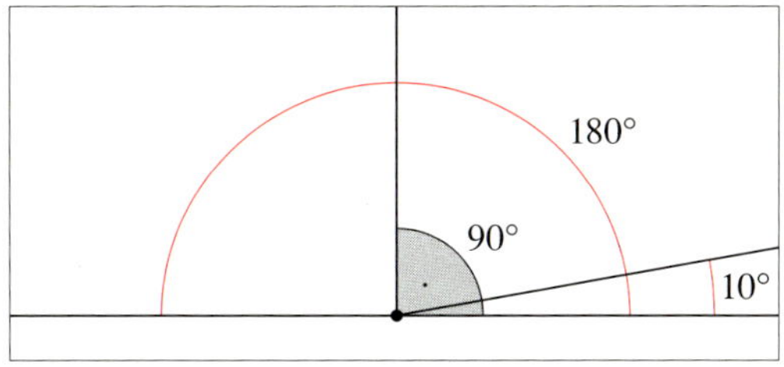

► Der gestreckte Winkel hat 180°
$1° = 60' = 60 \cdot 60'' = 3600''$

Beispiele für Winkelgrößen

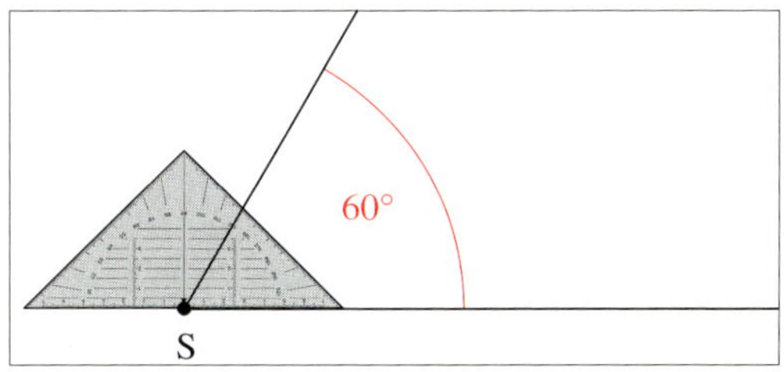

Winkelmessen mit dem Geodreieck

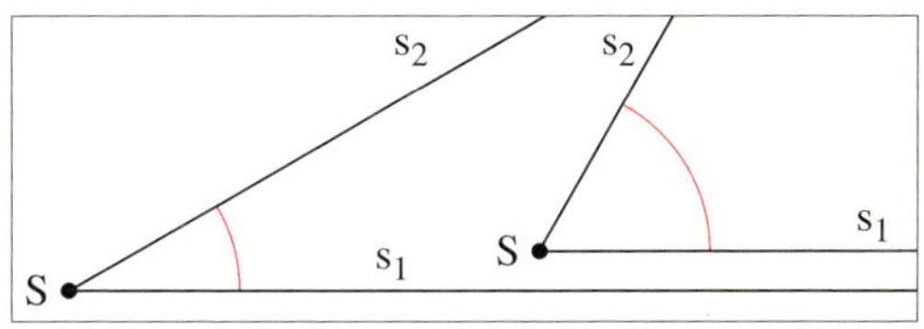

$|\sphericalangle(s_1, s_2)| = 30°$ $|\sphericalangle(s_1, s_2)| = 60°$

$\sphericalangle(s_1, s_2) = 30°$ $\sphericalangle(s_1, s_2) = 60°$

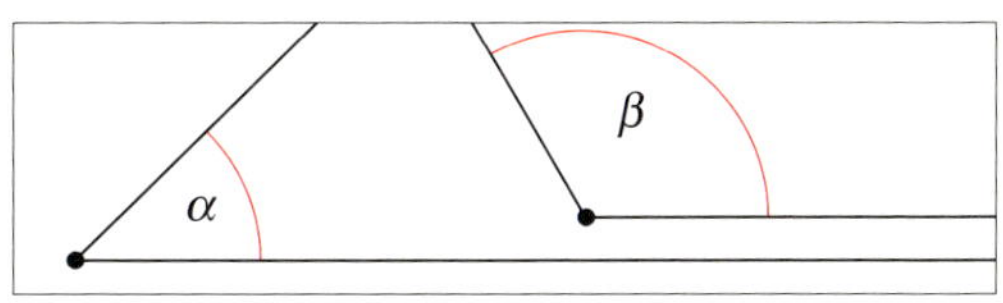

$\alpha = 45°$ $\beta = 120°$

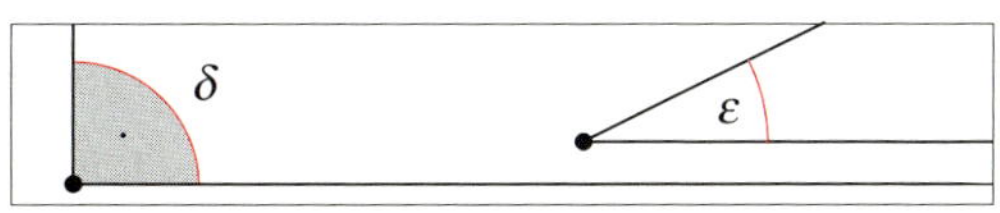

► Rechter Winkel $\delta = 90°$ ► Spitzer Winkel $\varepsilon = 26°$

Ein Winkel, der kleiner als 90° ist, wird **spitzer Winkel**, einer, der größer als 90°, aber kleiner als 180° ist, wird **stumpfer Winkel** genannt. **Überstumpf** heißen die Winkel, die größer als 180° sind.

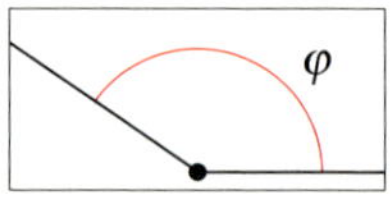

► Stumpfer Winkel

$\varphi = 146°$

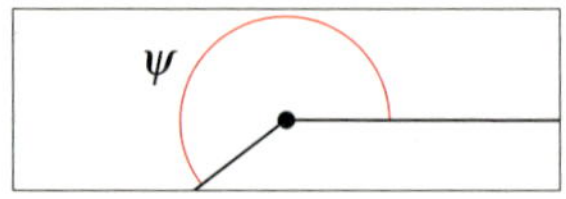

► Überstumpfer Winkel

$\psi = 218°$

Unter dem **Winkel zweier** von einem Punkt S ausgehender **Strecken** $\overline{SA}$ und $\overline{SB}$ wird der Winkel verstanden, den die Strahlen $\overrightarrow{SA}$ und $\overrightarrow{SB}$, welche von S ausgehen und auf denen die Strecken $\overline{SA}$ und $\overline{SB}$ liegen, miteinander bilden.

Winkel zwischen zwei Strecken

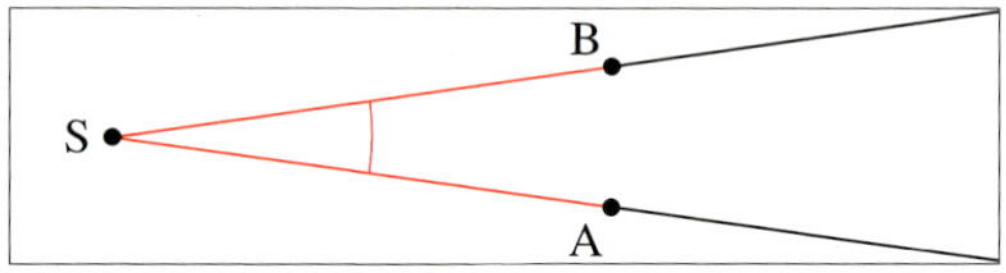

Schneiden sich zwei Geraden g_1 und g_2 in einem Punkt S, so werden vier Strahlen s_1, s_2, s_3 und s_4 erzeugt. Diese Strahlen bilden vier Winkel, die jeweils kleiner als 180° sind: Man erkennt in der nebenstehenden Zeichung die Winkel $\sphericalangle(s_1, s_2)$, $\sphericalangle(s_2, s_3)$, $\sphericalangle(s_3, s_4)$ und $\sphericalangle(s_4, s_1)$.
Die Winkel $\sphericalangle(s_1, s_2)$ und $\sphericalangle(s_3, s_4)$ sind gleich groß, was man sich vergegenwärtigen kann, indem man sich vorstellt, die Gerade, auf welcher s_1 und s_3 liegen, um S so lange zu drehen, bis s_1 auf s_2 fällt. Dann fällt nämlich gleichzeitig s_3 auf s_4. Es gilt also:

$|\sphericalangle(s_1, s_2)| = |\sphericalangle(s_3, s_4)|$.

Analog erkennt man, dass ebenfalls gilt:

$|\sphericalangle(s_2, s_3)| = |\sphericalangle(s_4, s_1)|$.

Winkel zwischen Geraden

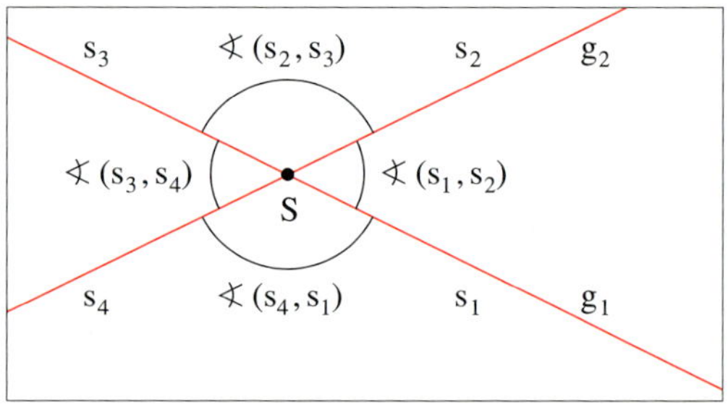

► $|\sphericalangle(s_1, s_2)| = |\sphericalangle(s_3, s_4)|$

► $|\sphericalangle(s_2, s_3)| = |\sphericalangle(s_4, s_1)|$

Als Winkel $\sphericalangle(g_1, g_2)$ zwischen den Geraden g_1 und g_2 wird entweder der Winkel $\sphericalangle(s_1, s_2)$ oder der Winkel $\sphericalangle(s_2, s_3)$ verstanden, je nachdem, welcher der beiden durch einen Winkelbogen gekennzeichnet ist.

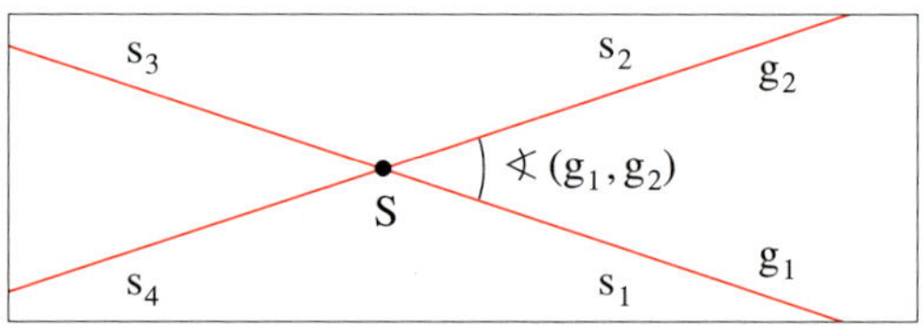

Die gleich großen Winkel $\sphericalangle(s_1, s_2)$ und $\sphericalangle(s_3, s_4)$, bzw. α und β sowie $\sphericalangle(s_2, s_3)$ und $\sphericalangle(s_4, s_1)$, bzw. γ und δ, deren **Winkelfelder einander gegenüber** liegen, werden als **Scheitelwinkel** bezeichnet.

Scheitelwinkel

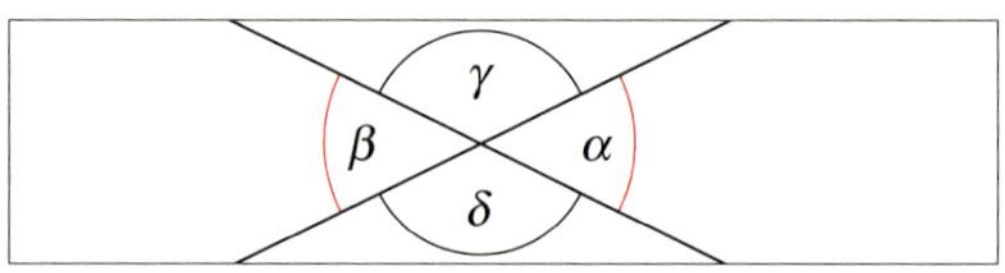

► α und β sowie γ und δ: Scheitelwinkel

Anmerkung: Gleich große Winkel haben im Gradmaß die gleiche Maßzahl. Man nennt sie deswegen auch **maßgleich**.

Die Summe der Größen der Winkel $\sphericalangle(s_1, s_2)$ und $\sphericalangle(s_2, s_3)$, bzw. α und γ, deren **Winkelfelder benachbart** sind, beträgt 180°, wie man unmittelbar der Zeichnung entnehmen kann. So gelegene Winkel werden als **Nebenwinkel** bezeichnet.

Nebenwinkel

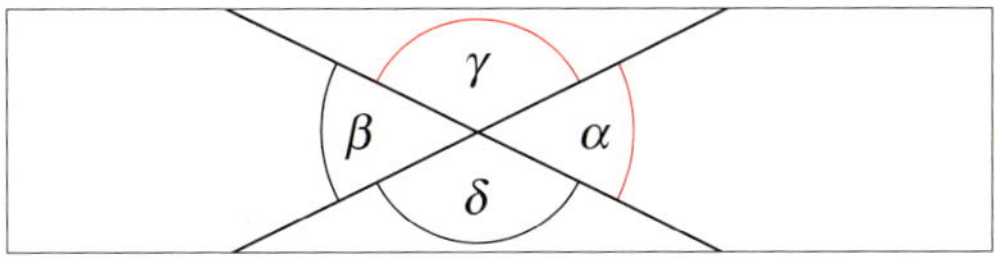

► α und γ; γ und β; β und δ sowie δ und α: Nebenwinkel

Merke:

- Scheitelwinkel sind gleich groß. ► **Scheitelwinkelsatz**
- Nebenwinkel ergänzen sich zu einem gestreckten Winkel; die Summe ihrer Winkelgrößen beträgt 180°. ► **Nebenwinkelsatz**

Beispiel:

Die nebenstehende Figur zeigt einen Abschnitt eines so genannten Jägerzauns. Man erkennt eine Reihe von Winkeln, deren Winkelfelder einander gegenüberliegen (Scheitelwinkel) und deren Winkelfelder benachbart sind (Nebenwinkel).

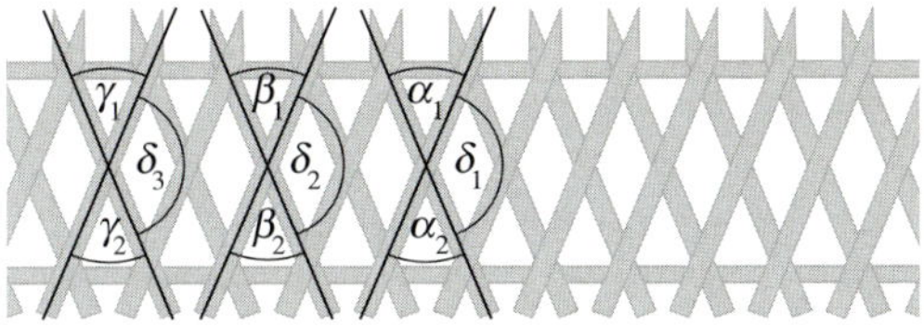

► Scheitelwinkel: α_1 und α_2; β_1 und β_2; γ_1 und γ_2

► Nebenwinkel: α_1 und δ_1; β_2 und δ_2; γ_2 und δ_3

Bilden die Geraden g und h einen Winkel von 90° miteinander (einen rechten Winkel), so sagt man, g ist **senkrecht** zu h und h ist senkrecht zu g und schreibt $g \perp h$ bzw. $h \perp g$. Man sagt auch: Die Geraden g und h **stehen senkrecht** aufeinander.

Senkrecht aufeinander stehende Geraden

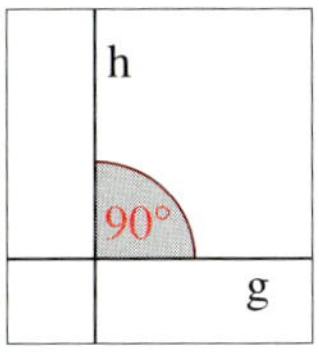

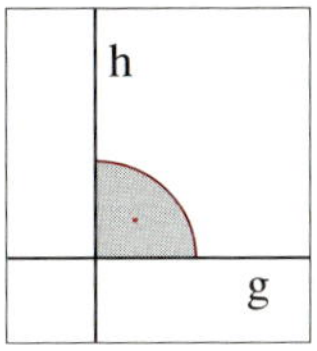

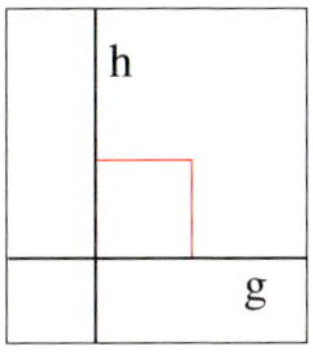

► $g \perp h$ bzw. $h \perp g$

In einer Zeichung deutet man das Vorliegen eines rechten Winkels wiederum dadurch an, dass man in den üblichen kleinen Winkelbogen einen Punkt zeichnet oder den Winkel durch zwei kleine aufeinander senkrecht stehende Strecken kennzeichnet.

Problem: Es ist eine Gerade g gegeben und auf ihr ein Punkt P. Zeichnen Sie eine Senkrechte zu g durch P. Lösen Sie das Problem auch für den Fall, dass P nicht auf g liegt.

Vorüberlegung: Man findet eine Senkrechte zu g durch P, indem man eine Gerade h zeichnet, die durch P geht und mit g einen Winkel von 90° bildet. Zur Lösung kann das Geodreieck verwendet werden.

Lösung: Man legt das Geodreieck so wie in der nebenstehenden Zeichnung an, um eine Senkrechte h zu zeichnen.

Aus der Lösung folgt unmittelbar, dass es **genau eine** Gerade h mit der geforderten Eigenschaft gibt. Man stellt fest: h ist die Senkrechte zu g, und g ist die Senkrechte zu h durch den Punkt P.

Errichten einer Senkrechten

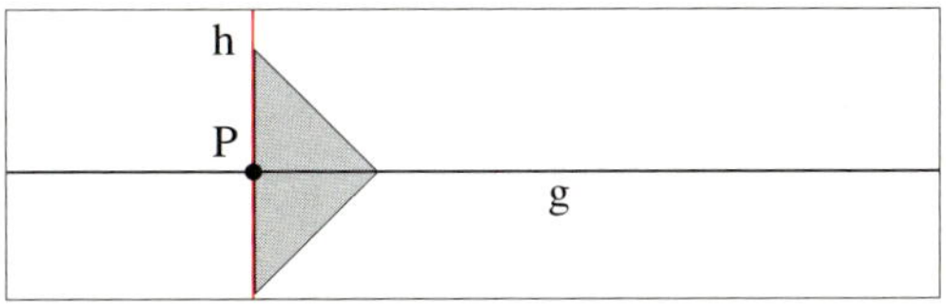

► Der Punkt P liegt auf der Geraden g. Man schreibt dafür $P \in g$

Liegt P nicht auf g, verfährt man in gleicher Weise: Man verwendet das Geodreieck so, dass P an der langen Seite anliegt, und zeichnet eine Senkrechte.
Auch aus dieser Lösung folgt unmittelbar, dass es zu einer gegebenen Geraden g durch einen Punkt P außerhalb von g **genau eine** Senkrechte gibt.

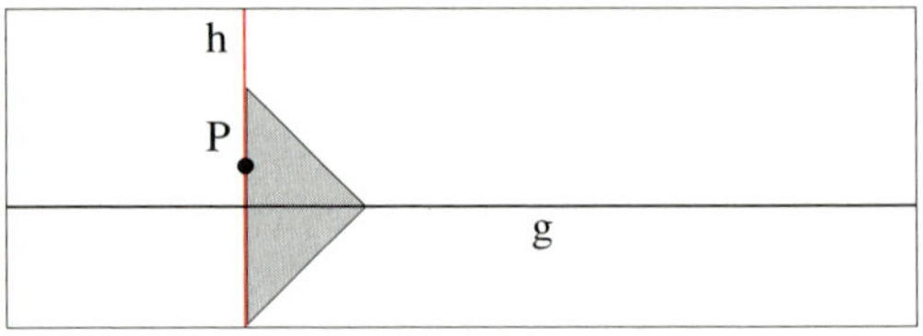

► Der Punkt P liegt nicht auf der Geraden g. Man schreibt dafür $P \notin g$

Merke:

- Zu einer Geraden g gibt es durch einen auf ihr liegenden Punkt P genau eine zu g senkrechte Gerade h.
- Zu einer Geraden g gibt es durch einen nicht auf ihr liegenden Punkt P genau eine zu g senkrechte Gerade h.

Hat man die Senkrechte h zu g durch einen Punkt P außerhalb von g gezeichnet, so sagt man auch: Man hat das **Lot von P auf g gefällt**.
Nennt man den Schnittpunkt von h mit g z. B. Q, so heißt die Länge $|\overline{PQ}|$ der Strecke $\overline{PQ}$ der **Abstand** des Punktes P von der Geraden g.
In der nebenstehenden Zeichnung beträgt der Abstand des Punktes P von der Geraden g genau 3,5 cm.
Der Punkt Q heißt **Fußpunkt des Lotes** von P genau auf g oder **Lotfußpunkt**.

Abstand von P zu g

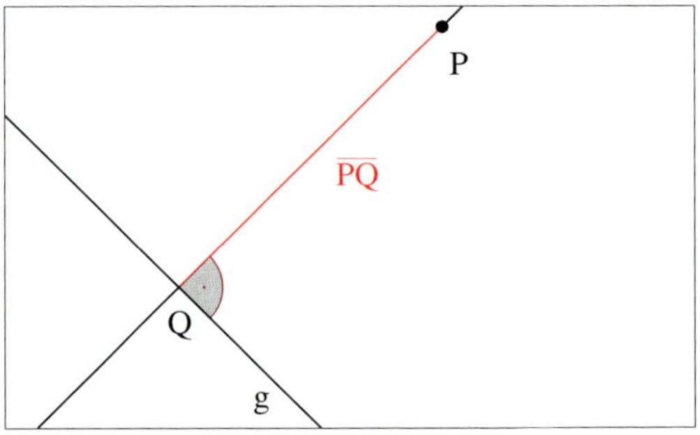

► $|\overline{PQ}| = 3{,}5$ cm

Beispiel:

Es gibt in der nebenstehenden Figur genau eine Senkrechte h_1 zu AB durch D. Sie heißt auch das Lot von D auf AB. Schneidet dieses Lot AB in E, so ist $|\overline{DE}|$ der Abstand des Punktes D von AB.
Ebenso gibt es genau eine Senkrechte h_2 zu AB durch B.

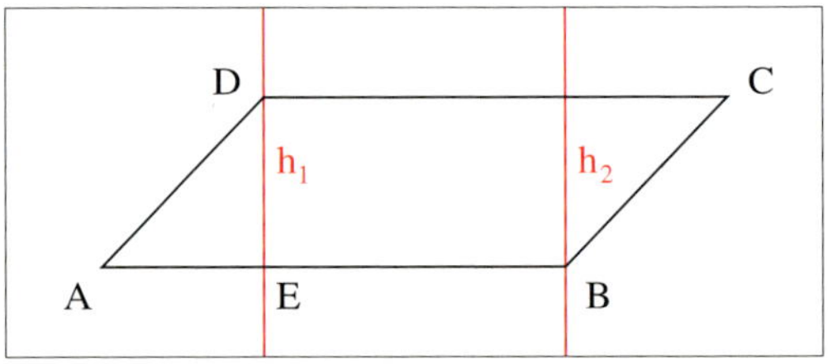

► $h_1 \perp AB$ und $h_2 \perp AB$

Sind zwei Geraden g_1 und g_2 senkrecht zu einer Gerade h, so sagt man, die Geraden g_1 und g_2 sind zueinander **parallel** und schreibt dafür $g_1 \| g_2$.

Parallele Geraden

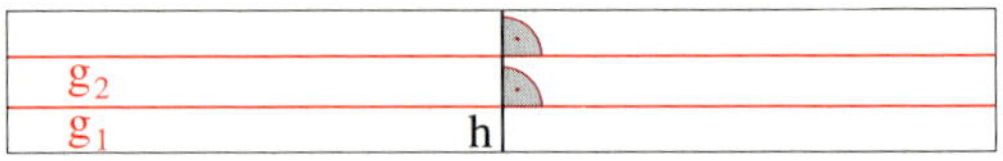

► $g_1 \| g_2$

Man beachte, dass nach dieser Erklärung jede Gerade zu sich selbst parallel ist.

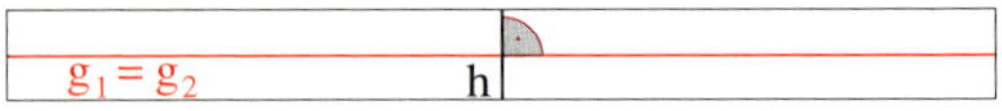

► $g_1 = g_2 \Rightarrow g_1 \| g_2$

Die **Strecken** $\overline{AB}$ und $\overline{CD}$ sind genau dann **parallel**, wenn die Geraden AB und CD parallel sind: $\overline{AB} \| \overline{CD} \Leftrightarrow AB \| CD$.

Problem: Untersuchen Sie, ob sich zwei voneinander verschiedene parallele Geraden g_1 und g_2 schneiden können.

Vorüberlegung: Das Problem lässt sich offenbar nicht dadurch lösen, dass man g_1 und g_2 immer weiter verlängert. Geraden sind unendlich ausgedehnt, keine Zeichnung kann das realisieren. Man muß versuchen, mithilfe bisher gefundener Erkenntnisse das Problem zu lösen.

Die Geraden g_1 und g_2 sind als parallel vorausgesetzt, d. h., sie sind senkrecht zu einer Geraden h. Nimmt man an, dass g_1 und g_2 einen Schnittpunkt, etwa S, hätten, so gäbe es also durch S zwei Senkrechte zu h. Das ist aber nicht möglich, denn zu einer Geraden gibt es durch einen Punkt stets nur genau eine Senkrechte. Die Annahme, dass parallele Geraden sich schneiden könnten, ist also nicht zutreffend. Parallele Geraden schneiden einander nicht.

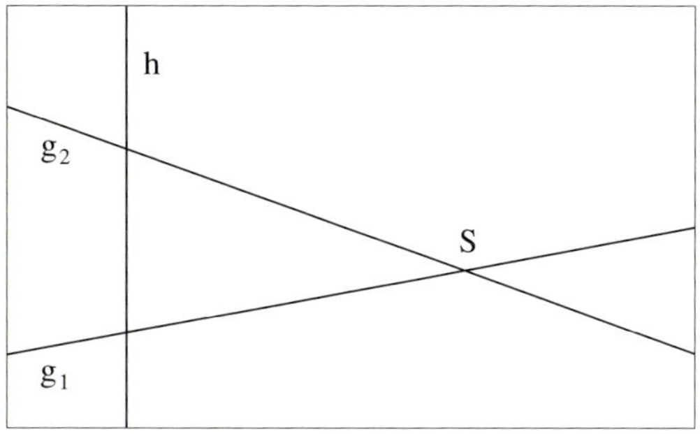

Merke:

- Wenn zwei Geraden auf einer dritten Geraden senkrecht stehen, dann heißen sie parallel zueinander.
- Wenn zwei voneinander verschiedene Geraden zueinander parallel sind, dann haben sie keinen Punkt gemeinsam.

Beispiel:

In einem Rechteck ABCD sind alle vier Innenwinkel gleich groß, nämlich 90°. Die Geraden AB und DC, auf denen die Strecken $\overline{AB}$ und $\overline{DC}$ liegen, stehen daher senkrecht auf der Geraden AD – sie sind also parallel zueinander.

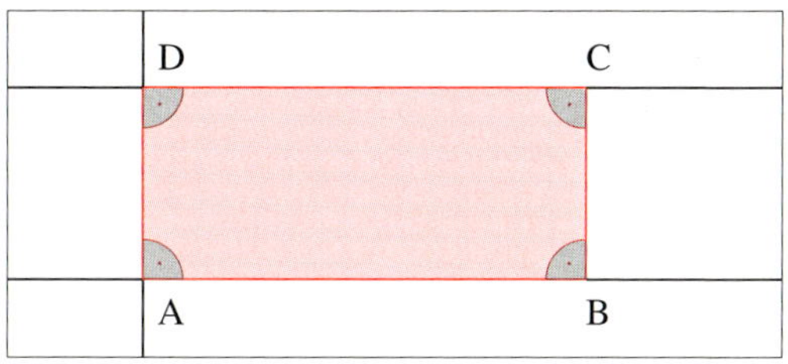

Wenn $g_1 \| g_2$, $g_1 \neq g_2$ und $P_1 \in g_1$, also P_1 ein Punkt auf g_1 und Q_1 der Fußpunkt des Lotes von P_1 auf g_2 ist, so ist auch P_1 der Fußpunkt des Lotes von Q_1 auf g_1. Die Gerade P_1Q_1 ist senkrecht sowohl zu g_1 als auch zu g_2.
Wo immer man einen Punkt P auf g_1 auch wählt, stets haben die Strecken von P zum Lotfußpunkt Q auf g_2 die gleiche Länge. In nebenstehender Zeichnung gilt:
$|\overline{PQ}| = |\overline{P_1Q_1}| = |\overline{P_2Q_2}| = d$. Das leuchtet ein, wenn man bedenkt, dass voneinander verschiedene parallele Geraden sich nicht schneiden, sich also nicht einander annähern, sondern immer gleich weit voneinander entfernt sind. Man nennt daher diese Länge den **Abstand der Parallelen** voneinander.
Fallen g_1 und g_2 zusammen, so ist ihr Abstand voneinander ebenfalls überall gleich, nämlich 0.

Abstand paralleler Geraden

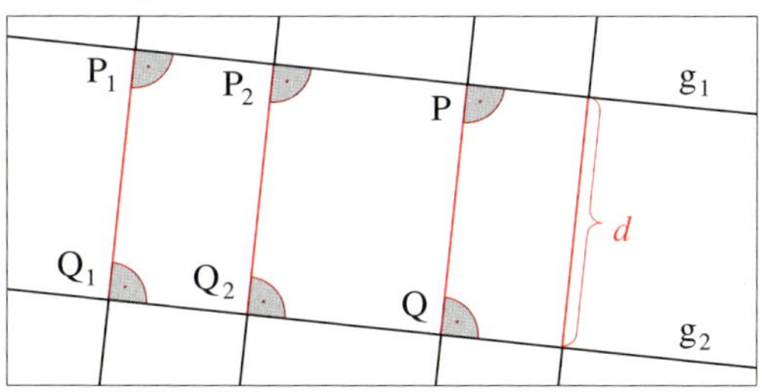

$|\overline{P_1Q_1}| = |\overline{P_2Q_2}| = |\overline{PQ}| = \ldots = d$

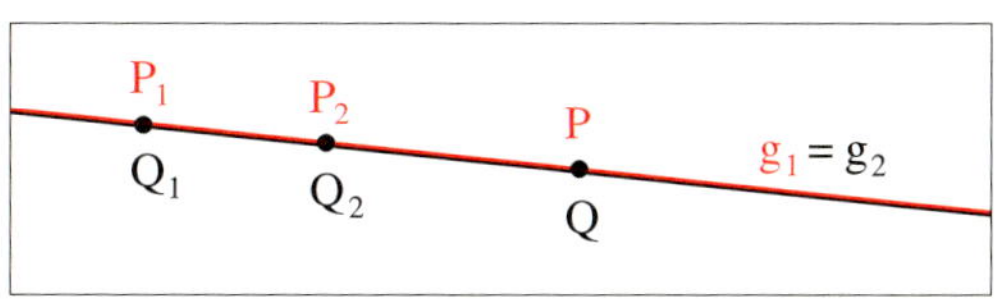

$|\overline{P_1Q_1}| = |\overline{P_2Q_2}| = |\overline{PQ}| = 0$

Merke:

Parallele Geraden haben überall den gleichen Abstand voneinander.

Auch das Umgekehrte ist richtig:
Voraussetzung: g_1, g_2 haben überall gleichen Abstand.
Behauptung: $g_1 \| g_2$
Beweis: Ist $P \in g_2$ und $Q \in g_1$ sein Lotfußpunkt, so gilt $PQ \perp g_1$. Ist andererseits $R \in g_1$ und $S \in g_2$ sein Lotfußpunkt, so gilt $RS \perp g_2$. Wegen $|\overline{PQ}| = |\overline{RS}|$ muss auch P der Lotfußpunkt von Q auf g_2 sein. Also steht PQ sowohl senkrecht auf g_1 als auch auf g_2, d. h., es gilt $g_1 \| g_2$.

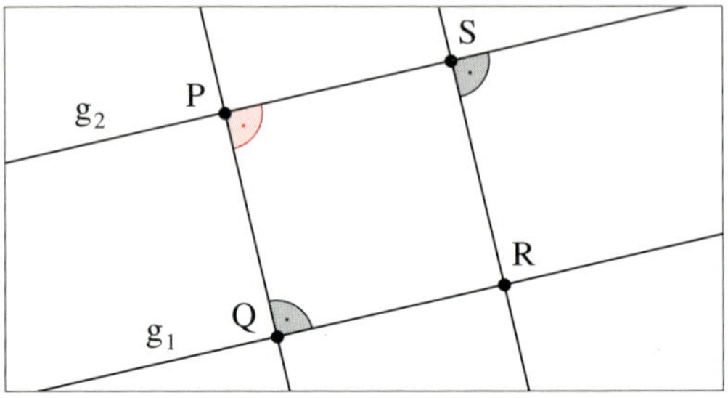

Merke:

Haben zwei Geraden überall den gleichen Abstand voneinander, so sind sie parallel.

Es ist anschaulich klar, dass zwei voneinander verschiedene Geraden in einer Ebene, die sich nicht schneiden, überall den gleichen Abstand voneinander haben. Sie sind also parallel.
Nach der Definition der Parallelität gelten auch Geraden, die alle Punkte gemeinsam haben, also gleich sind oder zusammenfallen, als parallel.

Merke:

Wenn zwei Geraden entweder alle oder keinen Punkt gemeinsam haben, so sind sie parallel.

Problem: Gegeben ist eine Gerade g. Zeichnen Sie eine zu g parallele Gerade h.

Vorüberlegung 1: h muß auf derselben Geraden senkrecht stehen wie g. Man zeichnet also zuerst eine zu g senkrechte Gerade s und sodann durch einen beliebigen Punkt von s die zu s senkrechte Gerade h.

Um s zu zeichnen, legt man das Geodreieck so an, wie es bei der Lösung des Problems, eine Senkrechte zu einer gegebenen Geraden zu zeichnen, beschrieben wurde.
Dasselbe Vorgehen liefert die Senkrechte h zu s.

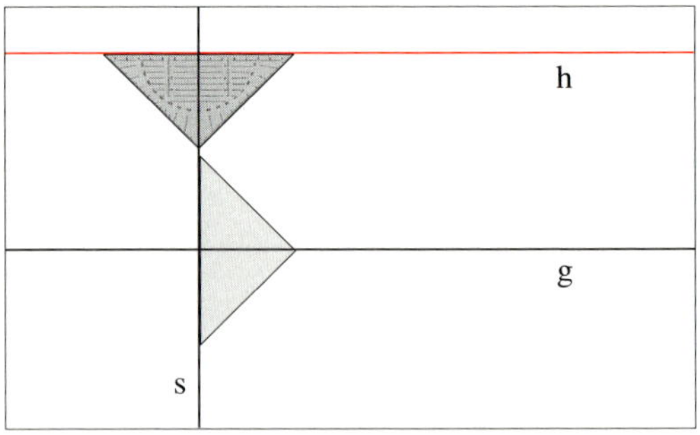

Vorüberlegung 2: Man kann auch von der Tatsache Gebrauch machen, dass h von g überall den gleichen Abstand hat. Dazu nimmt man eine sog. **Parallelverschiebung** vor.

Man benutzt das Geodreieck und ein Lineal. Man legt das Geodreieck mit einer kurzen Seite an die gegebene Gerade g und das Lineal an die andere kurze Seite so an, wie es die nebenstehende Zeichnung zeigt. Sodann verschiebt man das Geodreieck entlang des Lineals um eine beliebige Strecke. Zeichnet man h entlang der freien kurzen Seite des Geodreieckes, so gilt $h \| g$.

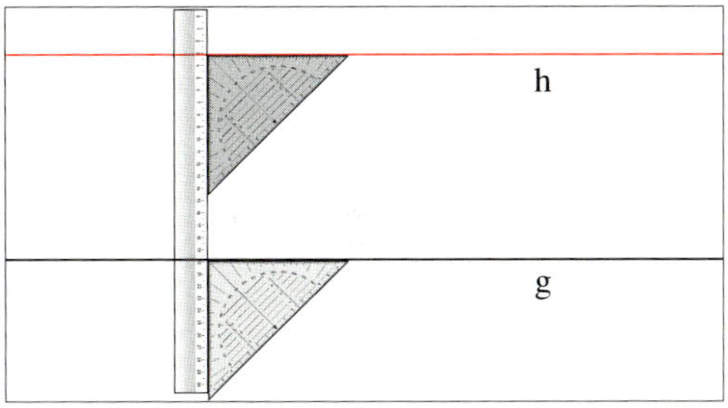

Falls die Parallele h nicht einen zu großen Abstand von g hat, kann man sich aber auch der auf dem Geodreieck angebrachten Parallelen zur langen Seite des Dreiecks bedienen. Man legt das Geodreieck so an, dass eine dieser Parallelen auf g liegt. Sodann zeichnet man entlang der langen Seite des Geodreiecks die verlangte Gerade h.

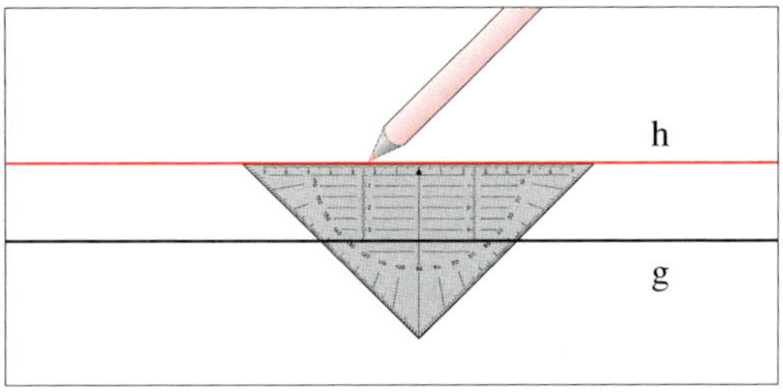

Problem: Gegeben ist eine Gerade g. Zeichnen Sie eine zu g parallele Gerade h, welche von g den Abstand d mit $d = 2$ cm hat.

1. Möglichkeit: Man zeichnet eine zu g senkrechte Gerade s und bestimmt auf ihr den Punkt P mit dem Abstand 2 cm von g. Sodann zeichnet man die Senkrechte zu s durch P.

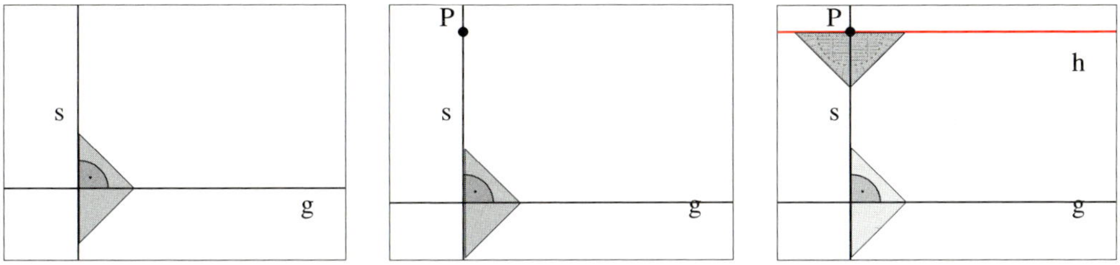

1. Schritt **2. Schritt** **3. Schritt**

2. Möglichkeit: Man legt das Geodreieck an g an und verschiebt es längs eines Lineals um die Länge 2 cm.

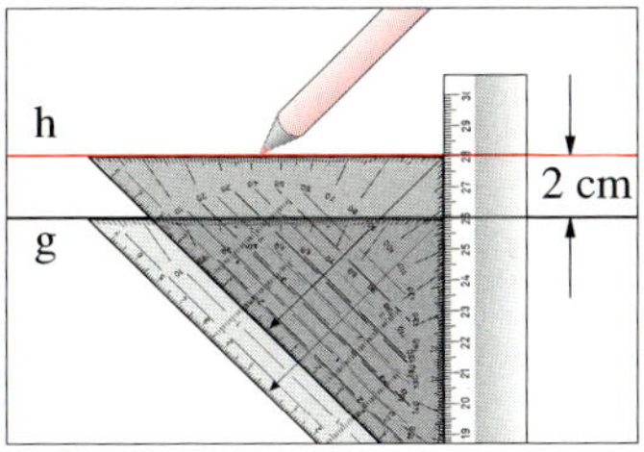

1. Schritt: Anlegen des Geodreiecks
► Helles Geodreieck

2. Schritt: Verschieben des Geodreiecks
► Dunkles Geodreieck

3. Möglichkeit: Da *d* nicht zu groß ist, kann man das Geodreieck mit derjenigen Parallelen zur langen Seite auf g legen, welche dem Abstand *d* entspricht, und zeichnet entlang der langen Seite des Geodreiecks die verlangte Gerade h.

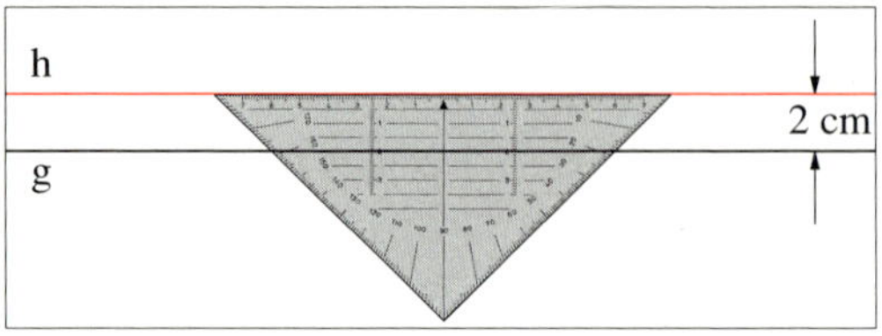

Problem: Gegeben ist eine Gerade g und ein Punkt P außerhalb der Geraden. Zeichnen Sie eine Gerade h, die durch P geht und parallel zu g ist.

1. Möglichkeit: Man zeichnet zuerst die Senkrechte s zu g durch P und sodann die Senkrechte h zu s durch P.

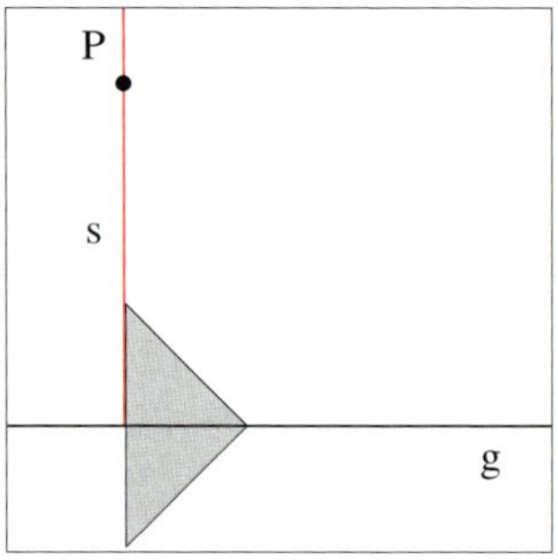

1. Schritt

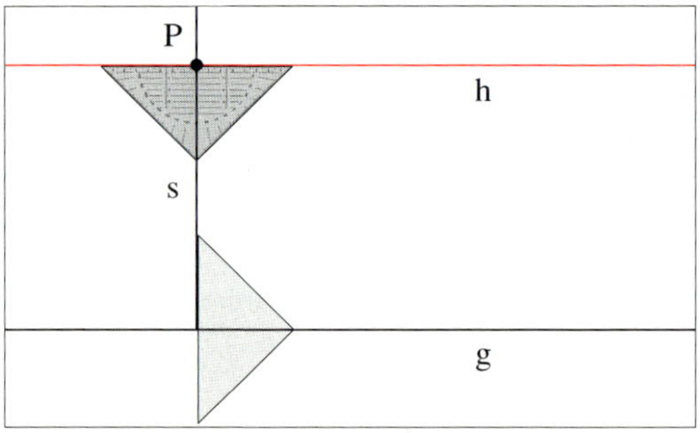

2. Schritt

2. Möglichkeit: Man legt das Geodreieck an g an und verschiebt es längs eines Lineals, bis P an der zu g parallelen Kante des Dreiecks anliegt.

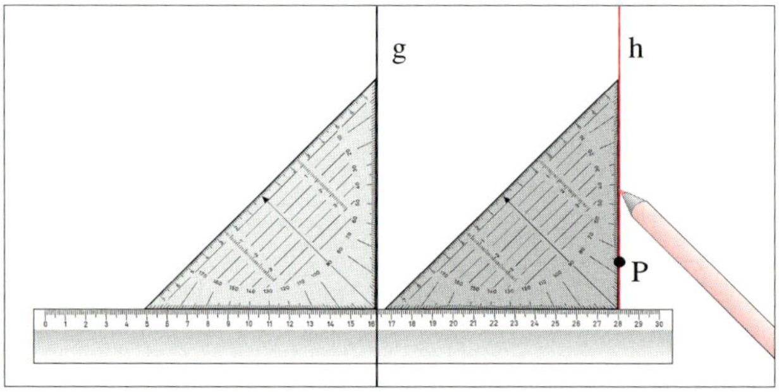

1. Schritt: Anlegen des Geodreiecks **2. Schritt:** Verschieben des Geodreiecks

Beide Konstruktionen zeigen, dass es zu einer Geraden g durch einen Punkt P außerhalb von g genau eine Parallele gibt.

Merke:

Durch einen Punkt P außerhalb einer Geraden g gibt es **genau eine** Parallele zu g.

Die bisher betrachteten geometrischen Objekte Strecke, Gerade und Strahl waren geradlinig. Im Folgenden soll die für die elementare Geometrie wichtigste gekrümmte Linie, die Kreislinie eingeführt werden.

Kreise

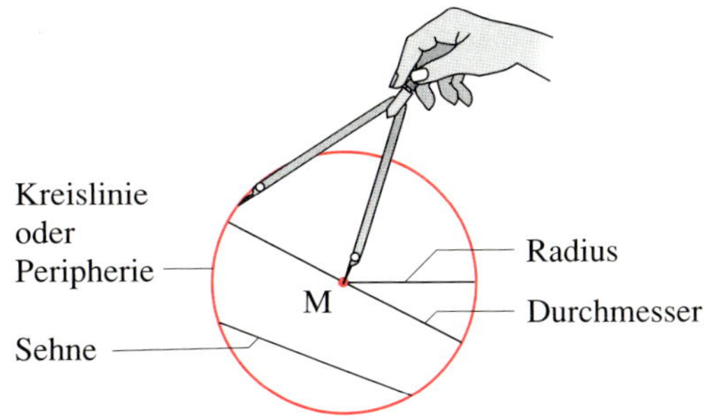

Alle Punkte der Ebene, die von einem festen Punkt gleich weit entfernt sind, liegen auf einer **Kreislinie** um diesen Punkt. Der feste Punkt heißt **Mittelpunkt** der Kreislinie. Man zeichnet eine Kreislinie mithilfe eines **Zirkels**.

Beim Zeichnen wird die Zirkelspitze im Mittelpunkt des Kreises aufgesetzt, der Zirkel dann nahezu senkrecht gehalten und mit einer Hand gedreht.

Die Kreislinie wird auch als **Peripherie** bezeichnet. Eine Verbindungsstrecke r des Mittelpunkts mit einem Punkt der Kreislinie heißt **Radius**. Alle Radien sind gleich lang.

Die Länge des Radius r soll mit $|r|$ bezeichnet werden; r ist also eine Strecke, $|r|$ eine Größe der Größenart Länge. (In gedruckten Texten wird $|r|$ oft kursiv gesetzt, also *r*.)

Eine Verbindungsstrecke zweier Punkte der Kreislinie heißt **Sehne** des Kreises.

Eine Sehne, die durch den Mittelpunkt des Kreises geht, heißt **Durchmesser**.

Hinweis: Die Mine, die der eine Schenkel des Zirkels trägt, muß in der Weise angeschliffen sein, wie es die nebenstehende Zeichnung zeigt.

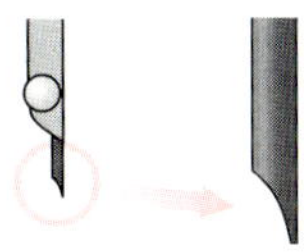

► Schliff der Zirkelmine

Ist M der Mittelpunkt einer Kreislinie und r ihr Radius, so bilden alle Punkte P, für welche die Strecke $\overline{MP}$ kürzer ist als der Radius r, das **Innere** der Kreislinie. Die Punkte P, für welche die Strecke $\overline{MP}$ kürzer oder gleich lang dem Radius r ist, bilden die sog. **Kreisfläche**. Eine Kreislinie stellt also den **Rand** einer Kreisfläche dar.

Oft bezeichnet man sowohl die Kreislinie als auch die Kreisfläche als **Kreis**. Das ist erlaubt, wenn aus dem jeweiligen Zusammenhang hervorgeht, was gemeint ist.

Ähnliches kann man für den Radius und seine Länge gelten lassen. Wenn keine Missverständnisse zu befürchten sind, soll der Begriff Radius sowohl für die Strecke r als auch für seine Größe $|r|$ bzw *r* stehen dürfen.

Kreisfläche

///: Inneres der Kreisfläche

○: Rand der Kreisfläche

Übungen zu 1

1. Verwandeln Sie in cm:

a) 145,7 m; 36,20 m; 0,51 m **b)** 15,7 dm; 0,31 dm; 183 dm **c)** 357 mm; 53 mm; 1169 mm

2. Verwandeln Sie in mm:

a) 0,14 m; 0,09 m; 1,56 m **b)** 12,5 dm; 43 dm; 0,31 dm **c)** 13,7 cm; 183 cm; 178,2 cm

3. Eine 30 km lange Eisenbahnstrecke soll neu mit Schienen belegt werden. Es stehen 12 m lange Schienen zur Verfügung. Wie viele Schienen werden gebraucht?

4. Wandeln Sie nachstehende Winkelmaße in Minuten und Sekunden um:

a) 6° **b)** $4{,}5^\circ$ **c)** $3{,}9^\circ$ **d)** $4^\circ\,20'\,5''$

5. Wandeln Sie nachstehende Winkelmaße in Gradmaße um:

a) $15^\circ\,40'$ **b)** $1250'$ **c)** $7^\circ\,55'\,30''$ **d)** $3500''$

6. Zeichnen Sie die folgenden Winkel mit Hilfe des Geodreiecks:

a) 45° **b)** 30° **c)** 25° **d)** 70° **e)** 120° **f)** 170°

7. Addieren Sie die folgenden Winkelgrößen rechnerisch:

a)	b)	c)	d)	e)	f)
$13^\circ\,20'\,12''$	$73^\circ\,48'\,19''$	$120^\circ\,5'\,45''$	$260^\circ\,15'\,37''$	$17^\circ\,1'\,2''$	$5^\circ\,12'\,7''$
$5^\circ\,12'\,6''$	$18^\circ\,37'\,20''$	$109^\circ\,7'\,53''$	$125^\circ\,17'\,48''$	$16^\circ\,50'\,55''$	$0^\circ\,55'\,45''$
					$4^\circ\,43'\,20''$

8. Subtrahieren Sie folgende Winkelgrößen rechnerisch:

a)	b)	c)	d)	e)	f)
$15^\circ\,25'\,14''$	$75^\circ\,50'\,21''$	$120^\circ\,7'\,47''$	$262^\circ\,17'\,39''$	$21^\circ\,4'\,5''$	$6^\circ\,13'\,8''$
$7^\circ\,14'\,8''$	$20^\circ\,39'\,22''$	$111^\circ\,9'\,55''$	$127^\circ\,19'\,50''$	$19^\circ\,53'\,58''$	$0^\circ\,56'\,46''$

9. Gegeben sind folgende Winkelmaße:

$\alpha = 59^\circ\,22'\,13''$ $\gamma = 14^\circ\,32'\,42''$

$\beta = 39^\circ\,24'\,36''$ $\delta = 123^\circ\,24'\,18''$

R bezeichnet das Winkelmaß eines rechten Winkels

Berechnen sie die Werte:

a) $\beta + \gamma$ **b)** $\beta + \delta - \gamma$ **c)** $\alpha - (\gamma + \beta)$

d) $(\alpha + \beta) - (\delta - \alpha)$ **e)** $\alpha + \delta - \dfrac{\beta + \mathrm{R}}{3}$

f) $\dfrac{\delta}{2} - \left(2\gamma + \dfrac{\beta}{2}\right)$ **g)** $2\delta - \dfrac{\beta + \gamma}{2} - (\alpha + \mathrm{R})$

10. Berechnen Sie den kleineren Winkel, den die Zeiger einer Uhr einschließen um

a) 8.27 Uhr **b)** 11.51 Uhr **c)** 2.50 Uhr **d)** 15.42 Uhr **e)** 21.19 Uhr

11. Wie groß ist der Nebenwinkel von:

	a	b	c	d	e	f
α	63°	118°	171° 35′	72° 12′	59° 40′ 45″	117° 42′ 53″
β						

12. Gegeben ist das Winkelmaß α mit $\alpha = 125°$; zeichnen Sie einen Winkel von 55°.

13. Bestimmen Sie an einer Windrose die Winkel zwischen folgenden Richtungen (Winkel im Uhrzeigersinn messen):

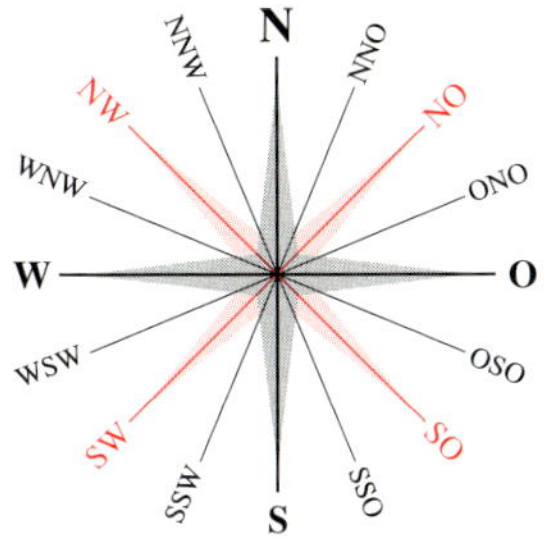

	a	b	c	d	e
Richtung	N–O	NO–SO	NW–S	SO–WNW	NNO–SSO
Winkel					

14. **a**) Wie heißen die Scheitelwinkel von $\alpha, \delta, \beta, \gamma + \delta, \beta + \gamma$?

b) Wie heißen die Nebenwinkel von $\beta, \delta, \beta + \gamma, \alpha_1 + \beta_1, \alpha_1 + \alpha + \beta$?

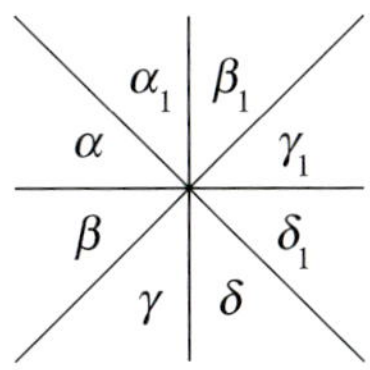

15. Welcher Winkel ist **a**) um 20° kleiner, **b**) um 55° größer als sein Nebenwinkel?

16. Berechnen Sie die fehlenden Winkel:

a) Meißelschneide

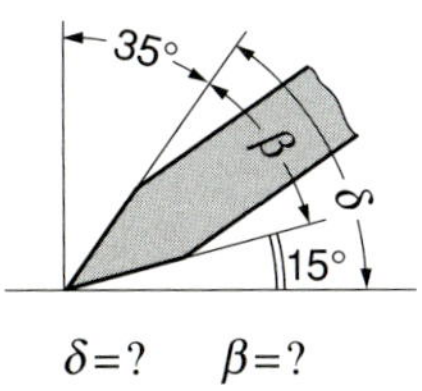

b) Drehstahlspitze

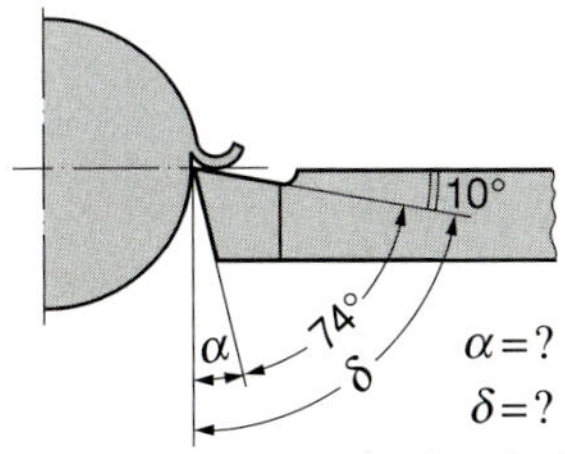

c) Bohrerspitze

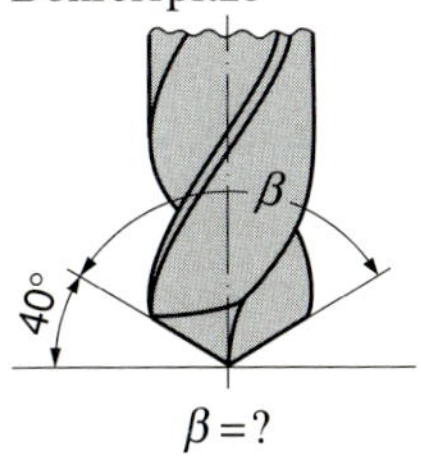

d) Säge

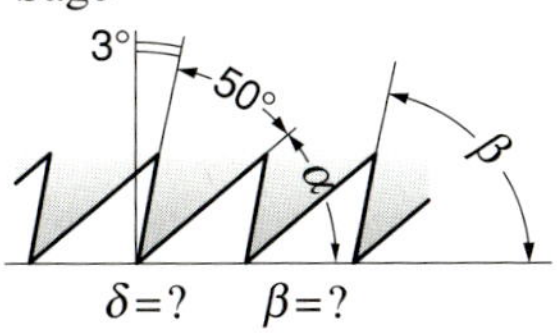

e) Gewinde

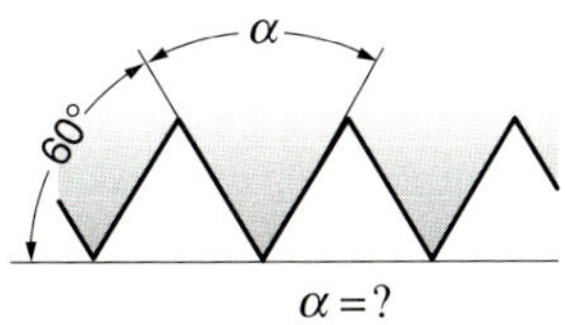

17. Berechnen Sie den Nebenwinkel:

a) 45° 34′ 17″ **b**) 81° 28′ 39″ **c**) 37° 15′ 32″ **d**) 7° 17′ 1″

18. Ein Winkel ist doppelt so groß wie sein Nebenwinkel. Wie groß ist er?

19. Zeichnen Sie die Senkrechte zu AB durch D.

Errichten Sie in B die Senkrechte zu AB.

20. Zeichnen Sie die Parallele zu BC durch A. Zeichnen Sie die Parallelen zu AC durch B und zu AB durch C.

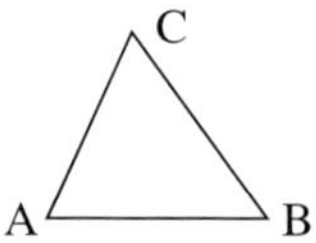

Wiederholungsfragen zu 1

1. Wie entsteht eine Strecke und wie bezeichnet man Strecken?

2. Wie entsteht eine Gerade und wie bezeichnet man Geraden?

3. Wie viele Geraden gibt es
– durch 1 Punkt,
– durch 2 Punkte?

4. Wie misst man die Längen von Strecken?

5. Was versteht man unter einem Strahl?

6. Welche Gemeinsamkeiten und welche Unterschiede bestehen zwischen Gerade, Strahl und Strecke?

7. Was versteht man unter einem Winkel?

8. Wie misst man die Größen von Winkeln?

9. Was versteht man unter Scheitel- und Nebenwinkeln? Welche Eigenschaften haben sie?

10. Welchen Winkel bilden zwei zueinander senkrechte Geraden miteinander?

11. Was versteht man unter dem Abstand eines Punktes P von einer Geraden g?

12. Wann sind zwei Geraden parallel?

13. Wie viele Parallele zu einer Geraden g gibt es durch einen Punkt P außerhalb von g?

14. Haben parallele Geraden gemeinsame Punkte?

15. Was versteht man unter einem Kreis?

16. Welcher Unterschied besteht zwischen Kreisfläche und Kreislinie?

17. Welche weiteren Begriffe am Kreis kennen Sie?

2 Winkel an geschnittenen Geraden

Werden zwei voneinander verschiedene Geraden g_1 und g_2 von einer Geraden h in den Punkten P_1 und P_2 geschnitten, so entstehen zweimal vier Winkel. Die zum Punkt P_1 gehörenden Winkel sollen α_1, β_1, γ_1 und δ_1 heißen, die zu P_2 gehörenden entsprechend α_2, β_2, γ_2 und δ_2.
Man erkennt in der nebenstehenden Zeichnung sowohl bei P_1 als auch bei P_2 eine Reihe von Scheitel- und Nebenwinkeln.

- ► Scheitelwinkel bei P_1:
  α_1 und γ_1, β_1 und δ_1;
- ► Scheitelwinkel bei P_2:
  α_2 und γ_2, β_2 und δ_2;
- ► Nebenwinkel bei P_1:
  α_1 und β_1, β_1 und γ_1, γ_1 und δ_1, δ_1 und α_1;
- ► Nebenwinkel bei P_2:
  α_2 und β_2, β_2 und γ_2, γ_2 und δ_2, δ_2 und α_2.

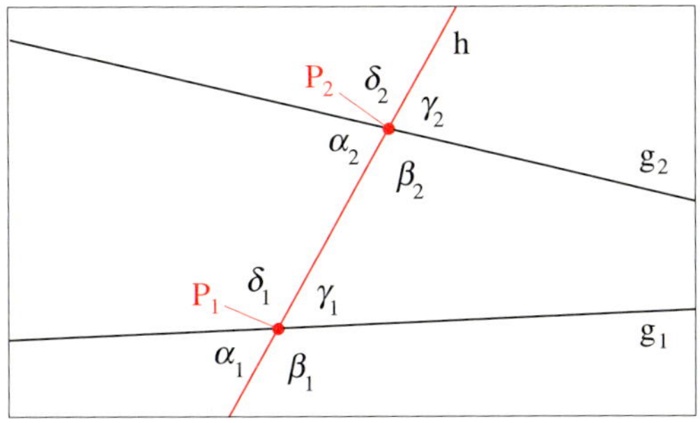

► Scheitelwinkel

Es gilt: $\alpha_1 = \gamma_1$; $\beta_1 = \delta_1$; $\alpha_2 = \gamma_2$; $\beta_2 = \delta_2$.

► Nebenwinkel

Es gilt: $\alpha_1 + \beta_1 = 180°$; $\beta_1 + \gamma_1 = 180°$;
$\gamma_1 + \delta_1 = 180°$; $\delta_1 + \alpha_1 = 180°$;
$\alpha_2 + \beta_2 = 180°$; $\beta_2 + \gamma_2 = 180°$;
$\gamma_2 + \delta_2 = 180°$; $\delta_2 + \alpha_2 = 180°$.

Die vorstehenden Aussagen beschreiben Beziehungen zwischen Winkelpaaren, welche jeweils den gleichen Scheitelpunkt P_1 bzw. P_2 haben.

Aber auch über Winkelpaare, deren Winkel unterschiedliche Scheitelpunkte haben, können Aussagen gemacht werden.
Folgende Paare sollen betrachtet werden:

► α_1 und α_2; β_1 und β_2; γ_1 und γ_2; δ_1 und δ_2.
Man nennt die Winkel dieser Paare **Stufenwinkel**.
Stufenwinkel liegen auf gleichen Seiten der schneidenden Geraden h und der geschnittenen Geraden g_1 und g_2.

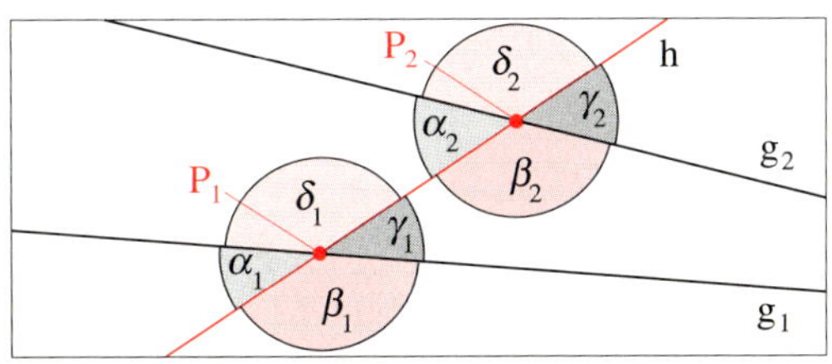

► Stufenwinkel an geschnittenen Geraden

► α_1 und γ_2; β_1 und δ_2; γ_1 und α_2; δ_1 und β_2
Man nennt die Winkel dieser Paare **Wechselwinkel**.
Wechselwinkel liegen auf verschiedenen Seiten der schneidenden Geraden h und der geschnittenen Geraden g_1 und g_2.

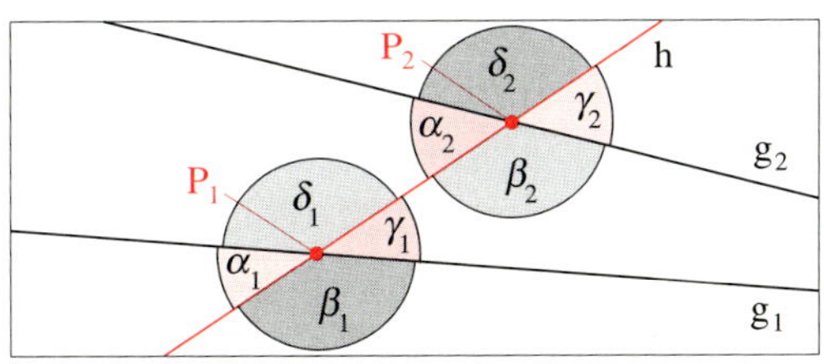

► Wechselwinkel an geschnittenen Geraden

► α_1 und δ_2; β_1 und γ_2; γ_1 und β_2; δ_1 und α_2
Man nennt die Winkel dieser Paare **entgegengesetzt liegende Winkel**.

Entgegengesetzt liegende Winkel liegen auf gleichen Seiten der schneidenden Geraden h und auf verschiedenen Seiten der geschnittenen Geraden g_1 und g_2.

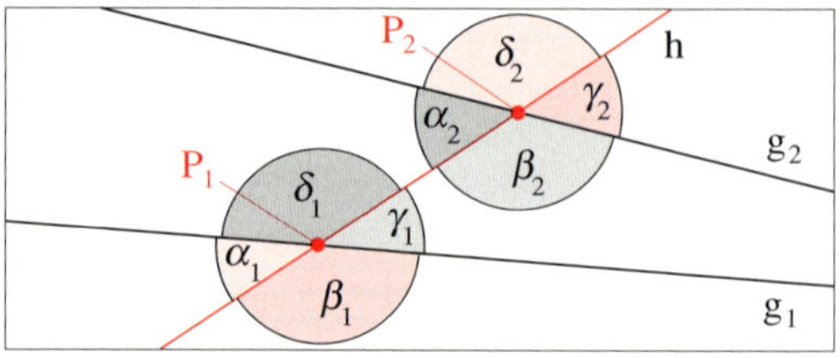

► Entgegengesetzt liegende Winkel an geschnittenen Geraden

Problem: Bestimmen Sie die Beziehungen zwischen den Winkeln der folgenden Winkelpaare, wenn $g_1 \| g_2$, $g_1 \neq g_2$ vorausgesetzt ist und g_1 und g_2 von einer Geraden h geschnitten werden.

- Stufenwinkel an geschnittenen Parallelen:

  α_1 und α_2; β_1 und β_2; γ_1 und γ_2; δ_1 und δ_2

Denkt man sich g_1 parallel so verschoben, dass P_1 auf P_2 fällt, so fallen z. B. die Schenkel der Winkel α_1 und α_2 aufeinander. Man erkennt, dass beide Winkel gleich groß sind. Das gilt auch für die anderen Stufenwinkelpaare.

Stufenwinkel an geschnittenen Parallelen

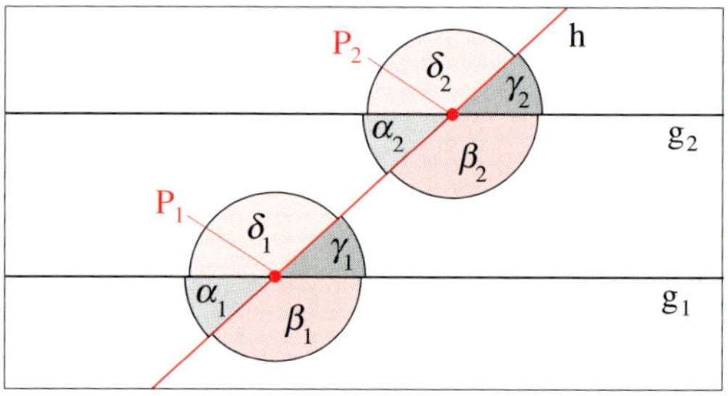

α_1 und α_2, β_1 und β_2, γ_1 und γ_2, δ_1 und δ_2 sind Stufenwinkel

► Stufenwinkel an geschnittenen Parallelen sind gleich groß

- Wechselwinkel an geschnittenen Parallelen:

  α_1 und γ_2; β_1 und δ_2; γ_1 und α_2; δ_1 und β_2

α_1 und α_2 sind als Stufenwinkel gleich groß. Da α_2 und γ_2 Scheitelwinkel sind, sind also auch α_1 und γ_2 gleich groß.
Das gilt auch für die anderen Wechselwinkelpaare.

Wechselwinkel an geschnittenen Parallelen

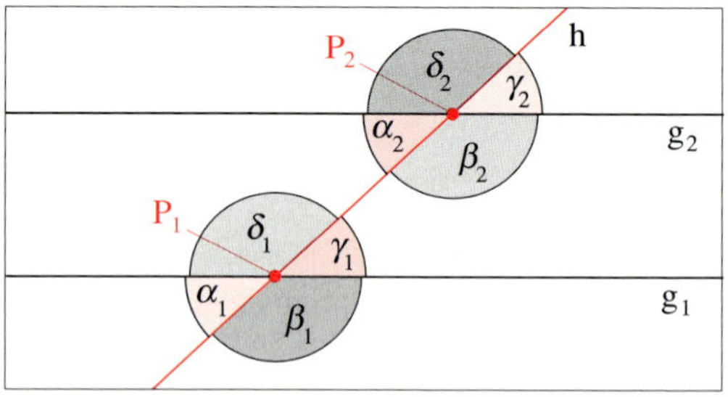

α_1 und γ_2; β_1 und δ_2; γ_1 und α_2; δ_1 und β_2 sind Wechselwinkel

► Wechselwinkel an geschnittenen Parallelen sind gleich groß

- Entgegengesetzt liegende Winkel an geschnittenen Parallelen:

  α_1 und δ_2; β_1 und γ_2; γ_1 und β_2; δ_1 und α_2

α_1 und α_2 sind als Stufenwinkel gleich groß. Da α_2 und δ_2 Nebenwinkel sind, deren Summe 180° beträgt, gilt auch $\alpha_1 + \delta_2 = 180°$. Das gilt auch für die anderen Paare entgegengesetzt liegender Winkel.

Entgegengesetzt liegende Winkel an geschnittenen Parallelen

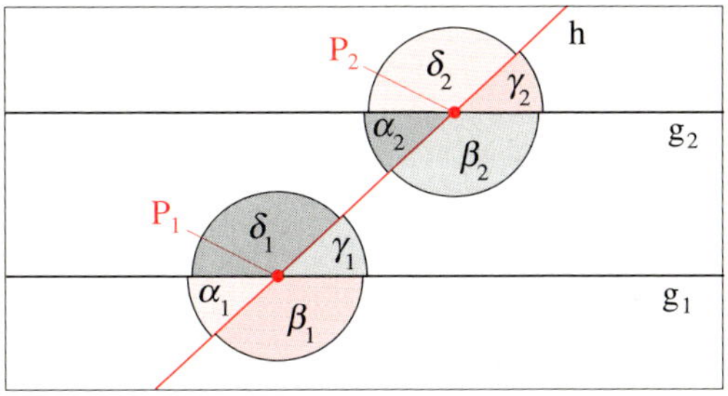

α_1 und δ_2, β_1 und γ_2, γ_1 und β_2, δ_1 und α_2 sind entgegengesetzt liegende Winkel

► Entgegengesetzt liegende Winkel an geschnittenen Parallelen ergänzen einander zu 180°

Merke:

- Stufenwinkel an geschnittenen Parallelen sind gleich groß. ► **Stufenwinkelsatz**
- Wechselwinkel an geschnittenen Parallelen sind gleich groß. ► **Wechselwinkelsatz**
- Entgegengesetzt liegende Winkel an geschnittenen Parallelen ergänzen einander zu 180°.

Beispiel:

Nimmt man an, dass, wie nebenstehend gezeichnet, zwei Straßen parallel zueinander eine dritte Straße kreuzen, so kann man die Größen aller an den Straßenecken vorkommenden Winkel berechnen, wenn man die Größe wenigstens eines von ihnen kennt. Das machen die Sätze über Winkel an geschnittenen Parallelen möglich.

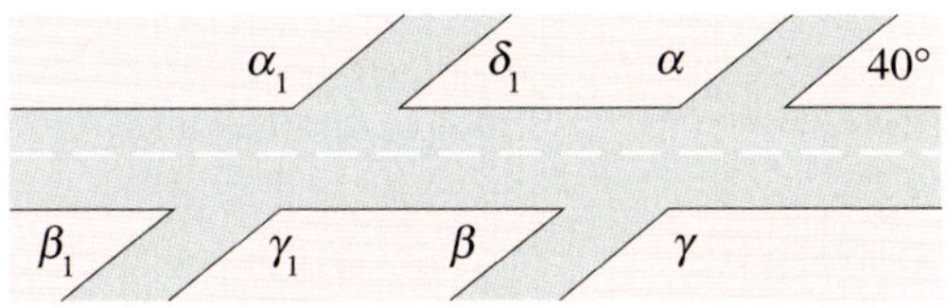

α, α_1: entgegengesetzt liegend zu 40°, also 140°;
δ_1: Stufenwinkel zu 40°, also 40°;
γ_1: entgegengesetzt liegend zu 40°, also 140°;
β, β_1: entgegengesetzt liegend zu 140°, also 40°;
γ: Stufenwinkel zu 140°, also 140°.

Eine wahre Aussage über einen mathematischen Sachverhalt nennt man einen mathematischen **Lehrsatz**. Ein solcher Satz drückt aus, was unter bestimmten Voraussetzungen für ein bestimmtes Objekt oder in einem bestimmten Zusammenhang gilt. Am deutlichsten erkennt man das, wenn man einen solchen Lehrsatz mit „Wenn" beginnt und ihn im zweiten Teil mit „dann" fortsetzt. Den Inhalt des Wenn-Satzes nennt man **Voraussetzung**, den Inhalt des Dann-Satzes **Behauptung**.

Beispiel 1: Wenn α und β Scheitelwinkel sind, dann sind sie gleich groß.
Nach dem „Wenn" steht als **Voraussetzung** die Aussage „α und β sind Scheitelwinkel", nach dem „dann" steht die **Behauptung** „α und β sind gleich groß".

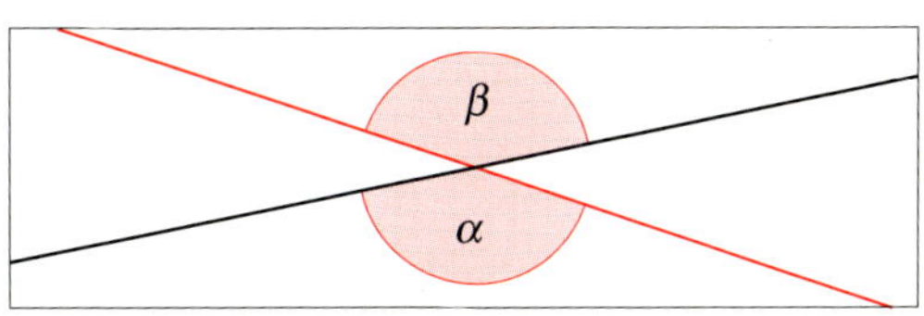

► α und β sind gleich groß

Man kann nun Voraussetzung und Behauptung **vertauschen**.

Beispiel 2: Wenn α und β gleich groß sind, dann sind sie Scheitelwinkel.
Diese Aussage wird die **Umkehrung** des Lehrsatzes aus Beispiel 1 genannt.
Sie ist offensichtlich nicht wahr, denn wenn zwei Winkel gleich groß sind, müssen sie nicht unbedingt die spezielle Lage von Scheitelwinkeln haben, wie die nebenstehende Zeichnung für zwei Stufenwinkel zeigt.

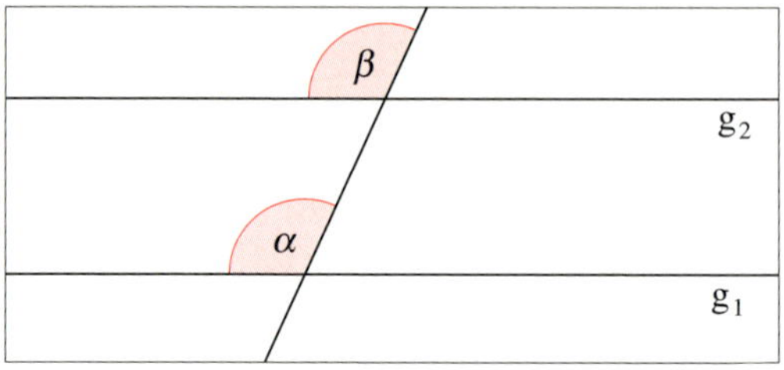

$g_1 \| g_2 \Rightarrow \alpha$ und β sind als Stufenwinkel gleich groß.

Nicht selten ist aber auch die Umkehrung eines Lehrsatzes wieder eine wahre Aussage und damit auch ein Lehrsatz.

Beispiel 3: Wenn die Geraden g_1 und g_2 in der Ebene parallel sind, dann schneiden sie sich nicht.
Umkehrung: Wenn die Geraden g_1 und g_2 in der Ebene sich nicht schneiden, dann sind sie parallel.

► Wahre Aussage

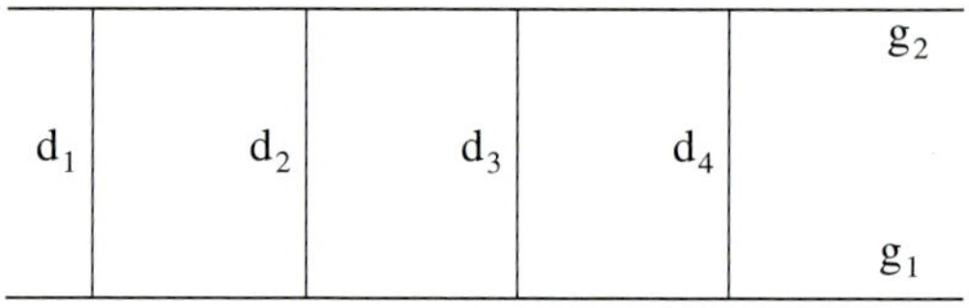

$|d_1| = |d_2| = |d_3| = |d_4|$

Mitunter enthalten mathematische Aussagen mehrere Voraussetzungen.

Beispiel 4: Wenn α_1 und α_2 Stufenwinkel an geschnittenen Parallelen g_1 und g_2 sind, dann sind sie gleich groß.

Hier sind zwei Voraussetzungen gemacht:
1. α_1 und α_2 sind Stufenwinkel an geschnittenen Geraden,
2. die geschnittenen Geraden g_1 und g_2 sind parallel.
Die Behauptung der Aussage ist, daß die Winkel α_1 und α_2 gleich groß sind. Das ist nach dem Stufenwinkelsatz eine wahre Aussage.

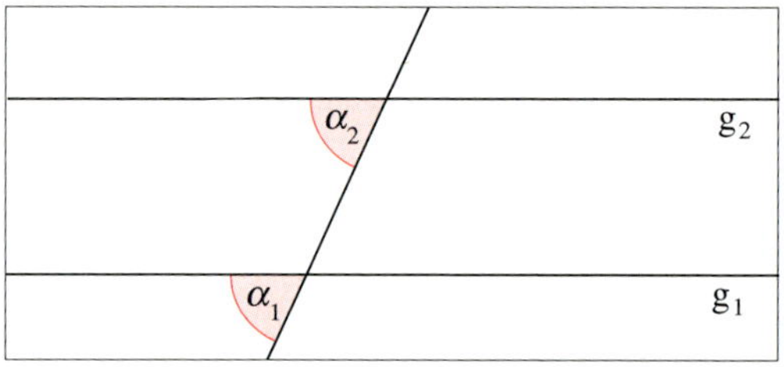

Voraussetzungen: α_1 und α_2 sind Stufenwinkel; g_1 und g_2 sind parallel.

Behauptung: α_1 und α_2 sind gleich groß.
► wahre Aussage

Anmerkung: Im Folgenden wird Voraussetzung häufig zu Vor. und Behauptung zu Beh. abgekürzt werden.

Vertauscht man in diesem Lehrsatz eine der Voraussetzungen mit der Behauptung, so erhält man ebenfalls eine Umkehrung:

Wenn α_1 und α_2 Stufenwinkel an geschnittenen Geraden g_1 und g_2 und gleich groß sind, dann sind die Geraden g_1 und g_2 parallel zueinander.

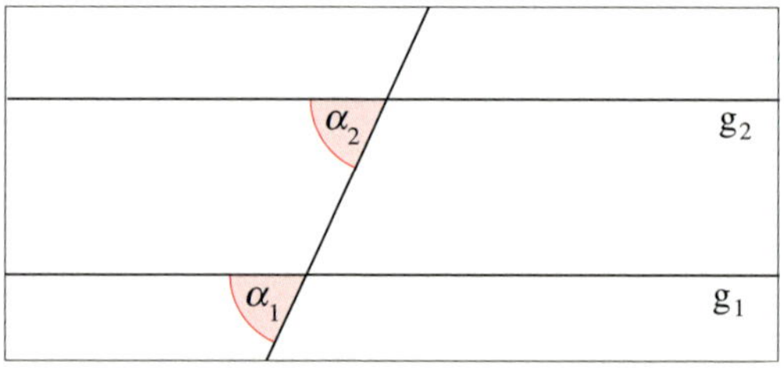

Die Behauptung dieser Aussage, nämlich dass g_1 und g_2 parallel sind, trifft zu. Es ist dies eine Verallgemeinerung der Definition des Parallelseins zweier Geraden.

Vor.: α_1 und α_2 sind Stufenwinkel; α_1 und α_2 sind gleich groß.
Beh.: $g_1 \| g_2$. ► wahre Aussage

Auch die andere Voraussetzung des Lehrsatzes kann mit der Behauptung vertauscht werden:
Wenn die Winkel α_1 und α_2 an geschnittenen Parallelen liegen und gleich groß sind, dann sind sie Stufenwinkel.
Diese Behauptung trifft nicht zu, auch Wechselwinkel an geschnittenen Parallelen können gleich groß sein.

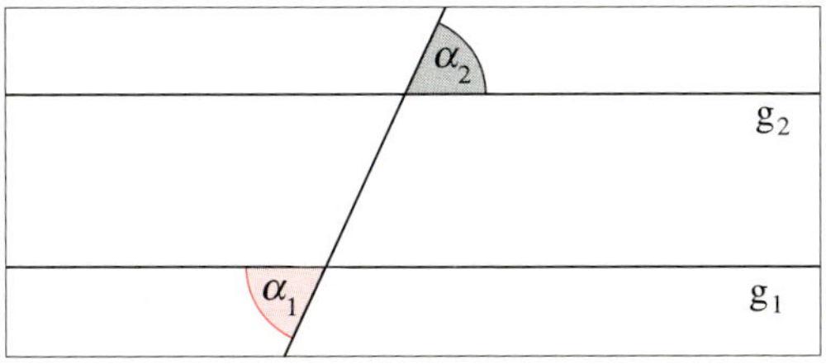

Vor.: α_1 und α_2 sind gleich groß; $g_1 \| g_2$.
Beh.: α_1 und α_2 sind Stufenwinkel.
► falsche Aussage, denn α_1 und α_2 können z. B. auch Wechselwinkel sein.

Auf die geschilderte Weise kann man alle Lehrsätze des voranstehenden Merke-Kastens umkehren. Man erhält dabei die folgenden wahren Umkehrungen, also neuen mathematischen Lehrsätze:

Merke:

- Wenn Stufenwinkel an geschnittenen Geraden gleich groß sind, dann sind die geschnittenen Geraden parallel.
- Wenn Wechselwinkel an geschnittenen Geraden gleich groß sind, dann sind die geschnittenen Geraden parallel.
- Wenn sich entgegengesetzt liegende Winkel an geschnittenen Geraden zu 180° ergänzen, dann sind die geschnittenen Geraden parallel.

Übungen zu 2

1. Verlängert man die Seiten eines Dreiecks über seine Eckpunkte hinaus, so entstehen viele Paare von Stufen- und Wechselwinkel sowie entgegengesetzt liegende Winkel.
Zähle sie alle auf, die Sie erkennen.

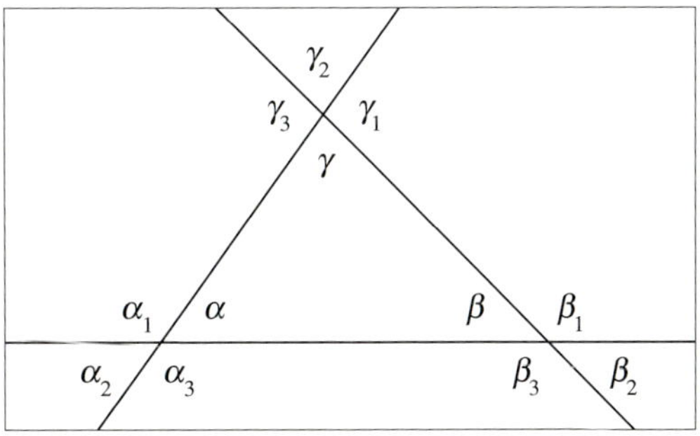

2. Nennen Sie Paare von
a) Nebenwinkeln,
b) Scheitelwinkeln,
c) Stufenwinkeln,
d) Wechselwinkeln,
e) Entgegengesetzt liegenden Winkeln.

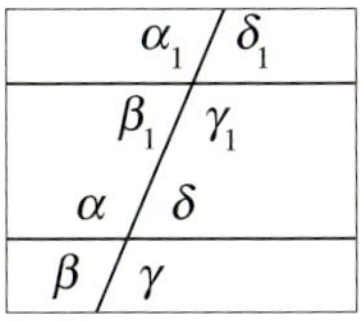

3. Berechnen Sie die übrigen Winkel (die geschnittenen Geraden sind parallel):

a)

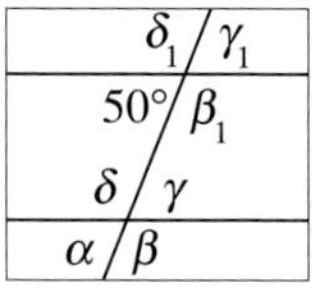

b)

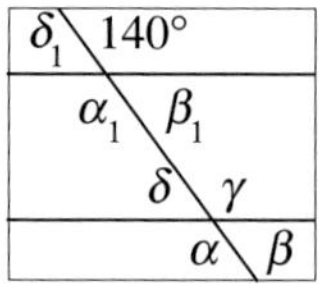

c)

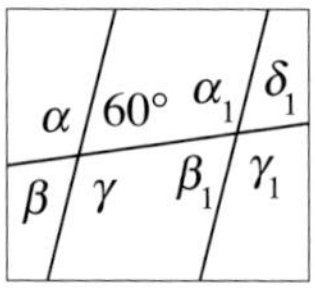

d)

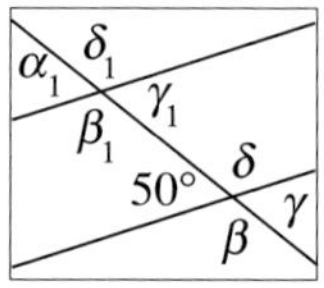

4. Zwei parallel zueinander laufende Straßen werden von einer dritten Straße geradlinig gekreuzt. Die Größe eines der dadurch entstandenen Winkel ist bekannt.
Berechnen Sie die Größe der anderen Winkel.

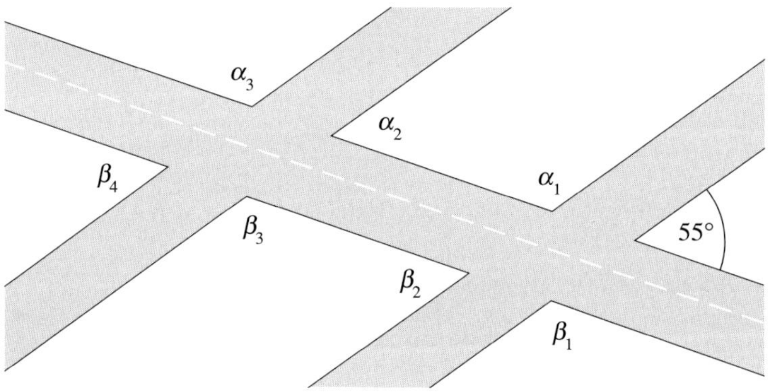

Wiederholungsfragen zu 2

1. Erläutern Sie die Begriffe Stufenwinkel, Wechselwinkel und entgegengesetzt liegende Winkel an geschnittenen Geraden.

2. Welche Eigenschaften haben Stufen-, Wechsel- und entgegengesetzt liegende Winkel, falls die geschnittenen Geraden parallel sind?

3. Was versteht man unter einem Lehrsatz?

4. Welche Bedeutung haben der Wenn-Satz und der Dann-Satz, wenn ein Lehrsatz in der Struktur „Wenn..., dann...“ vorliegt?

5. Wie bildet man die Umkehrung eines Lehrsatzes der Struktur „Wenn..., dann...“?

3 Das Dreieck I

3.1 Begriffe und Bezeichnungen

Liegen drei Punkte A, B, C einer Ebene nicht alle auf einer Geraden und verbindet man sie durch Strecken miteinander, so entsteht ein **Dreieck**. Ein solches Dreieck bezeichnet man oft durch $\triangle$ABC.

Die miteinander verbundenen Punkte nennt man die **Ecken**, die sie verbindenden Strecken die **Seiten** des Dreiecks. Die Strecken $\overline{AB}$, $\overline{BC}$, $\overline{CA}$ bilden zusammen mit den Punkten im Inneren des Dreiecks die **Fläche** des Dreiecks.

Die Ecken eines Dreiecks werden in diesem Buch mit großen lateinischen Buchstaben, die den Ecken gegenüberliegenden Seiten mit den entsprechenden kleinen lateinischen Buchstaben bezeichnet. Der Winkel $\sphericalangle$ BAC wird in der Regel mit α, der Winkel $\sphericalangle$CBA mit β und der Winkel $\sphericalangle$ACB mit γ bezeichnet. Die Winkel α, β und γ heißen **Innenwinkel** des Dreiecks.
Die griechischen Buchstaben $\alpha, \beta, \gamma, \ldots$ werden häufig auch als Variable für Größen verwendet, wenn man z. B. schreibt $\alpha = 30°$, $\beta = 52°$ usw. Was diese Variablen bedeuten, geht jeweils aus dem Zusammenhang hervor.

Dreieck $\triangle$ABC

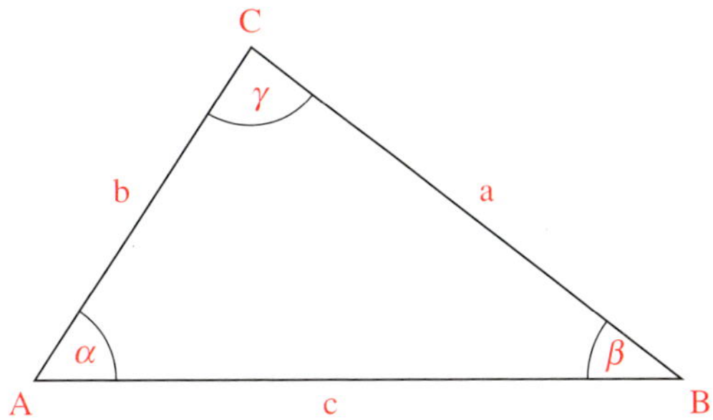

- A, B, C: Ecken des Dreiecks
- a, b, c: Seiten des Dreiecks $\triangle$ABC
- α, β, γ: Innenwinkel des Dreiecks $\triangle$ABC

Die Lotgerade durch eine Dreiecksecke auf die gegenüberliegende Seite oder deren Verlängerung heißt eine **Höhe** des Dreiecks. Jedes Dreieck $\triangle$ABC besitzt drei Höhen h_a, h_b und h_c. Ihre Lotfußpunkte auf den gegenüberliegenden Seiten bzw. deren Verlängerungen heißen **Höhenfußpunkte**. Sie werden mit H_a, H_b und H_c bezeichnet.
Es ist üblich, auch nur die Strecken $\overline{AH_a}$, $\overline{BH_b}$ und $\overline{CH_c}$ als Höhen zu bezeichnen. Dann stehen h_a, h_b und h_c für diese Strecken bzw. h_a, h_b und h_c für deren Längen.

Höhen im Dreieck

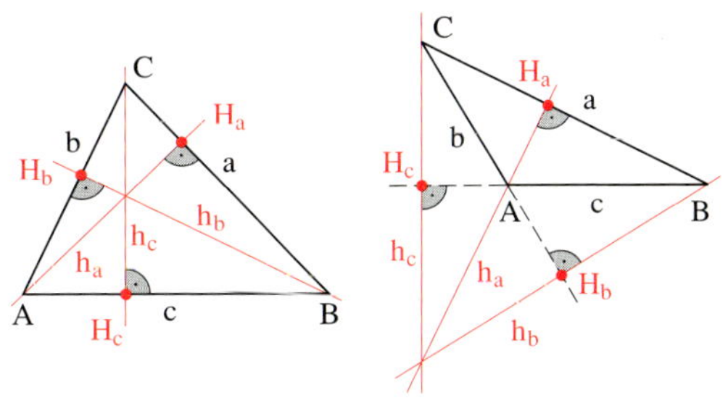

- h_a, h_b, h_c: Höhen
- H_a, H_b, H_c: Höhenfußpunkte
- $\overline{AH_a}$, $\overline{BH_b}$, $\overline{CH_c}$: Höhen

Die Verbindungsgerade einer Dreiecksecke mit der Mitte der gegenüberliegenden Seite heißt eine **Seitenhalbierende** des Dreiecks. Jedes Dreieck $\triangle ABC$ besitzt drei Seitenhalbierende s_a, s_b und s_c. Die Seitenmitten werden mit M_a, M_b und M_c bezeichnet.
Es ist üblich, auch nur die Strecken $\overline{AM_a}$, $\overline{BM_b}$ und $\overline{CM_c}$ als Seitenhalbierende zu bezeichnen. Dann stehen s_a, s_b und s_c für diese Strecken bzw. s_a, s_b und s_c für deren Längen.

Seitenhalbierende im Dreieck

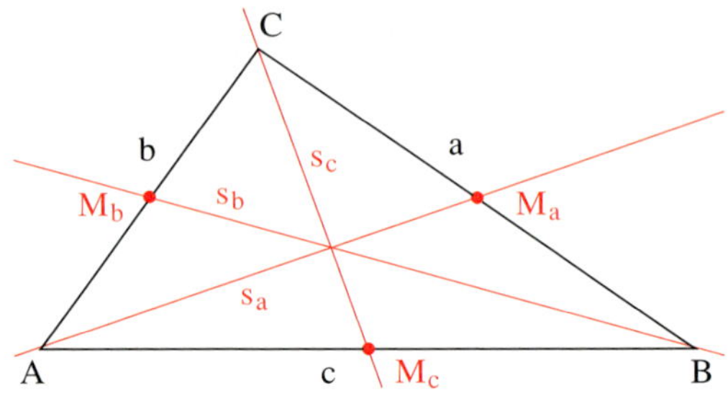

- s_a, s_b, s_c: Seitenhalbierende
- M_a, M_b, M_c: Seitenmittenpunkte
- $\overline{AM_a}$, $\overline{BM_b}$, $\overline{CM_c}$: Seitenhalbierende

Eine Gerade, die durch eine Dreiecksecke geht und den Dreieckswinkel an dieser Ecke halbiert, heißt eine **Winkelhalbierende** des Dreiecks. Jedes Dreieck $\triangle ABC$ besitzt drei Winkelhalbierende w_α, w_β und w_γ. Ihre Schnittpunkte mit den Dreiecksseiten heißen entsprechend W_α, W_β und W_γ. Es ist üblich, auch nur die Strecken $\overline{AW_\alpha}$, $\overline{BW_\beta}$ und $\overline{CW_\gamma}$ als Winkelhalbierende zu bezeichnen. Dann stehen w_α, w_β und w_γ für diese Strecken bzw. w_α, w_β und w_γ für deren Längen.

Winkelhalbierende im Dreieck

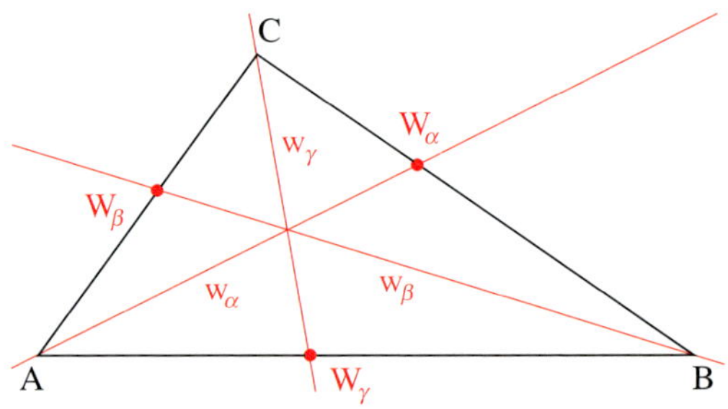

- w_α, w_β, w_γ: Winkelhalbierende
- W_α, W_β, W_γ: Schnittpunkte mit den Seiten
- $\overline{AW_\alpha}$, $\overline{BW_\beta}$, $\overline{CW_\gamma}$: Winkelhalbierende

Eine Gerade, die durch die Mitte einer Dreiecksseite geht und auf dieser senkrecht steht, heißt eine **Mittelsenkrechte** des Dreiecks. Jedes Dreieck $\triangle ABC$ besitzt drei Mittelsenkrechte m_a, m_b und m_c. Die Seitenmitten werden entsprechend mit M_a, M_b und M_c bezeichnet.

Mittelsenkrechte im Dreieck

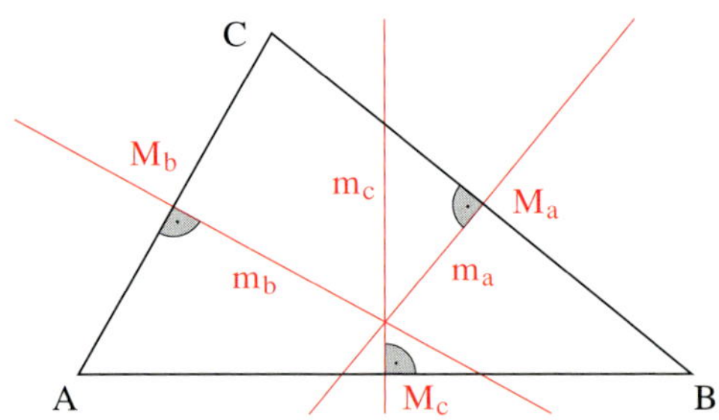

3.2 Winkel im und am Dreieck

Misst man z. B. die **Innenwinkel** des nebenstehenden Dreiecks und bestimmt die Summe der gemessenen Größen, so erhält man eine Größe, die mehr oder weniger nahe bei 180° liegt, je nachdem, wie genau man gemessen hat.

Innenwinkel im Dreieck

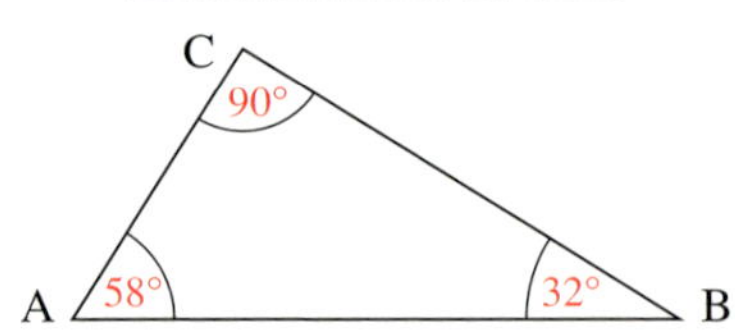

Wiederholt man solche Messungen an beliebig vielen anderen, voneinander verschiedenen Dreiecken und bildet jedesmal die Summe der gemessenen Größen, so ist diese Summe immer 180° oder liegt doch nahe bei 180°.
Man kann **vermuten**, dass diese Summe stets, unabhängig von der Größe und der Gestalt eines Dreiecks, 180° beträgt.

Die Richtigkeit einer Vermutung, die sich aus einem geometrischen Sachverhalt ergibt, kann aber nicht durch Messen oder Zeichnen erwiesen werden. Will man sicher sein, dass eine entsprechende Vermutung richtig ist, muss man sie **beweisen**.
Einen **Beweis führen** heißt: Mit Hilfe bereits als wahr erkannter Lehrsätze durch logisches Schließen nachweisen, daß die behauptete Aussage tatsächlich wahr, also ebenfalls ein Lehrsatz ist.

Dazu macht man sich die Voraussetzungen und die Behauptung klar, die in dieser Aussage bestehen, und versucht, aus diesen Voraussetzungen durch eine Kette von Schlussfolgerungen die Behauptung zu beweisen. Dabei muss jede durchgeführte Schlussfolgerung begründet werden.

Die obige Vermutung lautet: Die Summe der Innenwinkel eines Dreiecks beträgt 180°. In dieser Formulierung sind Voraussetzung und Behauptung nicht aus Wenn-Satz bzw. Dann-Satz unmittelbar ablesbar. Man kann die ausgesprochene Vermutung mit Hilfe von „wenn" und „dann" aber wie folgt aussprechen:
Wenn α, β und γ Innenwinkelgrößen eines Dreiecks sind, so gilt: $\alpha+\beta+\gamma=180°$.

Um diese Vermutung zu beweisen, muss man also aus der Voraussetzung, dass die genannten Winkelgrößen die Innenwinkelgrößen eines Dreiecks sind, schlussfolgern, dass ihre Summe 180° beträgt.

Problem: Beweisen Sie: Wenn α, β und γ Innenwinkel eines Dreiecks sind, dann beträgt die Summe der Größen dieser Winkel 180°.

Vor.: α, β und γ sind Innenwinkel eines beliebigen Dreiecks $\triangle ABC$.

Beh.: $\alpha+\beta+\gamma=180°$ (wenn man zur übersichtlichen Darstellung die Bezeichnungen der Winkel für ihre Größen setzt).

Beweis: Man zeichnet die Gerade g durch C mit $g||AB$. Dann gilt:
$\alpha_1+\gamma+\beta_1=180°$ (vgl. nebenstehende Zeichnung; α_1, β_1 und γ bilden einen gestreckten Winkel)
$\alpha_1=\alpha$ als Wechselwinkel an geschnittenen Parallelen
$\beta_1=\beta$ als Wechselwinkel an geschnittenen Parallelen
Also gilt auch $\alpha+\beta+\gamma=180°$, denn α_1 kann durch α und β_1 kann durch β ersetzt werden.

Summe der Innenwinkelgrößen

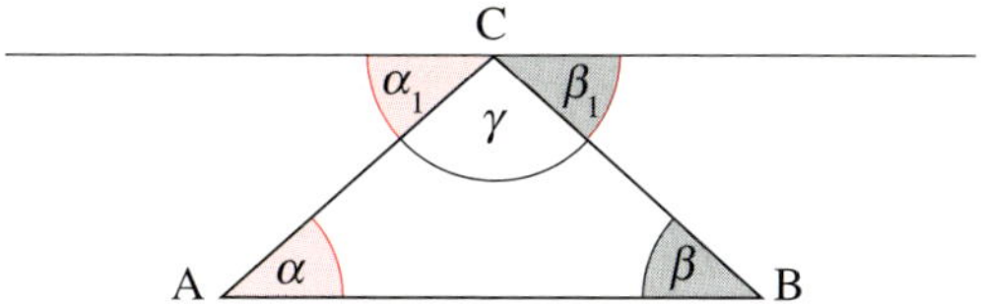

► $g||AB$

► $\alpha_1+\gamma+\beta_1=180°$
► $\alpha+\beta+\gamma=180°$

Damit ist die anfängliche Vermutung bewiesen und kann als **Lehrsatz** ausgesprochen werden.

Merke:

Die Summe der Größen der Innenwinkel eines Dreiecks beträgt 180°.
$\alpha+\beta+\gamma=180°$ ► **Innenwinkelsatz**

Verlängert man eine Seite eines Dreiecks $\triangle ABC$ über einen Eckpunkt hinaus, so entsteht dort ein zum Innenwinkel gehörender Nebenwinkel. Einen solchen Nebenwinkel nennt man **Außenwinkel** des Dreiecks.

In dem nebenstehenden Dreieck $\triangle ABC$ ist z. B. die Seite b über C hinaus verlängert worden. Der Winkel γ_1 ist Nebenwinkel des Innenwinkels γ und somit ein Außenwinkel des Dreiecks $\triangle ABC$. Entsprechend erhält man durch Verlängerung der Seite a über B hinaus und c über A hinaus die Außenwinkel β_1 und α_1.

Außenwinkel eines Dreiecks

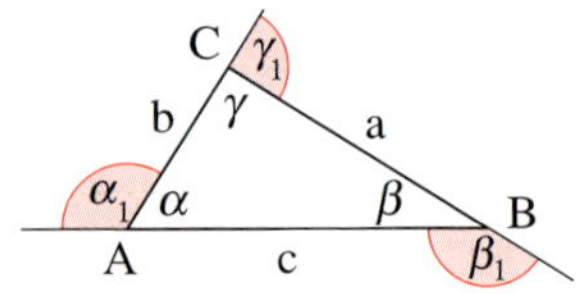

► α_1 ist Außenwinkel zu α; β_1 ist Außenwinkel zu β; γ_1 ist Außenwinkel zu γ

Der Außenwinkel γ_1 ergänzt seinen anliegenden Innenwinkel γ zu 180°: $\gamma + \gamma_1 = 180°$. Dasselbe gilt aber auch für die beiden nicht anliegenden Innenwinkel α und β, auch sie ergänzen γ zu 180°: $\gamma + (\alpha + \beta) = 180°$. Man erkennt, dass γ_1 so groß sein muss wie $\alpha + \beta$.

Mit anderen Worten: Der Außenwinkel γ_1 ist gleich der Summe der ihm nicht anliegenden Innenwinkel α und β. Diese Erkenntnis und die durch die gleichen Überlegungen für die anderen Außenwinkel gefundenen Aussagen sind in dem folgenden Außenwinkelsatz zusammengefasst.

Merke:

Ein Außenwinkel eines Dreiecks ist genauso groß wie die Summe der beiden ihm nicht anliegenden Innenwinkel. ► **Außenwinkelsatz**
$\alpha_1 = \beta + \gamma$ und $\beta_1 = \alpha + \gamma$ und $\gamma_1 = \alpha + \beta$

Problem: Zeigen Sie, dass die Summe der Größen der Außenwinkel eines Dreiecks 360° beträgt.

Vorüberlegung: Man weiß bereits, dass die Summe der Größen der Innenwinkel 180° beträgt, also gilt: $\alpha + \beta + \gamma = 180°$. Man wird versuchen zu zeigen, dass die Summe der Größen der Außenwinkel das Doppelte der Innenwinkelsumme, also $2(\alpha + \beta + \gamma)$ und damit 360° ist.

Voraussetzung: α_1, β_1 und γ_1 sind die Größen der Außenwinkel des Dreiecks $\triangle ABC$ und α, β sowie γ sind die Größen der Innenwinkel dieses Dreiecks.

Behauptung: $\alpha_1 + \beta_1 + \gamma_1 = 360°$.

Beweis: (1) $\alpha_1 = \beta + \gamma$ (Außenwinkelsatz)
(2) $\beta_1 = \alpha + \gamma$ (Außenwinkelsatz)
(3) $\gamma_1 = \alpha + \beta$ (Außenwinkelsatz)

Durch Addition der Gleichungen (1), (2) und (3) erhält man: $\alpha_1 + \beta_1 + \gamma_1 =$
$= \beta + \gamma + \alpha + \gamma + \alpha + \beta$
$= 2(\alpha + \beta + \gamma)$ ► Addieren und Ausklammern
$= 360°$

Summe der Außenwinkelgrößen

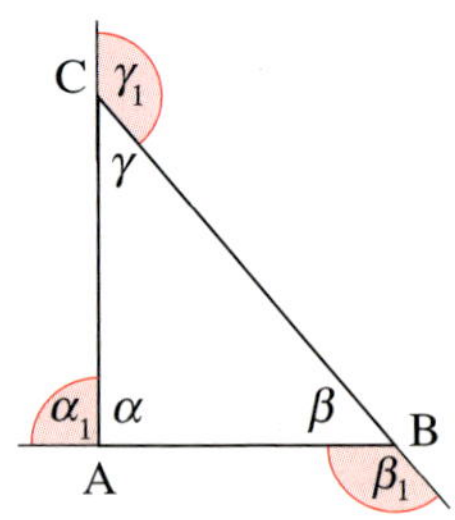

► $\alpha_1 + \beta_1 + \gamma_1 = 360°$

Merke:

Die Summe der Größen der Außenwinkel eines Dreiecks beträgt 360°.
$\alpha_1 + \beta_1 + \gamma_1 = 360°$. ► **Außenwinkelsatz**

Beispiel:

Man stelle sich vor, ein Autofahrer könnte am Punkt A sein Auto starten und über die Strecken $\overline{AB}$, $\overline{BC}$ und $\overline{CA}$ zurück nach A fahren. Um wieviel Grad hat sich das Auto gedreht, wenn es in A wieder in Startrichtung steht?

Das Auto muss bei B eine Drehung vollziehen, welche die Größe des Außenwinkels β_1 hat, um auf $\overline{BC}$ weiterfahren zu können. Analog muss es sich bei C um γ_1 drehen und bei A, um wieder in die Abfahrtsrichtung zu kommen, um α_1. Insgesamt hat das Auto somit eine Drehung um $\alpha_1 + \beta_1 + \gamma_1$, also um 360°, vollzogen.

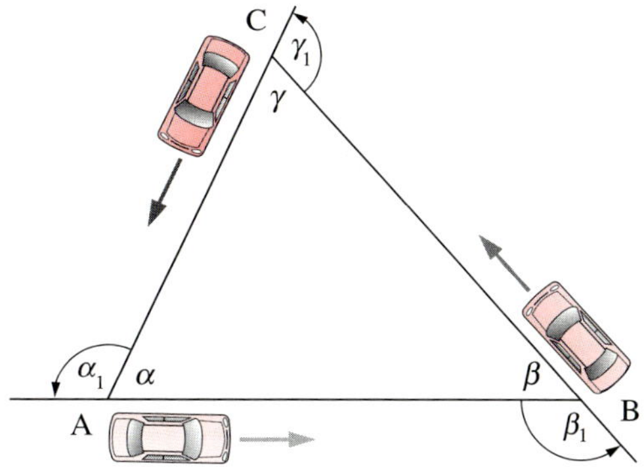

3.3 Typen von Dreiecken

Man unterscheidet Dreiecke sowohl nach der Größe ihrer Winkel als auch nach der Länge ihrer Seiten.

● Unterscheidung nach Winkelgrößen

1. Ein Innenwinkel des Dreiecks ist ein rechter Winkel. Das Dreieck heißt **rechtwinkliges Dreieck**.
Die beiden anderen Winkel sind zusammen nach dem Lehrsatz über die Innenwinkelsumme ebenfalls 90° groß, jeder einzelne muss also ein spitzer Winkel sein.

2. Ein Innenwinkel des Dreiecks ist ein stumpfer Winkel, also größer als 90°. Das Dreieck heißt **stumpfwinkliges Dreieck**. Die beiden anderen Winkel sind dann – wie im rechtwinkligen Dreieck – spitze Winkel.

3. Jeder Innenwinkel des Dreiecks ist ein spitzer Winkel, also kleiner als 90°. Das Dreieck heißt **spitzwinkliges Dreieck**.

Unterscheidung nach Winkelgrößen

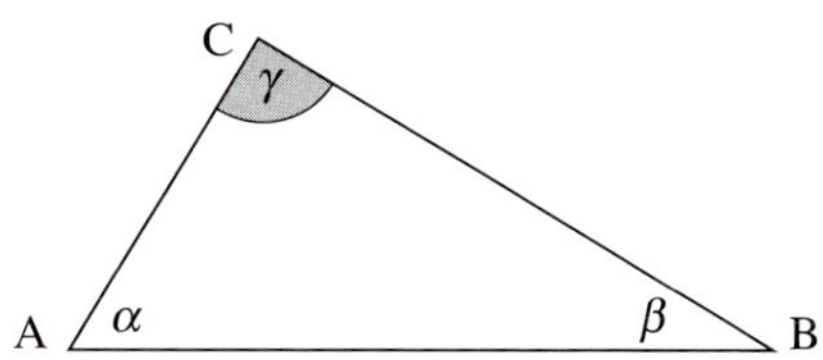

$\gamma = 90° \Rightarrow \alpha < 90°$ und $\beta < 90°$

► △ABC ist rechtwinklig

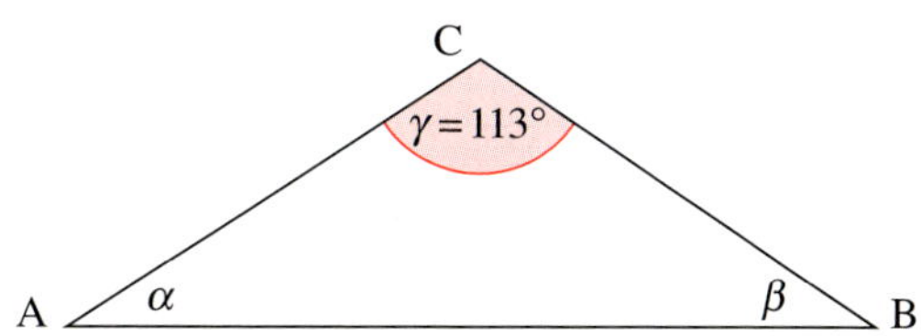

$\gamma = 113° \Rightarrow \alpha < 90°$ und $\beta < 90°$

► △ABC ist stumpfwinklig

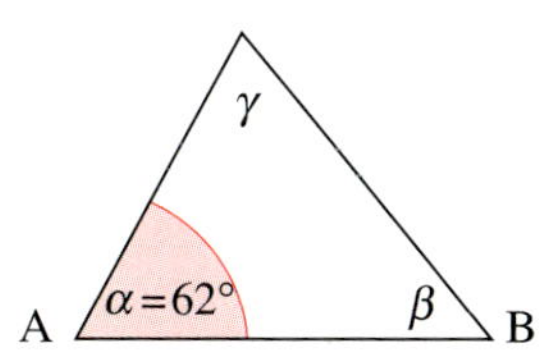

$\alpha = 62°$ und $\beta < 90°$ und $\gamma < 90°$

► △ABC ist spitzwinklig

● Unterscheidung nach Seitenlängen

Unterscheidung nach Seitenlängen

1. Alle Seiten sind gleich lang. Das Dreieck heißt **gleichseitiges Dreieck.**

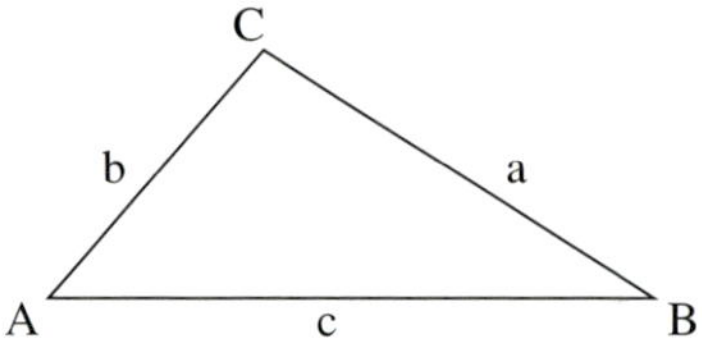

$|a| = |b| = |c|$

► △ABC ist gleichseitig

2. Mindestens zwei Seiten sind gleich lang. Das Dreieck heißt **gleichschenkliges Dreieck**. Jedes gleichseitige Dreieck ist also auch ein gleichschenkliges Dreieck.

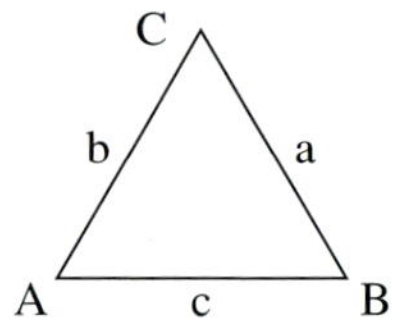

$|a| = |b|$

► △ABC ist gleichschenklig

3. Keine zwei Seiten sind gleich lang. Das Dreieck heißt **ungleichseitiges** oder **allgemeines Dreieck**.

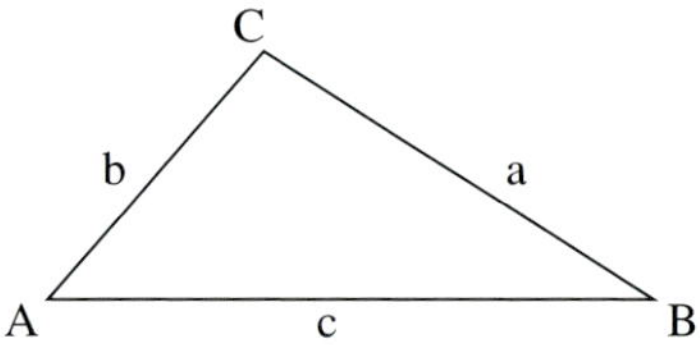

$|a| \neq |b|, |b| \neq |c|, |c| \neq |a|$

► △ABC ist ungleichseitig

Wenn man die beiden Unterscheidungsmerkmale kombiniert und das Ergebnis in Form einer Tabelle notiert, so erhält man folgende Zusammenstellung:

Winkelgröße / Seitenlänge	ein rechter Winkel	ein stumpfer Winkel	drei spitze Winkel
3 Seiten gleich lang **gleichseitige Dreiecke**	existiert nicht, weil alle Innenwinkel 60° groß sind	existiert nicht, weil die Innenwinkel 60° groß sind	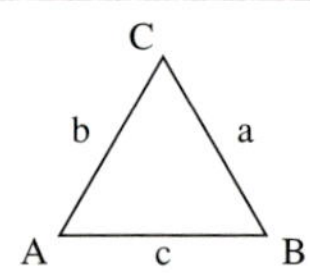
2 Seiten gleich lang **gleichschenklige Dreiecke**	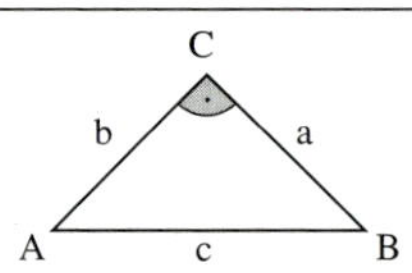	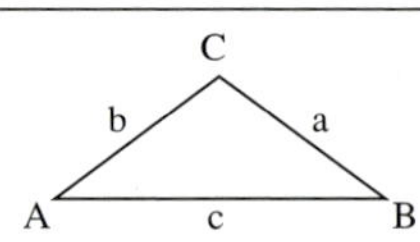	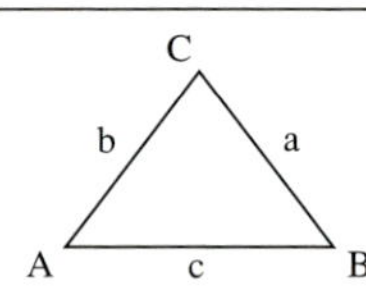
keine gleich langen Seiten **ungleichseitige Dreiecke**	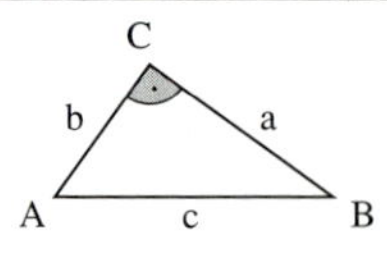	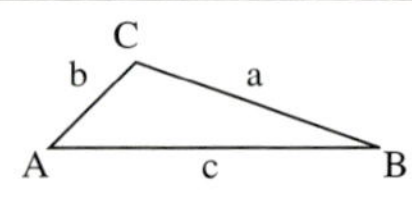	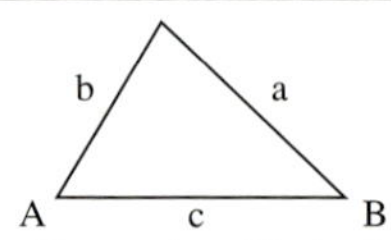 allgemeines Dreieck

3.4 Konstruktion von Dreiecken aus Seiten und Winkeln – die Kongruenzsätze

Unter einer geometrischen **Konstruktion** versteht man ein Verfahren, das es ermöglicht, eine geometrische Figur mit geforderten Eigenschaften unter Verwendung vorgeschriebener Hilfsmittel herzustellen. Dieses Verfahren kann als Konstruktionsbeschreibung oder als zeichnerische Ausführung vorliegen. In der Regel verwendet man beide Methoden gemeinsam.

Als Konstruktionshilfsmittel sind in diesem Buch, solange keine Einschränkungen gemacht werden, neben einem Zeichenstift ein Geodreieck und ein Lineal mit ihren Messskalen sowie ein Zirkel zugelassen.

Heutzutage lassen sich geometrische Konstruktionen auch mithilfe geeigneter Software auf einem Computer durchführen.

Für das Lösen geometrischer Konstruktionsaufgaben gibt es von alters her eine Schrittfolge. Man unterscheidet dabei die Etappen Analyse, Konstruktion, Determination und Beweis. Im Folgenden wird eine Schrittfolge vorgeschlagen, die ein wenig von der klassischen Einteilung abweicht. Es sollen unterschieden werden:

1. Etappe: **Analyse** der Konstruktionsaufgabe.
   Sie hat das vollständige sprachliche und begriffliche Verstehen der Aufgabe sowie das Erfassen des Problems, insbesondere das klare Erkennen der gegebenen Voraussetzungen und der Bedingungen, denen die Lösungsfigur genügen muss, zum Inhalt. Dazu fertigt man eine sogenannte **Planfigur** an, d. h. eine Skizze der gesuchten Figur, in welcher die gegebenen Stücke markiert werden.
   Hilfreiche Fragen in dieser Etappe sind: Was könnte man sofort zeichnen? Was fehlt dann noch? Welche Bedingungen muss das Fehlende erfüllen?

2. Etappe: Die Erarbeitung einer **Lösungsidee** und das Aufstellen eines **Konstruktionsplanes**. Ihr Inhalt ist die gedankliche Vorwegnahme der Konstruktion.
   Hilfreiche Fragen dazu sind: Mit welchem Vorgehen erhält man die gesuchten Stücke so, dass diese den erkannten Bedingungen genügen? Welche Konstruktionsschritte müssen in welcher Reihenfolge durchgeführt werden?

3. Etappe: Die **Durchführung** der Konstruktion.

4. Etappe: Die Rückschau auf die Lösung.
   Sie dient dem Bewusstmachen gewisser allgemeiner Vorgehensweisen. Sie dient aber auch der Klärung der Frage, ob die konstruierte Figur die Eigenschaften besitzt, die sie laut Aufgabenstellung haben soll (Beweis der Konstruktion). Und schließlich muss man sich mit der Frage beschäftigen, ob die durchgeführte Konstruktion immer möglich ist und ob es genau eine oder vielleicht mehrere Lösungen gibt (Determination).

Natürlich sind diese Etappen nicht für alle Konstruktionsaufgaben von gleicher Wichtigkeit – es ist z. B. oft von vornherein klar, dass die durchgeführte Konstruktion eindeutig ist – aber insgesamt sind sie doch für die Ausbildung der Fähigkeit, geometrische Konstruktionsaufgaben selbstständig lösen zu können, von großer Bedeutung.

● **Konstruktionen aus den Seiten**

Wenn für die Konstruktion eines Dreiecks nur die Länge einer Seite, etwa 5 cm für *c*, vorgegeben ist, so lassen sich unendlich viele Dreiecke zeichnen, deren Seite c die Länge 5 cm hat. Die nebenstehende Zeichnung zeigt, daß der Punkt C noch völlig beliebig in der Zeichenebene gewählt werden kann.

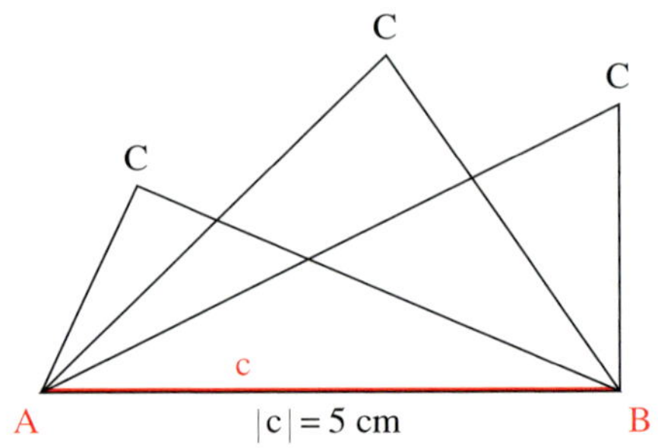

Auch in dem Fall, dass die Längen zweier Seiten, etwa b und c, vorgegeben sind, lassen sich noch unendlich viele Dreiecke angeben, deren Seiten b und c die vorgegebenen Längen besitzen. Jeder Punkt des Kreises um A mit dem Radius | b | kann der 3. Eckpunkt C eines dieser Dreiecke sein, wie man der nebenstehenden Zeichnung entnimmt.

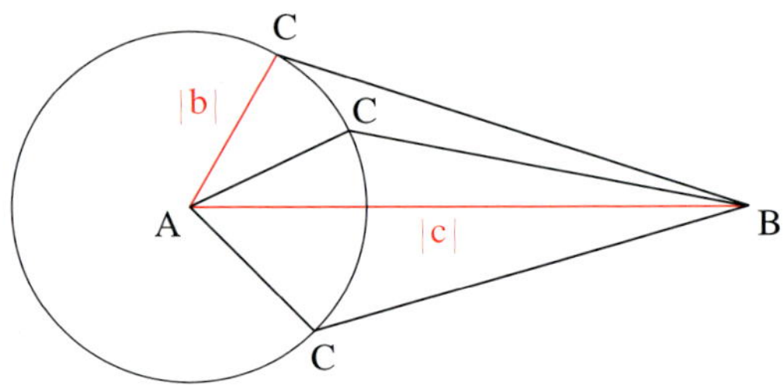

Auch bei Vorgabe der Länge einer Seite und der Größe eines der Seite anliegenden Winkels ist keine eindeutige Konstruktion eines Dreiecks möglich. Für die nebenstehende Zeichnung ist angenommen, dass neben der Länge von c auch die Größe des Winkels α gegeben ist. Dann kommt jeder Punkt des freien Schenkels von α als 3. Eckpunkt eines Dreiecks infrage, welches die verlangte Seitenlänge und die verlangte Winkelgröße aufweist.

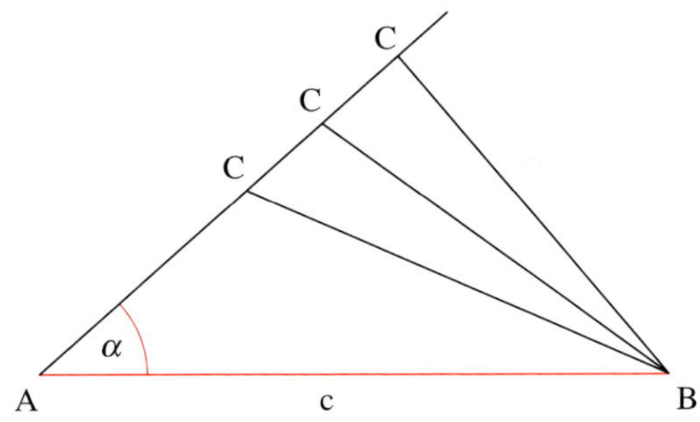

Problem: Konstruieren Sie ein Dreieck mit den Seitenlängen 3 cm für *a*, 5 cm für *b* und 6 cm für *c*.

Überlegungen zum Problem:

1. Etappe: Als Planfigur wird ein beliebiges Dreieck skizziert. In der Problemstellung sind die Längen der drei Seiten gegeben; in der Skizze werden die Seiten markiert. Man kann eine Seite, z. B. die Seite $c = \overline{AB}$ mit der Länge 6 cm sofort zeichnen. Vom Dreieck fehlt dann noch der dritte Eckpunkt C.

Dreieck aus den drei Seiten

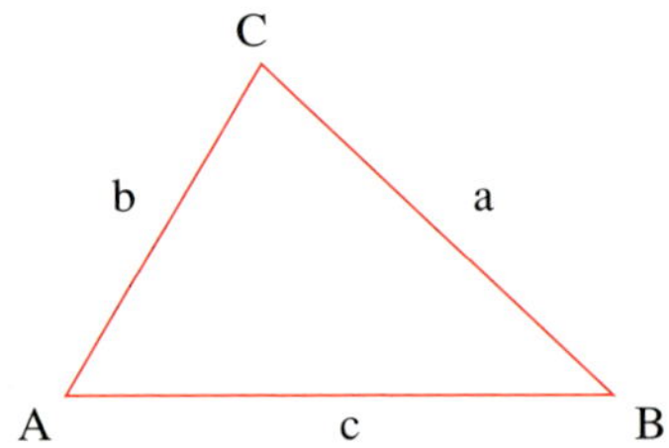

► Planfigur zum Problem

2. Etappe: Was weiß man über den gesuchten Punkt C?

a) Er muss einerseits auf dem Kreis K_A um A mit dem Radius $r = 5$ cm liegen, denn der Punkt C hat von A den Abstand 5 cm, und alle Punkte, die von A den Abstand 5 cm haben, liegen auf dem Kreis um A mit dem Radius 5 cm.

b) Er muss andererseits auf dem Kreis K_B um B mit dem Radius $r = 3$ cm liegen, denn C hat von B den Abstand 3 cm, liegt also auf dem Kreis um B mit dem Radius 3 cm.

c) Der Punkt C muss also ein **gemeinsamer** Punkt der Kreise K_A und K_B sein.

Zur 3. Etappe: Durchführung der Konstruktion

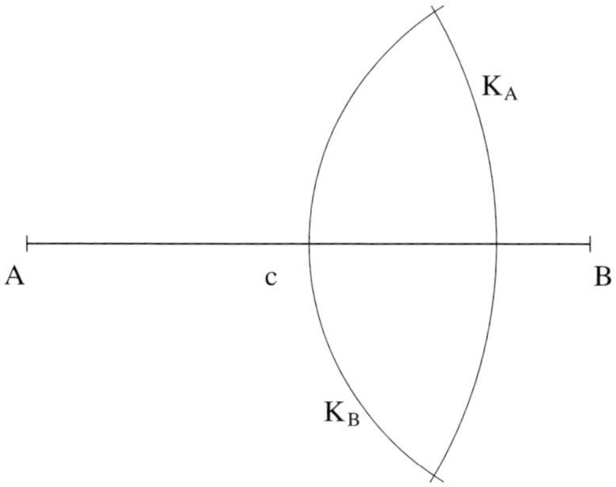

3. Etappe: Man zeichnet die Kreise K_A und K_B.

► **1. Schritt**

4. Etappe: Man stellt fest:
Die Kreise K_A und K_B schneiden sich in zwei Punkten C_1 und C_2. Die Dreiecke $\triangle ABC_1$ und $\triangle ABC_2$ sind somit verschiedene Lösungen der Konstruktionsaufgabe, denn sie erfüllen beide die geforderten Bedingungen: Ihre Seiten haben die verlangten Längen.

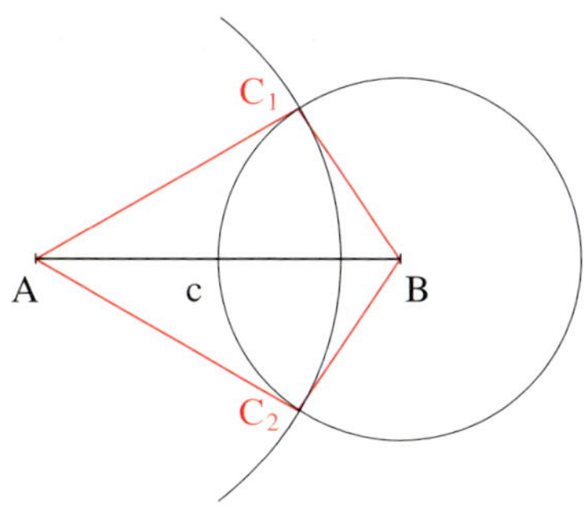

Entscheidend für die Durchführung der Konstruktion im vorstehenden Problem war, dass es überhaupt einen gemeinsamen Punkt C der Kreise K_A und K_B gibt.

Das wäre z. B. nicht der Fall, wenn die Längen von a und von b zusammen kleiner als die Länge von c wären.

► **2. Schritt** (Maße auf die Hälfte verkleinert)

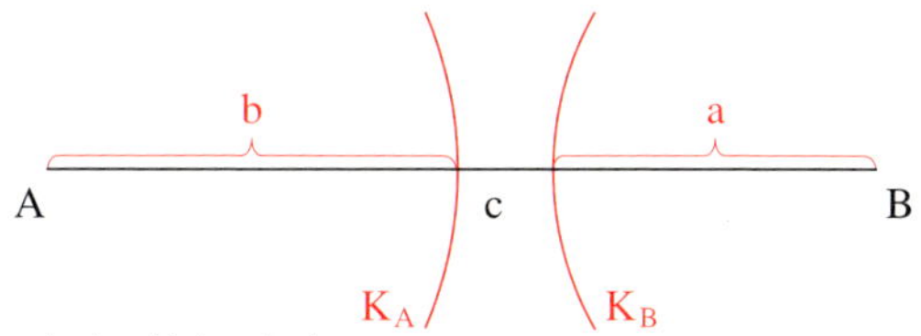

► $|a| + |b| < |c|$

Aber selbst, wenn es **einen** solchen Punkt gibt – wie im Falle von $|a| + |b| = |c|$ – lässt sich noch kein Dreieck mit den verlangten Eigenschaften konstruieren. Der Punkt C ist dann nämlich der Berührungspunkt der Kreise K_A und K_B. Er liegt auf c und die Punkte A, B und C können kein Dreieck bilden.

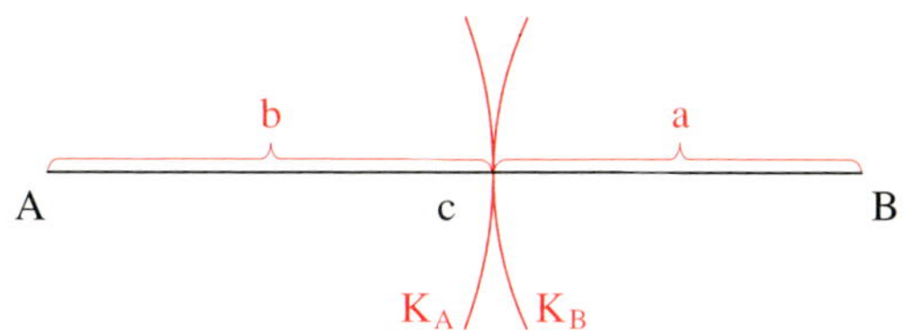

► $|a| + |b| = |c|$

Die Konstruktion eines Dreiecks aus den Längen der drei Seiten lässt sich also nur durchführen, wenn gilt: $|a| + |b| > |c|$, d. h., wenn die Summe der Längen zweier Seiten größer ist als die Länge der dritten Seite.

Problem: Vergleichen Sie die beiden Dreiecke $\triangle ABC_1$ und $\triangle ABC_2$ des vorstehenden Problems miteinander.

Die beiden Dreiecke $\triangle ABC_1$ und $\triangle ABC_2$ sind in besonderer Weise miteinander verwandt. Sie stimmen nämlich nicht nur in den Längen entsprechender Seiten überein, sondern auch in den Größen entsprechender Winkel. Denn schneidet man die Figur AC_1BC_2 aus und faltet sie entlang der Seite AB, so fällt C_1 auf C_2, weil nur für C_2 als zweiten Schnittpunkt von K_A und K_B gilt, dass $|\overline{AC_1}| = |\overline{AC_2}|$ und $|\overline{BC_1}| = |\overline{BC_2}|$. Damit ist sicher, daß $\sphericalangle BAC_1$ auf $\sphericalangle BAC_2$ fällt, beide Winkel also gleich groß sind. Das Analoge gilt für die anderen Innenwinkelpaare.

Deckungsgleiche Dreiecke

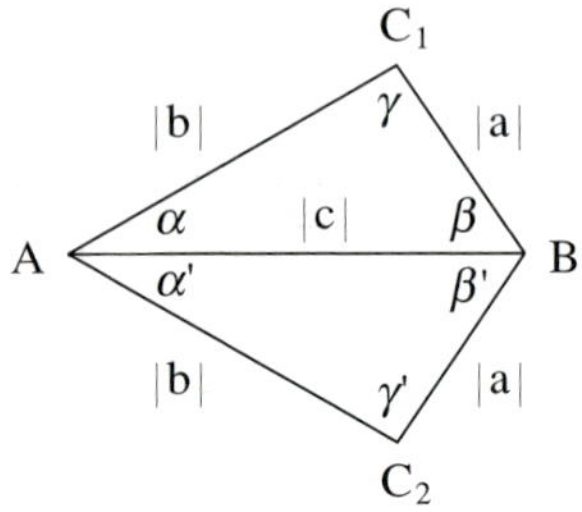

► Maße auf die Hälfte verkleinert

► $\alpha = \alpha', \beta = \beta', \gamma = \gamma'$

Man sagt, die Dreiecke $\triangle ABC_1$ und $\triangle ABC_2$ sind **deckungsgleich** oder **kongruent**; sie können mit derselben Schablone gezeichnet werden. Diese Erklärung gilt für beliebige ebene Figuren.

Merke:

Zwei Figuren, die deckungsgleich aufeinander gelegt werden können, heißen **kongruent** zueinander, sind **kongruente Figuren**. Kongruente Figuren können mit derselben Schablone gezeichnet werden.

Diejenigen Punkte, Seiten, Winkel und anderen Stücke zweier kongruenter Figuren, die aufeinander fallen, wenn man diese Figuren aufeinander legt, werden als **einander entsprechende** Stücke bezeichnet.

Im vorstehendem Problem können die Dreiecke $\triangle ABC_1$ und $\triangle ABC_2$, wie sich gezeigt hat, deckungsgleich aufeinandergelegt werden. Sie sind kongruent. Sie stimmen daher in den Größen (Längen und Winkel) aller entsprechenden Stücke überein. Abgesehen von ihrer unterschiedlichen Lage in der Zeichenebene gelten sie deshalb als gleich. Man sagt auch, ein Dreieck aus den Seiten a, b und c ist **bis auf Kongruenz eindeutig bestimmt**, falls $|a| + |b| > |c|$.

Ob zwei Figuren kongruent sind, kann man also dadurch feststellen, dass man sie ausschneidet und prüft, ob sie „genau" aufeinander passen, bzw. ob sie sich mit derselben Schablone zeichnen lassen. Ein solches Vorgehen ist mathematisch unbefriedigend. Die Frage, unter welchen Voraussetzungen zwei Figuren zueinander kongruent sind, lässt sich für Dreiecke durch die sogenannten **Kongruenzsätze** beantworten.

Zwei Dreiecke, die in den Längen aller entsprechenden Seiten übereinstimmen, sind immer kongruent, unabhängig davon, welche Lage sie zueinander einnehmen. Man kann sie nämlich stets deckungsgleich übereinander legen. Damit ist sicher, daß alle in den Dreiecken einander entsprechenden Stücke gleich groß sind.

Kongruente Dreiecke

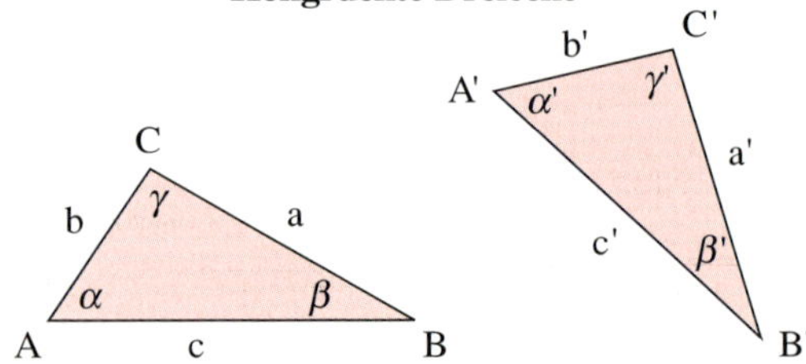

Wenn also von zwei Dreiecken feststeht, dass sie in den Längen der **drei Seiten** übereinstimmen, so ist damit sicher, dass sie kongruent sind.
Diese Aussage nennt man den **1. Kongruenzsatz** für Dreiecke. Man symbolisiert seinen Inhalt üblicherweise durch die Buchstaben **SSS** (als Abkürzung von **S**eite-**S**eite-**S**eite). Für die Kongruenz zweier Dreiecke wird das Symbol $\cong$ verwendet. Man schreibt also z. B. $\triangle ABC \cong \triangle A'B'C'$.

► $|a'| = |a|$; $|b'| = |b|$; $|c'| = |c|$

$\Rightarrow \alpha' = \alpha; \beta' = \beta; \gamma' = \gamma$
Die Dreiecke $\triangle ABC$ und $\triangle A'B'C'$ sind kongruent.

► $\triangle ABC \cong \triangle A'B'C'$

Merke:

Wenn zwei Dreiecke in den Längen aller entsprechenden Seiten übereinstimmen, dann sind die beiden Dreiecke zueinander kongruent. ► **Kongruenzsatz SSS**

Beispiel:

Um in einer Wohnung die Ecke zwischen zwei nicht rechtwinklig zueinander stehenden Wänden mit Regalbrettern nutzbar zu machen, gibt der Wohnungsinhaber einem Tischler den Auftrag, fünf dreieckige Regalbretter mit den Maßen 30 cm, 45 cm und 50 cm herzustellen. Genügen diese Angaben für die eindeutige Herstellung der Bretter?

Antwort: Diese Angaben genügen. Der Tischler kann die passenden Stücke liefern, denn im Sinne des Kongruenzsatzes SSS kann man kongruente Dreiecke herstellen, wenn die Längen der Seiten bekannt sind.

In ähnlicher Weise wie bei der Erörterung des letzten Problems findet man drei weitere Kongruenzsätze für Dreiecke.

• Konstruktionen aus Seiten und Winkeln

Problem: Konstruieren Sie ein Dreieck mit der Seitenlänge 3 cm für c und den Winkelgrößen $\alpha = 50°$ und $\beta = 70°$.

Überlegungen zum Problem:

1. Etappe: In der Planfigur werden die gegebenen Stücke farbig hervorgehoben. Man erkennt: Die Seite c mit der Seitenlänge 3 cm kann sofort gezeichnet werden. Es fehlt dann noch der Punkt C des Dreiecks $\triangle ABC$.

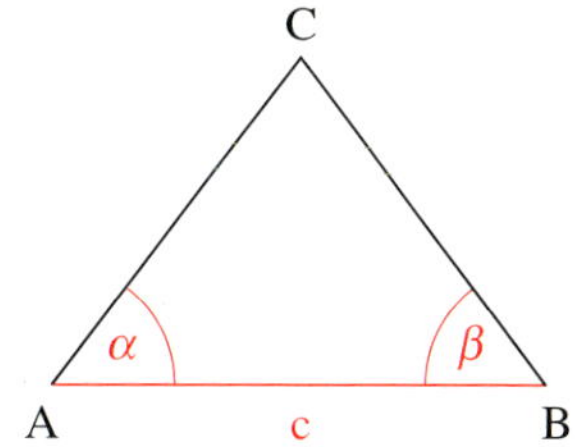

► Planfigur zum Problem

2. Etappe: Was weiß man über den Punkt C?
a) Er muss einerseits auf dem sog. freien Schenkel des Winkels α liegen.
b) Er muss andererseits auf dem freien Schenkel des Winkels β liegen.
Man muss in A an $\overline{AB}$ den **Winkel** α und in B an AB den **Winkel** β jeweils so **antragen**, daß ihre freien Schenkel auf der gleichen Seite von $\overline{AB}$ liegen (andernfalls erhielte man kein Dreieck).
c) Der Punkt C muss also ein gemeinsamer Punkt dieser freien Schenkel der Winkel α und β sein.
3. Etappe: Die Winkel α und β werden in der beschriebenen Weise angetragen.

► Zur 3. Etappe:

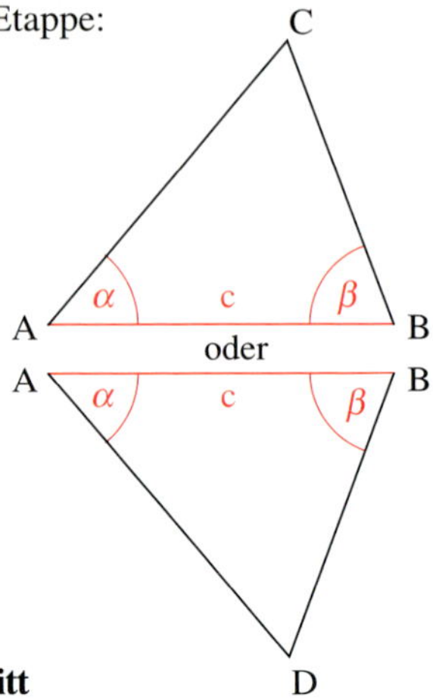

► **1. Schritt**

Anmerkung: Das Antragen der Winkel geschieht mithilfe des Winkelmessers des Geodreiecks wie folgt: Man legt die lange Seite des Geodreiecks an $\overline{AB}$ so an, dass ihr Mittelpunkt (das ist der Punkt, welcher der 0 der Skala entspricht) auf den Punkt A fällt. Sodann sucht man auf dem Bogen des Winkelmessers die Stelle, welche der Größe 50° entspricht, markiert an der zugehörigen kurzen Seite des Geodreiecks den entsprechenden Punkt P, den man dann mit A verbindet. Diese Schritte werden für das Antragen von β wiederholt. Man muss jetzt aber die „linke Seite" des Geodreiecks für das Antragen von β in B benutzen (sonst erhielte man kein Dreieck). Der Punkt Q, welcher zu der Winkelgröße 70° gehört, wird mit B verbunden.

4. Etappe: Man stellt fest: Es entstehen die Dreiecke $\triangle ABC$ und $\triangle ABD$. Diese Dreiecke sind somit verschiedene Lösungen der Konstruktionsaufgabe, denn sie erfüllen beide die geforderten Bedingungen.

Entscheidend für die Konstruktion ist, dass die freien Winkelschenkel überhaupt einen gemeinsamen Punkt haben.

Noch zur 3. Etappe:

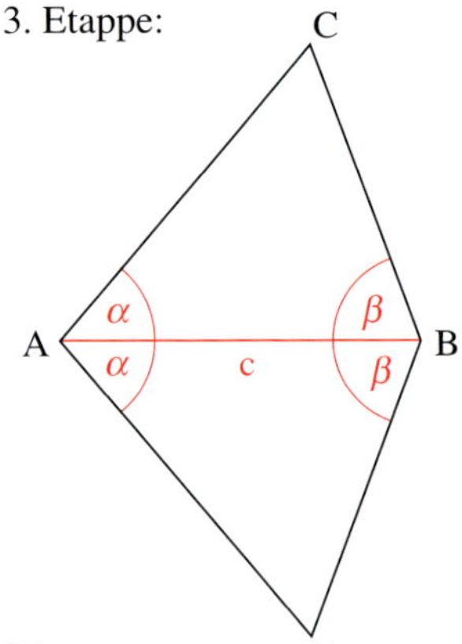

► **2. Schritt**

Wäre die Summe der Winkelgrößen von α und β größer oder gleich 180°, würden sich die freien Winkelschenkel nicht schneiden – die Konstruktionsaufgabe wäre nicht lösbar, weil die Summe **aller** Innenwinkel im Dreieck 180° beträgt.

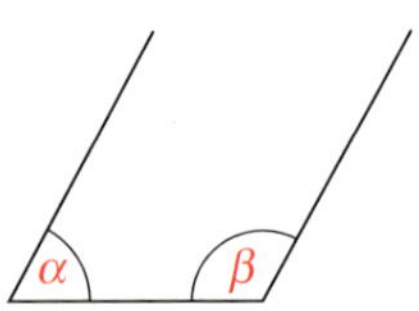

► $\alpha + \beta = 180°$

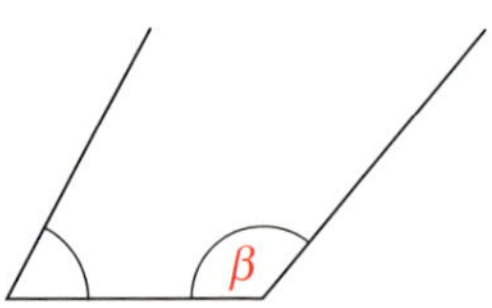

► $\alpha + \beta > 180°$

Problem: Untersuchen Sie die beiden Dreiecke $\triangle ABC$ und $\triangle ABD$ des voranstehenden Problems auf Kongruenz.

Die Dreiecke $\triangle ABC$ und $\triangle ABD$ stimmen nicht nur in der Seite $\overline{AB}$ und den Größen der Winkel $\sphericalangle BAC$ und $\sphericalangle BAD$ bzw. $\sphericalangle ABC$ und $\sphericalangle ABD$ überein, sondern auch in allen anderen gleich liegenden Stücken, denn man kann sie wieder so aufeinander gelegt denken, dass $\overline{AB}$ auf $\overline{AB}$ und C auf D fallen. D ist nämlich der einzige Punkt auf seiner Seite von $\overline{AB}$, für den $|\sphericalangle BAD| = \alpha$ und $|\sphericalangle ABD| = \beta$ gilt.
Die Dreiecke $\triangle ABC$ und $\triangle ABD$ sind also kongruent, und die Konstruktionsaufgabe gilt in diesem Sinne – man sagt: bis auf Kongruenz – als eindeutig bestimmt.

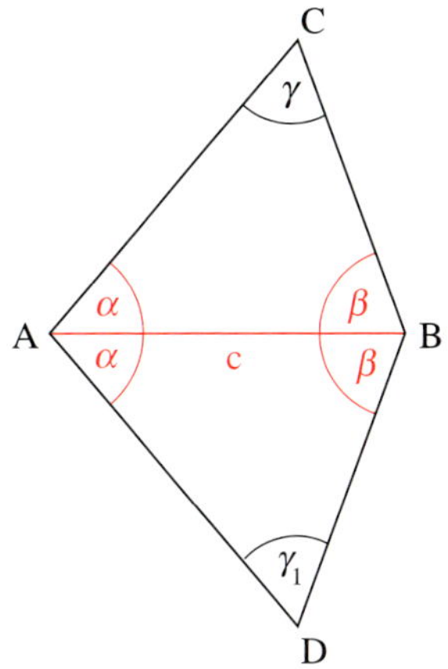

► $\overline{AB} = \overline{AB}$; $\alpha_1 = \alpha$, $\beta_1 = \beta \Rightarrow$
$|\overline{AD}| = |\overline{AC}|$; $|\overline{BD}| = |\overline{BC}|$;
$\triangle ABC \cong \triangle ABD$

Wenn zwei Dreiecke also in der Länge einer Seite und den Größen der beiden dieser Seite anliegenden Winkel übereinstimmen, dann sind sie kongruent. Diese Aussage nennt man den **2. Kongruenzsatz** für Dreiecke, den man durch die Buchstabenfolge **WSW** (**W**inkel-**S**eite-**W**inkel) symbolisiert.

Merke:

Wenn zwei Dreiecke in der Länge einer Seite und den Größen der dieser Seite anliegenden Winkel übereinstimmen, dann sind die beiden Dreiecke zueinander kongruent.
► **Kongruenzsatz WSW**

Beispiel:

Um in einer Wohnung die Ecke zwischen zwei nicht rechtwinklig zueinander stehenden Wänden durch fünf kongruente dreieckige Regalbretter nutzbar zu machen, kann der Wohnungsinhaber einem Tischler statt der Längsmaße der Regalbretter auch nur die Länge einer Seite dieser Bretter und die Größen der dieser Seite anliegenden Winkel nennen; er würde auch dann die passenden Stücke erhalten. ► Beispiel zum Kongruenzsatz SSS

Problem: Konstruieren Sie ein Dreieck mit den Seitenlängen 3 cm für c, 2 cm für a und der Größe 70° für β.

1. Etappe: In der Planfigur werden die gegebenen Stücke farbig hervorgehoben. Man erkennt: Die Seite c kann sofort gezeichnet werden. Es fehlt dann noch der Punkt C.

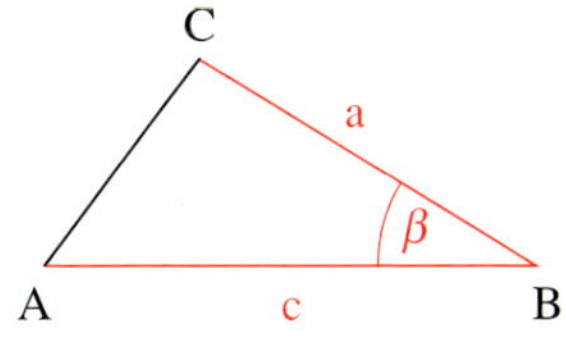

► Planfigur zum Problem

2. Etappe: Was weiß man über den Punkt C?
a) Er muss einerseits auf dem freien Schenkel von β liegen. Dieser Schenkel kann auf beiden Seiten von $\overline{AB}$ liegen.
b) Er muss andererseits auf dem Kreis K_B um B mit dem Radius $r = 2$ cm liegen, denn C hat von B den Abstand 2 cm, und alle Punkte, die von B den Abstand 2 cm haben, liegen auf dem Kreis um B mit dem Radius 2 cm.
c) Der Punkt C muss also ein gemeinsamer Punkt des freien Schenkels von β und des Kreises K_B sein.

3. Etappe: Der Winkel β und die Seite a werden in der beschriebenen Weise angetragen.

4. Etappe: Man stellt fest, es entstehen die Dreiecke $\triangle ABC_1$ und $\triangle ABC_2$. Diese Dreiecke sind somit verschiedene Lösungen der Konstruktionsaufgabe, denn sie erfüllen beide die geforderten Bedingungen.

► Zur 3. Etappe

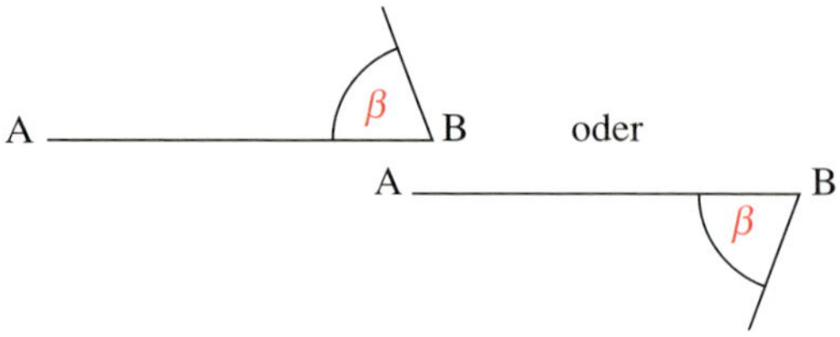

► 1. Schritt

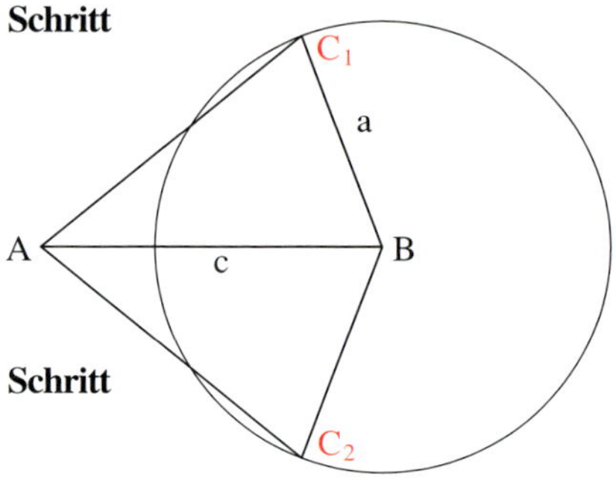

► 2. Schritt

Problem: Untersuchen Sie die Dreiecke $\triangle ABC_1$ und $\triangle ABC_2$ des voranstehenden Problems auf Kongruenz.

Die beiden Dreiecke stimmen nicht nur in der Seite $\overline{AB}$, der Länge der Seiten $\overline{BC_1}$ und $\overline{BC_2}$ sowie der Größe der Winkel $\sphericalangle ABC_1$ und $\sphericalangle ABC_2$ überein, sondern auch in allen anderen gleich liegenden Stücken, denn man kann sie sich so aufeinander gelegt denken, dass $\overline{AB}$ auf $\overline{AB}$ und C_1 auf C_2 fallen, denn C_2 ist der einzige Punkt auf dem freien Schenkel von β, für den gilt: $|\overline{BC_2}| = |a| = 2$ cm.

Die Dreiecke $\triangle ABC_1$ und $\triangle ABC_2$ sind also kongruent, und die Konstruktionsaufgabe ist damit bis auf Kongruenz eindeutig lösbar.

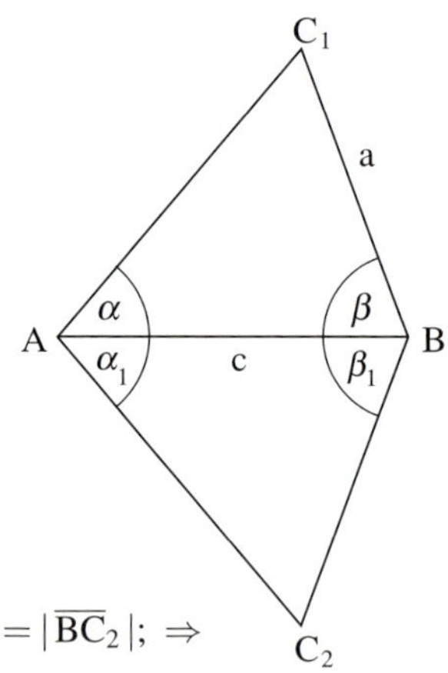

► $\overline{AB} = \overline{AB}$; $|\overline{BC_1}| = |\overline{BC_2}|$; $\Rightarrow$

$|\overline{AC_2}| = |\overline{AC_1}|$; $\alpha_1 = \alpha$; $\gamma_1 = \gamma$

$\triangle ABC_1 \cong \triangle ABC_2$

Wenn zwei Dreiecke also in den Längen zweier Seiten und der Größe des von diesen Seiten eingeschlossen Winkels übereinstimmen, dann sind sie kongruent. Diese Aussage wird als **3. Kongruenzsatz** bezeichnet und durch die Buchstabenfolge **SWS** (**S**eite-**W**inkel-**S**eite) symbolisiert.

Merke:

Wenn zwei Dreiecke in den Längen zweier Seiten und der Größe des von ihnen eingeschlossenen Winkels übereinstimmen, dann sind sie zueinander kongruent.
► **Kongruenzsatz SWS**

Beispiel:

Die Herstellung der in den Beispielen für die Kongruenzsätze SSS and WSW genannten Regalbretter ist auch dann eindeutig und passend möglich, wenn dem Tischler die Längen zweier Seiten und die Größe des von diesen Seiten eingeschlossenen Winkels genannt werden.

Problem: Konstruieren Sie ein Dreieck mit den Seitenlängen 2 cm für c, 3 cm für a und der Größe 50° für α.

1. Etappe: In der Planfigur werden die gegebenen Stücke farbig hervorgehoben. Man erkennt: Die Seite c mit der Seitenlänge 2 cm kann sofort gezeichnet werden. Es fehlt dann noch der Punkt C des Dreiecks.

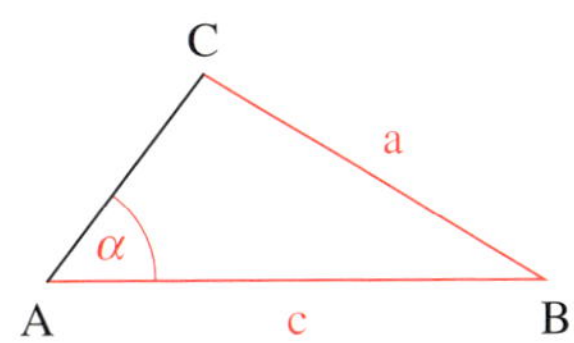

► Planfigur zum Problem

2. Etappe: Was weiß man über den Punkt C?
a) Er muss einerseits auf dem freien Schenkel von α liegen, wobei α an $\overline{AB}$ in A sowohl nach „unten“ als auch nach „oben“ angetragen werden kann.

b) Er muss andererseits auf dem Kreis K_B um B mit dem Radius $r = 3$ cm liegen.
c) Der Punkt C muss also ein gemeinsamer Punkt des freien Schenkels von α und des Kreises K_B sein.

► Zur 3. Etappe

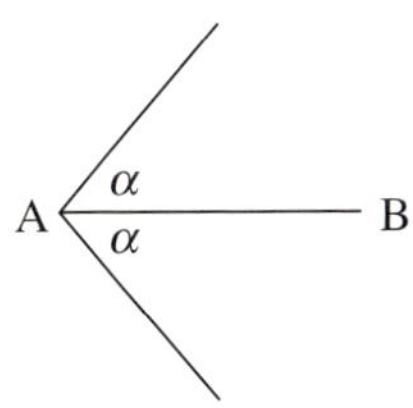

► **1. Schritt**

3. Etappe: Man trägt also den Winkel α an $\overline{AB}$ in A an und zeichnet um B den Kreis K_B. Die Schnittpunkte von K_B mit den freien Schenkeln von α sind C_1 und C_2.

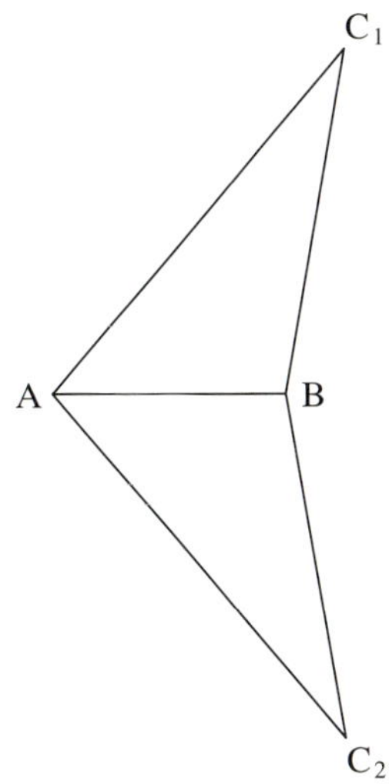

► **2. Schritt**

4. Etappe: Man stellt fest: Es entstehen die Dreiecke $\triangle ABC_1$ und $\triangle ABC_2$. Diese Dreiecke sind Lösungen der Konstruktionsaufgabe, denn sie erfüllen beide die geforderten Bedingungen.

Problem: Untersuchen Sie die Dreiecke $\triangle ABC_1$ und $\triangle ABC_2$ auf Kongruenz.

● Wenn $|a| > |c|$ gilt, so sind die Dreiecke kongruent, denn man kann sie wieder so aufeinandergelegt denken, dass $\overline{AB}$ auf $\overline{AB}$ und C_1 auf C_2 fallen, denn C_2 ist der einzige Punkt auf dem freien Schenkel von α, für den $|\overline{BC_2}| = |a| = 3$ cm gilt.

● $|a| > |c|$

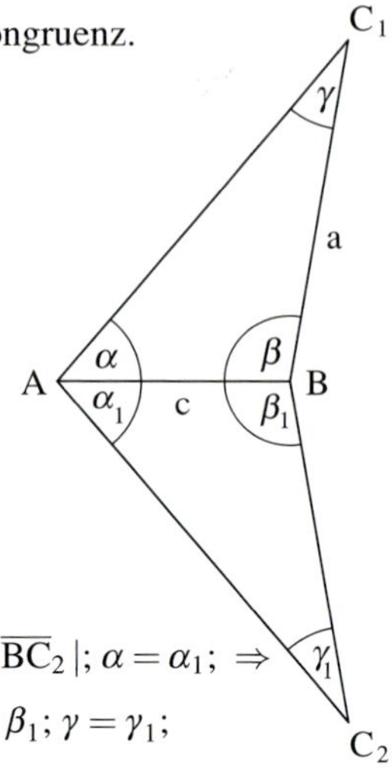

► $\overline{AB} = \overline{AB}$; $|\overline{BC_1}| = |\overline{BC_2}|$; $\alpha = \alpha_1$; $\Rightarrow$ $|\overline{AC_1}| = |\overline{AC_2}|$; $\beta = \beta_1$; $\gamma = \gamma_1$; $\triangle ABC_1 \cong \triangle ABC_2$

Die Konstruktionsaufgabe ist also unter der Bedingung $|a| > |c|$ bis auf Kongruenz eindeutig lösbar.

► Zwei kongruente Dreiecke als Lösungen

● Ist hingegen $|a| < |c|$, so können drei Fälle eintreten:

● $|a| < |c|$

a) K_B hat mit dem freien Schenkel von α zwei Schnittpunkte. Dann entstehen zwei **nicht kongruente** Dreiecke, die beide Lösungen der Konstruktionsaufgabe sind.

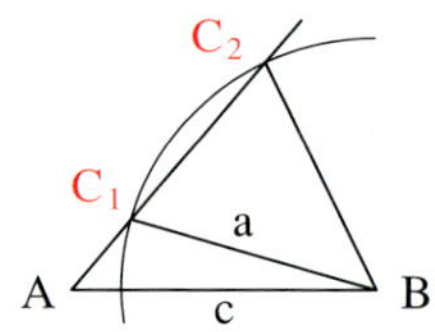

► Zwei nicht kongruente Dreiecke als Lösungen

b) K_B berührt den freien Schenkel von α. Es entsteht ein rechtwinkliges Dreieck, zu welchem es ein kongruentes Dreieck auf der anderen Seite von $\overline{AB}$ gibt.

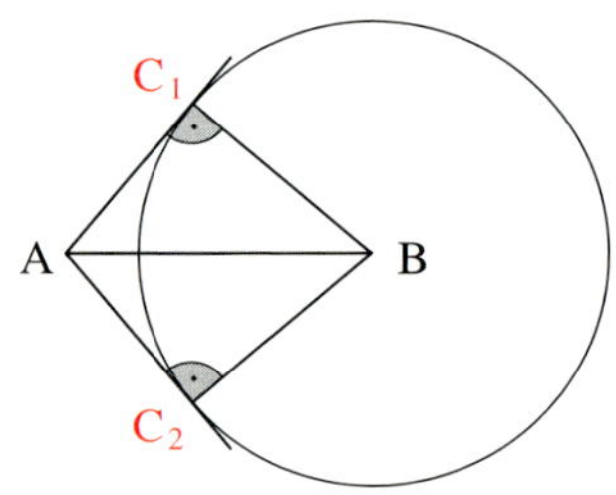

► Zwei kongruente rechtwinklige Dreiecke als Lösungen

c) K_B hat mit dem freien Schenkel von α keinen Schnittpunkt, die Konstruktionsaufgabe also **keine** Lösung.

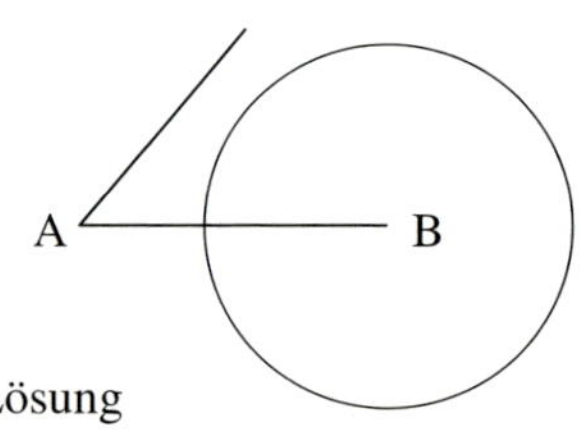

► Keine Lösung

Man entnimmt der Aufgabe den **4. Kongruenzsatz** für Dreiecke: Zwei Dreiecke, die in den Längen zweier Seiten und der Größe des der größeren Seite gegenüberliegenden Winkels übereinstimmen, sind kongruent. Um diesen Sachverhalt zu symbolisieren, wählt man die Buchstabenfolge **SsW**. Sie drückt aus, dass der beteiligte Winkel der größeren Seite gegenüber liegt.

Merke:

Wenn zwei Dreiecke in den Längen **zweier Seiten** und der Größe des **Winkels**, welcher der **größeren** der beiden Seiten **gegenüberliegt**, übereinstimmen, dann sind sie zueinander kongruent.
► **Kongruenzsatz SsW**

Man kann die Aussage der vier Kongruenzsätze zu der Feststellung zusammenfassen: Ein Dreieck ist bis auf Kongruenz eindeutig konstruierbar, also eindeutig bestimmt, wenn man über die Längen seiner Seiten und die Größen seiner Winkel drei Angaben hat und wenn unter diesen drei Angaben mindestens eine Seitenlänge ist, wobei die im 4. Kongruenzsatz gemachte Einschränkung zu beachten ist.

Beispiel:

Um in einer Wohnung die Ecke zwischen zwei nicht rechtwinklig zueinander stehenden Wänden durch Regale nutzbar zu machen, darf der Wohnungsinhaber neben den Längen zweier Seiten der dreieckigen Bretter nicht denjenigen Winkel angeben, welcher der kleineren der beiden Seiten gegenüberliegt. Aus diesen Angaben könnte der Tischler nicht mit Sicherheit passende Regalbretter herstellen.
Bekommt der Tischler neben den Längen zweier Seiten jedoch die Größe des Winkels genannt, welcher der größeren Seite gegenüberliegt, so ist die Herstellung der Bretter eindeutig und passend möglich.

Übungen zu 3.2

1. Ein Dreieck hat folgende Winkelgrößen:

a) $\alpha = 40^\circ$, $\beta = 70^\circ$ **b)** $\beta = 37^\circ$, $\gamma = 86^\circ$ **c)** $\alpha = 110^\circ$, $\gamma = 25^\circ$ **d)** $\alpha = 37{,}5^\circ$, $\beta = 69^\circ 25'$ **e)** $\gamma = 47^\circ 28'$, $\beta = 110^\circ 53'$

Wie groß ist der 3. Winkel?

2. Ein Dreieck hat folgende Innen- und Außenwinkelgrößen:

a) $\alpha = 45^\circ$, $\beta_1 = 130^\circ$ **b)** $\alpha = 57^\circ$, $\gamma_1 = 85^\circ$ **c)** $\beta = 47^\circ$, $\alpha_1 = 75^\circ$ **d)** $\beta = 105^\circ$, $\gamma_1 = 130^\circ$ **e)** $\gamma = 77^\circ$, $\alpha_1 = 89^\circ$ **f)** $\gamma = 104^\circ 23'$, $\beta_1 = 127^\circ 54'$

Berechnen Sie die fehlenden Größen der Innen- und Außenwinkel.

3. Ein Dreieck hat folgende Winkelgrößen:

a) $\beta = 20^\circ + \alpha$, $\gamma = 80^\circ + \beta$ **b)** $\gamma = 95^\circ + \alpha$, $\alpha = \beta - 10^\circ$ **c)** $\alpha = \gamma - 65^\circ$, $\beta = \gamma - 55^\circ$ **d)** $\beta = \alpha - 20^\circ$, $\alpha = 55^\circ + \gamma$

Wie groß sind die einzelnen Winkel?

4. Berechnen Sie die bezeichneten Winkel nachstehender Figuren:

a)
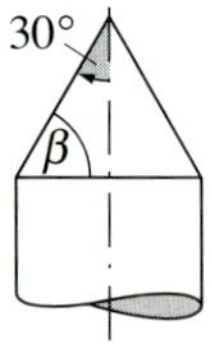

b)
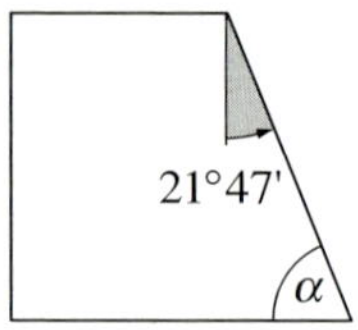

c)
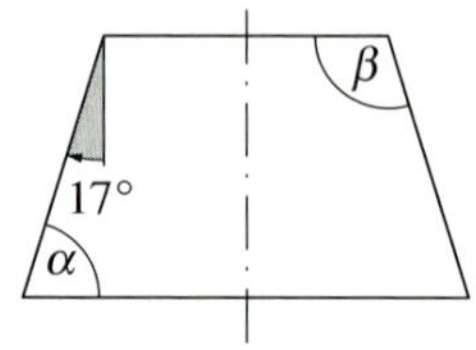

d)
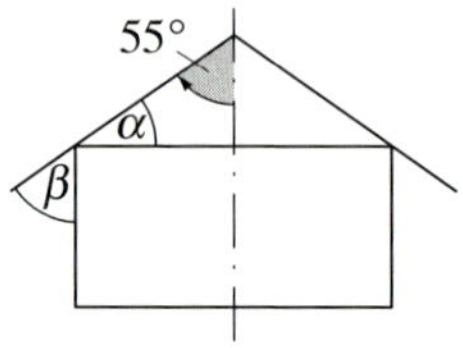

e)
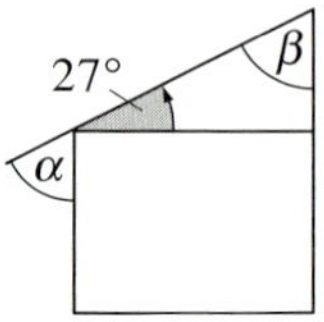

f)
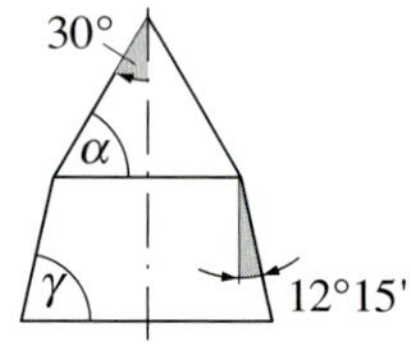

Übungen zu 3.4

1. Zeichnen Sie ein Dreieck mit den Maßen:

a) $a = 4$ cm, $b = 3$ cm, $c = 5$ cm
b) $a = 2{,}5$ cm, $b = 4$ cm, $c = 3$ cm
c) $a = 6$ cm, $b = 4{,}5$ cm, $c = 6{,}5$ cm
d) $a = 2{,}5$ cm, $b = 4{,}5$ cm, $c = 5{,}5$ cm

2. Zeichnen Sie ein Dreieck mit den Maßen:

a) $b = 4{,}5$ cm, $a = 7{,}4$ cm, $\gamma = 75°$
b) $c = 5$ cm, $a = 8{,}2$ cm, $\beta = 40°$
c) $a = 6$ cm, $b = 8{,}3$ cm, $\gamma = 80°$
d) $b = 7{,}3$ cm, $c = 9{,}4$ cm, $\alpha = 125°$

3. Zeichnen Sie ein Dreieck mit den Maßen:

a) $b = 11{,}3$ cm, $c = 7{,}8$ cm, $\beta = 113°$
b) $a = 9{,}3$ cm, $b = 4{,}2$ cm, $\alpha = 58°$
c) $c = 3{,}8$ cm, $b = 8{,}2$ cm, $\beta = 74°$
d) $c = 10{,}2$ cm, $b = 5{,}3$ cm, $\gamma = 51°$
e) $a = 13{,}8$ cm, $c = 9{,}7$ cm, $\alpha = 118°$

4. Zeichnen Sie ein Dreieck mit den Maßen:

a) $b = 4{,}5$ cm, $\alpha = 65°$, $\gamma = 75°$
b) $c = 5$ cm, $\alpha = 115°$, $\beta = 42°$
c) $a = 6{,}2$ cm, $\beta = 45°$, $\gamma = 81°$
d) $b = 7{,}3$ cm, $\gamma = 22°$, $\alpha = 125°$
e) $c = 8{,}5$ cm, $\alpha = 31°$, $\gamma = 48°$
f) $a = 8{,}7$ cm, $\alpha = 59°$, $\beta = 53°$
g) $b = 5{,}2$ cm, $\beta = 23°$, $\gamma = 36°$
h) $a = 6{,}7$ cm, $\alpha = 66°$, $\gamma = 22°$

5. Zeichnen Sie ein gleichseitiges Dreieck mit den Maßen:

a) $b = 7{,}2$ cm **b)** $a = 9{,}4$ cm **c)** $a + b + c = 22{,}8$ cm **d)** $c + b = 19{,}6$ cm

6. Zeichnen Sie ein gleichschenkliges Dreieck (Spitze bei C) mit den Maßen:

a) $c = 7{,}8$ cm, $\alpha = 55°$
b) $a = 6{,}3$ cm, $\beta = 49°$
c) $b = 7{,}2$ cm, $c = 11{,}4$ cm
d) $c = 8{,}4$ cm, $\gamma = 76°$

7. Zeichnen Sie ein bei γ rechtwinkliges Dreieck mit den Maßen:

a) $c = 9{,}8$ cm, $b = 9{,}5$ cm
b) $a = 7{,}8$ cm, $\alpha = 53°$
c) $b = 4{,}5$ cm, $\alpha = 48°$
d) $a = 10{,}8$ cm, $c = 11{,}9$ cm
e) $c = 10{,}7$ cm, $\alpha = 34°$

8. Zeichnen Sie ein rechtwinklig-gleichschenkliges Dreieck mit den Maßen:
a) $b = 5{,}3$ cm **b)** $c = 9{,}3$ cm **c)** $a = 6{,}1$ cm

9. Die Mittelpunkte zweier Bohrungen auf einer Blechplatte sind 93 mm voneinander entfernt. Wo liegt der Mittelpunkt der dritten Bohrung, wenn er von den beiden anderen 72 mm entfernt ist?

Wiederholungsfragen zu 3.2 bis 3.4

1. Wie viele Außenwinkel hat ein Dreieck △ABC? Welche Eigenschaften haben diese?

2. Nach welchen Gesichtspunkten können die Dreiecke eingeteilt werden, welche Typen von Dreiecken kennen Sie?

3. Welche Inhalte haben die einzelnen Etappen der vorgestellten Schrittfolge zum Lösen geometrischer Konstruktionsaufgaben?

4. Was bedeutet die Aussage, dass zwei ebene Figuren kongruent sind?

5. Wie lauten die Kongruenzsätze für Dreiecke?

3.5 Eigenschaften gleichschenkliger und gleichseitiger Dreiecke

Dreiecke, die zwei gleich lange Seiten haben, heißen **gleichschenklig**. Die Eigenschaften solcher Dreiecke und insbesondere die Eigenschaften von gleichseitigen Dreiecken, deren Seiten also alle gleich lang sind, sollen nun untersucht werden.

Für die Seiten und Winkel eines gleichschenkligen Dreiecks sind spezielle Bezeichnungen üblich.
So nennt man die gleich langen Seiten auch **Schenkel**, die dritte Seite auch **Basis** eines gleichschenkligen Dreiecks. Der Begriff Basis ist rein geometrisch gemeint: Die Schenkel müssen nicht etwa über ihr stehen.

Bezeichnungen am gleichschenkligen Dreieck

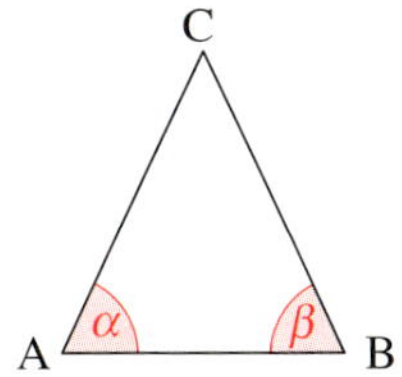

▸ ∢α und ∢β: Basiswinkel

Der Eckpunkt, in dem sich die Schenkel treffen, heißt **Spitze** des gleichschenkligen Dreiecks, der von den Schenkeln eingeschlossene Winkel dementsprechend **Winkel an der Spitze** des Dreiecks.
Die beiden Winkel an der Basis heißen auch **Basiswinkel**.

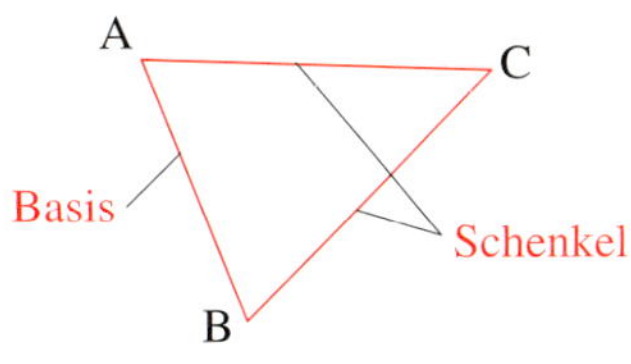

▸ C: Spitze

Problem: Zeichnen Sie ein beliebiges gleichschenkliges Dreieck $\triangle ABC$ mit $|\overline{AC}| = |\overline{BC}|$. Bestimmen Sie den Mittelpunkt M der Basis $\overline{AB}$, und verbinden Sie M mit C. Messen und vergleichen Sie die Winkel in den Dreiecken $\triangle AMC$ und $\triangle BMC$.

Das Messen der Basiswinkel $\sphericalangle\alpha$ und $\sphericalangle\beta$ führt auf die **Vermutung** $\alpha = \beta$.

Diese Vermutung wäre bewiesen, wenn man zeigen könnte, dass $\sphericalangle\alpha$ und $\sphericalangle\beta$ gleich liegende Winkel in kongruenten Dreiecken sind.

Das lässt sich aus den gemachten Voraussetzungen tatsächlich folgern.

Eigenschaften gleichschenkliger Dreiecke

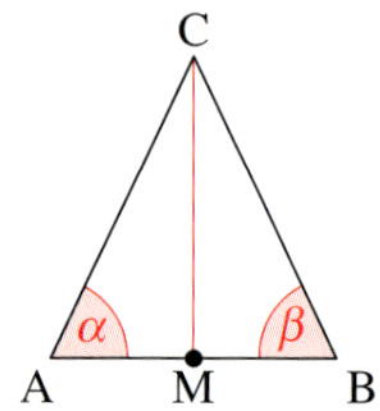

Vor.: $|\overline{AM}| = |\overline{BM}|$

$|\overline{AC}| = |\overline{BC}|$

Beh.: $\alpha = \beta$

Bew.: Wegen $|\overline{AM}| = |\overline{BM}|$ (nach Vor.)

$|\overline{AC}| = |\overline{BC}|$ (nach Vor.)

$|\overline{MC}| = |\overline{MC}|$ folgt

$\triangle AMC \cong \triangle BMC$. (SSS)

Denn die Dreiecke $\triangle AMC$ und $\triangle BMC$ sind nach SSS kongruent und $\sphericalangle\alpha$ und $\sphericalangle\beta$ sind als gleich liegende Winkel in diesen Dreiecken daher gleich groß.

Also gilt auch $\alpha = \beta$ (gleich liegende Winkel in kongruenten Dreiecken).

Aus der Kongruenz der Dreiecke $\triangle AMC$ und $\triangle BMC$ lassen sich **weitere Eigenschaften** des gleichschenkligen Dreiecks ableiten:

- So sind ja auch die Winkel $\sphericalangle AMC$ und $\sphericalangle BMC$ gleich liegende Winkel, also gleich groß. Da ihre Winkelsumme 180° beträgt, ist also jeder dieser Winkel 90° groß.
- Die Strecke $\overline{MC}$ halbiert den Winkel an der Spitze des gleichschenkligen Dreiecks, denn auch $\sphericalangle ACM$ und $\sphericalangle BCM$ sind gleich liegende Winkel in den betrachteten kongruenten Dreiecken.

▶ Es gilt auch: $|\sphericalangle AMC| = |\sphericalangle BMC|$, und wegen

$|\sphericalangle AMC| + |\sphericalangle BMC| = 180°$ gilt also

$|\sphericalangle AMC| = |\sphericalangle BMC| = 90°$.

▶ Es gilt auch: $|\sphericalangle ACM| = |\sphericalangle BCM|$.

Merke:

- Die Basiswinkel eines gleichschenkligen Dreiecks sind gleich groß.
- Die Verbindungsgerade des Mittelpunkts der Basis mit der Spitze eines gleichschenkligen Dreiecks – die Seitenhalbierende der Basis –
  - halbiert den Winkel an der Spitze, ist also auch eine Winkelhalbierende,
  - steht senkrecht auf der Basis, ist also auch eine Höhe.

Mit anderen Worten: Die Seitenhalbierende der Basis eines gleichschenkligen Dreiecks ist gleichzeitig Mittelsenkrechte der Basis, Höhe auf der Basis und Winkelhalbierende des Winkels an der Spitze.

Beispiel:

Zeichnen Sie ein gleichschenkliges Dreieck $\triangle ABC$, dessen Höhe h_c auf die Basis $\overline{AB}$ 3,5 cm lang ist und dessen Winkel an der Spitze C 80° groß ist.

1. Etappe: In der Planfigur werden die gegebenen Stücke farbig hervorgehoben. Man erkennt, dass keine der Dreieckseiten gegeben ist.

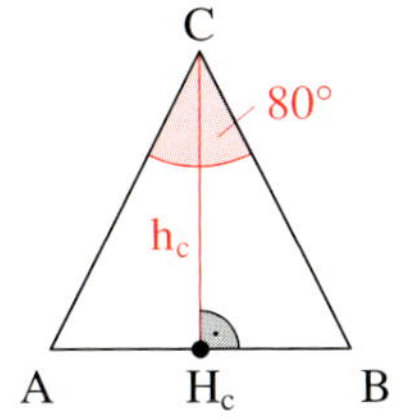

► Planfigur zur Beispielaufgabe

2. Etappe: Die Konstruktion kann nicht mit dem Zeichnen einer Dreiecksseite begonnen werden. Man kann aber mit der Höhe $h_c (= \overline{CH_c})$ beginnen. Könnte man dann z. B. den Punkt A konstruieren, wüsste man auch, wie lang die Seite $\overline{BC}$ ist, denn das gesuchte Dreieck soll gleichschenklig sein. A liegt im Teildreieck $\triangle AH_cC$. Dessen Winkelgröße $|\sphericalangle H_cCA|$ kann man bestimmen: Da die Höhe zur Basis im gleichschenkligen Dreieck gleichzeitig Winkelhalbierende des Winkels an der Spitze ist, gilt $|\sphericalangle H_cCA| = 40°$. Vom Dreieck $\triangle AH_cC$ kennt man also $|\overline{H_cC}|$, $|\sphericalangle ACH_c|$ und $|\sphericalangle AH_cC| = 90°$. Es ist nach dem Kongruenzsatz WSW eindeutig konstruierbar.

a) Der Punkt A liegt also einerseits auf dem freien Schenkel des Winkels $\sphericalangle H_cCA$.

b) A liegt andererseits auf dem freien Schenkel des Winkels $\sphericalangle AH_cC$.

c) A ist also der gemeinsame Punkt der beiden freien Schenkel.

3. Etappe: Man konstruiert mit Hilfe des Geodreiecks das Teildreieck $\triangle AH_cC$. Sodann verlängert man $\overline{AH_c}$ über H_c hinaus und trägt entweder an $\overline{H_cC}$ in C den Winkel $\sphericalangle H_cCB$ an, welcher genauso groß ist wie der Winkel $\sphericalangle H_cCA$, oder man zeichnet um H_c einen Kreis mit dem Radius $r = |\overline{AH_c}|$. Sowohl der freie Winkelschenkel als auch der Kreis schneiden die Verlängerung von $\overline{AH_c}$ in B.

Zur 3. Etappe: Durchführung der Konstruktion

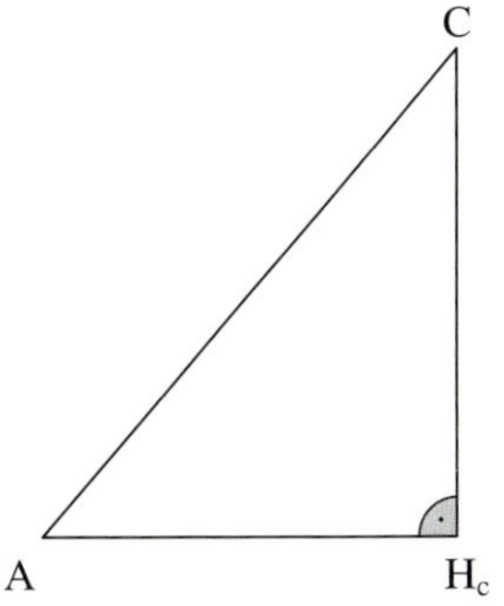

► **1. Schritt:**
Konstruktion des Teildreiecks $\triangle AH_cC$

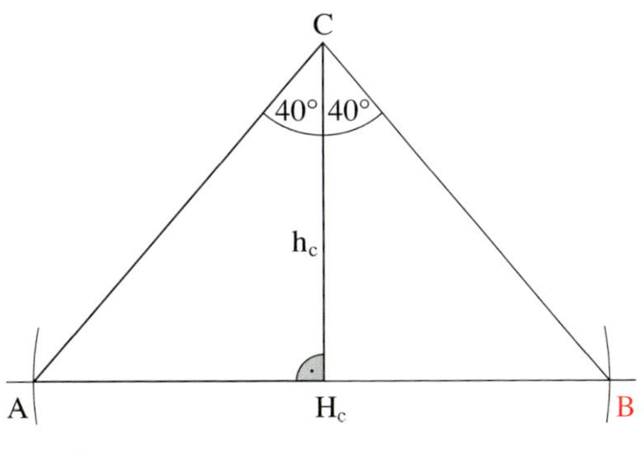

► **2. Schritt:** Konstruktion von B

4. Etappe: Man stellt fest: Das Dreieck $\triangle ABC$ ist aus den gegebenen Stücken bis auf Kongruenz eindeutig konstruierbar, da es das Teildreieck $\triangle AH_cC$ nach WSW ist und sich der Schnittpunkt B der Verlängerung von $\overline{AH_c}$ über H_c hinaus mit dem freien Winkelschenkel bzw. mit dem Kreis eindeutig bestimmen lässt.

Problem: Zeichnen Sie ein beliebiges **gleichseitiges Dreieck** und bestimmen Sie dessen Eigenschaften durch Vergleich mit den Eigenschaften eines gleichschenkligen Dreiecks.

Jedes gleichseitige Dreieck ist auch gleichschenklig, denn von jeder seiner Ecken gehen zwei gleich lange Seiten aus. Man kann ein gleichseitiges Dreieck $\triangle ABC$ also mehrfach als gleichschenkliges Dreieck auffassen:
Von C aus mit der Basis $\overline{AB}$; von A aus mit der Basis $\overline{BC}$; von B aus mit der Basis $\overline{AC}$. Für jedes dieser gleichschenkligen Dreiecke gelten die oben gemachten Aussagen.

- Wenn man diese Eigenschaft des gleichseitigen Dreiecks berücksichtigt, kann man aus den Merksätzen über das gleichschenklige Dreieck die Merksätze über das gleichseitige Dreieck gewinnen.
- Da die Winkel eines gleichseitigen Dreiecks als Basiswinkel von gleichschenkligen Dreiecken jeweils paarweise gleich groß sind, sind sie alle untereinander gleich groß. Da ihre Summe 180° beträgt, misst also jeder ein Drittel von 180°, das sind 60°.

Eigenschaften gleichseitiger Dreiecke

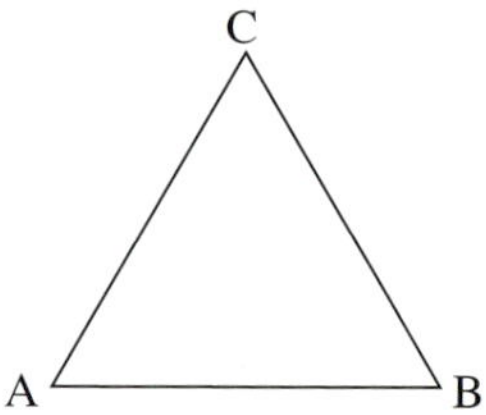

► Jede Ecke ist Spitze eines gleichschenkligen Dreiecks

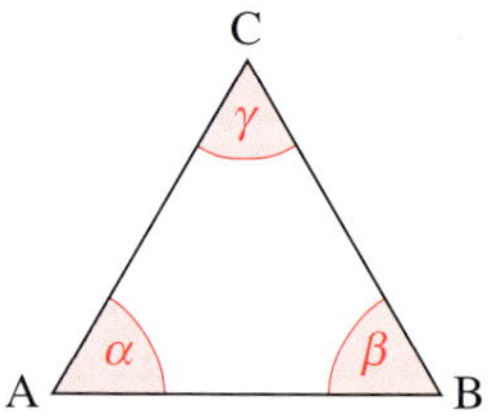

► $\alpha = \beta$, $\beta = \gamma$, $\gamma = \alpha$ und $\alpha + \beta + \gamma = 180°$
$\Rightarrow \alpha = \beta = \gamma = 60°$

Merke:

- In einem gleichseitigen Dreieck ist jeder Innenwinkel 60° groß.
- In einem gleichseitigen Dreieck ist jede Winkelhalbierende gleichzeitig auch Seitenhalbierende und Höhe.

Beispiel:

Tragen Sie unter ausschließlicher Benutzung von Zirkel und Lineal an die Strecke $\overline{AB}$ im Punkt A einen Winkel von 60° an.

Lösungsidee: Jeder Innenwinkel eines gleichseitigen Dreiecks ist 60° groß. Man wird also versuchen, den gesuchten Winkel als Innenwinkel eines gleichseitigen Dreiecks zu konstruieren.

Lösungsplan: Man betrachtet $\overline{AB}$ als eine Seite eines gleichseitigen Dreiecks $\triangle ABC$. Dieses Dreieck ist nach SSS eindeutig konstruierbar. Die Ecke C wird als Schnittpunkt der Kreise K_A und K_B um A bzw. B mit dem Radius $|\overline{AB}|$ gefunden.

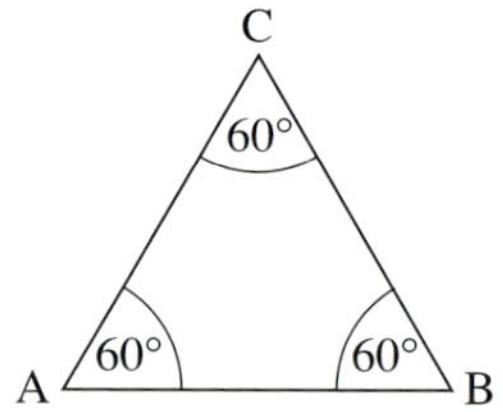

► Skizze zur Beispielaufgabe

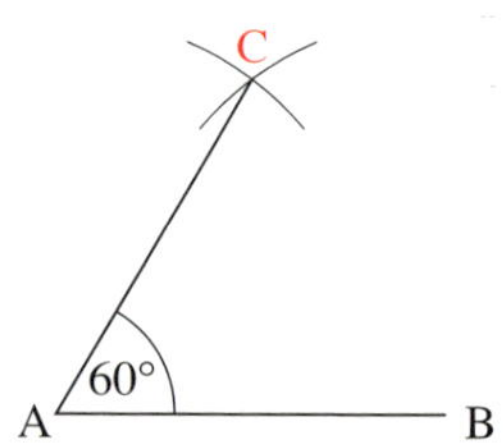

Problem: Zeichnen Sie eine Strecke $\overline{AB}$ und tragen Sie an $\overline{AB}$ in A einen spitzen Winkel $\sphericalangle\alpha$ und in B einen gleich großen Winkel $\sphericalangle\beta$ auf derselben Seite von $\overline{AB}$ an. Der Schnittpunkt der freien Winkelschenkel soll C heißen. Sind die Strecken $\overline{AC}$ and $\overline{BC}$ gleich lang?

Für die nebenstehende Zeichnung gilt: $\alpha = \beta$.
Misst man die Strecken $\overline{AC}$ und $\overline{BC}$, so kann man vermuten, dass $|\overline{AC}| = |\overline{BC}|$ gilt.
Vor.: $\alpha = \beta$
Beh.: $|\overline{AC}| = |\overline{BC}|$

▸ Gilt $|\overline{AC}| = |\overline{BC}|$?

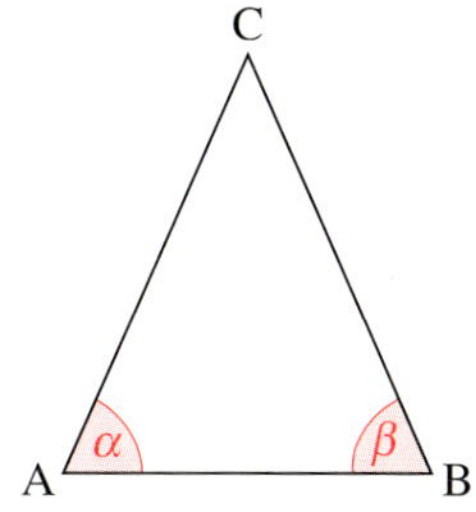

Bew.: Da das Gleichlangsein – die Kongruenz – zweier Strecken gezeigt werden soll, wird man nachzuweisen versuchen, dass diese beiden Strecken gleich liegende Stükke in kongruenten Dreiecken sind. Solche Dreiecke entstehen z. B., wenn man von C das Lot h_c auf $\overline{AB}$ fällt, also die Höhe von C auf $\overline{AB}$ im Dreieck $\triangle ABC$ konstruiert. Bezeichnet H_c den Lotfußpunkt, so gilt:
$|\sphericalangle ACH_c| = |\sphericalangle BCH_c|$ (jeweils $180° - \alpha - 90°$).

$$\alpha = \beta \quad \text{(nach Voraussetzung)},$$
$$h_c = h_c \quad \text{(nach Konstruktion)},$$

Die Dreiecke $\triangle AH_cC$ und $\triangle BH_cC$ sind also kongruent nach WSW.
$\overline{AC}$ und $\overline{BC}$ sind gleich liegende Stücke in diesen kongruenten Dreiecken, also sind sie auch kongruent, d. h. gleich lang.

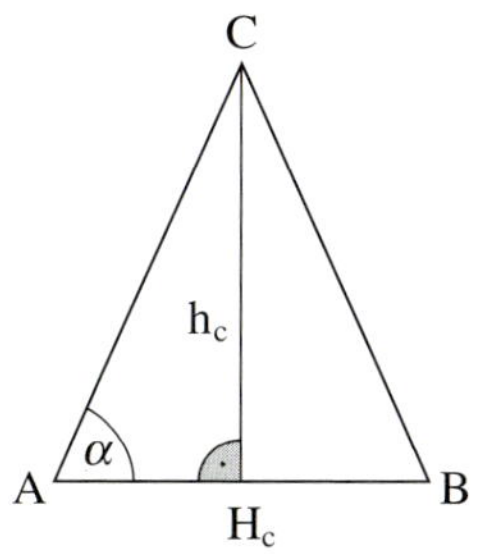

▸ $\triangle AH_cC \cong \triangle BH_cC \Rightarrow |\overline{AC}| = |\overline{BC}|$

Merke:

Wenn in einem Dreieck zwei Winkel gleich groß sind, so sind die den Winkeln gegenüberliegenden Seiten gleich lang, das Dreieck ist gleichschenklig.

▸ Diese Merkregel ist eine Umkehrung des Lehrsatzes: Wenn ein Dreieck gleichschenklig ist, so sind seine Basiswinkel gleich groß.

Beispiel:

Von zwei Häusern A und B aus, die an einer geradlinigen Landstraße liegen und 850 m voneinander entfernt sind, sieht man einen Bauernhof C. Die Sehachsen bilden folgende Winkelgrößen mit der Straße: Von A aus ($\sphericalangle BAC$) 40°, von B aus ($\sphericalangle ABC$) 100°. Wie weit ist der Hof vom Haus B entfernt?

Vorüberlegung: Die drei Häuser bilden ein Dreieck. Von ihm sind eine Seite und die beiden anliegenden Winkel bekannt. Es kann also nach Kongruenzsatz WSW bis auf Kongruenz eindeutig konstruiert werden. Die nebenstehende Zeichnung ist eine verkleinerte Darstellung dieses Dreiecks.

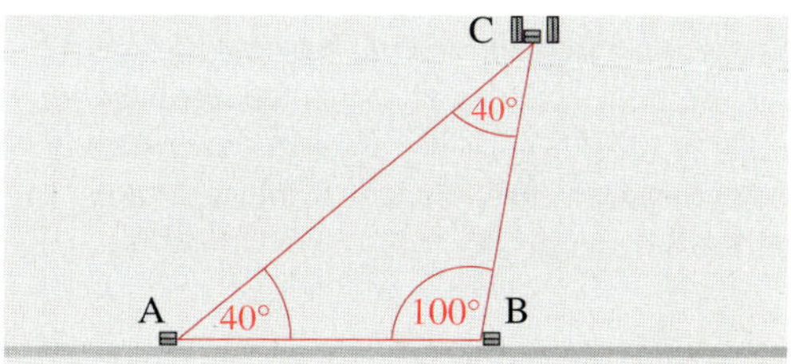

Lösung: Wenn zwei Innenwinkel eines Dreiecks bekannt sind, so kann der dritte berechnet werden.
Der Winkel bei C beträgt ebenfalls 40°.
An der Seite $\overline{AC}$ liegen also zwei gleich große Winkel. Gleich großen Innenwinkeln eines Dreiecks liegen gleich lange Seiten gegenüber. Damit weiß man, dass C von B genauso weit entfernt ist wie von A. Das sind 850 m.

Aus $|\sphericalangle BAC| + |\sphericalangle ABC| + |\sphericalangle ACB| = 180°$ folgt $40° + 100° + |\sphericalangle ACB| = 180°$ und damit

$|\sphericalangle ACB| = 40°$.

Das Dreieck $\triangle ABC$ ist gleichschenklig.
Es gilt: $|\overline{AB}| = |\overline{BC}|$ und wegen $|\overline{AB}| = 850$ m auch $|\overline{BC}| = 850$ m.

Ohne Beweis sei eine weitere Merkregel angegeben:

Merke:

In einem Dreieck liegen gleich großen Winkeln gleich lange Seiten gegenüber und umgekehrt.

Beispiel:

Sind alle Innenwinkel eines Dreiecks gleich groß, also jeder 60°, so sind auch alle Seiten des Dreiecks gleich lang.
Das Dreieck ist daher ein gleichseitiges Dreieck.

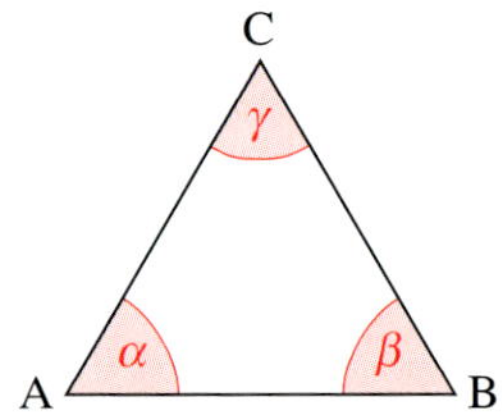

► Aus $\alpha = \beta = \gamma$ folgt: $\triangle ABC$ ist gleichseitig

Merke:

In einem Dreieck liegt der längeren von zwei Seiten der größere Winkel gegenüber und dem größeren von zwei Winkeln die längere Seite.

Beispiel:

In einem rechtwinkligen Dreieck ist der rechte Winkel der größte Winkel.

Daher ist die Seite, die dem rechten Winkel gegenüber liegt, die längste Seite im rechtwinkligen Dreieck.

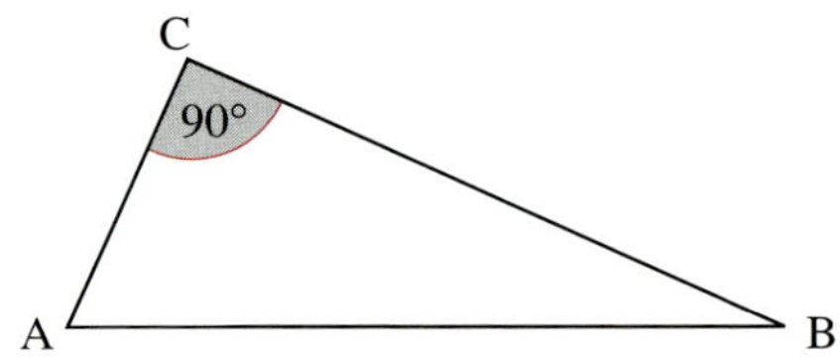

► $\overline{AB}$ ist die längste Seite von $\triangle ABC$

Problem: Zeichnen Sie ein gleichschenklig-rechtwinkliges Dreieck $\triangle ABC$ mit dem rechten Winkel bei C und beliebig gewählter Länge der Schenkel. Vergleichen Sie die Länge der Basis mit der Länge der Höhe auf die Basis.

Zur Konstruktion: Wenn man eine Länge für die Schenkel des zu zeichnenden Dreiecks gewählt hat, ist das Dreieck nach dem Kongruenzsatz SWS bis auf Kongruenz eindeutig bestimmt.

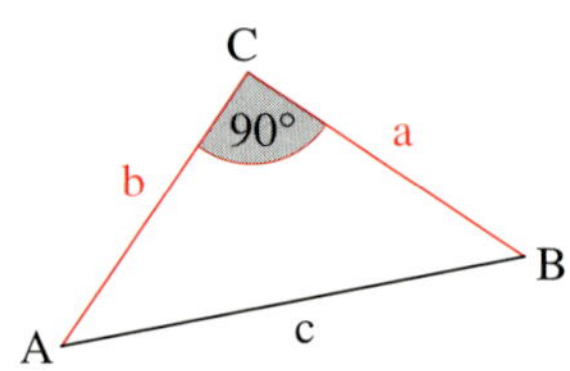

► Planfigur zum Problem

Konstruktionsbeschreibung: Man zeichnet den Schenkel $\overline{AC} = b$ mit einer frei gewählten Länge. An $\overline{AC}$ trägt man in C einen rechten Winkel an. Auf dem freien Schenkel dieses Winkels wird von C aus die Länge des Schenkels $\overline{AC}$ abgetragen. Man erhält so den dritten Eckpunkt B eines der möglichen Lösungsdreiecke.

Konstruktion

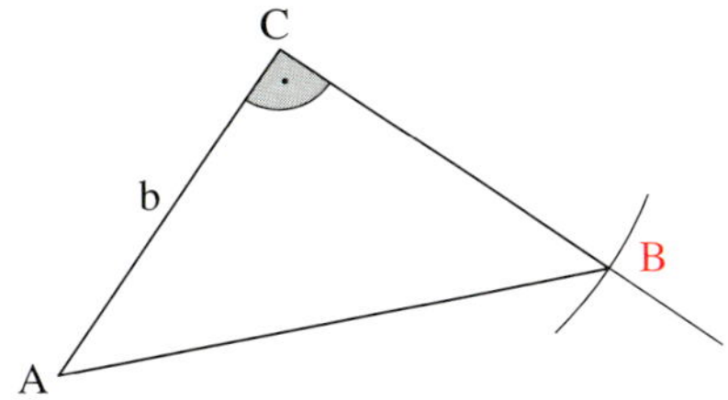

Die Summe der Innenwinkel eines Dreiecks beträgt 180°. Da der Winkel an der Spitze 90° beträgt, haben die Basiswinkel zusammen eine Größe von 90°. Da sie gleich groß sind, ist also jeder 45° groß.

$\alpha + \beta + \gamma = 180°$ ► Winkelsumme im Dreieck

$\gamma = 90° \Rightarrow \alpha + \beta = 180° - 90° = 90°$

$\alpha = \beta \Rightarrow 2\alpha = 90° \Rightarrow \alpha = 45°$

► $\alpha = \beta = 45°$

Im gleichschenklig-rechtwinkligen Dreieck $\triangle ABC$ halbiert die Höhe h_c zur Basis $\overline{AB}$ den Winkel an der Spitze.
Es ist also $|\sphericalangle ACH_c| = 45°$. Da auch $|\sphericalangle H_cAC| = 45°$ gilt, ist das Dreieck $\triangle ACH_c$ gleichschenklig mit $|\overline{AH_c}| = |\overline{H_cC}|$.

Man stellt also fest:
In jedem gleichschenklig-rechtwinkligen Dreieck $\triangle ABC$ mit dem rechten Winkel bei C ist die Höhe h_c auf die Basis c halb so lang wie die Basis.

Wegen $|\overline{AH_c}| = |\overline{H_cC}| = |\overline{H_cB}|$ liegen die Punkte A, C und B auf einem Kreis um H_c vom Radius $|\overline{H_cB}|$. Anders ausgedrückt: C liegt auf dem Kreis um H_c, der durch A und B geht.

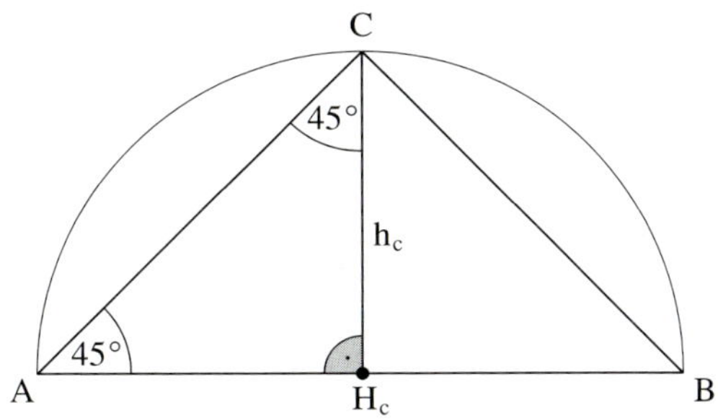

Beispiel:

Erklären Sie, warum man mit einem **Försterdreieck** die Höhe eines Baumes messen kann.

Ein Försterdreieck ist in der nebenstehenden Zeichnung dargestellt. Seine Kanten bilden, sieht man von dem Haltegriff ab, ein gleichschenklig-rechtwinkliges Dreieck. Man benutzt es wie folgt:

Man hält das Försterdreieck so wie im nebenstehenden Bild und entfernt sich so weit von dem zu messenden Baum, dass man die Baumspitze in der Verlängerung der langen Seite des Försterdreiecks sieht. Man achte dabei auf das Lot an dem senkrechten Schenkel. Das nebenstehend mit A, B und C

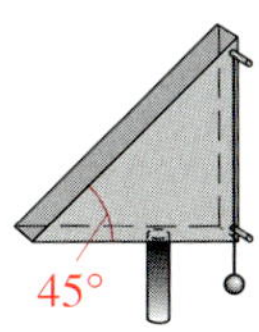

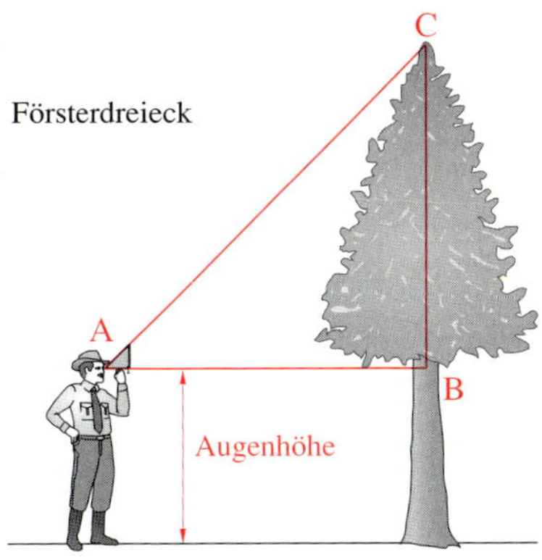

bezeichnete Dreieck ist dann wie das Försterdreieck gleichschenklig-rechtwinklig. Also gilt $|\overline{BC}| = |\overline{AB}|$. Die Strecke $\overline{AB}$ kann man messen. Die Höhe des Baumes erhält man dann als Summe von $|\overline{AB}|$ und seiner Augenhöhe.

Problem: Stellen Sie sich vor, der Punkt C des gleichschenklig-rechtwinkligen Dreiecks $\triangle ABC$, welches im voranstehenden Problem untersucht wurde, wandert auf dem Halbkreis über $\overline{AB}$ und nimmt z. B. die Lagen C_1, C_2 und C_3 der unten stehenden Zeichnung ein.

Die entstehenden Dreiecke sind dann nicht mehr gleichschenklig, die Winkel α und β dann nicht mehr gleich groß.

a) Verändert sich auch die Größe des Winkels γ?

b) Misst man die Winkel bei C_1, C_2 und C_3, so erhält man Werte, die 90° oder nahezu 90° betragen. Lässt sich zeigen, dass, wo immer C auf dem Halbkreis über $\overline{AB}$ auch liegt, der Winkel $\sphericalangle ACB$ ein rechter Winkel ist?

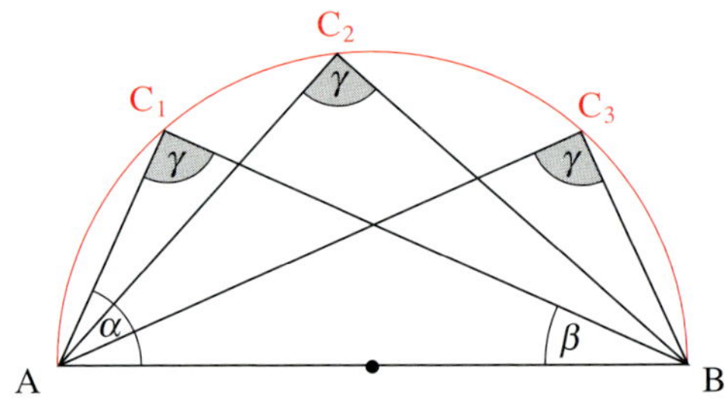

Zu a):
Messungen von Winkeln bei beliebigen Punkten C auf dem Halbkreis über $\overline{AB}$ führen auf die Vermutung, dass der Winkel bei C unabhängig von der Lage von C auf dem Halbkreis immer ein rechter Winkel ist.

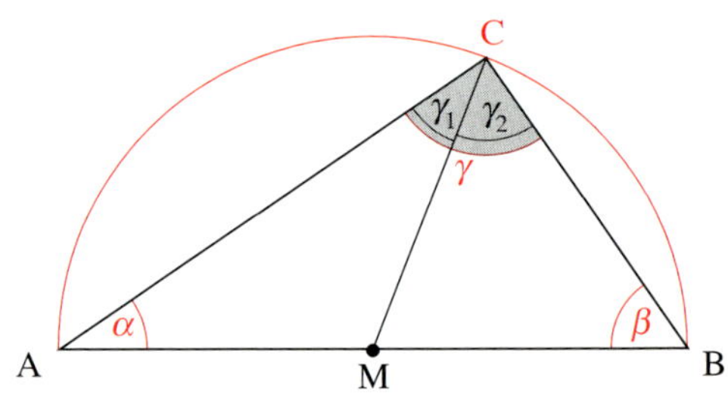

Zu b):
Vor.: C liegt auf dem Halbkreis über $\overline{AB}$.
Beh.: $|\sphericalangle ACB| = 90°$.
Der Beweis nutzt die Tatsache aus, dass die Dreiecke $\triangle AMC$ und $\triangle BMC$ gleichschenklig sind, weil $|\overline{AM}| = |\overline{BM}| = |\overline{CM}|$ als Radien des Halbkreises gilt.

Damit weiß man auch, dass die Basiswinkel α und γ_1 sowie β und γ_2 gleich groß sind. Da für die Summe der Innenwinkel des Dreiecks $\triangle ABC$ gilt: $\alpha + \beta + \gamma_1 + \gamma_2 = 180°$, ist also $\gamma_1 + \gamma_2 + \gamma_1 + \gamma_2 = 180°$. Daraus folgt die Behauptung.

Bew.: $|\overline{AM}| = |\overline{MC}|$
$|\overline{BM}| = |\overline{MC}|$ (Radien des Halbkreises).
$\Rightarrow \triangle AMC$ und $\triangle BMC$ sind gleichschenklig.
$\Rightarrow \alpha = \gamma_1, \beta = \gamma_2$ (Basiswinkel).
Damit folgt aus $\alpha + \beta + \gamma_1 + \gamma_2 = 180°$:
$\gamma_1 + \gamma_2 + \gamma_1 + \gamma_2 = 180°$, also $2(\gamma_1 + \gamma_2) = 180°$ und $2\gamma = 180°$ also $\gamma = 90°$. ► $\gamma_1 + \gamma_2 = \gamma$

Merke:

Liegt der Punkt C eines Dreiecks $\triangle ABC$ auf dem Halbkreis über $\overline{AB}$, so ist $\sphericalangle ACB$ ein rechter Winkel.

Dieser Lehrsatz ist unter der Bezeichnung **Satz des Thales** (von Milet) bekannt.
Thales lebte von 624 bis 548 v. u. Z. im antiken Griechenland.

► **Kurzfassung** des Satzes:
Der Winkel im Halbkreis ist ein rechter.

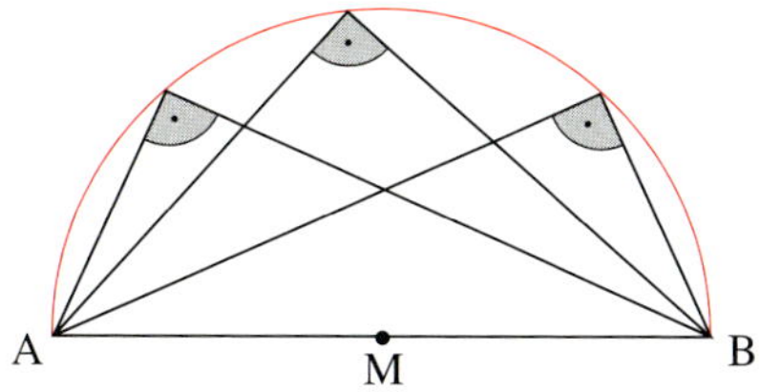

Beispiel 1:

Konstruieren Sie ein Rechteck, dessen Seiten oder ihre Verlängerungen durch vier in einer Ebene liegende Punkte gehen, von denen keine drei auf einer Geraden liegen.

Lösungsidee: Ein Rechteck ist ein Viereck mit vier rechten Winkeln. Wenn die vier gegebenen Punkte auf den Seiten eines Rechtecks liegen, dann liegt der Scheitel des von jeweils zwei Seiten eingeschlossenen rechten Winkels auf dem Halbkreis über je zwei solchen Punkten.

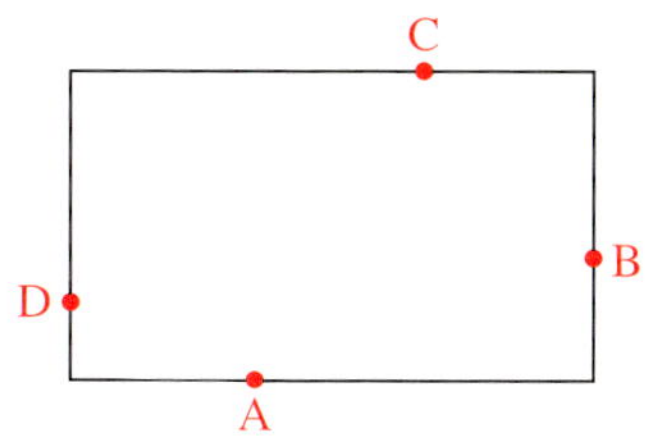

Lösungsplan: Die gegebenen Punkte sollen A, B, C und D heißen. Auf den Halbkreisen über den Strecken $\overline{AB}$, $\overline{BC}$, $\overline{CD}$ und $\overline{DA}$ liegen die Scheitel von rechten Winkeln, deren Schenkel jeweils durch die Endpunkte dieser Strecken gehen.

Konstruktionsbeschreibung:

1. Man zeichnet die Strecken $\overline{AB}$, $\overline{BC}$, $\overline{CD}$, $\overline{DA}$.
2. Man bestimmt die Mitten M_1, M_2, M_3 und M_4 dieser Strecken. ► Mittelsenkrechten
3. Man zeichnet um diese Mitten die Kreise durch A und B, B und C, C und D, D und A.
4. Man wählt auf dem Halbkreis über $\overline{AB}$ im Äußeren des Vierecks ABCD einen beliebigen Punkt P und zeichnet aus P den Strahl $\overrightarrow{PB}$. Dieser schneidet den Halbkreis über $\overline{BC}$ im Punkt Q.
5. Aus Q zeichnet man den Strahl $\overrightarrow{QC}$, der den Halbkreis über $\overline{CD}$ in R schneidet.
6. Aus R zeichnet man den Strahl $\overrightarrow{RD}$, der den Halbkreis über $\overline{DA}$ in T schneidet.
7. Man verbindet T mit P. Das entstandene Viereck PQRT hat nach seiner Konstruktion vier rechte Winkel, ist also ein Rechteck.

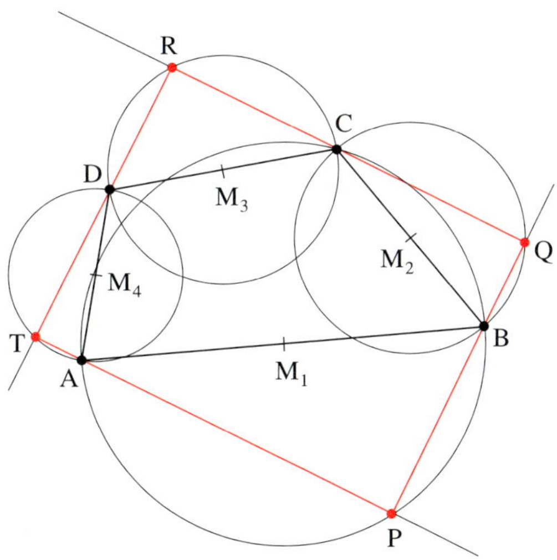

Determination: Da der Punkt P beliebig auf dem Halbkreis über $\overline{AB}$ gewählt werden kann, hat die Aufgabe unendlich viele Lösungen, d. h., durch die Punkte A, B, C und D lassen sich unendlich viele Rechtecke der verlangten Art zeichnen.

Beispiel 2:

Konstruieren Sie ein Dreieck $\triangle ABC$, das bei C einen rechten Winkel hat und dessen Seiten c bzw. b die Längen 6 cm bzw. 4 cm haben.

1. Etappe:
Die Planfigur zeigt, dass man $\overline{AB}$ sofort zeichnen kann. Es fehlt dann noch der Punkt C.

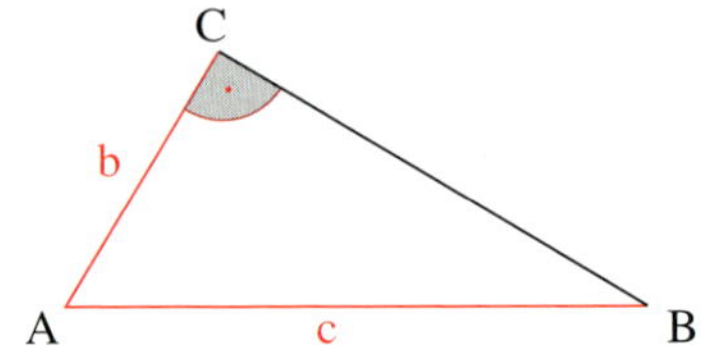

► Planfigur

2. Etappe:
Was weiß man über den Punkt C?

a) C liegt einerseits auf dem Kreis K über $\overline{AB}$ als Durchmesser.
b) C liegt andererseits auf dem Kreis K_A um A mit dem Raius $r = |b| = 4$ cm.
c) Der Punkt C ist also der gemeinsame Punkt von K und K_A.

3. Etappe:
Man zeichnet $\overline{AB}$ und die Kreise K und K_A.

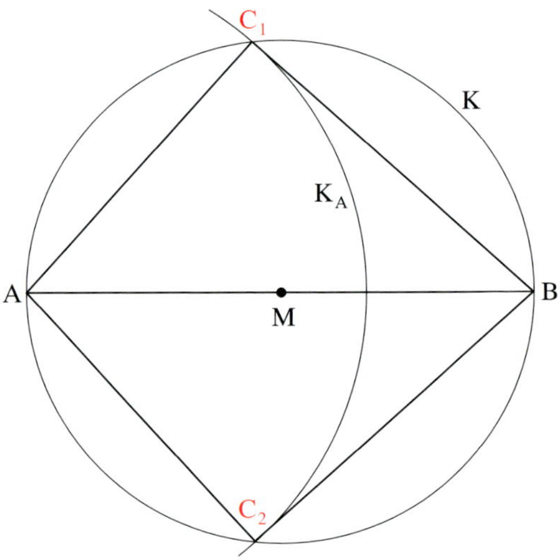

4. Etappe:
Man stellt fest, die Kreise K und K_A schneiden sich in den Punkten C_1 und C_2. Die Dreiecke $\triangle ABC_1$ und $\triangle ABC_2$ sind Lösungen der Konstruktionsaufgabe, denn sie erfüllen beide die geforderten Bedingungen. Nach dem Kongruenzsatz SsW sind beide Dreiecke jedoch kongruent.

Übungen zu 3.5

Das gleichschenklige Dreieck

Lösen Sie die Aufgaben 1 ... 5 nur mit Hilfe einer Planfigur.

1. 45 m von einem Turm entfernt erscheint seine Spitze unter einem Winkel von 45°. Wie hoch ist er?

2. Ein Flugzeug visiert einen Flugplatz unter einem Winkel von 45° zur horizontalen Flugrichtung an. Nach 3600 m Flug befindet es sich senkrecht über dem Flugplatz. In welcher Höhe fliegt das Flugzeug?

3. Ein Baum ist 28 m hoch. Wie weit ist die Entferung vom Baum, wenn man seine Höhe mit dem Försterdreieck misst (Augenhöhe 1,7 m)?

4. Ein Satteldach hat folgenden Neigungswinkel:

a) 50° **b)** 35° **c)** 60° **d)** 45°

Wie groß ist der Winkel, den beide Dachflächen bilden?

5. Eine Doppelleiter, deren Schenkel 2,5 m lang sind, wird so hingestellt, dass die Schenkel einen rechten Winkel bilden und ihre Fußspitzen 3,54 m voneinander entfernt sind. Wie hoch ist die Leiter jetzt (ohne Zeichnung)? Wie groß ist die Entfernung der Schenkelspitzen und die Leiterhöhe, wenn der Öffnungswinkel folgende Werte hat:

a) 25° **b**) 38° **c**) 45° **d**) 70° (1 m $\widehat{=}$ 3 cm)?

6. Auf nebenstehender Figur gilt für das Winkelmaß $\alpha = 25°$. Die Standfläche des Werkstückes ist 52 cm lang. Wie hoch ist das Werkstück (10 cm $\widehat{=}$ 1 cm)?

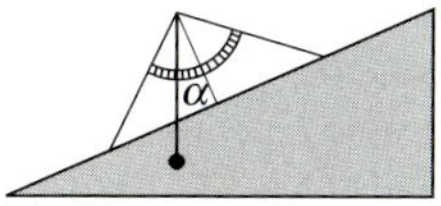

Das gleichseitige Dreieck

Lösen Sie die Aufgaben 1 ... 4 nur mithilfe einer Planfigur.

1. Ein Beobachter steht im Zimmer und sieht die Fußbodenkante und die Deckenkante unter einem Winkel von 30° zur Horizontalen. Wie hoch ist das Zimmer, wenn die Augenhöhe des Beobachters 1,7 m beträgt? Wie groß ist die Entfernung vom Auge bis zu beiden Zimmerkanten?

2. Wie groß ist die Fußspitzenentfernung der Leiter von Aufgabe 5, wenn der Öffnungswinkel 60° beträgt?

3. Ein Leuchtturm C erscheint von zwei Punkten A und B einer Straße am Strande unter folgenden Winkeln zur Straße: von A aus 60° ($\sphericalangle CAB$), von B aus 60° ($\sphericalangle ABC$). Die Entfernung beider Punkte beträgt 3,4 km. Wie weit sind A und B vom Leuchtturm entfernt?

4. Ein Flugzeug, das in Richtung auf eine Ortschaft fliegt, sieht diese unter einem Winkel von 60° zur Horizontalen und nach dem Überfliegen des Ortes unter 120°. Die Entfernung zwischen den Messungen betrug 3200 m. Wie weit war das Flugzeug bei beiden Messungen von der Ortschaft entfernt?

3.6 Besondere Linien im Dreieck – Mittelsenkrechte und Höhen

Für die Beschreibung der geometrischen Eigenschaften der gleichschenkligen und der gleichseitigen Dreiecke waren Mittelsenkrechte, Winkelhalbierende, Seitenhalbierende und Höhe wichtige Begriffe. ► Abschnitt 3.5. Diese besonderen Linien oder **Transversalen** gibt es nicht nur in den genannten speziellen Dreiecken. ► Abschnitt 3.1

Problem: Zeichnen Sie ein beliebiges, aber nicht gleichschenkliges und nicht rechtwinkliges Dreieck $\triangle ABC$. Konstruieren Sie die Mittelsenkrechten m_a, m_b und m_c der Seiten a, b und c. Was vermuten Sie?

Das Dreieck $\triangle ABC$ der nebenstehenden Zeichnung ist ein „allgemeines Dreieck“. Die Konstruktion der Mittelsenkrechten erfolgte mithilfe eines Geodreiecks. Die Zeichnung legt die Vermutung nahe, dass sich die Mittelsenkrechten m_a, m_b und m_c in einem Punkt M schneiden.

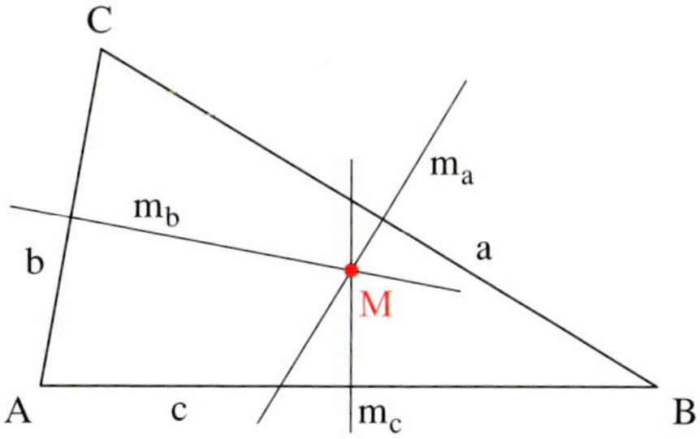

Vorüberlegungen zum Beweis der Vermutung:

1. Da die Seiten a und c nicht parallel sind, schneiden sich m_a und m_c sicher. Ihr Schnittpunkt soll M heißen. Man schreibt: $m_a \cap m_c = M$. Wenn man zeigen kann, dass auch m_b durch M geht $(M \in m_b)$, hat man die Vermutung bewiesen. ► **Beweisidee**
2. Verbindet man irgendeinen Punkt P der Mittelsenkrechten m_c der Strecke $\overline{AB}$ mit A und B, so ist $\triangle ABP$ gleichschenklig, d. h., es gilt: $|\overline{AP}| = |\overline{BP}|$. ► Kapitel 4
   Jeder Punkt der Mittelsenkrechten zu $\overline{AB}$ ist von A und B gleich weit entfernt. Auch die Umkehrung ist richtig: Gilt für einen Punkt P und eine Strecke $\overline{AB}$ die Aussage: $|\overline{AP}| = |\overline{BP}|$, so liegt P auf der Mittelsenkrechten zu $\overline{AB}$. Das gilt auch für die Punkte auf m_a bzw. m_b und die Strecken $\overline{BC}$ bzw. $\overline{AC}$.
   Man muss versuchen, die Tatsache auszunutzen, dass M offenbar von allen Ecken des Dreiecks $\triangle ABC$ gleich weit entfernt ist. ► **Beweisplan**

Anmerkung: Die Mittelsenkrechte einer Strecke $\overline{AB}$ ist der **geometrische Ort** aller Punkte, die von den Endpunkten A und B dieser Strecke gleich weit entfernt sind. ► Kapitel 5

Vor.: m_a, m_b und m_c sind die Mittelsenkrechten der Seiten a, b, c des Dreiecks $\triangle ABC$.
Beh.: m_a, m_b und m_c schneiden sich in einem Punkt M.
Beweis: m_a und m_c schneiden sich in M. Da M auf m_c liegt, gilt $|\overline{AM}| = |\overline{BM}|$. Da M auch auf m_a liegt, gilt $|\overline{BM}| = |\overline{CM}|$.
Wegen $|\overline{AM}| = |\overline{BM}|$ und $|\overline{BM}| = |\overline{CM}|$ folgt aber $|\overline{AM}| = |\overline{CM}|$, und das bedeutet, dass M auch auf m_b liegt.

Aus der Festellung $|\overline{AM}| = |\overline{BM}| = |\overline{CM}|$ folgt aber auch, dass M von allen Eckpunkten des Dreiecks gleich weit entfernt ist. Da alle Punkte – und dies ist wiederum eine Aussage über einen **geometrischen Ort** –, die **von einem festen Punkt gleich weit entfernt** sind, auf dem **Kreis** um diesen Punkt mit dem entsprechenden Radius liegen, liegen also die Ecken eines Dreiecks auf einem Kreis um den Schnittpunkt der Mittelsenkrechten dieses Dreiecks.
Dieser Kreis heißt **Umkreis** des Dreiecks, der Schnittpunkt der Mittelsenkrechten heißt analog **Umkreismittelpunkt**.

Mittelsenkrechte des Dreiecks

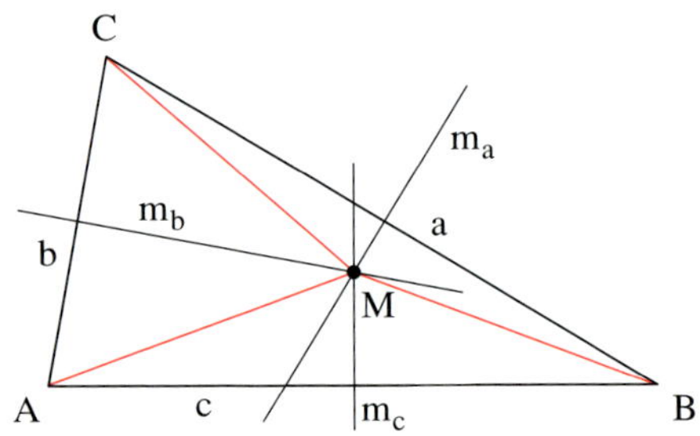

Umkreis des Dreiecks

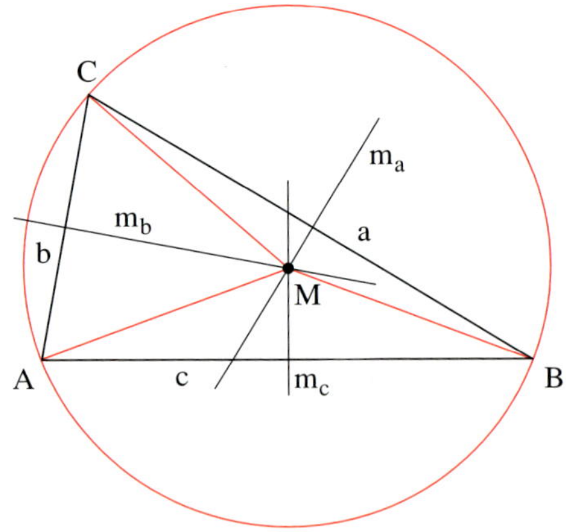

Merke:

Die Mittelsenkrechten eines Dreiecks schneiden sich in einem Punkt, dem Mittelpunkt des Umkreises des Dreiecks.

Beispiel:

Stellen Sie fest, wo der Schnittpunkt der Mittelsenkrechten liegt, wenn im Dreieck △ABC bei C **a**) ein rechter Winkel **b**) ein stumpfer Winkel liegt.

a) Die nebenstehende Zeichnung legt die Vermutung nahe, dass der Schnittpunkt der Mittelsenkrechten und Mittelpunkt des Umkreises des Dreiecks △ABC auf der Seite $\overline{AB}$ liegt. Diese Vermutung ist richtig: Der Umkreis eines Dreiecks △ABC mit $\gamma = 90°$ ist der Kreis um den Mittelpunkt von $\overline{AB}$.

► Thaleskreis

b) Kann der Mittelpunkt eines Dreiecks auch außerhalb des Dreiecks liegen?

Die nebenstehende Zeichnung zeigt, dass dies z. B. der Fall ist, wenn der Winkel bei C ein stumpfer Winkel ist.

Mittelsenkrechte im rechtwinkligen Dreieck

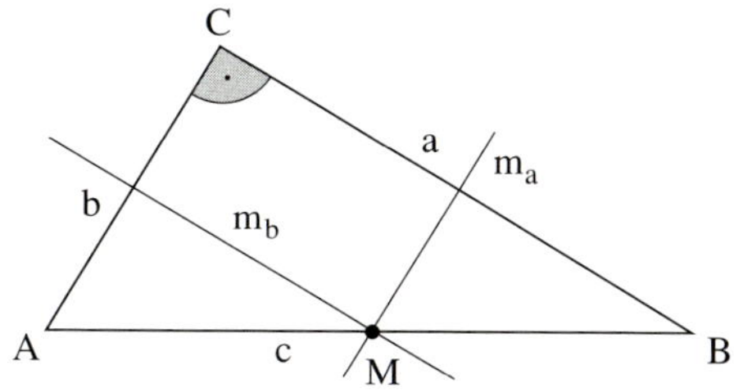

Mittelsenkrechte im stumpfwinkligen Dreieck

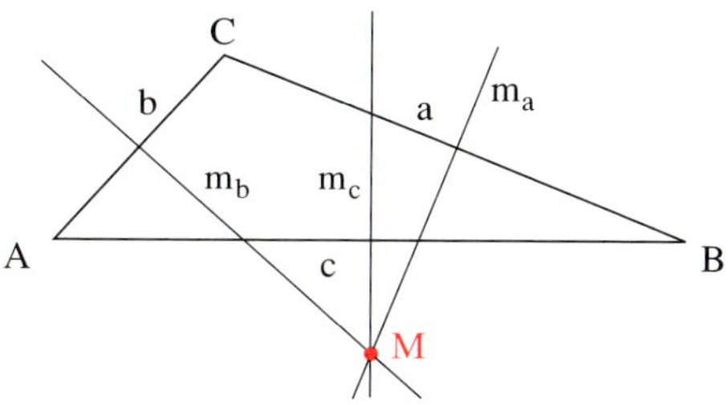

Problem: Zeichnen Sie ein beliebiges Dreieck △ABC. Konstruieren Sie die Höhen h_a, h_b und h_c des Dreiecks. Schneiden sich auch die Höhen in einem Punkt?

Vorüberlegung: Die untenstehende Zeichnung deutet darauf hin, dass die ausgesprochene Vermutung stimmen könnte. Man kann sie jedoch nicht auf gleiche Weise bestätigen wie die Vermutung über den Schnittpunkt der Mittelsenkrechten – über die Entfernung des Schnittpunktes von zwei Höhen zu den Dreiecksecken ist nichts bekannt. Man kann zu einem Beweis nur benutzen, was man schon sicher weiß. Sicher ist, dass sich die Mittelsenkrechten eines Dreiecks in einem Punkt schneiden. So kann man als **Beweisidee** vielleicht verwenden: Versuche, das Dreieck △ABC mit seinen Höhen in ein anderes Dreieck △A′B′C′ so einzubetten, dass die Höhen des Dreiecks △ABC als Mittelsenkrechte des Dreiecks △A′B′C′ nachgewiesen werden können.

Zur Umsetzung dieser Idee macht man sich die Tatsache zu Nutze, dass beide Transversalen, sowohl die Höhen als auch die Mittelsenkrechten, auf ihren zugehörigen Dreiecksseiten senkrecht stehen. Ein **Beweisplan** könnte so aussehen:
Man muss ein Dreieck △A′B′C′ konstruieren, in welchem eine jede Ecke des Dreiecks △ABC zum Mittelpunkt einer Dreiecksseite von Dreieck △A′B′C′ wird, die parallel ist zu der Seite von △ABC, welche der jeweiligen Ecke gegenüberliegt.

Höhen des Dreiecks

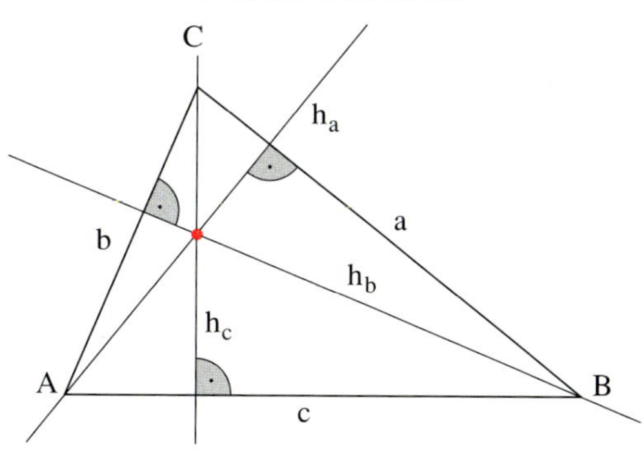

Dazu zeichnet man durch A, B und C die Parallelen zu den gegenüberliegenden Seiten.
Sie schneiden sich in A', B' und C'.
Da $AB \parallel A'B'$, $BC \parallel B'C'$ und $CA \parallel C'A'$, stehen die Höhen des Ausgangsdreiecks auch senkrecht auf den Seiten des neuen Dreiecks. Könnte man zeigen, dass z. B. h_c die Seite $\overline{A'B'}$ halbiert, wäre sicher, dass h_c Mittelsenkrechte zu $\overline{A'B'}$ ist.
Dazu zeigt man, dass $|\overline{A'C}| = |\overline{AB}|$ und $|\overline{CB'}| = |\overline{AB}|$ und somit $|\overline{A'C}| = |\overline{CB'}|$ ist.
Es gilt z. B. $\triangle ABC \cong \triangle A'CB$ nach dem Kongruenzsatz WSW, und da $\overline{AB}$ dem Winkel $\sphericalangle ACB$ gegenüber liegt und $\overline{A'C}$ dem dazu kongruenten Winkel $\sphericalangle A'BC$, sind $\overline{AB}$ und $\overline{A'C}$ gleich liegende Stücke in kongruenten Dreiecken und somit gleich lang. In gleicher Weise folgt aus der Kongruenz der Dreiecke $\triangle ABC$ und $\triangle CAB'$ das Gleichlangsein von $\overline{AB}$ und $\overline{CB'}$.

Höhen als Mittelsenkrechte eines anderen Dreiecks

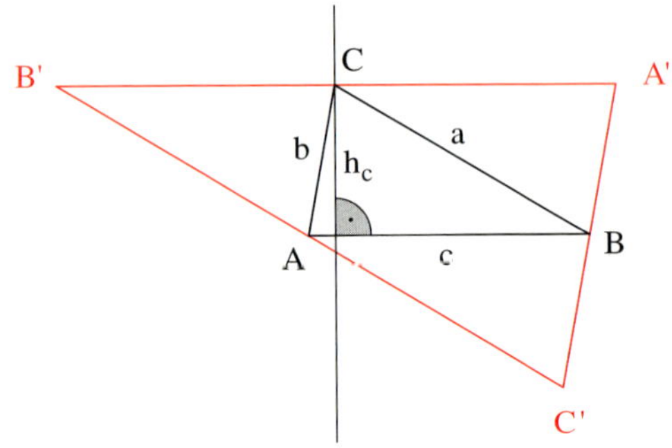

$|\overline{BC}| = |\overline{BC}|$.

$|\sphericalangle A'CB| = |\sphericalangle ABC|$ als Wechselwinkel an den Parallelen AB und $A'B'$.

$|\sphericalangle A'BC| = |\sphericalangle ACB|$ als Wechselwinkel an den Parallelen AC und $A'C'$.

$\Rightarrow |\overline{A'C}| = |\overline{AB}|$ und analog aus

$\triangle ABC \cong \triangle CAB'$

$|\overline{B'C}| = |AB|$, also

$|\overline{A'C}| = |B'C|$.

Da man die gleichen Überlegungen für die Höhe h_a sowie für die Höhe h_b anstellen kann, hat man durch Rückführung des Höhenproblems auf die Situation von Mittelsenkrechten gezeigt, dass auch die Höhen eines Dreiecks sich in einem Punkt, dem **Höhenschnittpunkt** schneiden.

Merke:

Die Höhen eines Dreiecks schneiden sich in einem Punkt, dem sogenannten Höhenschnittpunkt des Dreiecks.

Da die Punkte A, B und C die Mittelpunkte der Seiten des Dreiecks $\triangle A'B'C'$ sind, nennt man das Dreieck $\triangle ABC$ auch das **Mittendreieck** des Dreiecks $\triangle A'B'C'$.

► Man kann jedes Dreieck $\triangle ABC$ als Mittendreieck eines Dreiecks $\triangle A'B'C'$ auffassen, welches dadurch entsteht, dass man die Parallelen zu den Seiten des Dreiecks $\triangle ABC$ durch die jeweils gegenüberliegenden Ecken zeichnet. Die Mittelsenkrechten eines Dreiecks $\triangle A'B'C'$ sind also die Höhen seines Mittendreiecks $\triangle ABC$.

Beispiel:

Zeichnen Sie ein beliebiges Dreieck $\triangle ABC$, das bei C **a**) einen rechten Winkel, **b**) einen spitzen Winkel, **c**) einen stumpfen Winkel hat. Wo liegt jeweils der Höhenschnittpunkt?

a) Der Fußpunkt des Lotes von A auf a ist wegen der gemachten Voraussetzung der Punkt C. Der Fußpunkt des Lotes von B auf b ist ebenfalls C und auch das Lot von C auf c geht durch C. Der Punkt C ist also der Schnittpunkt der Höhen im rechtwinkligen Dreieck △ABC.

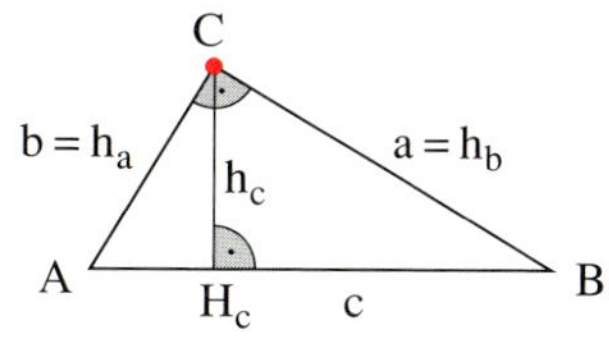

b) Die Höhen dieses Dreiecks liegen alle in seinem Inneren. Der Höhenschnittpunkt ist demzufolge auch ein innerer Punkt des Dreiecks.

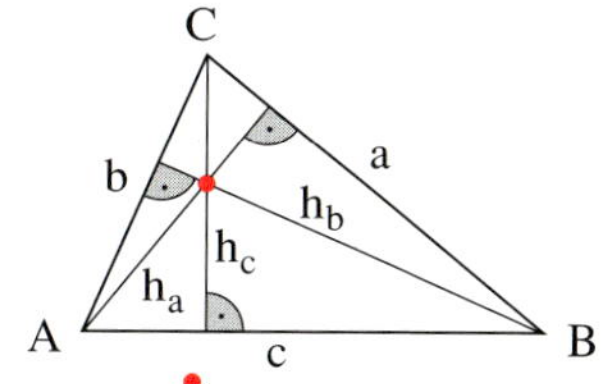

c) Ist der Winkel bei C stumpf, ist das Dreieck △ABC also stumpfwinklig, so liegt der Schnittpunkt seiner Höhen außerhalb des Dreiecks, wie die nebenstehende Zeichnung verdeutlicht.

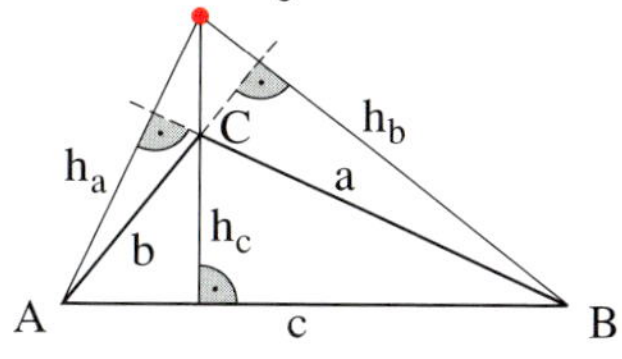

Schon das Lösen geometrischer Konstruktionsaufgaben, mehr noch aber das Finden und Durchführen von Beweisen geometrischer Lehrsätze stellen an das schöpferische Denken, an die mathematische Fantasie hohe Anforderungen. Für diese Aufgaben gibt es in der Regel keine eindeutigen oder wenigstens fast eindeutigen Vorschriften wie etwa für das Vorgehen beim schriftlichen Addieren zweier reeller Zahlen. Es gibt aber einige Hinweise dafür, wie man an das Lösen solcher geometrischen Aufgaben herangehen könnte. Für das Lösen geometrischer Konstruktionsaufgaben sind diese bereits angegeben, für das Finden und das Durchführen von Beweisen zu geometrischen Lehrsätzen soll das im Folgenden geschehen.

Auch für das **Beweisen** kann man verschiedene Phasen oder Etappen unterscheiden.

1. Etappe: Klares **Erfassen von Behauptung und Voraussetzungen**
Wenn man auf irgendeine Weise eine Vermutung über einen geometrischen Sachverhalt gefunden hat oder vor eine bereits formulierte Vermutung gestellt wird, wird man sich zunächst darüber Klarheit verschaffen, was eigentlich behauptet wird und unter welchen Voraussetzungen die Behauptung bestehen soll.

2. Etappe: Finden einer **Beweisidee**
Sodann muss man eine Idee entwickeln, wie man die aufgestellte Behauptung beweisen könnte. Nur selten wird eine solche spontan entstehen. Beim Suchen können zwei **Strategien** helfen: Das sog. **Rückwärtsarbeiten** und das sog. **Vorwärtsarbeiten**.

● Das **Rückwärtsarbeiten** geht von der zu beweisenden Behauptung aus und beginnt mit der Frage: Kennt man einen Lehrsatz, der die gleiche oder eine ähnliche Behauptung enthält?
Kennt man solche Lehrsätze, muss man prüfen, ob einer davon die gleichen Voraussetzungen hat wie der behauptete Lehrsatz oder ob sich solche Voraussetzungen schaffen lassen.

Beispiele:

▸ Beim Beweis des Höhenschnittpunktsatzes war das der Lehrsatz über den Schnittpunkt der Mittelsenkrechten.

▸ Beim Satz über die Höhen im Dreieck fasste man das gegebene Dreieck als Mittendreieck eines neuen Dreiecks auf.

3. Etappe: Aufstellen eines **Beweisplans**

Es ist häufig günstig, sich klarzumachen, in welchen Schritten der Beweis ablaufen muss, also einen Beweisplan aufzustellen.

► Text zum Abschnitt „Höhen als Mittelsenkrechte".

4. Etappe: Durchführung des Beweises

Bei der Durchführung des Beweises unterscheidet man zwischen **Beweisfeststellungen** und deren **Begründungen**. Es gilt: Für jede in einem Beweis getroffene Feststellung muss eine Begründung gegeben werden.

► Beispiel Höhensatz: Die Dreiecke $\triangle ABC$ und $\triangle A'CB$ sind kongruent, weil sie in einer Seite und den dieser Seite anliegenden Winkeln übereinstimmen.

● Für das **Vorwärtsarbeiten** gelten die gleichen Etappen, allerdings sind die für dieses Vorgehen typischen Anfangsfragen andere, denn sie werden von den gegebenen Voraussetzungen aus gestellt:

► Beispiel Beweis des Lehrsatzes über den Schnittpunkt der Mittelsenkrechten.
Die Fragen führten auf folgende Antworten: Die Voraussetzung ist, dass Mittelsenkrechte vorliegen.

1. Was ist bekannt?

2. Wie kann man das Bekannte mathematisch erfassen und aufschreiben?

3. Welche Folgerungen sind daraus zu ziehen?

Eine Mittelsenkrechte ist der geometrische Ort für alle Punkte, die von den Endpunkten einer Strecke $\overline{AB}$ gleich weit entfernt sind. Daraus folgt: Verbindet man einen Punkt M der Mittelsenkrechten zu $\overline{AB}$ mit A und B, so gilt $|\overline{AM}| = |\overline{BM}|$, und gilt für einen Punkt P die Gleichheitsaussage $|\overline{AP}| = |\overline{BP}|$, so liegt P auf der Mittelsenkrechten zu $\overline{AB}$. Mit Hilfe dieser Eigenschaft konnte gezeigt werden, dass der Schnittpunkt zweier Mittelsenkrechter eines Dreiecks auch auf der dritten Mittelsenkrechten dieses Dreiecks liegt.

Wiederholungsfragen zu 3.5 und 3.6

1. Welche Eigenschaften hat ein gleichschenkliges und welche Eigenschaften ein gleichseitiges Dreieck?
2. Was besagt der Satz des Thales?
3. Welche Beziehung besteht zwischen der Basis eines gleichschenklig-rechtwinkligen Dreiecks und der Höhe auf die Basis?
4. Welche Beziehungen bestehen zwischen den Winkeln und den diesen Winkeln gegenüberliegenden Seiten eines Dreiecks?
5. Wie sind die Mittelsenkrechten der Dreiecksseiten erklärt?
6. Welche Aussage kann man über die Mittelsenkrechten eines Dreiecks treffen?
7. Was versteht man unter dem Umkreis eines Dreiecks? Wo liegt sein Mittelpunkt?
8. Wie sind die Höhen in einem Dreieck erklärt?
9. Welche Aussage kann man über die Höhen in einem Dreieck treffen?
10. Welche Etappen und Strategien kann man beim Beweisen eines geometrischen Lehrsatzes unterscheiden?

4 Geometrische Grundkonstruktionen mit Zirkel und Lineal

Einen wichtigen Platz in der Geschichte der Geometrie und des geometrischen Unterrichts nahmen Untersuchungen darüber ein, welche geometrischen Konstruktionen durch alleinige Benutzung von Zirkel und Lineal (ohne dessen Messskala) gelöst werden können. Aus diesem breiten Feld sollen nun einige wichtige sog. **Grundkonstruktionen** vorgestellt werden.

Problem: Errichten Sie die Senkrechte h zu einer gegebenen Geraden g durch einen Punkt P auf g unter alleiniger Benutzung von Zirkel und Lineal.

Überlegungen zum Problem:

Die Planfigur lässt in der nebenstehenden Form nicht sogleich Ansatzpunkte für eine Lösung erkennen. Da jedoch die Kongruenzsätze für Dreiecke zur Verfügung stehen, wird man versuchen, die Figur so zu ergänzen, dass Dreiecke entstehen, die man mithilfe dieser Sätze miteinander vergleichen kann.

Errichten einer Senkrechten

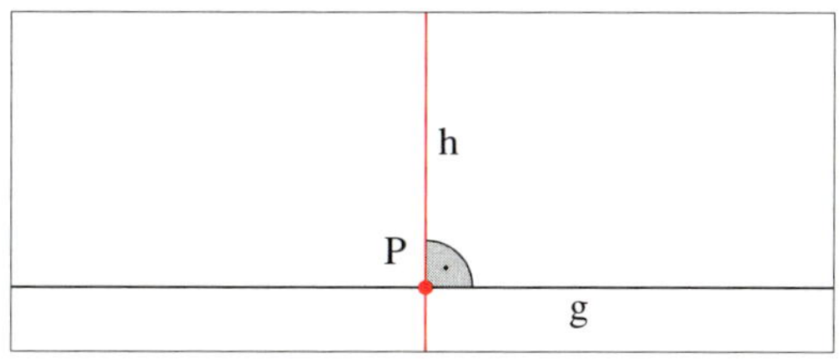

► Planfigur zum Problem

Dazu zeichnet man mit dem Zirkel um P einen Kreis K mit einem beliebigen Radius, der g in A und B schneidet.

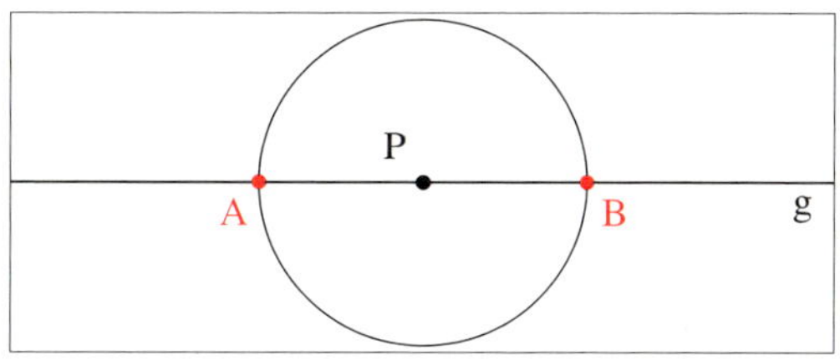

► **1. Schritt:** Kreis um P

Sodann zeichnet man einen Kreis K_A um A mit einem Radius r größer als $\frac{1}{2}|\overline{AB}|$ und um B den Kreis K_B mit demselben Radius. Hierbei muss r größer als $\frac{1}{2}|\overline{AB}|$ gewählt werden, damit sich K_A und K_B in C_1 und C_2 schneiden.

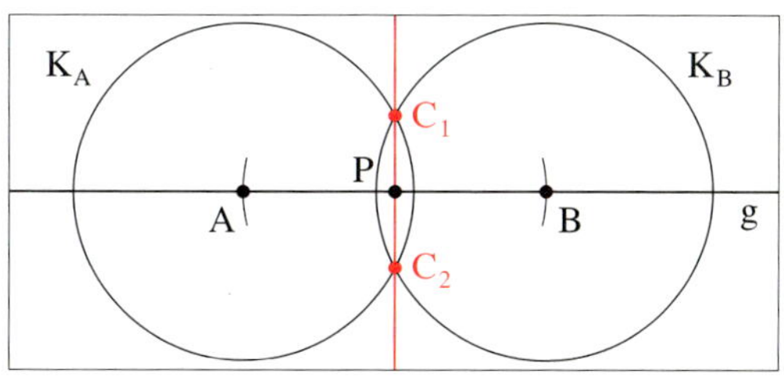

► **2. Schritt:** Kreise um A und B

Man verbindet C_1 mit A, P und B.
Was weiß man über die Dreiecke $\triangle APC_1$ und $\triangle BPC_1$?

Aus der Konstruktion weiß man:

Es gilt: $|\overline{AP}| = |\overline{BP}|$ (Radien desselben Kreises K)
$|\overline{AC_1}| = |\overline{BC_1}|$ (Radien von K_A und K_B)
$|\overline{PC_1}| = |\overline{PC_1}|$ (Jede Strecke ist sich selbst gleich)

Die Dreiecke $\triangle APC_1$ und $\triangle BPC_1$ stimmen in den Längen entsprechender Seiten überein, sind also nach dem Kongruenzsatz SSS kongruent.

$\triangle APC_1 \cong \triangle BPC_1$ (SSS)

Das bedeutet aber, dass auch einander entsprechende Winkel gleich groß sind. $\sphericalangle APC_1$ und $\sphericalangle BPC_1$ sind einander entsprechende Winkel, sind also gleich groß. Da die Größen beider Winkel zusammen 180° betragen, ist also jeder einzelne 90° groß.

$|\sphericalangle APC_1| = |\sphericalangle BPC_1|$

$|\sphericalangle APC_1| = |\sphericalangle BPC_1| = 90°$

Das heißt aber: C_1 liegt auf der Senkrechten zu g durch P.

Analoges gilt für die Dreiecke $\triangle APC_2$ und $\triangle BPC_2$.

Anmerkung: Werden bei den folgenden Konstruktionen zu Bestimmung von Punkten Kreise als Konstruktionselemente verwendet, so werden diese in der Regel nicht mehr als Vollkreise gezeichnet bzw. angeben, sondern nur diejenigen ihrer Bögen, welche die jeweiligen Schnittpunkte liefern.

Es ergibt sich folgende **Konstruktionsbeschreibung:**

Man zeichnet einen Kreis K um P, der g in den Punkten A und B schneidet.
Um A und B zeichnet man die Kreise K_A und K_B, deren Radien gleich und größer als $\frac{1}{2}|\overline{AB}|$ sind. Diese schneiden sich in den Punkten C_1 und C_2. Die Gerade, welche die Punkte P und C_1 oder P und C_2 oder C_1 mit C_2 verbindet, ist die gesuchte Senkrechte zu g durch P.

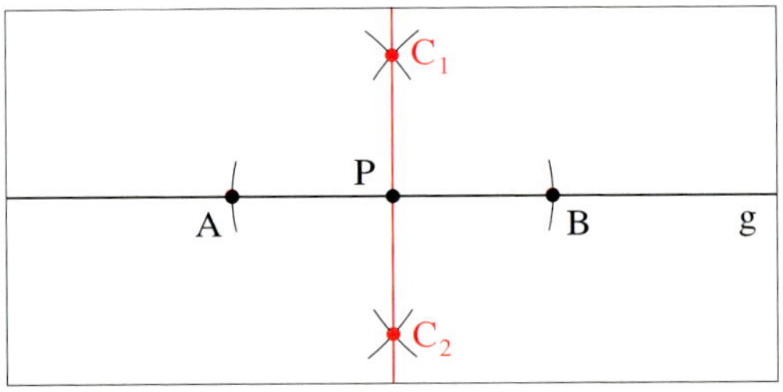

► $|\sphericalangle APC_1| = |\sphericalangle BPC_1| = 90°$

► $|\sphericalangle APC_2| = |\sphericalangle BPC_2| = 90°$

Problem: Zeichnen Sie die Gerade, welche durch die Mitte einer Strecke $\overline{AB}$ geht und auf $\overline{AB}$ senkrecht steht – die sogenannte **Mittelsenkrechte** der Strecke $\overline{AB}$.

Überlegungen zum Problem:

Die voranstehend geschilderte Konstruktion der Senkrechten h zur Geraden g durch den Punkt P auf g weist auf die Lösung des Problems hin. Der Punkt P wurde dort im Ablauf der Konstruktion zum Mittelpunkt der Strecke $\overline{AB}$, denn es galt $|\overline{AP}| = |\overline{BP}|$, und die Gerade C_1C_2 war die Senkrechte zu g durch P.

Jetzt sind die Punkte A und B gegeben. Man konstruiert nun C_1 und C_2 so, wie es in der vorangehenden Konstruktion erfolgte.

Konstruktion der Mittelsenkrechten

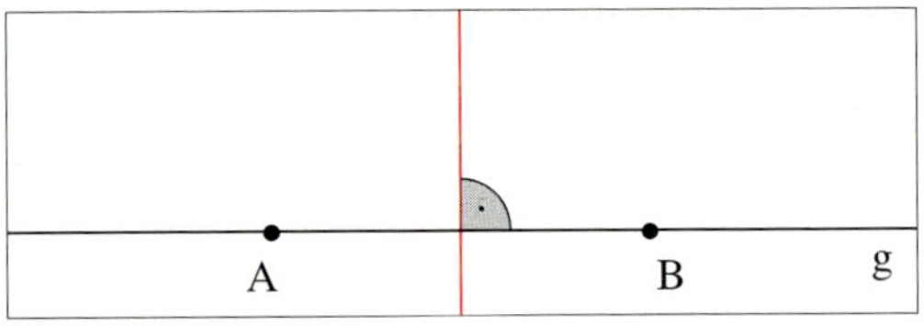

► Planfigur zum Problem

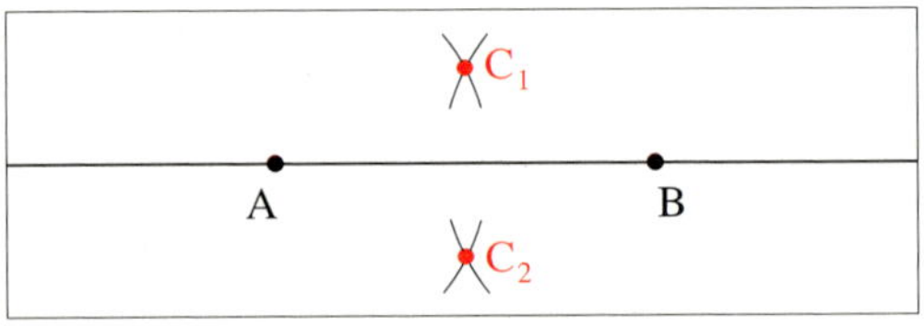

1. Schritt: Die Kreise K_A und K_B um A und B werden gezeichnet.

Deren Verbindungsgerade ist die gesuchte Mittelsenkrechte zu $\overline{AB}$.
Ist M der Schnittpunkt von C_1C_2 und $\overline{AB}$, so sind die Dreiecke $\triangle AMC_1$ und $\triangle BMC_1$ kongruent.

Konstruktionsbeschreibung:

Man zeichnet die Kreise K_A um A und K_B um B mit einem gleichen, genügend großen Radius so, dass sie sich schneiden.
Man erhält C_1 und C_2.
Deren Verbindungsgerade ist die gesuchte Mittelsenkrechte, denn sie schneidet die Strecke $\overline{AB}$ in ihrem Mittelpunkt M und steht senkrecht auf $\overline{AB}$.

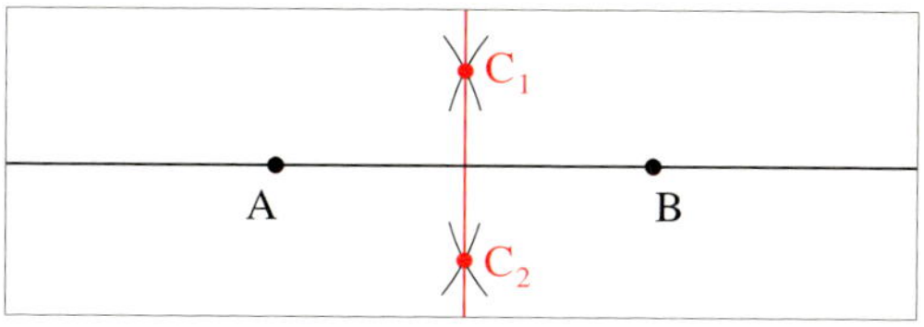

2. Schritt: Die Schnittpunkte der Kreise K_A und K_B werden miteinander verbunden.

► $|\overline{AM}| = |\overline{MB}|$; $|\sphericalangle AMC_1| = |\sphericalangle BMC_1| = 90°$;
► $|\sphericalangle AMC_2| = |\sphericalangle BMC_2| = 90°$.

Beachten Sie:

Das Verfahren zur Konstruktion der Mittelsenkrechten einer Strecke $\overline{AB}$ ist also gleichzeitig das Verfahren, den **Mittelpunkt** M oder die **Mitte** von $\overline{AB}$ zu bestimmen. Durch dieses Vorgehen wird also die **Strecke $\overline{AB}$ halbiert**.
Umgekehrt kann man sich vorstellen, eine Strecke $\overline{AM}$ von M aus einmal auf dem Strahl $\vdash\!\overline{AM}$ abzutragen. Erhält man so den Endpunkt B, so sagt man, wenn auch nicht ganz korrekt, man habe die Strecke $\overline{AM}$ **verdoppelt**, die Strecke $\overline{AB}$ sei das **Doppelte** der Strecke $\overline{AM}$. Für die Längen von $\overline{AB}$ und $\overline{AM}$ gilt: $|\overline{AB}| = 2 \cdot |\overline{AM}|$.

Um z. B. eine Strecke $\overline{AB}$ zu verdoppeln, zeichnet man einen Kreis K um B mit dem Radius $r = |\overline{AB}|$. Er schneidet die Verlängerung von $\overline{AB}$ über B hinaus im Punkt C. Analog verfährt man, um eine Strecke zu verdreifachen oder zu vervierfachen.
Trägt man $\overline{AB}$ auf $\vdash\!\overline{AB}$ wiederholt ab, so sagt man, man hat die Strecke $\overline{AB}$ **vervielfacht**, und es gilt bei n solchen Abtragungen ($n \in \mathbb{N}$), falls B_n für den Endpunkt der letzten abgetragenen Strecke steht:
$|\overline{AB_n}| = n \cdot |\overline{AB}|$.

Verdoppeln und Vervielfachen von Strecken

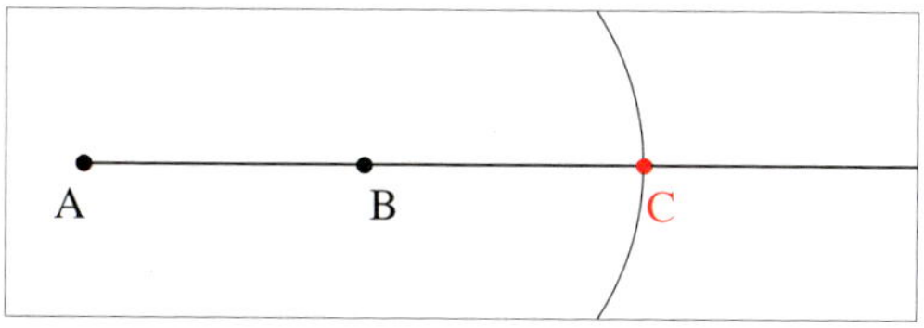

$|\overline{AC}| = 2 \cdot |\overline{AB}|$

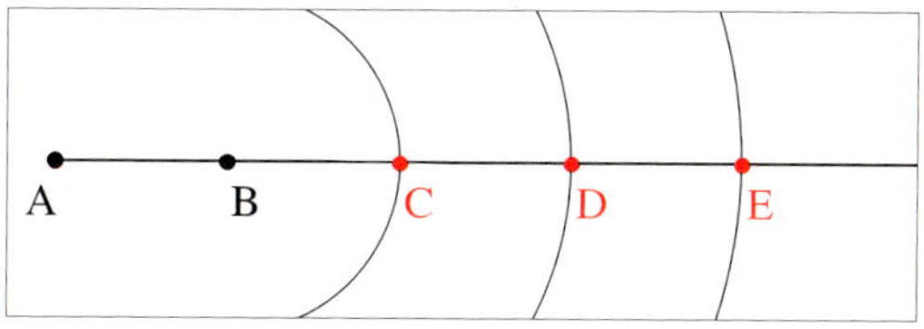

$|\overline{AE}| = 4 \cdot |\overline{AB}|$

Mit der vorstehend beschriebenen konstruktiven Halbierung und Vervielfachung einer Strecke ist die Möglichkeit gegeben, nur mit Benutzung von Zirkel und Lineal (ohne dessen Maßskala!) bestimmte Bruchteile einer Strecke zu konstruieren.

Beispiele:

- Die Halbierung einer Strecke ist durch das vorstehende Problem beschrieben.
- Durch die Halbierung der halbierten Strecke gewinnt man den vierten Teil einer Strecke, und durch die Halbierung des Viertels erhält man den achten Teil einer Strecke.
- Durch Aneinandersetzen solcher konstruierten Teilstrecken kann man eine Reihe weiterer Bruchteile einer ursprünglichen Strecke gewinnen. So erhält man z. B. durch Aneinanderfügen von $\overline{AE}$ und $\overline{AD}$ die Strecke $\overline{AF}$ der Länge $|\overline{AF}| = \frac{3}{4}|\overline{AB}|$ oder durch Aneinanderfügen der Strecken $\overline{AD}$ und $\overline{AC}$ die Strecke $\overline{AG}$ der Länge $|\overline{AG}| = \frac{3}{8}|\overline{AB}|$.

Bruchteile von Strecken

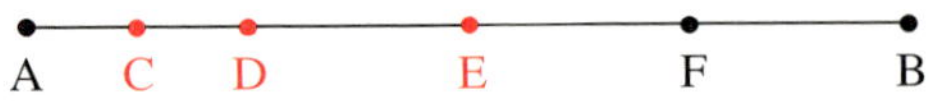

► $|\overline{AE}| = \frac{1}{2}|\overline{AB}|$; $|\overline{AD}| = \frac{1}{2}|\overline{AE}| = \frac{1}{4}|\overline{AB}|$;

► $|\overline{AC}| = \frac{1}{2}|\overline{AD}| = \frac{1}{8}|\overline{AB}|$.

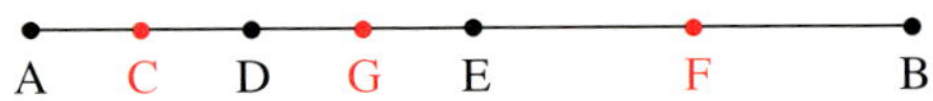

► $|\overline{AG}| = \frac{3}{8}|\overline{AB}|$; $|\overline{AF}| = \frac{3}{4}|\overline{AB}|$.

Problem: Fällen Sie von einem Punkt P außerhalb einer Geraden g das Lot auf g. Mit anderen Worten: Konstruieren Sie die Senkrechte zu g, die durch P geht.

Überlegungen zum Problem:

Wieder ergeben sich aus den vorangegangenen Konstruktionsaufgaben Hinweise für die Bearbeitung dieses Problems: Man arbeitet ebenfalls mit kongruenten gleichschenkligen Dreiecken, wobei der Punkt P die Rolle des Punktes C_1 der voranstehenden Konstruktionen spielt.

Konstruktionsbeschreibung:

Man zeichnet um P einen Kreis, der g in A und B schneidet.

Sodann werden um A und B die Kreise K_A und K_B gezeichnet, die beide durch P gehen. Sie schneiden sich außerdem in Q.

Die Gerade PQ ist das Lot von P auf g.

Fällen eines Lotes

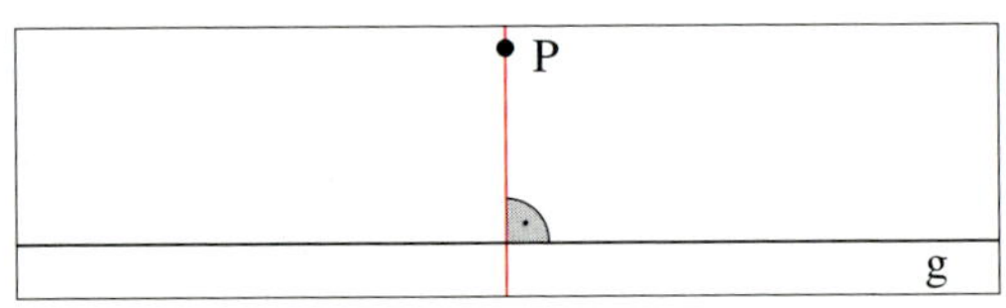

► Planfigur zum Problem

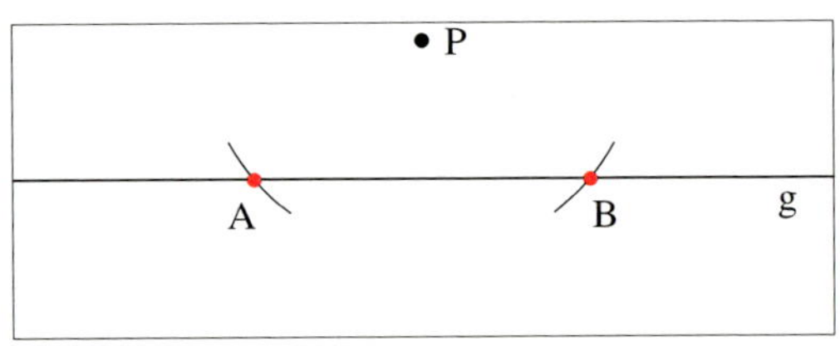

1. Schritt: Kreis um P

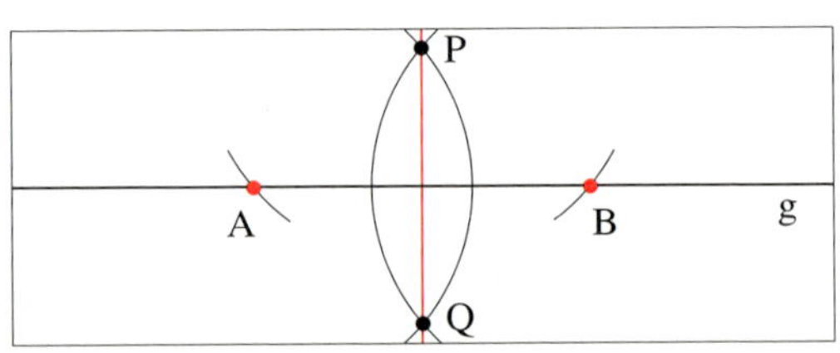

2. Schritt: Kreise um A und B durch P
$PQ \perp AB$, $AB = g$

Problem: Konstruieren Sie einen Strahl, der einen gegebenen Winkel mit dem Scheitelpunkt S in zwei gleich große Winkel teilt, ihn also halbiert.

Überlegungen zum Problem:

Konstruieren einer Winkelhalbierenden

Da die Gleichheit der Größen zweier Winkel nachgewiesen werden soll, wird man versuchen nachzuweisen, dass sie gleich liegende Winkel in kongruenten Dreiecken sind.

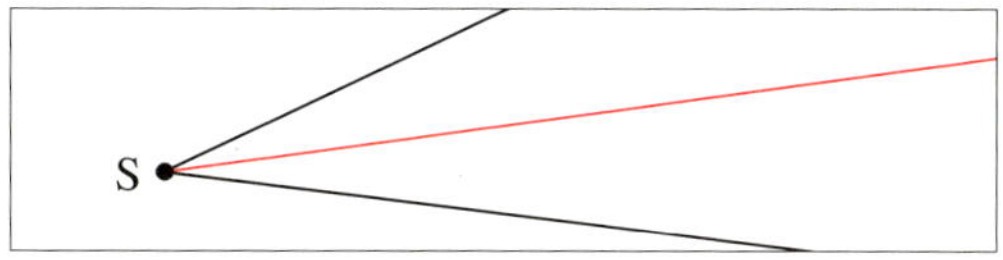

► Planfigur zum Problem

Dazu zeichnet man zunächst um S einen Kreis, der die Winkelschenkel in den Punkten A und B schneidet.

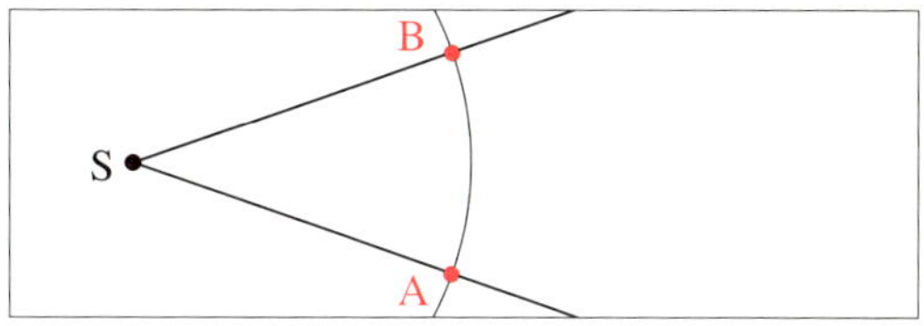

1. Schritt: Kreis um S

Sodann zeichnet man mit einem gleichen Radius, der größer ist als die halbe Streckenlänge $|\overline{AB}|$, die Kreise K_A um A und K_B um B. Sie schneiden sich in C_1 und C_2.

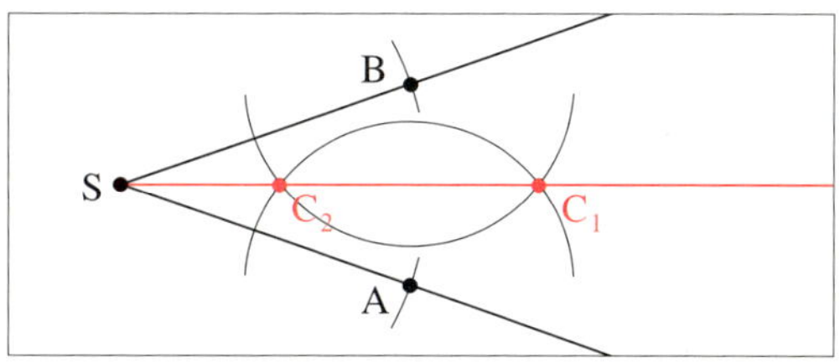

2. Schritt: Kreise um A und B

Aus der Konstruktion weiß man:
Es gilt: $|\overline{SA}| = |\overline{SB}|$ (Radien desselben Kreises)
$|\overline{AC_1}| = |\overline{BC_1}|$ (Radien von K_A und K_B)
$|\overline{SC_1}| = |\overline{SC_1}|$ (Jede Strecke ist sich selbst gleich)

Die Dreiecke $\triangle SAC_1$ und $\triangle SBC_1$ stimmen in den Längen entsprechender Seiten überein, sie sind also nach dem Kongruenzsatz SSS kongruent.

► $\triangle SAC_1 \cong \triangle SBC_1$ (SSS)

Das bedeutet aber auch, dass einander entsprechende Winkel in diesen Dreiecken gleich groß sind.
$\sphericalangle C_1SA$ und $\sphericalangle C_1SB$ sind einander entsprechende Winkel, also sind sie gleich groß.

► $|\sphericalangle C_1SA| = |\sphericalangle C_1SB|$

Da sie zusammen den vorgegebenen Winkel bilden, ist jeder halb so groß wie dieser.

► $|\sphericalangle C_1SA| = |\sphericalangle C_1SB| = \frac{1}{2}|\sphericalangle ASB|$

Der Strahl $\overrightarrow{SC_1}$ heißt die **Winkelhalbierende** des gegebenen Winkels.
Analoges gilt für die Dreiecke $\triangle SAC_2$ und $\triangle SBC_2$.

Konstruktionsbeschreibung:
Man zeichnet einen Kreis um den Scheitel S des Winkels, der dessen Schenkel in den Punkten A und B schneidet. Um A und B zeichnet man mit gleichem, genügend großen Radius die Kreise K_A und K_B, die sich in C_1 und C_2 schneiden. Der Strahl aus S durch C_1 (oder aus S durch C_2) halbiert den gegebenen Winkel.

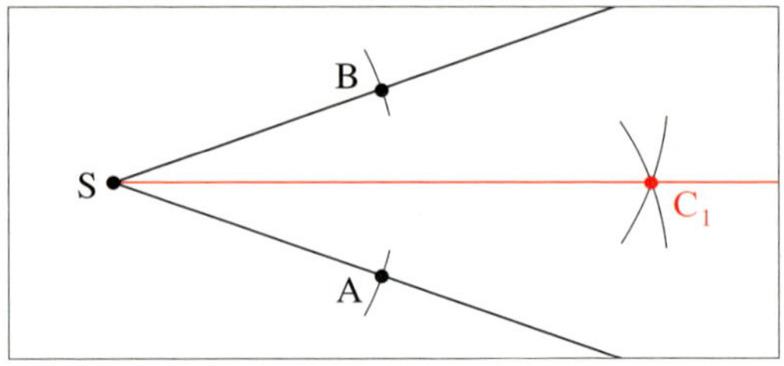

Trägt man in S an den Schenkel $\overrightarrow{SB}$ eines Winkels $\sphericalangle ASB$ den Winkel $\sphericalangle ASB$ noch einmal an, so sagt man, wenn auch nicht ganz korrekt, man habe den Winkel $\sphericalangle ASB$ **verdoppelt**, der entstandene Winkel $\sphericalangle ASF$ (vergleiche nebenstehende Zeichnung) sei das **Doppelte** des Winkels $\sphericalangle ASB$.
Für die Größen der Winkel gilt

$$|\sphericalangle ASB| = 2 \cdot |\sphericalangle ASF|.$$

Diese Konstruktion kann man beliebig oft an $\overrightarrow{SF}$ bzw. dem jeweils neuen Winkelschenkel wiederholen und auf diese Weise $\sphericalangle ASB$ „**vervielfachen**".

Vervielfachen von Winkeln

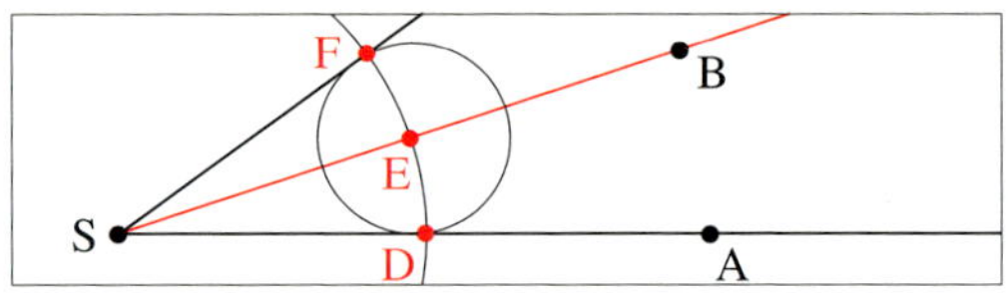

$|\sphericalangle ASF| = 2 \cdot |\sphericalangle ASB|$

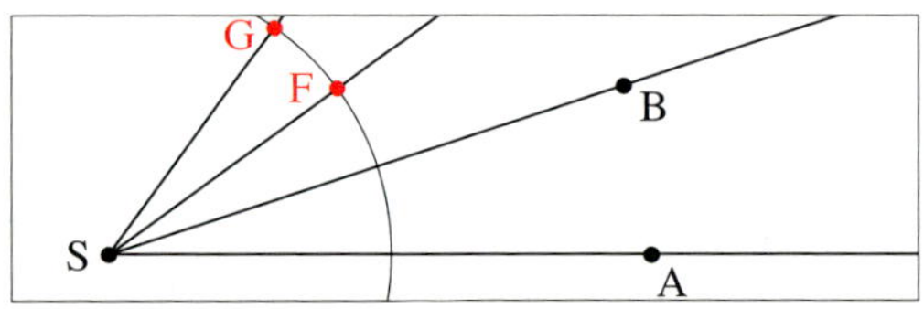

$|\sphericalangle ASG| = 3 \cdot |\sphericalangle ASB|$

Wie durch das Halbieren einer Strecke kann man auch durch das Halbieren eines Winkels bestimmte Bruchteile dieses Winkels unter ausschließlicher Benutzung von Zirkel und Lineal konstruieren.

Beispiele:

1. Durch fortgesetztes Halbieren kann man z. B. die Hälfte, ein Viertel oder ein Achtel des ursprünglichen Winkels herstellen.

Bruchteile von Winkeln

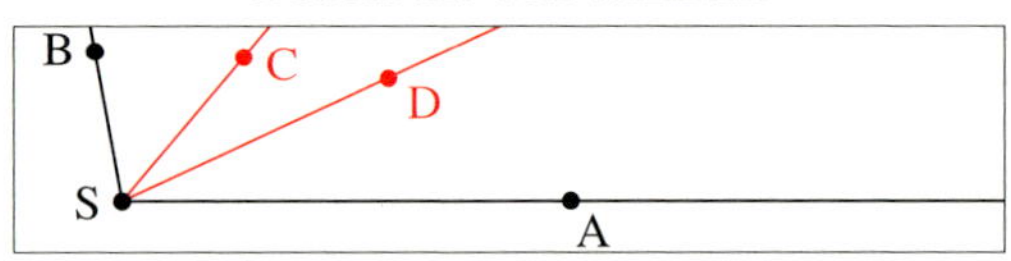

$|\sphericalangle ASC| = \frac{1}{2} \cdot |\sphericalangle ASB|; |\sphericalangle ASD| = \frac{1}{2} |\sphericalangle ASC| = \frac{1}{4} \cdot |\sphericalangle ASB|$

2. Durch Antragen solcher Teilwinkel an andere Teilwinkel kann man eine Reihe weiterer Winkel konstruieren. Trägt man z. B. $\sphericalangle ASD$ an $\sphericalangle ASC$ an, so erhält man den Winkel $\sphericalangle ASE$ mit der Größe $|\sphericalangle ASE| = \frac{3}{4} |\sphericalangle ASB|$, trägt man $\sphericalangle ASD$ an $\sphericalangle ASB$ an, so erhält man $\sphericalangle ASF$ mit der Größe $|\sphericalangle ASF| = \frac{5}{4} |\sphericalangle ASB|$.

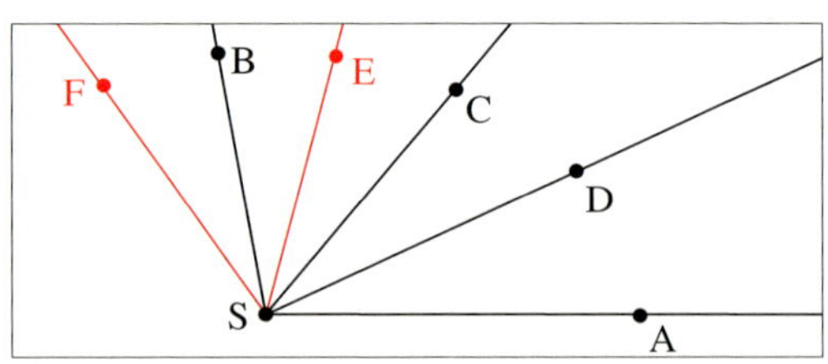

$|\sphericalangle ASE| = \frac{3}{4} \cdot |\sphericalangle ASB|; |\sphericalangle ASF| = \frac{5}{4} \cdot |\sphericalangle| ASB|$

Anmerkung: Für die **Dreiteilung** eines beliebigen Winkels unter alleiniger Benutzung von Zirkel und Lineal gibt es eine solche allgemeine Konstruktionsvorschrift nicht. Wohl kann man bestimmte Winkel, z. B. einen Winkel von 90°, konstruktiv dritteln, aber eben nicht jeden beliebigen Winkel. Dieses Problem, die sogenannte **Trisektion eines Winkels**, beschäftigte schon die Geometer der Antike.

In der folgenden Tabelle sind die vier behandelten Grundkonstruktionen noch einmal kurz und bildhaft – in sogenannten **Piktogrammen** – dargestellt.

Grundkonstruktion	Senkrechte zu *g* durch P	Mittelsenkrechte von $\overline{AB}$	Lot von P auf *g*	Winkelhalbierende von ∢ASB
	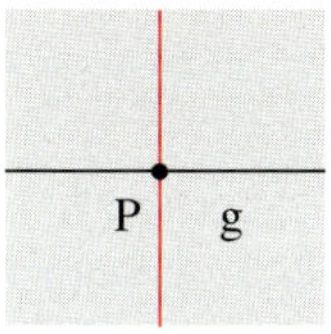	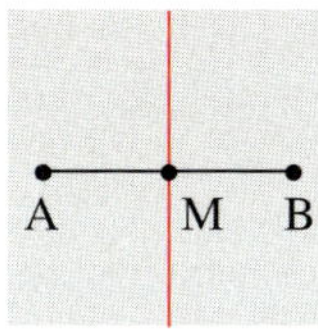	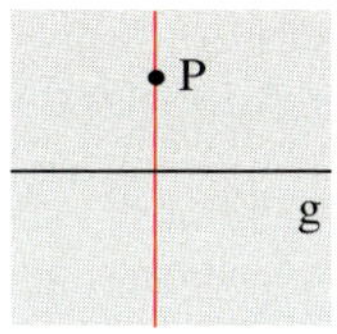	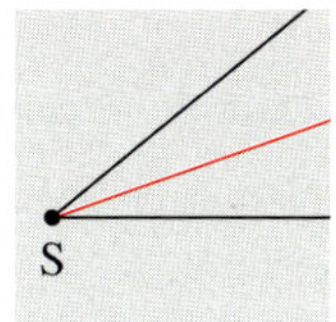
1. Schritt	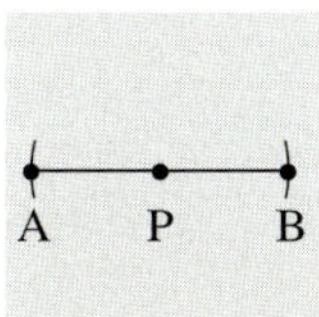	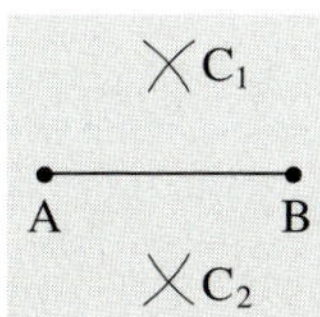	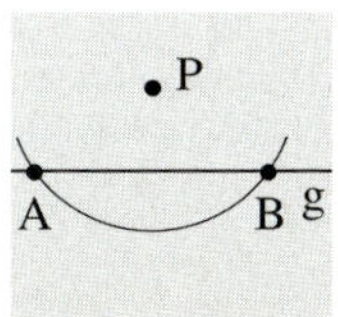	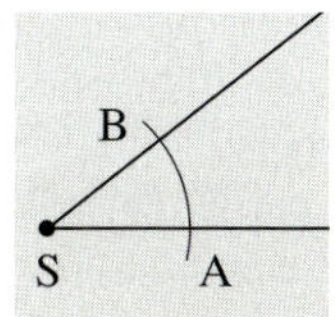
2. Schritt	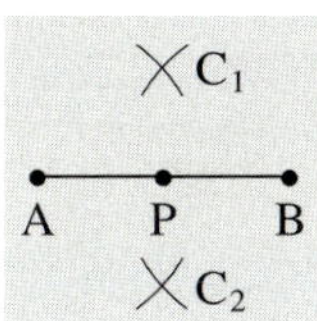	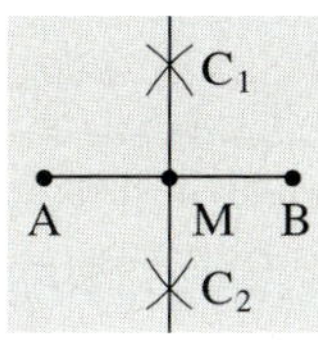	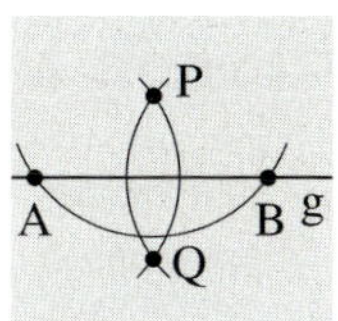	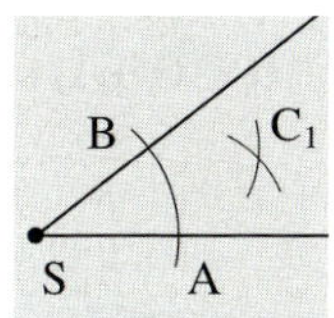
3. Schritt	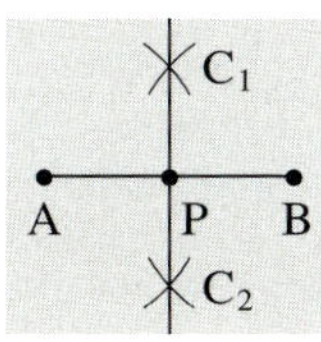		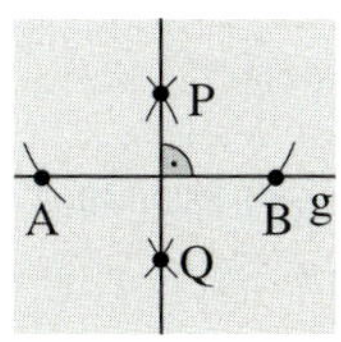	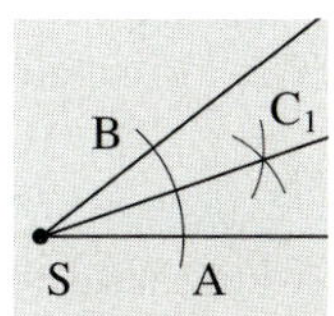

Übungen zu 4

Verwenden Sie bei der Lösung der folgenden Aufgaben nur Zirkel und Lineal.

1. Konstruieren Sie das „3fache einer Strecke $\overline{AB}$".
2. Teilen Sie eine Strecke von 10 cm Länge in 4 gleich lange Teile.
3. Eine Strecke ist 11,5 cm lang. Konstruieren Sie die Punkte A, B, C und D, die $\frac{3}{4}$, $\frac{3}{8}$, $\frac{5}{8}$ und $\frac{7}{8}$ der Streckenlänge markieren.
4. Zwei Orte A und B liegen an einer Landstraße 2,6 km voneinander entfernt (200 m ≙ 1 cm). Von welcher Stelle, die zwischen A und B liegt, ist A dreimal (siebenmal) soweit entfernt wie B?

5. An einer Landstraße liegt das Haus A, 230 m davon entfernt ist ein Brunnen. Der Verbindungsweg Brunnen – Haus bildet mit der Straße einen rechten Winkel. Konstruieren Sie den Ort (20 m $\widehat{=}$ 1 cm). An welcher Stelle sind $\frac{5}{8}$ des Weges zum Brunnen zurückgelegt?

6. An einem Ort A fließt ein Fluss in gerader Richtung vorbei. Zeichnen Sie den kürzesten Weg dorthin.

7. Teilen Sie einen rechten Winkel in drei gleich große Teile.

8. Teilen Sie einen stumpfen Winkel in 4 gleich große Teile.

9. Zeichnen Sie von einem stumpfen Winkelmaß α folgende Teile:

a) $\frac{3}{4}\alpha$ **b)** $\frac{3}{8}\alpha$ **c)** $\frac{5}{8}\alpha$ **d)** $\frac{7}{8}\alpha$ **e)** $\frac{9}{8}\alpha$

10. Zeichnen Sie folgende Winkelgrößen:

a) 90° **b)** 45° **c)** $22\frac{1}{2}°$ **d)** $67\frac{1}{2}°$ **e)** 135° **f)** $112\frac{1}{2}°$

11. Zeichnen Sie von einer Kreisfläche vom Maß A folgende Teile:

a) $\frac{1}{4}A$ **b)** $\frac{1}{8}A$ **c)** $\frac{5}{8}A$ **d)** $\frac{7}{8}A$

12. Verlässt man eine gerade Landstraße auf einem Feldweg in nordöstlicher Richtung unter einem Winkel von 45°, so stößt man nach 600 m auf eine an einem Fluss gelegene Badeanstalt. Der Fluss bildet mit dem Feldweg einen Winkel von 90°.

a) Zeichnen Sie den Verlauf des Flusses (100 m $\widehat{=}$ 1,5 cm).
b) An welcher Stelle schneidet der Fluss die Straße, wenn sein Lauf geradlinig ist?
c) Konstruieren Sie den kürzesten Weg von der Badeanstalt zur Landstraße und messen Sie seine Länge.

Wiederholungsfragen zu 4

1. Beschreiben und erklären Sie folgende Grundkonstruktionen:
a) Das Errichten einer Senkrechten h zu einer Geraden g durch einen Punkt P
– außerhalb von g,
– auf g.
b) Das Halbieren einer Strecke.
c) Das Halbieren eines Winkels.
d) Das Fällen eines Lotes von einem Punkt P auf eine Gerade g.

2. Was wissen Sie über die Entfernung aller Punkte der Mittelsenkrechten zur Strecke $\overline{AB}$ von den Punkten A und B?

3. Wie trägt man eine Strecke auf einem Strahl ab?

4. Wie „vervielfacht“ man eine Strecke?

5. Wie trägt man einen Winkel an einen Strahl an?

6. Wie „vervielfacht“ man einen Winkel?

5 Bestimmungslinien – geometrische Örter

Im 3. Kapitel, Abschnitt 3.6 waren die Mittelsenkrechte einer Strecke und die Kreislinie als geometrische Örter erkannt und bezeichnet worden. Geometrische Örter – auch Bestimmungslinien genannt – können sowohl gerade als auch gekrümmte Linien sein. Sie sind deshalb für das Lösen geometrischer Konstruktionsaufgaben und geometrischer Beweisaufgaben interessant und wichtig, weil alle ihre Punkte eine bestimmte Eigenschaft haben, die sonst keinem weiteren Punkt der Ebene zukommt.

Beispiel:

Die Orte A und B liegen auf verschiedenen Seiten einer Busroute. Eine Bushaltestelle P soll so eingerichtet werden, dass die Wege zu ihr für die Bewohner beider Orte gleich lang sind.

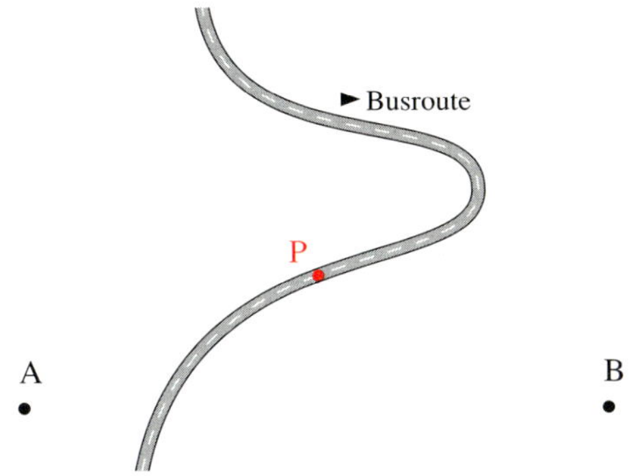

Es wird also ein Punkt P gesucht, für den gilt:
1. P liegt an der Busroute.
2. Die Strecken $\overline{PA}$ und $\overline{PB}$ sind gleich lang; $|\overline{PA}| = |\overline{PB}|$.

Die Forderung oder Bedingung, dass P an der Busroute liegt, reicht für die eindeutige Festlegung von P nicht aus. Es gibt unendlich viele Punkte an der Busroute. Auch die Forderung $|\overline{PA}| = |\overline{PB}|$ reicht allein genommen für die eindeutige Bestimmung der Lage von P nicht aus: alle Punkte auf der Mittelsenkrechten von $\overline{AB}$ erfüllen sie.

Nur die Punkte, die beide Bedingungen gleichzeitig erfüllen, kommen als Ort für die Bushaltestelle in Frage. Das sind die Punkte, die sowohl an der Busroute als auch auf der Mittelsenkrechten von $\overline{AB}$ liegen – also die Schnittpunkte der Busroute und der Mittelsenkrechten. Sollte es mehrere solcher Punkte geben, weil die Busroute in der Nähe von A und B entsprechende Kurven macht, wird man natürlich den Punkt wählen, der zu A und B die kürzere Entfernung hat.

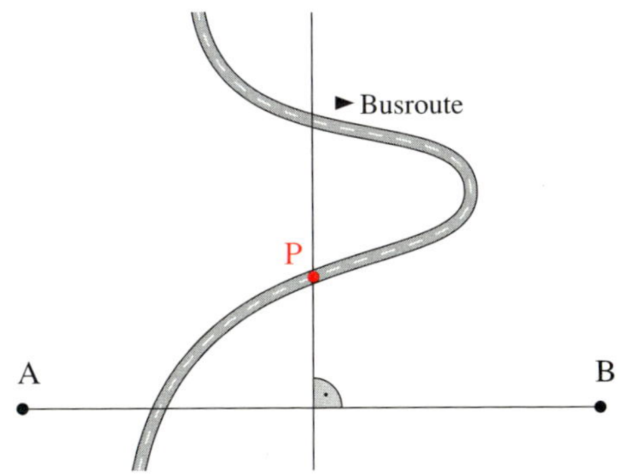

Die Lösung einer Konstruktionsaufgabe verlangt häufig die Konstruktion eines Punktes. Kennt man die Bedingungen, denen dieser Punkt genügen muss, und gibt es Bestimmungslinien, deren Punkte die geforderten Eigenschaften haben, so kann man den gesuchten Punkt als den Schnittpunkt der zugehörigen Bestimmungslinien konstruieren.

► Konstruktion eines Dreiecks aus den drei Seiten; Abschnitt 3.4

Einige wichtige geometrische Örter werden im Folgenden vorgestellt.

Der geometrische Ort aller Punkte, die von einem gegebenen Punkt M die gleiche Entfernung r haben, ist der **Kreis** um M mit dem Radius r.

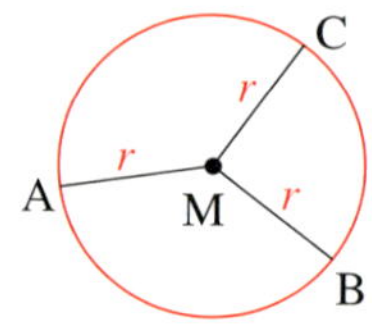

$|\overline{MA}| = |\overline{MB}| = |\overline{MC}|$

Der geometrische Ort aller Punkte, die von zwei gegebenen Punkten A und B gleichen Abstand haben, ist die **Mittelsenkrechte** der Strecke $\overline{AB}$.

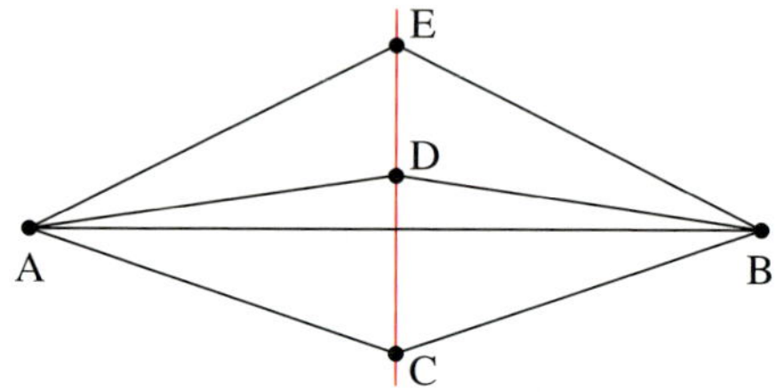

$|\overline{AC}| = |\overline{BC}|$; $|\overline{AD}| = |\overline{BD}|$; $|\overline{AE}| = |\overline{BE}|$

Der geometrische Ort aller Punkte, die von den Schenkeln eines Winkels gleichen Abstand haben, ist die **Winkelhalbierende** des Winkels.

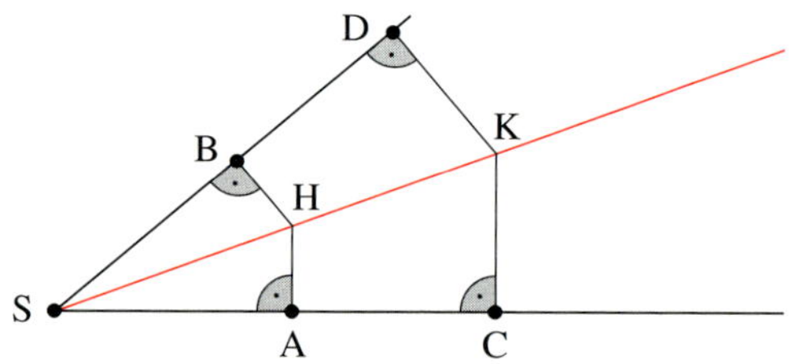

$|\overline{AH}| = |\overline{BH}|$; $|\overline{CK}| = |\overline{DK}|$

Der geometrische Ort aller Punkte, die von zwei parallelen Geraden g und h den gleichen Abstand haben, ist die **Mittelparallele** zu g und h.

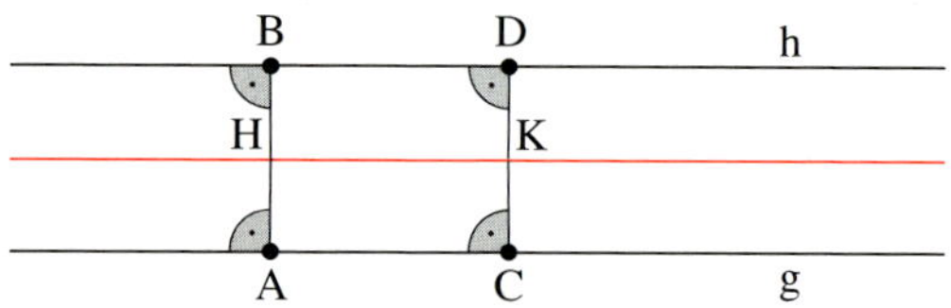

$|\overline{AH}| = |\overline{BH}|$; $|\overline{CK}| = |\overline{DK}|$

Der geometrische Ort der Mittelpunkte aller Strecken, deren Anfangs- und Endpunkt auf parallelen Geraden g und h liegen, ist die Mittelparallele zu g und h.

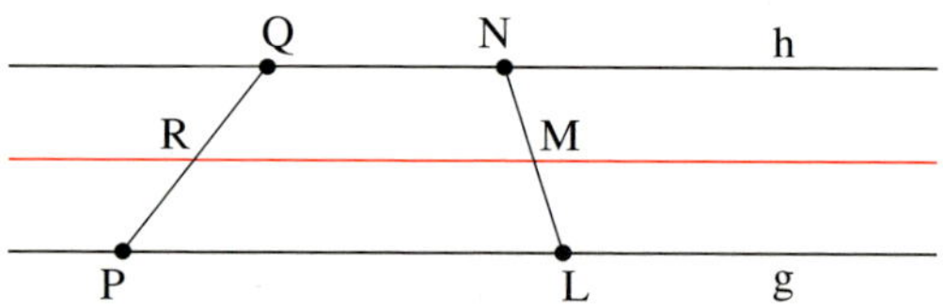

$|\overline{PR}| = |\overline{RQ}|$; $|\overline{LM}| = |\overline{MN}|$

Der geometrische Ort aller Punkte P, deren Verbindungsstrecken mit zwei festen Punkten A und B einen rechten Winkel bilden, ist der **Halbkreis** über $\overline{AB}$.

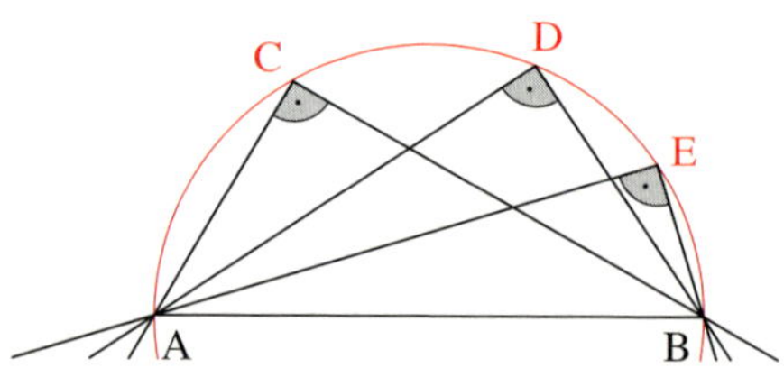

$|\sphericalangle ACB| = |\sphericalangle ADB| = |\sphericalangle AEB| = 90°$

Übungen zu 5

1. Wo liegt der Punkt P, der von den Schenkeln eines Winkels der Größe α den Abstand 15 mm hat?
a) $\alpha = 35°$ **b)** $\alpha = 50°$ **c)** $\alpha = 70°$ **d)** $\alpha = 90°$

2. Zwei Straßen g_1 und g_2 schneiden sich unter einem Winkel α.Wo liegt der Punkt P, der von der Straße g_1 a Meter und von Straße g_2 b Meter entfernt ist? Wie viele Punkte gibt es?
a) $\alpha = 45°$ **b)** $\alpha = 70°$ **c)** $\alpha = 90°$

3. Zwei Orte A und B sind 4 km voneinander entfernt. Es soll eine Straße gebaut werden, die an jeder Stelle von beiden Orten gleich weit entfernt ist. Wie verläuft sie (500 m $\widehat{=}$ 1 cm)?

4. Eine Blechplatte besitzt 2 Bohrungen ($d_1 = 4$ cm, $d_2 = 2$ cm), deren Mittelpunkte 9 cm voneinander entfernt sind. Wo liegen die Punkte, die vom Umfang einer jeden Bohrung 6 cm entfernt sind?

5. Zwei Dörfer A und B sind 5 km voneinander entfernt. Ein Sportplatz C soll in einer Entfernung von 3 km von beiden Orten gebaut werden. Wo muss er liegen? (1 km $\widehat{=}$ 1 cm.)

6. Ein Bauernhof liegt 600 m von einer Straße entfernt. Wo muss der Brunnen liegen, wenn er 400 m von der Straße und 300 m vom Hof entfernt sein soll? (100 m $\widehat{=}$ 1 cm.)

7. In eine Blechplatte werden 3 Löcher A, B und C so gebohrt, dass sie einen Winkel $\sphericalangle$ABC von 55° bilden. Es soll nun ein 4. Loch D gebohrt werden, das gleich weit von A und B und 4 cm von C entfernt ist. Es ist $|\overline{AB}| = 6$ cm und $|\overline{BC}| = 8$ cm. Wohin muss das Loch D kommen?

8. Zwei Straßen schneiden sich unter einem Winkel von 40°. 300 m von der Kreuzung entfernt steht auf einer der beiden Straßen ein Haus. Wo muss ein Briefkasten stehen, wenn er gleich weit von den Straßen und 150 m vom Haus entfernt sein soll? (100 m $\widehat{=}$ 2 cm.)

9. An einem Feldweg stehen im Abstand von 60 m zwei Bäume. Ein Beobachter steht im Feld 20 m vom Weg entfernt. Die Visierlinien von seinem Standpunkt nach beiden Bäumen bilden einen Winkel von 90°. Wo steht er? (10 m $\widehat{=}$ 1 cm.)

10. Drei Geländepunkte bilden den rechten Winkel ACB. A ist 1600 m von B entfernt, C 700 m von A. Wo liegt der Punkt C und wie groß ist die Entfernung von C bis B? (200 m $\widehat{=}$ 1 cm.)

Wiederholungsfragen zu 5

1. Was versteht man unter einem geometrischen Ort?

2. Welche Bedingungen erfüllen alle Punkte
- der Parallelen zu einer Geraden,
- eines Kreises,
- einer Winkelhalbierenden
- einer Mittelsenkrechte
- eines Halbkreises über einer Strecke $\overline{AB}$?

3. Was versteht man unter einer Mittelparallele?

6 Das Dreieck II

6.1 Besondere Linien im Dreieck – Winkelhalbierende und Seitenhalbierende

Im Abschnitt 3.6 wurden die Eigenschaften der Dreieckstransversalen Höhe und Mittelsenkrechte der Seiten erörtert. Diese besonderen Linien im Dreieck schneiden sich jeweils in einem Punkt. Der gemeinsame Punkt der Mittelsenkrechten ist gleichzeitig Mittelpunkt des Kreises durch die Eckpunkte des Dreiecks, des sogenannten Umkreises. Schneiden sich auch die Winkelhalbierenden und die Seitenhalbierenden eines Dreiecks jeweils in einem Punkt? Was kann man über sie noch feststellen?

Problem: Zeichnen Sie ein beliebiges Dreieck $\triangle ABC$. Konstruieren Sie die Winkelhalbierenden der Innenwinkel. Was vermuten Sie?

Die zeichnerische Lösung der Konstruktionsaufgabe erfolgt wie im Kapitel 4 beschrieben. Die Figur legt die Vermutung nahe, dass sich auch die Winkelhalbierenden im Dreieck in einem Punkt schneiden.
Unter der **Voraussetzung**, dass w_α, w_β und w_γ Winkelhalbierende sind, wird die **Behauptung** formuliert, dass sich w_α, w_β und w_γ in einem Punkt W schneiden.

Winkelhalbierende eines Dreiecks

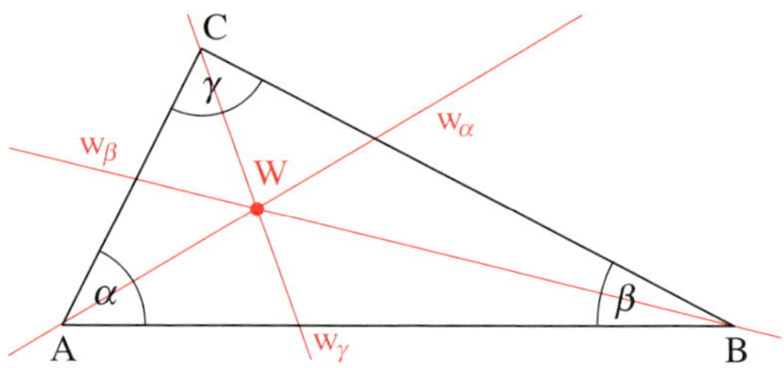

Die **Beweisidee** wird durch Vorwärtsarbeiten gewonnen. Man weiß von den Winkelhalbierenden, dass sie ebenfalls geometrische Örter sind: Auf einer Winkelhalbierenden liegen alle Punkte, die von den Winkelschenkeln den gleichen Abstand haben. Da alle Dreiecksseiten als Winkelschenkel vorkommen, kann man versuchen, die genannte Eigenschaft auszunutzen. ► Kapitel 4

Zum **Beweisplan**: Man geht wie beim Beweis des Satzes über den Schnittpunkt der Mittelsenkrechten vor und betrachtet zunächst W als Schnittpunkt von w_α und w_γ. Dann versucht man nachzuweisen, dass auch w_β durch W geht. ► Abschnitt 3.6

Da die Seiten a und c nicht parallel sind, schneiden sich w_α and w_γ sicher. Ihr Schnittpunkt soll W heißen. Er hat von allen Seiten des Dreiecks den gleichen Abstand, denn es gilt:
$l_c = l_b$, wenn l_c und l_b für den Abstand des Punktes W von den Seiten c und b steht;
$l_b = l_a$, wenn l_b und l_a für den Abstand von W von den Seiten b und a steht.

Lote von den Winkelhalbierende auf die Seiten

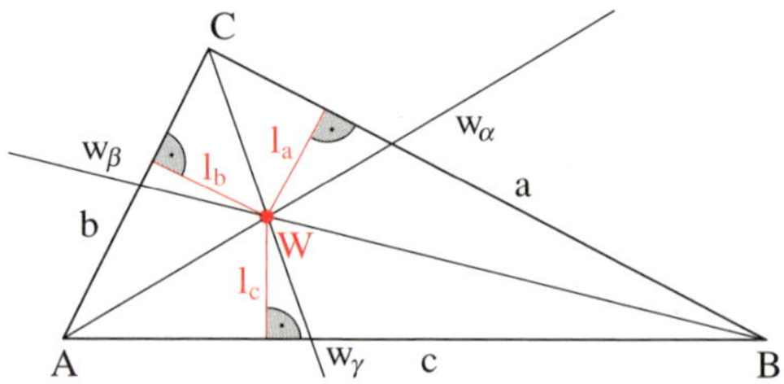

► $l_a = l_b = l_c$

Also ist auch $l_c = l_a$, d. h., W hat auch von c und a den gleichen Abstand, liegt also auf der Winkelhalbierenden w_β und ist somit der gemeinsame Schnittpunkt aller drei Winkelhalbierenden.

Weil alle drei „Lotstrecken" l_a, l_b und l_c gleich lang sind, liegen ihre Fußpunkte L_a, L_b und L_c auf einem Kreis um W. Dieser berührt jede Dreiecksseite im Fußpunkt des entsprechenden Lotes. Er wird als **Inkreis** des Dreiecks $\triangle ABC$ bezeichnet. Der Schnittpunkt der Winkelhalbierenden eines Dreiecks ist also gleichzeitig der **Inkreismittelpunkt** dieses Dreiecks.

Inkreis eines Dreiecks

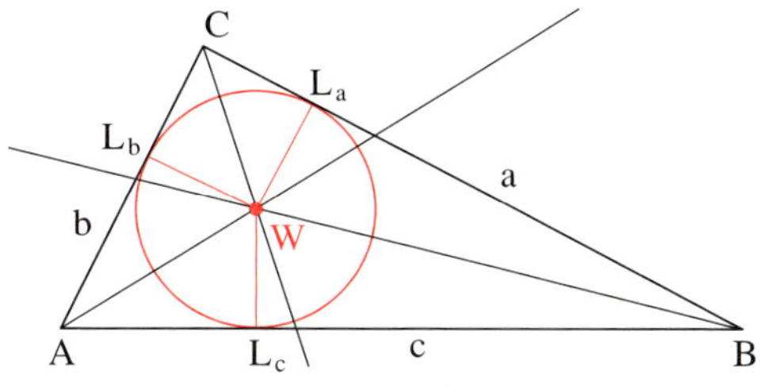

Merke:

- Die Winkelhalbierenden eines Dreiecks schneiden sich in einem Punkt.
- Der Schnittpunkt der Winkelhalbierenden eines Dreiecks ist der Mittelpunkt des Inkreises dieses Dreiecks.

Problem: Zeichnen Sie ein beliebiges Dreieck $\triangle ABC$. Konstruieren Sie die Seitenhalbierenden des Dreiecks. Was vermuten Sie?

Zur zeichnerischen Lösung der Konstruktionsaufgabe bestimmt man die Mitten der Seiten durch die Konstruktion der Mittelsenkrechten wie im Kapitel 4 beschrieben und zeichnet die Geraden durch diese Mittelpunkte und die gegenüberliegenden Ecken. Die entstehende Figur legt die Vermutung nahe, dass sich die Seitenhalbierenden eines Dreiecks in einem Punkt S schneiden.

Seitenhalbierende

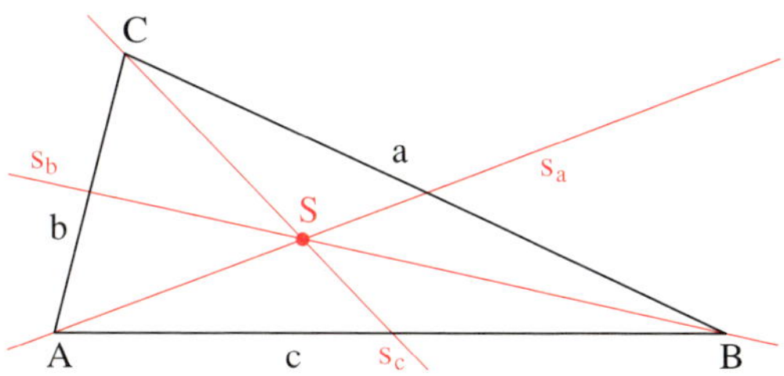

Auf den Beweis für diese Vermutung wird hier verzichtet. Auch die folgenden beiden Lehrsätze werden ohne Beweis mitgeteilt.

Merke:

- Die Seitenhalbierenden eines Dreiecks schneiden sich in einem Punkt. Dieser Punkt ist der sog. **Schwerpunkt** des Dreiecks.
- Die Seitenhalbierenden werden vom Schwerpunkt S so geteilt, dass die Strecke von S zur Dreiecksecke doppelt so lang ist wie die Strecke von S zur zugehörigen Seitenmitte.

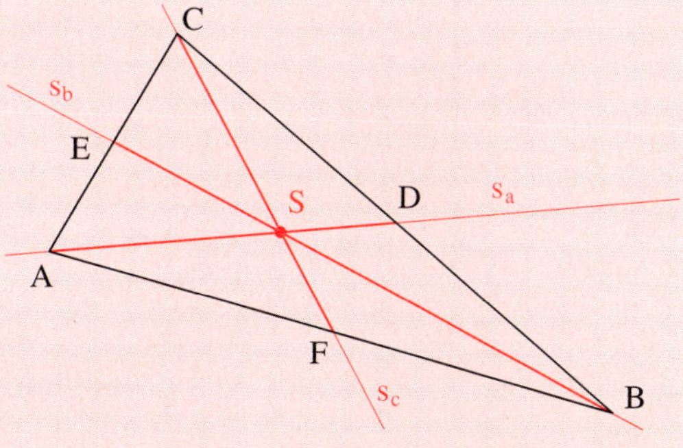

▸ $|\overline{CS}| = 2 \cdot |\overline{SF}|$; $|\overline{AS}| = 2 \cdot |\overline{SD}|$; $|\overline{BS}| = 2 \cdot |\overline{SE}|$

Beispiel:

In einem **gleichseitigen Dreieck** $\triangle ABC$ sind die Winkelhalbierenden w_α, w_β und w_γ gezeichnet. Sie schneiden sich in W. Der Fußpunkt von w_α heisst W_α, der von w_β heißt W_β und der von w_γ heißt W_γ. Welche weiteren geometrischen Aussagen können Sie aus der Figur ablesen?

1. Die Winkelhalbierenden sind gleichzeitig die Höhen, die Mittelsenkrechten und die Seitenhalbierenden des Dreiecks $\triangle ABC$.
► Abschnitt 3.5 und 3.6

2. Es gilt: $|\overline{WW_\alpha}| = |\overline{WW_\beta}| = |\overline{WW_\gamma}|$; $|\overline{WA}| = |\overline{WB}| = |\overline{WC}|$; $|\overline{WA}| = 2 \cdot |\overline{WW_\alpha}|$;

$|\overline{WB}| = 2 \cdot |\overline{WW_\beta}|$; $|\overline{WC}| = 2 \cdot |\overline{WW_\gamma}|$.

3. Der Mittelpunkt des Inkreises ist gleichzeitig Mittelpunkt des Umkreises.

4. $|\sphericalangle AWB| = |\sphericalangle BWC| = |\sphericalangle CWA| = 120°$.

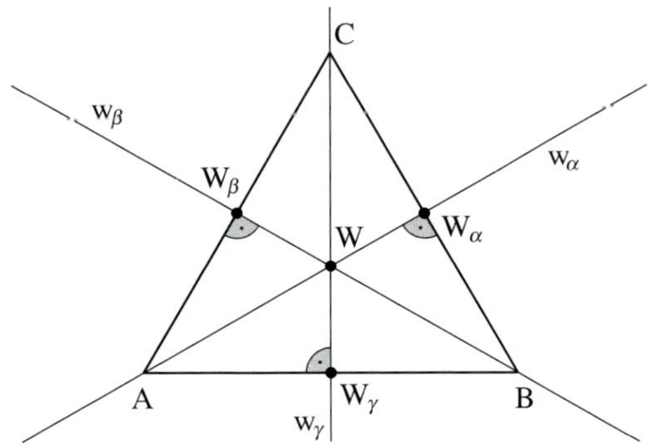

Anmerkung: Wenn man ein beliebiges Dreieck, das gleichmäßig mit Masse belegt ist (etwa ein Dreieck aus Pappe), ausschneidet und im Schnittpunkt seiner Seitenhalbierenden mit einer Nadel unterstützt, so kippt es nicht um, es bleibt im Gleichgewicht. Seine Masse scheint in diesem Punkt konzentriert zu sein, daher die Bezeichnung Schwerpunkt und deshalb werden die Seitenhalbierenden auch **Schwerlinien** genannt.

Im gleichseitigen Dreieck erkennt man die besondere Rolle des Schwerpunktes auch daran, dass alle Teildreiecke, die in ihm „zusammenstoßen“, untereinander kongruent sind.

6.2 Konstruktion von Dreiecken aus Seiten, Winkeln und Transversalen

Im Abschnitt 3.4 wurde besprochen, welche Möglichkeiten der Konstruktion eines Dreiecks es gibt, wenn Seiten oder Winkel des gesuchten Dreiecks gegeben sind. Es stellte sich heraus, dass in den Fällen, welche durch die Kongruenzsätze beschrieben sind, Dreiecke i.a. aus drei Stücken bis auf Kongruenz eindeutig konstruiert werden können. Eine Ausnahme bildete der Fall, dass die Längen zweier Seiten und die Größe des der kleineren Seite gegenüberliegenden Winkels gegeben sind – dieser Fall führt auf zwei nicht kongruente Lösungsdreiecke. Haben die zu konstruierenden Dreiecke besondere Eigenschaften, sind sie also etwa gleichschenklig, gleichseitig oder rechtwinklig, so genügen schon weniger als drei Angaben, um sie konstruieren zu können.

Wenn man z. B. von einem gleichschenkligen Dreieck die Längen eines Schenkels und der Basis kennt, kann man das Dreieck nach dem Kongruenzsatz SSS eindeutig konstruieren, denn die Länge des anderen Schenkels ist durch die Forderung, das Dreieck solle gleichschenklig sein, ebenfalls bekannt.

Beim gleichseitigen Dreieck genügt die Angabe einer Seitenlänge, denn alle Seiten sind ja eben gleich lang. Die Vorgabe, ein Winkel sei 60°, reicht allerdings nicht aus: Man weiß, dass die Größe eines jeden Winkels im gleichseitigen Dreieck 60° beträgt, unabhängig davon, wie lang seine Seiten sind.

Im Folgenden soll anhand von Aufgaben untersucht werden, wie Dreiecke konstruiert werden können, wenn neben den Längen von Seiten und den Größen von Winkeln auch Längen von Transversalen gegeben sind, wobei hier Höhen, Winkel- und Seitenhalbierende als Strecken aufgefasst werden. ► Abschnitt 3.1
Dabei werden gelegentlich auch Um- und Inkreis sowie deren Radien eine Rolle spielen.

6.2.1 Dreieckskonstruktionen mithilfe von Höhen

Aufgabe 1: Konstruieren Sie ein Dreieck $\triangle ABC$ mit den Längen 6 cm für $\overline{AB}$, das ist c, 4 cm für $\overline{H_cC}$, das ist h_c, und 2 cm für $\overline{AH_c}$, das ist p.

Die Planfigur zur Aufgabe zeigt, dass es verschiedene Möglichkeiten gibt, an die Konstruktion dieses Dreiecks heranzugehen. Man könnte z. B. mit der Seite $\overline{AB}$ beginnen, die Länge des Abschnitts p von A aus auf $\overline{AB}$ abtragen, in dem erhaltenen Punkt die Senkrechte zu $\overline{AB}$ errichten und auf ihr die Länge von h_c abtragen. So erhielte man den Punkt C.

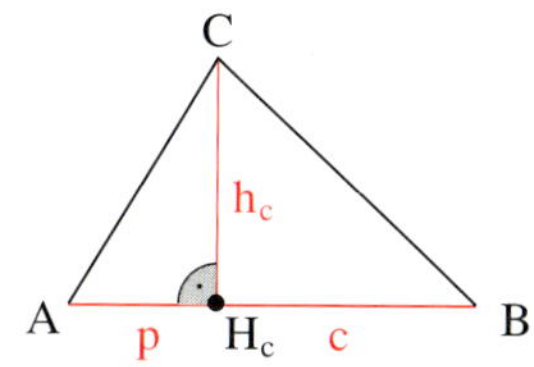

► Planfigur

Hier soll ein Weg gezeigt werden, der bei den folgenen Konstruktionsaufgaben sehr häufig angewendet werden kann. Durch die Transversalen werden nämlich Dreiecke in Teildreiecke zerlegt, von denen oft eines nach einem der Kongruenzsätze konstruierbar ist, und von dem aus dann das gesuchte Dreieck vollständig gefunden werden kann.

1. Etappe: Vom Teildreieck $\triangle AH_cC$ kennt man p, h_c und den rechten Winkel bei H_c. Es ist also nach SWS konstruierbar. Was weiß man über den Punkt B?

2. Etappe:
a) Der Punkt B liegt einerseits auf der Verlängerung von $\overline{AH_c}$ über H_c hinaus.
b) Der Punkt B liegt andererseits auf dem Kreis K um A mit dem Radius 6 cm.
c) Der Punkt B ist also der Schnittpunkt der Verlängerung von $\overline{AH_c}$ über H_c hinaus mit dem Kreis K.

3. Etappe: Das Teildreieck $\triangle AH_cC$ wird nach SWS konstruiert. Sodann wird der Punkt B konstruiert. Man verbindet B mit C. Das Dreieck $\triangle ABC$ ist bis auf Kongruenz das verlangte.

Zur 3. Etappe:

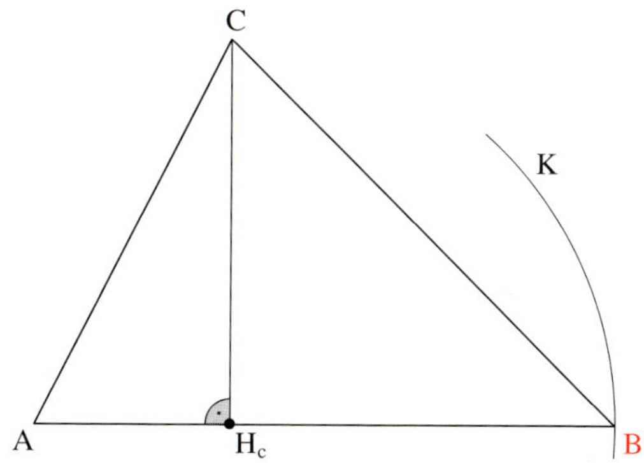

4. Etappe: Die Konstruktion ist bis auf Kongruenz eindeutig, denn der Strahl aus A durch H_c schneidet K in jedem Falle in genau einem Punkt.

Aufgabe 2: Konstruieren Sie ein Dreieck $\triangle ABC$ mit den Längen 3 cm für h_a, 1 cm für $\overline{H_aC}$, das ist p, und der Größe 50° für $\sphericalangle\beta$.

1. Etappe: Im Teildreieck $\triangle AH_aC$ sind die Seiten $\overline{AH_a}$, $\overline{CH_a}$ und der rechte Winkel bei H_a bekannt. Es ist also nach SWS eindeutig konstruierbar. Wo liegt Punkt B?

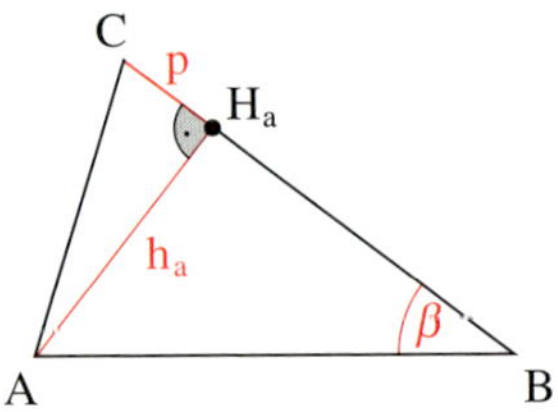

► Planfigur

2. Etappe:

a) B liegt einerseits auf der Verlängerung von $\overline{CH_a}$ über H_a hinaus. Diese Verlängerung ist ein Schenkel des $\sphericalangle\beta$.

b) Andererseits ist B der Scheitel des Winkels $\sphericalangle\beta$, dessen zweiter Schenkel durch den Punkt A gehen muss.

c) B ist also der Punkt, der auf $\overline{CH_a}$ liegt und für den $|\sphericalangle CBA| = \beta$ sein muss.

3. Etappe: Man konstruiert $\triangle AH_aC$ und verlängert $\overline{CH_a}$ über H_a hinaus. Man wählt auf der Verlängerung einen beliebigen Punkt D und trägt in D an $\overline{CD}$ den Winkel $\sphericalangle\beta$ an. Man verschiebt mithilfe des Geodreiecks D auf $\overline{CH_a}$ so lange, bis der freie Schenkel von $\sphericalangle\beta$ durch A geht.
Das Dreieck $\triangle ABC$ ist das verlangte.

Zur 3. Etappe:

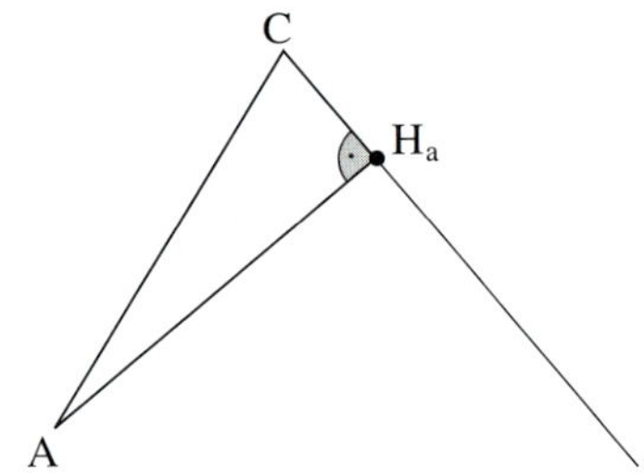

► **1. Schritt**

Noch zur 3. Etappe

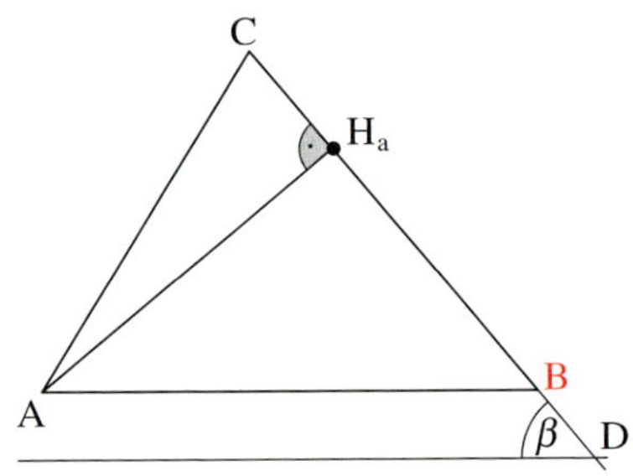

► **2. Schritt**

4. Etappe: Die Konstruktion ist eindeutig, denn man muss $\sphericalangle\beta$ auf der Seite von $\overline{CD}$ antragen, auf welcher A liegt. Anderenfalls erhielte man kein Dreieck.

Aufgabe 3: Konstruieren Sie ein Dreieck mit den Längen 6 cm für h_b, 4,5 cm für h_c und der Größe 55° für $\sphericalangle\alpha$.

1. Etappe: Im Teildreieck AH_cC sind die Länge von h_c und der rechte Winkel bei H_c sowie die Größe des Winkels $\sphericalangle\alpha$ bekannt. Die Größe des Winkels $\sphericalangle ACH_c$ kann aus $90° - 55°$ berechnet werden. Sie beträgt 35°. Damit ist das Teildreieck $\triangle AH_cC$ nach WSW konstruierbar. Wo liegt der Punkt B?

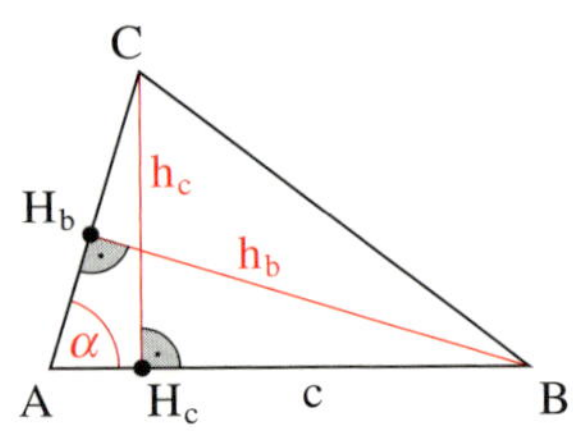

► Planfigur

2. Etappe:
a) B liegt einerseits auf der Verlängerung von $\overline{AH_c}$ über H_c hinaus.
b) B hat andererseits von $\overline{AC}$ den Abstand 6 cm, liegt also auf der entsprechenden Parallelen g zu AC.
c) B ist also der gemeinsame Punkt der Verlängerung von $\overline{AH_c}$ über H_c hinaus und der Parallelen g zu AC.

3. Etappe: Man konstruiert $\triangle AH_cC$ nach WSW. Sodann konstruiert man g und verlängert die Seite $\overline{AH_c}$ über H_c hinaus bis zum Schnitt mit der Parallelen. So entsteht der Punkt B. Man verbindet B mit C. $\triangle ABC$ ist das verlangte.

Zur 3. Etappe:

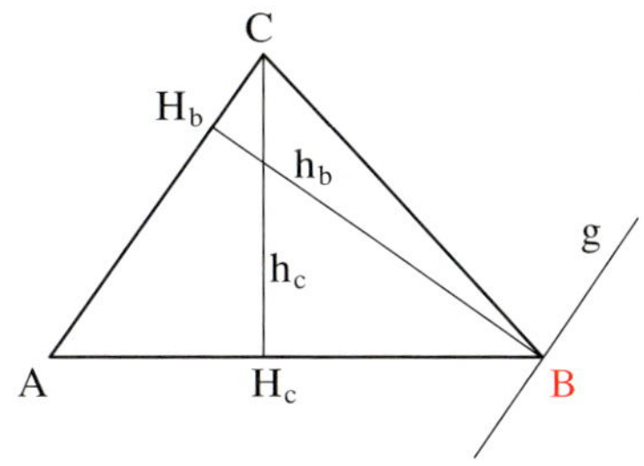

▶ Längenmaße auf die Hälfte verkleinert

4. Etappe: Die Konstruktion ist bis auf Kongruenz eindeutig.

6.2.2 Dreieckskonstruktionen mithilfe von Winkelhalbierenden

Aufgabe 1: Konstruieren Sie ein Dreieck $\triangle ABC$ mit der Länge 4 cm für w_β und den Größen 50° für $\sphericalangle\beta$ und 70° für $\sphericalangle\gamma$.

1. Etappe: Im Teildreieck $\triangle BW_\beta C$ kann $\sphericalangle BW_\beta C$ berechnet werden. Er ist 85° groß, nämlich $180° - 25° - 70°$. Damit kann das Teildreieck $\triangle BW_\beta C$ nach WSW konstruiert werden. Wo liegt A?

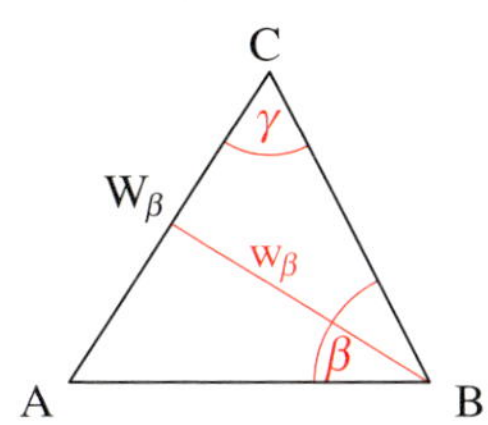

▶ Planfigur

2. Etappe:
a) A liegt einerseits auf der Verlängerung von $\overline{CW_\beta}$ über W_β hinaus.
b) A liegt andererseits auf dem freien Schenkel des Winkels β.
c) Der Punkt A ist also der gemeinsame Punkt der Verlängerung von $\overline{CW_\beta}$ über W_β hinaus und dem freien Schenkel des Winkels β.

3. Etappe: Man konstruiert $\triangle BW_\beta C$ mit $|\sphericalangle CBW_\beta| = 25°$. Sodann konstruiert man A. Das Dreieck $\triangle ABC$ ist das verlangte.

Zur 3. Etappe:

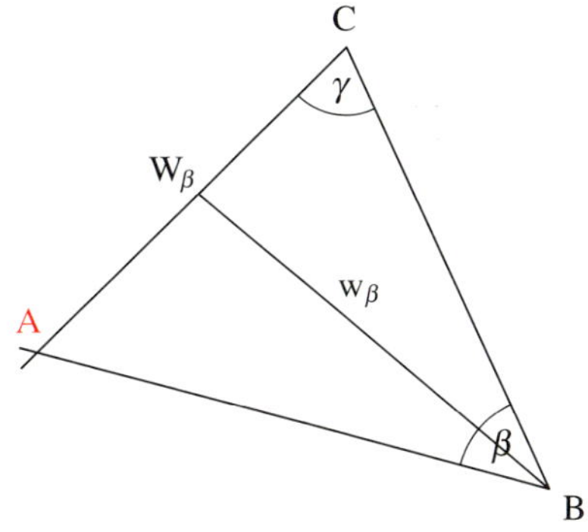

4. Etappe: Die Konstruktion ist bis auf Kongruenz eindeutig.

Aufgabe 2: Konstruieren Sie ein Dreieck $\triangle ABC$ mit der Länge 1,5 cm für den Inkreisradius r und den Größen 50° für $\sphericalangle\alpha$ und 60° für $\sphericalangle\gamma$.

1. Etappe: Die Methode der Konstruktion eines Teildreiecks führt hier nicht zum Ziel. Man entnimmt der Planfigur, dass man aus einem Punkt A den Winkel α mit den Schenkeln s_1 und s_2 zeichnen kann. Man kann sodann den Punkt W und damit den Inkreis K konstruieren. W liegt einerseits auf w_α, ist andererseits 1,5 cm von s_1 entfernt, liegt also auf einer entsprechenden Parallelen zu AB. Es fehlen dann aber immer noch B und C.

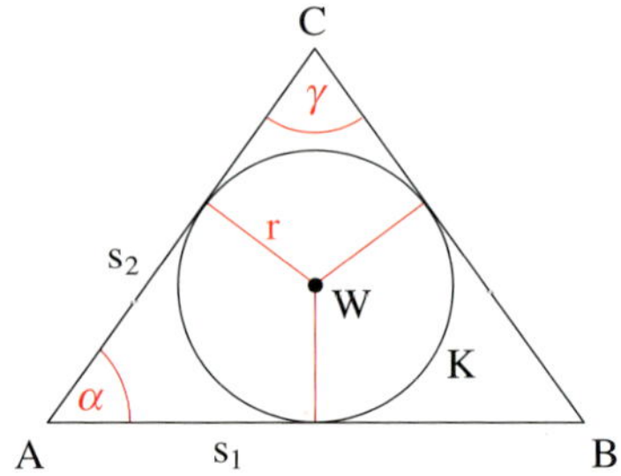

► Planfigur

2. Etappe: B bzw. C liegen auf s_1 bzw. s_2 so, dass $\overline{BC}$ mit $\overline{AC}$ den Winkel γ einschließt und den Inkreis K berührt. Man erreicht das, indem man in einem beliebigen Punkt P auf s_2 an s_2 den Winkel γ von 60° anträgt und den freien Schenkel dieses Winkels parallel verschiebt, bis er den Inkreis K berührt.

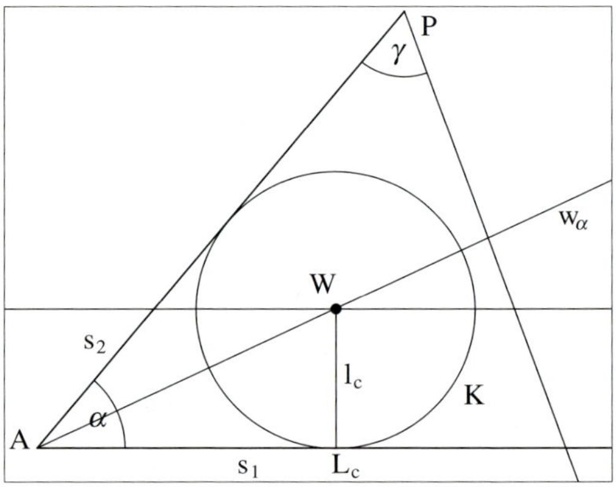

3. Etappe:

1. Man zeichnet einen Winkel von 50° mit dem Scheitel A und den Schenkeln s_1 und s_2.

2. Man konstruiert dessen Halbierende w_α.

3. Man zeichnet im Winkelfeld von α eine Parallele zu s_1 im Abstand von 1,5 cm zu s_1. Sie schneidet w_α in W, dem Mittelpunkt des Inkreises K.

4. Man zeichnet K mit dem Radius von 1,5 cm.

5. Man trägt an s_2 in einem beliebigen Punkt P einen Winkel von 60° nach der Seite an, in welcher K liegt, dessen freier Schenkel s_3 heißen soll.

6. Man fällt das Lot von W auf s_3. Es schneidet K in W_α.

7. Man verschiebt s_3 parallel zu sich selbst, bis es durch W_α geht. Dadurch erhält man B und C.

Das Dreieck ABC ist das verlangte.

Zur 3. Etappe:

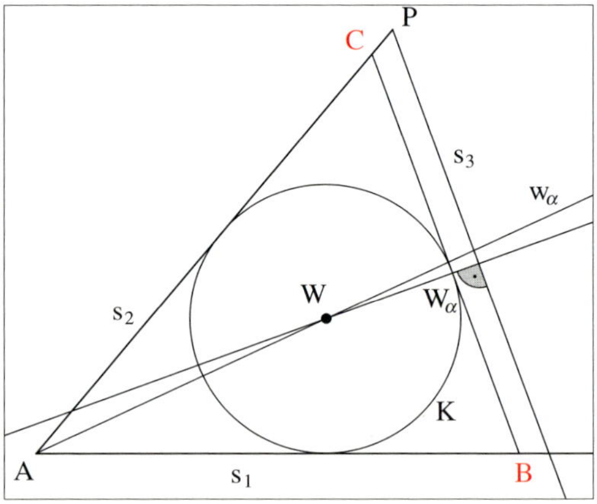

4. Etappe: Die Punkte W und W_α sind eindeutig konstruierbar.

6.2.3 Dreieckskonstruktionen mithilfe von Seitenhalbierenden

Aufgabe 1: Konstruieren Sie ein Dreieck $\triangle ABC$ mit 5,3 cm für a, 3,8 cm für h_c, 4 cm für s_c.

1. Etappe: Die Planfigur zeigt, dass das Teildreieck $\triangle CH_cM_c$ nach SsW konstruierbar ist. Was weiß man über die Punkte A und B?

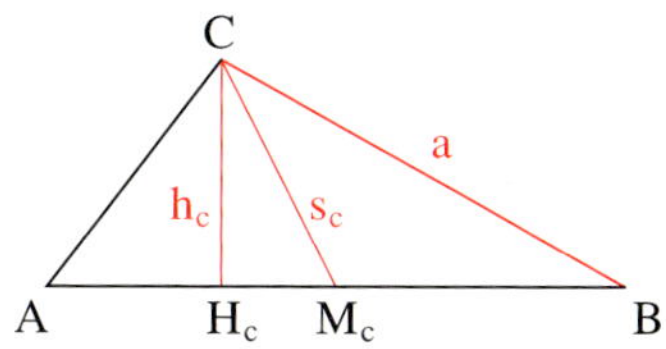

► Planfigur

2. Etappe:

a) Der Punkt B liegt auf der Verlängerung von $\overline{H_cM_c}$ über H_c oder M_c hinaus.

b) Der Punkt B liegt auf dem Kreis K um C mit dem Radius 5,3 cm.

c) Die Verlängerung von $\overline{H_cM_c}$ und der Kreis K haben die Punkte B_1 und B_2 gemeinsam.

d) Man findet A_1, indem man auf $\overline{B_1M_c}$ von M_c aus die Strecke $\overline{B_1M_c}$ abträgt. Man findet A_2, indem man auf $\overline{B_2M_c}$ von M_c aus die Strecke $\overline{B_2M_c}$ abträgt.

3. Etappe: Man konstruiert $\triangle CH_cM_c$ und sodann die Punkte B_1, B_2, A_1 und A_2 wie vorstehend beschrieben.

Die Dreiecke $\triangle A_1B_1C$ und $\triangle A_2B_2C$ sind zwei nicht kongruente Lösungsdreiecke, denn sie erfüllen die geforderten Bedingungen.

Zur 3. Etappe:

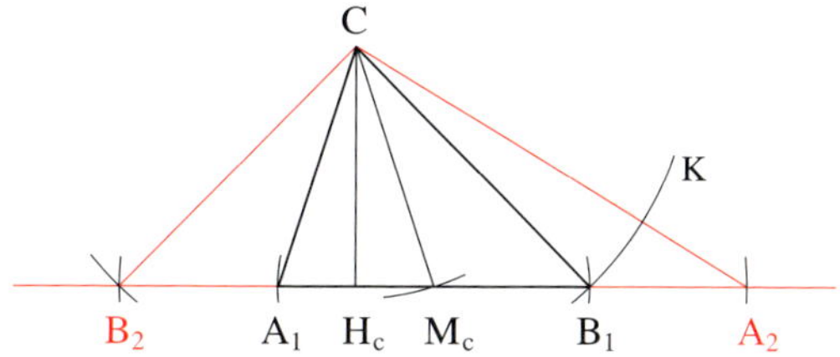

► Längenmaße auf die Hälfte verkleinert

4. Etappe: Nur das Teildreieck CH_cM_c ist eindeutig konstruierbar. Die Konstruktionsaufgabe hat keine bis auf Kongruenz eindeutige Lösung.

Aufgabe 2: Konstruieren Sie ein Dreieck $\triangle ABC$ mit 5,4 cm für s_b, 6,6 cm für s_c und 4,9 cm für h_b.

1. Etappe: Die Planfigur weist aus, dass das Teildreieck $\triangle BH_bM_b$ nach SsW konstruierbar ist.
Was weiß man über die Punkte A und C?

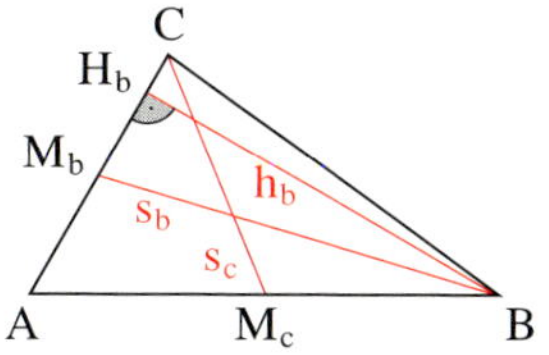

► Planfigur

2. Etappe: A und C liegen auf den Verlängerungen von $\overline{H_bM_b}$ über H_b und M_b hinaus. Um jeweils ein zweite Bestimmungslinie für C und A zu finden, kann man den Lehrsatz heranziehen, dass die Seitenhalbierenden eines Dreiecks sich in einem Punkt S schneiden, der auf den Seitenhalbierenden Abschnitte erzeugt, die sich wie 2:1 verhalten. ► Abschnitt 6.1

3. Etappe: Man konstruiert das Teildreieck $\triangle BH_bM_b$. Von B aus trägt man $\frac{2}{3}|s_b|$ auf $\overline{BM_b}$ ab und erhält so S. Sodann zeichnet man um S den Kreis K mit $r = \frac{2}{3}|s_c|$. Er schneidet die Verlängerungen von $\overline{M_bH_b}$ über H_b und M_b hinaus in C_1 und C_2. Man verlängert sowohl $\overline{C_1S}$ als auch $\overline{C_2S}$ über S hinaus und trägt auf diesen Verlängerungen von C_1 bzw. C_2 aus s_c ab. So erhält man M_{c1} und M_{c2}. Die Strahlen $\overline{BM_{c1}}$ und $\overline{C_1M_b}$ schneiden sich in A_1 und die Strahlen $\overline{BM_{c2}}$ und $\overline{C_2M_b}$ in A_2. Die Dreiecke $\triangle A_1BC_1$ und $\triangle A_2BC_2$ sind zwei nicht kongruente Lösungen der Konstruktionsaufgabe.

▶ Längenmaße auf die Hälfte verkleinert

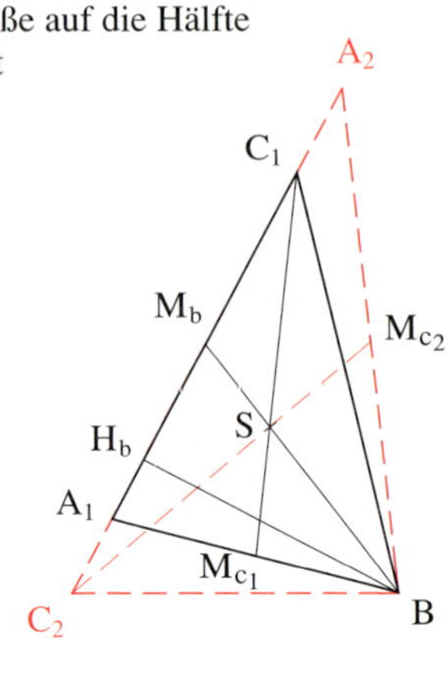

4. Etappe: Nur das Teildreieck $\triangle BH_bM_b$ ist nach SsW eindeutig konstruierbar. Die Konstruktionsaufgabe hat zwei nicht kongruente Lösungen.

6.2.4 Dreieckskonstruktionen mithilfe von Mittelsenkrechten

Aufgabe 1: Konstruieren Sie ein Dreieck $\triangle ABC$ mit der Länge 5 cm für c, 3 cm für den Umkreisradius R und der Größe 70° für $\sphericalangle\beta$.

1. Etappe: Die Planfigur weist aus, dass das Teildreieck $\triangle ABM$ nach SSS konstruierbar ist. Damit sind die Punkte A und B gefunden. Wo liegt C?

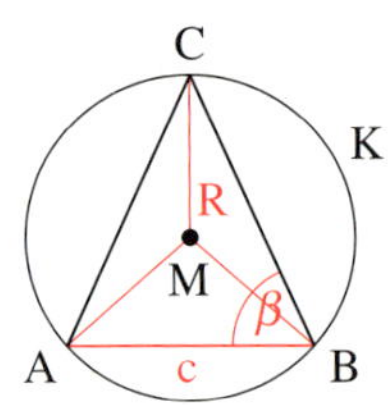

▶ Planfigur

2. Etappe:

a) Der Punkt C liegt einerseits auf dem freien Schenkel des Winkels β.

b) Der Punkt C liegt andererseits auf dem Umkreis K des gesuchten Dreiecks.

c) Der Punkt C ist also der Schnittpunkt des freien Schenkels von $\sphericalangle\beta$ und K.

3. Etappe: Man konstruiert Teildreieck $\triangle ABM$ nach SSS und zeichnet den Umkreis K um M mit dem Radius $R = |\overline{AM}|$. Sodann trägt man in B an $\overline{AB}$ den Winkel β so an, dass sein freier Schenkel auf derselben Seite von $\overline{AB}$ liegt wie M. Er schneidet dann den Kreis K im Punkt C. Man verbindet C mit A und B. $\triangle ABC$ ist das verlangte.

Zur 3. Etappe

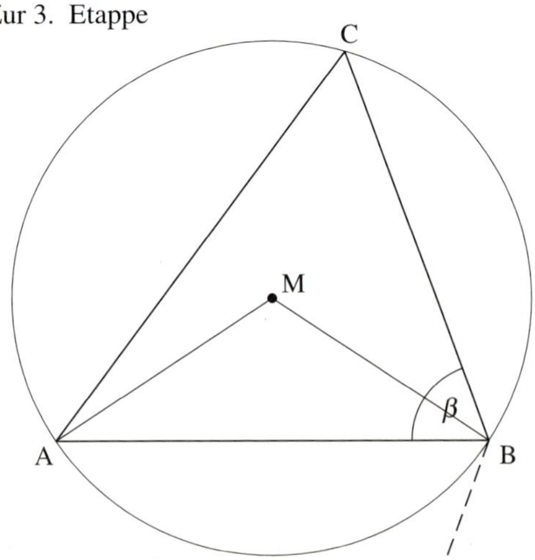

4. Etappe: Die Konstruktion von $\triangle$ABM ist nach SSS bis auf Kongruenz eindeutig, falls $R > \frac{1}{2}|c|$.
Der Winkel β kann aber in B an $\overline{AB}$ auch nach der Seite angetragen werden, auf der M nicht liegt. Sein freier Schenkel schneidet K aber nur dann in einem Punkt D, wenn der Winkel zwischen MB und dem freien Schenkel von $\sphericalangle\beta$ kleiner ist als 90°. Das Dreieck $\triangle$ABD ist dann ebenfalls ein Lösungsdreieck. Es ist nicht kongruent zu $\triangle$ABC.
Falls $R = \frac{1}{2}|c|$ gilt, ist M der Mittelpunkt von $\overline{AB}$. Trägt man hier den Winkel β in B an $\overline{AB}$ nach beiden Seiten an, so erhält man die gleichschenklig-rechtwinkligen Dreiecke $\triangle$ABC und $\triangle$ABD, die kongruent sind nach WSW.

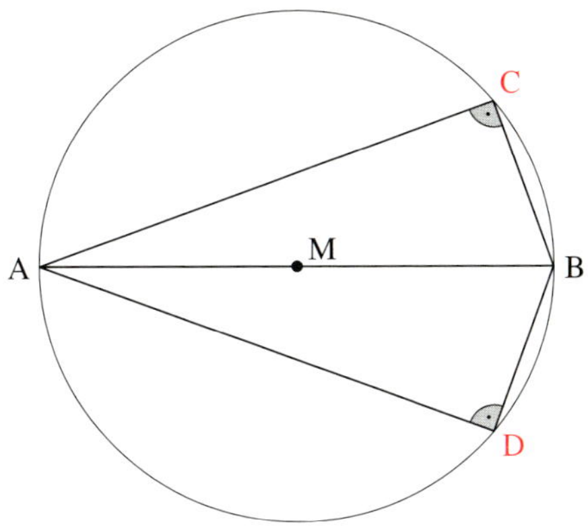

Aufgabe 2: Konstruieren Sie ein Dreieck $\triangle$ABC, welches bei C einen rechten Winkel hat, mit den Längen 4 cm für b und 3 cm für den Umkreisradius R.

1. Etappe: In einem rechtwinkligen Dreieck ist die Mitte der dem rechten Winkel gegenüberliegenden Seite der Mittelpunkt des Umkreises. ► Abschnitt 3.6. Im Beispiel gilt also $|\overline{AM}| = |\overline{BM}| = R$. Was weiß man über C?

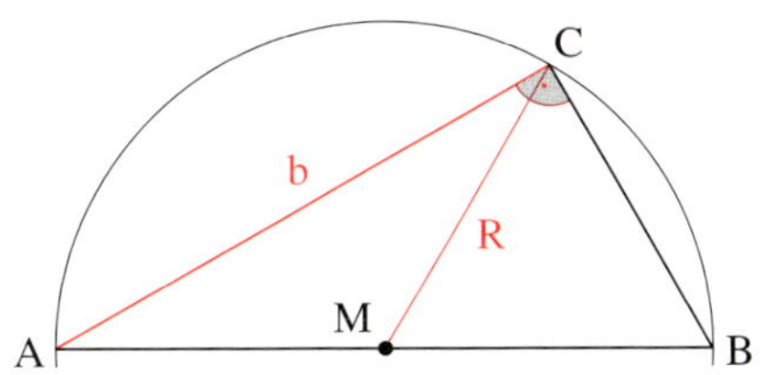

► Planfigur

2. Etappe:
a) Der Punkt C liegt einerseits auf dem Halbkreis über $\overline{AB}$ (Satz des Thales).
b) Der Punkt C liegt andererseits auf dem Kreis K um A mit dem Radius 3 cm.
c) Der Punkt C ist also der Schnittpunkt des Thaleskreises und von K.

Zur 3. Etappe:

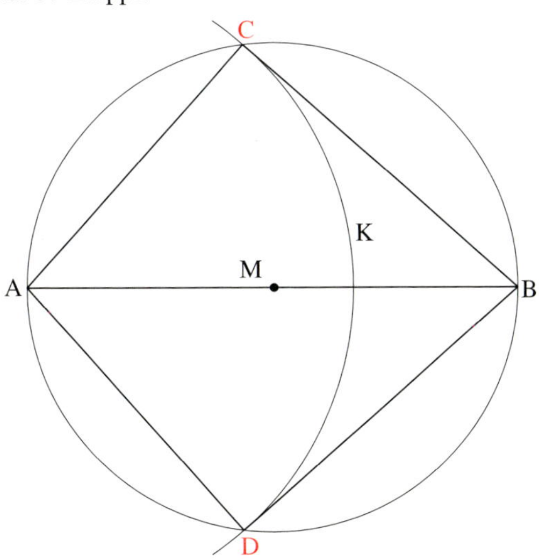

3. Etappe: Man zeichnet $\overline{AB}$ mit $|\overline{AB}| = 2R$ und der Mitte M. Um M wird der Thaleskreis gezeichnet, um A der Kreis K mit dem Radius 4 cm. Thaleskreis und K schneiden sich in C und D. Man verbindet C und D mit A und B. Das Dreieck $\triangle$ABC oder das Dreieck $\triangle$ABD ist das verlangte.

4. Etappe: Da die Dreiecke $\triangle$ABC und ABD nach SsW kongruent sind, ist die Aufgabe bis auf Kongruenz eindeutig lösbar.

6.2.5 Weitere Dreieckskonstruktionen mithilfe von zwei Transversalen

Aufgabe 1: Konstruieren Sie ein Dreieck aus den Längen 45 mm für s_a, 33 mm für h_c und 50 mm für a.

1. Etappe: Das Teildreieck $\triangle CH_cB$ ist nach SsW eindeutig konstruierbar.
Was weiß man über A?

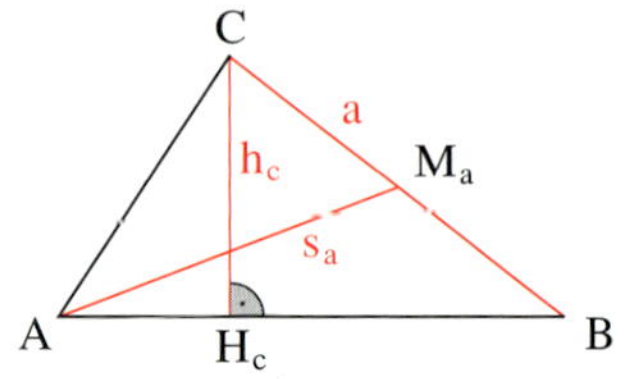

► Planfigur

Zur 3. Etappe:

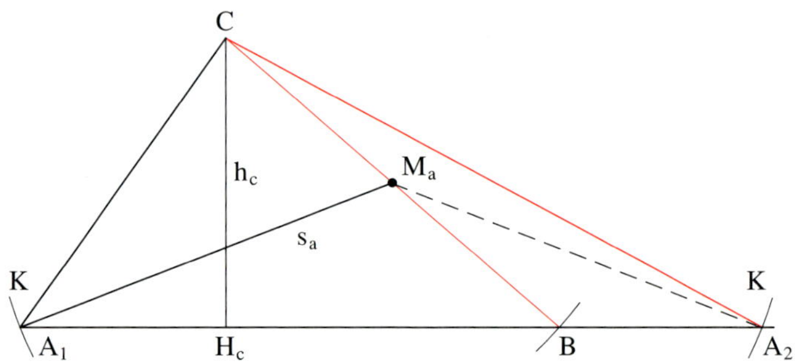

2. Etappe:
a) Der Punkt A liegt einerseits auf den Verlängerungen von $\overline{BH_c}$ über H_c und B hinaus.
b) Der Punkt A liegt andererseits auf dem Kreis K um M_a mit dem Radius $r = |s_a|$.
c) Der Punkt A ist also ein gemeinsamer Punkt von K und den bezeichneten Verlängerungen von $\overline{BH_c}$.

3. Etappe: Man konstruiert das Dreieck $\triangle CH_cB$ nach SsW. Man bestimmt die Mitte M_a von a. Sodann verlängert man $\overline{BH_c}$ über H_c und B hinaus und zeichnet den Kreis K um M_a mit $r = |s_a|$. K schneidet die Verlängerungen von $\overline{BH_c}$ in A_1 und A_2.
Die Dreiecke $\triangle A_1BC$ und $\triangle A_2BC$ sind nicht kongruente Lösungen der Konstruktionsaufgabe, denn sie erfüllen beide die gestellten Forderungen.

4. Etappe: Die Aufgabe hat keine Lösung, wenn $|s_a|$ kleiner ist als der Abstand von M_a zu $\overline{BH_c}$, denn K schneidet in diesem Falle $\overline{BH_c}$ nicht.
Die Aufgabe hat genau eine Lösung für den Fall, dass $|s_a|$ gleich dem erwähnten Abstand ist, denn K berührt $\overline{BH_c}$ in diesem Fall im Punkt A.
Die Aufgabe hat zwei nicht kongruente Lösungen, falls $|s_a|$ größer ist als der erwähnte Abstand, denn K schneidet die Gerade, auf welcher $\overline{BH_c}$ liegt, dann in den zwei Punkten A_1 und A_2.

Aufgabe 2: Konstruieren Sie ein Dreieck aus den Längen 3 cm für b, 5,1 cm für s_a und 3,3 cm für s_c.

1. Etappe: Im Teildreieck $\triangle ASC$ sind $|b|$, $\frac{2}{3}|s_a|$ und $\frac{2}{3}|s_c|$ bekannt. Es ist also nach SSS konstruierbar.
Was weiß man über B?

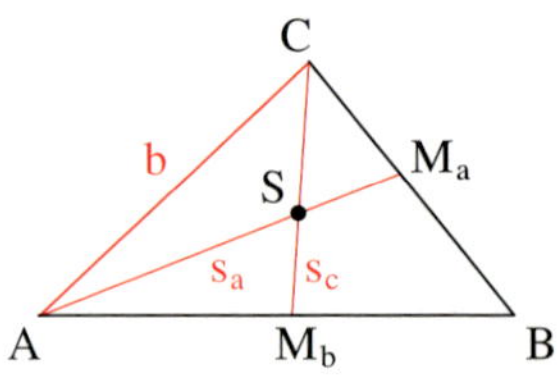

► Planfigur

2. Etappe: Verlängert man $\overline{AS}$ um die Hälfte über S hinaus, erhält man den Punkt M_a. In gleicher Weise konstruiert man M_c.
Verlängert man nun $\overline{AM_c}$ über M_c und $\overline{CM_a}$ über M_a hinaus, so erhält man den Punkt B.

Zur 3. Etappe:

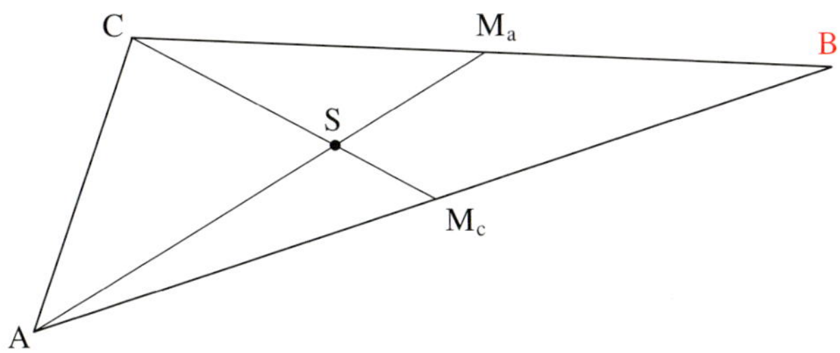

3. Etappe: Man konstruiert das Dreieck ASC und die Punkte M_a und M_c.
Die Strahlen $\overrightarrow{CM_a}$ und $\overrightarrow{AM_c}$ schneiden einander im Punkt B.

4. Etappe: Die Konstruktionsaufgabe ist eindeutig lösbar, denn sowohl die beschriebenen Verlängerungen von $\overline{AS}$ und $\overline{CS}$ als auch der Schnittpunkt der Strahlen $\overrightarrow{AM_c}$ und $\overrightarrow{CM_a}$ sind eindeutig bestimmt.

Übungen zu 6.

Höhen

Konstruieren Sie Dreiecke aus folgenden Längen und Größen und bestimmen Sie die Anzahl der Lösungen:

1. $b = 7$ cm,	$c = 8$ cm,	$h_a = 6$ cm.
2. $a = 7{,}5$ cm,	$q = 3$ cm,	$\beta = 60°$ mit $q = \overline{BH_a}$.
3. $a = 6$ cm,	$b = 7{,}5$ cm,	$h_c = 4{,}5$ cm.
4. $a = 4{,}8$ cm,	$c = 5{,}8$ cm,	$h_a = 4{,}2$ cm.
5. $p = 2{,}6$ cm,	$q = 4{,}4$ cm,	$\beta = 5°$ mit $p = \overline{AH_c}$; $q = \overline{BH_c}$.
6. $c = 7{,}4$ cm,	$p = 3{,}2$ cm,	$q = 4{,}3$ cm mit $p = \overline{CH_b}$; $q = \overline{AH_b}$.

7. Konstruieren Sie ein gleichschenkliges Dreieck (Spitze bei C) aus den Längen:
a) $h_c = 5{,}5$ cm, $a = 6{,}5$ cm **b)** $h_b = 5{,}8$ cm, $b = 7$ cm.

8. Konstruieren Sie ein gleichseitiges Dreieck aus den Längen:
a) $h_b = 4{,}6$ cm, **b)** $h_a = 3{,}9$ cm.

9. Konstruieren Sie ein rechtwinkliges Dreieck aus den Längen:
a) $c = 7$ cm, $h_c = 3$ cm **b)** $h_c = 3$ cm, $h_a = 6{,}5$ cm.

Lösen Sie die Aufgaben 10 … 15 durch maßstabsgerechtes Zeichnen und Entnehmen der Maße aus den Zeichnungen. Die Angabe 1:1000 bedeutet z. B., dass 1 cm auf der Zeichnung 1000 cm = 10 m in der Natur entsprechen sollen.

10. Wie hoch ist das Haus, wenn $|\overline{AB}| = 30$ m, $\alpha = 60°$, $\beta = 42°$ ist? (Maßstab 1:1000; $\sphericalangle\alpha$ und $\sphericalangle\beta$ Erhebungswinkel.)

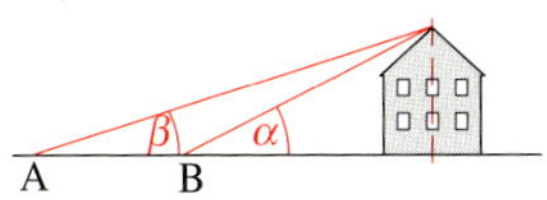

11. Ein Ballon steigt vom Punkt A senkrecht nach oben. Wie hoch ist er, wenn ein 120 m entfernter Beobachter ihn unter einem Erhebungswinkel von 62° sieht? (Maßstab 1:2000.)

12. Um die Breite eines Flusses festzustellen, misst man von einer 400 m über dem Wasserspiegel liegenden Bergspitze nebenstehende Senkungswinkel: $\alpha = 25°$, $\beta = 40°$. (Maßstab 1:10 000.)

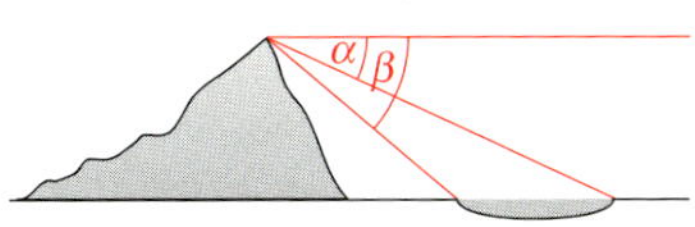

13. Ein Schulhof ist 55 m breit. Von der Dachspitze der Schule misst man nebenstehende Senkungswinkel: $\alpha = 18°$, $\beta = 54°$.
Wie hoch ist das Schulgebäude? (Maßstab 1:1000.)

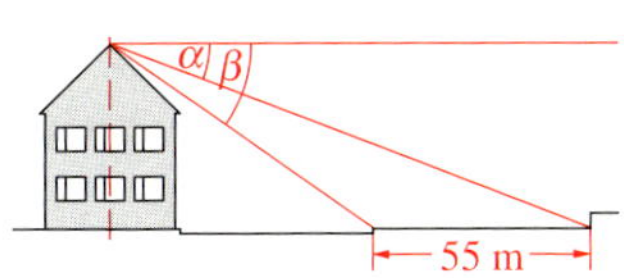

14. Von der Spitze des Eiffelturmes (300 m) sieht man die Spitze eines Schornsteins unter einem Senkungswinkel von 30° und die Standfläche unter einem Senkungswinkel von 35° zur Horizontalen. Wie hoch ist der Schornstein und wie weit ist er vom Eiffelturm entfernt? (Maßstab 1:5000.)

15. Zwei Wanderer A und B gehen von einem Gasthaus auf einen Fluss zu. Ihre Wege bilden einen Winkel von 65°. A erreicht nach 112 m und B nach 156 m das Ufer des Flusses. Wie weit ist das Gasthaus vom Fluss entfernt? Wie weit sind die beiden Wanderer am Flussufer voneinander entfernt? (Maßstab 1:2000.)

Winkelhalbierende

Konstruieren Sie Dreiecke aus den Längen und Größen:

1. $b = 4{,}5$ cm, $w_\alpha = 5{,}5$ cm, $u = 3$ cm.
2. $w_\beta = 5$ cm, $v = 3$ cm, $\gamma = 70°$ mit $u = \overline{W_\alpha C}$.
3. $w_\beta = 8$ cm, $a = 7$ cm, $\beta = 65°$ mit $v = \overline{CW_\beta}$,
4. $w_\gamma = 5{,}5$ cm, $b = 6$ cm, $v = 3$ cm mit $v = \overline{AW_\gamma}$.
5. $w_\gamma = 6$ cm, $v = 3{,}5$ cm, $\alpha = 65°$ mit $v = \overline{AW_\gamma}$.
6. $r = 2{,}5$ cm, $\alpha = 70°$, $\gamma = 60°$.

Seitenhalbierende

Konstruieren Sie Dreiecke aus den Längen und Größen:

1. $c = 7$ cm, $s_a = 7{,}5$ cm, $\beta = 65°$.
2. $c = 6{,}5$ cm, $a = 4$ cm, $s_c = 5$ cm.
3. $b = 5{,}5$ cm, $c = 8$ cm, $s_c = 4{,}2$ cm.
4. $h_a = 4{,}5$ cm, $s_a = 5$ cm, $b = 6$ cm.
5. $h_b = 7$ cm, $s_c = 8$ cm, $\alpha = 55°$.
6. $b = 5{,}5$ cm, $s_a = 7{,}2$ cm, $s_c = 4{,}2$ cm.
7. $a = 4{,}4$ cm, $s_a = 8{,}1$ cm, $s_c = 4{,}8$ cm.
8. $h_c = 4$ cm, $s_a = 7{,}2$ cm, $s_c = 4{,}5$ cm.

9. Konstruieren Sie ein gleichschenkliges Dreieck (Spitze bei C) aus den Längen $b = 6$ cm, $s_a = 7{,}5$ cm.

Mittelsenkrechte

Konstruieren Sie Dreiecke aus den Längen und Größen:

1. $a = 6$ cm, $R = 4$ cm, $\gamma = 60°$.
2. $a = 5$ cm, $R = 3{,}5$ cm, $b = 6$ cm.
3. $a = 5{,}4$ cm, $R = 4{,}5$ cm, $\beta = 52°$.
4. $b = 2{,}2$ cm, $R = 3$ cm, $\gamma = 100°$.
5. $c = 5{,}5$ cm, $R = 4$ cm, $\alpha = 55°$.

6. Konstruieren Sie ein gleichschenkliges Dreieck aus den Längen $c = 7{,}6$ cm, $R = 4{,}5$ cm.
7. Konstruieren Sie ein rechtwinkliges Dreieck aus den Längen $b = 6$ cm, $R = 4$ cm.

Wiederholungsfragen zu 6

1. Wie sind die Winkelhalbierenden eines Dreiecks erklärt?
2. Welche Aussagen kann man über die Winkelhalbierenden eines Dreiecks treffen?
3. Welcher Kreis heißt Inkreis eines Dreiecks, welcher Umkreis?
4. Wie sind die Seitenhalbierenden eines Dreiecks erklärt?
5. Welche Ausagen kann man über die Seitenhalbierenden eines Dreiecks treffen?
6. Wie kann man an die Konstruktion von Dreiecken herangehen, wenn nicht nur Längen von Seiten und Größen von Winkeln, sondern auch Längen von Transversalen gegeben sind?
7. Welche Etappen kann man bei der Lösung von Konstruktionsaufgaben unterscheiden?

7 Vierecke und Vielecke

7.1 Begriffe und Bezeichnungen

Verbindet man vier Punkte A, B, C und D einer Ebene, von denen keine drei auf einer Geraden liegen, „der Reihe nach“ miteinander – so, dass in jedem Punkt nur eine Strecke ankommt und von jedem Punkt nur eine Verbindungsstrecke ausgeht –, können unterschiedliche Figuren entstehen.

- Die Strecken $\overline{AB}$, $\overline{BC}$, $\overline{CD}$ und $\overline{DA}$ haben außer ihren Endpunkten keine weiteren gemeinsamen Punkte.
Dann kann eine solche Figur entweder einen überstumpfen Innenwinkel haben oder nicht (vergl. nebenstehende Zeichnung).

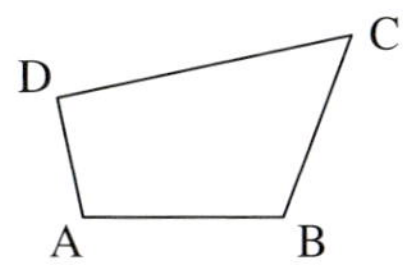

1. Figur

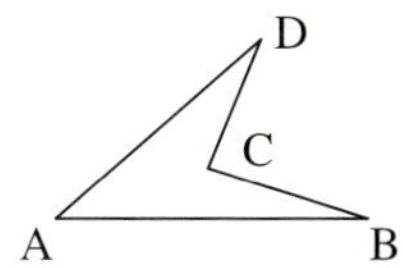

2. Figur

- Zwei der vier Strecken haben einen gemeinsamen Punkt P, der nicht Endpunkt einer der Strecken ist.

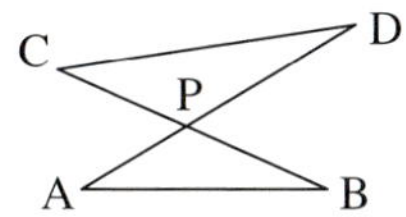

3. Figur

Jede der drei voranstehenden Figuren hat die vier Eckpunkte A, B, C und D, könnte also als Vier-Eck bezeichnet werden.

Die Punkte A, B, C und D sind die **Ecken**, die Strecken $\overline{AB}$, $\overline{BC}$, $\overline{CD}$ und $\overline{DA}$ sind die **Seiten** der Vierecke. Die Verbindungsstrecken der nicht benachbarten Punkte A und C sowie B und D in der 1. und in der 2. Figur heißen **Diagonalen**. $\overline{AC}$ wird häufig mit e und $\overline{BD}$ wird häufig mit f bezeichnet.
Man erkennt, dass die Diagonalen der 1. Figur ganz im Inneren der Figur verlaufen, während in der 2. Figur eine Diagonale außerhalb der Figur liegt.

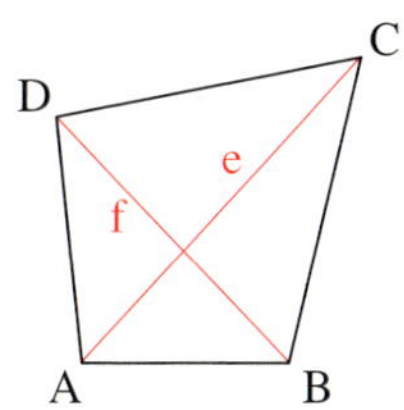

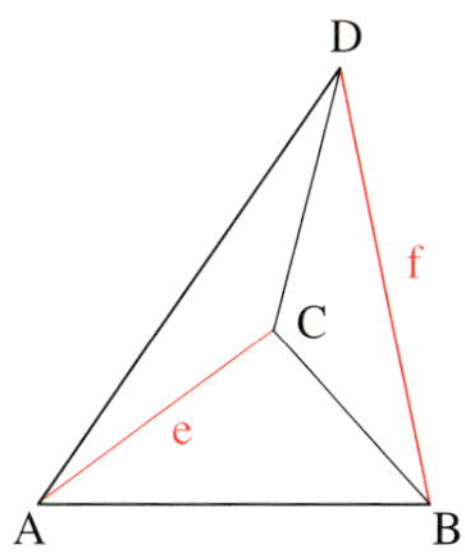

Anmerkung: Der Begriff „Inneres eines Vierecks“ wird hier als anschaulich klar vorausgesetzt. Um ihn mathematisch exakt zu erklären, verweist man darauf, dass das Innere eines Vierecks, allgemein einer ebenen Figur, ein Teilbereich der Ebene ist, in welchem es keine Geraden gibt.

Ein Viereck, dessen Diagonalen ganz in seinem Inneren liegen, heißt **konvexes Viereck** oder **konvex**, andernfalls heißt es **nicht konvex**. Ganz allgemein gilt: Mit je zwei Punkten M und N, die im Inneren eines konvexen Vierecks liegen, liegen auch alle Punkte der Strecke $\overline{MN}$ in seinem Inneren.

Konvexes Viereck

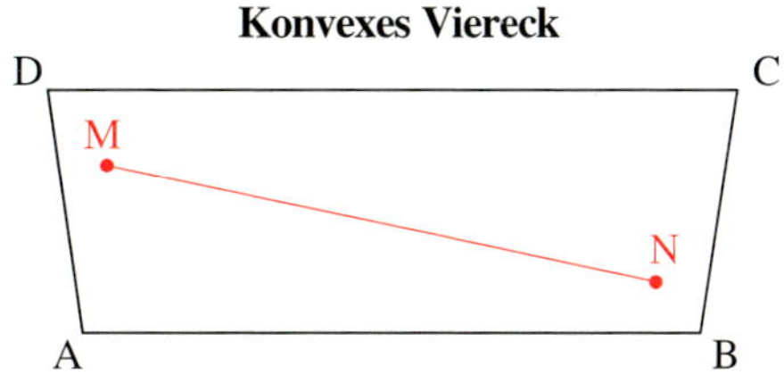

Das Viereck der 1. Figur ist „nach außen gewölbt“, das Viereck der 2. Figur wird als Viereck „mit einspringender Ecke“ bezeichnet.

Nicht-konvexes Viereck

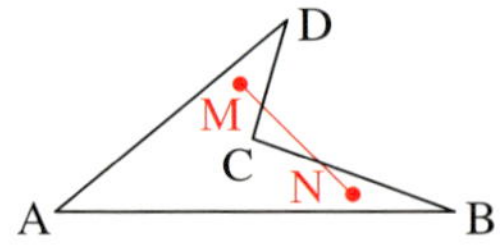

Das Viereck der 3. Figur wird als „überschlagenes“ Viereck bezeichnet.

Überschlagenes Viereck

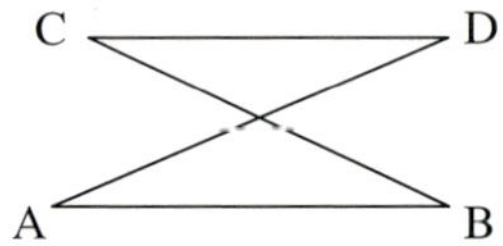

Im Folgenden werden nur konvexe Vierecke betrachtet, d. h., mit dem Begriff „Viereck“ sind im Folgenden stets konvexe Vierecke gemeint.

Merke:

Wenn vier Punkte A, B, C und D, von denen nicht drei auf einer Geraden liegen, so in einer Ebene liegen, dass die Strecken $\overline{AB}$, $\overline{BC}$, $\overline{CD}$ und $\overline{DA}$ außer ihren Endpunkten A, B, C und D keine weiteren gemeinsamen Punkte haben und die Diagonalen $\overline{AC}$ und $\overline{BD}$ mit Ausnahme ihrer Endpunkte ganz im Inneren der Figur liegen, so bilden die Punkte A, B, C und D und die Strecken $\overline{AB}$, $\overline{BC}$, $\overline{CD}$ und $\overline{DA}$ ein (konvexes) **Viereck** ABCD.

Die Strecken $\overline{AB}$, $\overline{BC}$, $\overline{CD}$ und $\overline{DA}$ bilden zusammen mit den Punkten des Inneren des Vierecks ABCD seine **Fläche**.

Man bezeichnet die Strecken $\overline{AB}$, $\overline{BC}$, $\overline{CD}$ und $\overline{DA}$ auch als **Rand** des Vierecks.

Viereck ABCD

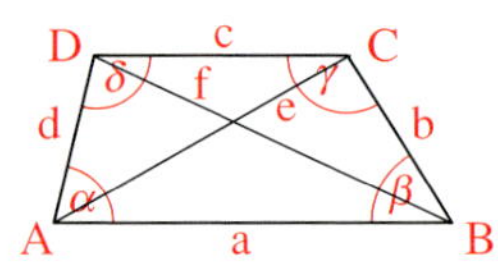

► A, B, C, D: Ecken des Vierecks
a, b, c, d: Seiten des Vierecks
α, β, γ, δ: Innenwinkel des Vierecks
e, f: Diagonalen des Vierecks

Verbindet man fünf Punkte einer Ebene, von denen nicht drei auf einer Geraden liegen, nacheinander so durch Strecken, dass alle Diagonalen im Inneren der Figur liegen, entsteht ein konvexes **Fünfeck**, auch **5-Eck** geschrieben. Auch hier heißen die Verbindungsstrecken zweier Eckpunkte, die nicht Seiten sind, Diagonalen.

Fünfeck ABCDE

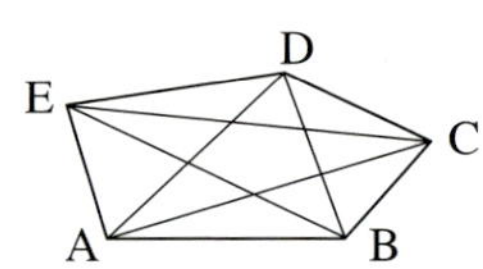

Verbindet man sechs Punkte einer Ebene, von denen nicht drei auf einer Geraden liegen, so wie beim Fünfeck geschehen nacheinander durch Strecken, dass alle Diagonalen im Inneren der Figur liegen, so entsteht ein konvexes **Sechseck**, auch **6-Eck** geschrieben.

Sechseck ABCDEF

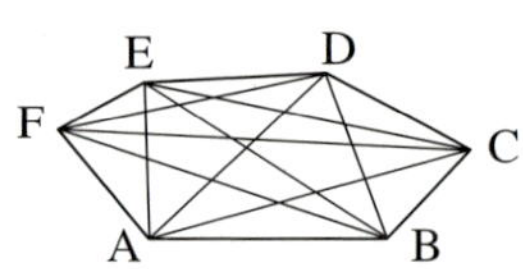

Man kann sich vorstellen, n Punkte $P_1, P_2, P_3 \cdots P_n$ einer Ebene (wobei n für eine natürliche Zahl $n > 2$ steht), von denen nicht drei auf einer Geraden liegen, in der beschriebenen Art und Weise durch Strecken miteinander zu verbinden. Man erhält dann ein **Vieleck**, ein sog. ***n*-Eck**.
Solche n-Ecke werden auch **Polygone** genannt.
Die Strecken $\overline{P_1P_2}$, $\overline{P_2P_3}$, $\cdots$ $\overline{P_nP_1}$ bilden zusammen mit dem Inneren des Vielecks die **Fläche** des Vielecks. Die Verbindungsstrecken zweier Eckpunkte, die nicht Seiten des Vielecks sind, sind **Diagonalen**. Vielecke, deren Diagonalen ganz im Inneren der Figur liegen, heißen **konvex**.
Mit der Bezeichnung Vieleck oder n-Eck soll im Folgenden wie bei den Vierecken jeweils die konvexe Figur gemeint sein.

Vierecke haben 2 Diagonalen, 5-Ecke haben 5 Diagonalen und 6-Ecke haben 9 Diagonalen, wie man den Zeichnungen auf Seite 94 entnimmt. Wie viele Diagonalen hat ein n-Eck?

Problem: Suchen Sie nach einer Gesetzmäßigkeit, die es ermöglicht, die Anzahl der Diagonalen eines n-Ecks zu bestimmen.

Dieses Problem ist zeichnerisch nicht zu bewältigen, da n für eine beliebige natürliche Zahl größer als 2 steht. Man kann es durch folgende Überlegung lösen:
Von jeder Ecke des n-Ecks kann man $n-1$ Strecken zu den übrigen Ecken des n-Ecks ziehen. Jedoch sind 2 davon keine Diagonalen, sondern Seiten des Polygons. Von jeder der n Ecken gehen also $n-3$ Diagonalen aus, insgesamt also $n \cdot n(-3)$. Allerdings wird auf diese Weise jede Diagonale zweimal gezählt: einmal von ihrem Anfangspunkt, ein zweites Mal von ihrem Endpunkt aus. Man erhält den Term, der für die Anzahl z der Diagonalen eines n-Ecks steht, also, indem man $n(n-3)$ durch 2 dividiert: $z = \frac{n(n-3)}{2}$.

Die Anzahl der Diagonalen eines *n*-Ecks

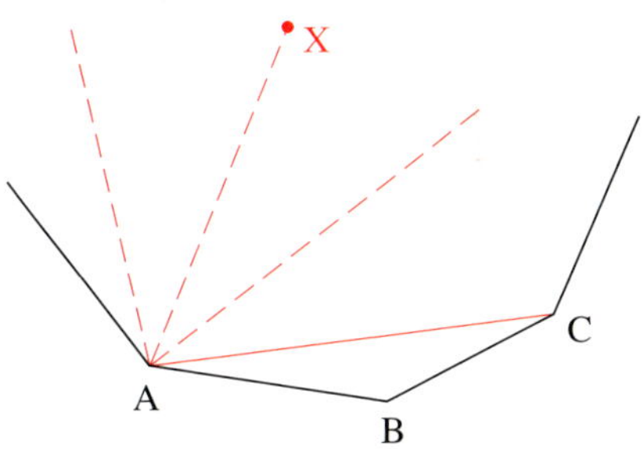

► Von A gehen $n-3$ Diagonalen aus. Die Diagonale $\overline{AX}$ wird von X aus noch einmal gezählt.

Merke:

Ein n-Eck hat $\frac{n(n-3)}{2}$ Diagonalen.

Beispiele:

1. Beim 4-Eck steht n für 4. Es hat also $\frac{4(4-3)}{2} = 2$ Diagonalen.

2. Beim 5-Eck steht n für 5. Es hat also $\frac{5(5-3)}{2} = 5$ Diagonalen.

3. Beim 6-Eck steht n für 6. Es hat also $\frac{6(6-3)}{2} = 9$ Diagonalen.

4. Beim 17-Eck steht n für 17. Es hat also $\frac{17(17-3)}{2} = 17 \cdot 7 = 119$ Diagonalen.

7.2 Winkelsummen

Die Summe der Größen der Innenwinkel eines Dreiecks beträgt unabhängig von der konkreten Form des Dreiecks stets 180°. Haben n-Ecke, z. B. Vierecke, eine ähnliche Eigenschaft, d. h., kann man auch für sie vermuten, dass sie unabhängig von ihrer Form, aber vielleicht abhängig von der Anzahl ihrer Ecken eine stets gleiche Summe ihrer Innenwinkelgrößen haben?

Problem: Bestimmen Sie die Summe der Innenwinkelgrößen eines n-Ecks, $n \subset \mathbb{N}^{>2}$.

Dieses Problem ist zeichnerisch nicht zu bewältigen, da n für eine beliebige natürliche Zahl größer als 2 steht. Man kann folgende Überlegung anstellen:

Denkt man sich von einem beliebigen Punkt P innerhalb des n-Ecks Strecken zu allen Eckpunkten gezeichnet, so entstehen n Dreiecke. Deren Innenwinkelsumme beträgt $n \cdot 180°$. Diese Summe ist jedoch größer als die gesuchte, denn sie enthält die Größen aller der Dreieckswinkel, deren Scheitel der Punkt P ist. Diese Winkel bilden aber einen Vollwinkel, d. h. einen Winkel von 360°. Man erhält also die Summe S der Innenwinkelgrößen eines n-Ecks, wenn man von $n \cdot 180°$ diese 360° subtrahiert:
$S = n \cdot 180° - 360°$.
Schreibt man 360° als Produkt $2 \cdot 180°$ und klammert im Term für S die 180° aus, so erhält man:
$S = 180°(n-2)$ oder $S = (n-2) \cdot 180°$.

Winkelsumme des n-Ecks

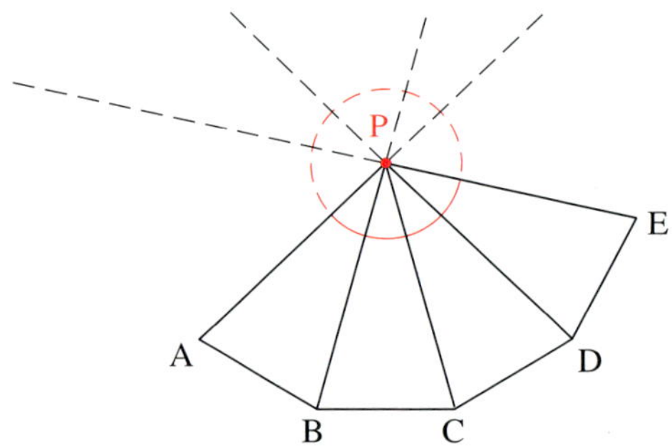

► Winkelsumme aller Dreiecke: $n \cdot 180°$
Summe der Größen aller Winkel mit dem Scheitel P: 360°
Summe der Größen der Innenwinkel des n-Ecks:
$S = n \cdot 180° - 360°$
$= 180°(n-2)$
$= (n-2) \cdot 180°$.

Merke:

Die Summe der Innenwinkelgrößen eines n-Ecks beträgt $(\boldsymbol{n} - \mathbf{2}) \cdot \mathbf{180°}$.

Beispiele:

1. Beim Dreieck steht n für 3. Seine Innenwinkelsumme beträgt also $(3-2) \cdot 180° = 180°$.
2. Beim Viereck steht n für 4. Seine Innenwinkelsumme beträgt also $(4-2) \cdot 180° = 360°$.
3. Beim 5-Eck steht n für 5. Seine Innenwinkelsumme beträgt also $(5-2) \cdot 180° = 540°$.
4. Beim 6-Eck steht n für 6. Seine Innenwinkelsumme beträgt also $(6-2) \cdot 180° = 720°$.
5. Beim 17-Eck steht n für 17. Seine Innenwinkelsumme beträgt also $(17-2) \cdot 180° = 2700°$.

Die Summe der Innenwinkelgrößen eines Vierecks kann man auch auf eine andere Weise bestimmen.

Zeichnet man in einem beliebigen konvexen Viereck ABCD eine Diagonale, z. B. $\overline{AC}(= e)$, so entstehen dadurch zwei Dreiecke: $\triangle ABC$ und $\triangle ACD$.
Die Summe von deren Innenwinkel ist der Summe der Innenwinkel des Vierecks gleich, also beträgt die Summe der Innenwinkelgrößen des Vierecks $2 \cdot 180°$, also $360°$.

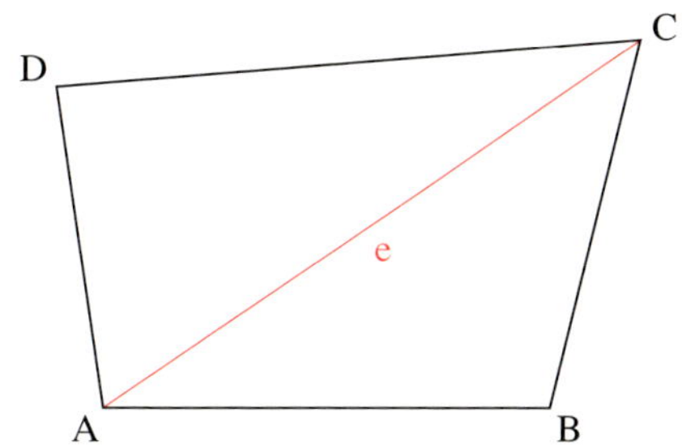

Merke:

Die Summe der Innenwinkelgrößen eines Vierecks beträgt 360°.

Aus dieser Eigenschaft lassen sich die folgenden Aussagen ableiten:

1. Jeder Innenwinkel eines Vierecks kann 90° groß sein.
2. Von den 4 Winkeln eines Vierecks können 3 frei so gewählt werden, dass die Summe ihrer Größen kleiner als 360° ist. Die Größe des 4. Winkels ist dann bestimmt.

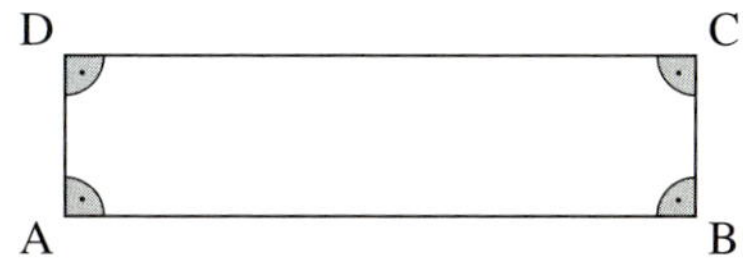

Werden α, β, γ so gewählt, dass $\alpha + \beta + \gamma < 360°$, so gilt: $\delta = 360° - (\alpha + \beta + \gamma)$.

7.3 Konstruktion von Vierecken

Ein Viereck kann besondere Eigenschaften haben: Gegenüberliegende Seiten, sog. **Gegenseiten**, können parallel oder gleich lang sein, Winkel können gleich groß sein oder sich zu 180° ergänzen. Hat ein Viereck keine derartigen Besonderheiten, nennt man es ein **allgemeines Viereck**.

Wenn von einem allgemeinen Viereck nur die Längen a, b, c und d seiner Seiten bekannt sind, dann lassen sich noch unendlich viele Vierecke konstruieren, deren Seiten die verlangten Längen haben.
Man kann zunächst die Seite $\overline{AB}$ zeichnen. Der Punkt C liegt dann auf einem Kreis K_B um B mit dem Radius $r_b = b$. Der Punkt D liegt auf einem Kreis K_A um A mit $r_a = d$.

Konstruktion eines Vierecks aus 4 Stücken

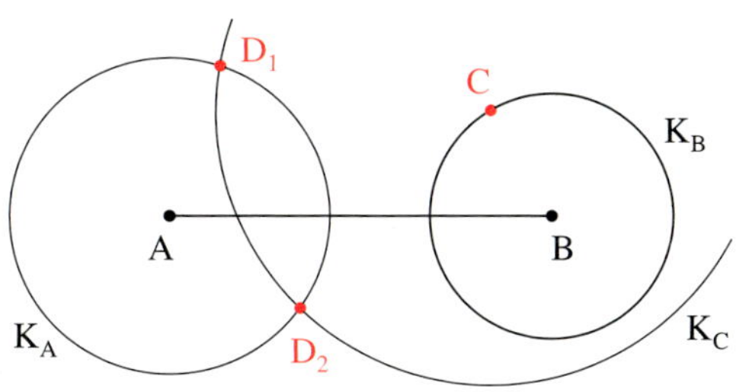

Jeder Punkt auf K_B kann C sein. Wählt man einen beliebigen aus und zeichnet um ihn den Kreis K_C mit $r_c = c$, so liefern die Schnittpunkte von K_C mit K_B die Punkte D_1 und D_2. Eine der Figuren $ABCD_1$ oder $ABCD_2$ ist nicht konvex – in der vorstehenden Zeichnung ist es $ABCD_2$ –, scheidet also als Lösung der Konstruktionsaufgabe aus.

Weil C auf K_B beliebig gewählt war, erhält man immer noch unendlich viele Möglichkeiten für den Punkt D_1. Gäbe es eine weitere Angabe, welche z. B. die Lage von C festlegte, verlöre die Konstruktion des Vierecks ABCD ihre Unbestimmtheit.

Um ein allgemeines Viereck eindeutig konstruieren zu können, muss man 5 seiner Stücke (z. B. Seiten- oder Diagonalenlängen, Winkelgrößen) kennen.
Man kann sich das folgendermaßen erklären: Zeichnet man im Viereck ABCD etwa die Diagonale $\overline{AC}(=e)$, so entstehen die Dreiecke $\triangle ABC$ und $\triangle ACD$. Zur Konstruktion des Dreiecks $\triangle ABC$ benötigt man 3 Stücke. Hat man dieses Dreieck konstruiert, hat man mit der Seite $\overline{AC}$ bereits ein Stück des Dreiecks $\triangle ACD$, benötigt also nur noch zwei weitere Stücke, um auch dieses Dreieck – und damit das Viereck ABCD – konstruieren zu können.

Konstruktion eines Vierecks aus 5 Stücken

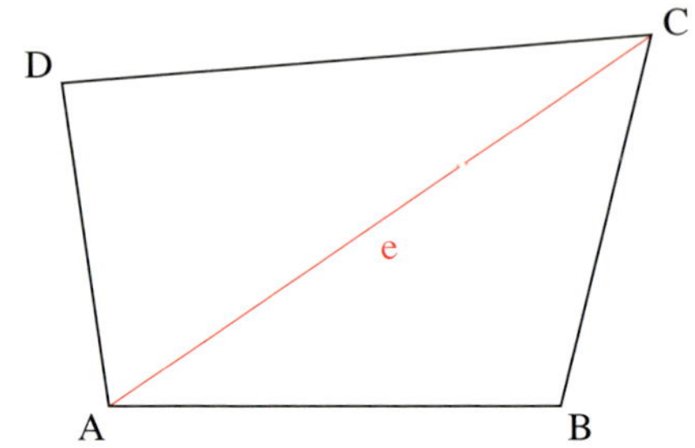

Merke:

Zur Konstruktion eines allgemeinen Vierecks benötigt man 5 Stücke (z. B. Seiten- oder Diagonalenlängen, Winkelgrößen).

Beispiele:

1. Konstruieren Sie ein Viereck ABCD mit 2,5 cm für a, 2 cm für b, 3 cm für c, 2,8 cm für d und 3,5 cm für e.

Die Planfigur zeigt, dass z. B. das Dreieck $\triangle ABC$ nach dem Kongruenzsatz SSS eindeutig konstruierbar ist.
Was weiß man über Punkt D?
a) D liegt einerseits auf dem Kreis K_A um A mit $r_d = 2{,}8$ cm.
b) D liegt andererseits auf dem Kreis K_C um C mit dem Radius $r_c = 3$ cm.
c) D liegt sowohl auf K_A als auch auf K_C.

Man konstruiert auf die bekannte Weise zunächst $\triangle ABC$. Sodann bestimmt man die Punkte D_1 und D_2 als Schnittpunkte von K_A und K_C. In der nebenstehenden Zeichnung ist die Figur $ABCD_2$ nicht konvex, also ist nur das Viereck $ABCD_1$ eine Lösung der Konstruktionsaufgabe. Seine Seiten und die Diagonale e haben die verlangten Längen.

Der Punkt D entsteht nur, wenn $c + d > e$ gilt.

Planfigur

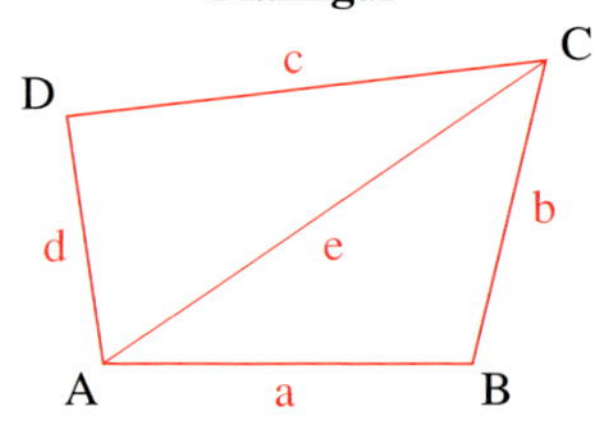

Konstruktion des Vierecks ABCD

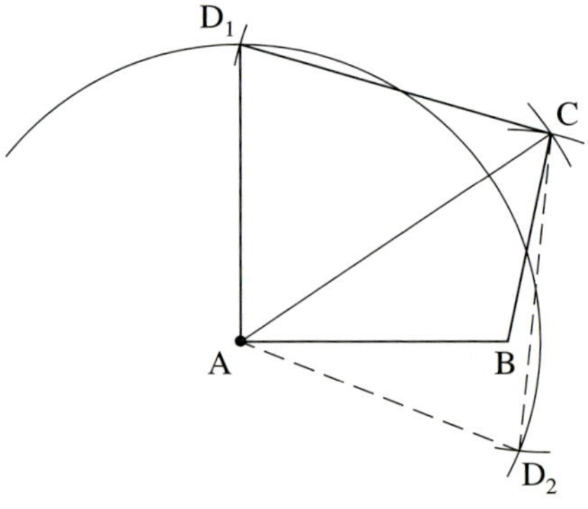

2. Konstruieren Sie ein Viereck ABCD mit 5 cm für a, 2,5 cm für b, 3 cm für c, 3 cm für d und der Größe 60° für α.

Die Planfigur zeigt, dass das Dreieck $\triangle$ABD nach SWS eindeutig konstruiert werden kann. Was weiß man über Punkt C?

a) C liegt einerseits auf dem Kreis K_D um D mit $r_c = 3$ cm.

b) C liegt andererseits auf dem Kreis K_B um B mit $r_b = 2{,}5$ cm.

c) C liegt sowohl auf K_D als auch auf K_B.

Das Dreieck $\triangle$ABD wird in bekannter Weise konstruiert.

Sodann werden die Punkte C_1 und C_2 als Schnittpunkte von K_B und K_B bestimmt.

Die Figur ABC_2D ist nicht konvex. Das Viereck ABC_1D ist Lösung der Konstruktionsaufgabe.

Planfigur

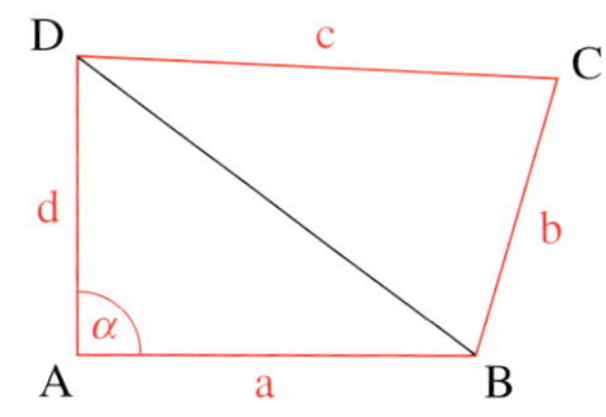

Konstruktion des Vierecks ABCD

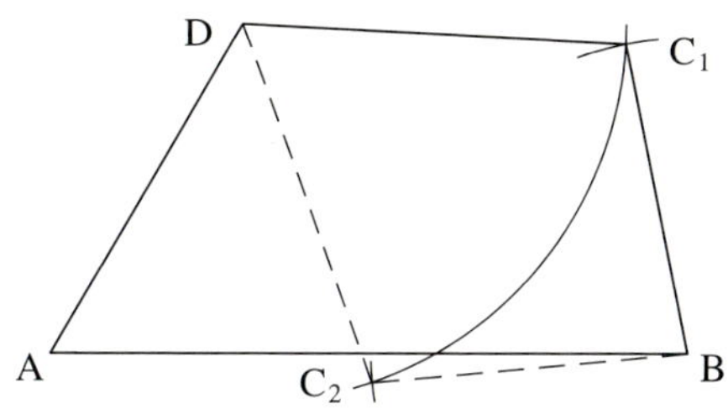

Der Schnittpunkte C_1 käme nicht zustande, wäre $b + d < f$. Wäre $b + d = f$, wäre der Berührungspunkt von K_B und K_D der gesuchte Punkt C, und das Viereck ABCD Lösung der Konstruktionsaufgabe.

7.4 Das Trapez und seine Eigenschaften

Wenn in einem Viereck ein Paar Gegenseiten parallel ist, nennt man es ein **Trapez**.

Die parallelen Seiten heißen **Grundlinien**. Hat ein Trapez Gegenseiten, die nicht parallel zueinander sind, so nennt man diese **Schenkel**. Die Strecken, die auf den Lotgeraden von beliebigen Punkten einer Grundlinie auf die dazu parallele Grundlinie liegen und die von den Grundlinien begrenzt werden, sind die **Höhen** des Trapezes. Oft wird auch die Länge dieser Strecken als Höhe bezeichnet. Eine solche Länge heißt **Abstand** der Grundlinien voneinander. Bei Veranschaulichungen zeichnet man in der Regel diejenige Höhe, die durch einen Eckpunkt geht.

Sind die Schenkel gleich lang, spricht man von einem **gleichschenkligen Trapez**.

Das Trapez

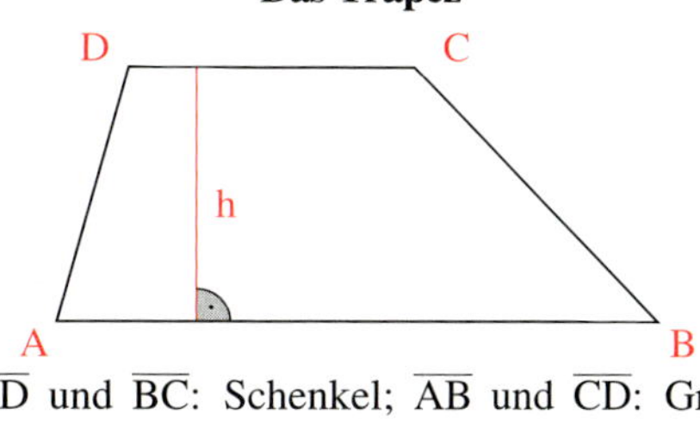

► $\overline{AD}$ und $\overline{BC}$: Schenkel; $\overline{AB}$ und $\overline{CD}$: Grundlinien; h: Höhe

Das gleichschenklige Trapez

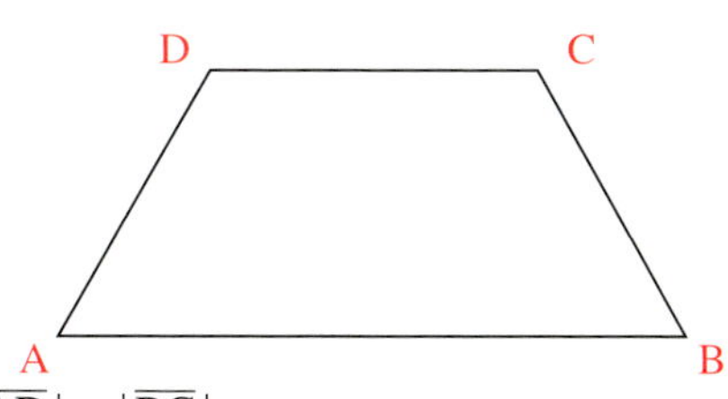

► $|\overline{AD}| = |\overline{BC}|$

Problem: Die Schenkel eines Trapezes liegen auf Geraden, welche die parallelen Gegenseiten des Trapezes schneiden. Welche Schlussfolgerungen kann man hieraus ziehen?

In der nebenstehenden Zeichnung liegt der Schenkel $\overline{AD}$ auf der Geraden g. Die Winkel $\sphericalangle\alpha$ und $\sphericalangle\delta$ sind dann entgegengesetzt liegende Winkel an den geschnittenen Parallelen AB und CD. Entgegengesetzt liegende Winkel an geschnittenen Parallelen ergänzen einander zu 180°. ► Kapitel 2

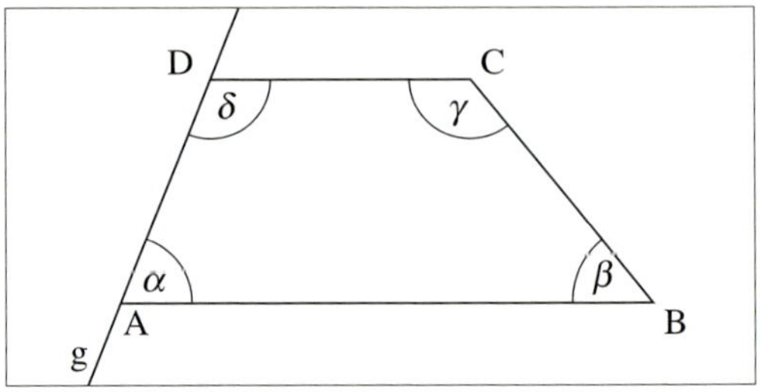

Dasselbe gilt für die Winkel $\sphericalangle\beta$ und $\sphericalangle\gamma$.

► $\alpha+\delta=180°$; $\beta+\gamma=180°$

Merke:

Die einem Schenkel eines Trapezes anliegenden Innenwinkel ergänzen einander zu 180°.
► $\alpha+\delta=180°$; $\beta+\gamma=180°$

Problem: Konstruieren Sie die Mittelparallele zu $\overline{AB}$ und $\overline{CD}$. ► Kapitel 5
Was kann man über die Punkte M und N sagen, in denen sie die Schenkel des Trapezes schneidet?

In der nebenstehenden Zeichnung sind M und N die Schnittpunkte der Mittelparallelen zu AB und CD mit $\overline{AD}$ und $\overline{BC}$. M und N sind dann die Mitten von $\overline{AD}$ bzw. $\overline{BC}$.
► Kapitel 5
Auch das Umgekehrte ist richtig: Zeichnet man durch die Mitten der Schenkel eines Trapezes eine Gerade, so erhält man die Mittelparallele zu den parallelen Gegenseiten des Trapezes.
Man nennt die Strecke $\overline{MN}$ die **Mittellinie** des Trapezes.

Die Mittellinie eines Trapezes

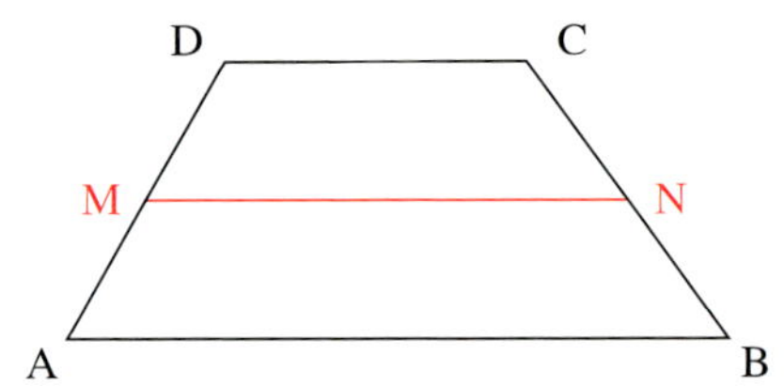

Auftrag:

Zeichnen Sie mehrere Trapeze und deren Mittellinien. Messen Sie die Längen der Mittellinien und die Längen a und c der parallelen Seiten $\overline{AB}$ und $\overline{CD}$. Vermuten Sie einen Zusammenhang?

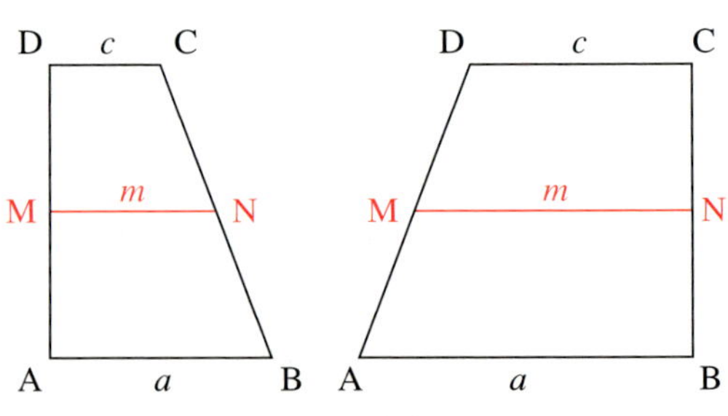

$a=2$ cm; $c=1$ cm; $m=1{,}5$ cm

$a=3$ cm; $c=2$ cm; $m=2{,}5$ cm

Problem: Untersuchen Sie, ob für die Mittellinie $\overline{MN}$ eines Trapezes gilt: $|\overline{MN}| = \frac{a+c}{2}$.

Denkt man sich ein Trapez ABCD so an sich selbst angesetzt, daß B auf C und C auf B fällt, wie es die nebenstehende Zeichnung zeigt, so gilt für die Seiten $\overline{AD'}$ und $\overline{A'D}$ des entstehenden Vierecks AD'A'D:
$|\overline{AD'}| = a + c$ und $|\overline{A'D}| = a + c$.

Die Länge der Mittellinie

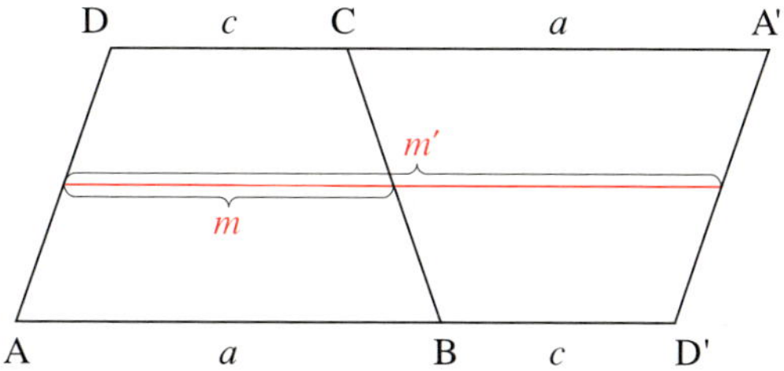

Dasselbe gilt für die Mittellinie m' des Vierecks AD'A'D. Diese ist aber auch das Doppelte der Mittellinie des Trapezes ABCD. Also gilt: $m' = 2m = a + c$, und hieraus folgt $m = \frac{a+c}{2}$.

► $|\overline{AD'}| = a + c$; $|\overline{A'D}| = a + c$

$m' = 2m$

$2m = a + c$

$m = \frac{a+c}{2}$

Merke:

Die Länge m der Mittellinie eines Trapezes berechnet sich aus den Längen der Grundlinien a und c zu: $\boldsymbol{m = \frac{a+c}{2}}$.

7.5 Konstruktion von Trapezen

Zur Konstruktion eines Trapezes benötigt man Angaben über 4 seiner Stücke, wie man erkennt, wenn man das Trapez ABCD z. B. durch die Diagonale e in zwei Dreiecke teilt. Um das Dreieck △ABC konstruieren zu können, benötigt man 3 Stücke. Vom Dreieck △ACD hat man dann bereits die Seite $\overline{AC}$ und die Richtung einer zweiten Seite, denn die Seite $\overline{CD}$ ist parallel zu $\overline{AB}$. Um D zu bestimmen, braucht man nur eine weitere Angabe, z. B. die Länge von $\overline{CD}$ oder die Größe von $\sphericalangle \alpha$ oder des Winkels $\sphericalangle$ CAD.

Konstruktion von Trapezen

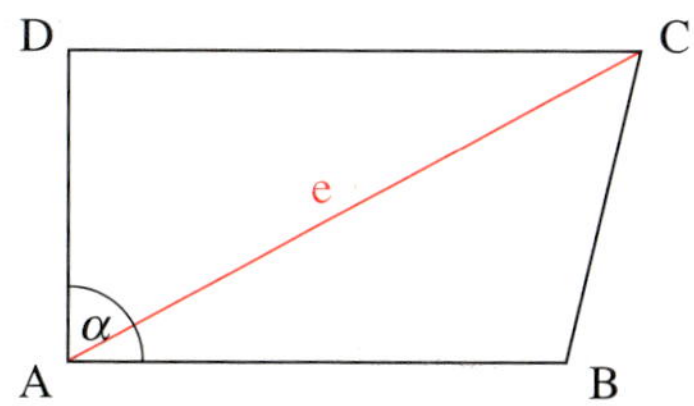

► Das Trapez ist ein spezielles Viereck. Seine Definition enthält eine Bedingung, durch welche es sich vom allgemeinen Viereck unterscheidet: Die Seiten eines Paares von Gegenseiten sind parallel. Deshalb benötigt man zu seiner Konstruktion ein Bestimmungsstück weniger als zur Konstruktion eines allgemeinen Vierecks, man benötigt nur vier statt fünf wie beim allgemeinen Viereck.

Beispiele:

1. Konstruieren Sie ein Trapez ABCD mit 4,3 cm für $|a|$, 2,9 cm für $|b|$, 1,3 cm für $|c|$ und der Größe 42° für $\sphericalangle\beta$.

Die Planfigur zur Aufgabe zeigt: Das Teildreieck $\triangle$ABC ist nach SWS konstruierbar. Was weiß man über den Punkt D?

Planfigur

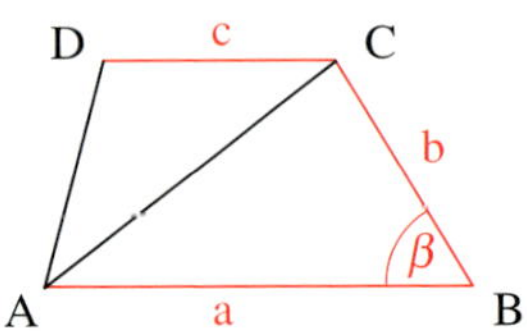

a) D liegt einerseits auf dem Strahl s aus C, der zu $\overline{AB}$ parallel ist und in das Winkelfeld von β zeigt (zweite Grundlinie des Trapezes).
b) D liegt 1,3 cm von C entfernt, also auf dem Kreis K_C um C mit $r_C = 1,3$ cm.
c) D ist also ein gemeinsamer Punkt von s und K_C.

Man konstruiert zunächst das Dreieck $\triangle$ABC, sodann D wie beschrieben.

Konstruktion

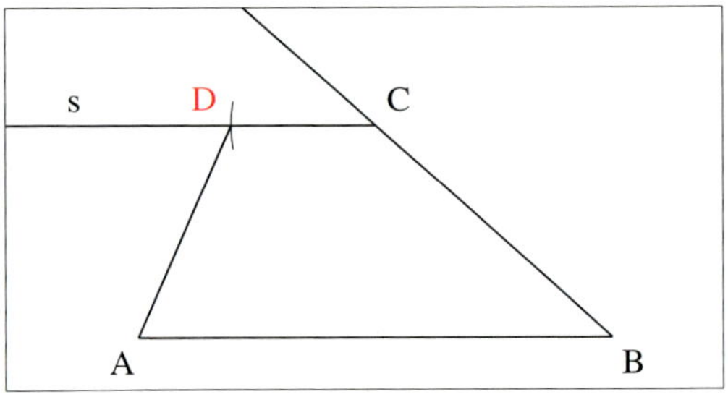

Die Konstruktion ist eindeutig, das Trapez ABCD ist das verlangte.

2. Konstruieren Sie ein Trapez ABCD mit 3,5 cm für $|a|$, 2 cm für $|b|$ und 67° für $\sphericalangle\alpha$ und 50° für $\sphericalangle\beta$.

Die Planfigur zeigt: Das Teildreieck $\triangle$ABC ist nach SWS eindeutig konstruierbar.
Was weiß man über den Punkt D?

Planfigur

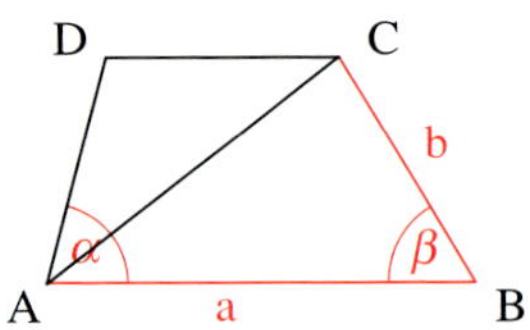

a) D liegt einerseits auf dem freien Schenkel des Winkels α.
b) D liegt andererseits auf dem Strahl s aus C, der parallel zu $\overline{AB}$ ist und durch das Winkelfeld von α geht.
c) D ist der Schnittpunkt von s mit dem freien Winkelschenkel von α.

Man konstruiert zunächst $\triangle$ABC, trägt sodann in A an $\overline{AB}$ den Winkel α an und konstruiert die Parallele zu $\overline{AB}$ durch C. D ist der Schnittpunkt von s und dem freien Winkelschenkel.

Konstruktion

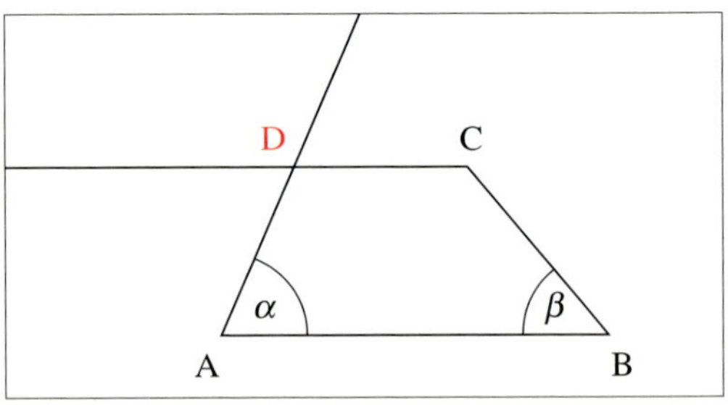

Die Konstruktion ist eindeutig, das Trapez ABCD ist das verlangte.

3. Konstruieren Sie ein Trapez ABCD mit 5 cm für $|a|$, 3,5 cm für $|b|$, 4 cm für $|m|$ und 70° für $\sphericalangle \beta$.

Die Planfigur zeigt: Das Teildreieck $\triangle ABC$ ist nach SWS eindeutig konstruierbar.
Was weiß man über den Punkt D?

Planfigur

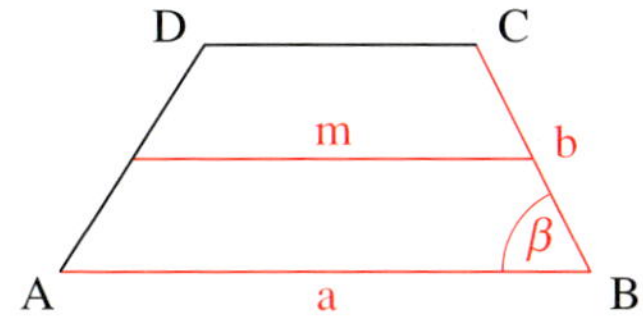

a) D liegt einerseits auf dem zu $\overline{AB}$ parallelen Strahl s_1 aus C, der durch das Winkelfeld von $\sphericalangle \beta$ geht.
b) D liegt andererseits auf dem Strahl s_2 aus A, auf dem die Seite $\overline{AD}$ liegt. Er geht durch den Endpunkt M der Mittellinie m.
c) D ist der Schnittpunkt von s_1 und s_2.

Man konstruiert zunächst $\triangle ABC$, sodann den zu $\overline{AB}$ parallelen Strahl aus C. Nun bestimmt man die Mitte N von $\overline{BC}$ und zeichnet durch sie die Parallele zu $\overline{AB}$. Auf ihr trägt man von N aus m ab. Man erhält so den Punkt M. Der Strahl aus A durch M schneidet die Parallele zu $\overline{AB}$ aus C im Punkt D.

Konstruktion

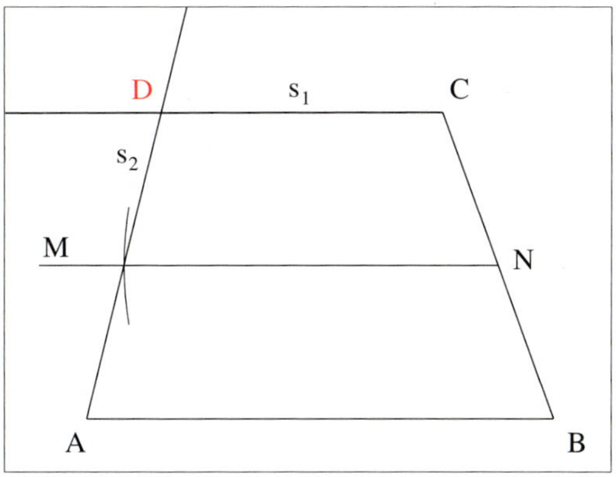

Die Konstruktion ist eindeutig, das Trapez ABCD ist das verlangte.

7.6 Das Parallelogramm und seine Eigenschaften

Wenn in einem Viereck beide Gegenseiten-Paare parallel sind, nennt man es **Parallelogramm**. Seine Seiten, Winkel und Diagonalen werden wie bei Vierecken üblich bezeichnet.

Die auf den Lotgeraden von einer Seite auf die dazu parallele Seite liegenden Strecken zwischen den Seiten oder deren Längen heißen auch hier **Höhen**. Allerdings muss man beachten, dass es jetzt zwei Paar paralleler Seiten gibt. Fällt man z. B. von C auf $\overline{AB}$ oder $\overline{AD}$ oder ihre Verlängerungen Lote, so sind beide Strecken von C bis zu den Lotfußpunkten Höhen im Parallelogramm.

Das Parallelogramm

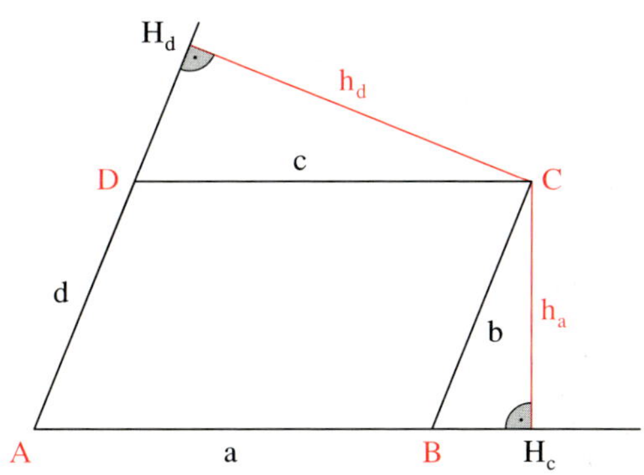

► $a \parallel c$; $b \parallel d$

Nach der Definition ist jedes Parallelogramm auch ein Trapez und hat also auch die Eigenschaften eines Trapezes. Dabei muss man beachten, dass im Parallelogramm sowohl a und c als Grundlinien und b und d als Schenkel, als auch b und d als Grundlinien und a und c als Schenkel aufgefasst werden können.

- Benachbarte Winkel ergänzen an jeder Seite einander zu 180°. Es gilt z. B. $\alpha + \beta = 180°$, aber auch $\alpha + \delta = 180°$.
- Hieraus folgt aber auch: $\beta = \delta$, denn beide Winkel ergänzen α zu 180°. Analog erhält man aus $\beta + \alpha = 180°$ und $\beta + \gamma = 180°$ die Aussage $\alpha = \gamma$.
- Die Verbindungsstrecke der Mittelpunkte zweier gegenüberliegender Seiten liegt auf der Mittelparallelen der anderen Seiten, und es gilt in den Bezeichnungen der nebenstehenden Zeichnung, wenn a, b, c und d die Längen der entsprechenden Seiten bezeichnen:

$m = \frac{a+c}{2}, n = \frac{b+d}{2}$.

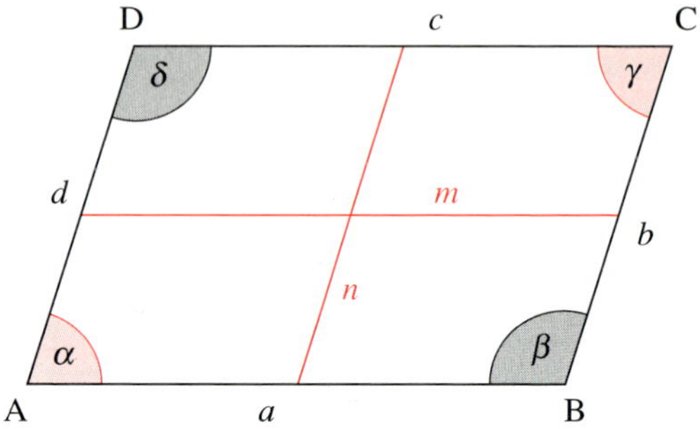

► $\alpha + \beta = \alpha + \delta = 180°$

► $\beta = \delta$

► $m = \frac{a+c}{2} \quad n = \frac{b+d}{2}$

Merke:

- Im Parallelogramm ergänzen sich die an einer Seite anliegenden Winkel zu 180°.
- Im Parallelogramm sind einander gegenüberliegende Winkel gleich groß.
- Für die Längen m und n der Mittellinien des Parallelogramms gilt $\boldsymbol{m = \frac{a+c}{2}}, \boldsymbol{n = \frac{b+d}{2}}$.

Auftrag: Zeichnen Sie mit Hilfe des Geodreiecks verschiedene Parallelogramme und messen Sie jeweils die Längen der Gegenseiten. Vermuten Sie eine Gesetzmäßigkeit?

Problem: Untersuchen Sie mit Hilfe der Kongruenz geeigneter Teildreiecke eines Parallelogramms, ob die Gegenseiten im Parallelogramm gleich lang sind.

Ein Parallelogramm ABCD wird durch $\overline{AC}$ in die Teildreiecke △ABC und △ADC geteilt. Dann gilt:

$|\overline{AC}| = |\overline{AC}|$,

$|\sphericalangle CAB| = |\sphericalangle ACD|$ (Wechselwinkel an den geschnittenen Parallelen, auf denen die Seiten a und c liegen),

$|\sphericalangle BCA| = |\sphericalangle DAC|$ (Wechselwinkel an den geschnittenen Parallelen, auf denen die Seiten b und d liegen).

Gegenseiten im Parallelogramm

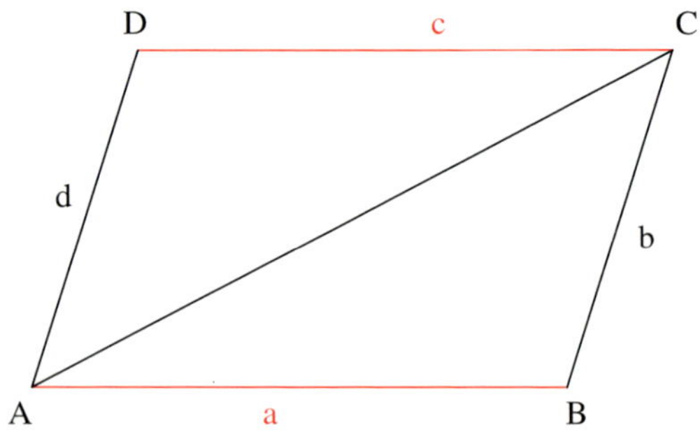

Also sind die Dreiecke $\triangle ABC$ und $\triangle ADC$ nach dem Kongruenzsatz WSW kongruent.

► $\triangle ABC \cong \triangle ADC$ nach WSW.

Damit gilt aber auch:
$|\overline{AB}| = |\overline{DC}|$ (als gleich liegende Stücke in kongruenten Dreiecken) und

► $\overline{AB}$ und $\overline{DC}$ sowie $\overline{BC}$ und $\overline{DA}$ sind gleichliegende Stücke in diesen Dreiecken.

$|\overline{BC}| = |\overline{DA}|$ (ebenfalls als gleich liegende Stücke).

► $|\overline{AB}| = |\overline{DC}|$ und $|\overline{BC}| = |\overline{DA}|$

Merke:

Gegenseiten im Parallelogramm sind gleich lang.

Problem: Bilden Sie die Umkehrung des vorstehenden Lehrsatzes und untersuchen Sie die Aussage, die Sie dadurch erhalten.

Um die Umkehrung dieses Lehrsatzes leichter zu erkennen, soll er zunächst in der Wenn-dann-Form formuliert werden:
Wenn ein Viereck ABCD ein Parallelogramm ist, dann sind seine Gegenseiten gleich lang. Durch Vertauschung der Behauptung mit der Voraussetzung entsteht die **Umkehrung**:
Wenn im Viereck ABCD die Gegenseiten gleich lang sind, dann ist es ein Parallelogramm.

Ist diese Umkehrung eine wahre Aussage, also ein neuer Lehrsatz?

Zur Klärung des Problems wird das Viereck ABCD durch die Diagonale e in die Dreiecke $\triangle ABC$ und $\triangle ADC$ eingeteilt. Dann gilt:
Vor.: $|a| = |c|$ und $|b| = |d|$
Beh.: $a \| c$ und $b \| d$
Beweis: Wegen $|a| = |c|$, $|b| = |d|$ und $|e| = |e|$ sind die Dreiecke $\triangle ABC$ und $\triangle ADC$ nach dem Kongruenzsatz SSS kongruent. Die Winkel $\sphericalangle ACD$ und $\sphericalangle CAB$ sowie $\sphericalangle ACB$ und $\sphericalangle CAD$ sind gleich liegende Winkel in diesen Dreiecken, also jeweils gleich groß. Sie sind aber auch Wechselwinkel an den Geraden, auf denen a und c bzw. b und d liegen. Diese Geraden sind also jeweils parallel.

Gegenseiten im Parallelogramm

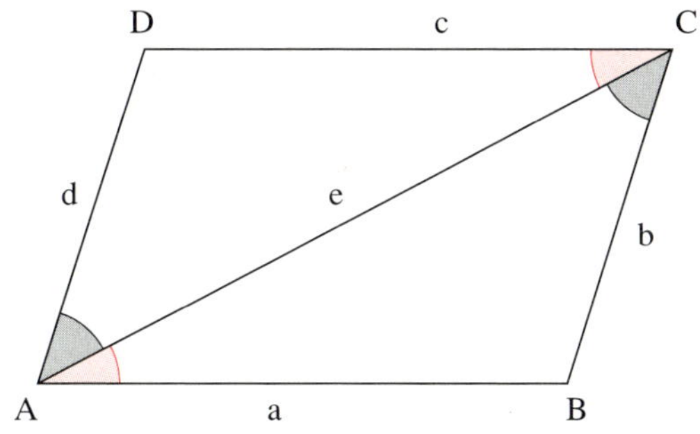

► $|\sphericalangle ACD| = |\sphericalangle CAB|$ und $|\sphericalangle ACB| = |\sphericalangle CAD|$
$a \| c$ und $b \| d$

Merke:

Sind in einem Viereck die Gegenseiten gleich lang, so sind sie auch parallel, d. h., das Viereck ist ein Parallelogramm.

Diese Eigenschaft macht man sich in der Praxis zu Nutze. Verbindet man Stäbe, welche die Seiten eines Parallelogramms bilden, in den Ecken drehbar miteinander, so erhält man ein sog. **Gelenkparallelogramm**. Seine Innenwinkel kann man kontinuierlich verändern, trotzdem bleiben die Gegenseiten parallel, weil gleich lang. Das findet z. B. Anwendung bei der Tafel- und der Briefwaage, aber auch bei gewissen Lampenhaltern und bei der Zeichenmaschine.

Tafelwaage: Schalen bleiben waagerecht.

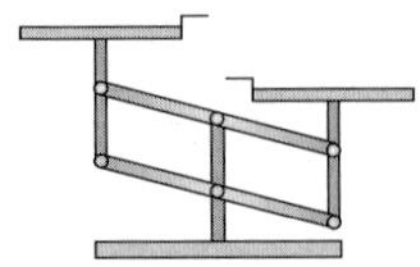

Briefwaage: Waagschale bleibt waagerecht.

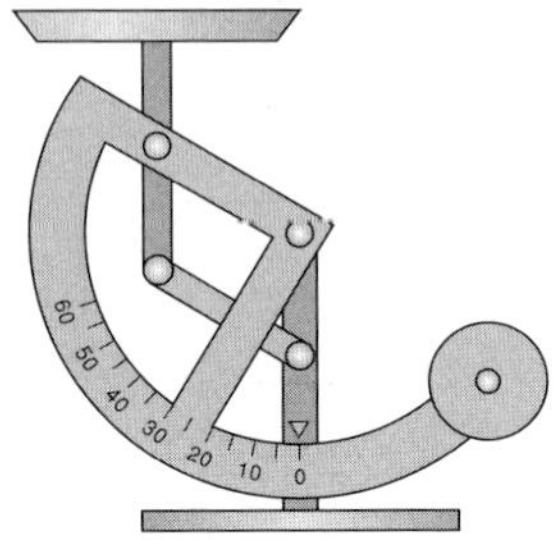

Lampenhalter: Lampe bleibt lotrecht.

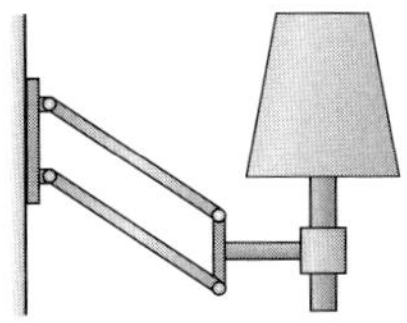

Zeichenmaschine: Man kann parallele Geraden zeichnen.

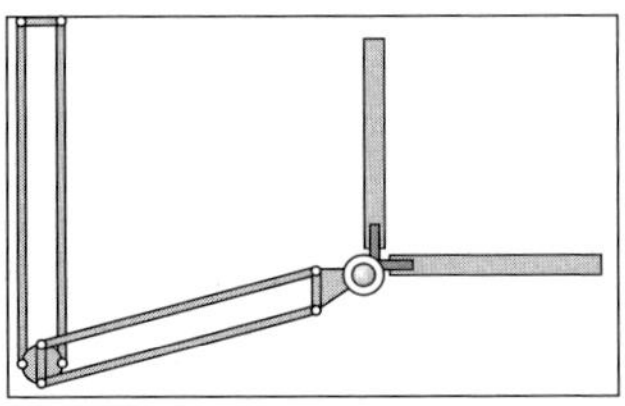

Auftrag: Konstruieren Sie mehrere Parallelogramme mit verschiedenen Seitenlängen. Zeichnen Sie jeweils beide Diagonalen ein und messen Sie auf jeder Diagonalen die Strecken, welche durch den Schnittpunkt der Diagonalen und die Ecken des Parallelogramms begrenzt werden. Was vermuten Sie?

Die Messungen in nebenstehenden Parallelogrammen ergeben:

$|\overline{AS}| = |\overline{SC}|$ und $|\overline{BS}| = |\overline{SD}|$

$|\overline{ET}| = |\overline{TG}|$ und $|\overline{FT}| = |\overline{TH}|$

Vermutung: Die Diagonalen halbieren einander.

Diagonalen im Parallelogramm

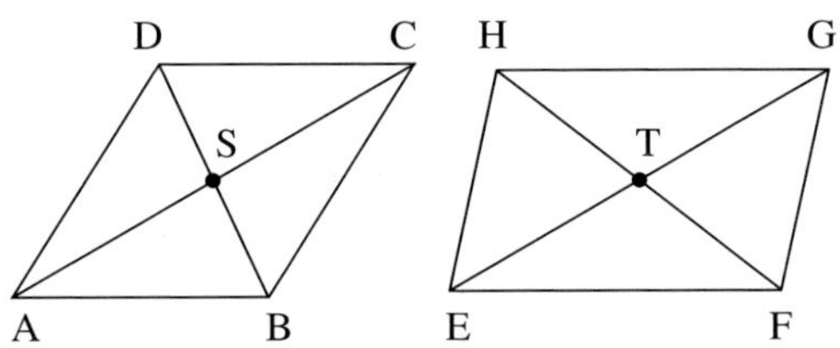

$|\overline{AS}| = |\overline{SC}| = 1{,}8$ cm; $|\overline{BS}| = |\overline{SD}| = 1{,}0$ cm

$|\overline{ET}| = |\overline{TG}| = 1{,}7$ cm; $|\overline{FT}| = |\overline{TH}| = 1{,}4$ cm

Problem: Untersuchen Sie, ob die Diagonalen eines Parallelogramms einander halbieren.

Um die Vermutung zu beweisen, kann man als **Beweisidee** verwenden: Man suche nach kongruenten Dreiecken, in denen die Diagonalenabschnitte gleich liegende Stücke sind.

Der **Beweisplan** ergibt sich aus der nebenstehenden Zeichnung:
Man untersucht die Dreiecke $\triangle ABE$ und $\triangle CDE$ auf Kongruenz.
Für diese Dreiecke gilt:

$|a| = |c|$ nach Voraussetzung
$|\sphericalangle DCE| = |\sphericalangle BAE|$ als Wechselwinkel an geschnittenen Parallelen
$|\sphericalangle CDE| = |\sphericalangle ABE|$ als Wechselwinkel an geschnittenen Parallelen

Nach dem Kongruenzsatz WSW gilt also:
$\triangle ABE \cong \triangle CDE$

In diesen Dreiecken sind die Abschnitte auf einer Diagonalen jeweils gleich liegende Stücke, es ist also: $|\overline{AE}| = |\overline{EC}|$ und $|\overline{BE}| = |\overline{ED}|$, was zu beweisen war.

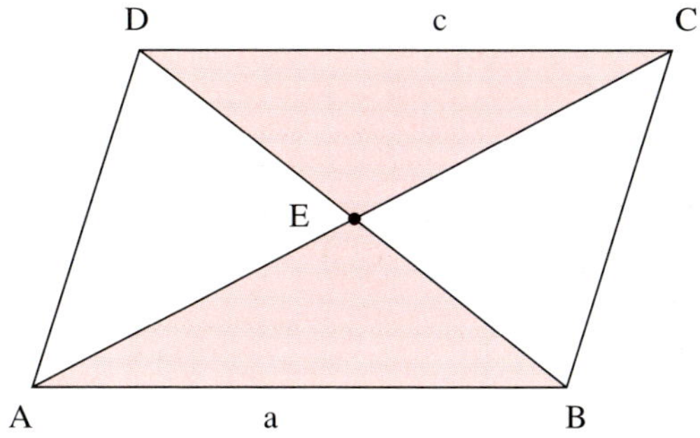

$\triangle ABE \cong \triangle CDE$;

$|\overline{AE}| = |\overline{EC}|$;

$|\overline{BE}| = |\overline{ED}|$.

Merke:

Die Diagonalen eines Parallelogramms halbieren einander.

Gilt von diesem Lehrsatz auch die Umkehrung?
Um diese besser erkennen zu können, soll zunächt wieder die Wenn-dann-Formulierung des Ausgangssatzes hergestellt werden. Sie lautet:
Wenn zwei Diagonalen in einem Parallelogramm liegen, so halbieren sie einander.
Hieraus folgt als Umkehrung die Vermutung:
Halbieren die Diagonalen eines Vierecks einander, so ist das Viereck ein Parallelogramm.
Zum Beweis dieser Vermutung kann man die gleichen Teildreiecke des Parallelogramms benutzen wie beim Beweis des ursprünglichen Satzes. Wegen $|\overline{AE}| = |\overline{EC}|$, $|\overline{DE}| = |\overline{EB}|$ und $|\sphericalangle DEC| = |\sphericalangle AEB|$ als Scheitelwinkel sind die Dreiecke $\triangle AEB$ und $\triangle CED$ nach SWS kongruent, also gilt auch $|a| = |c|$. Analog folgt bei Betrachtung der Dreiecke $\triangle BEC$ und $\triangle DEA$, dass $|b| = |d|$ gilt.

Merke:

Halbieren die Diagonalen eines Vierecks einander, so ist das Viereck ein Parallelogramm.

Parallelogramme haben also folgende **Eigenschaften**:

- Die Gegenseiten sind parallel und gleich lang
- Gegenüberliegende Winkel sind gleich groß, Nachbarwinkel ergänzen einander zu 180°
- Die Diagonalen halbieren einander

7.7 Konstruktion von Parallelogrammen

Jedes Parallelogramm ist ein Trapez ► Abschnitt 7.6.
In seiner Definition kommt zu der Bedingung, nach welcher ein Viereck ein Trapez ist, eine weitere hinzu: Beide Gegenseitenpaare (nicht nur eines wie beim Trapez) müssen parallel sein. Diese zusätzliche Bedingung wirkt sich auf die Anzahl der Stücke, die man zur Konstruktion eines Parallelogramms braucht, aus.

Zerlegt man das Parallelogramm durch eine Diagonale, etwa e, in zwei Dreiecke, so braucht man zur Konstruktion z. B. des Teildreiecks △ABC drei Stücke. Hat man dieses Teildreieck aber konstruiert, ist auch das Parallelogramm bestimmt: Wegen a||c und b||d sind c und d konstruierbar und damit Punkt D gefunden.

Konstruktion von Parallelogrammen

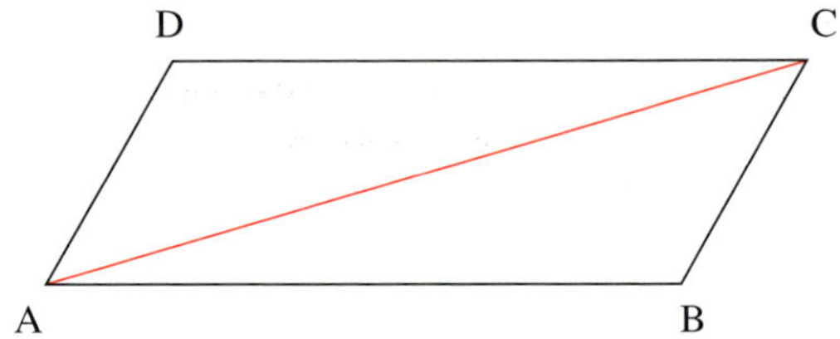

► Zur Konstruktion eines Parallelogramms benötigt man drei Bestimmungsstücke

Beispiele:

1. Konstruieren Sie ein Parallelogramm ABCD mit 5 cm für |a|, 3 cm für |b| und der Größe 75° für ∢ β.

Die Planfigur zeigt, dass das Dreieck △ABC nach SWS eindeutig konstruiert werden kann. Was weiß man über den Punkt D?

Planfigur

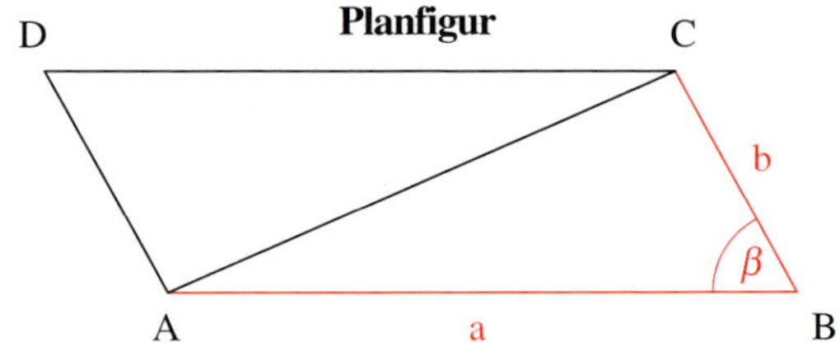

a) D liegt auf der Parallelen p_1 zu a durch C.
b) D liegt auf der Parallelen p_2 zu b durch A.
c) D ist also ein gemeinsamer Punkt von p_1 und p_2.

Man konstruiert das Dreieck △ABC und anschließend die Parallelen p_1 und p_2.

Konstruktion

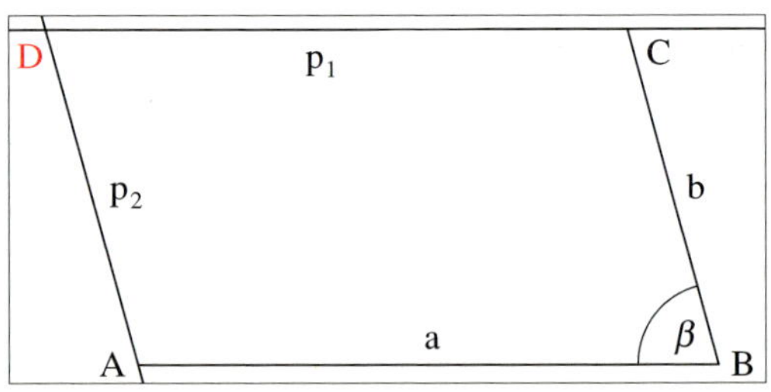

Die Konstruktion ist eindeutig, denn zu einer Geraden gibt es durch einen Punkt außerhalb dieser Geraden nur genau eine Parallele. Das Viereck ABCD ist das gesuchte Parallelogramm.

2. Konstruieren Sie ein Parallelogramm ABCD mit 5 cm für |a|, 8 cm für |e| und 4 cm für |f|.

Die Planfigur zeigt: Das Dreieck △ABM ist nach SSS eindeutig konstruierbar, denn außer der Seitenlänge |a| sind auch die Längen $\frac{|e|}{2}$ und $\frac{|f|}{2}$ bekannt.
Was weiß man über die Punkte C und D?

Planfigur

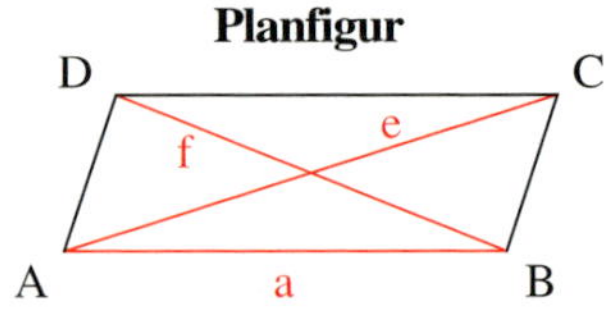

a) C liegt auf der Verlängerung von $\overline{AM}$ über M hinaus, und es gilt: $|\overline{MC}| = \frac{|e|}{2}$.
b) D liegt auf der Verlängerung von $\overline{BM}$ über M hinaus, und es gilt: $|\overline{MD}| = \frac{|f|}{2}$.

Man konstruiert △ABM nach SSS und sodann die Punkte C und D.

Konstruktion

▶ Längenmaße auf die Hälfte verkleinert

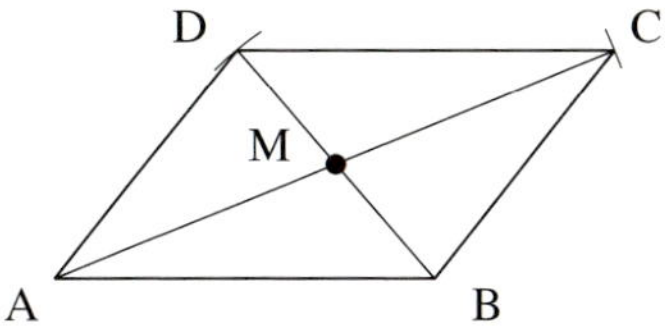

Die Konstruktion ist eindeutig, denn auch die Punkte C und D sind eindeutig bestimmt.

3. Konstruieren Sie ein Parallelogramm ABCD mit 4,5 cm für $|a|$, 2,8 cm für $|b|$ und 2 cm für $|h_a|$.

Die Planfigur enthält kein Dreieck, mit dessen Konstruktion man beginnen könnte. Man kann aber die Seite $\overline{AB}$ sofort zeichnen. Was weiß man dann über C und D?

a) C und D liegen auf einer Parallelen p_1 zu $\overline{AB}$, die von $\overline{AB}$ den Abstand $|h_a|$ hat. Sie ist konstruierbar.
b) C liegt außerdem auf dem Kreis K um B mit dem Radius $r = |b|$.
c) D liegt außerdem auf der Parallelen p_2 zu $\overline{BC}$ durch A.

Planfigur

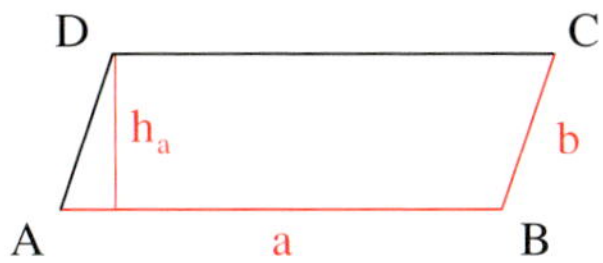

Konstruktion

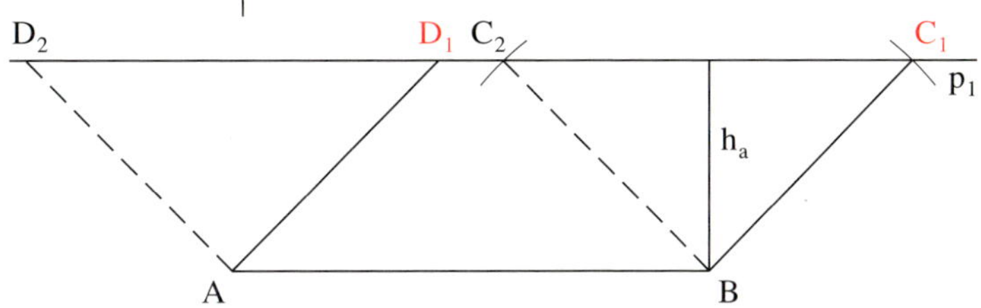

Man zeichnet $\overline{AB}$ mit der Länge 4,5 cm. Sodann konstruiert man auf einer beliebigen Seite von $\overline{AB}$ die Parallele p_1 zu $\overline{AB}$ mit dem Abstand $|h_a|$. Darauf zeichnet man den Kreis K um B mit dem Radius $r = |b|$. Er schneidet p_1 in den Punkten C_1 und C_2, denn sein Radius ist größer als die Länge von h_a. Man verbindet C_1 und C_2 mit B and konstruiert die Parallelen zu $\overline{BC_1}$ bzw. $\overline{BC_2}$ durch A. Sie schneiden p_2 in D_1 und D_2.

Die Parallelogramme ABC_1D_1 und ABC_2D_2 sind Lösungen der Konstruktionsaufgabe, denn ihre Seiten und Höhen haben die verlangten Längen.

Dass die Konstruktion auf zwei Lösungen führt, erinnert an ähnliche Situationen bei der Konstruktion von Dreiecken. Dort war es in den Fällen, welche durch die Kongruenzsätze für Dreiecke beschrieben werden, so, dass die beiden Lösungsdreiecke kongruent waren. Dieser Sachverhalt wurde mit der Aussage beschrieben, dass die jeweilige Konstruktionsaufgabe bis auf Kongruenz und unabhängig von der Lage der Figuren in der Ebene eindeutig lösbar ist.
▶ Abschnitt 3.4

Das wirft die Frage auf, ob ein ähnlicher Sachverhalt auch für die Parallelogramme ABC_1D_1 und ABC_2D_2 vorliegt.
Um sie beantworten zu können, muss man wissen, wann zwei Parallelogramme oder allgemein zwei ebene Figuren zueinander kongruent sind.

Merke:

Zwei ebene Figuren sind genau dann kongruent, wenn sie deckungsgleich aufeinander gelegt werden können.

Das gilt auch für Vierecke und ist gleichbedeutend mit der Aussage: Alle einander entsprechenden Seiten und Winkel kongruenter Vierecke sind gleich groß, und deren Umkehrung, d. h., wenn in zwei Vierecken alle entsprechenden Seiten und Winkel gleich groß sind, dann sind die Vierecke kongruent.

Man kann zeigen, dass die Parallelogramme ABC_1D_1 und ABC_2D_2 der voranstehenden Aufgabe nicht nur in den entsprechenden Seiten, sondern auch in den entsprechenden Winkeln übereinstimmen. Der Beweis soll hier nur angedeutet werden. Er nutzt aus, dass die Dreiecke $\triangle AD_1D_2$ und $\triangle BC_1C_2$ gleichschenklig, die Winkel an der Basis, also die Winkel bei D_1 und D_2 sowie bei C_1 und C_2 jeweils gleich groß sind.

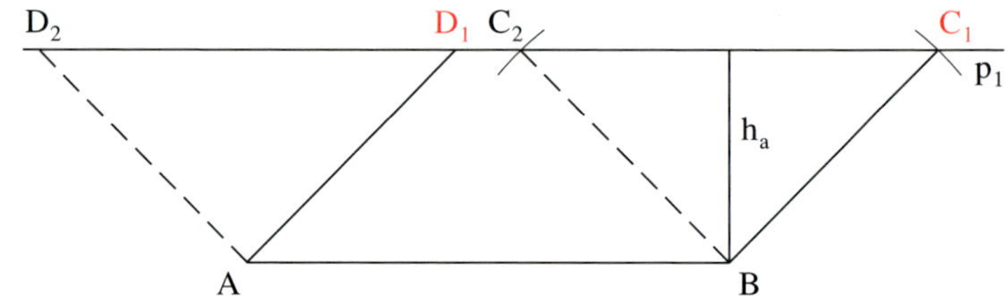

So kann man zeigen, dass die Winkel $\sphericalangle BAD_2$ und $\sphericalangle ABC_1$ gleich groß sind, woraus folgt, dass auch die Winkel $\sphericalangle BAD_1$ und $\sphericalangle ABC_2$ gleich groß sind.

Die Lösungsparallelogramme ABC_1D_1 und ABC_2D_2 sind also kongruent, d. h., die Konstruktionsaufgabe ist bis auf Kongruenz eindeutig lösbar.

Anmerkung: „Bis auf Kongruenz eindeutig lösbar" heißt, es entstehen bei der Durchführung der Konstruktion nur Vierecke (allgemein: nur ebene Figuren), die untereinander kongruent sind. ► Abschnitt 3.4
Das gilt unabhängig von der Lage der Vierecke: Alle Vierecke, die aus den jeweils gegebenen Stücken konstruiert werden können, sind untereinander kongruent, gleichgültig von wem sie konstruiert werden oder in welchem Heft sie entstehen.

7.8 Der Rhombus und seine Eigenschaften

Der Rhombus, auch **Raute** genannt, ist ein spezielles Parallelogramm. Nicht nur seine Gegenseiten, sondern alle vier Seiten sind gleich lang.
Der Rhombus ist also ein Parallelogramm mit vier gleich langen Seiten. Er hat demzufolge alle Eigenschaften eines Parallelogramms, aber auch weitere, in denen sich ausdrückt, dass er ein spezielles Parallelogramm ist. Er hat also Eigenschaften, die nicht allen Parallelogrammen, sondern nur ihm zukommen.

Der Rhombus

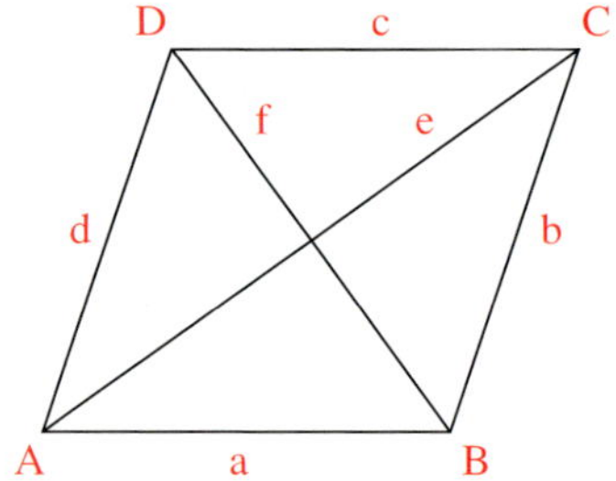

$|a| = |b| = |c| = |d|$

Aufgabe: Konstruieren Sie einen Rhombus mit einer selbst gewählten Seitenlänge und zeichnen Sie die Diagonalen ein. Messen Sie die Winkel zwischen den Diagonalen. Was vermuten Sie? Die Messungen führen auf die Vermutung: Die Winkel zwischen den Diagonalen sind vermutlich alle 90° groß.

Problem: Untersuchen Sie, ob die Diagonalen eines Rhombus senkrecht aufeinander stehen.

Lösungsidee: Könnte man zeigen, dass Nebenwinkel, deren gemeinsamer Scheitelpunkt der Schnittpunkt der Diagonalen ist, gleich liegende Stücke in kongruenten Dreiecken, also gleich groß sind, dann hätte man gezeigt, dass jeder von ihnen 90° groß ist. ► Rückwärtsarbeiten

Man betrachtet die Dreiecke $\triangle ABM$ und $\triangle BCM$ der nebenstehenden Zeichnung. Es gilt: $|\overline{AB}| = |\overline{BC}|$ nach Voraussetzung,
$|\overline{BM}| = |\overline{BM}|$,
$|\overline{AM}| = |\overline{CM}|$ als Diagonalenabschnitte.
Also sind die Dreiecke nach SSS kongruent: $\triangle ABM \cong \triangle BCM$. In diesen Dreiecken sind gleich liegende Winkel, also gleich groß:
$|\sphericalangle AMB| = |\sphericalangle BMC|$,
$|\sphericalangle ABM| = |\sphericalangle CBM|$, d. h., f halbiert $\sphericalangle\beta$,
$|\sphericalangle BAM| = |\sphericalangle BCM|$.
Da aber die Winkel $\sphericalangle AMB$ und $\sphericalangle BMC$ Nebenwinkel sind, muss jeder ein rechter Winkel sein: $|\sphericalangle AMB| = |\sphericalangle BMC| = 90°$.
Außerdem ist $\sphericalangle BAM$ entgegengesetzt liegender Winkel zu $\sphericalangle DCM$, also gilt auch: $|\sphericalangle BAM| = |\sphericalangle BCM| = |\sphericalangle DCM|$. Mit anderen Worten: e halbiert den Winkel $\sphericalangle\gamma$. Analog kann man zeigen, dass f auch $\sphericalangle\delta$ und e auch $\sphericalangle\alpha$ halbiert, d. h., dass die Diagonalen des Rhombus dessen Innenwinkel halbieren.

Die Diagonalen im Rhombus

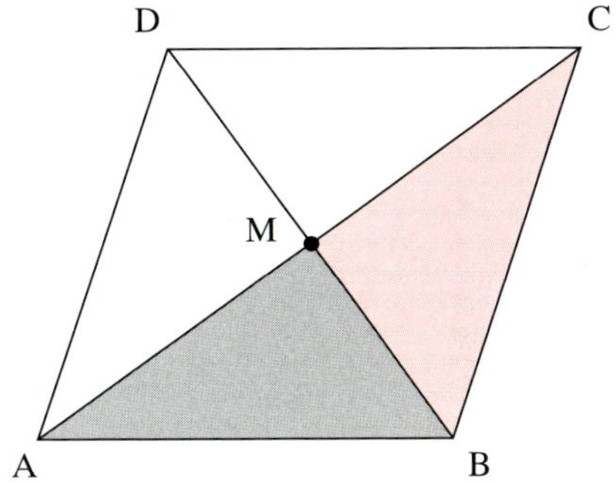

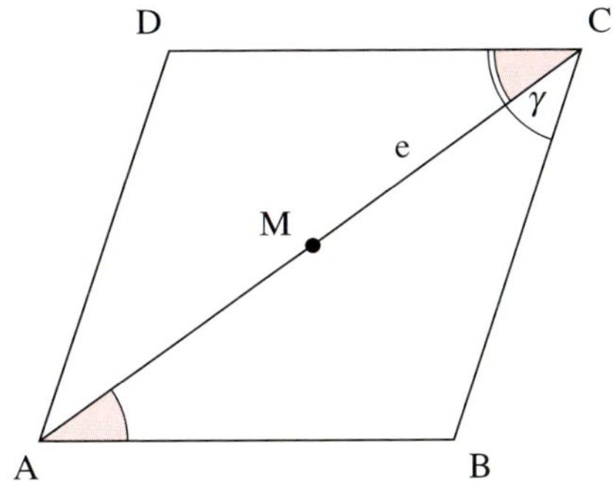

Merke:

Die Diagonalen eines Rhombus halbieren einander, stehen senkrecht aufeinander und halbieren die Innenwinkel.

In der Praxis findet man als eine Anwendung des Rhombus die sog. **Nürnberger Schere**.

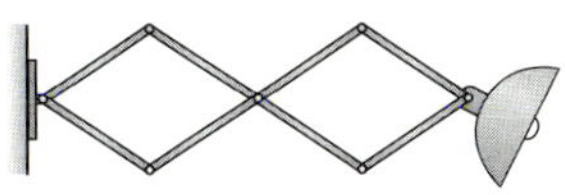

► **Nürnberger Schere**

7.9 Konstruktion von Rhomben

Zur Konstruktion eines Parallelogramms benötigt man drei seiner Stücke. Der Rhombus ist ein spezielles Parallelogramm, seine Definition enthält gegenüber der Erklärung des Parallelogramms eine Eigenschaft oder Bedingung mehr. Zu seiner Konstruktion benötigt man deshalb nur **zwei Stücke**.

In der nebenstehenden Zeichnung erzeugt die Diagonale $\overline{AC}$ die Dreiecke △ABC und △ACD.
△ABC ist wegen |a| = |b| gleichschenklig, zu seiner Konstruktion braucht man zwei Stücke. Der Punkt D ist dann aber schon bestimmt, wenn man weiß, dass das Viereck ABCD ein Rhombus sein soll: Er liegt auf der Parallelen zu $\overline{AB}$ durch C und der Parallelen zu $\overline{BC}$ durch A, ist also der gemeinsame Punkt beider Parallelen.

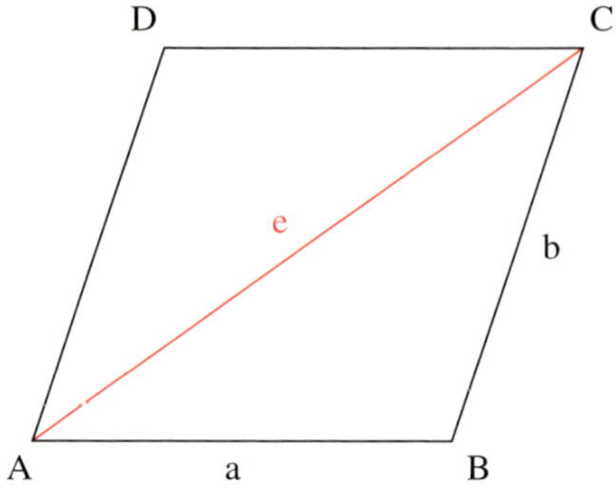

Beispiele:

1. Konstruieren Sie einen Rhombus ABCD mit 2,5 cm für *a* und 65° für ∢α.

Die Planfigur zeigt: Das Dreieck △ABD ist nach SWS eindeutig konstruierbar.
Was weiß man über den Punkt C?

Planfigur

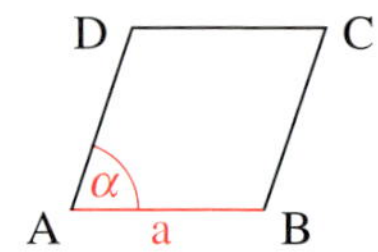

a) C liegt auf der Parallelen zu a durch D.
b) C liegt auf der Parallelen zu d durch B.
c) C ist also der gemeinsame Punkt beider Parallelen.
Man konstruiert zunächst △ABD und sodann die Parallelen durch D zu a und durch B zu d. Ihr Schnittpunkt ist C.
Die Konstruktion ist eindeutig, ABCD ist der verlangte Rhombus.

Konstruktion eines Rhombus

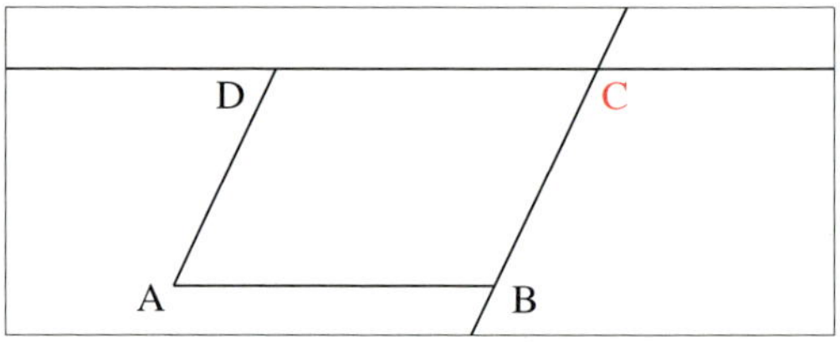

2. Konstruieren Sie einen Rhombus ABCD mit 3 cm für |a| und 4 cm für |e|.

Die Planfigur zeigt: Das Dreieck △ABC ist nach SSS eindeutig konstruierbar.
Was weiß man über Punkt D?

Planfigur

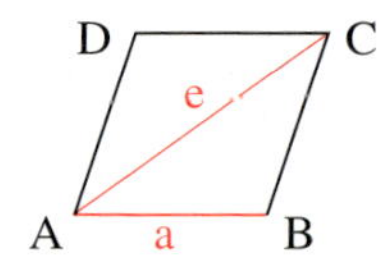

Wie in dem vorstehenden Beispiel erhält man D als Schnittpunkt zweier Parallelen: Der Parallelen zu a durch C und der Parallelen zu b durch A.
Die Konstruktion ist eindeutig.

Konstruktion

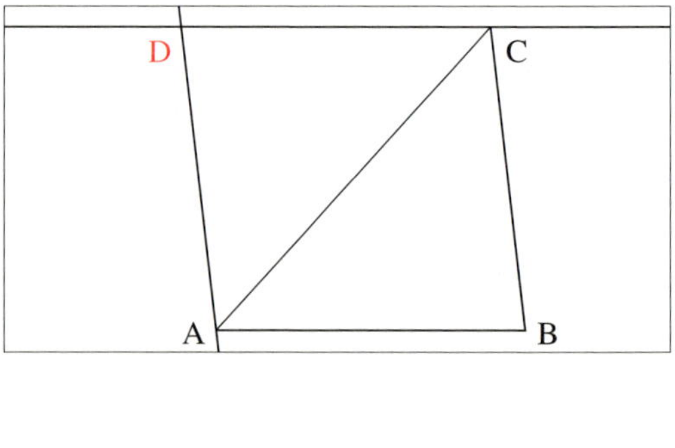

3. Konstruieren Sie einen Rhombus ABCD mit 6 cm für |e| und 4 cm für |f|.

Die Planfigur zeigt: Man kann die Konstruktionsaufgabe ohne die Konstruktion eines Teildreiecks lösen.

Planfigur

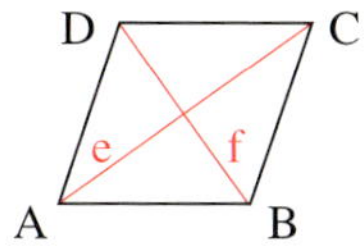

Man zeichnet e mit der Länge 6 cm. Sodann konstruiert man die Mittelsenkrechte von e und trägt auf ihr von der Mitte von e aus die halbe Länge von f, also 2 cm nach beiden Seiten ab. So erhält man die Punkte B und D. ABCD ist der verlangte Rhombus.

Konstruktion

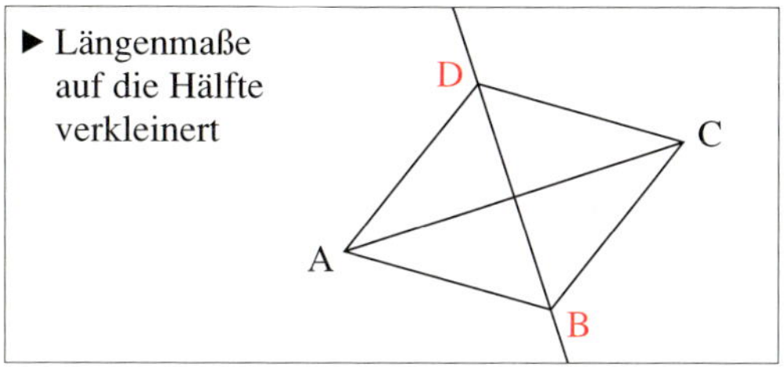

7.10 Das Rechteck und seine Eigenschaften

Auch das Rechteck ist ein spezielles Parallelogramm. Seine Gegenseiten sind parallel und gleich lang, aber nicht nur einander gegenüberliegende Winkel sind gleich groß, sondern alle seine Innenwinkel sind gleich groß, d. h. aber, jeder von ihnen ist 90° groß. Das Rechteck ist also ein Parallelogramm mit vier rechten Winkeln. Es hat demzufolge alle Eigenschaften eines allgemeinen Parallelogramms, aber auch weitere, in denen sich seine zusätzliche Eigenschaft ausdrückt.

Das Rechteck

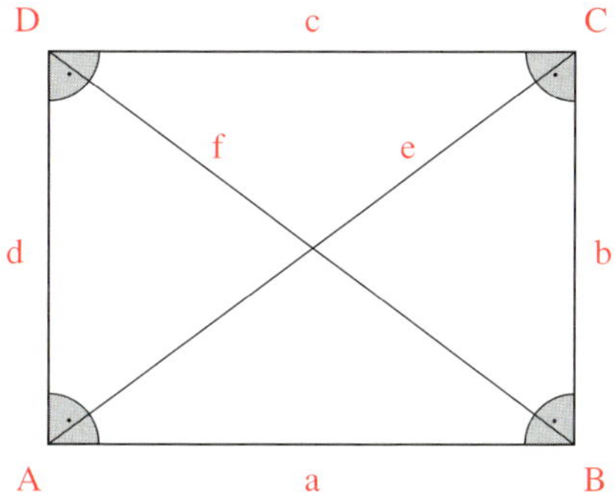

Wie in jedem Parallelogramm halbieren die Diagonalen einander. Aber schon vom bloßen Anschauen her kann man vermuten, dass sie außerdem gleich lang sind. Entsprechende Messungen in beliebigen Rechtecken erhärten diese Vermutung.

Problem: Untersuchen Sie, ob die Diagonalen eines Rechtecks gleich lang sind. Verwenden Sie dazu geeignet gewählte kongruente Dreiecke.

Man betrachtet im Rechteck ABCD die Dreiecke $\triangle ABC$ und $\triangle CDB$. Von ihnen weiß man: $|\overline{AB}| = |\overline{CD}|$ nach Voraussetzung,
$|\overline{BC}| = |\overline{BC}|$,
$|\sphericalangle ABC| = |\sphericalangle DCB|$
nach Voraussetzung.
Es gilt also: $\Delta ABC \cong \Delta CDB$ nach SWS.
Die Seiten $\overline{AC}$ und $\overline{BD}$ sind gleich liegende Stücke in diesen kongruenten Dreiecken, also gleich lang, was zu beweisen war.

Diagonalen im Rechteck

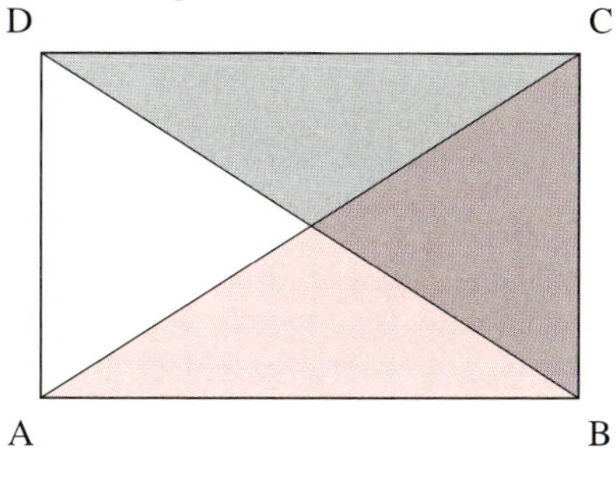

Merke:

Die Diagonalen eines Rechtecks sind gleich lang.

Auch die Umkehrung dieses Lehrsatzes ist wahr. Um sie zu bilden, wird zunächst die Wenn-dann-Form des Ausgangssatzes hergestellt:
Wenn ein Parallelogramm ein Rechteck ist, dann sind seine Diagonalen gleich lang.
Die Vertauschung der Behauptung – die Diagonalen sind gleich lang – mit einer der Voraussetzungen – es liegt ein Rechteck vor – ergibt die **Umkehrung**:

Merke:

Wenn in einem Parallelogramm die Diagonalen gleich lang sind, dann ist es ein Rechteck.

Der Beweis dieses Lehrsatzes kann an derselben Figur geführt werden wie der des Ausgangssatzes. Er soll hier nicht ausgeführt, sondern dem Leser überlassen werden. ► Übung zu 7.10, Aufgabe 1.

In der Praxis werden Diagonalen von Vierecken oft zur Versteifung von Holz- und Eisenkonstruktionen verwendet.

Gartentür: Durch die Diagonale wird ein seitliches Verschieben verhindert.

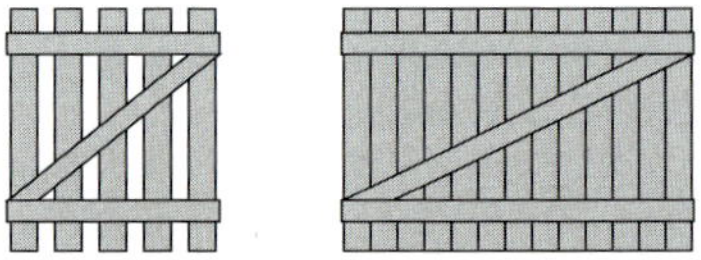

Brückenträger: Die Diagonalstäbe geben der Brücke die notwendige Steifheit.

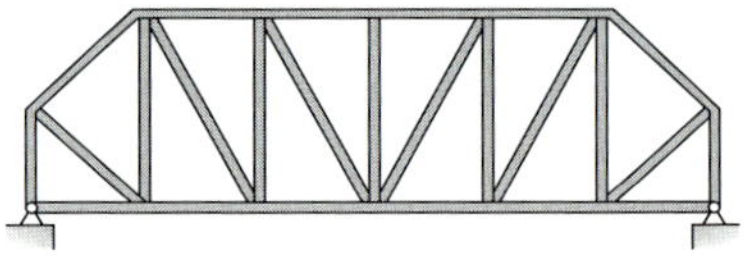

Drehkran: Auch hier geben die Diagonalstäbe dem Kran die notwendige Festigkeit.

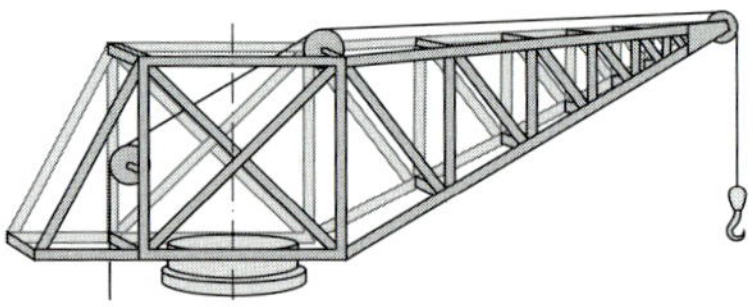

7.11 Konstruktion von Rechtecken

Das Rechteck ist ein spezielles Parallelogramm. Zu den Eigenschaften des Parallelogramms tritt beim Rechteck eine weitere hinzu. Das bedeutet, dass man zur Konstruktion eines Rechtecks ein Stück weniger braucht als zur Konstruktion eines Parallelogramms, also zwei Stücke.

Hat man im Rechteck ABCD durch die Diagonale e die Dreiecke △ABC und △ADC erzeugt, so braucht man, um △ABC zu konstruieren, nur zwei Angaben außer der bereits bekannten, dass ∢ABC ein rechter Winkel ist. Wenn man △ABC konstruiert hat, liegt der Punkt D fest: er liegt auf der Parallelen zu a durch C und der Parallelen zu b durch A, ist also deren Schnittpunkt.

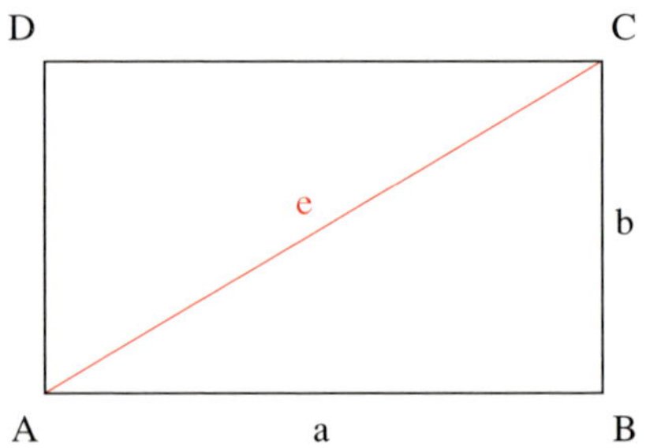

Beispiele:

1. Konstruieren Sie ein Rechteck ABCD mit 5 cm für $|a|$ und 2 cm für $|b|$.

Die Planfigur zeigt: Das Dreieck $\triangle ABC$ ist nach SWS eindeutig konstruierbar.
Was weiß man über den noch fehlenden Punkt D?

a) D liegt auf der Parallelen p_1 zu a durch C.
b) D liegt auf der Parallelen p_2 zu b durch A.
c) D ist der gemeinsame Punkt von p_1 und p_2.

Man konstruiert also zunächst $\triangle ABC$ und sodann die Parallelen p_1 und p_2 zu a bzw. b.

Planfigur

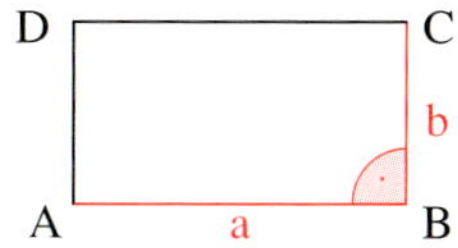

Konstruktion

Das Rechteck ABCD ist das verlangte, die Konstruktion ist eindeutig.

2. Konstruieren Sie ein Rechteck ABCD mit 6 cm für $|e|$ und 50° für die Größe des Winkels $\sphericalangle BMC$, wenn M den Schnittpunkt der Diagonalen bezeichnet.

Die Planfigur zeigt: M ist die Mitte sowohl von e als auch von f. Die Längen von e und f sind wegen $|e| = |f|$ gegeben. Da auch die Größe des Winkels zwischen den Diagonalen bekannt ist, kann die Figur der beiden Diagonalen gezeichnet werden.

Man zeichnet und halbiert $\overline{AC}$. Der Mittelpunkt heißt M. In M wird an e die Winkelgröße $|\sphericalangle BMC|$ von 50° angetragen. Auf dessen freiem Schenkel und seiner Verlängerung über M hinaus wird jeweils eine Strecke mit der halben Länge von f abgetragen. So erhält man die Punkte B und D.
Das Viereck ABCD ist das verlangte Rechteck, und es ist eindeutig konstruierbar.

Planfigur

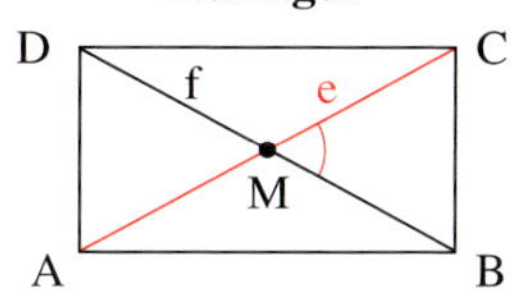

Konstruktion

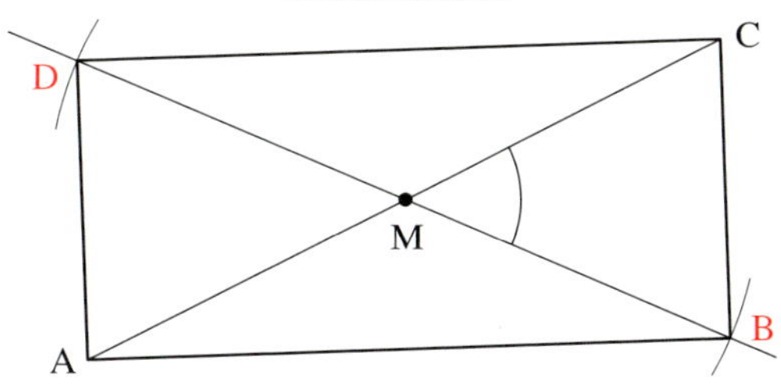

7.12 Das Quadrat und seine Eigenschaften

Das Quadrat ist ein spezieller Rhombus – es hat nicht nur vier gleich lange Seiten, sondern auch vier gleich große Innenwinkel von je 90°. Das Quadrat ist auch ein spezielles Rechteck – es hat nicht nur 4 gleich große Innenwinkel, sondern auch parallele und gleich lange Gegenseiten.

Das Quadrat

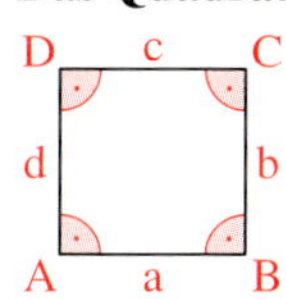

► $|a| = |b| = |c| = |d|$

Da Rhombus und Rechteck spezielle Parallelogramme sind, ist also auch das Quadrat ein Parallelogramm mit vier gleich langen Seiten und vier gleich großen, nämlich rechten Winkeln. Es hat alle Eigenschaften, die für Parallelogramme, Rhomben und Rechtecke bereits erörtert wurden.

Merke:

Die Diagonalen eines Quadrats ABCD
- halbieren einander,
- stehen senkrecht aufeinander,
- halbieren die Innenwinkel,
- sind gleich lang.

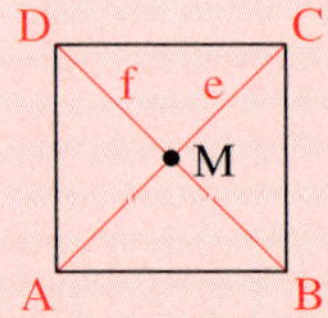

► $|\overline{AM}| = |\overline{MC}|$; $|\overline{BM}| = |\overline{MD}|$; $e \perp f$; $e = f$;
$|\sphericalangle ABM| = |\sphericalangle CBM|$; $|\sphericalangle BCM| = |\sphericalangle DCM|$;
$|\sphericalangle CDM| = |\sphericalangle ADM|$; $|\sphericalangle DAM| = |\sphericalangle BAM|$.

7.13 Konstruktion von Quadraten

Zur Konstruktion eines Rhombus benötigt man zwei Bestimmungsstücke. Das Quadrat ist ein spezieller Rhombus, seine Definition enthält gegenüber der des Rhombus eine Bedingung mehr. Zu seiner Konstruktion benötigt man also nur **ein Stück**.
Kennt man z. B. die Länge einer Seite eines Quadrats, so kann man es konstruieren. Ein Quadrat ist durch eine Angabe über die Länge einer Seite oder einer Diagonale eindeutig bestimmt.

Beispiele:

1. Konstruieren Sie ein Quadrat ABCD mit 2 cm für *a*.

Man kann dieses Quadrat auf unterschiedliche Weise konstruieren, z. B. so:
Man zeichnet $\overline{AB}$. In A und B errichtet man auf $\overline{AB}$ jeweils die Senkrechte. Auf diesen trägt man von A und B aus die Länge von a ab und erhält so die Punkte D und C. Man verbindet C mit D. Das Quadrat ABCD ist das verlangte.

Konstruktion

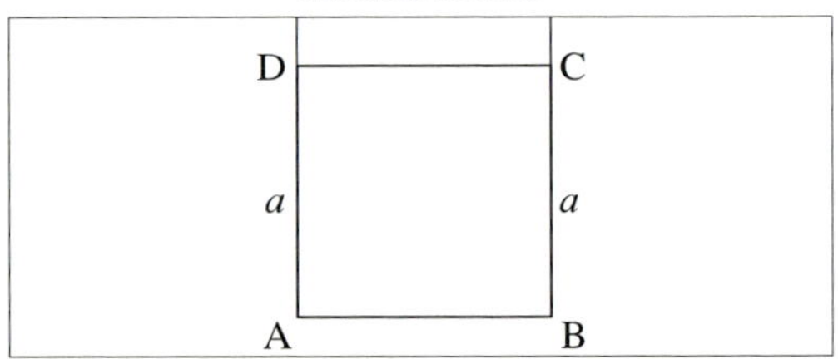

2. Konstruieren Sie ein Quadrat ABCD mit 5 cm für *e*.

Die Diagonalen eines Quadrats stehen senkrecht aufeinander und halbieren einander. Deshalb wird man zunächst e zeichnen, sodann die Mittelsenkrechte dieser Diagonalen konstruieren, auf welcher man von ihrer Mitte aus nach beiden Seiten von e die halbe Länge von e abträgt. Man erhält so die Punkte B und D. Das Quadrat ABCD ist das verlangte.

Konstruktion

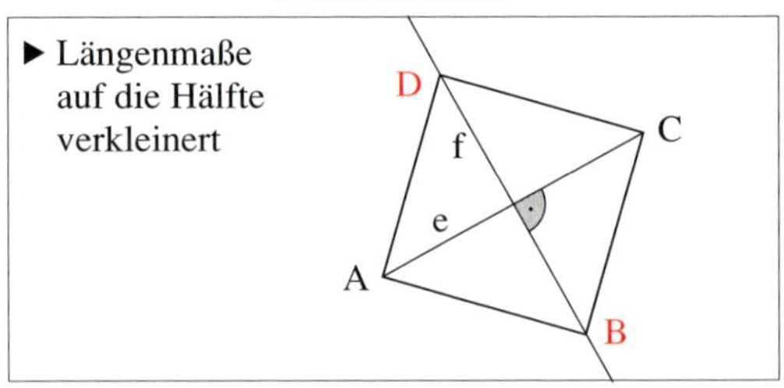

Bisher wurde bei der Betrachtung der Vierecke danach gefragt, ob und wenn ja wie viele Paare **paralleler Gegenseiten** vorhanden waren. Das führte zu den speziellen Vierecken:

Ein **Trapez** hat 1 Paar paralleler Gegenseiten.
Ein **Parallelogramm** hat 2 Paar paralleler Gegenseiten, ist also ein **spezielles Trapez**, denn es hat ja das für ein Trapez geforderte eine Paar paralleler Gegenseiten.

Ein **Rhombus** hat 2 Paar paralleler Gegenseiten, und alle Seiten sind gleich lang. Ein Rhombus ist also ein **spezielles Parallelogramm**, dessen Eigenart darin besteht, dass alle vier Seiten gleich lang sind.
Ein **Rechteck** hat 2 Paar paralleler Gegenseiten, und alle Innenwinkel sind gleich groß, nämlich 90° oder rechte Winkel. Ein Rechteck ist also ein **spezielles Parallelogramm**, dessen Eigenart darin besteht, dass alle vier Innenwinkel rechte Winkel sind.
Ein **Quadrat** hat 2 Paar paralleler Gegenseiten, und alle Seiten sind gleich lang und alle Winkel sind gleich groß, nämlich rechte Winkel. Ein Quadrat ist also ein **spezieller Rhombus** und ein **spezielles Rechteck**, damit auch ein **spezielles Parallelogramm**.

Die nebenstehende Zeichnung veranschaulicht die geschilderten Beziehungen zwischen den bisher untersuchten Vierecken. Sie weist aus, dass nicht alle Vierecke Trapeze sind, nicht alle Trapeze Parallelogramme und nicht alle Parallelogramme Rhomben oder Rechtecke sowie nicht alle Rhomben oder Rechtecke Quadrate sind.

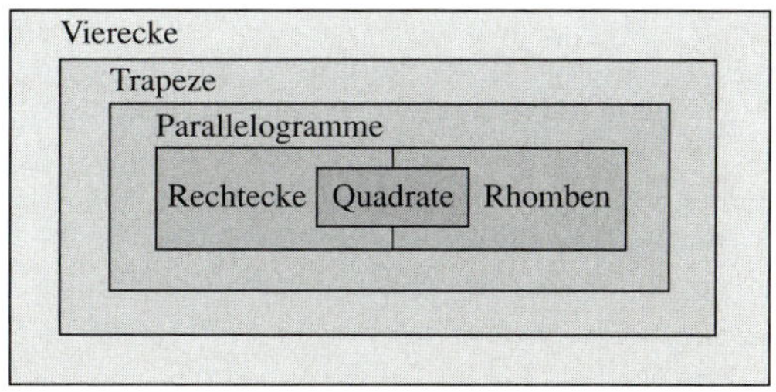

Unterscheidet man Vierecke nicht nach der Beschaffenheit der Gegenseiten, sondern fragt nach den Gemeinsamkeiten der in einer Ecke zusammenstoßenden, also der **Nachbarseiten**, so erhält man einen anderen Typ der Vierecke.

7.14 Das Drachenviereck und seine Eigenschaften

Vergleicht man in Vierecken die Länge der Nachbarseiten, so unterscheidet man folgende Fälle:

- Das Viereck hat genau zwei Paar benachbarter gleich langer Seiten.

Dieses Viereck heißt **Drachenviereck**, es erinnert an das bekannte Kinderspielzeug.
Im Drachenviereck ABCD mit $|\overline{AB}| = |\overline{BC}|$ und $|\overline{AD}| = |\overline{CD}|$ gibt es immer eine Diagonale (in nebenstehender Zeichnung $\overline{AC}$), welche es in zwei gleichschenklige Dreiecke einteilt. Die andere Diagonale (in der Zeichnung $\overline{DB}$) ist in diesen beiden Dreiecken eine Höhe, steht also senkrecht auf der ersten Diagonale und halbiert diese.

Drachenviereck

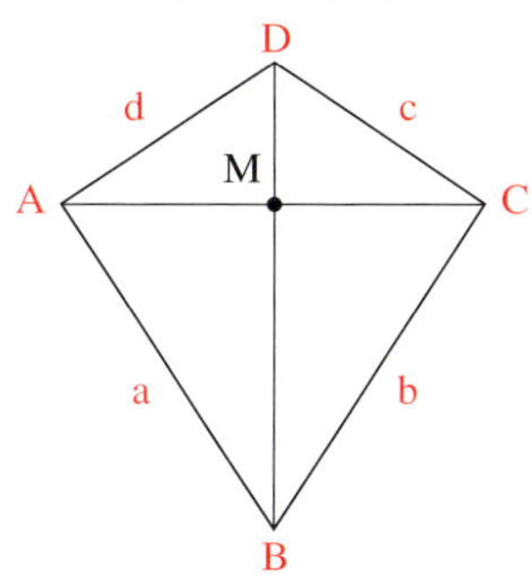

► $|\overline{AB}| = |\overline{BC}|$, $|\overline{AD}| = |\overline{DC}|$

$\triangle ABC$, $\triangle ADC$ gleichschenklig

$\overline{AC} \perp \overline{DB}$; $|\overline{AM}| = |\overline{MC}|$

Betrachtet man die Teildreiecke △ABD und △BCD, so stellt man fest:
$|\overline{AB}| = |\overline{BC}|$ nach Voraussetzung,
$|\overline{AD}| = |\overline{DC}|$ nach Voraussetzung,
$|\overline{BD}| = |\overline{BD}|$.
Die Dreiecke sind also nach SSS kongruent: △ABD ≅ △BCD.

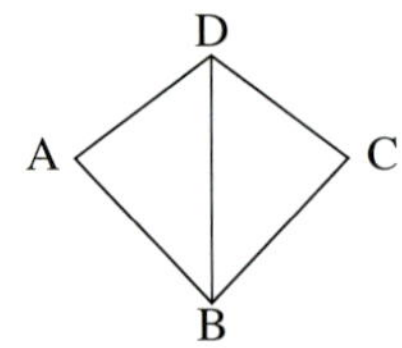

► △ABD ≅ △BCD

Merke:

- Im Drachenviereck stehen die Diagonalen senkrecht aufeinander.
- Die Diagonalen zerlegen das Drachenviereck in zwei gleichschenklige und zwei kongruente Teildreiecke.
- Diejenige Diagonale, die Basis der gleichschenkligen Teildreiecke ist, wird von der anderen Diagonale halbiert.

- Das Viereck hat vier Paar benachbarter gleich langer Seiten. Dieses Drachenviereck ist ein Rhombus.
  Ein Rhombus ist also nicht nur ein spezielles Parallelogramm, sondern auch ein spezielles Drachenviereck.
  Seine Eigenschaften wurden bereits beschrieben.

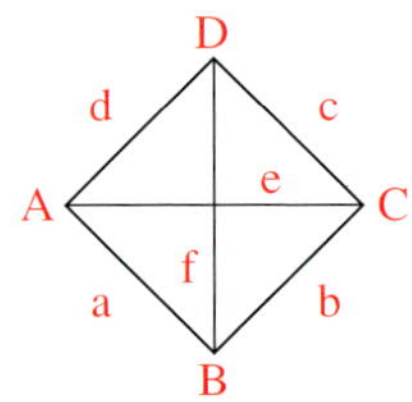

► $|a| = |b| = |c| = |d|$

7.15 Konstruktion von Drachenvierecken

Zur Konstruktion eines der beschriebenen Drachenvierecke benötigt man drei Stücke, wie man erkennt, wenn man das Drachenviereck wieder in zwei Teildreiecke zerlegt denkt. Dabei ist es gleichgültig, welche Diagonale man benutzt.
In der nebenstehenden Zeichnung erzeugt die Diagonale f die kongruenten Dreiecke △ABD und △CBD. Zur Konstruktion des einen Dreiecks braucht man 3 Stücke, mit diesem Dreieck ist aber das andere, weil kongruent, bereits mit bestimmt.

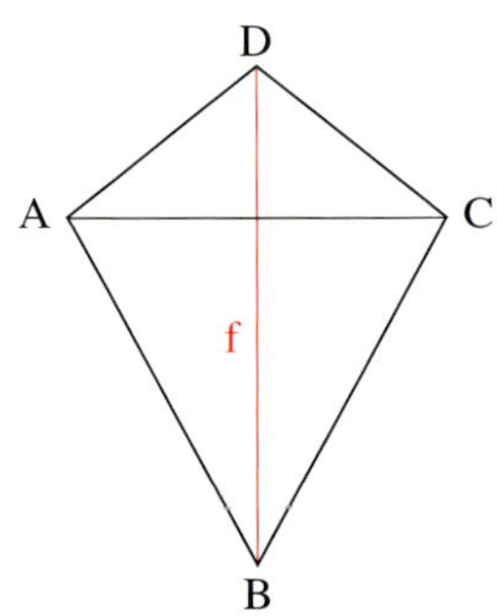

► △ABD ≅ △CBD

Beispiele:

1. Konstruieren Sie ein Drachenviereck ABCD mit 4 cm für $|a|$, 2 cm für $|d|$ und 3 cm für $|e|$.

Die Planfigur zeigt: Das Teildreieck △ABC ist nach SSS eindeutig konstruierbar.
Was weiß man über den Punkt D?

Planfigur

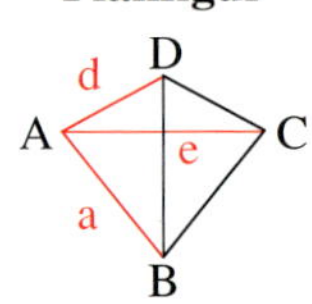

a) D liegt auf dem Bogen des Kreises K_A um A mit dem Radius $r = 2$ cm, der auf der anderen Seite von e liegt als B.
b) D liegt auf dem entsprechenden Bogen des Kreises K_C um C mit demselben Radius $r = 2$ cm.
c) D ist also der gemeinsame Punkt von K_A und K_C.
Nach der Konstruktion von $\triangle$ABC zeichnet man die entsprechenden Bögen der Kreise K_A und K_C und erhält D.
Das Viereck ABCD ist das verlangte, die Konstruktion ist eindeutig.

Konstruktion

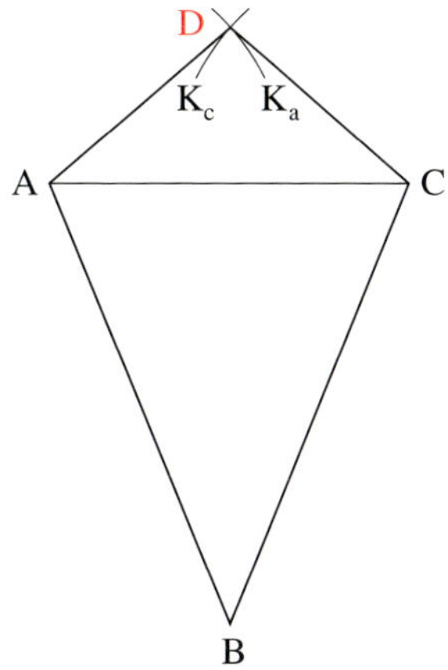

2. Konstruieren Sie ein Drachenviereck ABCD mit 4 cm für |e|, 5 cm für |f| und 3 cm für |d|.

Die Planfigur zeigt: Das Dreieck $\triangle$ACD ist nach SSS eindeutig konstruierbar.
Was weiß man über den Punkt B?

Planfigur

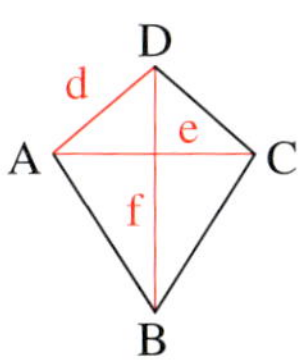

a) B liegt auf der Diagonalen f, der Mittelsenkrechten zu e.
b) B liegt von D 6 cm entfernt, d. h. auf dem Kreis K um D mit $r = 6$ cm.
c) B ist also der gemeinsame Punkt der Mittelsenkrechten zu e und des Kreises K.
Nach der Konstruktion von $\triangle$ACD konstruiert man die Mittelsenkrechte zu e und zeichnet den Kreis K um D. Der Schnittpunkt der Mittelsenkrechten mit K ist B.
Das Viereck ABCD ist das verlangte Drachenviereck. Die Konstruktion ist eindeutig.

Konstruktion

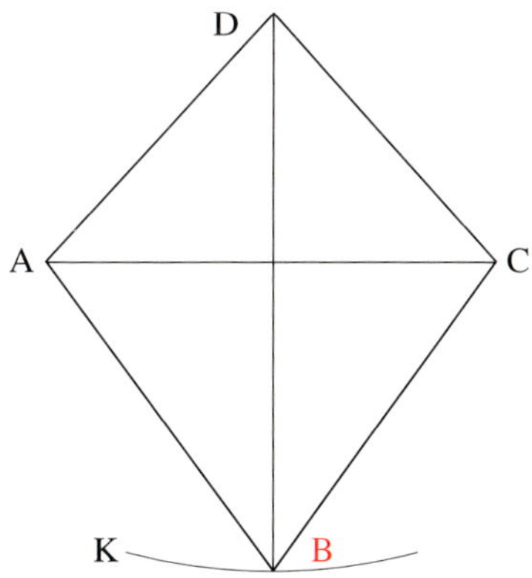

3. Konstruieren Sie ein Drachenviereck ABCD mit 3 cm für |a|, 2 cm für |d| und 110° für α.

Die Planfigur zeigt: Das Dreieck $\triangle$ABD ist nach SWS eindeutig konstruierbar.
Was weiß man über den Punkt C?

Planfigur

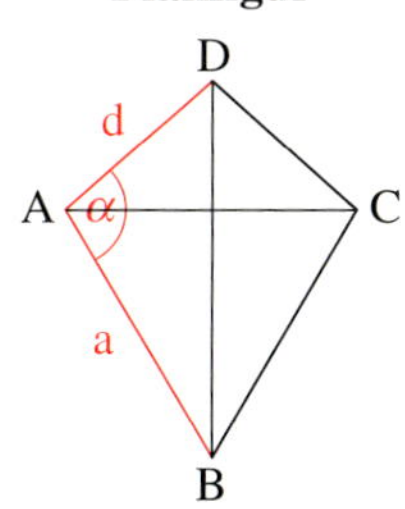

a) C liegt auf dem Bogen des Kreises K_B um B mit dem Radius $r = 3$ cm, der auf der anderen Seite von e als A liegt.
b) C liegt auf dem entsprechenden Bogen des Kreises K_D um D mit dem Radius $r = 2$ cm.
c) C ist also der gemeinsame Punkt von K_B und K_D.
Nach der Konstruktion des Dreiecks $\triangle ABD$ zeichnet man die Kreisbögen von K_B und K_D. Man erhält C. Das Viereck ABCD ist das verlangte Drachenviereck. Die Konstruktion ist eindeutig.

Konstruktion

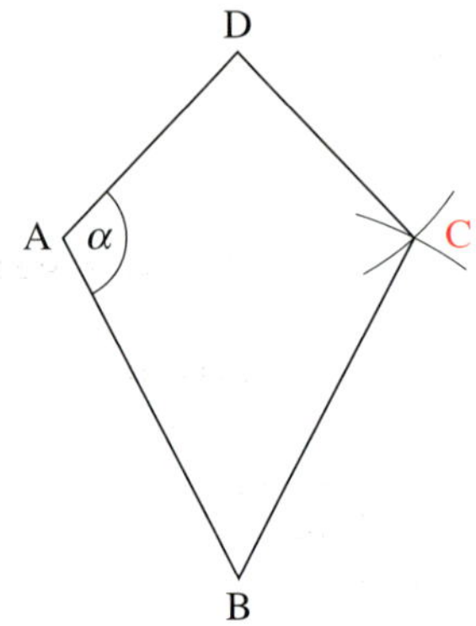

Die Beziehungen, gewissermaßen die Verwandtschaften zwischen den verschiedenen Vierecksformen lassen sich nach dem Voranstehenden in unterschiedlicher Weise veranschaulichen.

Das folgende **Schema** ordnet die Vierecksformen nach der Anzahl der zu ihrer Konstruktion notwendigen Stücke.

<table>
<tr><td>5 Bestimmungs-stücke</td><td colspan="6">Allgemeines Viereck
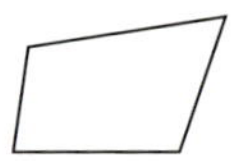</td></tr>
<tr><td>4 Bestimmungs-stücke</td><td colspan="6">Trapez
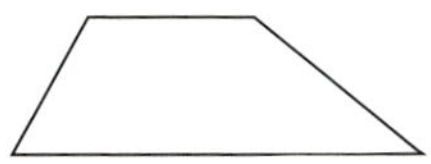</td></tr>
<tr><td>3 Bestimmungs-stücke</td><td colspan="2">Drachenviereck
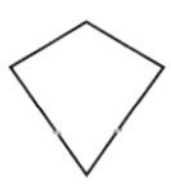</td><td colspan="2">Parallelogramm
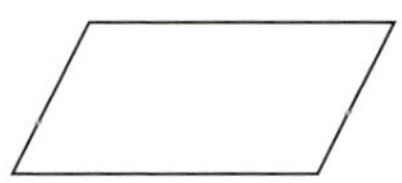</td><td colspan="2">gleichschenkliges Trapez
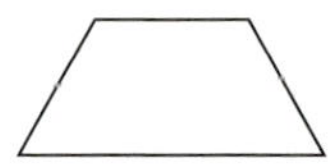</td></tr>
<tr><td>2 Bestimmungs-stücke</td><td colspan="3">Rhombus
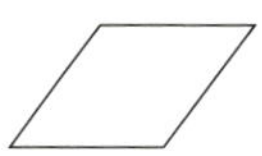</td><td colspan="3">Rechteck
</td></tr>
<tr><td>1 Bestimmungs-stück</td><td colspan="6">Quadrat
</td></tr>
</table>

Das folgende Schema zeigt die durch die Erklärung und die Eigenschaften der Vierecke bestimmte Verwandschaft.

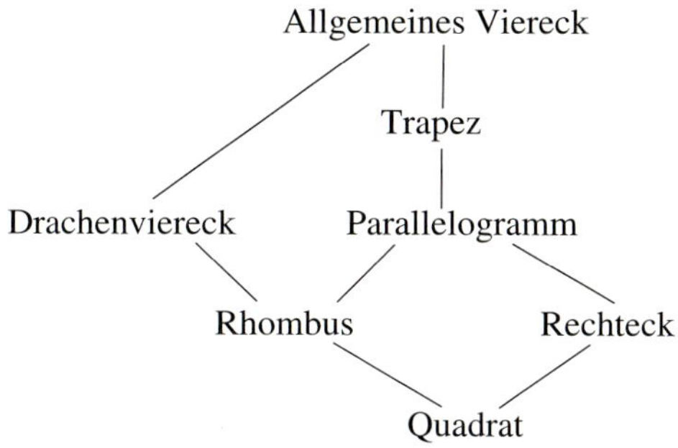

Übungen zu 7

7.3 Allgemeine Vierecke

Konstruieren Sie ein Viereck aus:

1.	$a = 6$ cm	$b = 3$ cm	$c = 5{,}5$ cm	$d = 5$ cm	$e = 6{,}5$ cm
2.	$a = 6{,}8$ cm	$b = 3{,}3$ cm	$d = 8$ cm	$e = 9$ cm	$f = 7{,}2$ cm
3.	$a = 6$ cm	$c = 6{,}8$ cm	$f = 7{,}5$ cm	$\alpha = 126°$	$\beta = 60°$
4.	$a = 5$ cm	$d = 6$ cm	$e = 6{,}4$ cm	$f = 7{,}7$ cm	$\delta = 77°$
5.	$a = 4{,}8$ cm	$e = 5{,}3$ cm	$f = 6{,}4$ cm	$\alpha = 122°$	$\beta = 40°$
6.	$b = 4{,}6$ cm	$c = 5{,}5$ cm	$\alpha = 70°$	$\beta = 125°$	$\delta = 95°$
7.	$c = 6{,}3$ cm	$e = 8{,}8$ cm	$f = 4{,}6$ cm	$\alpha = 60°$	$\delta = 110°$

8. Von einem Bergsee soll eine Rohrleitung zu einem Kraftwerk gelegt werden. Es werden folgende Strecken und Winkel gemessen:

$|\overline{AD}| = 250$ m, $\alpha = 42°$
$|\overline{DC}| = 350$ m, $\beta = 30°$
$|\overline{CB}| = 120$ m, $\gamma = 59°$
Bestimmen Sie die Länge und das Gefälle der Rohrleitung.

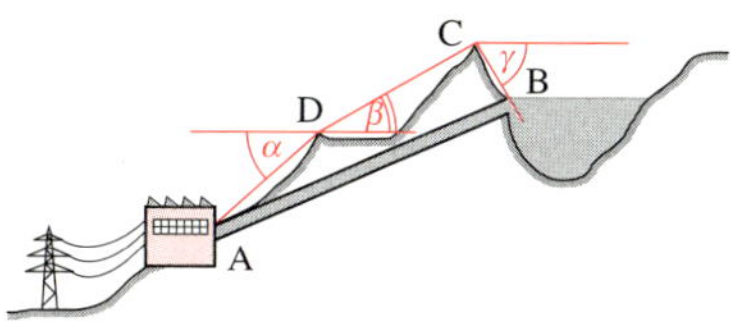

9. Von der Sohle eines 380 m tiefen Schachtes soll ein Stollen zur Sohle eines 350 m tiefen Schachtes vorgetrieben werden. Bestimmen Sie die Länge und die Steigung des Stollens, wenn die Mündungen beider Schächte 630 m voneinander entfernt sind und auf gleicher Höhe liegen.

7.4 Trapeze

Konstruieren Sie ein Trapez aus:

1.	$a = 7$ cm	$b = 5$ cm	$e = 3{,}5$ cm	$\alpha = 70°$
2.	$a = 6{,}5$ cm	$b = 4{,}5$ cm	$c = 3$ cm	$e = 3{,}8$ cm
3.	$a = 6$ cm	$b = 3{,}5$ cm	$d = 3$ cm	$h = 2{,}5$ cm
4.	$a = 6{,}8$ cm	$b = 4{,}6$ cm	$f = 6{,}5$ cm	$\alpha = 70°$
5.	$a = 3{,}8$ cm	$c = 4{,}8$ cm	$f = 5{,}3$ cm	$\beta = 115°$
6.	$a = 6{,}5$ cm	$c = 3{,}7$ cm	$e = 4{,}5$ cm	$f = 7$ cm
7.	$a = 7{,}3$ cm	$b = 5{,}6$ cm	$c = 3{,}5$ cm	$d = 4{,}6$ cm
8.	$a = 7$ cm	$b = 4{,}6$ cm	$d = 3{,}6$ cm	$m = 6$ cm
9.	$a = 4{,}2$ cm	$b = 3{,}6$ cm	$m = 6{,}5$ cm	$\beta = 75°$
10.	$c = 4$ cm	$m = 4{,}5$ cm	$\gamma = 130°$	$\delta = 100°$

Konstruieren Sie ein gleichschenkliges Trapez aus:

11.	$a = 6{,}5\,\text{cm}$	$d = 3\ \ \text{cm}$	$\beta = 65°$
12.	$a = 7\ \ \text{cm}$	$b = 4{,}5\,\text{cm}$	$f = 5{,}5\,\text{cm}$
13.	$a = 6{,}2\,\text{cm}$	$m = 4{,}2\,\text{cm}$	$\alpha = 85°$
14.	$a = 5{,}6\,\text{cm}$	$c = 3{,}6\,\text{cm}$	$d = 4\ \ \text{cm}$
15.	$a = 4{,}4\,\text{cm}$	$f = 7{,}5\,\text{cm}$	$m = 6{,}2\,\text{cm}$

7.6 Parallelogramme

Konstruieren Sie ein Parallelogramm aus:

1.	$a = 6{,}8\,\text{cm}$	$d = 3{,}7\,\text{cm}$	$\alpha = 83°$
2.	$a = 6{,}3\,\text{cm}$	$b = 4{,}2\,\text{cm}$	$f = 7{,}5\,\text{cm}$
3.	$a = 7\ \ \text{cm}$	$h = 4{,}5\,\text{cm}$	$e = 8\ \ \text{cm}$
4.	$a = 6{,}2\,\text{cm}$	$b = 3{,}9\,\text{cm}$	$\delta = 75°$
5.	$a = 6{,}5\,\text{cm}$	$f = 9\ \ \text{cm}$	$\delta = 110°$
6.	$b = 4{,}2\,\text{cm}$	$e = 6\ \ \text{cm}$	$f = 7\ \ \text{cm}$
7.	$a = 5{,}5\,\text{cm}$	$d = 4\ \ \text{cm}$	$f = 4{,}5\,\text{cm}$
8.	$a = 7\ \ \text{cm}$	$h = 3{,}5\,\text{cm}$	$\gamma = 40°$
9.	$c = 6{,}5\,\text{cm}$	$f = 5{,}6\,\text{cm}$	$\sphericalangle(\text{e, f}) = 140°$
10.	$d = 4\ \ \text{cm}$	$e = 6{,}6\,\text{cm}$	$\sphericalangle(\text{e, f}) = 105°$
11.	$h_a = 4\ \ \text{cm}$	$h_b = 3{,}2\,\text{cm}$	$\alpha = 70°$

7.8 Rhomben

Konstruieren Sie einen Rhombus aus:

1.	$b = 4{,}2\,\text{cm}$	$\beta = 110°$
2.	$a = 5\ \ \text{cm}$	$f = 4{,}5\,\text{cm}$
3.	$c = 6\ \ \text{cm}$	$f = 5\ \ \text{cm}$
4.	$f = 5{,}5\,\text{cm}$	$\alpha = 75°$
5.	$e = 6\ \ \text{cm}$	$\delta = 60°$
6.	$h_a = 3\ \ \text{cm}$	$\beta = 115°$

7.10 Rechtecke

1. Beweisen Sie: Wenn in einem Parallelogramm die Diagonalen gleich lang sind, dann ist es ein Rechteck.

Konstruieren Sie ein Rechteck aus:

2.	$a = 5{,}3\,\text{cm}$	$d = 4{,}2\,\text{cm}$
3.	$c = 6\ \ \text{cm}$	$f = 6{,}8\,\text{cm}$
4.	$e = 6{,}5\,\text{cm}$	$b = 4\ \ \text{cm}$
5.	$f = 7\ \ \text{cm}$	$\sphericalangle(\text{e, f}) = 110°$
6.	$e = 6{,}6\,\text{cm}$	$\sphericalangle(\text{e, f}) = 140°$

7.12 Quadrat

Konstruieren Sie ein Quadrat aus:

1. $a = 5\,\text{cm}$
2. $f = 6\,\text{cm}$

7.14 Drachenviereck

Konstruieren Sie ein Drachenviereck aus:

1.	$b = 6\,\text{cm}$	$d = 4\,\text{cm}$	$f = 7\,\text{cm}$
2.	$a = 5\,\text{cm}$	$e = 6\,\text{cm}$	$f = 7\,\text{cm}$

7.15 Konstruktionsbeschreibungen

1. Beschreiben Sie die Reihenfolge der Konstruktionsschritte, wenn von einem allgemeinen Viereck die folgenden Stücke bekannt sind:

a) $a, b, \alpha, \beta, \gamma$ **b)** $a, e, \alpha, \beta, \delta$ **c)** a, b, c, d, α **d)** $a, b, e, \beta, \sphericalangle \mathrm{AMB}, \mathrm{M} = \mathrm{e} \cap \mathrm{f}$

Gibt es immer genau eine Lösung?

2. Beschreiben Sie die Reihenfolge der Konstruktionsschritte, wenn von einem Trapez die folgenden Stücke bekannt sind:

a) c, m, γ, δ **b)** a, c, α, β

Gibt es immer genau eine Lösung?

3. Warum kann aus den Stücken a, b, β, γ nicht eindeutig ein Trapez konstruiert werden?

4. Beschreiben Sie die Reihenfolge der Konstruktionsschritte, wenn von einem Parallelogramm die folgenden Stücke bekannt sind:

a) a, b, h_a **b)** $a, \frac{e}{2}, \frac{f}{2}$

Gibt es immer genau eine Lösung?

5. Warum kann aus den Stücken a, b, c nicht eindeutig ein Parallelogramm konstruiert werden?

6. Beschreiben Sie die Reihenfolge der Konstruktionsschritte, wenn von einem Rhombus die folgenden Stücke bekannt sind:

a) e, f **b)** h_a, α

Wiederholungsfragen zu 7

1. Nennen Sie die verschiedenen Vierecksarten und die sie definierenden Eigenschaften.

2. Aus wie viel Stücken sind die verschiedenen Vierecke eindeutig konstruierbar?

3. Nennen Sie die Lehrsätze über das Trapez, das gleichschenklige Trapez, das Parallelogramm, das Rechteck, den Rhombus und das Quadrat.

4. Veranschaulichen Sie die Verwandtschaft von Parallelogramm, Rechteck, Rhombus und Quadrat durch eine Grafik.

5. Warum gelten die Lehrsätze über das Parallelogramm auch für das Rechteck, den Rhombus und das Quadrat?

6. Warum sind alle Parallelogramme auch Trapeze?

7. Was versteht man unter einem n-Eck?

8 Axialsymmetrische ebene Figuren

8.1 Begriffe und Beispiele

Im beliebigen Drachenviereck ABCD sollen die Teildreiecke △ACD und △ACB gleichschenklig sein. ► Nebenstehende Zeichnung
Dann sind die Dreiecke △ABD und △CBD, die durch die Diagonale $\overline{BD}$ entstehen, kongruent. ► Abschnitt 7.14
Würde man das Drachenviereck ABCD entlang der Diagonale $\overline{BD}$ falten, so würden die beiden Dreiecke △ABD und △CBD genau aufeinander fallen.

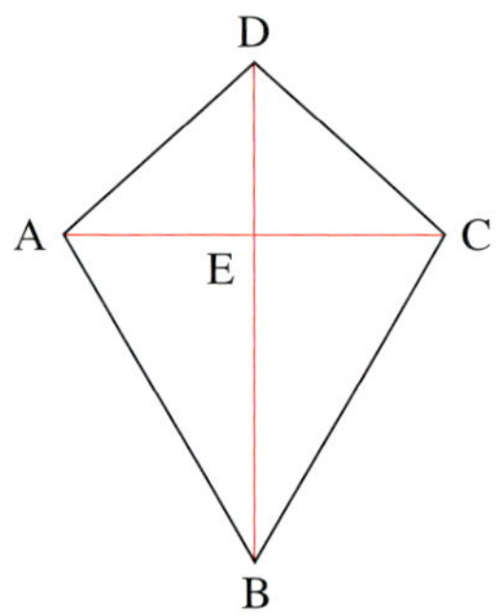

Das ist nicht nur anschaulich klar, sondern es folgt auch aus den Eigenschaften des Drachenvierecks. Da die Winkel ∢AED und ∢CED gleich groß und jeweils 90° sind und da außerdem $|\overline{AE}| = |\overline{CE}|$ gilt, muss bei dem beschriebenen Faltvorgang C auf A (oder A auf C) fallen. $\overline{BD}$ und damit B und D sind vom Faltvorgang nicht erfasst und bleiben fest.

Nicht für jede Figur gibt es eine Gerade so, dass die durch sie erzeugten Teilfiguren aufeinander fallen, wenn man die Figur entlang dieser Geraden faltet. Deshalb haben Figuren, für die es eine solche Gerade gibt, einen besonderen Namen: Sie heißen **axialsymmetrische Figuren**. Man nennt sie kurz: **axialsymmetrisch** oder **symmetrisch bezüglich einer Geraden**. Die betreffende Gerade heißt **Symmetrieachse**. Solche Figuren werden auch als **spiegelgleich** (bezüglich einer Geraden) bezeichnet. Denn wenn man auf ihre Symmetrieachse einen Spiegel stellt, fällt das Spiegelbild der einen Teilfigur mit der anderen Teilfigur zusammen.
Die Punkte einer axialsymmetrischen Figur, die beim Falten entlang der Symmetrieachse aufeinander fallen, heißen **einander entsprechende Punkte**.
Im obigen Beispiel des Drachenvierecks sind das z. B. die Punkte A und C, denn C fällt beim Falten entlang $\overline{BD}$ auf A und umgekehrt. Der Punkt B bleibt beim Falten fest. Man sagt: Er entspricht sich selbst. Gleiches gilt für den Punkt D. Das Beispiel Drachenviereck zeigt eine wichtige Eigenschaft der Verbindungsstrecke einander entsprechender Punkte. Es gilt dort: $\overline{AC} \perp \overline{BD}$ und $|\overline{AE}| = |\overline{EC}|$. Diese Eigenschaften gelten aber ganz allgemein für die Verbindungsstrecken entsprechender Punkte in axialsymmetrischen Figuren.

Merke:

Sind A und A′ einander entsprechende Punkte bei axialer Symmetrie und ist g die Symmetrieachse der Figur, so gilt:

- $\overline{AA'} \perp g$,
- g halbiert $\overline{AA'}$.

Beispiele für axialsymmetrische Figuren:

1. Die Mittelsenkrechte zur Basis eines gleichschenkligen Dreiecks ist gleichzeitig eine Symmetrieachse des Dreiecks.
   ► Abschnitt 3.5

Gleichschenkliges Dreieck

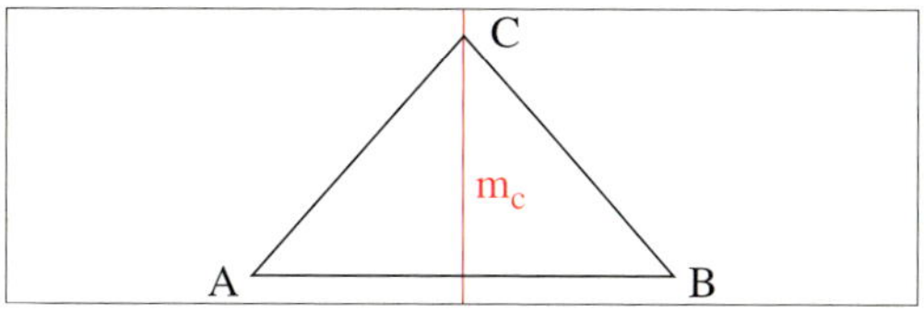

2. Die Mittelsenkrechte einer beliebigen Strecke $\overline{AB}$ ist Symmetrieachse der Strecke.
   ► Kapitel 5

Mittelsenkrechte einer Strecke

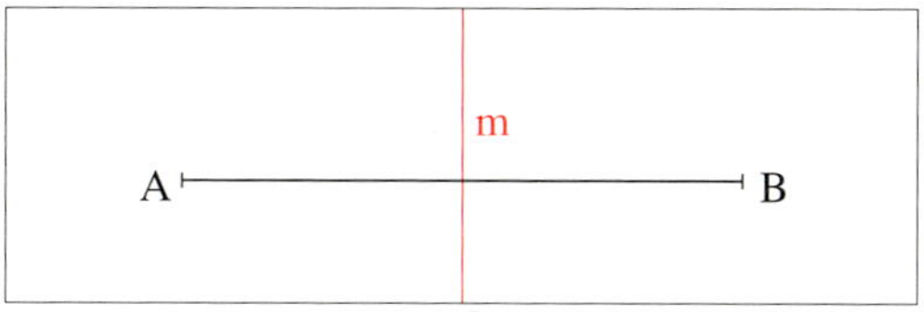

3. Die Mittellinie zu den Schenkeln eines gleichschenkligen Trapezes ist eine Symmetrieachse des Trapezes.
   ► Abschnitt 7.4

Mittellinie im gleichschenkligen Trapez

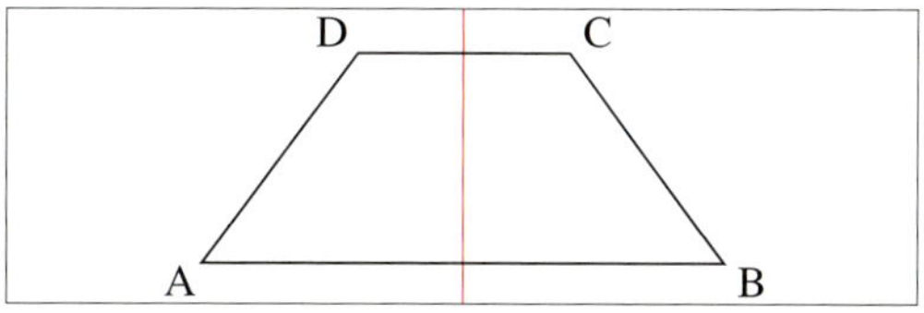

Es gibt aber auch Figuren, die **mehrere Symmetrieachsen** aufweisen. Im Kapitel 7 sind unter den dort diskutierten Vierecksformen Beispiele dafür enthalten.

1. Beide Mittellinien im Rechteck sind Symmetrieachsen des Rechtecks.

Mittellinien im Rechteck

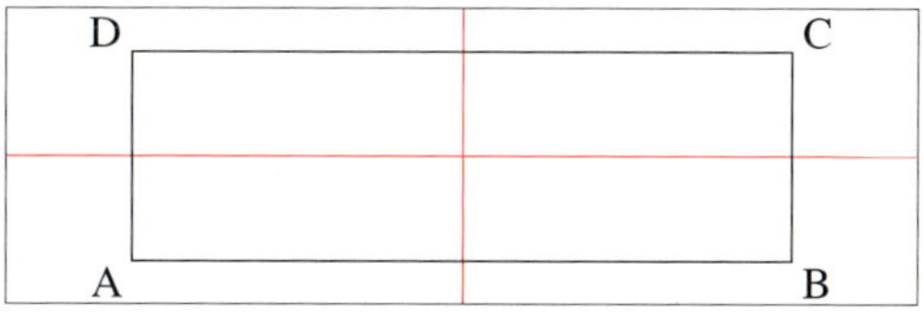

2. Beide Diagonalen des Rhombus sind Symmetrieachsen des Rhombus.

Diagonalen des Rhombus

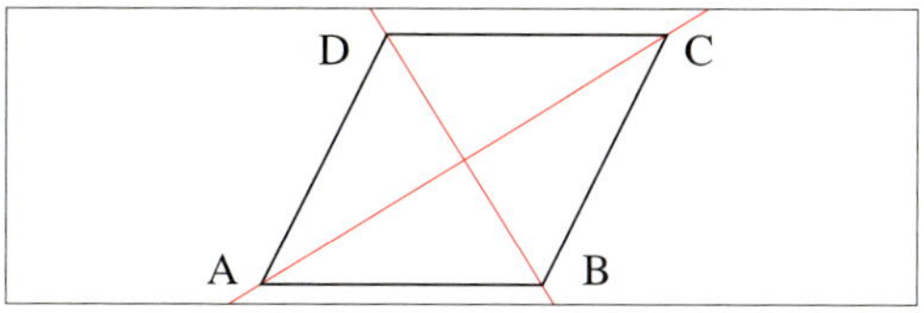

3. Sowohl die Mittellinien als auch die Diagonalen des Quadrats sind Symmetrieachsen des Quadrats.

Symmetrieachsen des Quadrats

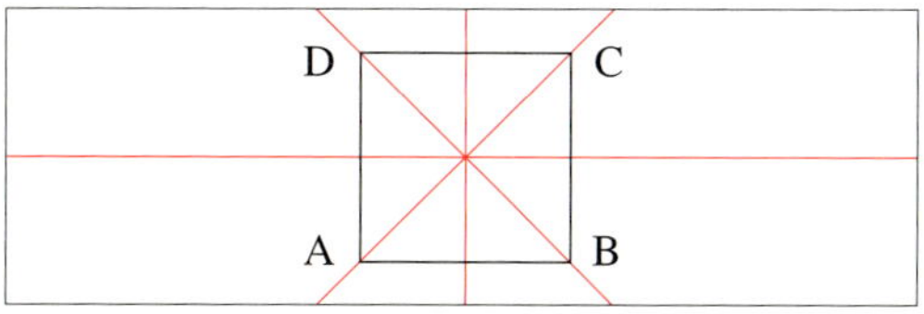

4. Noch mehr Symmetrieachsen weist z. B. das regelmäßige 6-Eck, dessen Seiten alle gleich lang sind, auf. In der nebenstehenden Zeichnung sind 6 zu erkennen.

Symmetrieachsen des regelmäßigen 6-Ecks

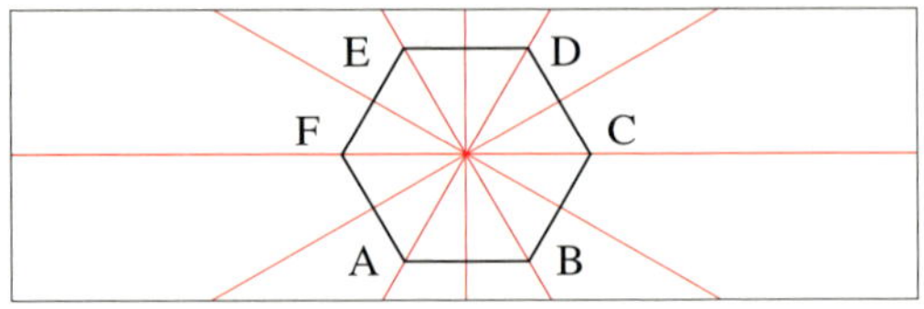

Aber auch eine Figur aus zwei getrennt liegenden Teilfiguren, die beim Falten entlang einer Geraden genau aufeinander fallen, wird als axialsymmetrische Figur bezeichnet.

Auch in diesem Falle gilt, dass die Verbindungsstrecke zweier einander entsprechender Punkte senkrecht auf der Symmetrieachse steht und von dieser halbiert wird.

Symmetrie getrennt liegender Figuren

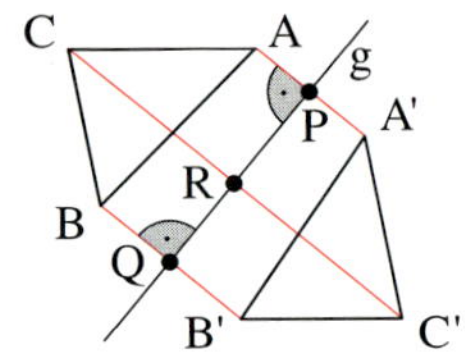

$\overline{AA'} \perp g$; $\overline{BB'} \perp g$; $\overline{CC'} \perp g$.

$|\overline{AP}| = |\overline{PA'}|$; $|\overline{BQ}| = |\overline{QB'}|$; $|\overline{CR}| = |\overline{RC'}|$.

8.2 Eine weitere Einteilung der Vierecke

Die Anzahl und die Lage der in verschiedenen Vierecken vorhandenen Symmetrieachsen können ähnlich wie die Anzahl der zu ihrer Konstruktion notwendigen Stücke oder die aus den Definitionen fließenden Eigenschaften zur Beschreibung der Verwandtschaft von Vierecken genutzt werden.

Es existieren Vierecke, die **eine** Symmetrieachse haben – das Drachenviereck und das gleichschenklige Trapez –

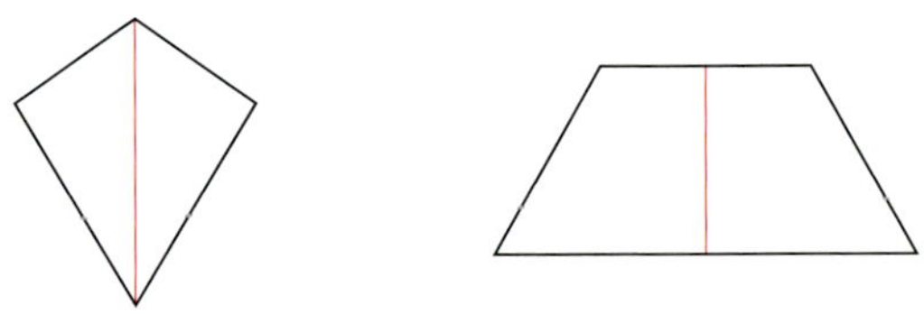

oder **zwei** Symmetrieachsen – der Rhombus und das Rechteck –

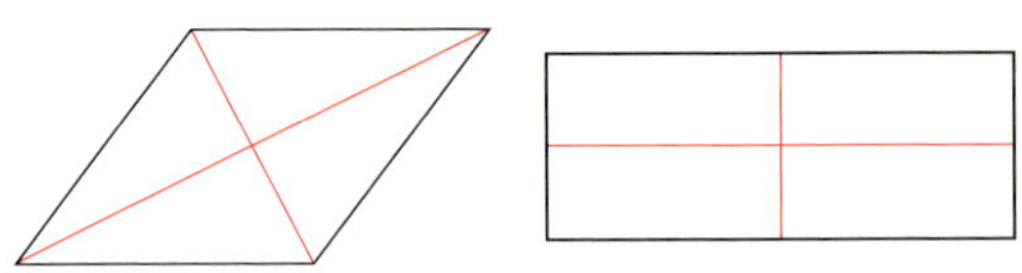

oder **vier** Symmetrieachsen – das Quadrat.

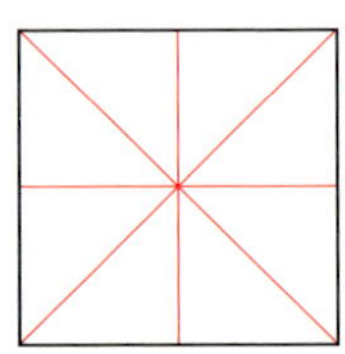

Die Symmetrieachse des Drachenvierecks, die Verbindungsgerade zweier Ecken, ist auch Symmetriegerade im Rhombus und im Quadrat. Man kann sagen: Rhombus und Quadrat sind Abkömmlinge des Drachenvierecks.
Die Symmetrieachse des gleichschenkligen Trapezes, die Verbindungsgerade der Mittelpunkte der parallelen Gegenseiten, ist auch Symmetrieachse im Rechteck und Quadrat. Man kann sagen: Rechteck und Quadrat sind Abkömmlinge des gleichschenkligen Trapezes.

Die folgende Tabelle zeigt diese Zusammenhänge.

Anzahl der zur Konstruktion notwendigen Bestimmungsstücke	**Anzahl und Lage der Symmetrieachsen**	**Anzahl und Lage der Symmetrieachsen**
3 Bestimmungs-stücke	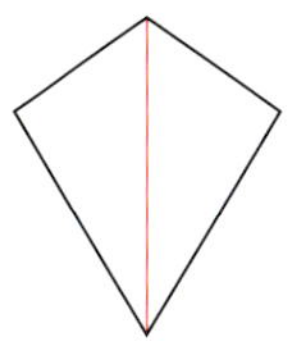 Eine Diagonale als Symmetrieachse	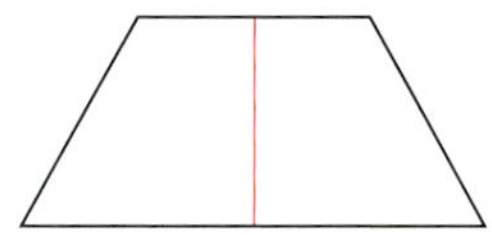 Eine Verbindungsgerade von gegenüberliegenden Seitenmitten als Symmetrieachse
2 Bestimmungs-stücke	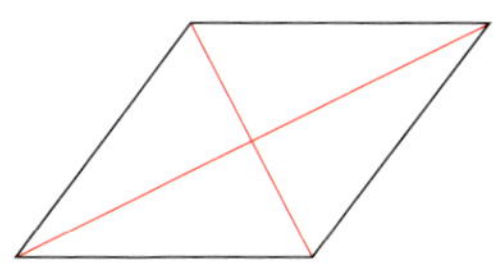 Beide Diagonalen als Symmetrieachsen	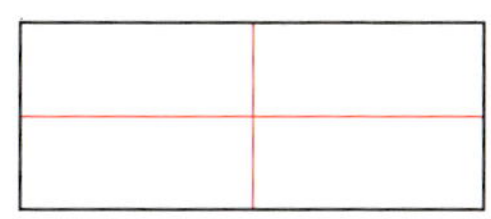 Beide Verbindungsgeraden von gegenüberliegenden Seitenmitten als Symmetrieachsen
1 Bestimmungs-stück	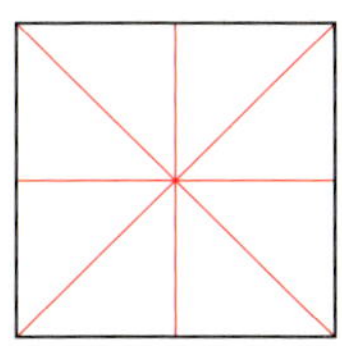 Beide Diagonalen und beide Verbindungsgeraden der Seitenmitten als Symmetrieachsen	

Übungen zu 8

1. Markieren Sie auf einem Zeichenblatt einen Punkt P und zeichnen Sie eine Gerade g. Konstruieren Sie den zu P symmetrischen Punkt P′.

2. Zeichnen Sie eine Strecke $\overline{AB}$ und eine Gerade g, welche

a) $\overline{AB}$ nicht schneidet,

b) $\overline{AB}$ in C schneidet.

Konstruieren Sie die zu $\overline{AB}$ bezüglich der Geraden g symmetrische Strecke $\overline{A'B'}$.

3. Zeichnen Sie ein Dreieck △ABC mit selbst gewählten Seitenlängen und konstruieren Sie das dazu symmetrische Dreieck △A′B′C′, wenn die Symmetrieachse g

a) durch A geht **b)** keinen Punkt mit dem Dreieck △ABC gemeinsam hat.

4. Zeichnen Sie einen Kreis K mit selbst gewähltem Radius und konstuieren Sie den dazu symmetrischen Kreis K′, wenn die Symmetrieachse g

a) durch den Kreismittelpunkt geht **b)** eine Sekante ist **c)** eine Tangente ist

d) den Kreis nicht berührt oder schneidet.

5. Stellen Sie eine axialsymmetrische Figur durch eine so genannte Klecksografie her, indem Sie ein Blatt Papier falten, in die Falte einen Klecks Tinte oder Farbe geben, das Blatt zusammenfalten und den Klecks ausstreichen.

Wiederholungsfragen zu 8

1. Wann heißt eine ebene Figur axialsymmetrisch oder spiegelgleich?

2. Was weiß man über die Verbindungsstrecke zweier bei axialer Symmetrie einander entsprechender Punkte?

3. Kann eine ebene Figur mehr als eine Symmetrieachse haben?

4. Wie viele Symmetrieachsen hat

a) eine Strecke $\overline{AB}$ **b)** ein Winkel ∢PSQ **c)** ein gleichseitiges Dreieck △ABC

d) die Figur zweier paralleler Geraden g und h **e)** ein Kreis K?

9 Der Kreis

In den voranstehenden Kapiteln war der Kreis als unentbehrliches Hilfsmittel beim Konstruieren von Drei- und Vierecken benutzt worden. Die grundlegende Eigenschaft der Kreislinie, der geometrische Ort, die Bestimmungslinie für alle die Punkte zu sein, die von einem festen Punkt den gleichen Abstand haben, machte ihn dafür tauglich.
Im Folgenden sollen weitere Eigenschaften eines Kreises untersucht werden.

9.1 Kreis und Gerade

Ein Kreis K und eine Gerade g können drei verschiedene Lagen zueinander einnehmen:

- Die Gerade g schneidet den Kreis K in zwei Punkten, z. B. A und B.

Eine solche Gerade heißt **Sekante** (lat.: Die Schneidende). Die Strecke $\overline{AB}$ ist eine Sehne des Kreises. Geht die Sekante durch den Mittelpunkt M von K, so ist die zugehörige Strecke $\overline{AB}$ ein Durchmesser von K, die Strecken $\overline{MA}$ und $\overline{MB}$ sind Halbmesser oder Radien von K.

Die Sekante

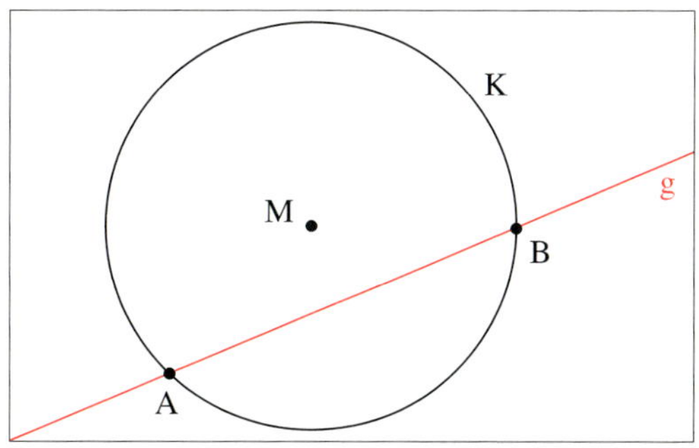

Zwei Radien bilden zwei Winkel, deren gemeinsamer Scheitel der Mittelpunkt des Kreises ist, die sich also zu 360° ergänzen. Man nennt sie **Mittelpunkts-** oder **Zentriwinkel**. Um einen davon eindeutig zu kennzeichnen, gibt man den Kreisbogen an, über welchem er steht. Das Symbol $\widehat{AB}$ bezeichnet denjenigen Bogen, den man erhält, wenn man auf der Kreisperipherie im entgegengesetzten Uhrzeiger-Drehsinn von A nach B geht.
Die Angabe: „Zentriwinkel $\sphericalangle$AMB über dem Bogen $\widehat{AB}$" ist also eindeutig.

Mittelpunkts- oder Zentriwinkel

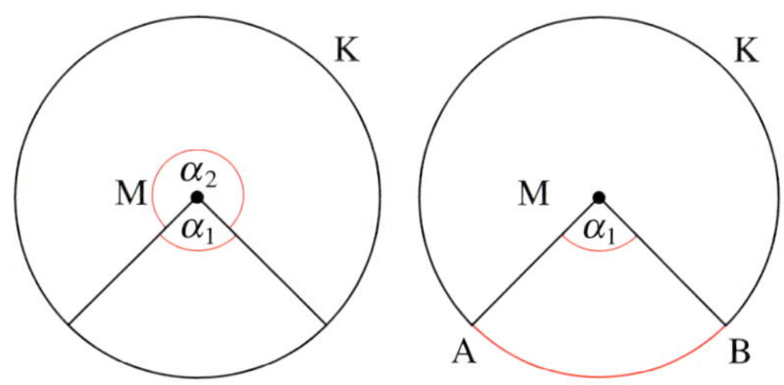

$\alpha_1 + \alpha_2 = 360°$

► Zentriwinkel $\sphericalangle$AMB über dem Bogen $\widehat{AB}$

Zwei über dem Bogen $\widehat{AB}$ stehende Sehnen, die einen Punkt C der Kreisperipherie gemeinsam haben, bilden den **Umfangs-** oder **Peripheriewinkel** $\sphericalangle$ACB.

Umfangs- oder Peripheriewinkel

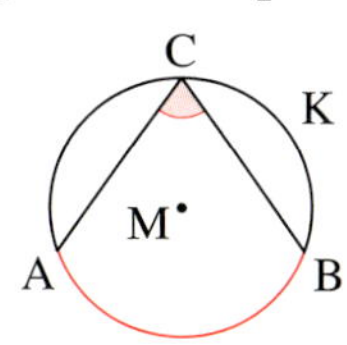

► $\sphericalangle$ACB: Peripheriewinkel über dem Bogen $\widehat{AB}$

- Die Gerade g hat mit dem Kreis K genau einen Punkt C gemeinsam, sie „berührt“ K in C.

Eine solche Gerade heißt **Tangente** (lat.: Die Berührende). Der Punkt C heißt **Berührungspunkt**, der Radius $\overline{MC}$ **Berührungsradius**.

Die Tangente

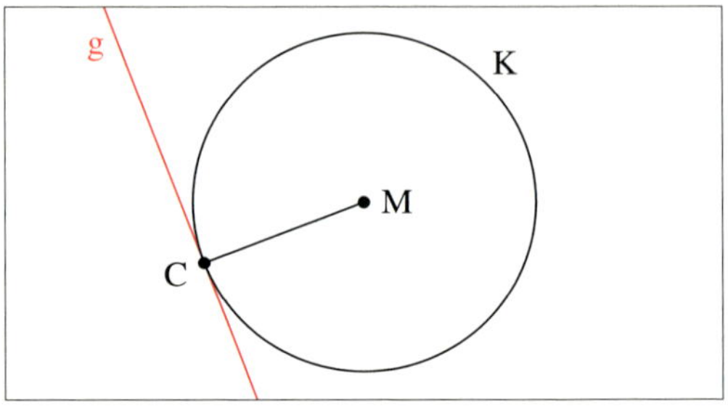

- Die Gerade g hat mit dem Kreis K keinen Punkt gemeinsam, sie „meidet“ den Kreis.

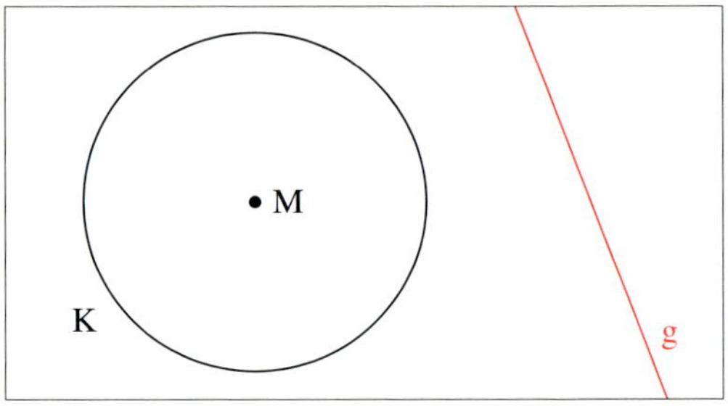

Problem: Zeichnen Sie einen Kreis K mit einem selbst gewählten Radius r. Zeichnen Sie eine Sehne $\overline{AB}$ ein, die nicht Durchmesser ist. Konstruieren Sie die Mittelsenkrechte von $\overline{AB}$. Was können Sie feststellen?

Im Dreieck $\triangle ABM$ sind die Seiten $\overline{AM}$ und $\overline{BM}$ als Radien des Kreises K gleich lang, das Dreieck $\triangle ABM$ ist also gleichschenklig. Im gleichschenkligen Dreieck ist die Mittelsenkrechte zur Basis gleichzeitig Höhe auf die Basis und Halbierende des Winkels an der Spitze. Die Mittelsenkrechte der Sehne $\overline{AB}$ geht also durch den Mittelpunkt M des Kreises und halbiert den zugehörigen Zentriwinkel. Sie ist Symmetrieachse des Dreiecks $\triangle ABM$ und des Kreises K, halbiert also auch die durch die Sehne $\overline{AB}$ erzeugten Bögen $\overset{\frown}{AB}$ und $\overset{\frown}{BA}$.

Die Mittelsenkrechte einer Sehne

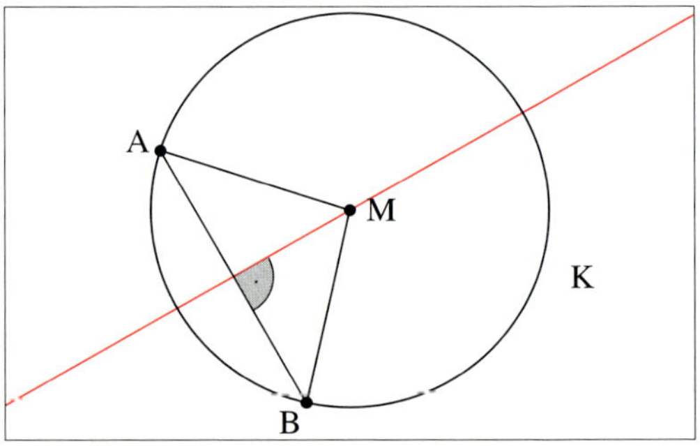

Da $\overline{AB}$ eine beliebige Sehne eines beliebigen Kreises K war, gilt diese Eigenschaft für alle Sehnen eines jeden Kreises. Auch die Einschränkung, dass $\overline{AB}$ nicht Durchmesser sein soll, kann aufgehoben werden: Jeder Durchmesser wird von M halbiert, und die Mittelsenkrechte jeden Durchmessers geht durch M.

Merke:

Ist $\overline{AB}$ Sehne eines Kreises, so geht die Mittelsenkrechte von $\overline{AB}$ durch den Mittelpunkt des Kreises.

Anwendung:

Die Deckfläche eines Zylinders ist ein Kreis. Zur Bearbeitung des Zylinders benötigt man den Mittelpunkt dieses Kreises. Wie kann man ihn bestimmen?

Der gesuchte Mittelpunkt M liegt auf der Mittelsenkrechten einer jeden Sehne des Kreises. Zeichnet man zwei beliebige, jedoch nicht zueinander parallele Sehnen $\overline{AB}$ und $\overline{CD}$, so schneiden sich deren Mittelsenkrechten im Mittelpunkt des Kreises.

Bestimmen eines Kreismittelpunktes

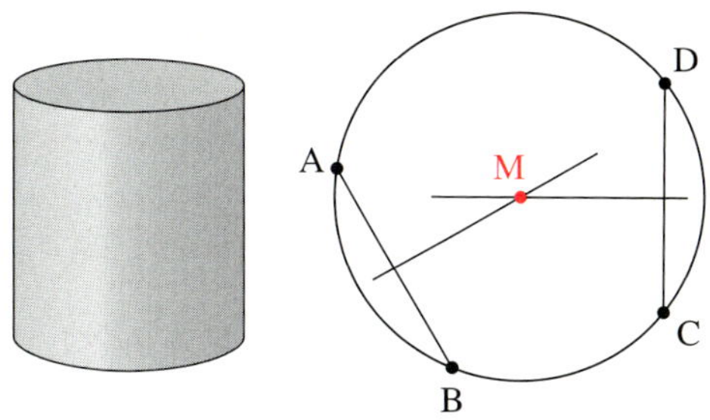

Ist also ein Kreis gegeben, dessen Mittelpunkt nicht bekannt ist, aber für weitere Konstruktionen gebraucht wird, findet man diesen, indem man zwei beliebige Sehnen einzeichnet und deren Mittelsenkrechten konstruiert. Der Schnittpunkt dieser Mittelsenkrechten ist der gesuchte Kreismittelpunkt.

Problem: Die Punkte A und B sind gegeben. Konstruieren Sie die Kreise, die durch A und B gehen.

Für alle Kreise, die durch A und B gehen, ist die Strecke $\overline{AB}$ eine Sehne. Die Mittelpunkte aller Kreise, die durch A und B gehen, liegen auf der Mittelsenkrechten von $\overline{AB}$ und jeder Punkt der Mittelsenkrechten ist Mittelpunkt eines Kreises durch A und B. Es gibt also unendlich viele Kreise durch A und B.

Kreise durch zwei Punkte

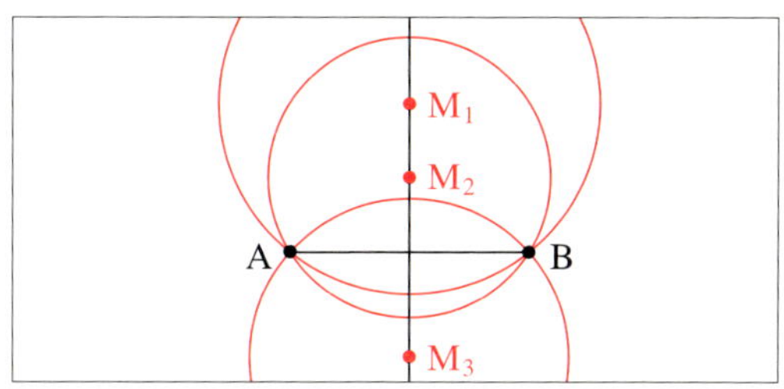

Merke:

Durch zwei Punkte A und B gehen unendlich viele Kreise. Jeder Punkt der Mittelsenkrechten von $\overline{AB}$ ist Mittelpunkt eines Kreises durch A und B.

Problem: Überlegen Sie, wie viele Kreise es durch drei nicht auf einer Geraden liegende Punkte A, B und C gibt.

Durch A und B gibt es unendlich viele Kreise, deren Mittelpunkte auf der Mittelsenkrechten m_{AB} von $\overline{AB}$ liegen.
Durch B und C gibt es ebenfalls unendlich viele Kreise, deren Mittelpunkte auf der Mittelsenkrechten m_{BC} von $\overline{BC}$ liegen.
Weil A, B und C nicht auf einer Geraden liegen, schneiden sich m_{AB} und m_{BC} in genau einem Punkt M. Das ist der Mittelpunkt des Kreises, der sowohl durch A und B als auch durch B und C, also durch A, B und C geht. Einen weiteren solchen Kreis gibt es nicht.
► Jedes Dreieck hat genau einen Umkreis.

Kreis durch drei Punkte

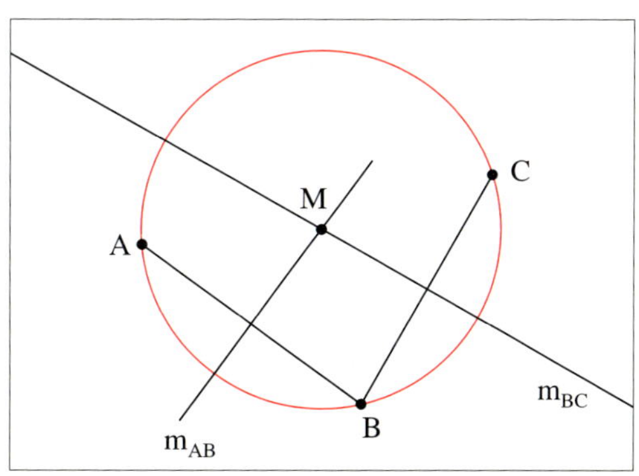

Merke:

Durch drei nicht auf einer Geraden liegende Punkte ist genau ein Kreis bestimmt.

Problem: Zeichnen Sie in einen Kreis mit einem selbstgewählten Radius zwei gleich lange Sehnen $\overline{AB}$ und $\overline{CD}$ ein. Fällen Sie vom Kreismittelpunkt M die Lote auf die Sehnen. Die Lotfußpunkte sollen H_{AB} und H_{CD} heißen. Vergleichen Sie die Längen von $\overline{MH_{AB}}$ und $\overline{MH_{CD}}$. Was vermuten Sie?

Die Dreiecke $\triangle ABM$ und $\triangle CDM$ stimmen in den Längen aller drei Seiten überein, sind also nach dem Kongruenzsatz SSS kongruent.
Die Strecken $\overline{MH_{AB}}$ und $\overline{MH_{CD}}$ sind gleich liegende Stücke in kongruenten Dreiecken, also ebenfalls gleich lang.
Die gleich langen Sehnen $\overline{AB}$ und $\overline{CD}$ haben also vom Mittelpunkt des Kreises den gleichen Abstand, in „Wenn-dann"-Form:
Wenn zwei Sehnen eines Kreises gleich lang sind, dann haben sie vom Mittelpunkt des Kreises gleichen Abstand.

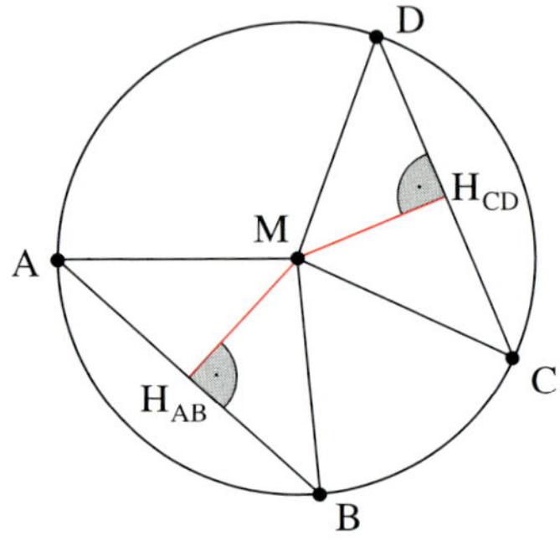

Nun lässt sich die **Umkehrung** dieser wahren Aussage leicht bilden: Wenn zwei Sehnen eines Kreises vom Mittelpunkt des Kreises gleichen Abstand haben, dann sind sie gleich lang.
Diese Umkehrung ist wiederum eine wahre Aussage. Mit den Bezeichnungen der nebenstehenden Figur gilt:

$\triangle CMH_{CD} \cong \triangle AMH_{AB}$ nach SsW, weil
$|\overline{CM}| = |\overline{AM}|$ als Radien des Kreises,
$|\overline{MH_{AB}}| = |\overline{MH_{CD}}|$ nach Voraussetzung,
$|\sphericalangle MH_{CD}C| = |\sphericalangle MH_{AB}A| = 90°$ nach Voraussetzung

Also gilt auch: $|\overline{CH_{CD}}| = |\overline{AH_{AB}}|$. Analog folgt aus der Kongruenz der Dreiecke $\triangle DMH_{CD}$ und $\triangle BMH_{AB}$, dass auch $|\overline{DH_{CD}}| = |\overline{BH_{AB}}|$, womit gezeigt ist, dass $|\overline{AB}| = |\overline{CD}|$ gilt.

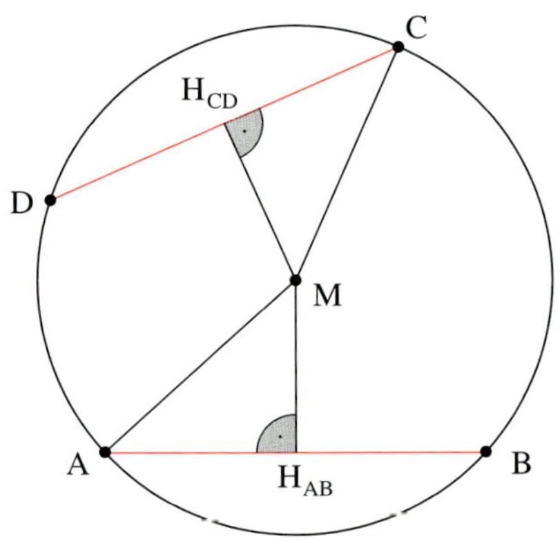

Merke:

- Gleich lange Sehnen eines Kreises haben vom Mittelpunkt des Kreises gleichen Abstand.
- Sehnen gleichen Abstands vom Mittelpunkt eines Kreises sind gleich lang.

Wenn die Schnittpunkte A und B einer Sekante mit einem Kreis immer näher aneinander rücken, etwa indem A auf der Peripherie des Kreises in Richtung auf B wandert, stellt sich irgendwann die Situation ein, dass man **anschaulich** nicht mehr unterscheiden kann, ob A noch von B verschieden ist – dann ist AB immer noch Sekante – oder ob A = B ist, dann ist AB eine Tangente.
Man muss also ein **geometrisches** Kriterium haben, das es erlaubt, klar zu unterscheiden, ob eine bestimmte Gerade eine Tangente ist oder nicht.

Das nebenstehende Bild zeigt einen Kreis K um M und eine Sekante AB. Man konstruiert die Lotgerade zu AB durch M, die $\overline{AB}$ und $\widehat{AB}$ jeweils halbiert. Sie schneidet K in T. Die Sekante AB wird parallel zu sich in Richtung auf T so verschoben, dass die Mitte der Sehne $\overline{AB}$ immer auf MT bleibt und sich dem Punkt T nähert. Die Punkte A und B wandern dann auf der Kreisperipherie aufeinander zu, bis sie zusammenfallen, wenn die Mitte von $\overline{AB}$ auf T fällt. Aus der Sekante ist eine Tangente geworden. Der Winkel zwischen Radius und Sekante bleibt stets ein rechter, und es ist anschaulich klar, dass auch der Winkel zwischen Radius und Tangente ein rechter ist.

Tangente und Berührungsradius

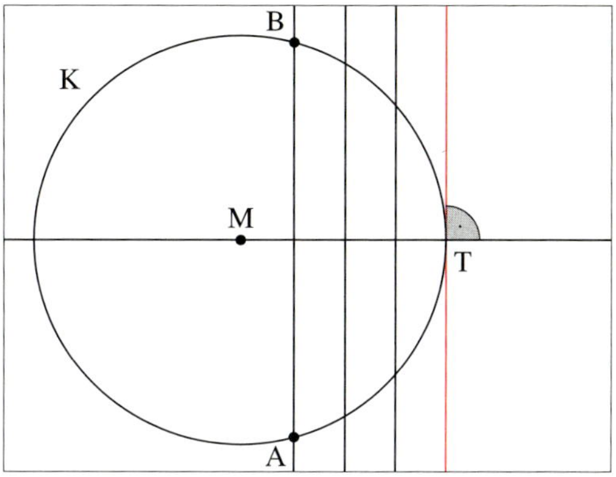

► Man erhält sicher eine Tangente an K, wenn man zu einem Radius $\overline{MT}$ von K in T die Senkrechte zu $\overline{MT}$ konstruiert.

Merke:

Der Winkel zwischen einer Tangente und ihrem Berührungsradius beträgt 90°.

Gleichbedeutende Aussagen sind:

- Die auf einer Tangente im Berührungspunkt errichtete Senkrechte geht durch den Mittelpunkt des Kreises.
- Das vom Mittelpunkt eines Kreises auf eine Tangente gefällte Lot geht durch den Berührungspunkt.

Anwendungen:

1. Gegeben ist ein Kreis K um M und ein Punkt P auf der Peripherie von K. Konstruieren Sie in P die Tangente t an K.

Der Winkel zwischen einer Tangente und ihrem Berührungsradius ist ein rechter. Da der gegebene Punkt P auf K liegt, ist $\overline{MP}$ ein Berührungsradius.
Also ist die Senkrechte zu $\overline{MP}$ durch P die gesuchte Tangente t.

Berührungspunkt gegeben

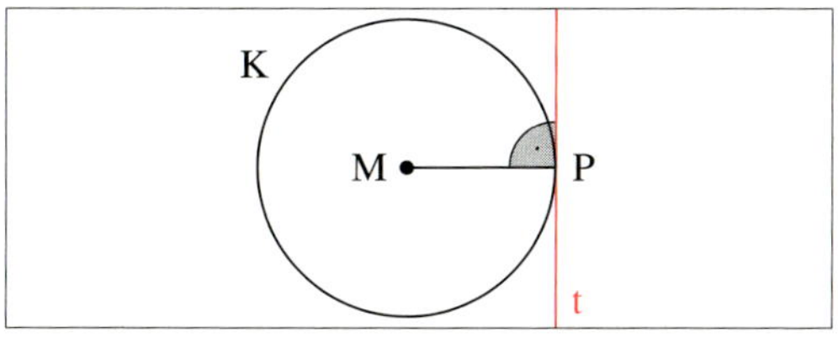

2. Gegeben ist eine Gerade g und auf ihr ein Punkt B, außerdem ein nicht auf g liegender Punkt A. Zeichnen Sie einen Kreis, der durch A geht und g in B berührt.

Die Planfigur zeigt, wie der Mittelpunkt des gesuchten Kreises gefunden werden kann: Er liegt einerseits auf der Mittelsenkrechten zu $\overline{AB}$, andererseits auf der Senkrechten zu g durch B.

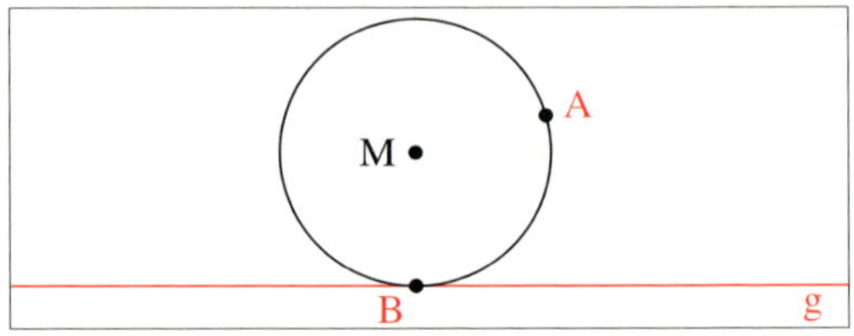

Planfigur

Man konstruiert also die genannte Mittelsenkrechte sowie die Senkrechte zu g durch B. Sie schneiden sich im Mittelpunkt M des gesuchten Kreises. Dessen Radius ist durch $\overline{AM}$ gegeben.

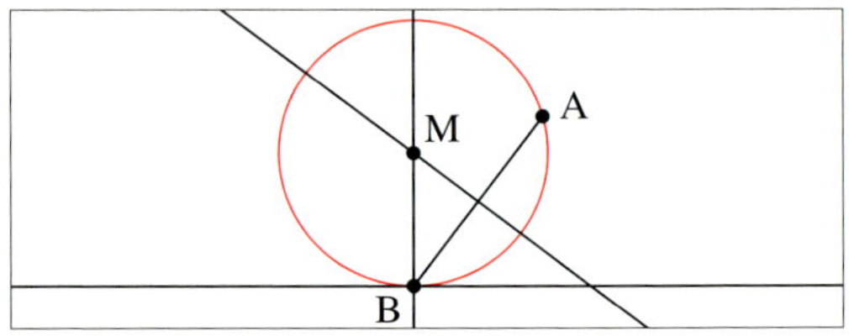

Konstruktion

3. Gegeben ist ein Kreis K_1 um M und ein Punkt P außerhalb von K_1. Konstruieren Sie die Tangenten t_1 und t_2 von P an K_1.

Es ist eine Gerade t_1 zu konstruieren, die durch P geht und mit K_1 genau einen Punkt gemeinsam hat. Dazu nutzt man die Aussage, dass der Berührungsradius senkrecht auf t_1 stehen muss. Über der Strecke $\overline{MP}$ muss also ein Winkel von 90° stehen.

Tangenten an einen Kreis

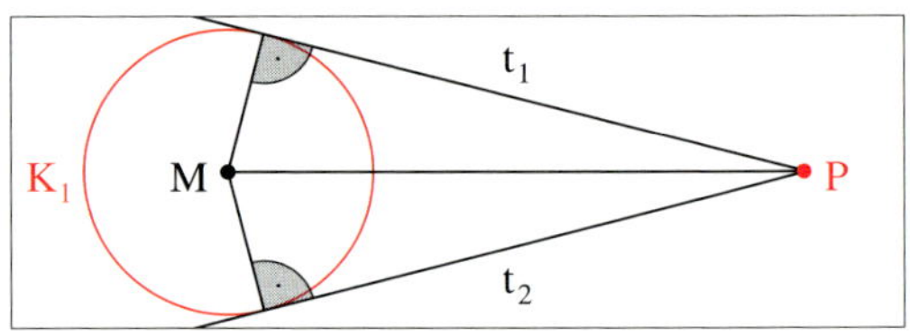

Planfigur zum Problem

Das verweist auf den Satz des Thales: Jeder Winkel im Halbkreis ist ein rechter.
Wenn $\overline{MP}$ ein Durchmesser eines Kreises K_2 ist, so ist jeder Punkt der Peripherie von K_2 Scheitel eines rechten Winkels, dessen Schenkel durch M und P gehen.
Konstruktion: Man halbiert $\overline{MP}$, erhält H und zeichnet K_2 um H mit $r = |\overline{MH}|$. K_2 schneidet K_1 in den Punkten T_1 und T_2, und es gilt $|\sphericalangle MT_1P| = |\sphericalangle MT_2P| = 90°$. T_1P und T_2P sind also die gesuchten Tangenten an K_1.

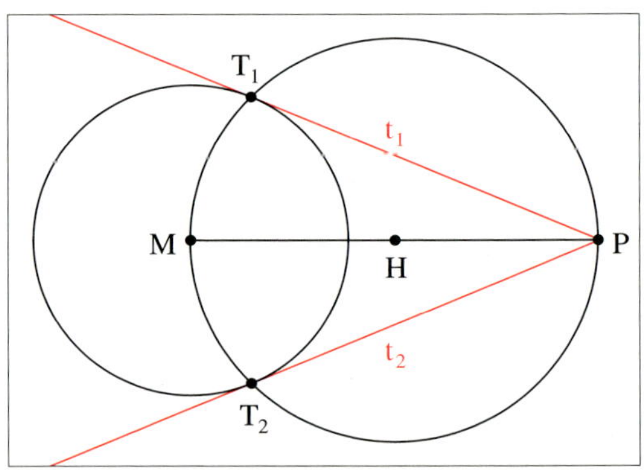

Da die Dreiecke $\triangle MT_1P$ und $\triangle MT_2P$ in zwei Seiten und den der größeren Seite gegenüberliegenden Winkeln übereinstimmen, sind sie nach dem Kongruenzsatz SsW kongruent. Das heißt aber, die Strecken $\overline{PT_1}$ und $\overline{PT_2}$ sind als gleich liegende Stücke in kongruenten Dreiecken gleich lang. Auch die Winkel $\sphericalangle MPT_1$ und $\sphericalangle MPT_2$ sind gleich liegende Stücke, also ebenfalls gleich groß.

Merke:

Sind t_1 und t_2 Tangenten von einem nicht auf dem Kreis K liegenden Punkt P an K, so sind die Tangentenabschnitte von P zu den Berührungspunkten auf K gleich lang, und die Verbindungsstrecke von P und dem Kreismittelpunkt halbiert den Winkel zwischen den Tangenten.

Früher wurden sowohl in Fabriken als auch in kleineren Werkstätten häufig Kräfte durch Riementriebe übertragen. Ein Transmissionsriemen lief über zwei unterschiedlich große Scheiben und trieb die zweite Scheibe entweder in gleicher oder in entgegengesetzter Richtung zum Drehsinn der ersten Scheibe an. In beiden Fällen bilden jeweils gewisse Abschnitte der Riemen (idealisierte) Tangenten an die Scheiben – **äußere**, wenn die Drehrichtung gleich blieb, **innere**, wenn die Drehrichtung umgekehrt wurde.

Äußere und innere Tangenten zweier Kreise

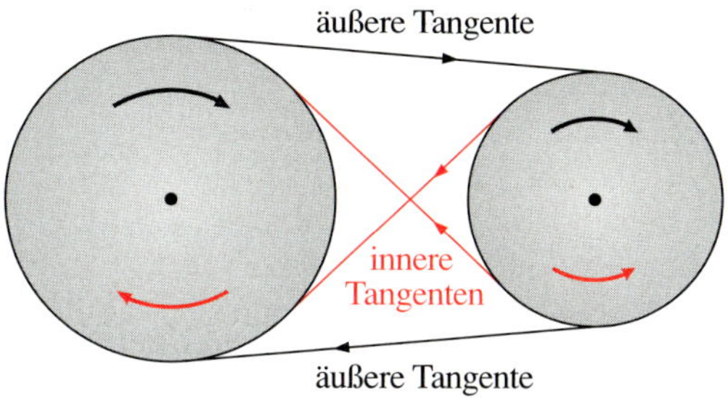

Problem: Konstruieren Sie die äußeren Tangenten an die Kreise K_1 um M_1 und K_2 um M_2 mit $r_1 \neq r_2$.

Wie man eine Tangente von einem Punkt P außerhalb eines Kreises K an den Kreis konstruiert, ist bekannt. Kann man dieses Verfahren zur Lösung des neuen Problems verwenden, also das neue Problem auf das bereits gelöste zurückführen?

Nimmt man z. B. M_2 als P, so muss man noch überlegen, an welchen Kreis man von M_2 aus die Tangenten konstruiert, um aus ihnen die gesuchten Tangenten herstellen zu können. Dazu zeichnet man einen Kreis K_3 um M_1 mit $r_3 = r_1 - r_2$. Die Tangenten von M_2 an K_3 berühren K_3 in B_1 und B_2. Die Verlängerung des Berührungsradius $\overline{M_1B_1}$ schneidet K_1 in D_1, die Parallele zu $\overline{M_1B_1}$ durch M_2 schneidet K_2 in D_2. Das Viereck $B_1M_2D_2D_1$ ist ein Rechteck, denn alle seine Winkel sind rechte, also auch die Winkel bei D_1 und D_2.

Die Gerade D_1D_2 ist Tangente an K_1 und K_2. Analog konstruiert man die zweite Tangente an K_1 und K_2.

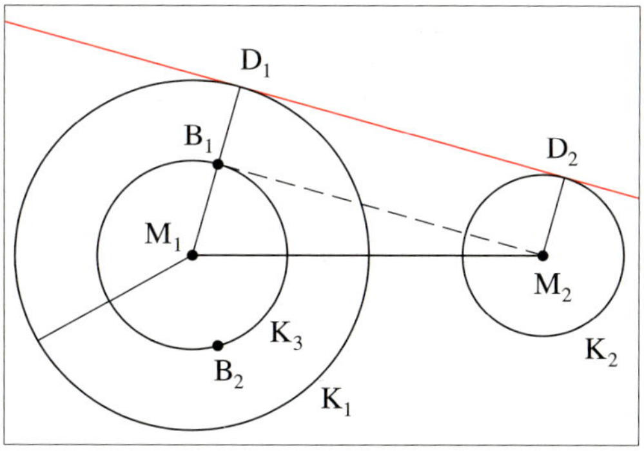

Die Konstruktion der inneren Tangenten zweier Kreise verläuft nach ähnlichen Überlegungen. Ihre Durchführung bleibt dem Leser überlassen, wie auch die Antwort auf die Frage, ob die Radien beider Kreise, an die äußere und innere Tangenten gelegt werden sollen, auch gleich groß sein können. ► Übungen zu 9.1, Nr. 12 und Nr. 13.

An der Figur zweier Kreise mit ihren inneren Tangenten kann man die Bedingungen, unter denen eine **Sonnenfinsternis** (oder eine **Mondfinsternis**) eintritt, erklären.

Da Licht sich geradlinig ausbreitet, sind die außeren und die inneren Tangenten an die Kreise, welche Sonne und Mond bzw. im Falle einer Mondfinsternis die Erde darstellen, die Grenzen für die Ausbreitung des Sonnenlichts. In das doppelt schraffierte Gebiet fällt überhaupt kein Sonnenlicht ein, in das einfach schraffierte immerhin noch ein Teil. Das einfach schraffierte Gebiet kennzeichnet den sog. **Halbschatten**, das doppelt schraffierte den sog. **Kernschatten**. Wer sich im Augenblick einer Sonnenfinsternis im Kern- oder Halbschatten des Mondes befindet, erlebt eine totale (wenn der Mond die Sonne ganz verdeckt) oder eine partielle Sonnenfinsternis (wenn der Mond die Sonne nur teilweise verdeckt).
Ganz ähnlich lässt sich eine Mondfinsternis erklären. Hierbei liegt der Mond ganz oder teilweise im Schatten der Erde.

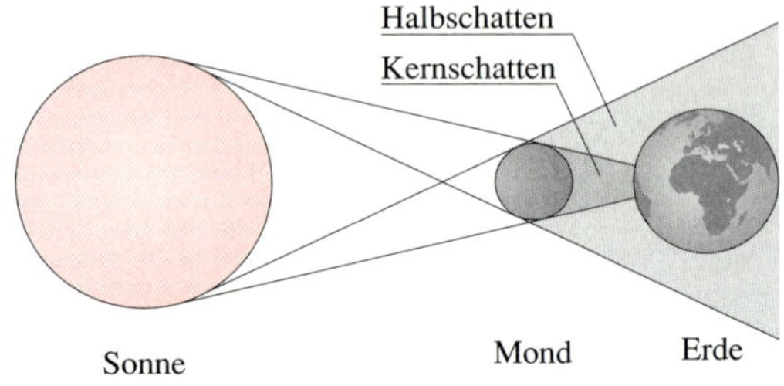

▶ Sonnenfinsternis

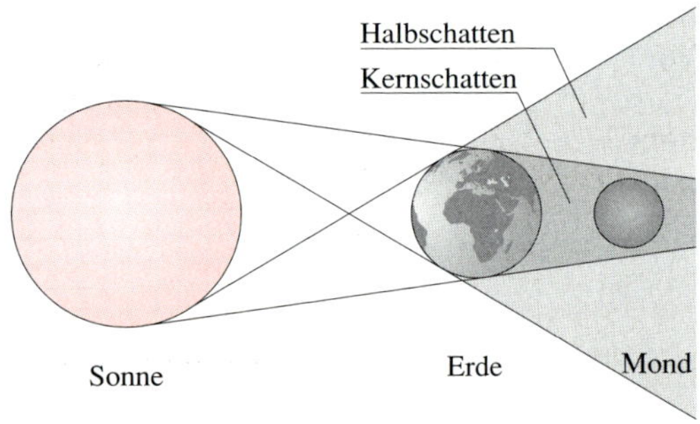

▶ Mondfinsternis

Markiert man auf einer Kreisperipherie vier verschiedene Punkte A, B, C und D, so sind die Seiten des Vierecks ABCD Sehnen des Kreises. Ein solches Viereck, dessen Ecken auf der Peripherie eines Kreises liegen und dessen Seiten Sehnen dieses Kreises sind, nennt man **Sehnenviereck**. In jeden Kreis lassen sich unendlich viele Sehnenvierecke einzeichnen.

Die Innenwinkel eines Sehnenvierecks sind gleichzeitig Peripheriewinkel des Kreises. So ist – siehe nebenstehende Zeichnung – z. B. ∢ADC Peripheriewinkel über dem Bogen $\overset{\frown}{AC}$ und der ∢CBA Peripheriewinkel über dem Bogen $\overset{\frown}{CA}$.

Sehnenvierecke

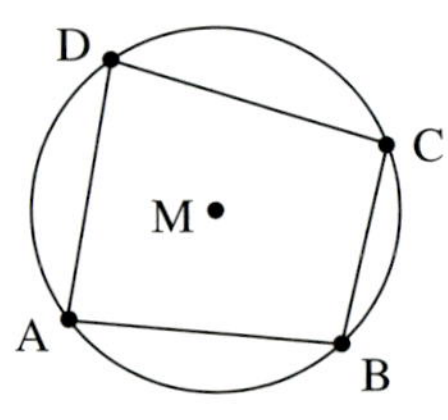

Zu dem Bogen $\overset{\frown}{AC}$ gehört aber auch der Zentriwinkel ∢AMC, und zum Bogen $\overset{\frown}{CA}$ gehört der Zentriwinkel ∢CMA. Die beiden Zentriwinkel sind zusammen 360° groß. Kann man auch etwas über die Größe der beiden einander gegenüberliegenden Peripheriewinkel ∢ADC und ∢CBA aussagen?

Man findet die Antwort durch **Vorwärtsarbeiten**, indem man zusammenstellt, was man über die Summe der Innenwinkel von Vierecken (nebenstehend Gleichungen ① und ②) und die Gleichheit der Basiswinkel der durch die Radien zu den Eckpunkten des Sehnenvierecks erzeugten gleichschenkligen Dreiecke weiß (Zeile ③). Berücksichtigt man die in Zeile ③ beschriebenen Gleichheiten in den Gleichungen ① und ②, so erhält man Aussagen über die einander gegenüberliegenden Innenwinkel des Sehnenvierecks.

Man kann die linken und die rechten Seiten dieser Gleichungen addieren. Auf der rechten Seite steht dann $\varphi_1 + \varphi_2$, also 360°. Dividiert man die letzte Gleichung durch 2, so erhält man die gesuchte Aussage:
Die im Sehnenviereck ABCD gegenüberliegenden Winkel bei D und bei B sind zusammen 180° groß.

Gegenüberliegende Winkel im Sehnenviereck

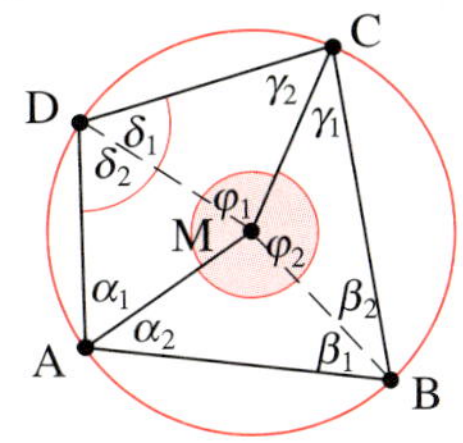

Im Viereck AMCD gilt:
$\alpha_1 + \gamma_2 + \delta_1 + \delta_2 = 360° - \varphi_1 = \varphi_2$ ①

In Viereck ABCM gilt:
$\alpha_2 + \beta_1 + \beta_2 + \gamma_1 = 360° - \varphi_2 = \varphi_1$ ②

Für Basiswinkel gilt:
$\alpha_2 = \beta_1;\ \beta_2 = \gamma_1;\ \gamma_2 = \delta_1;\ \delta_2 = \alpha_1$ ③

Aus ① z. B.: $2 \cdot (\delta_1 + \delta_2) = \varphi_2$

Aus ② z. B.: $2 \cdot (\beta_1 + \beta_2) = \varphi_1$

$2 \cdot \delta + 2 \cdot \beta = \varphi_1 + \varphi_2 = 360°$ und daraus

$\delta + \beta = 180°$.

Analog aus ① und ②:

$\alpha + \gamma = 180°$

Im oben gezeichneten Bild liegt der Kreismittelpunkt im Inneren des Sehnenvierecks. Ähnliche Überlegungen kann man aber auch für die Fälle anstellen, dass der Mittelpunkt auf einer Seite oder außerhalb des Sehnenvierecks liegt.
Für alle Paare gegenüberliegender Winkel in allen Sehnenvierecken gilt also:

Merke:

Gegenüberliegende Winkel im Sehnenviereck sind zusammen 180° groß.

Ein jedes Dreieck hat einen Umkreis, d. h., um jedes Dreieck lässt sich ein Kreis zeichnen, der durch die Dreiecksecken geht. ► Abschnitt 3.6
Da ein Kreis durch drei nicht auf einer Geraden liegende Punkte eindeutig bestimmt ist (► Abschnitt 9.1), gibt es zu jedem Dreieck auch nur genau einen Umkreis.

Problem: Kann man auch um jedes Viereck einen Kreis zeichnen, ist also jedes Viereck ein Sehnenviereck?

Wenn das Viereck ABCD gegeben ist, kann man z. B. um das Dreieck △ABD genau einen Kreis zeichnen. Offenbar liegt nicht immer der Punkt C auch auf diesem Kreis. Er liegt dann, und nur dann, auf dem Kreis um ABD, wenn ∢BCD ein Peripheriewinkel über dem Bogen $\overset{\frown}{DB}$ ist, also wenn die Summe der Größen der Winkel ∢BAD und ∢BCD 180° beträgt.

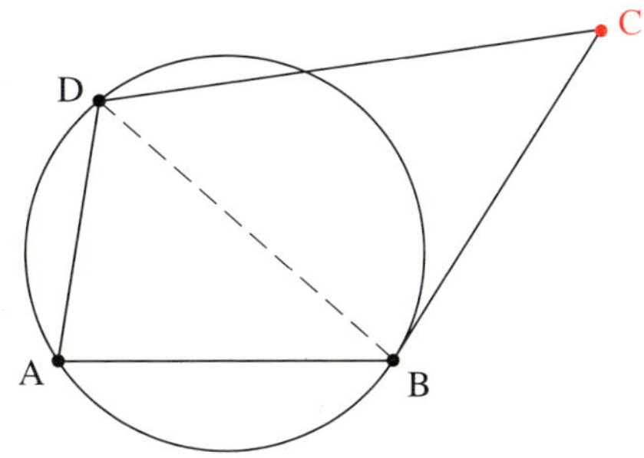

Merke:

Ein Viereck ABCD ist genau dann ein Sehnenviereck, wenn die gegenüberliegenden Winkel zusammen 180° groß sind.

Beispiel:

Konstruieren Sie ein Sehnenviereck mit den Längen 5 cm für b, 4 cm für d, 3,5 cm für r und der Größe 75° für β.

Die Planfigur zeigt, dass z. B. das Dreieck $\triangle$MBC nach SSS sofort gezeichnet werden kann. Mit ihm ist auch der Umkreis K von ABCD bekannt. Was weiß man über die Punkte A und D?

Planfigur

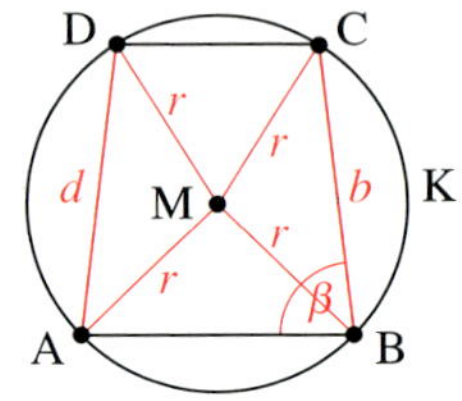

Der Punkt A liegt sowohl auf dem freien Schenkel des Winkels β als auch auf K.
Der Punkt D liegt sowohl auf K als auch auf einem Kreis um A mit dem Radius $|d|$.
Man konstruiert also $\triangle$MBC, zeichnet den Umkreis K um M mit $r = 3{,}5$ cm, trägt an $\overline{BC}$ in B den Winkel β an. Der freie Schenkel von β schneidet K in A. Um A zeichnet man einen Kreis mit $r = |d|$. Derjenige Schnittpunkt dieses Kreises mit K, der im Winkelraum von β liegt, ist Punkt D. Der andere Schnittpunkt liefert ein Viereck mit einem anderen Winkel β als dem vorgegebenen, scheidet also als Lösung aus.

Konstruktion

▶ Längenmaße auf die Hälfte verkleinert

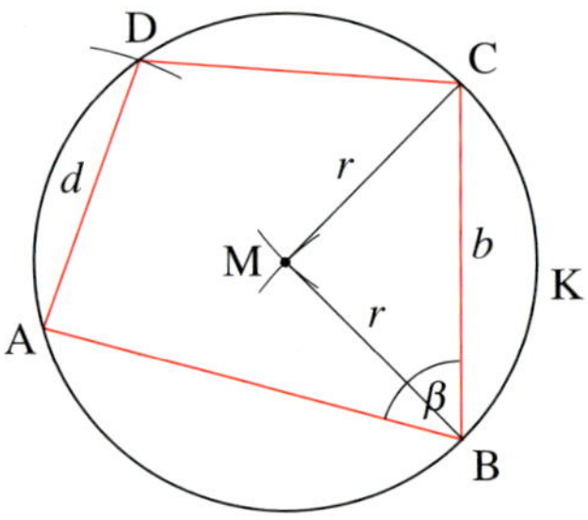

Markiert man auf einer Kreisperipherie die vier verschiedenen Punkte A, B, C und D und konstruiert in ihnen die Tangenten an den Kreis, erhält man ein **Tangentenviereck**. Dem Tangentenviereck ist gewissermaßen ein Kreis einbeschrieben. Es gibt unendlich viele Tangentenvierecke an einen Kreis.

Auf den Seiten des Tangentenvierecks ABCD in nebenstehender Zeichnung liegen die jeweils gleich langen Tangentenabschnitte $\overline{AT_1}$ und $\overline{AT_4}$, $\overline{BT_1}$ und $\overline{BT_2}$, $\overline{CT_2}$ und $\overline{CT_3}$ sowie $\overline{DT_3}$ und $\overline{DT_4}$.
Misst man im nebenstehenden Tangentenviereck die Seitenlängen a, b, c und d und bildet die Summen der Längen gegenüberliegender Seiten, so stellt man fest:
$a + c = 5$ cm und $b + d = 5$ cm.

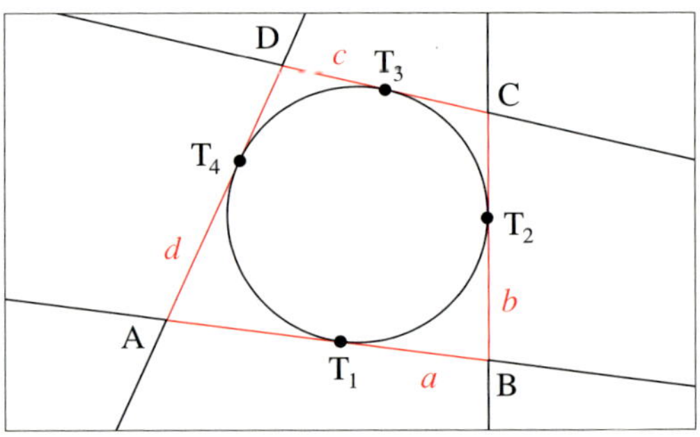

Problem: Am Sehnenviereck wusste man etwas über die vorkommenden Winkel, und es gibt eine Aussage über die Größe gegenüberliegender Winkel. Am Tangentenviereck weiß man etwas über die Längen vorkommender Seitenabschnitte. Gibt es eine Aussage über die Summen der Längen der Gegenseiten eines Tangentenvierecks?

Wenn ABCD ein Tangentenviereck ist, kann man eine Antwort auf die gestellte Frage finden, wenn man sich fragt, was man über die Figur schon alles weiß **(Vorwärtsarbeiten):** Mit den Bezeichnungen der nebenstehenden Figur gilt:
$t = u$; $v = w$; $x = y$; $z = s$.
Bildet man nun $a + c$ und $b + d$, so erhält man wegen $a = u + v$, $c = y + z$, $b = w + x$ und $d = s + t$:
$a + c = u + v + y + z$ und
$b + d = s + t + x + w$. Ersetzt man in $b + d$ die Streckenlängen s, t, x und y durch die jeweils gleich großen z, u, y und v, so erhält man $b + d = z + u + y + v$; es gilt also $a + c = b + d$, wie behauptet.

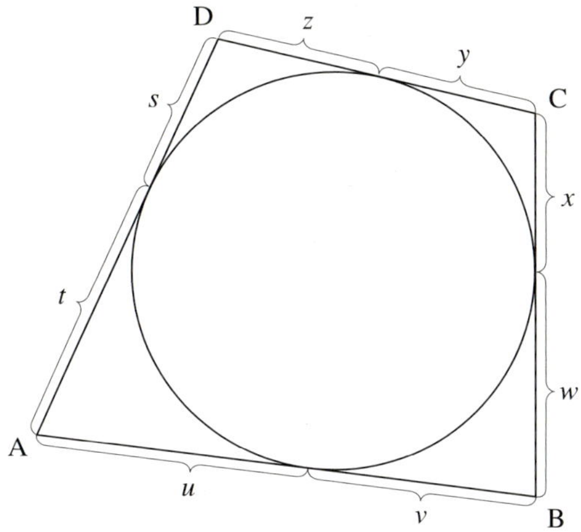

Merke:

Im Tangentenviereck sind die Summen der Längen der Gegenseiten gleich.

Problem: Ist jedes Viereck ein Tangentenviereck, d. h., kann man jedem Viereck einen Kreis einbeschreiben?

Wenn das Viereck ABCD gegeben ist, kann man immer einen Kreis K einbeschreiben, welcher die Seiten a, d und c berührt. Sein Mittelpunkt M liegt auf den Winkelhalbierenden w_α und w_δ. Es ist also der Schnittpunkt von w_α und w_δ. Offenbar ist aber nicht immer auch die Seite b eine Tangente an K. Welche Bedingungen müssen erfüllt sein, damit auch b eine Tangente an K ist?

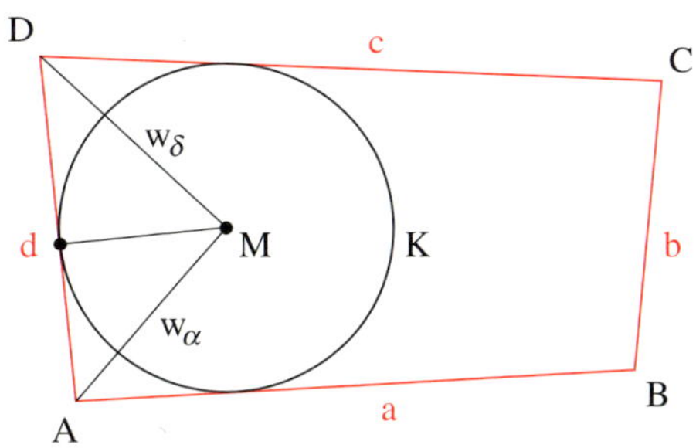

K mit der Lotstrecke von M auf a als Radius berührt a, c und d. Die Tangenten von A an K berühren K in T_1 und T_4, die von D in T_3 und T_4. Die Tangente AT_1 soll gleichzeitig Tangente von B an K sein. Die Tangente DT_3 soll gleichzeitig Tangente von C an K sein. Damit T_2 sowohl Berührungspunkt der Tangente von B an K als auch der Tangente von C an K ist, müssen die Abschnitte $\overline{BT_1}$ und $\overline{BT_2}$ sowie $\overline{CT_2}$ und $\overline{CT_3}$ gleich lang sein. Das bedeutet aber, dass die Summen der Längen der Gegenseiten gleich groß sein müssen.

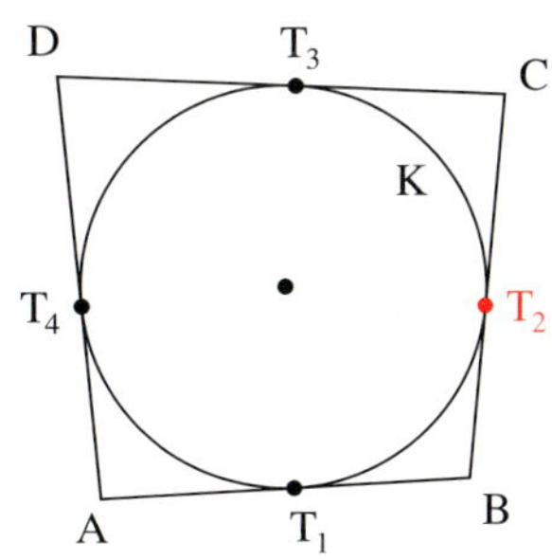

Merke:

Ein Viereck ABCD ist genau dann ein Tangentenviereck, wenn die Summen der Längen der Gegenseiten gleich sind.

Bei einigen Vierecksformen ist diese Bedingung stets erfüllt. Drachenvierecke, Quadrate und Rhomben sind immer auch Tangentenvierecke, d. h., es lässt sich in sie ein Kreis einzeichnen, der alle Seiten berührt.

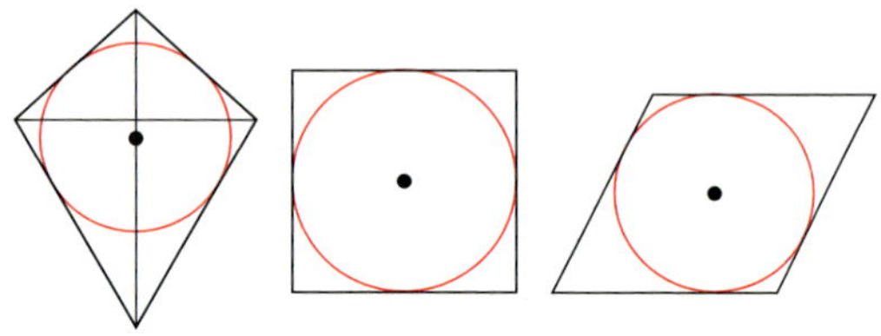

Beispiel:

Konstruieren Sie ein Tangentenviereck mit den Längen 5,3 cm für b, 4,5 cm für c und den Größen 80° für β und 100° für γ.

Die Planfigur zeigt, dass das Dreieck $\triangle$BCD nach SWS eindeutig konstruierbar ist.

Was weiß man vom Punkt A?

A liegt einerseits auf dem freien Schenkel von β, andererseits auf der Tangente von D an den Inkreis K. Man kann K zeichnen, wenn β in B an $\overline{BC}$ angetragen ist, sein Mittelpunkt M liegt nämlich auf den Halbierenden der Winkel β und γ, die sich sicher schneiden. Das Lot von M auf $\overline{CD}$ liefert den Radius von K und damit die Möglichkeit, K zu zeichnen. Damit ist auch die Tangente von D an K konstruierbar.
Man konstruiert also $\triangle$BCD, trägt in B an $\overline{BC}$ den Winkel β an und konstruiert die Halbierenden der Winkel β und γ. Diese schneiden sich im Mittelpunkt des Inkreises K. Man bestimmt den Radius von K als Lot von M auf $\overline{CD}$ oder $\overline{BC}$, zeichnet K und konstruiert von D die Tangente an K. Sie schneidet den freien Schenkel von β in A.

Planfigur

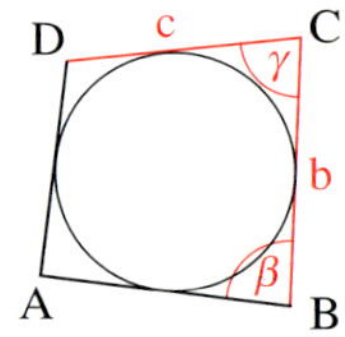

Konstruktion

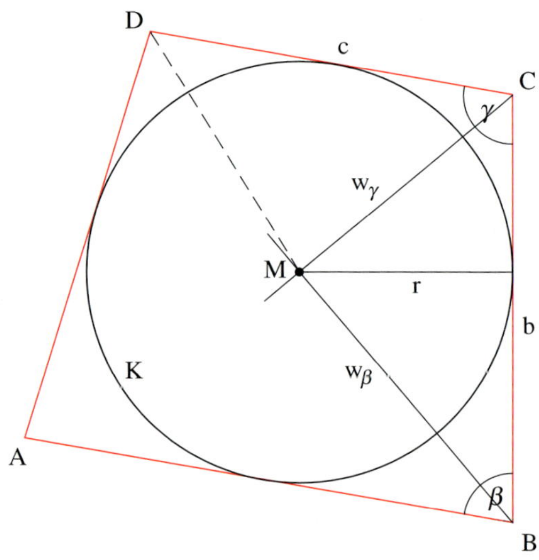

9.2 Kreis und Kreis

Kreise können verschiedene Lagen zueinander einnehmen:

- Sie können den gleichen Mittelpunkt haben, dann heißen sie **konzentrische Kreise**.

Die Fläche zwischen zwei Kreisperipherien heißt **Kreisring**.

▶ Konzentrische Kreise

- Ihre Mittelpunkte können voneinander verschieden sein, dann heißen sie **exzentrische Kreise**.

Exzentrische Kreise könen sich in zwei Punkten schneiden, sie können sich in einem Punkt berühren oder keinen Punkt gemeinsam haben.

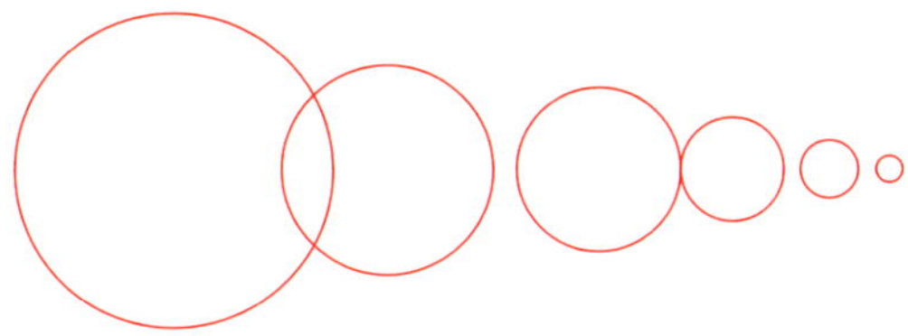

▶ Exzentrische Kreise

Schneiden sich zwei Kreise K_1 um M_1 und K_2 um M_2 in den Punkten A und B, so ist $\overline{AB}$ Sehne in beiden Kreisen. D. h., die Mittelsenkrechte zu $\overline{AB}$ geht sowohl durch M_1 als auch durch M_2.
Die Kreise K_1 und K_2 haben zwar äußere, aber keine inneren Tangenten.
Berühren sich K_1 und K_2 im Punkt P, wobei K_2 ganz außerhalb oder ganz innerhalb von K_1 liegen kann, so ist die Senkrechte zu $\overline{M_1M_2}$ durch P gemeinsame Tangente an beide Kreise.
Hieraus folgt:

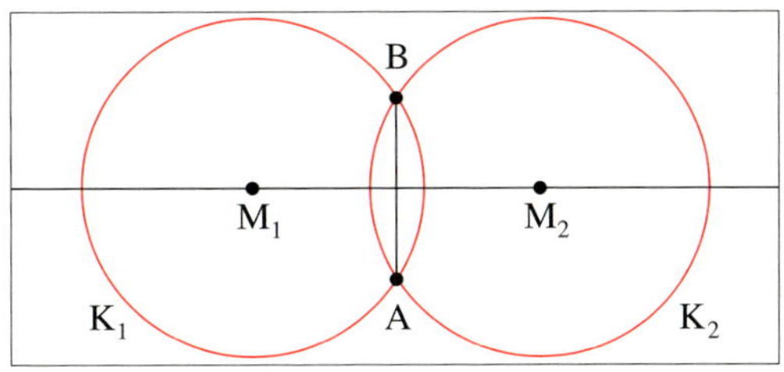

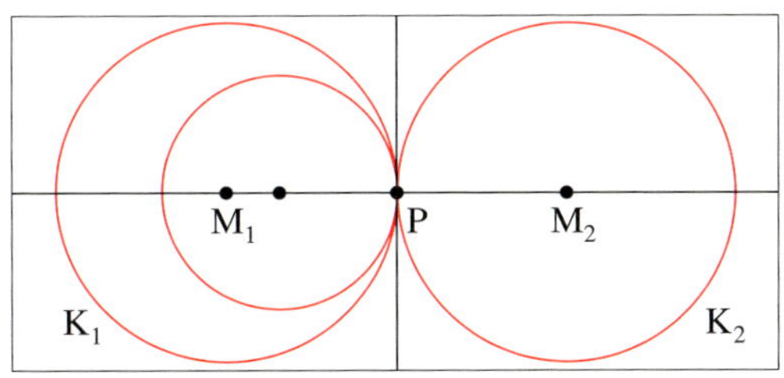

Merke:

Die Mittelpunkte aller Kreise, die eine gegebene Gerade in einem gegebenen Punkt berühren, liegen auf der Senkrechten zu dieser Geraden durch den festen Punkt.

Zwei sich in einem Punkt S schneidende Geraden g und h können von vielen Kreisen berührt werden: Alle Kreise, deren Mittelpunkte auf den Winkelhalbierenden von g und h liegen, berühren g und h.

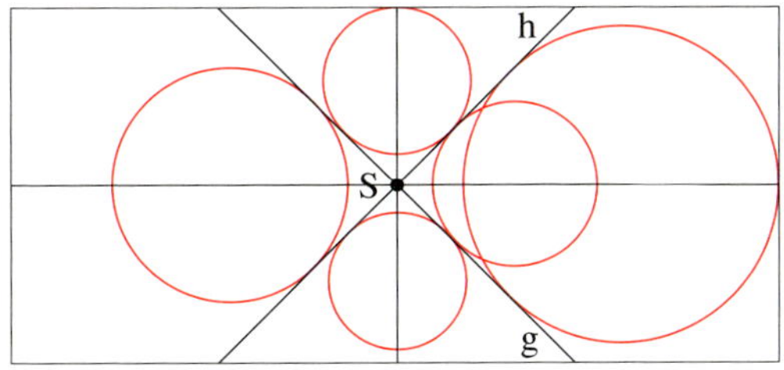

9.3 Winkel im und am Kreis

Aufgabe: Zeichnen Sie einen Kreis K mit einem selbst gewählten Radius r. Legen Sie einen Bogen $\overset{\frown}{AB}$ auf K fest. Zeichnen Sie den zu $\overset{\frown}{AB}$ gehörenden Zentriwinkel und einen zu $\overset{\frown}{AB}$ gehörenden Peripheriewinkel. Messen Sie die beiden Winkel. Was vermuten Sie?
Vermutung: Der Zentriwinkel scheint doppelt so groß zu sein wie der Peripheriewinkel über demselben Bogen.

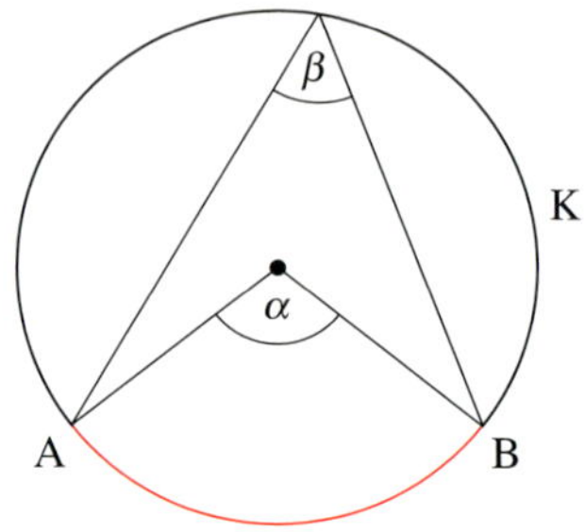

Problem: Untersuchen Sie, ob der Zentriwinkel α über dem Bogen $\overset{\frown}{AB}$ doppelt so groß ist wie ein Peripheriewinkel β über dem gleichen Bogen.

Die Schenkel der beiden Winkel können verschiedene Lagen zueinander haben.

- Der Mittelpunkt M des Kreises liegt auf einem Schenkel des Peripheriewinkels, z. B. auf AC.
- M liegt im Winkelraum des Peripheriewinkels.
- M liegt außerhalb des Winkelraums des Peripheriewinkels.

Für alle drei Fälle wird behauptet: $\alpha = 2 \cdot \beta$.

Zentri-Peripheriewinkelsatz

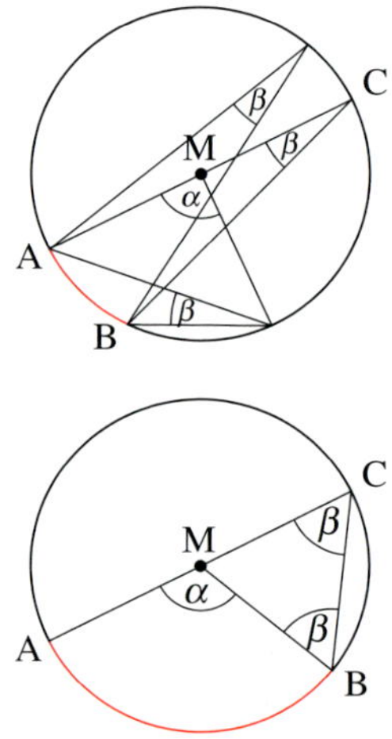

1. Fall: Der Zentriwinkel α ist ein Außenwinkel des gleichschenkligen Dreiecks $\triangle$MBC und als solcher so groß wie die Summe der Größen der beiden nicht anliegenden Innenwinkel des Dreiecks. Wie behauptet, gilt also $\alpha = 2 \cdot \beta$. ► Abschnitt 3.2

► $\alpha = 2 \cdot \beta$

Dieser 1. Fall liefert die **Beweisidee** für die beiden anderen Fälle: Mit Hilfe der Radien des Kreises lassen sich gleichschenklige Dreiecke bilden. Der Zentriwinkel kann vielleicht mit Außenwinkeln dieser Dreiecke verglichen werden.

2. Fall: Man zeichnet den Strahl $\overrightarrow{CM}$. Er teilt den Zentriwinkel α in die Winkel α_1 und α_2 sowie den Peripheriewinkel β in die Winkel β_1 und β_2.
Es gilt: $\alpha_1 = 2 \cdot \beta_1$ als Außenwinkel des Dreiecks $\triangle$AMC.
$\alpha_2 = 2 \cdot \beta_2$ als Außenwinkel des Dreiecks $\triangle$BMC. Daraus folgt:
$\alpha_1 + \alpha_2 = \alpha = 2\beta_1 + 2\beta_2 = 2\beta$.

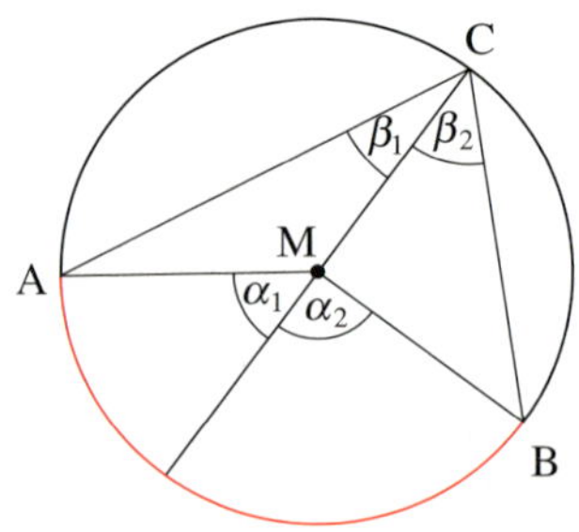

Dieser Beweis erfasst auch den Fall, dass der Zentriwinkel α überstumpf ist.
► Übungen zu 9.3, Aufgabe Nr. 5.

3. Fall: Man zeichnet den Strahl $\overrightarrow{CM}$. Er schneidet den Kreis im Punkt D. Die Dreiecke $\triangle ACM$ und $\triangle BCM$ sind gleichschenklig.
Es gilt: $|\sphericalangle AMD| = 2 \cdot |\sphericalangle ACM|$ (Außenwinkel), $|\sphericalangle BMD| = 2 \cdot |\sphericalangle BCM|$ (Außenwinkel).
Die Größe des Zentriwinkels $\sphericalangle AMB$ ist gleich der Differenz der Winkelgrößen $|\sphericalangle BMD| - |\sphericalangle AMD|$, also gilt:

$$|\sphericalangle AMB| = 2 \cdot (|\sphericalangle BCM| - |\sphericalangle ACM|) = 2 \cdot |\sphericalangle ACB|.$$

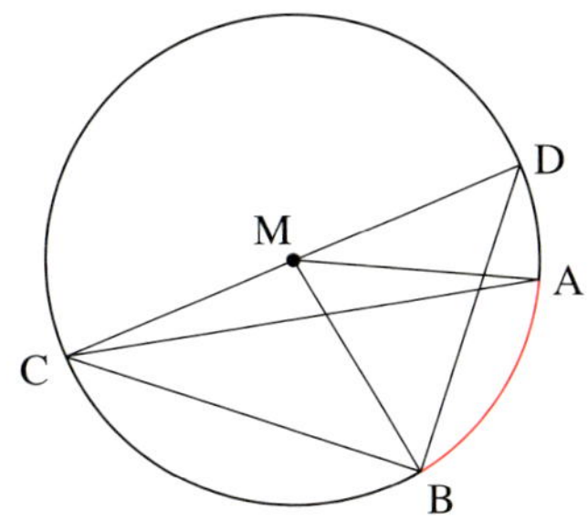

Da die Behauptung unabhängig von der Lage des Peripheriewinkels über dem Bogen $\overset{\frown}{AB}$ gilt, gilt sie für alle Peripheriewinkel über diesem Bogen.

Da alle Peripheriewinkel über dem Bogen $\overset{\frown}{AB}$ halb so groß sind wie der zu $\overset{\frown}{AB}$ gehörende Zentriwinkel, sind sie untereinander alle gleich groß. Der Kreis K, der den Bogen $\overset{\frown}{AB}$ enthält, ist der geometrische Ort, der **Ortskreis** für alle Punkte, von denen aus die Sehne $\overline{AB}$ unter ein und demselben Winkel erscheint.

Peripheriewinkelsatz

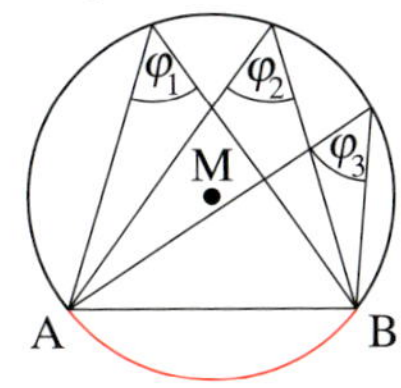

$$\varphi_1 = \varphi_2 = \varphi_3 = \cdots$$

Im Falle, dass der Bogen $\overset{\frown}{AB}$ ein Halbkreis, die Sehne $\overline{AB}$ also ein Durchmesser ist, ist der Zentriwinkel ein gestreckter Winkel, also 180° groß. Die zugehörigen Peripheriewinkel sind dann alle 90° groß. Dieser Sachverhalt wurde schon im Satz des Thales beschrieben.
► Abschnitt 3.5

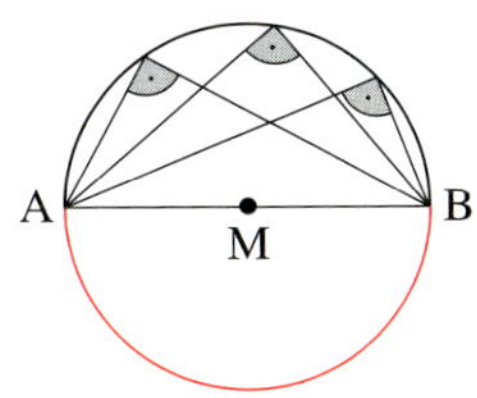

Merke:

- Der Zentriwinkel über dem Bogen $\overset{\frown}{AB}$ ist doppelt so groß wie der Peripheriewinkel über dem gleichen Bogen. ► **Zentri-Peripheriewinkelsatz**
- Alle Peripheriewinkel über dem Bogen $\overset{\frown}{AB}$ sind gleich groß. ► **Peripheriewinkelsatz**
- Alle Peripheriewinkel über einem Durchmesser sind rechte Winkel. ► **Thales-Satz**

Beispiele:

1. Konstruieren Sie einen Kreis, in welchen die Strecke $\overline{AB}$ mit der Länge 4 cm eine Sehne und der Winkel φ mit der Größe 50° ein Peripheriewinkel über dem Bogen $\overset{\frown}{AB}$ ist.

Man kann die Strecke $\overline{AB}$ sofort zeichnen. Was weiß man über den Mittelpunkt M des gesuchten Kreises?

Planfigur

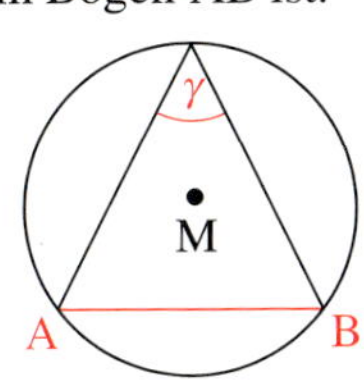

a) M liegt auf der Mittelsenkrechten von $\overline{AB}$.
b) M ist der Scheitel des Zentriwinkels zum gegebenen Peripheriewinkel. Dieser ist $2 \cdot 50°$, also 100° groß. Die Basiswinkel im gleichschenkligen Dreieck $\triangle ABM$ sind demzufolge 40° groß. Das Dreieck $\triangle ABM$ ist nach WSW eindeutig konstruierbar.

Man konstruiert das Dreieck $\triangle ABM$. Der Punkt M ist der Mittelpunkt des gesuchten Kreises. Nun zeichnet man den Kreis K um M durch A.

Man kann $\sphericalangle BAM$ an $\overline{AB}$ in A auch nach der anderen Seite antragen, aber der so entstehende Kreis K_2 ist zu K_1 kongruent, weil sein Radius dem Radius von K_1 gleich ist.

Konstruktion

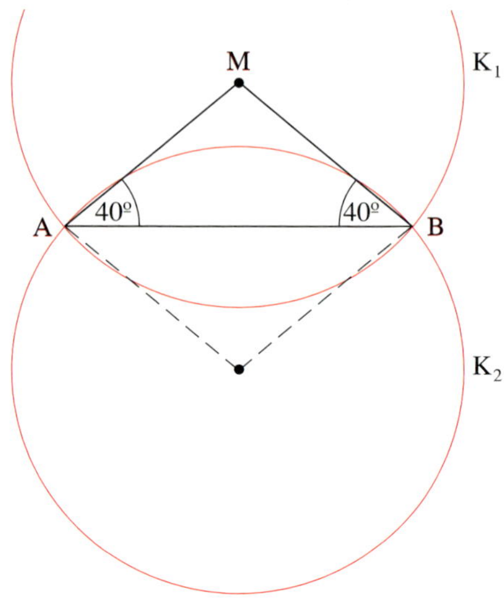

2. Konstruieren Sie ein Dreieck mit 4 cm für $|b|$, 5 cm für $|h_b|$ und der Größe 40° für β.

Die Seite $\overline{AC}$ kann sofort gezeichnet werden. Was weiß man über den Punkt B?

Planfigur

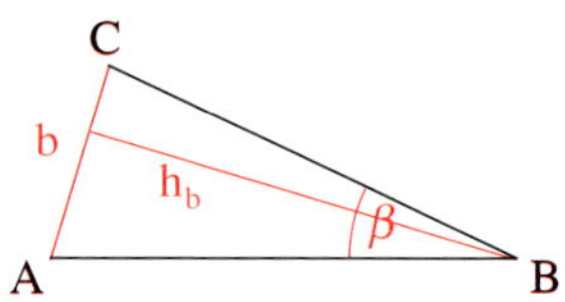

a) B liegt auf dem Ortskreis K über $\overline{AC}$, von dem aus $\overline{AC}$ unter dem Winkel von 40° erscheint.
b) B liegt auf einer Parallelen p zu $\overline{AC}$ im Abstand von 5 cm zu $\overline{AC}$.
c) B ist also ein gemeinsamer Punkt des Ortskreises K und der Parallelen p.

Man konstruiert das gleichschenklige Dreieck $\triangle ACM$ mit Basiswinkeln der Größe $(180° - 80°)$: 2, also 50° und zeichnet um M den Kreis K durch A. Sodann konstruiert man auf der Seite von M die Parallele p zu $\overline{AC}$ im Abstand von 5 cm. p schneidet K in B_1 und B_2. Die Dreiecke $\triangle AB_1C$ und $\triangle AB_2C$ sind Lösungen der Konstruktionsaufgabe. Sie sind symmetrisch zur Mittelsenkrechten von $\overline{AC}$, die Konstruktionsaufgabe ist bis auf Kongruenz eindeutig lösbar.

Konstruktion

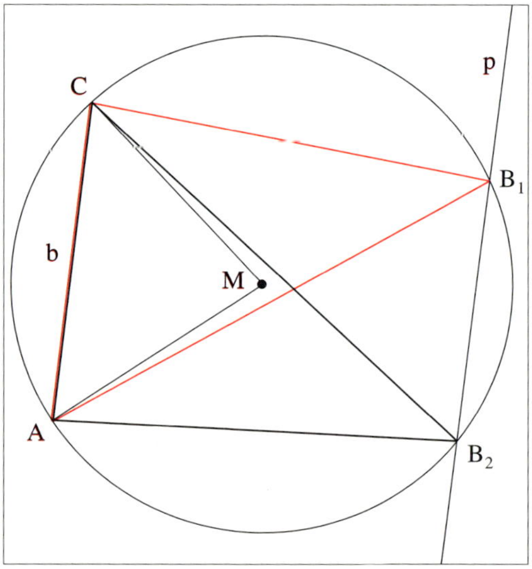

Anwendung:

Hat man sich beim Querfeldein-Wandern im Gelände verlaufen, obwohl man eine Wanderkarte zur Verfügung hatte, kann man u.U. seinen Standort mithilfe der Karte und eines Kompasses auf der Karte aufsuchen.
Dazu bestimmt man die Winkel, unter denen zwei durch markante Punkte bestimmte Strecken erscheinen. A ist z. B. ein Aussichtsturm, B eine Wegkreuzung, C ein einzeln stehender Baum. Wenn die Strecke $\overline{AB}$ unter einem Winkel von 40° und die Strecke $\overline{BC}$ unter einem Winkel von 50° erscheint, so konstruiert man die Ortskreise zu $\overline{AB}$ und $\overline{BC}$. Diese schneiden sich in B und dem Punkt, an dem man sich befindet.

Schema der Ausführung:

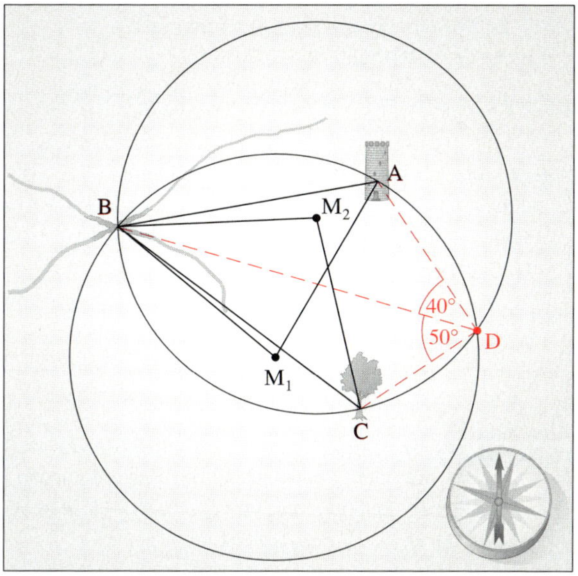

Auch über den Winkel, den eine Tangente an einen Kreis mit einer Sehne des Kreises bildet, deren einer Endpunkt der Berührungspunkt der Tangente ist, lässt sich eine Aussage machen.

Stellt man sich vor, dass der Scheitel C eines Peripheriewinkels über dem Bogen $\overset{\frown}{AB}$ eines Kreises K auf der Kreisperipherie auf A zu wandert, so erkennt man, dass sich die Sekante AC immer mehr der Tangente t in A an K und die Sehne $\overline{BC}$ der Sehne $\overline{BA}$ nähert.
Fällt C auf A, so nimmt t die Rolle von $\overline{AC}$ ein und $\overline{BC}$ fällt auf $\overline{BA}$. Die Größe des Winkels ∢ACB ändert sich bei der beschriebenen Bewegung nicht, und der Peripheriewinkel ∢ACB geht in den Winkel zwischen der Tangente t und der Sehne AB über.

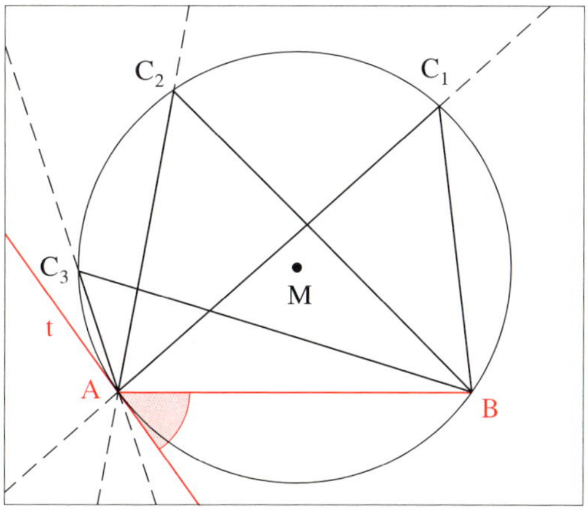

Einen Winkel, dessen einer Schenkel eine Tangente und dessen anderer Schenkel eine Sehne eines Kreises ist, nennt man **Sehnentangentenwinkel**.

Die voranstehende Betrachtung zeigt:

Merke:

Der Sehnentangentenwinkel, welcher den Kreisbogen $\overset{\frown}{AB}$ einschließt, ist genauso groß wie der Peripheriewinkel über dem gleichen Bogen.

Da der zum Bogen $\overset{\frown}{AB}$ gehörende Zentriwinkel stets doppelt so groß ist wie dessen Peripheriewinkel, gelten also auch die folgenden Aussagen:

Merke:

Der Sehnentangentenwinkel, welcher den Bogen $\overset{\frown}{AB}$ einschließt, ist

- halb so groß wie der zum Bogen gehörende Zentriwinkel;
- genauso groß wie der Winkel zwischen dem Berührungsradius und dem Lot vom Kreismittelpunkt auf die zum Bogen gehörende Sehne.

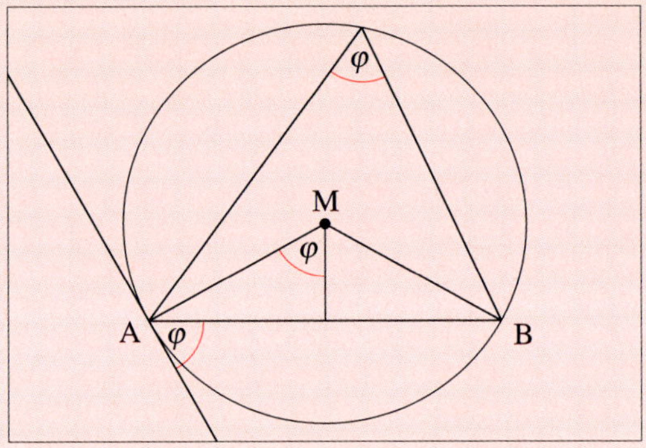

Anwendung:

Konstruieren Sie unter Verwendung der Sätze über den Sehnentangentenwinkel den Ortskreis über der Sehne $\overline{AB}$ mit einer Länge von 5 cm, in welchem der zugehörige Peripheriewinkel 65° beträgt.

Aus der Planfigur entnimmt man: Man kann $\overline{AB}$ sofort zeichnen und an $\overline{AB}$ in A den Winkel von 65° antragen. Der freie Schenkel dieses Winkels ist Tangente an den gesuchten Kreis. Dessen Mittelpunkt liegt einerseits auf der Mittelsenkrechten zu $\overline{AB}$, andererseits auf der Senkrechten zu der Tangente durch A.

Man zeichnet $\overline{AB}$ und konstruiert die Mittelsenkrechte dieser Strecke. Sodann trägt man in A an $\overline{AB}$ den Winkel von 65° an und konstruiert zum freien Schenkel dieses Winkels in A die Senkrechte. Sie schneidet die Mittelsenkrechte zu $\overline{AB}$ im Mittelpunkt M des gesuchten Kreises.
Man kann den Winkel von 65° in A an $\overline{AB}$ in beide Halbebenen antragen. Die entstehenden Figuren sind aber kongruent, die Konstruktion ist also bis auf Kongruenz eindeutig.

Planfigur

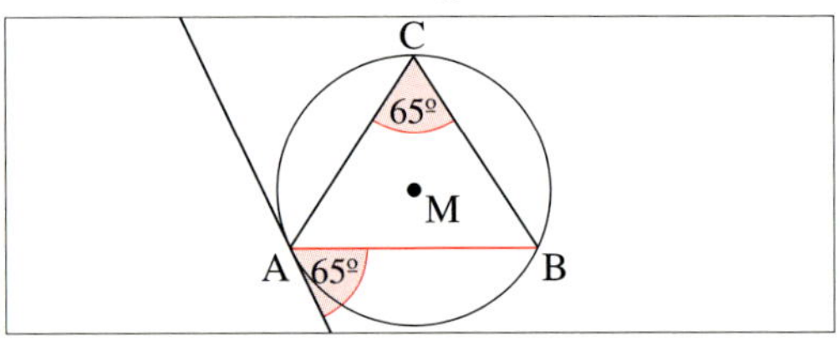

Konstruktion

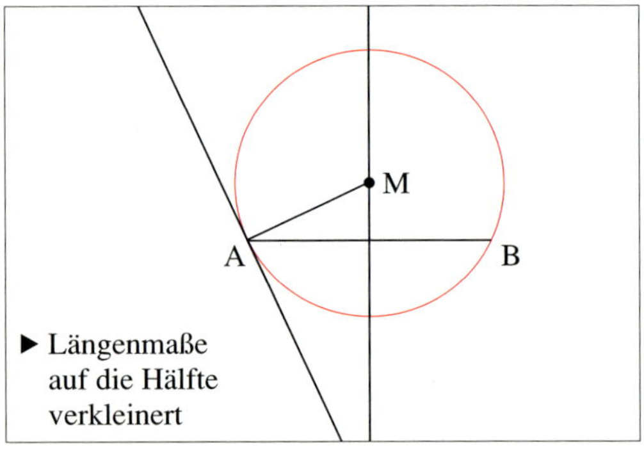

Übungen zu 9

9.1 Kreis und Gerade

Kreis und Sehne

1. Zeichnen Sie einen Kreis durch Umfahren eines runden Gegenstandes und suchen Sie seinen Mittelpunkt.

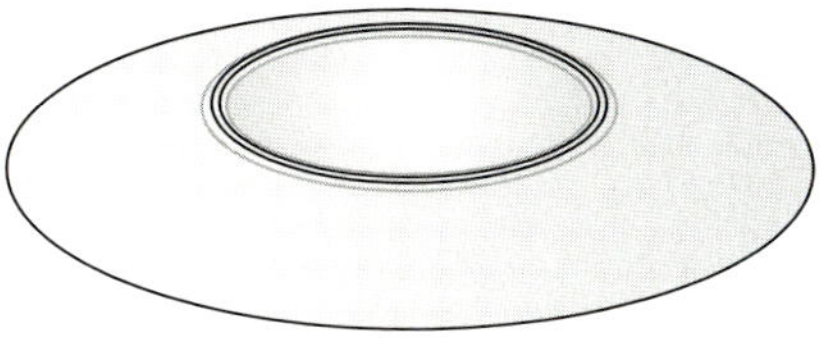
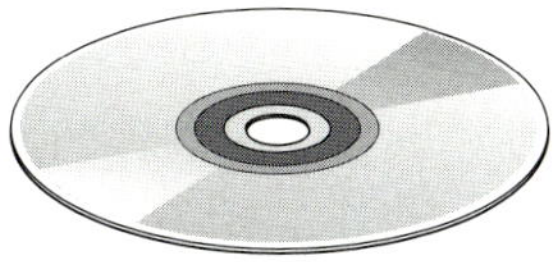
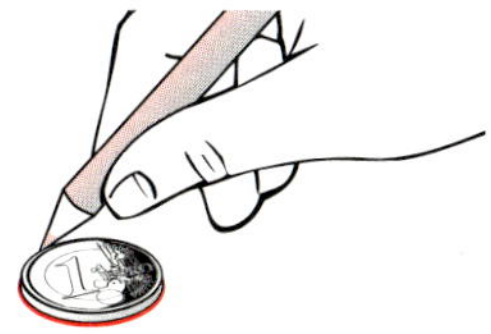

2. Drei Orte A, B und C haben folgende Entfernungen:

$$|\overline{AB}| = 7500\,\text{m},\ |\overline{AC}| = 5200\,\text{m},\ |\overline{BC}| = 5900\,\text{m}.$$

Wo liegt der Punkt, der von allen Orten gleich weit entfernt ist? Wie groß ist die Entfernung?

3. An welcher Stelle ist man von Hamburg, Berlin und Köln gleich weit entfernt? Wie groß ist die Entfernung? Benutzen Sie eine Landkarte.

4. Ein Kreis ($r = 2{,}7$ cm) soll durch einen Punkt P einer Geraden g gehen und auf ihr die Sehne mit $s = 4{,}2$ cm abschneiden.

Kreis und Tangente

1. Zeichnen Sie einen Kreis ($r = 2{,}5$ cm), der eine Gerade g im Punkt P berührt.

2. Zeichnen Sie durch einen Punkt P eines Kreisbogens ($r = 2{,}5$ cm) eine Sehne, die 1,5 cm vom Mittelpunkt entfernt ist.

3. Zeichnen Sie an einen Kreis ($r = 3$ cm) vom Punkt P die Tangenten.

4. Von einem Kreis kennt man die Richtung der Tangente und den Mittelpunkt. Zeichnen Sie den Kreis. Wie lang ist sein Durchmesser?

5. Zeichnen Sie in einen Kreis ($r = 4$ cm) gleich lange Sehnen ($s = 3$ cm). Wo liegen die Halbierungspunkte aller Sehnen?

6. Zeichnen Sie verschieden große Kreise, die eine Gerade g im Punkt A berühren. Wo liegen die Mittelpunkte all dieser Kreise?

7. Zwei Kreise (r_1 und r_2) schneiden von einer Geraden zwei Sehnen von der Länge s_1 und s_2 ab. Zeichnen Sie Kreise und Gerade.

8. An einen Kreis ($r = 2{,}5$ cm) sollen vom Punkt P, der 3,5 cm vom Mittelpunkt entfernt ist, die Tangenten gezeichnet werden. Wie lang sind die Tangentenstrecken?

9. Wie lang sind die Tangentenstrecken an einen Kreis ($r = 3$ cm), wenn beide Tangenten einen Winkel von 50° bilden?

10. Ein Ballon ($D = 12$ m) wird unter einem Sehwinkel von 12° gesehen. Wie weit ist der Beobachter ungefähr entfernt?

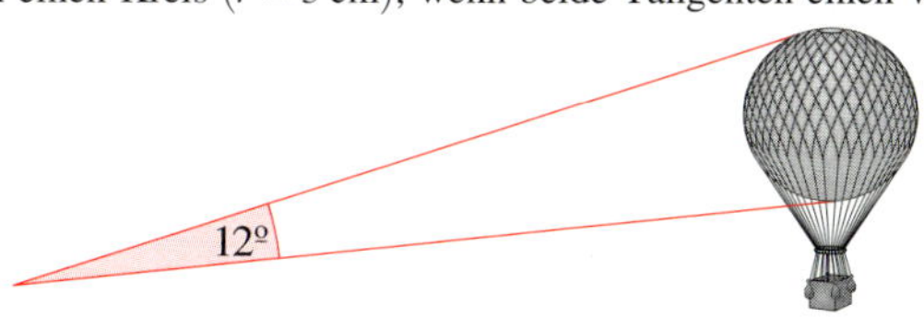

11. Wie lang ist ungefähr der Durchmesser eines runden Wasserturmes, wenn man ihn aus 100 m Entfernung unter einem Sehwinkel von 14° sieht?

12. Konstruieren Sie die inneren Tangenten an zwei Kreise, deren Radien unterschiedlich lang sind.

13. Überlegen Sie, ob die Radien zweier Kreise, an die sowohl die äußeren als auch die inneren Tangenten konstruiert werden sollen, auch gleich lang sein können.

Kreis und Viereck

1. Zeichnen Sie ein Sehnenviereck aus

a)	b)	c)	d)	e)
$b = 4{,}2$ cm	$c = 2{,}2$ cm	$a = 7{,}4$ cm	$a = 5{,}7$ cm	$b = 3$ cm
$d = 3{,}5$ cm	$r = 2{,}3$ cm	$c = 5{,}5$ cm	$c = 4{,}2$ cm	$d = 5$ cm
$r = 3{,}2$ cm	$\alpha = 52°$	$d = 5{,}4$ cm	$d = 3{,}5$ cm	$\beta = 95°$
$\beta = 74°$	$\beta = 98°$	$f = 8{,}5$ cm	$\beta = 75°$	$\gamma = 110°$

r bezeichnet den Radius des Umkreises des Sehnenvierecks.

f)	g)
$a = 5{,}7$ cm	$a = 5{,}4$ cm
$d = 3{,}5$ cm	$f = 6{,}1$ cm
$\beta = 65°$	$\alpha = 73°$
$\gamma = 115°$	$\beta = 94°$

2. Zeichnen Sie ein Tangentenviereck aus

a)	b)	c)	d)	e)
$b = 5{,}2$ cm	$b = 3$ cm	$a = 3{,}8$ cm	$b = 6{,}4$ cm	$e = 7{,}1$ cm
$c = 5{,}7$ cm	$\beta = 108°$	$b = 4{,}6$ cm	$f = 10{,}2$ cm	$\varrho = 2{,}6$ cm
$\beta = 95°$	$\gamma = 98°$	$c = 6{,}6$ cm	$\varrho = 3{,}4$ cm	$\alpha = 124°$
$\gamma = 100°$	$\delta = 100°$	$f = 7{,}9$ cm	$\beta = 84°$	$\beta = 78°$

ϱ bezeichnet den Radius des Inkreises des Tangentenvierecks.

9.2 Kreis und Kreis

1. Zeichnen Sie einen Kreis ($r_1 = 2$ cm), der einen anderen Kreis ($r_2 = 1$ cm) im Punkt P berührt.

2. Gegeben ist ein Kreis ($r = 2$ cm) und auf seinem Umfang ein Punkt A, außerdem ein Punkt B außerhalb des Kreises. Zeichnen Sie den Kreis, der A berührt und durch B geht.

3. Gegeben sind zwei Kreise ($r_1 = 2$ cm, $r_2 = 1$ cm). Ihre Mittelpunkte sind 6 cm voneinander entfernt. Zeichnen Sie den Kreis, der beide Kreise berührt. Wie lang ist sein Halbmesser?

4. Gegeben sind zwei Kreise ($r_1 = 2{,}5$ cm, $r_2 = 1{,}5$ cm). Ihre Mittelpunkte sind 5 cm voneinander entfernt. Zeichnen Sie an beide Kreise

a) die gemeinsamen äußeren Tangenten,

b) die gemeinsamen inneren Tangenten.

c) Wie lang sind die Tangentenstrecken?

5. Zwei Punkte A und B sind 6 cm voneinander entfernt. Zeichnen Sie die Geraden, die von Punkt A 3,5 cm und von Punkt B 2 cm entfernt sind.

6. Die Mittelpunkte zweier Kreise ($r_1 = 2$ cm, $r_2 = 1{,}5$ cm) sind 10 cm voneinander entfernt. Von welcher Stelle zwischen den Kreisen sieht man beide Kreise unter dem gleichen Winkel?

7. Vor einer runden Lichtquelle ($r_1 = 1{,}7$ cm) befindet sich ein runder Körper ($r_2 = 0{,}7$ cm). Beide Mittelpunkte sind 9,5 cm voneinander entfernt. Konstruieren Sie den Kern- und Halbschatten.

8. Eine Schleifscheibe soll mit einer Transmission aus dem Nebenraum angetrieben werden. In welcher Höhe müssen in die Wand Löcher gebrochen werden?

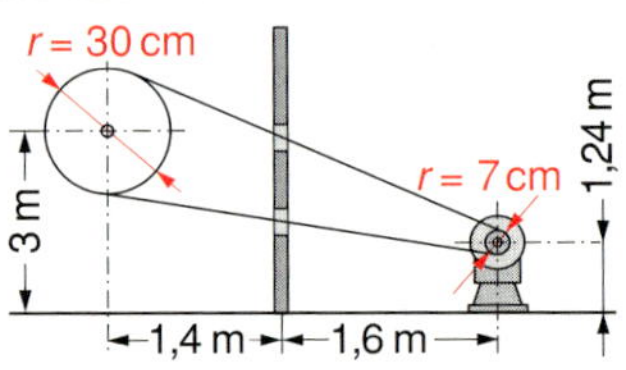

9. Zeichnen Sie ein Dreieck aus

a)	b)	c)
$h_b = 4{,}5$ cm	$\varrho = 1{,}3$ cm	c, r, ϱ
$\varrho = 1{,}5$ cm	$h_c = 4{,}3$ cm	
$\beta = 30°$	$\gamma = 45°$	**d)** a, r, ϱ

ϱ: Radius des Inkreises
r: Radius des Umkreises

10. Zeichnen Sie ein Tangentenviereck aus
$b = 7{,}1$ cm; $d = 4{,}7$ cm; $\beta = 70°$; $\gamma = 85°$.

9.3 Winkel im und am Kreis

1. Zeichnen Sie den Ortskreis, in dem c Sehne und γ Umfangswinkel ist:

a) $c = 4$ cm, $\gamma = 50°$ **b)** $c = 6{,}5$ cm, $\gamma = 80°$ **c)** $c = 3{,}5$ cm, $\gamma = 140°$ **d)** $c = 5{,}5$ cm, $\gamma = 45°$

2. Zeichnen Sie die Linie, auf der sich ein Kunstmaler aufhalten muss, wenn er ein 45 m langes Gebäude unter dem günstigsten Sehwinkel von 30° betrachten will.

3. Ein gleichschenkliges Trapez besteht aus folgenden Stücken: $a = 7$ cm, $c = 5$ cm und $h = 3$ cm. Von welcher Stelle im Trapez sieht man a unter einem Winkel von 120° und c unter einem Winkel von 70°?

4. Drei im Gelände weithin sichtbare Punkte bilden laut Meßtischblatt ein Dreieck mit den Seitenlängen $|\overline{AB}| = 700$ m, $|\overline{BC}| = 630$ m und $|\overline{CA}| = 800$ m. Ein im Gelände stehender Wanderer sieht die Strecken $\overline{AB}$ unter einem Sehwinkel von 86° und $\overline{BC}$ unter einem Sehwinkel von 58°. An welcher Stelle im Gelände befindet sich der Wanderer? Wie weit ist er von den drei Punkten entfernt?

5. Beweisen Sie den Lehrsatz: „Ein Zentriwinkel α über dem Bogen $\overset{\frown}{AB}$ ist doppelt so groß wie ein Peripheriewinkel β über dem gleichen Bogen" für den Fall, dass α überstumpf ist.

Wiederholungsfragen zu 9

1. Erklären Sie die Begriffe Sekante, Sehne und Tangente.

2. Erklären Sie die Begriffe Zentriwinkel, Peripheriewinkel und Sehnentangentenwinkel.

3. In welchem Punkt treffen sich die Mittelsenkrechten zweier nicht paralleler Sehnen eines Kreises?

4. Was wissen Sie über gleich lange Sehnen eines Kreises?

5. Durch wie viele Punkte ist ein Kreis eindeutig bestimmt?

6. Wie viele Tangenten an einen Kreis gibt es von einem Punkt außerhalb des Kreises?

7. Wie groß ist der Winkel zwischen einer Tangente und dem zugehörigen Berührungsradius?

8. Wie werden die Tangenten von einem Punkt außerhalb des Kreises an den Kreis konstruiert?

9. Wo liegen die Mittelpunkte der Kreise, die zwei gegebene Geraden berühren?

10. Erkären Sie die Begriffe Sehnenviereck und Tangentenviereck.

11. Wann besitzt ein Viereck einen Inkreis, wann einen Umkreis?

12. Welche Beziehung besteht zwischen einem Zentriwinkel und den Peripheriewinkeln über dem gleichen Bogen?

13. Wie groß ist der Peripheriewinkel über einem Viertelkreis?

14. Wie lautet der Peripheriewinkelsatz?

15. Wie wird der Kreis gezeichnet, in dem $\overline{AB}$ eine Sehne und $\sphericalangle\beta$ ein zum Bogen $\overset{\frown}{AB}$ gehörender Peripheriewinkel ist?

16. Erläutern Sie den Sehnentangentenwinkel-Satz.

17. Welche Lage können zwei Kreise zueinander haben? Erläutern Sie die Begriffe„konzentrische Kreise" und „exzentrische Kreise".

18. Wie viele gemeinsame Tangenten haben zwei Kreise, die sich weder schneiden noch berühren?

10 Streckenverhältnisse und Ähnlichkeit ebener Figuren

10.1 Streckenverhältnisse

Wenn auf Landkarten der Maßstab 1 : 100 000 oder 1 : 1 000 000 angegeben ist, so bedeutet das: 1 cm auf der Karte entsprechen 100 000 cm oder 1 km bzw. 1 000 000 cm oder 10 km in der Natur. (Verkleinerung). Wenn für ein Mikroskop der Maßstab 1000 : 1 angegeben ist, so bedeutet das: 10 mm im mikroskopischen Bild entsprechen 0,01 mm des betrachteten Objekts. (Vergrößerung).

Der Maßstab beschreibt das **Verhältnis der Längen zweier Strecken** zueinander:

Die Länge einer Strecke auf der Karte verhält sich zur Länge der entsprechenden Strecke in der Natur z. B. wie 1 : 100 000, oder: Die Länge einer Strecke im mikroskopischen Bild verhält sich zur Länge der entsprechenden Strecke vor dem Objektiv des Mikroskops wie 1000 : 1.

Das Verhältnis der Längen zweier Strecken zueinander ist also ein Quotient. Es kann sowohl mit einem Doppelpunkt, wie beim Maßstab üblich – 1 : 100 000 – als auch mit einem Bruchstrich –

$\frac{1}{100\,000}$ – geschrieben werden.

Maßstab einer Landkarte

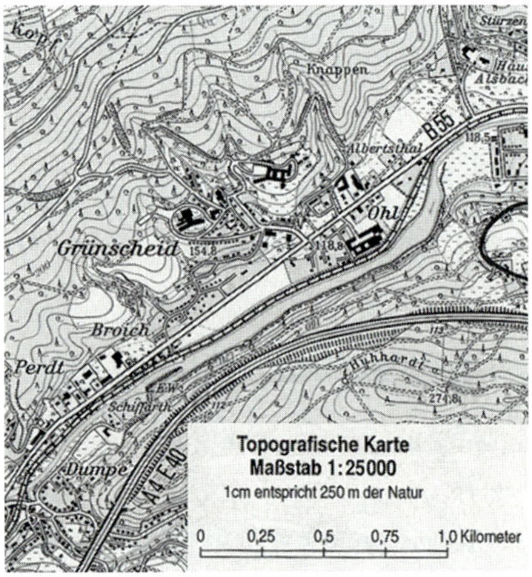

Messtischblatt; Maßstab 1 : 25 000

Das Verhältnis der Längen zweier Strecken

Steht a für 3 cm, b für 6 cm, so gilt für das Verhältnis a zu b:

$$a : b = \frac{a}{b} = \frac{3\text{ cm}}{6\text{ cm}} = \frac{3}{6} = \frac{1}{2} = 0{,}5.$$

In der Mathematik spricht man häufig abkürzend statt vom Verhältnis der Längen zweier Strecken zueinander einfach vom Verhältnis der Strecken bzw. dem **Streckenverhältnis**. In dieser Weise wird auch im Folgenden verfahren.

Merke:

Unter dem Verhältnis der Längen zweier Strecken $\overline{AB}$ und $\overline{CD}$ zueinander versteht man den Quotienten der Maßzahlen ihrer Längen: $\frac{|\overline{AB}|}{|\overline{CD}|}$. ► **Streckenverhältnis**

Die Erklärung des Streckenverhältnisses gilt auch für den Fall, dass die Strecken $\overline{AP}$ und $\overline{PB}$ auf derselben Geraden liegen und P die Strecke $\overline{AB}$ teilt. Man spricht dann von **innerer Teilung** der Strecke $\overline{AB}$ durch P im Verhältnis $\frac{|\overline{AP}|}{|\overline{PB}|}$.

Liegt P außerhalb von $\overline{AB}$, entweder auf der Verlängerung von $\overline{AB}$ über A oder über B hinaus, sagt man, die Strecke $\overline{AB}$ ist durch P im Verhältnis $\frac{|\overline{AP}|}{|\overline{PB}|}$ **äußerlich geteilt**.

Innere Teilung einer Strecke

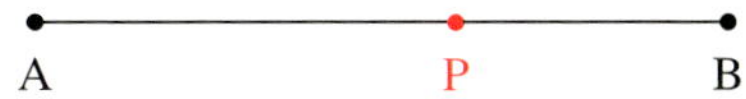

Äußere Teilung einer Strecke

Problem: Gegeben ist eine Gerade g und auf ihr die festen Punkte A und B. Ein Punkt P liegt

a) zwischen A und B; stellen Sie fest, wie sich das Verhältnis $\frac{|\overline{AP}|}{|\overline{PB}|}$ ändert, wenn P in Richtung von B nach A hin oder in Richtung von A nach B hin wandert;

b) auf der Verlängerung von $\overline{AB}$ über B hinaus; was kann man jetzt über das Verhältnis der Strecken $\overline{AP}$ und $\overline{PB}$ sagen?

c) P liegt auf der Verlängerung von $\overline{AB}$ über A hinaus. Gibt es einen Unterschied zu Fall b)?

a) Wenn P in der Mitte von $\overline{AB}$ liegt, so sind die Strecken $\overline{AP}$ und $\overline{PB}$ gleich lang und es gilt: $\frac{|\overline{AP}|}{|\overline{PB}|} = 1$.

Wandert nun P auf A zu, so wird die Strecke $\overline{AP}$ immer kleiner, die Länge der Strecke $\overline{PB}$ nähert sich der Länge von $\overline{AB}$, das Verhältnis der Strecken nähert sich umso mehr dem Wert 0, je weiter P auf A zurückt.

Wandert P auf B zu, so nähert sich die Länge von $\overline{AP}$ der Länge von $\overline{AB}$, $|\overline{PB}|$ aber wird immer kleiner, d. h. aber, das Verhältnis $\frac{|\overline{AP}|}{|\overline{PB}|}$ wird immer größer.

b) Nähert sich P dem Punkt B, so wird die Länge der Strecke $\overline{PB}$ sehr klein, während die Länge von $\overline{AP}$ sich der Länge von $\overline{AB}$ annähert. Das Verhältnis $|\overline{AP}| : |\overline{PB}|$ wird immer größer.

Wandert P von B weg, so werden die Unterschiede in den Längen der Strecken $\overline{AP}$ und $\overline{PB}$ immer kleiner, das Verhältnis $|\overline{AP}| : |\overline{PB}|$ nähert sich dem Wert 1.

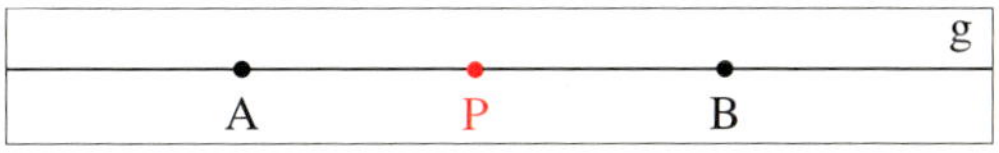

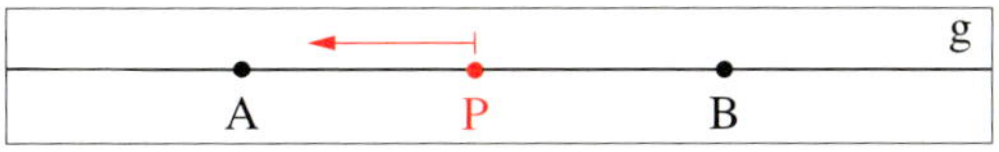

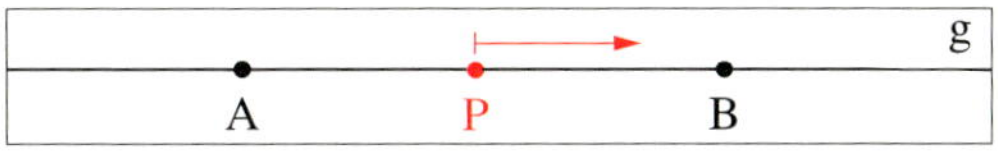

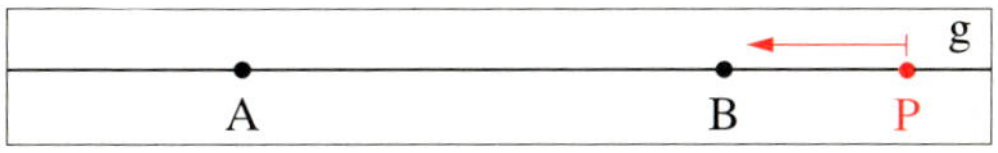

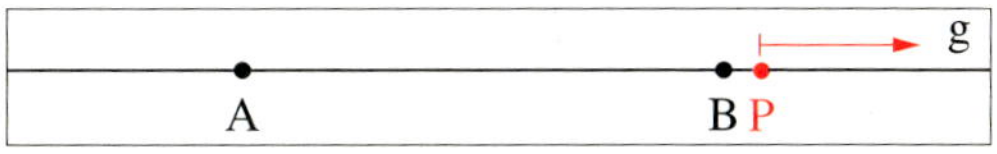

c) Ähnliche Überlegungen wie unter b) führen zu der Erkenntnis, dass das Verhältnis $|\overline{AP}| : |\overline{PB}|$ für Punkte P, die nahe bei A liegen, sehr klein ist und sich immer mehr dem Wert 1 nähert, je weiter sich P von A entfernt.

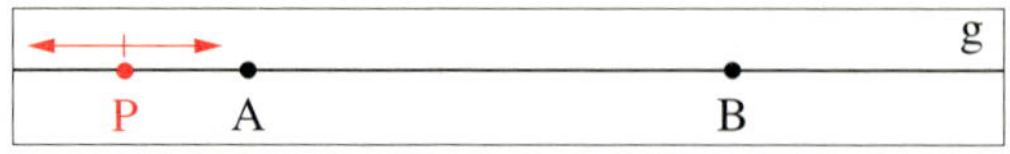

Ein besonderer Fall der inneren Teilung einer Strecke ist der **Goldene Schnitt**.

Eine Strecke $\overline{AB}$ wird durch den Punkt P im Goldenen Schnitt geteilt, wenn gilt: $|\overline{PB}| : |\overline{AP}| = |\overline{AP}| : |\overline{AB}|$, wenn also $\overline{AP}$ die **mittlere Proportionale** zu $\overline{PB}$ und $\overline{AB}$ ist, d. h., wenn sich der kleinere Abschnitt der Strecke zum größeren verhält wie dieser zur ganzen Strecke. ► Bezüglich Proportionen vergl. Kusch Mathematik Bd.1, Abschnitt 2.3.6

Man sagt auch, die Strecke $\overline{AB}$ ist in diesem Falle **stetig geteilt**.

Mit den Bezeichnungen der nebenstehenden Zeichnung gilt also die Proportion $(a-x) : x = x : a$. Man formt sie in die Normalform einer quadratischen Gleichung um, die man mithilfe der Lösungsformel löst.

► Lehrbuch Kusch 1, Kapitel 5

Die Länge x von $\overline{AP}$ kann somit berechnet werden.

Im Abschnitt 10.4 wird ein Verfahren zur konstruktiven Bestimmung von P beschrieben.

Goldener Schnitt

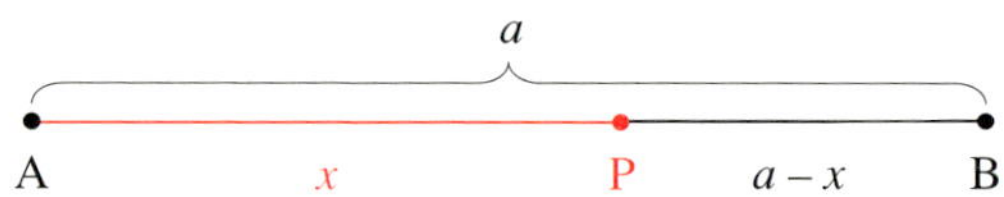

Aus $(a-x) : x = x : a$ folgt:

$$x^2 + ax - a^2 = 0 \text{ und}$$

$$x_{1,2} = -\frac{a}{2} \pm \sqrt{\frac{a^2}{4} + a^2}$$

$$x_{1,2} = -\frac{a}{2} \pm \sqrt{\frac{a^2 + 4a^2}{4}}.$$ Wegen $x > 0$ cm ist nur das $+$-Zeichen vor der Wurzel von Bedeutung. Es folgt:

$$x_1 = -\frac{a}{2} + \frac{a}{2}\sqrt{5} = \frac{\sqrt{5}-1}{2} \cdot a$$

und

$$a - x_1 = \frac{3-\sqrt{5}}{2} \cdot a.$$

Durch den Goldenen Schnitt beschriebene Maßverhältnisse werden als schön empfunden.

Schon in der Antike gab es Bemühungen, die in harmonisch und schön empfundenen natürlichen oder künstlerischen Objekten vorliegenden Maßverhältnisse mathematisch zu erfassen. Das Prinzip des Goldenen Schnitts ist ein bedeutendes Beispiel dafür.

Sicherlich legten bildende Künstler oder Architekten diese Proportion ihren Werken häufig unbewusst zugrunde, aber nicht selten wurde sie auch planmäßig angewandt.

Das trifft auf die Wahl von Bildformaten (z. B. als Goldenes Rechteck), die Grund- und Aufrissgestaltung von Bauwerken oder

Altes Rathaus Leipzig

für die Proportionierung wichtiger Gliederungselemente zu.

Die hier gegebenen Beispiele belegen diese Aussage.

Die Unterbrechung der Fassade des alten Rathauses in Leipzig durch einen Turm ist dafür ebenso ein Beispiel wie die Proportionszeichnung von Albrecht Dürer. In Dürers Schaffen spielte bekanntlich die Geometrie eine große Rolle.
In den Darstellungen vieler Maler gilt übrigens der Nabel eines Erwachsenen als der Punkt, der dessen volle Körperlänge stetig teilt.

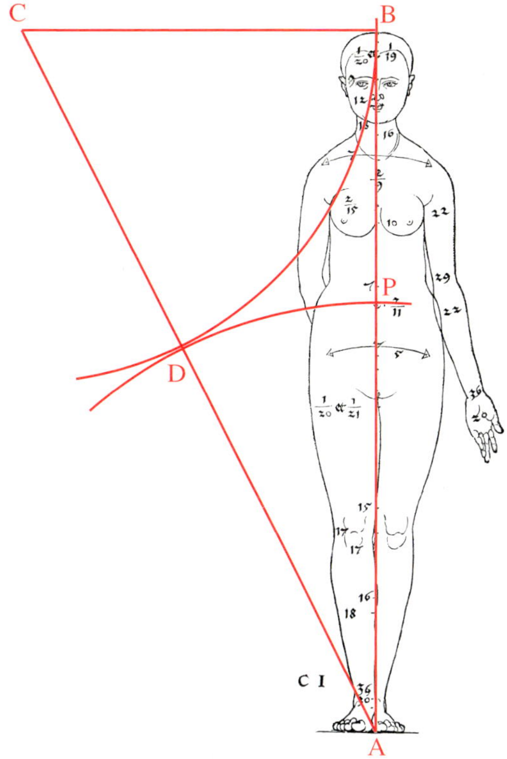

Projektion des Goldenen Schnitts auf eine Proportionszeichnung von Albrecht Dürer

Eine weitere, historisch bedeutsame Streckenteilung ist die **harmonische Teilung**.

Wird eine Strecke $\overline{AB}$ innen **und** außen im gleichen Verhältnis $m:n$ geteilt, so sagt man, sie ist **harmonisch geteilt**. Ist P_1 der innere und P_2 der äußere Teilpunkt, so heißen die Punkte A; B; P_1 und P_2 **harmonische Punkte**.

Es gilt: $|\overline{AP_1}|:|\overline{P_1B}| = |\overline{AP_2}|:|\overline{P_2B}|$.

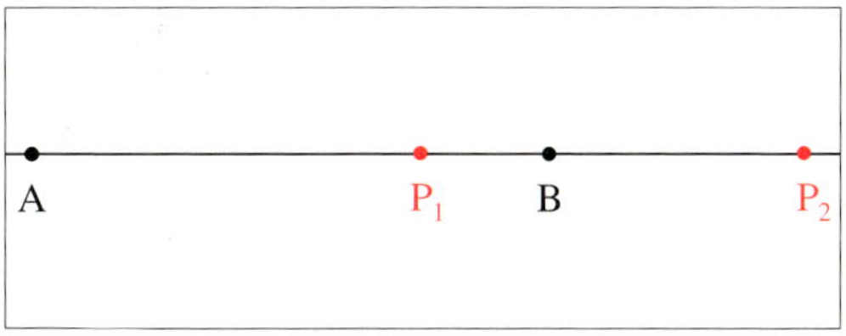

Die Bezeichnung „harmonische Punkte“ stammt von Pythagoras (griechischer Mathematiker, ungefähr 500 v.u.Z.) Sie rührt daher, dass drei gleichartige und gleich gespannte Saiten, deren Längen der harmonischen Teilung entsprechen, eine Konsonanz, einen Wohlklang ergeben.

Das Gleiche gilt auch für die Luftsäulen von Orgelpfeifen. Terz und Quinte bilden zusammen mit dem Grundton eine gute Konsonanz. Auf diesem Dreiklang baut die sog. Harmonielehre auf.
Die nebenstehende Zeichnung verdeutlicht das. Es gilt:

$|\overline{AC}|:|\overline{CB}| = |\overline{DA}|:|\overline{DB}| = 5:1$ und

$|\overline{AC}|:|\overline{AD}| = |\overline{CB}|:|\overline{BD}| = 2:3$.

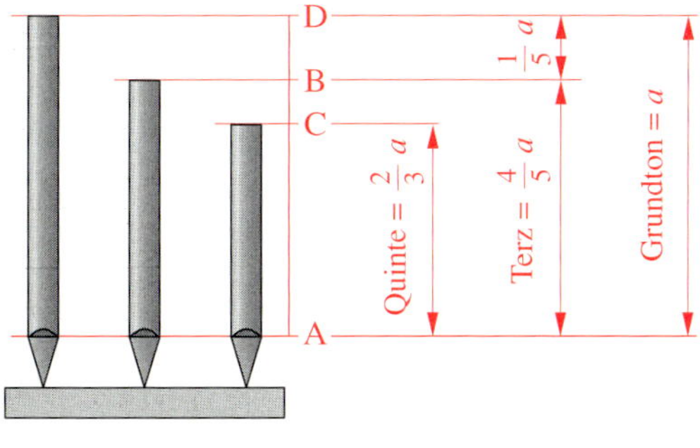

10.2 Strahlensätze

Auch für Strecken, die auf voneinander verschiedenen Geraden oder Strahlen liegen, können Streckenverhältnisse gebildet werden. Das ist z. B. von Bedeutung für Konstruktionsaufgaben oder Beweise, in denen parallele Geraden oder Strahlen vorkommen.
Zunächst soll die Figur zweier von einem Punkt S ausgehender Strahlen – ein sog. **Zweistrahl** – betrachtet werden, die von zwei parallelen Geraden in vier Punkten A, A′, B, B′ so geschnitten werden, wie es die folgende Zeichnung zeigt.

Auftrag:

Messen Sie die Strecken $\overline{SA}$, $\overline{SA'}$, $\overline{SB}$, $\overline{SB'}$, $\overline{AA'}$ und $\overline{BB'}$ und bestimmen Sie die Verhältnisse $|\overline{SA}|:|\overline{SA'}|$, $|\overline{SB}|:|\overline{SB'}|$ und $|\overline{SA}|:|\overline{AA'}|$ sowie $|\overline{SB}|:|\overline{BB'}|$. Was vermuten Sie?

In der nebenstehenden Zeichnung gilt:
$|\overline{SA}| = 2$ cm, $|\overline{SA'}| = 4$ cm; $|\overline{SB}| = 2{,}8$ cm,
$|\overline{SB'}| = 5{,}6$ cm, $|\overline{AA'}| = 2$ cm,
$|\overline{BB'}| = 2{,}8$ cm.
Man erhält für die verlangten Verhältnisse:
$|\overline{SA}|:|\overline{SA'}| = 1:2$; $|\overline{SB}|:|\overline{SB'}| = 1:2$;
$|\overline{SA}|:|\overline{AA'}| = 1:1$; $|\overline{SB}|:|\overline{BB'}| = 1:1$.
Man kann also vermuten: Je zwei der betrachteten Verhältnisse sind gleich.

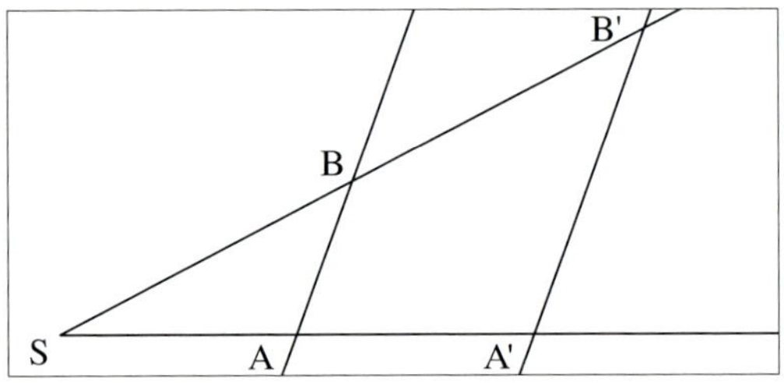

Die Strecken $\overline{SA}$, $\overline{SA'}$, $\overline{SB}$, $\overline{SB'}$, $\overline{AA'}$ und $\overline{BB'}$ heißen Abschnitte auf den Strahlen, kurz **Strahlenabschnitte**; davon sind $\overline{SA}$ und $\overline{SB}$ und $\overline{SA'}$ und $\overline{SB'}$ sowie $\overline{AA'}$ und $\overline{BB'}$ jeweils **gleich liegende** Strahlenabschnitte, weil sie von S aus gesehen die gleiche Lage auf den Strahlen haben.

Problem: Untersuchen Sie, ob für einen Zweistrahl gilt: Wird ein Zweistrahl aus S von zwei parallelen Geraden in den Punkten A, A′, B, B′ geschnitten, so ist das Verhältnis zweier Abschnitte auf dem einen Strahl dem Verhältnis der gleich liegenden Abschnitte auf dem anderen Strahl gleich.

Es soll zunächst der Fall betrachtet werden, dass es für die Strecken $\overline{SA}$ und $\overline{SA'}$ eine Messstrecke e (z. B. mit $e = 1$ mm) gibt, mit der die Längen beider Strecken gemessen werden können. e heißt das **gemeinsame Maß** von $\overline{SA}$ und $\overline{SA'}$. Man sagt in diesem Fall: $\overline{SA}$ und $\overline{SA'}$ sind **kommensurabel**.

1. Vermutung: $|\overline{SA}|:|\overline{SA'}| = |\overline{SB}|:|\overline{SB'}|$

Bew.: Ist e ein gemeinsames Maß von $\overline{SA}$ und $\overline{SA'}$, so gilt: $|\overline{SA}| = m \cdot e$ und $|\overline{SA'}| = n \cdot e$ und $|\overline{SA}|:|\overline{SA'}| = m:n$; $m, n \in \mathbb{N}^*$.

Trägt man auf $\overline{SA'}$ das gemeinsame Maß von S aus fortlaufend ab und zieht durch die Teilpunkte Parallelen zu $\overline{A'B'}$, so entstehen auf $\overline{SB'}$ gleich viele Abschnitte wie auf $\overline{SA'}$, die untereinander alle gleich lang sind. Es gilt dann auch: $|\overline{SB}|:|\overline{SB'}| = m \cdot e : n \cdot e = m:n$, was zu beweisen war.

1. Strahlensatz

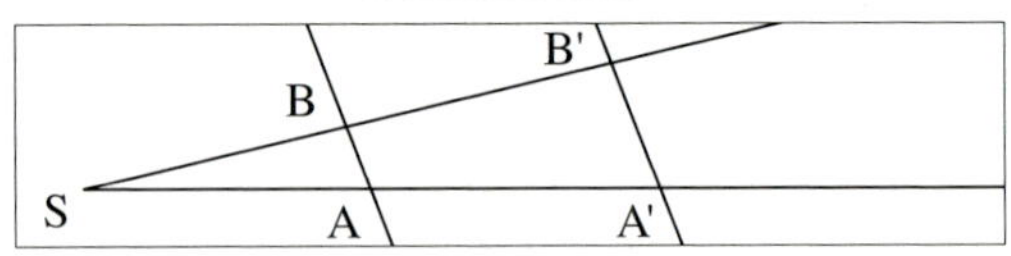

► Ausgangsfigur

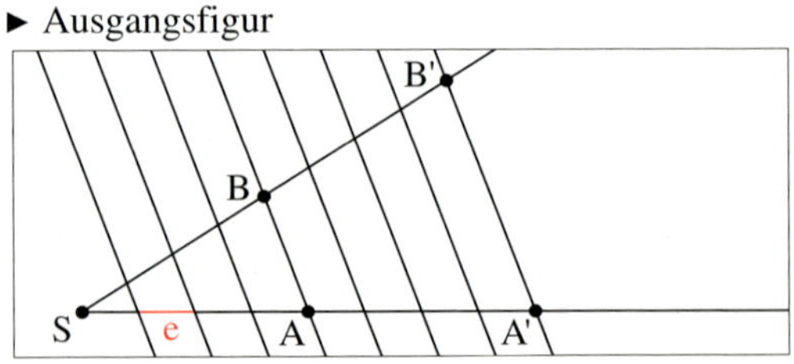

Die Kongruenz der auf $\overline{SB'}$ entstehenden Abschnitte kann mithilfe kongruenter Dreiecke bewiesen werden. Die folgende Zeichnung zeigt einen vergrößerten Ausschnitt aus der Figur zum 1. Strahlensatz.

Durch zwei nebeneinander liegende Teilpunkte M und O auf $\overline{SB'}$ sind Parallelen zu SA′ gezeichnet. Man erkennt mit den Bezeichnungen der nebenstehenden Figur: Nach Voraussetzung ist $|a| = |b|$. Dann gilt aber auch $|a'| = |b'|$, weil a′ und b′ Gegenseiten in Parallelogrammen mit den Seiten a bzw. b sind. Es ist $\alpha = \alpha'$ und $\beta = \beta'$ als Stufenwinkel an geschnittenen Parallelen. Damit gilt aber auch $\gamma = \gamma'$ und deswegen $\triangle MNO \cong \triangle OPQ$, womit auch gezeigt ist, dass $\overline{MO}$ und $\overline{OQ}$ gleich lang sind.

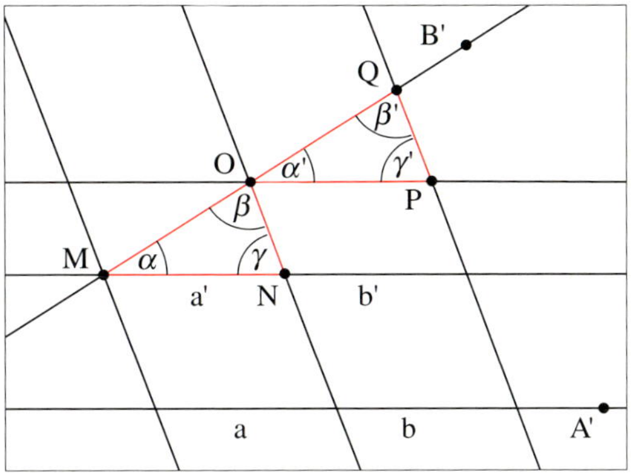

2. Vermutung: $|\overline{SA}|:|\overline{AA'}| = |\overline{SB}|:|\overline{BB'}|$

Bew.: Wegen $|\overline{SA}| = m \cdot e$ und $|\overline{SA'}| = n \cdot e$ gilt:
$|\overline{AA'}| = n \cdot e - m \cdot e = (n-m) \cdot e$, und analog $|\overline{BB'}| = (n-m) \cdot e$. Damit erhält man $|\overline{SA}|:|\overline{AA'}| = m:(n-m)$ und ebenso $|\overline{SB}|:|\overline{BB'}| = m:(n-m)$. Die Verhältnisse sind also gleich.

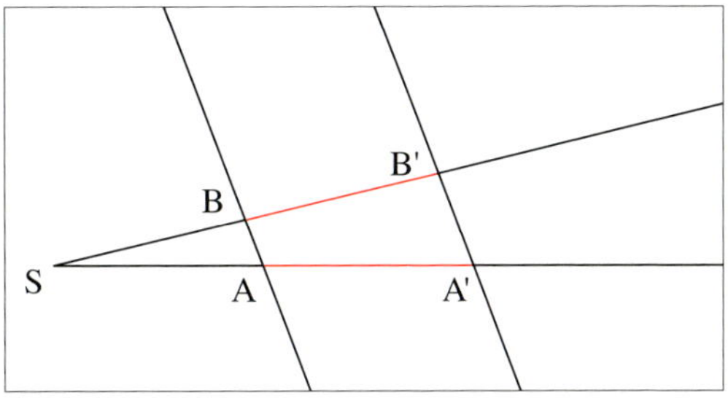

Merke:

Wird ein Zweistrahl aus S von zwei parallelen Geraden, von denen keine durch S geht, in den Punkten A und A′ und B und B′ geschnitten, so verhalten sich zwei Abschnitte auf dem einen Strahl wie die gleich liegenden Abschnitte auf dem anderen Strahl.

- Wenn $\overline{AB} \parallel \overline{A'B'}$, dann $|\overline{SA}|:|\overline{SA'}| = |\overline{SB}|:|\overline{SB'}|$.
- Wenn $\overline{AB} \parallel \overline{A'B'}$, dann $|\overline{SA}|:|\overline{AA'}| = |\overline{SB}|:|\overline{BB'}|$.

► **1. Strahlensatz**

Die angegebenen Proportionen können mannigfach umgestellt werden. ► Bd. 1, Abschnitt 2.3.6

Z. B. kann man die Innenglieder $|\overline{SA'}|$ und $|\overline{SB}|$ bzw. $|\overline{AA'}|$ und $|\overline{SB}|$ miteinander vertauschen und erhält: $|\overline{SA}|:|\overline{SB}| = |\overline{SA'}|:|\overline{SB'}|$ und $|\overline{SA}|:|\overline{SB}| = |\overline{AA'}|:|\overline{BB'}|$. Man kann ebenso die Außenglieder vertauschen oder die Produkte aus Innen- und Außengliedern gleichsetzen.

Die Beweise wurden für den Fall geführt, dass die Strecken $\overline{SA}$ und $\overline{SA'}$ ein gemeinsames Maß hatten. Das ist stets der Fall, wenn die Längen beider Strecken rationale Maßzahlen haben. Es ist nicht der Fall, wenn eine irrationale Maßzahl vorkommt. ► Bd. 1, Abschnitt 1.9. Man sagt dann, die beiden Strecken sind **inkommensurabel**. Der 1. Strahlensatz gilt aber auch in diesem Fall, da sich ein inkommensurables Streckenverhältnis für jede vorgeschriebene Genauigkeit durch ein Streckenverhältnis zweier kommensurabler Strecken annähern lässt.

Für viele Anwendungen ist die **Umkehrung** des 1. Strahlensatzes wichtig. Diese Umkehrung ist ebenfalls eine wahre Aussage, also ein geometrischer Lehrsatz, was aber hier nicht bewiesen werden soll. Sie lautet:

Merke:

Wird ein von einem Punkt S ausgehender Zweistrahl von zwei Geraden so geschnitten, dass das Verhältnis zweier Abschnitte auf dem einen Strahl dem Verhältnis der gleich liegenden Abschnitte auf dem anderen Strahl gleich ist, so sind die schneidenden Geraden parallel.

- Wenn $|\overline{SA}|:|\overline{SA'}| = |\overline{SB}|:|\overline{SB'}|$, dann $\overline{AB} \parallel \overline{A'B'}$.
- Wenn $|\overline{SA}|:|\overline{AA'}| = |\overline{SB}|:|\overline{BB'}|$, dann $\overline{AB} \parallel \overline{A'B'}$.

Auf den Parallelen einer Strahlensatzfigur werden durch die von S ausgehenden Strahlen ebenfalls Abschnitte erzeugt.

Problem: Untersuchen Sie, ob auch die Proportionen $|\overline{SA}|:|\overline{SA'}| = |\overline{AB}|:|\overline{A'B'}|$ und $|\overline{SB}|:|\overline{SB'}| = |\overline{AB}|:|\overline{A'B'}|$ gelten.

Man wird versuchen – **Beweisidee** –, diesen Fall auf den 1. Strahlensatz zurückzuführen. Dazu muss die Ausgangsfigur geeignet ergänzt werden.

Diese Ergänzung erfolgt durch das Einzeichnen einer Parallelen zu SB′ durch A, welche die Gerade A′B′ in E schneidet. Auf diese Weise entsteht eine neue Strahlensatzfigur, in der A′ Ausgangspunkt der Strahlen $\overrightarrow{A'S}$ und $\overrightarrow{A'B'}$ ist.

Für diese Figur gilt:
$|\overline{SA}|:|\overline{SA'}| = |\overline{B'E}|:|\overline{B'A'}|$. Da $\overline{B'E}$ und $\overline{BA}$ Gegenseiten eines Parallelogramms sind, sind sie gleich lang. Ersetzt man in der obigen Proportion $|\overline{B'E}|$ durch $|\overline{BA}|$, so erhält man die Behauptung:
$|\overline{SA}|:|\overline{SA'}| = |\overline{AB}|:|\overline{A'B'}|$.

Wegen $|\overline{SA}|:|\overline{SA'}| = |\overline{SB}|:|\overline{SB'}|$ gilt also auch $|\overline{SB}|:|\overline{SB'}| = |\overline{AB}|:|\overline{A'B'}|$.

2. Strahlensatz

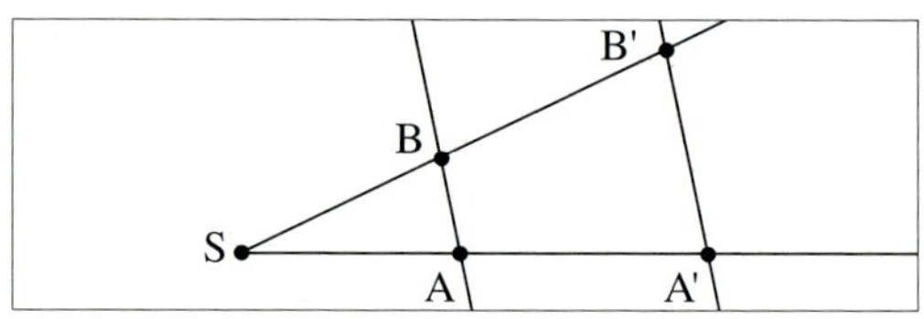

► Ausgangsfigur

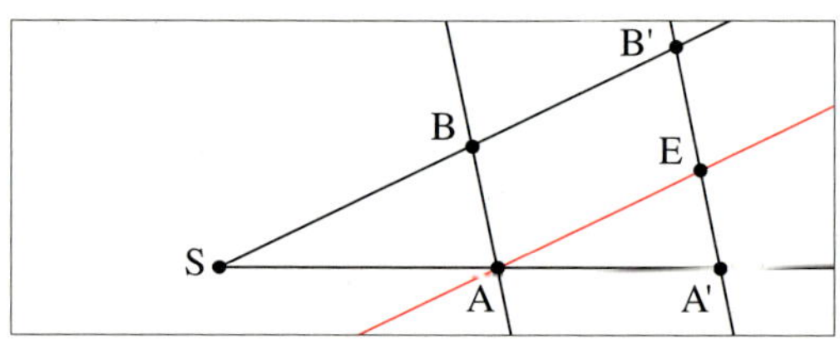

Merke:

Wird ein von einem Punkt S ausgehender Zweistrahl von zwei parallelen Geraden, von denen keine durch S geht, in den Punkten A und B bzw. A′ und B′ geschnitten, so verhalten sich die von S ausgehenden Abschnitte auf jedem Strahl wie die zugehörigen Abschnitte auf den schneidenden Parallelen.

- Wenn $\overline{AB} \parallel \overline{A'B'}$, dann $|\overline{SA}|:|\overline{SA'}| = |\overline{AB}|:|\overline{A'B'}|$.
- Wenn $\overline{AB} \parallel \overline{A'B'}$, dann $|\overline{SB}|:|\overline{SB'}| = |\overline{AB}|:|\overline{A'B'}|$.

► **2. Strahlensatz**

Auch zum 2. Strahlensatz kann eine Umkehrung gebildet werden. Sie ist aber keine wahre Aussage, also kein Lehrsatz, denn die Geraden, welche die Strahlen schneiden, müssen nicht parallel sein, wenn die Abschnitte auf ihnen sich wie die zugehörigen Abschnitte auf den geschnittenen Strahlen verhalten. Für $|\overline{A'B'}| = |\overline{A'B''}|$ ist $\overline{A'B''} \nparallel \overline{AB}$, obwohl $|\overline{SA}| : |\overline{SA'}| = |\overline{AB}| : |\overline{A'B''}|$ ▶ Zeichnung.

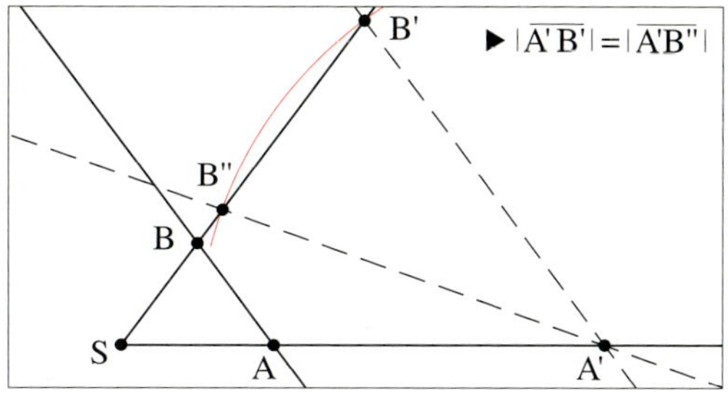

Beide Strahlensätze können in mehrfacher Weise verallgemeinert werden.

- Sie gelten sinngemäß auch dann, wenn mehr als zwei Strahlen von zwei Parallelen geschnitten werden.

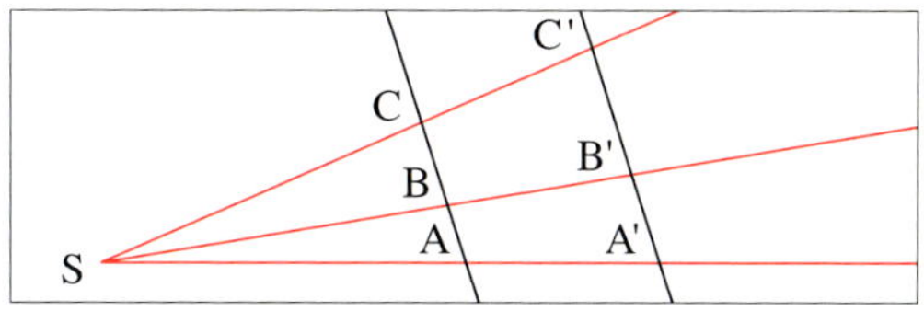

$|\overline{SA}| : |\overline{SA'}| = |\overline{SB}| : |\overline{SB'}| = |\overline{SC}| : |\overline{SC'}|$

$|\overline{SA}| : |\overline{SA'}| = |\overline{AB}| : |\overline{A'B'}| = |\overline{BC}| : |\overline{B'C'}|$

- Sie gelten sinngemäß auch dann, wenn mehr als zwei Parallelen einen Zweistrahl schneiden.

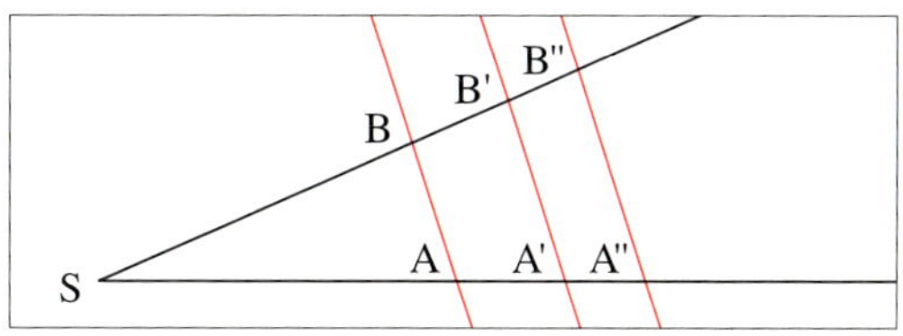

$|\overline{SA}| : |\overline{SA'}| : |\overline{SA''}| = |\overline{SB}| : |\overline{SB'}| : |\overline{SB''}|$

$|\overline{SA}| : |\overline{SA'}| : |\overline{SA''}| = |\overline{AB}| : |\overline{A'B'}| : |\overline{A''B''}|$

- Sie gelten sinngemäß auch dann, wenn nicht Strahlen, sondern Geraden geschnitten werden.

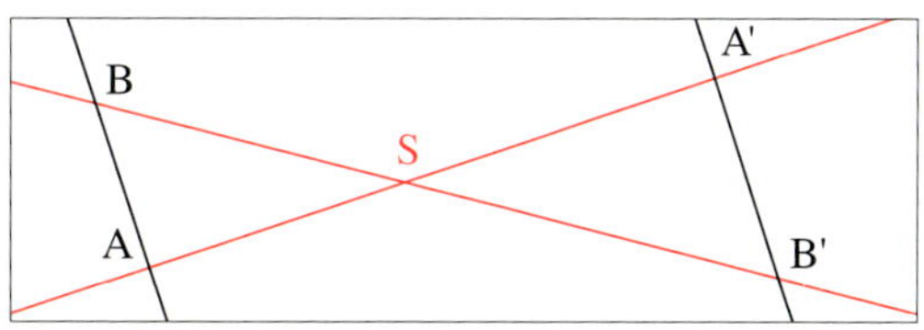

$|\overline{SA}| : |\overline{SA'}| = |\overline{SB}| : |\overline{SB'}|$

$|\overline{SA}| : |\overline{SA'}| = |\overline{AB}| : |\overline{A'B'}|$

Mit Hilfe der Begriffe Strahlenbüschel und Geradenbüschel lassen sich alle diese Fälle und Verallgemeinerungen zusammenfassen.

Unter einem **Strahlenbüschel** versteht man eine Schar von Strahlen, die von einem Punkt, dem **Scheitel** des Strahlenbüschels, ausgehen.

Strahlenbüschel

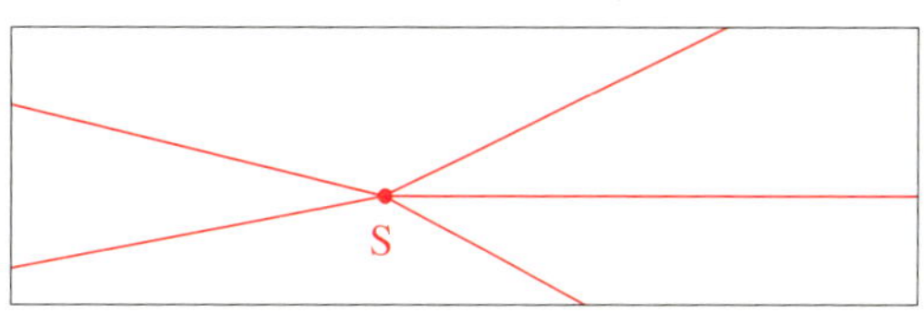

Unter einem **Geradenbüschel** versteht man eine Schar von Geraden, die alle durch einen Punkt gehen.

Geradenbüschel

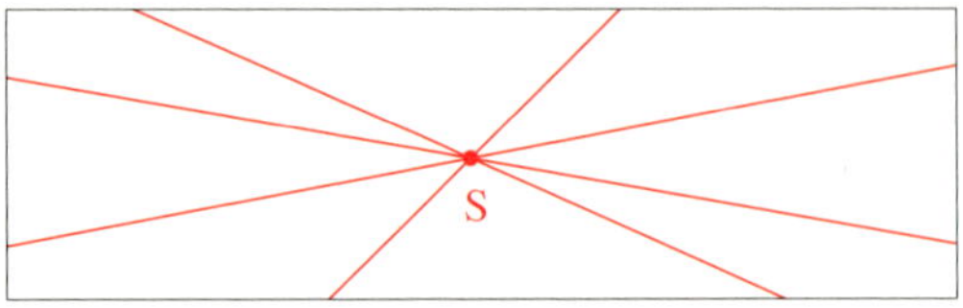

Merke:

Werden die Strahlen eines Strahlenbüschels bzw. die Geraden eines Geradenbüschels von einer Schar paralleler Geraden geschnitten, so stehen entsprechende Abschnitte auf verschiedenen Strahlen oder Geraden im gleichen Verhältnis, und entsprechende Abschnitte auf verschiedenen Parallelen verhalten sich wie die vom Scheitel aus gemessenen zugehörigen Abschnitte auf einem Strahl bzw. einer Geraden.

Anwendungen:

1. Konstruieren Sie zu drei gegebenen Strecken a, b, c die vierte Proportionale d, so dass also gilt: $|a|:|b| = |c|:|d|$.

Die Aufgabe kann sowohl mithilfe des 1. als auch des 2. Strahlensatzes gelöst werden.

1. Lösung: Auf zwei von S ausgehenden Strahlen werden die Strecken a und b auf dem einen Strahl jeweils von S aus abgetragen, die Strecke c auf dem anderen Strahl ebenfalls von S aus. Die Parallele zu der Geraden durch die Endpunkte von a und c durch den Endpunkt von b schneidet den zweiten Strahl im Endpunkt von d, denn nach dem 1. Strahlensatz gilt: $|a|:|b| = |c|:|d|$.

2. Lösung: Verwendet man den 2. Strahlensatz, so beginnt man wie bei der 1. Lösung, zeichnet dann um den Endpunkt von a einen Kreis mit dem Radius c, der den zweiten Strahl in zwei Punkten schneidet (ggf. muss man den Winkel zwischen den beiden Strahlen korrigieren). Man verbindet den Endpunkt von a mit einem der Schnittpunkte und zeichnet die Parallele zu dieser Verbindungslinie durch den Endpunkt von b. Sie schneidet den zweiten Strahl so, dass gilt: $|a|:|b| = |c|:|d|$.

Konstruktion der 4. Proportionalen

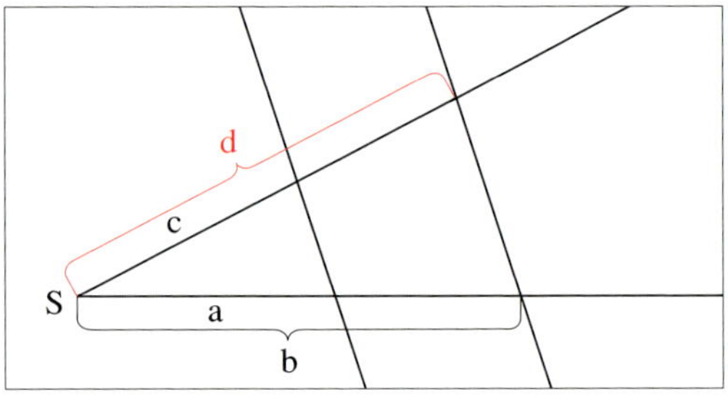

1. Lösung

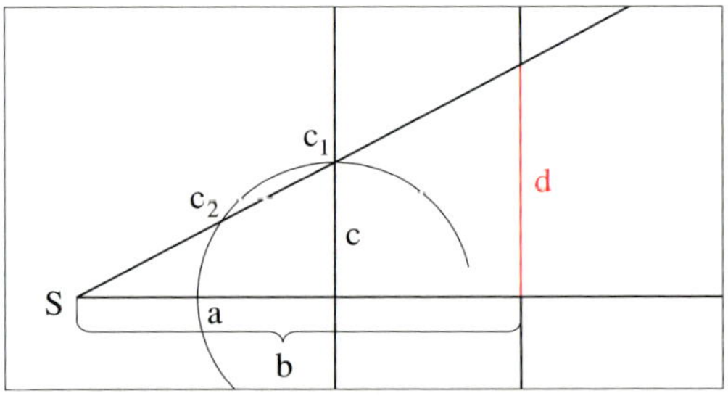

2. Lösung

2. Teilen Sie eine gegebene Strecke $\overline{AB}$ mit der Länge 5 cm innerlich und äußerlich im Verhältnis **a**) 2 : 3; **b**) 3 : 2.

Lösungsidee: Man wird versuchen, die Aufgaben durch Anwendung der Strahlensätze zu lösen. Es geht dann darum, die auf einer beliebigen Strecke erzeugte gewünschte Teilung auf die gegebene Strecke zu übertragen.

Die Vorüberlegungen anhand einer Planfigur ergeben: Man kann den jeweils gesuchten inneren Teilpunkt P mithilfe des 1. Strahlensatzes bestimmen.

Planfigur

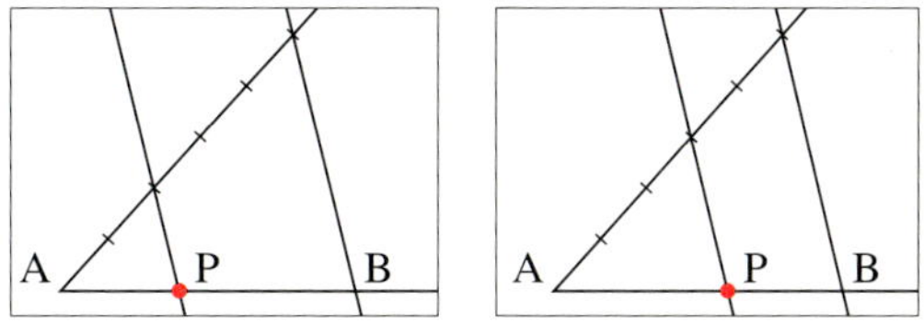

$|\overline{AP}|:|\overline{PB}| = 2:3$; $|\overline{AP}|:|\overline{PB}| = 3:2$

Bei einer äußeren Teilung im Verhältnis 2 : 3 liegt P links von A, im Falle 3 : 2 rechts von B. Auf diese Fälle kann man den 2. Strahlensatz anwenden.

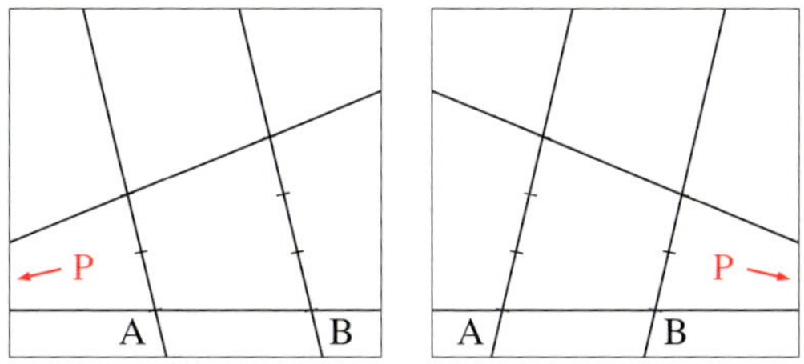

$|\overline{AP}|:|\overline{PB}| = 2:3$; $|\overline{AP}|:|\overline{PB}| = 3:2$

Zu a) Innere Teilung: Man zeichnet $\overline{AB}$ mit der Länge 5 cm. Aus A zeichnet man einen beliebigen Strahl, auf dem man von A aus 2 beliebig lange, aber gleich lange Strecken abträgt. Von dem so erhaltenen Punkt C aus trägt man nun 3 dieser Strecken ab; man erhält D. Zeichnet man die Parallele zu BD durch C, so schneidet diese $\overline{AB}$ in P, und es gilt:
$|\overline{AP}|:|\overline{PB}| = 2:3$.

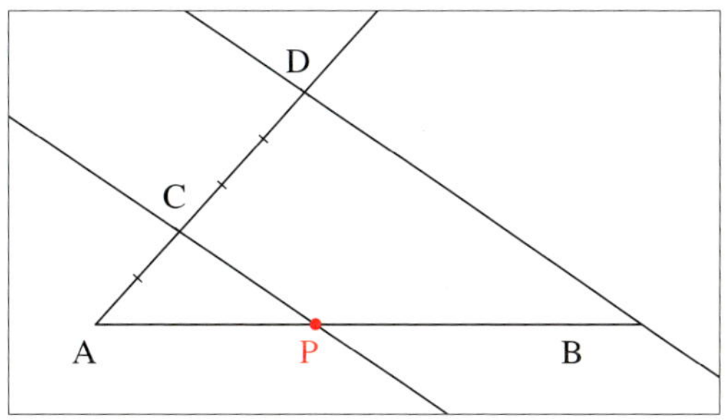

Äußere Teilung: Man zeichnet durch A und B parallele Strahlen. Auf dem Strahl aus A werden 2, auf dem aus B werden 3 beliebig lange, aber gleich lange Strecken nach der gleichen Seite abgetragen.

Man erhält die Punkte C und D. Die Gerade CD schneidet $\overline{AB}$ in P, und es gilt: $|\overline{PA}|:|\overline{PB}| = 2:3$.

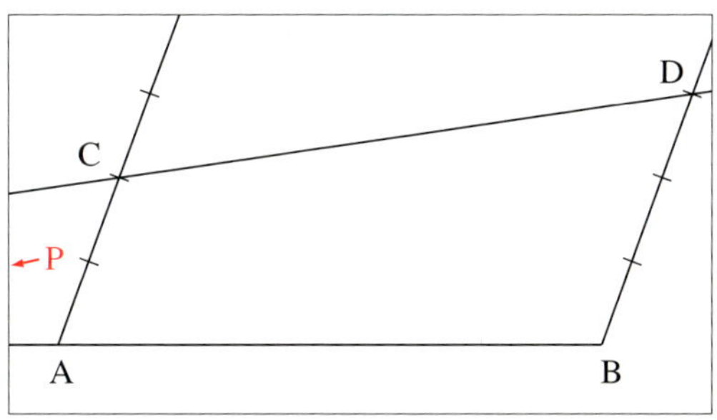

Zu b) Die Konstruktionen verlaufen wie bei Aufgabe a), wobei die äußere Teilung erreicht wird, indem man den längeren Parallelenabschnitt bei A zeichnet.

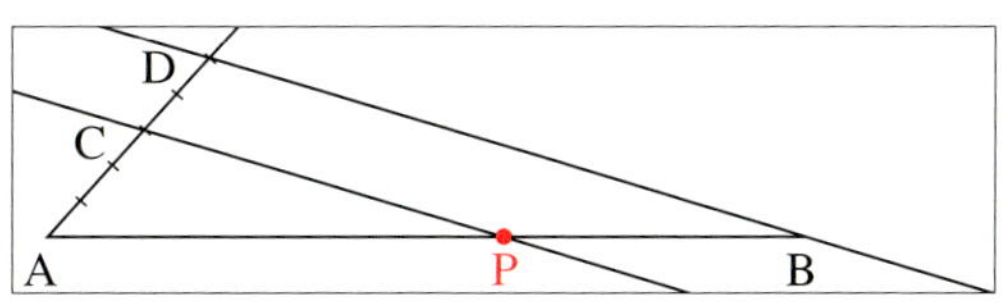

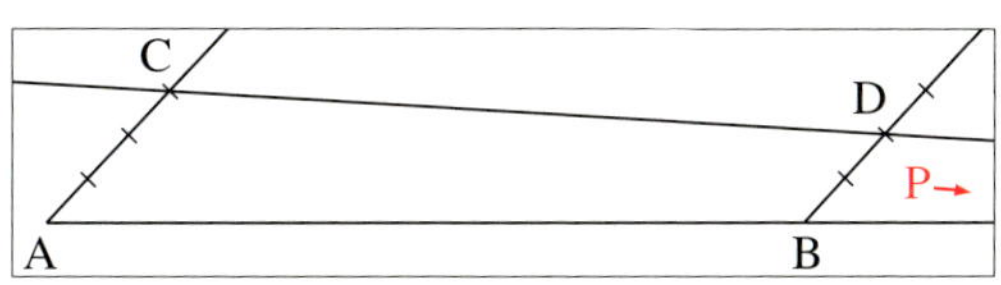

Aus der für die innere Teilung einer Strecke benutzten Konstruktion kann man die Lösung einer weiteren Aufgabe ablesen:

3. Teilen Sie konstruktiv eine gegebene Strecke $\overline{AB}$ in n gleiche Abschnitte.

Im nebenstehenden Beispiel wird eine Strecke in 5 gleiche Abschnitte geteilt. Man trägt dazu auf einem von $\overline{AB}$ verschiedenen Strahl von A aus 5 beliebig lange, aber gleich lange Strecken ab und erhält so die Punkte P_1, P_2, P_3, P_4 und P_5. Man verbindet P_5 mit B und zeichnet durch die anderen Punkte die Parallelen zu P_5 B. Sie schneiden aus $\overline{AB}$ fünf untereinander gleich lange Abschnitte aus.

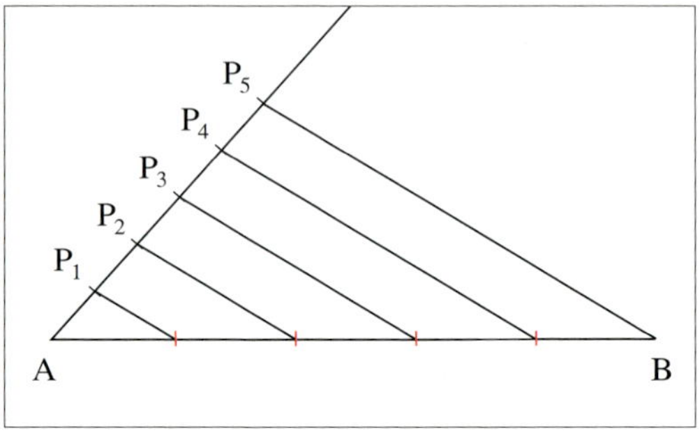

4. Die Seiten $\overline{AC}$ und $\overline{BC}$ eines Dreiecks $\triangle ABC$ werden von einer Parallelen zu $\overline{AB}$ in den Punkten D bzw. E geschnitten. In welchem Verhältnis steht $\overline{DE}$ zu $\overline{AB}$?

Da $\overline{DE} \parallel \overline{AB}$ vorausgesetzt ist, gilt nach dem 1. Strahlensatz:
$|\overline{CD}| : |\overline{CA}| = |\overline{CE}| : |\overline{CB}|$
und nach dem 2. Strahlensatz:
$|\overline{CD}| : |\overline{CA}| = |\overline{DE}| : |\overline{AB}|$ sowie
$|\overline{CE}| : |\overline{CB}| = |\overline{DE}| : |\overline{AB}|$.
Diese Aussage gilt auch dann, wenn D und E auf Verlängerungen von $\overline{CA}$ bzw. $\overline{CB}$ über C oder A und B hinaus liegen. Eine Parallele zu einer Dreiecksseite erzeugt auf den beiden anderen Seiten also gleiche Streckenverhältnisse.

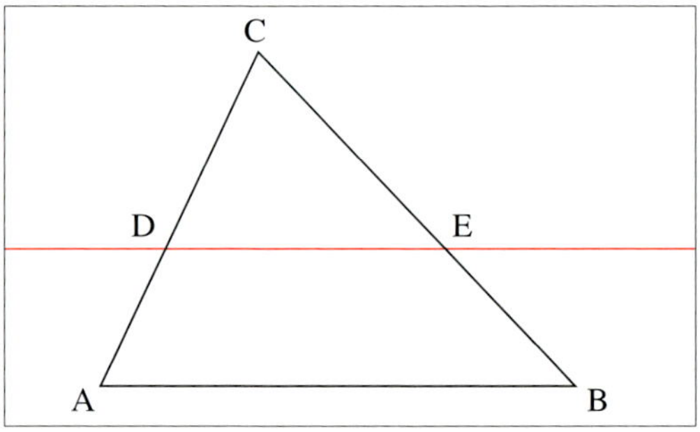

Hieraus erhält man eine spezielle Aussage für den Fall, dass eine Parallele zu einer Dreiecksseite durch die Mittelpunkte der anderen Seiten geht.

Wenn D die Mitte von $\overline{CA}$ und E die Mitte von $\overline{CB}$ ist, so ist nach der Umkehrung des 1. Strahlensatzes $\overline{DE} \parallel \overline{AB}$ und nach dem 2. Strahlensatz gilt wegen $|\overline{CD}| : |CA| = 1 : 2$ auch $|\overline{DE}| : |\overline{AB}| = 1 : 2$, d. h., die Verbindungsstrecke zweier Seitenmitten eines Dreiecks ist parallel zur dritten Seite und halb so lang wie diese.

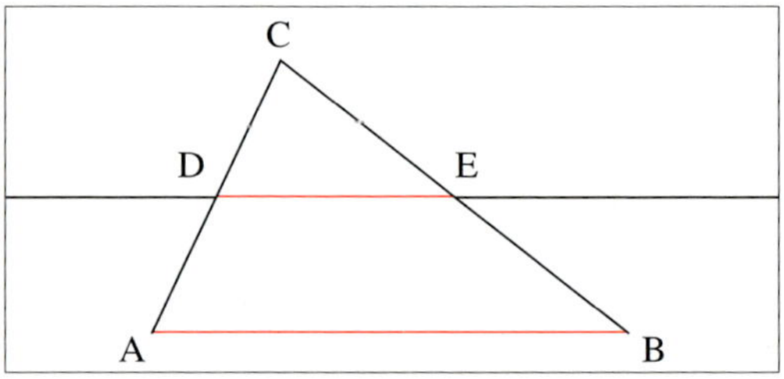

5. Die Winkelhalbierende eines Innenwinkels eines Dreiecks $\triangle ABC$ teilt die Gegenseite in zwei Abschnitte. Vergleichen Sie das Verhältnis dieser Abschnitte zueinander mit dem Verhältnis der anstoßenden Seiten.

Ohne Beschränkung der Allgemeinheit wird die Winkelhalbierende w_γ betrachtet. Sie schneidet die Seite c in W_γ.

Planfigur

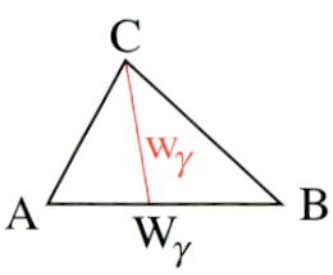

Lösungsidee: Man ergänzt die Figur so, dass der 1. oder 2. Strahlensatz auf die Strecken $\overline{AC}$, $\overline{BC}$, $\overline{AW_\gamma}$ und $\overline{BW_\gamma}$ angewendet werden kann.

Dazu zeichnet man die Parallele zu $\overline{CW_\gamma}$ durch B. Sie schneidet die Verlängerung von $\overline{AC}$ in D. Das entstandene Dreieck $\triangle BCD$ ist gleichschenklig, denn $|\sphericalangle W_\gamma CB| = |\sphericalangle CBD|$ als Wechselwinkel an den durch BC geschnittenen Parallelen CW_γ und BD und außerdem $|\sphericalangle ACW_\gamma| = |\sphericalangle ADB|$ als Stufenwinkel an geschnittenen Parallelen. Da außerdem $|\sphericalangle ACW_\gamma| = |\sphericalangle W_\gamma CB| = \frac{1}{2}\gamma$, sind also auch $\sphericalangle ADB$ und $\sphericalangle CBD$ gleich groß.
Es ist also $|\overline{BC}| = |\overline{CD}|$.
Der 1. Strahlensatz liefert nun die Aussage: $|\overline{AW_\gamma}| : |\overline{W_\gamma B}| = |\overline{AC}| : |\overline{CD}|$, also wegen $|\overline{BC}| = |\overline{CD}|$ auch $|\overline{AW_\gamma}| : |\overline{W_\gamma B}| = |\overline{AC}| : |\overline{BC}|$. Die Halbierende eines Dreiecksinnenwinkels teilt also die Gegenseite im Verhältnis der anliegenden Seiten.

Konstruktion

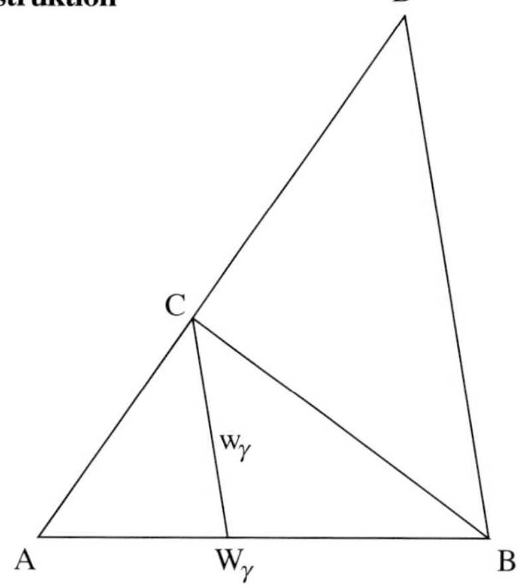

Analog kann man beweisen, dass die Halbierende eines Dreiecks-Außenwinkels die Gegenseite außen im Verhältnis der anliegenden Seiten teilt. Der Leser versuche, diesen Beweis selbstständig zu führen.

Merke:

- Die Winkelhalbierende eines Innenwinkels eines Dreiecks teilt die Gegenseite innen im Verhältnis der anliegenden Seiten.
- Die Winkelhalbierende eines Außenwinkels eines Dreiecks teilt die Gegenseite außen im Verhältnis der anliegenden Seiten.

6. Eine praktische Anwendung finden die Strahlensätze im sog. **Proportionalzirkel**, einem Zirkel mit zwei Öffnungen.

Greift man mit der einen Öffnung eine Strecke der Länge a ab, so liefert die andere Öffnung eine in einem bestimmen Verhältnis veränderte Strecke a′. Durch Verlegen des Drehpunktes des Proportionalzirkels kann man dieses Verhältnis variieren.
In der nebenstehenden Zeichnung teilt der Drehpunkt die Zirkelschenkel im Verhältnis 3 : 2; d. h., wird eine Strecke mit der kleineren Öffnung abgegriffen, so erscheint eine auf das 1,5fache verlängerte Strecke auf der anderen Zirkelseite. Die kleinere Zirkelöffnung ist also $\frac{2}{3}$ der größeren.

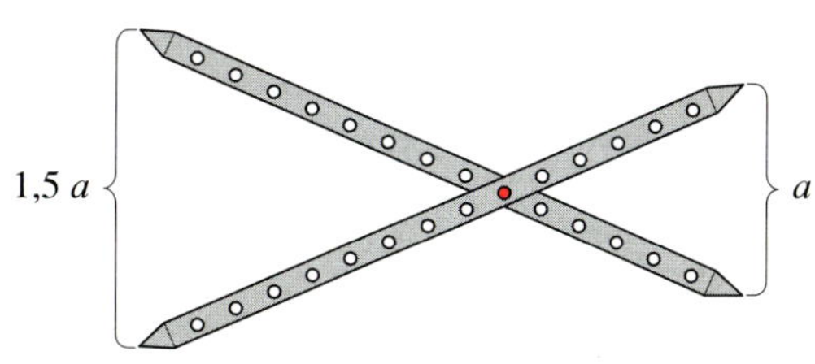

► $9 : 6 = 3 : 2 = 1{,}5 : 1$

7. Bestimmung der Höhe eines Turmes aus seinem Schatten:
Wie hoch ist ein Turm, der einen Schatten von 33 m wirft, wenn der Schatten eines Stabes von 2 m Länge bei gleichem Sonnenstand 3 m lang ist?

Aus der Zeichnung entnimmt man, dass der 2. Strahlensatz angewendet werden kann. Man erhält die Verhältnisgleichung $3\,\text{m} : 33\,\text{m} = 2\,\text{m} : x$, wenn x für eine Höhe des Turmes steht. Die Umformung ergibt:

$$2\,\text{m} \cdot 33\,\text{m} = 3\,\text{m} \cdot x$$

$$\frac{2\,\text{m} \cdot 33\,\text{m}}{3 \cdot \text{m}} = x$$

$$\underline{\underline{x = 22\,\text{m}}}.$$

Der Turm ist 22 m hoch.

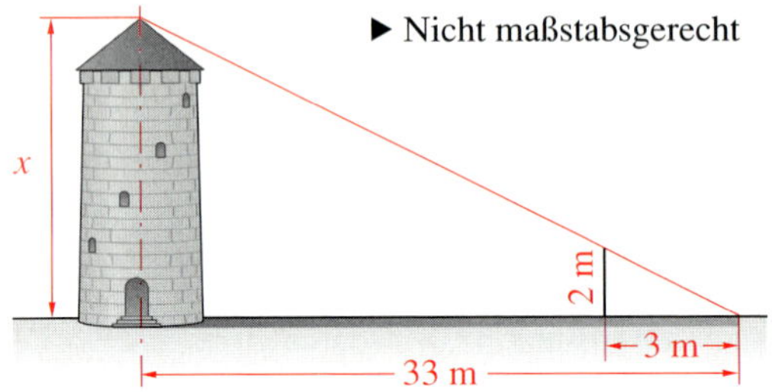

10.3 Ähnliche Dreiecke

Auf einer Landkarte oder auch einer Fotografie sind (gewisse vereinfachende Annahmen vorausgesetzt) alle Streckenabbildungen, die sogenannten **Bildstrecken**, in Bezug auf die **Originalstrekken** im gleichen Verhältnis verkleinert. Stehen in Bezug auf eine bestimmte Karte oder Fotografie die Variablen k für die Längen beliebiger Bildstrecken und n für die Längen der jeweils zugehörigen Originalstrecken und bildet man den Quotienten $k : n$, so sind alle diese Quotienten gleich. Das Bild ist eine maßstabsgerechte Verkleinerung (es könnte auch eine Vergrößerung sein) des Originals, was einschließt, dass im Bild zwei Strecken oder Geraden denselben Winkel bilden wie ihre Originale. Man sagt: Das Bild B ist dem Original O **ähnlich** und schreibt dafür $B \sim O$. Maßstabsgerechte Vergrößerungen oder Verkleinerungen führen zu einander **ähnlichen Figuren**.
Diese Erklärung gilt auch für beliebige Vielecke. Zwei Vielecke sind genau dann ähnlich, wenn sie maßstabsgerechte Vergrößerungen bzw. Verkleinerungen voneinander sind, also die geschilderten Eigenschaften haben.

Merke:

Zwei **Vielecke** heißen **ähnlich**, wenn ihre Winkel der Reihe nach gleich sind und entsprechende Seiten ebenfalls in gleicher Reihenfolge ein gleiches Längenverhältnis haben. Das Zeichen für „ähnlich“ ist $\sim$. Wenn die Vielecke V_1 und V_2 ähnlich sind, so schreibt man $V_1 \sim V_2$.

Die Erklärung der Ähnlichkeit von Vielekken gilt natürlich auch für die Ähnlichkeit von Dreiecken, die ja spezielle Vielecke sind. Zwei Dreiecke $\triangle ABC$ und $\triangle A'B'C'$ sind ähnlich – $\triangle ABC \sim \triangle A'B'C'$ –, wenn gleich liegende Winkel und die Längenverhältnisse entsprechender Seiten gleich groß sind.

Ähnliche Dreiecke

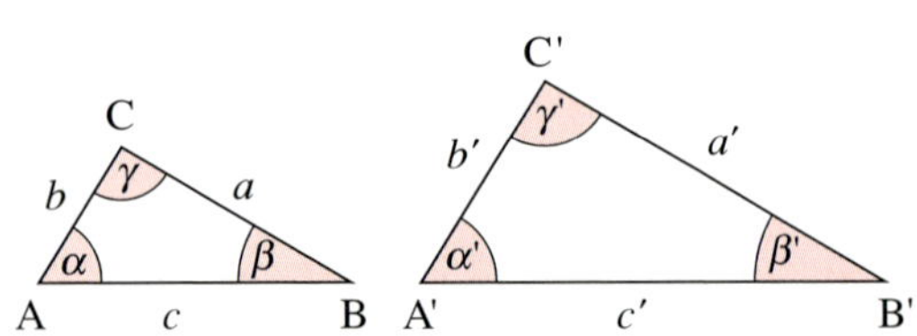

Für ähnliche Dreiecke gilt also: $\alpha = \alpha'$; $\beta = \beta'$; $\gamma = \gamma'$ und $a:a' = b:b' = c:c'$, oder, wie man durch Vertauschen der Innenglieder dieser Proportionen erkennt, $a:b:c = a':b':c'$.

► Kusch 1, Abschnitt 2.3.6

► $a:a' = b:b' = c:c'$

$a:b:c = a':b':c'$

$\alpha = \alpha'$; $\beta = \beta'$, $\gamma = \gamma'$

$\Rightarrow \triangle ABC \sim \triangle A'B'C'$

Vertauscht man in den Proportionen $a:a' = b:b' = c:c'$ die Innen- mit den Außengliedern, erhält man die Proportionen $a':a = b':b = c':c$. Die Verhältnisse $a':a$, $b':b$ und $c':c$ haben den gleichen Wert. Es gilt $a':a = b':b = c':c = k$ mit $k \in \mathbb{R}^*$. Man bezeichnet k als **Ähnlichkeitsfaktor**. Seine geometrische Bedeutung liegt darin, dass er angibt, mit welcher Zahl die Seitenlängen des Dreiecks $\triangle ABC$ multipliziert werden müssen, um die Seitenlängen des Dreiecks $\triangle A'B'C'$ zu erhalten.

► Für die beiden auf S. 162 unten gezeichneten Dreiecke gilt $k = 1{,}5$, wie man durch Nachmessen bestätigt.

Merke:

Wenn für die Dreiecke $\triangle ABC$ und $\triangle A'B'C'$ gilt: $a:a' = b:b' = c:c'$ und $\alpha = \alpha'$, $\beta = \beta'$, $\gamma = \gamma'$, dann sind sie einander ähnlich; $\triangle ABC \sim \triangle A'B'C'$.

► Dreiecke sind ähnlich, wenn die Längenverhältnisse entsprechender Seiten und die Größen entsprechender Winkel gleich sind.

Ein Merkmal der Kongruenz von Dreiecken war neben der Gleichheit der Größen gleich liegender Winkel die Gleichheit der Längen gleich liegender Seiten. Die Gleichheit der Winkelgrößen ist auch für die Ähnlichkeit von Dreiecken charakteristisch, die Gleichheit der Seitenlängen aber ist aufgehoben – nur noch die Längenverhältnisse entsprechender Seiten sind gleich.

Als Kriterien für die Kongruenz von Dreiecken stehen die vier Kongruenzsätze für Dreiecke zur Verfügung. Analoge Sätze gibt es auch für die Ähnlichkeit von Dreiecken. Sie sollen nun erörtert werden.

Dazu wird zunächst der Begriff der **Ähnlichkeitslage** zweier Dreiecke eingeführt.

Die Dreiecke $\triangle ABC$ und $\triangle A'B'C'$ in der nebenstehenden Zeichnung weisen einige Besonderheiten auf. So liegen zwei entsprechende Winkel übereinander und ensprechende Seiten sind zueinander parallel.

► Strecken heißen parallel, wenn ihre Trägergeraden parallel sind.

Ähnlichkeitslage von Dreiecken

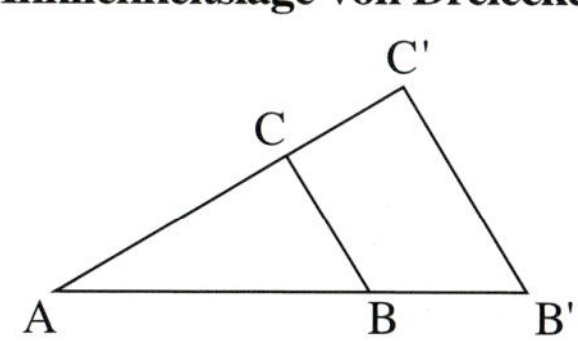

► $\overline{AB} \parallel \overline{AB'}$; $\overline{AC} \parallel \overline{AC'}$; $\overline{BC} \parallel \overline{B'C'}$

Zwei Dreiecke in dieser Lage sind immer einander ähnlich, denn es gilt: $c:c' = b:b' = a:a'$ nach dem 1. und 2. Strahlensatz und $\alpha = \alpha'$ nach Voraussetzung sowie $\beta = \beta'$ und $\gamma = \gamma'$ als Stufenwinkel an geschnittenen Parallelen.

Merke:

- Zwei Dreiecke liegen in Ähnlichkeitslage, wenn sich die Schenkel eines Winkels decken und die anderen Seiten zueinander parallel sind.
- Zwei Dreiecke, die sich in Ähnlichkeitslage befinden, sind stets einander ähnlich.

Die nebenstehende Zeichnung zeigt eine Verallgemeinerung der voranstehenden Merke-Sätze. Man kann auf die Forderung, dass ein entsprechendes Winkelpaar der Dreiecke übereinander liegen muss, verzichten. Zwei Dreiecke sind schon dann ähnlich, wenn ihre Seiten paarweise parallel sind.
In einem solchen Falle lässt sich stets die obige Ähnlichkeitslage der Dreiecke durch eine Verschiebung herstellen.

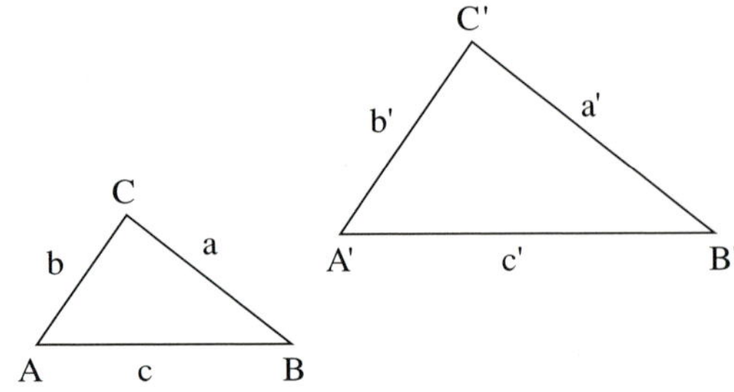

► $a \| a'$, $b \| b'$, $c \| c'$

Problem: Überlegen Sie, ob zwei ähnliche Dreiecke stets auch in Ähnlichkeitslage gebracht werden können.

Zwei ähnliche Dreiecke stimmen in den Längenverhältnissen entsprechender Seiten und den Größen entsprechender Winkel überein. Wenn $\triangle ABC \sim \triangle A'B'C'$, dann gilt also: $a:a' = b:b' = c:c'$ und $\alpha = \alpha'$, $\beta = \beta'$, $\gamma = \gamma'$.
Denkt man sich nun das Dreieck $\triangle A'B'C'$ so auf das Dreieck $\triangle ABC$ gelegt, dass A' auf A fällt und α' auf α, so kommt wegen $\alpha' = \alpha$ Punkt B' auf $\overrightarrow{AB}$ und Punkt C' auf $\overrightarrow{AC}$ zu liegen. β und β' sind Stufenwinkel an den geschnittenen Geraden BC und B'C'. Da $\beta = \beta'$, sind diese Geraden parallel, also $BC \| B'C'$. Die Dreiecke $\triangle ABC$ und $\triangle A'B'C'$ sind also in Ähnlichkeitslage.

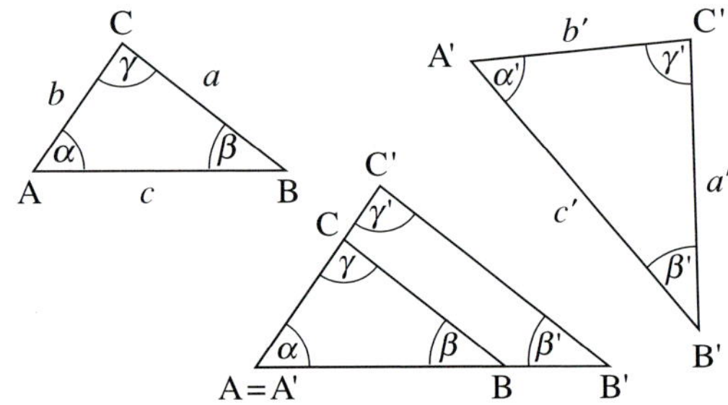

Merke:

Zwei ähnliche Dreiecke können stets in Ähnlichkeitslage gebracht werden.

Die voranstehenden Überlegungen haben nur von der Gleichheit der Größen zweier Paare entsprechender Winkel, also nicht von allen vorliegenden Voraussetzungen Gebrauch gemacht.
Daraus folgt:

Merke:

Zwei Dreiecke sind einander ähnlich, wenn sie in den Größen zweier gleich liegender Winkel übereinstimmen. ► **1. Ähnlichkeitssatz** oder **Hauptähnlichkeitssatz**

Damit ist ein weiteres Mal die Frage aufgeworfen, aus welchen Voraussetzungen über zwei Dreiecke geschlossen werden kann, dass diese einander ähnlich sind. Man orientiert sich bei der Beantwortung dieser Frage an der analogen Fragestellung bezüglich der Kongruenz zweier Dreiecke und den dafür gefundenen Kongruenzsätzen für Dreiecke.

Problem: Prüfen Sie, ob die Dreiecke $\triangle ABC$ und $\triangle A'B'C'$, die in dem Verhältnis zweier Seiten und der Größe des von diesen Seiten eingeschlossenen Winkels übereinstimmen, einander ähnlich sind.

Ohne Beschränkung der Allgemeinheit kann angenommen werden, dass c, c′, b, b′, α und α' die Stücke sind, für die gilt:
$c:c' = b:b'$ und $\alpha = \alpha'$.
Denkt man sich nun $\triangle A'B'C'$ so auf $\triangle ABC$ gelegt, dass A′ auf A und α' auf α fällt, so liegt B′ wegen $\alpha = \alpha'$ auf $\overrightarrow{AB}$ und C′ auf $\overrightarrow{AC}$. Nach Voraussetzung gilt:
$|\overline{A'B'}|:|\overline{AB}| = |\overline{A'C'}|:|\overline{AC}|$. Nach der Umkehrung des 1. Strahlensatzes folgt daraus, dass $\overline{B'C'} \parallel \overline{BC}$.
Die Dreiecke $\triangle A'B'C'$ und $\triangle ABC$ sind also in Ähnlichkeitslage und damit einander ähnlich.

2. Ähnlichkeitssatz für Dreiecke

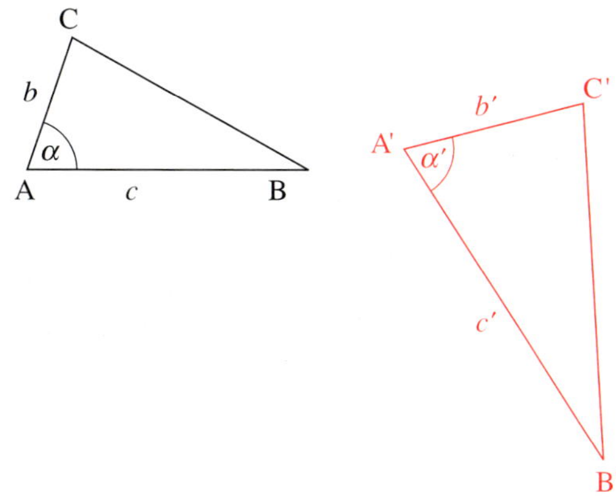

Merke:

Zwei Dreiecke, die im Längenverhältnis zweier Seiten und der Größe des eingeschlossenen Winkels übereinstimmen, sind einander ähnlich. ► **2. Ähnlichkeitssatz**

Problem: Prüfen Sie, ob die Dreiecke $\triangle ABC$ und $\triangle A'B'C'$, die in dem Verhältnis aller entsprechenden Seiten übereinstimmen, einander ähnlich sind.

Nach Voraussetzung gilt:
$|\overline{AB}|:|\overline{A'B'}| = |\overline{BC}|:|\overline{B'C'}| = |\overline{CA}|:|\overline{C'A'}|$.
Man denkt sich A′ auf A gelegt und trägt $\overline{A'B'}$ von A aus auf $\overrightarrow{AB}$ und $\overline{A'C'}$ von A aus auf $\overrightarrow{AC}$ ab. Man erhält die Punkte B_1 mit $|\overline{AB_1}| = |\overline{A'B'}|$ und C_1 mit $|\overline{AC_1}| = |\overline{A'C'}|$.
Wegen $|\overline{AB_1}|:|\overline{AB}| = |\overline{AC_1}|:|\overline{AC}|$ und nach der Umkehrung des 1. Strahlensatzes ist dann $\overline{B_1C_1} \parallel \overline{BC}$.
Die Dreiecke $\triangle ABC$ und $\triangle AB_1C_1$ sind in Ähnlichkeitslage, also ähnlich. Wenn man zeigen kann, dass $|\overline{B_1C_1}| = |\overline{B'C'}|$, dann ist $\triangle AB_1C_1 \cong \triangle A'B'C'$ und deswegen auch $\triangle ABC \sim \triangle A'B'C'$.
Es ist:
$|\overline{B_1C_1}|:|\overline{BC}| = |\overline{AB_1}|:|\overline{AB}|$ (2. Strahlensatz)
$|\overline{B'C'}|:|\overline{BC}| = |\overline{A'B'}|:|\overline{AB}|$ (nach Voraussetzung)
Da $|\overline{AB_1}| = |\overline{A'B'}|$ nach Konstruktion, gilt also:

$|\overline{B_1C_1}|:|\overline{BC}| = |\overline{AB_1}|:|\overline{AB}|$ und

$|\overline{B'C'}|:|\overline{BC}| = |\overline{AB_1}|:|\overline{AB}|$. Hieraus folgt

$|\overline{B_1C_1}|:|\overline{BC}| = |\overline{B'C'}|:|\overline{BC}|$, also
$|\overline{B_1C_1}| = |\overline{B'C'}|$; was zu zeigen war.

3. Ähnlichkeitssatz für Dreiecke

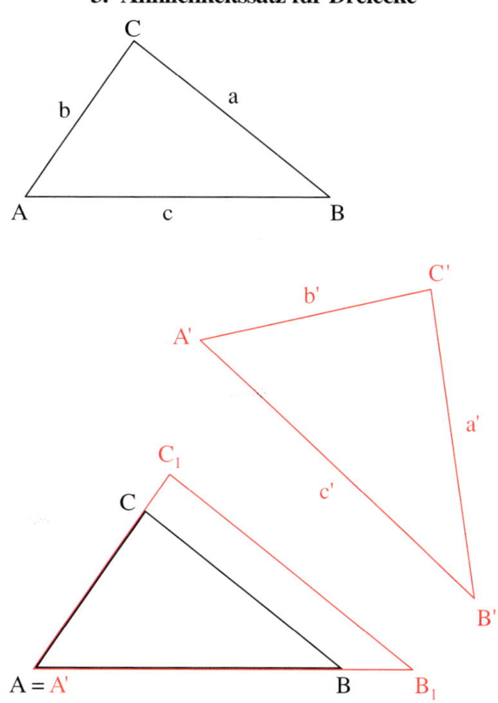

$|\overline{AC_1}| = |\overline{A'C'}|$; $|\overline{AB_1}| = |\overline{A'B'}|$; $|\overline{B_1C_1}| = |\overline{B'C'}|$
$\triangle AB_1C_1 \cong \triangle A'B'C'$

Merke:

Zwei Dreiecke, die im Längenverhältnis aller drei Seiten übereinstimmen, sind einander ähnlich. ► **3. Ähnlichkeitssatz**

In ähnlicher Weise lässt sich der 4. Ähnlichkeitssatz, der dem vierten Kongruenzsatz SsW entspricht, beweisen. Der Leser versuche, diesen Beweis selbstständig zu führen.

Merke:

Zwei Dreiecke, die im Längenverhältnis zweier Seiten und der Größe des den größeren Seiten gegenüberliegenden Winkels übereinstimmen, sind einander ähnlich. ► **4. Ähnlichkeitssatz**

Beispiele:

1. Wie vereinfacht sich der Hauptähnlichkeitssatz für gleichschenklige Dreiecke?

Für die Dreiecke $\triangle ABC$ und $\triangle A'B'C'$ gelte: $|\overline{AC}| = |\overline{BC}|$ und $|\overline{A'C'}| = |\overline{B'C'}|$. In gleichschenkligen Dreiecken sind die Basiswinkel gleich groß. Kennt man einen der Basiswinkel oder den Winkel an der Spitze, so sind die anderen Winkel bestimmt. Man kann also feststellen: Zwei gleichschenklige Dreiecke sind einander ähnlich, wenn sie im Winkel an der Spitze oder in einem Basiswinkel übereinstimmen.

Gleichschenklige Dreiecke

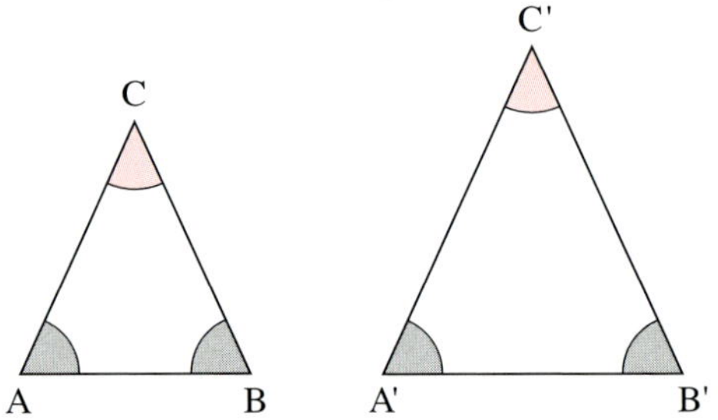

2. Gibt es einen speziellen Ähnlichkeitssatz für gleichseitige Dreiecke?

Gleichseitige Dreiecke haben nicht nur gleich lange Seiten, sondern auch gleich große Winkel. Die Innenwinkel des gleichseitigen Dreiecks sind alle 60° groß.
Zwei gleichseitige Dreiecke stimmen also immer in gleich liegenden Winkeln überein, sind also nach dem Hauptähnlichkeitssatz ähnlich. D. h., alle gleichseitigen Dreiecke sind einander ähnlich.

Gleichseitige Dreiecke

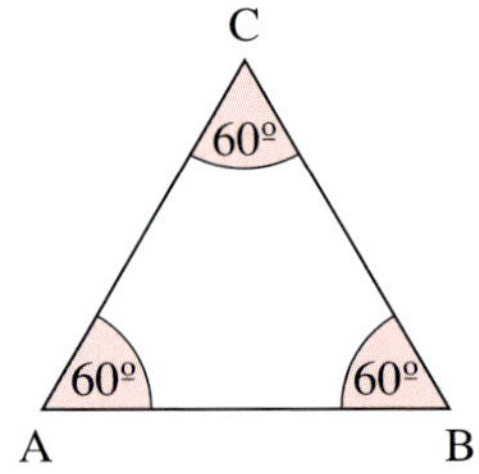

3. Prüfen Sie, ob die Dreiecke $\triangle ABC$ und $\triangle A'B'C'$, für die gilt: $a = 2{,}4$ cm, $b = 1{,}8$ cm, $c = 3{,}0$ cm und $a' = 3{,}6$ cm, $b' = 2{,}7$ cm, $c' = 4{,}5$ cm, einander ähnlich sind.

Da von beiden Dreiecken alle Seitenlängen bekannt sind, wird man den 3. Ähnlichkeitssatz anwenden und prüfen, ob die Verhältnisse entsprechender Seiten gleich groß sind.
Es ist: $a' : a = 3{,}6 \text{ cm} : 2{,}4 \text{ cm} = 3 : 2$,
$b' : b = 2{,}7 \text{ cm} : 1{,}8 \text{ cm} = 3 : 2$,
$c' : c = 4{,}5 \text{ cm} : 3{,}0 \text{ cm} = 3 : 2$.
Die Verhältnisse sind gleich, die Dreiecke sind daher ähnlich, der Ähnlichkeitsfaktor beträgt 1,5.

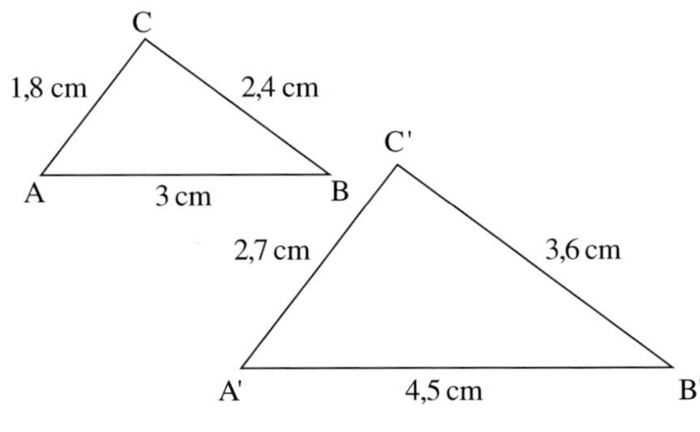

4. Konstruieren Sie ein Dreieck $\triangle ABC$ aus $b:c = 2:3$ und 3 cm für den Umkreisradius r sowie 60° für α.

Vorüberlegung: Man kennt zwar nicht b und c, wohl aber ihr Verhältnis. Aus $b:c = 2:3$ folgt: $c = 1{,}5 \cdot b$.
Wählt man also für b eine beliebige Länge und für c das 1,5fache davon, so kann man z. B. das Dreieck $\triangle A'B'C'$ nach dem Kongruenzsatz SWS eindeutig konstruieren.
In diesem Dreieck wird der Umkreisradius nicht automatisch 3 cm sein. Man kann das zu $\triangle A'B'C'$ in Ähnlichkeitslage liegende Lösungsdreieck $\triangle A'BC$ mit $r = 3$ cm dadurch finden, dass man in $\triangle A'B'C'$ den Umkreisradius auf 3 cm verlängert.

Planfigur

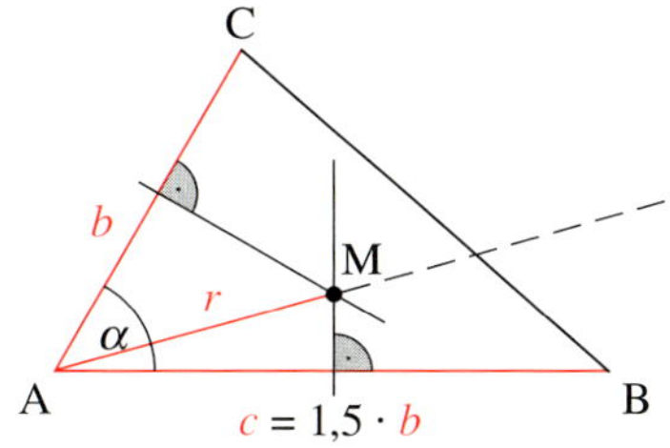

Konstruktion: Man konstruiert das Hilfsdreieck $\triangle A'B'C'$ mit 2 cm für b', 3 cm für c' und 60° für α nach SWS.
Die Mittelsenkrechten der Seiten b′ und c′ schneiden sich in M′, dem Umkreismittelpunkt des Dreiecks. Man verlängert die Strecke $\overline{A'M'}$ über M′ hinaus auf 3 cm und erhält so den Umkreismittelpunkt des gesuchten Dreiecks. Der Kreis um M durch A′ schneidet die Verlängerungen von $\overline{A'B'}$ und $\overline{A'C'}$ in B bzw. in C. Man verbindet B mit C. $\triangle A'BC$ ist das gesuchte Dreieck. Die Konstruktion ist eindeutig.

Konstruktion

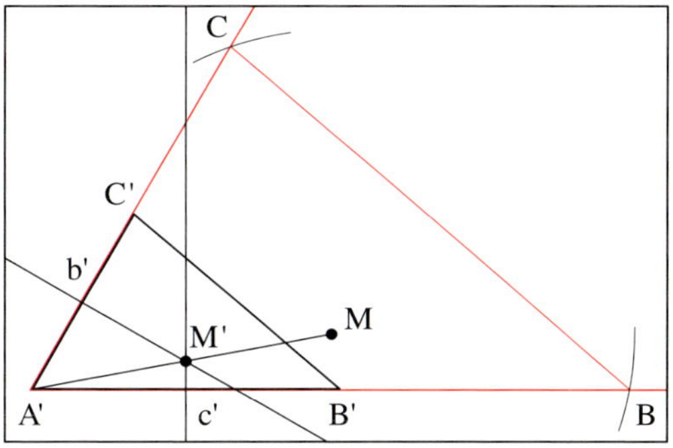

5. Konstruieren Sie ein Dreieck mit der Größe 70° für γ, 5 cm für $|h_a|$ und dem Verhältnis 2 : 3 für $|a|:|b|$.

Die Planfigur zeigt, dass ein Dreieck $\triangle A'B'C'$ mit 2 cm für $|a|$, 3 cm für $|b|$ und 70° für γ nach SWS eindeutig konstruiert werden kann. In diesem Dreieck hat $\overline{A'H'_a}$ nicht von vornherein die verlangte Länge. Bestimmt man H_a so, dass $\overline{A'H_a}$ die Länge von 5 cm hat, und zeichnet man dann durch H_a die Parallele zu $\overline{B'C'}$, so schneidet diese die Seiten c und b bzw. deren Verlängerungen in B und C.

Planfigur

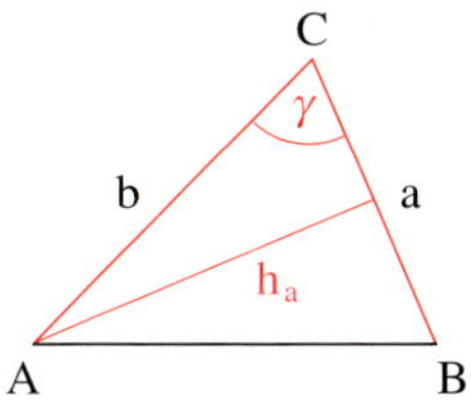

Konstruktion: Man zeichnet das Dreieck $\triangle A'B'C'$ nach SWS. Sodann fällt man das Lot von A′ auf B′ C′ und gibt ihm die Länge 5 cm. Durch den so festgelegten Punkt zeichnet man die Parallele zu B′ C′. Sie schneidet b in C und c in B. Das Dreieck $\triangle A'BC$ ist das verlangte. Die Konstruktion ist eindeutig.

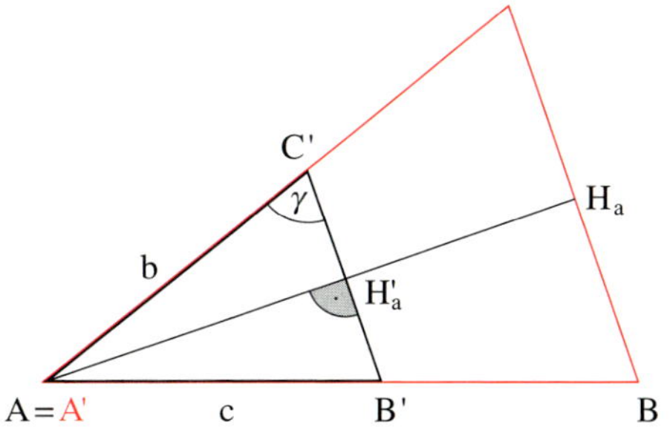

6. Ein Geländepunkt B ist von einem Punkt A aus nicht zugänglich. Die Entfernung $|\overline{AB}|$ soll bestimmt werden.

Die Lösung bedient sich der Ähnlichkeit von Dreiecken. Man legt eine Strecke $\overline{AC}$ fest, deren Länge man messen kann. Sodann bestimmt man die Winkel $\sphericalangle CAB$ und $\sphericalangle ACB$ durch Peilung. Man konstruiert ein Dreieck $\triangle A'B'C'$ mit den Winkelgrößen der Winkel $\sphericalangle CAB$ für $\sphericalangle C'A'B'$ und $\sphericalangle ACB$ für $\sphericalangle A'C'B'$ so, dass $|\overline{A'C'}| = \frac{1}{n}|\overline{AC}|$ ist, $n \in \mathbb{N}^*$.
Es gilt: $\triangle A'B'C' \sim \triangle ABC$ nach dem 2. Ähnlichkeitssatz. Nun misst man $\overline{A'B'}$. Das n-fache dieser Länge ist die reale Entfernung von A zu B.

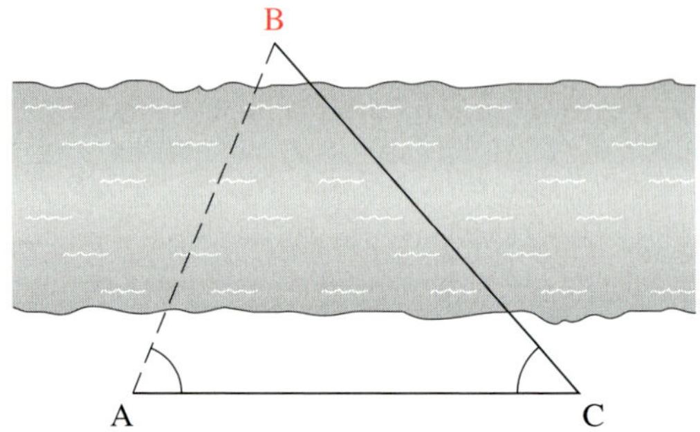

Problem: Zeichnen Sie ein Dreieck $\triangle ABC$ und die Höhen h_c und h_a. Überlegen Sie, ob die Seiten c und a und die Höhen h_c und h_a gleiche Längenverhältnisse bilden.

Lösungsidee: Man untersuche diejenigen durch die Höhen erzeugten Teildreiecke des Dreiecks $\triangle ABC$, in denen jeweils eine Seite und eine Höhe liegen, auf Ähnlichkeit.

Für die Dreiecke $\triangle AH_aB$ und $\triangle CH_cB$ gilt:
$|\sphericalangle AH_aB| = |\sphericalangle CH_cB| = 90°$,
$|\sphericalangle ABH_a| = |\sphericalangle CBH_c|$.
Die Dreiecke sind nach dem Hauptähnlichkeitssatz einander ähnlich, d. h., die Verhältnisse gleich liegender Seiten sind gleich. Es gilt also: $|a| : |c| = |h_c| : |h_a|$.

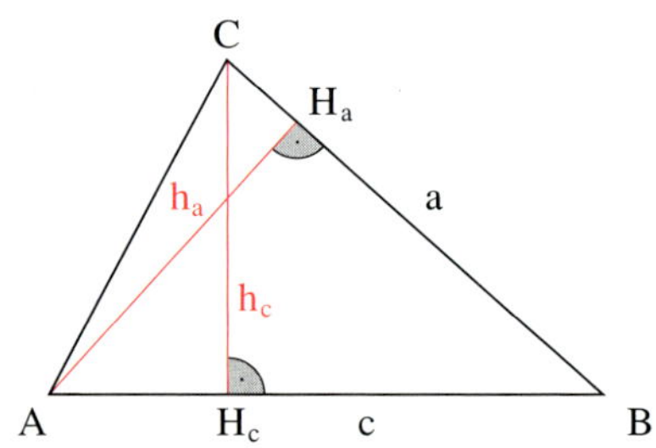

$\triangle AH_aB \sim \triangle CH_cB$
$|a| : |c| = |h_c| : |h_a|$; analog: $|c| : |b| = |h_b| : |h_c|$.
$|a| \cdot |h_a| = |c| \cdot |h_c|$ und $|c| \cdot |h_c| = |b| \cdot |h_b|$

Merke:

Die Längen zweier Dreieckshöhen verhalten sich umgekehrt zueinander wie die Längen der zugehörigen Dreiecksseiten.

Problem: Zeichnen Sie zwei ähnliche Dreiecke $\triangle ABC$ und $\triangle A'B'C'$ mit den Höhen h_c und $h'_{c'}$ auf die Seiten c bzw. c′. Stellen Sie fest, in welchem Längenverhältnis h_c und $h'_{c'}$ zueinander stehen.

Da vorausgesetzt ist, dass die Dreiecke $\triangle ABC$ und $\triangle A'B'C'$ einander ähnlich sind, gilt also $\alpha = \alpha'$. In den Dreiecken $\triangle AH_cC$ und $\triangle A'H'_cC'$ gilt $\eta = 90° - \alpha$ und $\eta' = 90° - \alpha'$, wegen $\alpha = \alpha'$ also $\eta = \eta'$. Also sind die Dreiecke $\triangle AH_cC$ und $\triangle A'H'_cC'$ nach dem Hauptähnlichkeitssatz

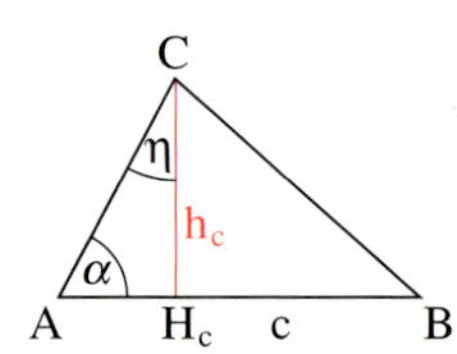

einander ähnlich. Dann gilt aber auch $|\overline{AC}|:|\overline{A'C'}| = |\overline{CH_c}|:|\overline{C'H'_{c'}}|$.

Analog lässt sich zeigen, dass für die Höhen h_a, $h'_{a'}$, h_b und $h'_{b'}$ gilt:
$|\overline{AC}|:|\overline{A'C'}| = |\overline{AH_a}|:|\overline{A'H'_{a'}}|$,
$|\overline{AB}|:|\overline{A'B'}| = |\overline{BH_b}|:|\overline{B'H'_{b'}}|$.
Die Längen entsprechender Höhen in ähnlichen Dreiecken stehen im selben Verhältnis zueinander wie die Längen entsprechender Seiten.

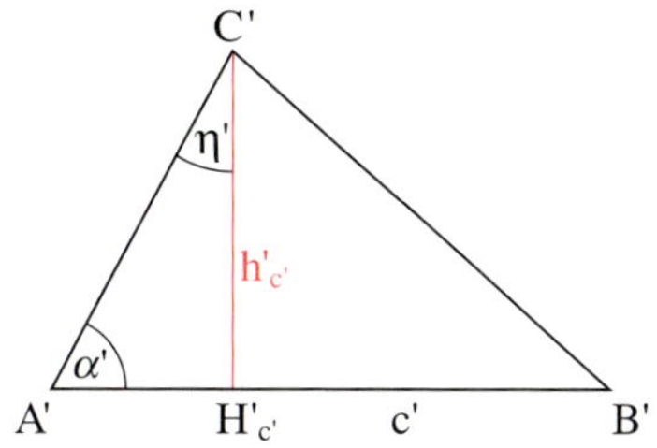

Es lässt sich sogar zeigen, dass die Längen aller einander entsprechenden besonderen Linien in ähnlichen Dreiecken, ja sogar beliebiger einander entsprechender Strecken im selben Verhältnis zueinander stehen wie die Längen entsprechender Seiten der Dreiecke.

Merke:

In ähnlichen Dreiecken stehen die Längen entsprechender Transversalen im gleichen Verhältnis wie die Längen entsprechender Seiten zueinander. Das Gleiche gilt für die Längen zweier beliebiger einander entsprechender Strecken in ähnlichen Dreiecken.

Problem: Die ähnlichen Dreiecke $\triangle ABC$ und $\triangle A'B'C'$ haben den Ähnlichkeitsfaktor k, d. h., es gilt z. B. $|\overline{A'B'}|:|\overline{AB}| = k$ oder $|\overline{A'B'}| = k \cdot |\overline{AB}|$. Welches Verhältnis besteht zwischen den Umfängen u und u' der beiden Dreiecke?

Mit den Bezeichnungen der nebenstehenden Zeichnung gilt: $u = a + b + c$ und entsprechend $u' = a' + b' + c'$.
Der Ähnlichkeitsfaktor der Dreiecke ist k, d. h., es ist z. B. $a' = k \cdot a$. Für u' kann man also schreiben $u' = k \cdot a + k \cdot b + k \cdot c = k \cdot (a + b + c)$. In der Klammer steht aber gerade der Term für u, also gilt $u' = k \cdot u$.

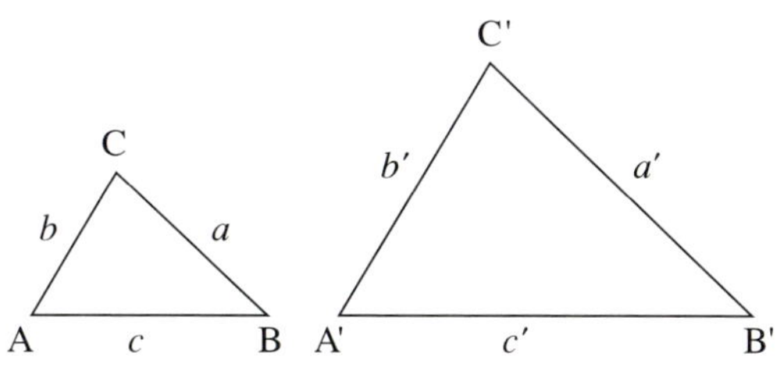

Beispiel:

Ein Dreieck $\triangle ABC$ hat die Seitenlängen 7 cm für a, 5 cm für b, 3 cm für c. Der Umfang eines ähnlichen Dreiecks $\triangle A'B'C'$ ist 10 cm länger. Berechnen Sie die Seitenlängen des $\triangle A'B'C'$.

Für den Umfang u des Dreiecks $\triangle ABC$ gilt:
$u = a + b + c$.
Für den Umfang u' des Dreiecks $\triangle A'B'C'$ gilt: $u' = u + 10$ cm.

Der Ähnlichkeitsfaktor beträgt
$u' : u = 25 : 15$, also $\frac{5}{3}$.

Für den Umfang des Dreiecks $\triangle ABC$ erhält man:
$u = 7\text{ cm} + 5\text{ cm} + 3\text{ cm} = 15\text{ cm}$.
Der Umfang des Dreiecks $\triangle A'B'C'$ ist 10 cm länger, also $u' = u + 10$ cm, das sind 25 cm.

Mithilfe des Ähnlichkeitsfaktors erhält man:
$a' = \frac{5}{3} \cdot 7\text{ cm} = 11\frac{2}{3}\text{ cm}$, für b' und c' analog $b' = 8\frac{1}{3}\text{ cm}$, $c' = 5\text{ cm}$.

10.4 Ähnlichkeit am rechtwinkligen Dreieck – Satzgruppe des Pythagoras

Auftrag: Zeichnen Sie ein rechtwinkliges Dreieck $\triangle ABC$ mit dem rechten Winkel bei C und der Höhe h_c. Es sind drei Dreiecke entstanden: $\triangle ABC$, $\triangle AH_cC$ und $\triangle BH_cC$. Bestimmen Sie die Innenwinkel dieser Dreiecke in Abhängigkeit von α. Was stellen Sie fest?

$|\sphericalangle ACH_c| = 90° - \alpha$ (weil $|\sphericalangle AH_cC| = 90°$),
$|\sphericalangle H_cCB| = \alpha$ (weil $|\sphericalangle ACB| = 90°$ und $|\sphericalangle ACH_c| = 90° - \alpha$),
$|\sphericalangle ABC| = 90° - \alpha$ (weil $|\sphericalangle BH_cC| = 90°$).

Jedes der entstandenen Dreiecke enthält einen rechten Winkel und je einmal einen Winkel der Größe α. Nach dem Hauptähnlichkeitssatz sind alle diese Dreiecke einander ähnlich, d. h., es lassen sich eine Vielzahl von Proportionen zwischen den Längen entsprechender Seiten aufstellen.

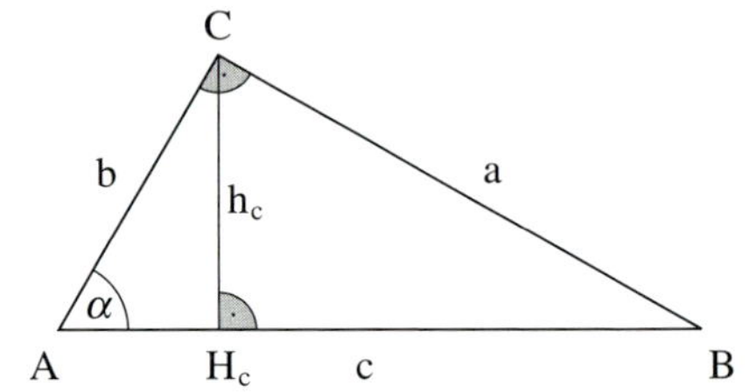

$\triangle AH_cC \sim \triangle BH_cC$
$\triangle AH_cC \sim \triangle ABC$
$\triangle BH_cC \sim \triangle ABC$

Problem: Untersuchen Sie, welche geometrischen Aussagen sich aus den gefundenen Proportionen ableiten lassen.

Um mögliche Proportionen zu finden, ist es zweckmäßig, zunächst in diesen Dreiecken die gleich liegenden Seiten zu bestimmen. In einem rechtwinkligen Dreieck tragen die Seiten spezielle Namen: Die dem rechten Winkel gegenüberliegende Seite heißt **Hypotenuse**, diejenigen Seiten, welche Schenkel des rechten Winkels sind, heißen **Katheten**.

Dem rechten Winkel liegen gegenüber: Im Dreieck $\triangle ABC$ die Seite c; im Dreieck $\triangle ACH_c$ die Seite b; im Dreieck $\triangle BCH_c$ die Seite a.
Die kürzeren Katheten sind im Dreieck $\triangle ABC$ die Seite b; im Dreieck $\triangle ACH_c$ die Seite $\overline{AH_c}$; im Dreieck $\triangle BCH_c$ die Seite $\overline{CH_c}$.
Die längeren Katheten sind im Dreieck $\triangle ABC$ die Seite a; im Dreieck $\triangle ACH_c$ die Seite h_c; im Dreieck $\triangle BCH_c$ die Seite $\overline{BH_c}$.
Nun kann man feststellen, dass z. B. gilt:
$|c| : |b| = |b| : |\overline{AH_c}|$,
$|c| : |a| = |a| : |\overline{BH_c}|$ und
$|\overline{AH_c}| : |h_c| = |h_c| : |\overline{BH_c}|$.

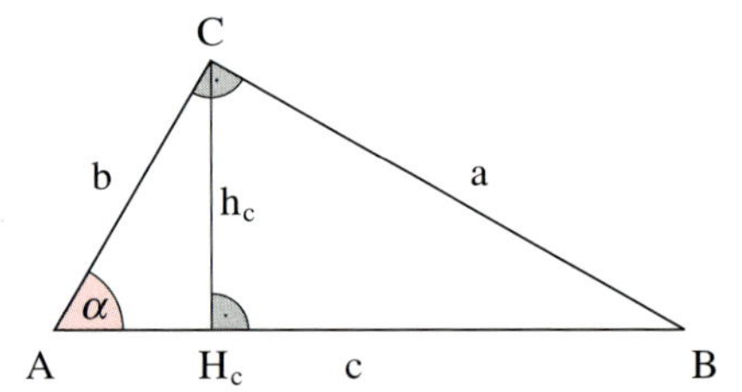

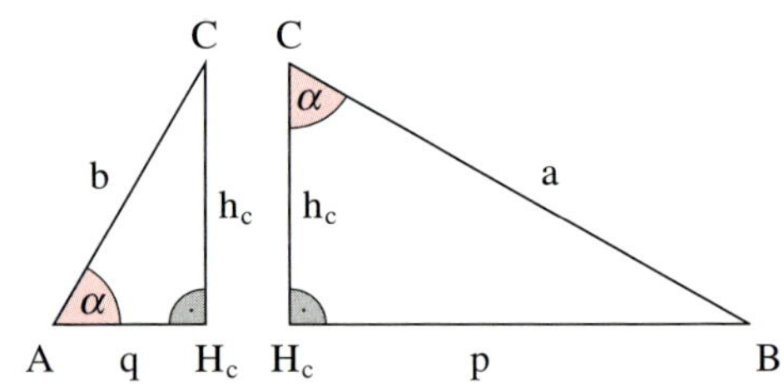

Der durch die Höhe h_c auf der Hypotenuse c des rechtwinkligen Dreiecks $\triangle ABC$ erzeugte Abschnitt $\overline{AH_c}$, der also der Kathete b anliegt, wird hier mit dem Buchstaben q bezeichnet, derjenige Abschnitt, welcher der Kathete a anliegt, mit p. Damit kann man für die voranstehenden Proportionen kürzer schreiben, wobei jetzt h für h_c geschrieben wird:
$|c| : |b| = |b| : |q|$, $|c| : |a| = |a| : |p|$ und $|q| : |h| = |h| : |p|$.

Im Folgenden soll statt der Betragsstriche die kursive Schreibweise verwendet, also z. B. statt $|a|$ das Symbol a geschrieben werden. Man erhält dann: $c:b = b:q$, $c:a = a:p$ und $q:h = h:p$.

Es ist b also mittlere Proportionale zu c und q, a ist mittlere Proportionale zu c und p, h ist mittlere Proportionale zu p und q. Setzt man das Produkt der Innenglieder dieser Proportionen dem Produkt ihrer Außenglieder gleich, so erhält man die Gleichungen $b^2 = c \cdot q$, $a^2 = c \cdot p$ und $h^2 = p \cdot q$.

Merke:

Stehen c für die Länge der Hypotenuse, a und b für die Längen der Katheten eines rechtwinkligen Dreiecks, h für die Länge der Höhe h_c und p und q für die Längen der a und b anliegenden Hypotenusenabschnitte, so gelten die Gleichungen: $\boldsymbol{b^2 = c \cdot p}$, $\boldsymbol{a^2 = c \cdot q}$ und $\boldsymbol{h^2 = p \cdot q}$.

Die geometrische Interpretation der Gleichung $h^2 = p \cdot q$ ist als Höhensatz bekannt.

Merke:

Das Quadrat über der Höhe eines rechtwinkligen Dreiecks auf die Hypotenuse ist flächengleich dem Rechteck aus den Hypotenusenabschnitten: $\boldsymbol{h^2 = p \cdot q}$ ► **Höhensatz**

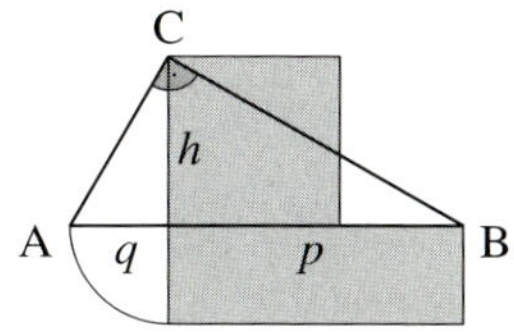

$h^2 = p \cdot q$

Die geometrische Interpretation der beiden Gleichungen $b^2 = c \cdot p$ und $a^2 = c \cdot q$ ist als der **Lehrsatz des Euklid** bekannt:

Merke:

Das Quadrat über einer Kathete eines rechtwinkligen Dreiecks ist flächengleich dem Rechteck aus der Hypotenuse und dem der Kathete anliegenden Hypotenusenabschnitt:
$\boldsymbol{b^2 = c \cdot p}$ und $\boldsymbol{a^2 = c \cdot q}$ ► **Satz des Euklid**

Der griechische Mathematiker Euklid lebte ungefähr von 365 bis 300 v.u.Z.

$b^2 = c \cdot p$

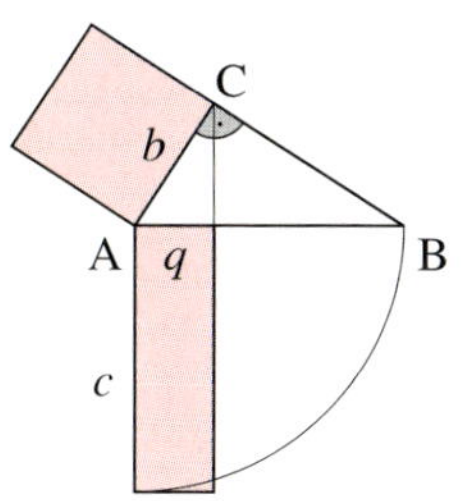

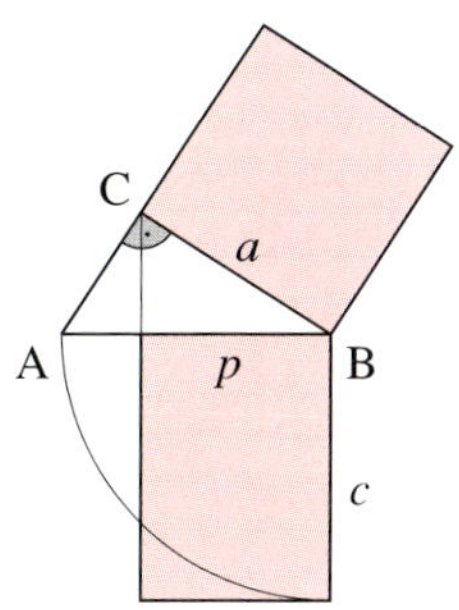

$a^2 = c \cdot q$

Denkt man sich die Zeichnungen zum Satz des Euklid so übereinander gelegt, dass die „großen“ rechtwinkligen Dreiecke aufeinander fallen, so ergänzen sich die zugehörigen Rechtecke offenbar zu einem Quadrat mit der Seitenlänge c. Man kann **vermuten**, dass die Summe der Flächeninhalte der Kathetenquadrate eines rechtwinkligen Dreiecks dem Flächeninhalt des Quadrats über der Hypotenuse gleich ist.

Es wird die Summe der Flächeninhalte der Kathetenquadrate gebildet und mit dem Flächeninhalt des Hypotenusenquadrats verglichen.
In den Gleichungen zum Lehrsatz des Euklid kommen die Quadrate über den Katheten vor. Man addiert die Gleichungen und betrachtet die Summe ihrer rechten Seiten.
Aus der Summe $c \cdot p + c \cdot q$ kann c ausgeklammert werden. In der Klammer steht dann $p + q$, und das ist c.
Die Vermutung trifft also zu.

Lehrsatz des Pythagoras

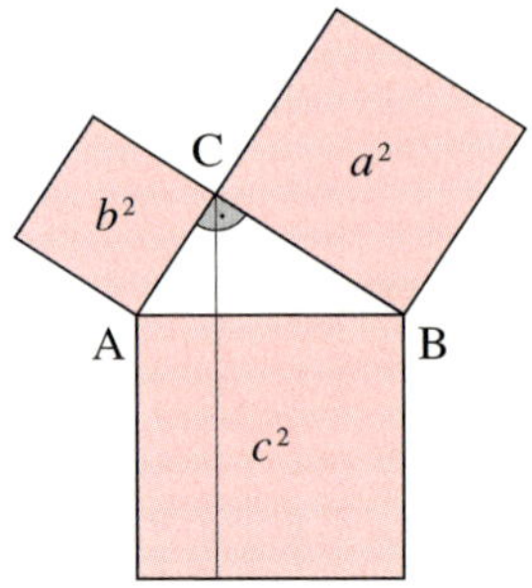

$a^2 = c \cdot p$ und $b^2 = c \cdot q$
$a^2 + b^2 = c \cdot p + c \cdot q = c(p + q)$
$a^2 + b^2 = c^2$

Merke:

Im rechtwinkligen Dreieck ist die Summe der Flächen der Kathetenquadrate der Fläche des Hypotenusenquadrats gleich: $\boldsymbol{a^2 + b^2 = c^2}$ ► **Satz des Pythagoras**

Der griechische Mathematiker Pythagoras lebte ungefähr 580 bis 500 v.u.Z.

Anwendungen:

1. Im Höhensatz ist die Höhe mittlere Proportionale zu den beiden Hypotenusenabschnitten, weil $p : h = h : q$ gilt.
Es sind zwei Streckenlängen a und b gegeben. Konstruieren Sie mithilfe des Höhensatzes ihre mittlere Proportionale.

Gesucht wird eine Strecke der Länge x, für die gilt: $a : x = x : b$.
Aus dieser Verhältnisgleichung folgt die Gleichung $x^2 = a \cdot b$.
Nach dem Höhensatz hat die Höhe auf die Hypotenuse eines rechtwinkligen Dreiecks die Länge x, wenn a und b für die Längen der Hypotenusenabschnitte stehen, die durch die Höhe erzeugt werden.
Man zeichnet also eine Strecke $\overline{AB}$, für die gilt: $|\overline{AB}| = a + b$. Über dieser Strecke zeichnet man den Thaleshalbkreis. Sodann errichtet man im Endpunkt H der Strecke a die Senkrechte zu AB. Sie schneidet den Halbkreis in C. $\overline{CH}$ ist Höhe im rechtwinkligen Dreieck $\triangle$ABC, also ist $|\overline{CH}|$ die mittlere Proportionale zu a und b.

Konstruktion der mittleren Proportionale

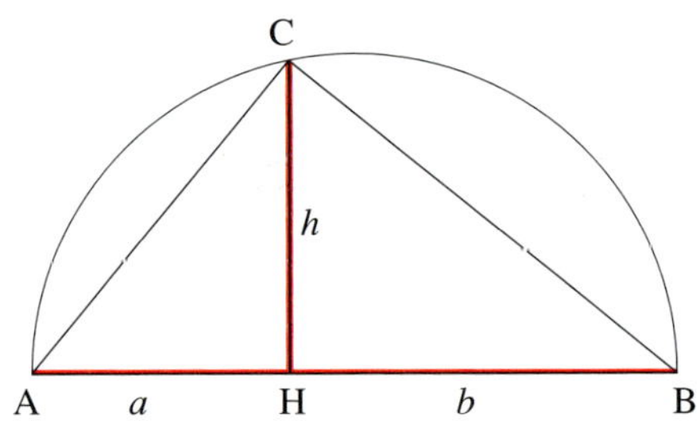

Man kann auch sagen:
Die Länge h von $\overline{CH}$ ist das sog. **Geometrische Mittel** der Längen a und b, denn es gilt: $h = \sqrt{a \cdot b}$.

2. Mithilfe des pythagoreischen Lehrsatzes lässt sich aus den Längen zweier Seiten eines rechtwinkligen Dreiecks die Länge der dritten Seite berechnen.
Im rechtwinkligen Dreieck $\triangle ABC$ mit dem rechten Winkel bei C sind die Längen 4 cm für a und 3 cm für b gegeben; gesucht ist c.

Der pythagoreische Lehrsatz lautet:
$a^2 + b^2 = c^2$.

Für a setzt man 4 cm, für b setzt man 3 cm und erhält den Wert von c^2.
Durch Wurzelziehen findet man den Wert für c.

Berechnung einer Seite im rechtwinkligen Dreieck

$a^2 + b^2 = c^2$
$16\,\text{cm}^2 + 9\,\text{cm}^2 = c^2$
$c^2 = 25\,\text{cm}^2$ ► $c > 0$ cm als Länge
$c = \sqrt{25\,\text{cm}^2}$
$\underline{\underline{c = 5\,\text{cm}}}$

3. Im rechtwinkligen Dreieck $\triangle ABC$ sind die Längen 6 cm für c und 3 cm für a gegeben; berechnen Sie b.

Die Formel des pythagoreischen Lehrsatzes wird nach b^2 umgestellt. Sodann werden die gegebenen Größen für a und c eingesetzt und b wird berechnet (Taschenrechner).

$b^2 = c^2 - a^2$
$b^2 = 36\,\text{cm}^2 - 9\,\text{cm}^2$
$b^2 = 27\,\text{cm}^2$ ► $b > 0$ cm als Länge
$b = \sqrt{27\,\text{cm}^2}$
$\underline{\underline{b \approx 5{,}2\,\text{cm}}}$

4. Auf einer Strecke $\overline{AB}$ soll mithilfe des Lehrsatzes des Pythagoras ein Punkt P so konstruiert werden, dass er $\overline{AB}$ im Goldenen Schnitt teilt.

Es muss also mit den Bezeichnungen der nebenstehenden ersten Figur gelten: $(a - x) : x = x : a$.
Für x war im Abschnitt 10.1 errechnet worden: $x = -\frac{a}{2} + \sqrt{\left(\frac{a}{2}\right)^2 + a^2}$. Interpretiert man die unter dem Wurzelzeichen stehende Summe als die Summe zweier Kathetenquadrate im rechtwinkligen Dreieck – wie es der Hinweis auf den pythagoreischen Lehrsatz nahelegt –, so stehen a und $\frac{a}{2}$ für die Längen der beiden Katheten. Damit ist ein rechtwinkliges Dreieck eindeutig bestimmt und konstruierbar, und man weiß darüber hinaus, dass für die Länge von dessen Hypotenuse $x + \frac{a}{2}$ steht.

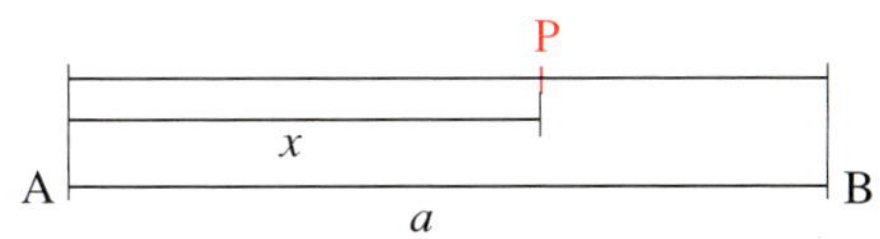

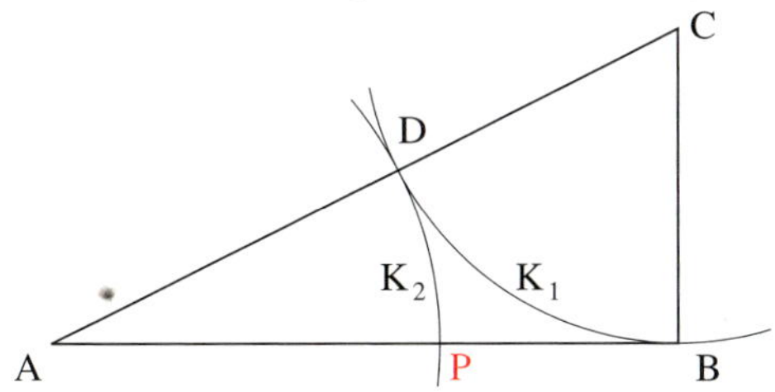

Konstruktion: Man errichtet in B eine zu $\overline{AB}$ mit der Länge a senkrechte Strecke der Länge $\frac{a}{2}$ mit dem Endpunkt C. Für die Länge der Strecke $\overline{AC}$ gilt dann $x + \frac{a}{2}$.
Der Kreis K_1 um C mit dem Radius $r_1 \left(= \frac{a}{2}\right)$ schneidet $\overline{AC}$ in D, und es gilt $|\overline{AD}| = x$. Sodann zeichnet man den Kreis K_2 um A mit dem Radius $r_2 (= x)$. Er schneidet $\overline{AB}$ in P und P teilt $\overline{AB}$ im Goldenen Schnitt.

5. Ein Quadrat ABCD hat die Seitenlänge 2 cm. Wie lang sind seine Diagonalen?

Mit den Bezeichnungen der nebenstehenden Zeichnung gilt:
$e^2 = a^2 + a^2 = 2a^2$.
Setz man 2 cm für a, so erhält man wegen $e > 0$ cm:
$e^2 = 8\text{ cm}^2$ und damit
$\underline{\underline{e}} = \sqrt{8\text{ cm}^2} \approx \underline{\underline{2{,}83\text{ cm}}}$

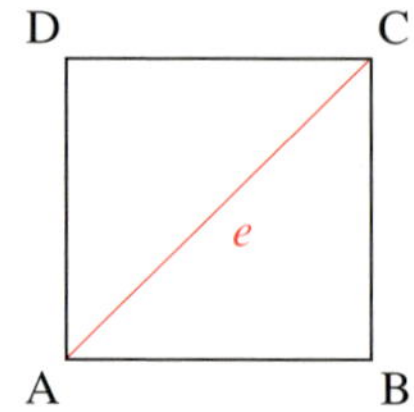

6. Eine 7,5 m lange Leiter wird an eine Hauswand gelehnt. Wie hoch reicht sie hinauf, wenn ihr unteres Ende 1,8 m von der Hauswand entfernt ist?

Die Skizze zeigt, dass ein rechtwinkliges Dreieck vorliegt, in welchem die gesuchte Höhe eine Kathete ist.
Nach Pythagoras gilt:

$$(1{,}8\text{ m})^2 + h^2 = (7{,}5\text{ m})^2 \text{ oder}$$
$$h^2 = 56{,}25\text{ m}^2 - 3{,}24\text{ m}^2$$
$$h^2 = 53{,}01\text{ m}^2 \;\blacktriangleright\; h > 0\text{ m}$$
$$\underline{\underline{h}} \approx \underline{\underline{7{,}28\text{ m}}}$$

Die Leiter reicht 7,28 m an der Hauswand hoch.

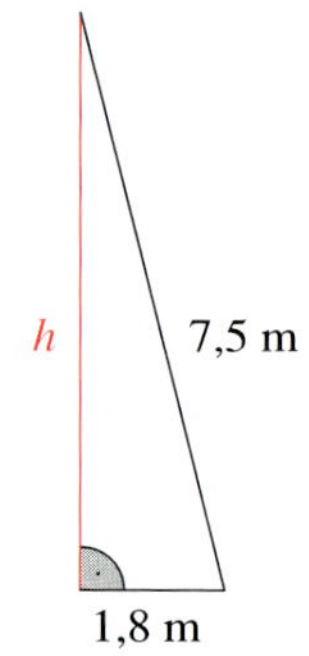

Auch die **Umkehrung** des pythagoreischen Lehrsatzes ist eine wahre Aussage, also wieder ein Lehrsatz.

Merke:

Wenn für ein Dreieck $\triangle ABC$ gilt: $a^2 + b^2 = c^2$, so ist es rechtwinklig und die Seite c ist seine Hypotenuse.

Diese Erkenntnis machten sich die Ägypter schon um 2000 v.u.Z. zu Nutze, um z. B. für ihre Bauwerke rechte Winkel zu erzeugen.

Im voranstehenden Anwendungsbeispiel 2 wurde festgestellt, dass die natürlichen Zahlen 3; 4 und 5 die pythagoreische Gleichung erfüllen:

$3^2 + 4^2 = 5^2$.

Die ägyptischen „Seilspanner“ knüpften in ein Seil in gleichem Abstand voneinander 13 Knoten, sodass 12 gleichlange Strecken entstanden. Dieses Seil spannten sie zwischen dem 1., dem 4., dem 8. und dem letzten Knoten. Beim 4. Knoten entstand auf diese Weise ein rechter Winkel.

Seilspanner im alten Ägypten

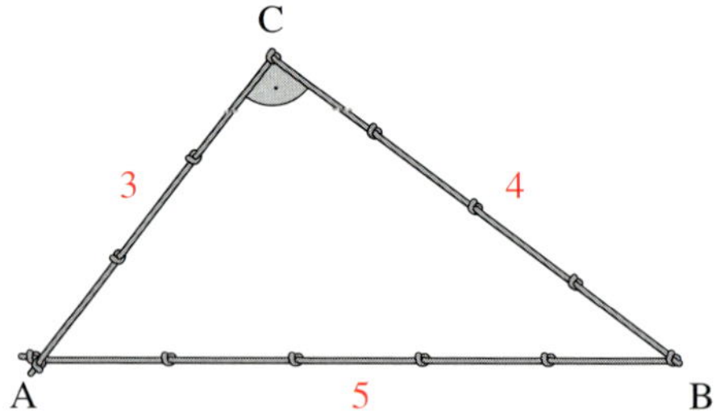

Tripel natürlicher Zahlen a, b und c, welche die Gleichung $a^2 + b^2 = c^2$ erfüllen, werden **pythagoreische Zahlentripel** genannt. Es gibt unendlich viele davon. Einige wenige Beispiele seien aufgeführt: (5; 12; 13), (7; 24; 25), (15; 8; 17), (9; 40; 41).

10.5 Ähnlichkeit am Kreis

Nicht immer sind zwei ebene Figuren einander ähnlich. Sie sind es genau dann, wenn die eine Figur die maßstäbliche Vergrößerung oder Verkleinerung der anderen Figur ist.

Auf zwei Kreise trifft diese Voraussetzung immer zu. Es gilt sogar: Alle Kreise sind einander ähnlich.

Haben zwei Kreise K und K′ die Radien r bzw. r′, so beschreibt der Quotient $|r'|:|r|$ den zwischen den Kreisen bestehenden Ähnlichkeitsfaktor k, d. h., es gilt: $k = |r'|:|r|$ oder $|r'| = k \cdot |r|$

Mit anderen Worten: Der Kreis K′ ist die k-fache Vergrößerung/Verkleinerung des Kreises K.

Ähnlichkeit der Kreise

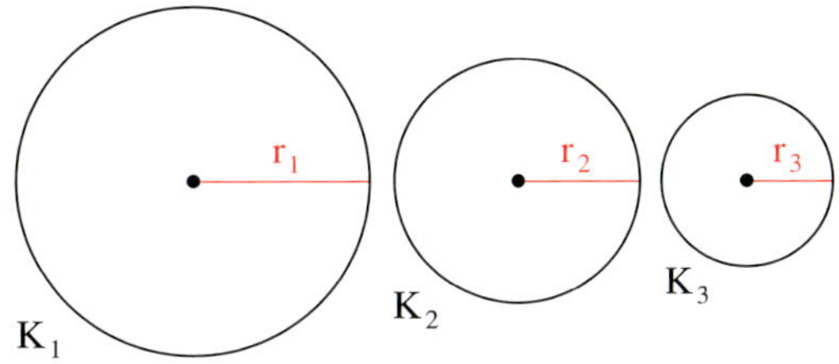

$K_1 \sim K_2$ mit $k_1 = |r_1|:|r_2|$; $K_2 \sim K_3$ mit $k_2 = |r_2|:|r_3|$

$K_1 \sim K_3$ mit $k_3 = |r_1|:|r_3|$.

Merke:

Alle Kreise sind einander ähnlich.

In bzw. an einem Kreis lassen sich in mehrfacher Weise ähnliche Dreiecke herstellen. Die dadurch bestimmten Verhältnisgleichungen beinhalten wichtige geometrische Aussagen.

Auftrag: Zeichnen Sie einen Kreis K mit einem selbst gewählten Radius und in ihm Sehnen $\overline{AB}$ und $\overline{CD}$, die sich in E schneiden sollen. Messen Sie Abschnitte $\overline{AE}$ und $\overline{EB}$ sowie $\overline{CE}$ und $\overline{ED}$. Bilden Sie die Produkte aus den Längen von $\overline{AE}$ und $\overline{EB}$ sowie $\overline{CE}$ und $\overline{ED}$. Was vermuten Sie?

In der nebenstehenden Zeichnung ist:
$|\overline{AE}| = 0{,}9$ cm, $|\overline{EB}| = 2{,}3$ cm;
$|\overline{CE}| = 1{,}5$ cm und $|\overline{ED}| = 1{,}4$ cm.
Die verlangten Produkte sind nahezu gleich. Man kann also vermuten, dass das Produkt aus den Längen der Abschnitte der einen Sehne dem Produkt aus den Längen der Abschnitte der anderen Sehne gleich ist.

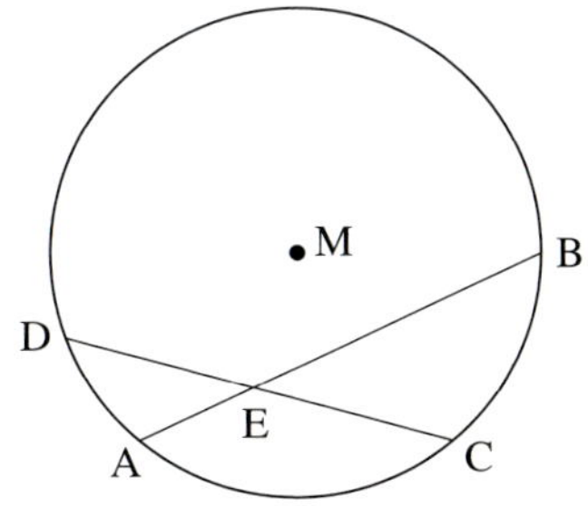

Problem: Beweisen Sie: Wenn sich zwei Sehnen eines Kreises schneiden, so ist das Produkt der Längen der Abschnitte auf der einen Sehne gleich dem Produkt der Längen der Abschnitte auf der anderen Sehne.

Beweisidee: Es soll mit ähnlichen Dreiecken gearbeitet werden, welche die genannten Abschnitte als Seiten enthalten. Durch geeignete Hilfslinien werden solche Dreiecke hergestellt.

Geeignete Hilfslinien sind die Strecken $\overline{AD}$ und $\overline{CB}$. Man betrachtet nun die Dreiecke $\triangle AED$ und $\triangle CEB$.
Es gilt:
$|\sphericalangle ADC| = |\sphericalangle ABC|$ (Peripheriewinkel über dem Bogen $\widehat{AC}$).
$|\sphericalangle AED| = |\sphericalangle CEB|$ (Scheitelwinkel).
Also sind die Dreiecke $\triangle AED$ und $\triangle CEB$ nach dem Hauptähnlichkeitssatz einander ähnlich. Dann sind die Verhältnisse entsprechender Seiten gleich.
Es gilt also:
$|\overline{AE}| : |\overline{ED}| = |\overline{CE}| : |\overline{EB}|$ oder
$|\overline{AE}| \cdot |\overline{EB}| = |\overline{CE}| \cdot |\overline{ED}|$,
was zu beweisen war. ► **Sehnensatz**

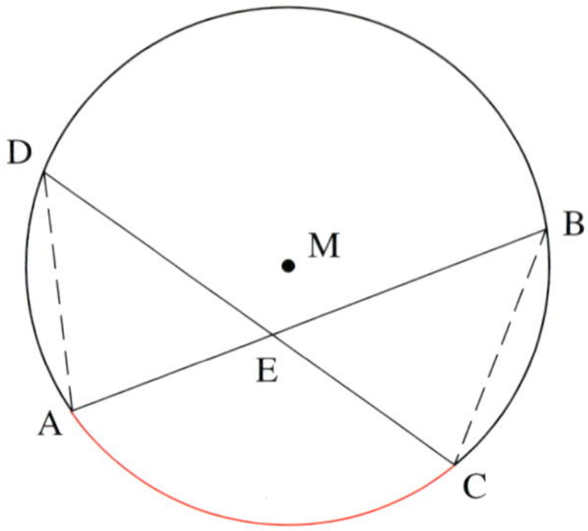

Problem: Was kann man für den Fall feststellen, dass statt der Sehnen die Sekanten s_1 und s_2 betrachtet werden, die sich außerhalb des Kreises in E schneiden?

Wieder wird man nach ähnlichen Dreiecken suchen, in denen die Sekantenabschnitte als Seiten liegen.

Schneidet s_1 den Kreis in den Punkten A und B, s_2 ihn in den Punkten C und D, so werden durch die Strecken $\overline{AC}$ und $\overline{BD}$ die Dreiecke $\triangle ACE$ und $\triangle DBE$ erzeugt. Für sie gilt:
$|\sphericalangle AEC| = |\sphericalangle DEB|$,
$|\sphericalangle BAC| = |\sphericalangle BDC|$ (Peripheriewinkel über dem Bogen $\widehat{AC}$).
Also sind die Dreiecke $\triangle ACE$ und $\triangle DBE$ nach dem Hauptähnlichkeitssatz einander ähnlich, und es gilt:
$|\overline{EB}| : |\overline{ED}| = |\overline{EC}| : |\overline{EA}|$ oder
$|\overline{EB}| \cdot |\overline{EA}| = |\overline{EC}| \cdot |\overline{ED}|$.
► **Sekantensatz**

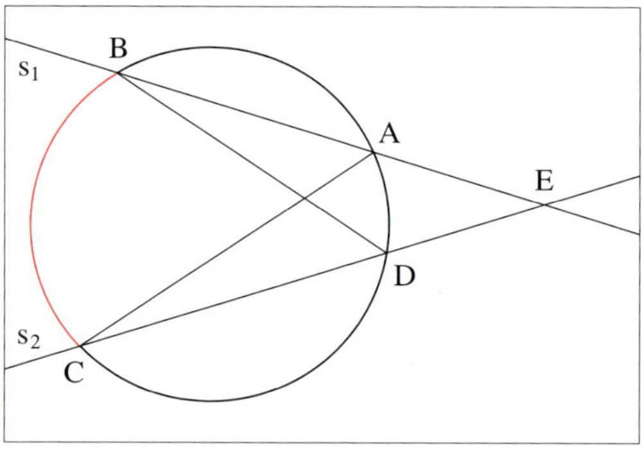

Merke:

- Schneiden sich zwei Sehnen eines Kreises, so ist das Produkt der Längen der Abschnitte auf der einen Sehne gleich dem Produkt der Längen der Abschnitte auf der anderen Sehne. ► **Sehnensatz**
- Schneiden sich zwei Sekanten eines Kreises, so ist das Produkt der Längen der Abschnitte auf der einen Sekante gleich dem Produkt der Längen der Abschnitte auf der anderen Sekante. ► **Sekantensatz**

Der letzte Satz gilt auch dann noch, wenn aus einer Sekante eine Tangente wird, wenn also z. B. die Punkte C und D im Punkt T zusammenfallen.
Die Abschnitte $\overline{EB}$ und $\overline{EA}$ sind dann gleich lang, und es gilt: $|\overline{ET}|^2 = |\overline{EC}| \cdot |\overline{ED}|$.
► **Tangentensatz**
Der Leser versuche, diesen Satz zu beweisen. ► Übungen zu 10. Ähnlichkeit am Kreis, Aufgabe 9.

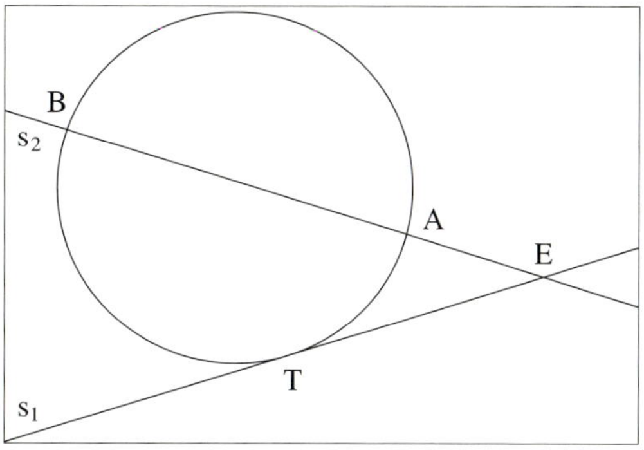

Merke:

Schneiden sich eine Sekante und eine Tangente eines Kreises in einem Punkt außerhalb des Kreises, so ist das Produkt der Längen der Abschnitte auf der Sekante gleich dem Quadrat der Länge des Abschnitts auf der Tangente. ► **Tangentensatz**

Anmerkung: Der Tangentenabschnitt ist also mittlere Proportionale zu den Sekantenabschnitten, weil $|\overline{EC}| : |\overline{ET}| = |\overline{ET}| : |\overline{ED}|$ gilt. Der vorstehende Merke-Satz beschreibt demzufolge eine weitere Möglichkeit, die mittlere Proportionale zu zwei Strecken zu konstruieren. Wie könnte die Konstruktion erfolgen? ► Übungen zu 10. Ähnlichkeit am Kreis, Aufgabe 10.

10.6 Ähnliche Vielecke

Zwei Vielecke oder n-Ecke V_1 und V_2 sind ähnlich – in Zeichen $V_1 \sim V_2$ –, wenn ihre Winkel der Reihe nach gleich sind und entsprechende Seiten ebenfalls in gleicher Reihenfolge ein gleiches Längenverhältnis haben. ► Abschnitt 10.3

Die Untersuchung ähnlicher Dreiecke, für die $n = 3$ gilt, hatte ergeben, dass zwei gleichseitige Dreiecke $\triangle ABC$ und $\triangle A'B'C'$ stets untereinander ähnlich sind, denn ihre Innenwinkel sind alle 60° groß, und für das Längenverhältnis ihrer Seiten gilt $|a| : |b| = |a'| : |b'| = 1$, da alle Seiten jeweils gleich lang sind.

Problem: Untersuchen Sie, ob es auch unter den Vierecksformen solche gibt, die stets untereinander ähnlich sind.

Nach der Definition der Ähnlichkeit von Vielecken können auch Vierecke nur dann ähnlich sein, wenn alle ihre Innenwinkel der Reihe nach gleich groß sind. Das ist bei Rechtecken und Quadraten von vornherein der Fall: Da alle Winkel 90° groß sind, sind sie sicher der Reihe nach gleich groß.

Für Quadrate ABCD und $A'B'C'D'$ gilt wegen der jeweils gleichen Länge ihrer Seiten: $a : b : c : d = a' : b' : c' : d' = 1$.
Das bedeutet: $ABCD \sim A'B'C'D'$, und das bedeutet auch, dass alle Quadrate unabhängig von ihrer jeweiligen Seitenlänge untereinander ähnlich sind.

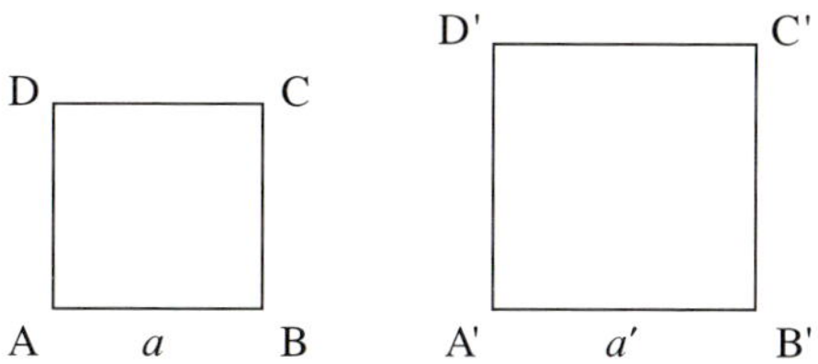

$a = b = c = d;\ a' = b' = c' = d'$

Rechtecke sind jedoch nicht alle untereinander ähnlich. Sie sind es nur dann, wenn sie im Längenverhältnis ihrer Seiten übereinstimmen, d. h., wenn für zwei Rechtecke ABCD und A′B′C′D′ gilt: $a:b = a':b'$.

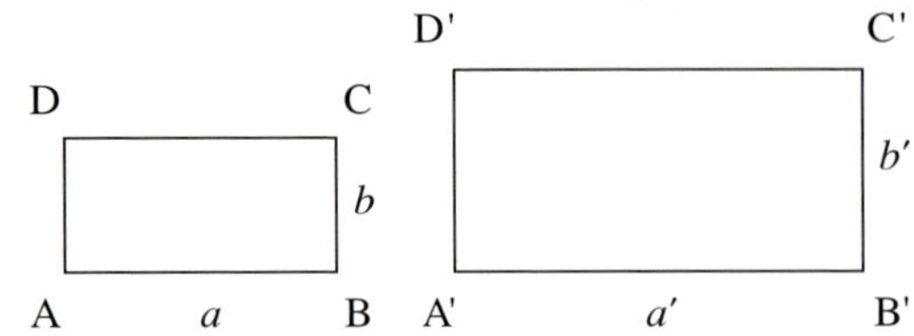

$a:b = 2:1$; $a':b' = 2:1$

Bei allen anderen Vierecksformen sind die Innenwinkel nicht von vornherein der Reihe nach gleich groß.
Zwei Parallelogramme ABCD und A′B′C′D′, deren Innenwinkel α und α' von 90° verschieden sind, können z. B. nur dann ähnlich sein, wenn $\alpha = \alpha'$ gilt. Dann sind auch die anderen Innenwinkel der Reihe nach gleich groß. Jedoch: $\alpha = \alpha'$ ist zwar notwendig, aber noch nicht hinreichend für die Ähnlichkeit der Parallelogramme. Es muss außerdem gelten: $a:b = a':b'$.

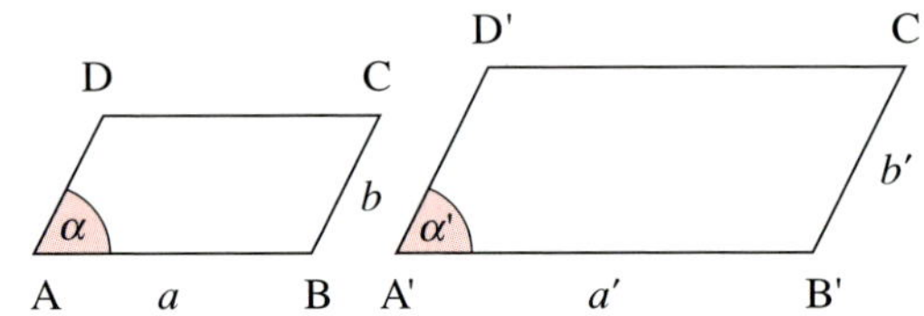

$\alpha = \alpha'$, $a:b = a':b'$; ABCD ~ A′B′C′D′

Der Leser überlege, was über die Ähnlichkeit von Rhomben und Trapezen festzustellen ist.
► Übungen zu 10. Ähnliche Vielecke, Aufgabe 4.

Ähnliche Dreiecke können stets in Ähnlichkeitslage gebracht werden. ► Abschnitt 10.3

Auch ähnliche Vielecke lassen sich immer in eine Lage bringen, dass alle einander entsprechenden Seiten parallel sind und die Verbindungsstrecken entsprechender Punkte durch einen Punkt gehen. Dieser Punkt heißt der **Ähnlichkeitspunkt** der Vielecke, diese besondere Lage der Vielecke zueinander heißt auch **perspektive Lage**.

Perspektive Lage

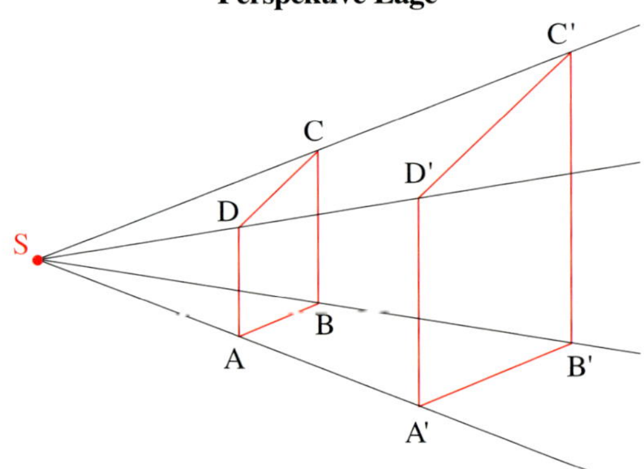

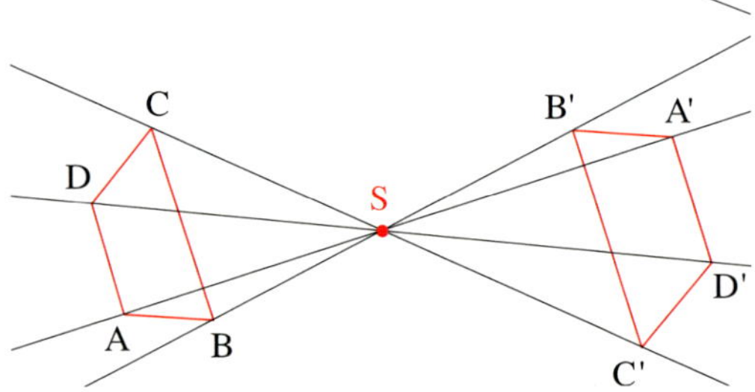

Anwendung: Zur mechanischen Vergrößerung oder Verkleinerung von Zeichnungen benutzte man früher den sogenannten Storchschnabel oder Pantographen.

In der nebenstehenden Zeichnung bezeichnet A einen festen Drehpunkt, B den Führungsstift und C den Zeichenstift.
Durch Verändern der Lage von B oder C konnte man das Maß der Vergrößerung oder Verkleinerung ändern.

Heutzutage haben diese Instrumente ihre Bedeutung weitgehend verloren.

Der Storchschnabel

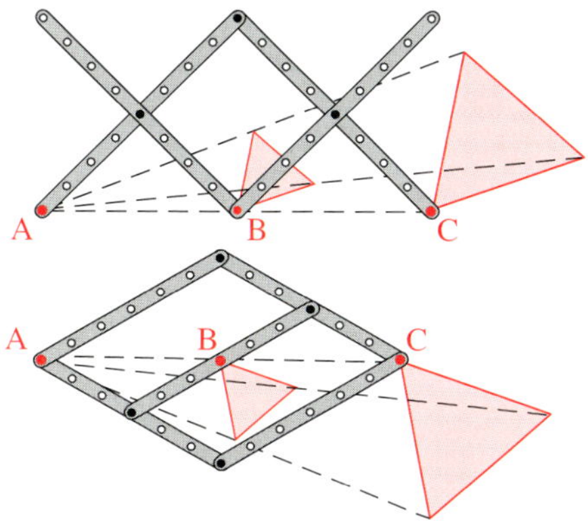

Beispiel:

Gegeben ist ein Fünfeck ABCDE. Zeichne ein ähnliches Fünfeck A′B′C′D′E′ in perspektiver Lage, wenn $k = \frac{1}{2}$ gilt.

Der Ähnlichkeitsfaktor $k = \frac{1}{2}$ drückt aus, dass die Seiten des zu zeichnenden Fünfecks jeweils halb so lang sind wie die entsprechenden Seiten des gegebenen Fünfecks.

Konstruktion:

Man legt A′ auf A und halbiert die Strecken $\overline{AB}$, $\overline{AC}$, $\overline{AD}$ und $\overline{AE}$. So erhält man die Punkte B′, C′, D′ und E′.

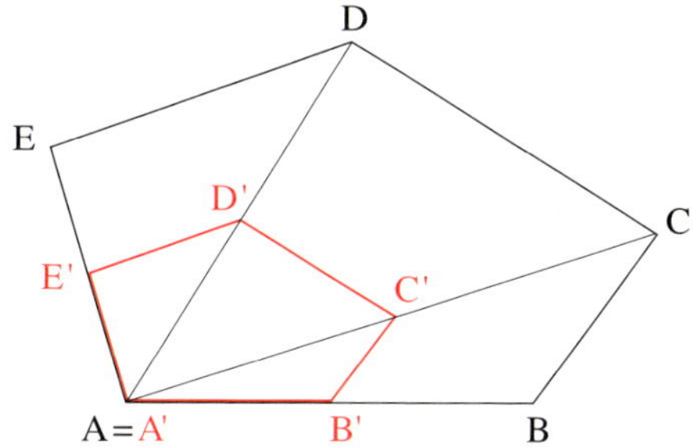

$|AB'| = \frac{1}{2}|AB|$, $|AC'| = \frac{1}{2}|AC|$,
$|AD'| = \frac{1}{2}|AD|$, $|AE'| = \frac{1}{2}|AE|$.

10.7 Regelmäßige Vielecke

Ein Vieleck oder n-Eck heißt **regelmäßig**, wenn alle seine Seiten gleich lang und alle seine Winkel gleich groß sind.
Regelmäßige Vielecke haben einen **umbeschriebenen** und einen **einbeschriebenen Kreis**, die beide denselben Mittelpunkt haben, der auch Mittelpunkt des Vielecks heißt. Verbindet man zwei Ecken mit dem Mittelpunkt, so entsteht ein gleichschenkliges Dreieck. Liegen die Punkte nebeneinander, so ist dieses Dreieck ein sog. **Bestimmungsdreieck**. Die am Mittelpunkt liegenden Winkel dieser Dreiecke sind alle gleich groß, für ein n-Eck also $360° : n$.

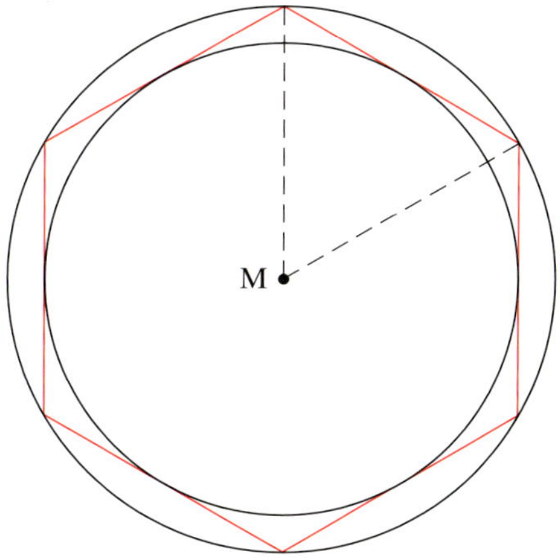

Ein gleichseitiges Dreieck ist ein regelmäßiges 3-Eck, ein Quadrat ist ein regelmäßiges 4-Eck. Die n-Ecke beider Formen sind untereinander stets ähnlich.

Problem: Untersuchen Sie, ob auch alle regelmäßigen 5-, 6-, $\cdots$ n-Ecke untereinander ähnlich sind.

Dazu muss man prüfen, ob die für die Ähnlichkeit von Vielecken angegebenen Kriterien erfüllt sind.

1. Alle regelmäßigen 5-, 6-, $\cdots$ n-Ecke haben jeweils gleich große Innenwinkel, haben also der Reihe nach gleich große Winkel.

2. Alle regelmäßigen 5-, 6-, $\cdots$ n-Ecke haben jeweils gleich lange Seiten, stimmen also in den Längenverhältnissen entsprechender Seiten überein.
Wegen 1. und 2. sind also alle regelmäßigen 5-, 6-, $\cdots$ n-Ecke untereinander ähnlich.

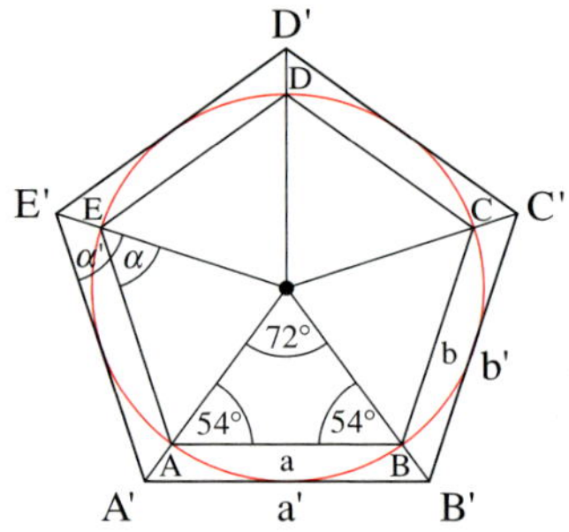

$\alpha = \alpha'$; $a : b = a' : b' = 1$

Beispiele:

1. Zeichnen Sie ein regelmäßiges Viereck und Achteck.

Zwei beliebige, aber senkrecht aufeinander stehende Durchmesser schneiden den Kreis in vier Punkten, den vier Ecken eines regelmäßigen Vierecks. Da dessen Seiten alle gleich lang sind, ist es ein Quadrat.
Halbiert man die Quadratseiten und zeichnet durch die Seitenmitten Durchmesser, so erhält man vier weitere Ecken eines regelmäßigen Achtecks.

Quadrat und regelmäßiges Achteck

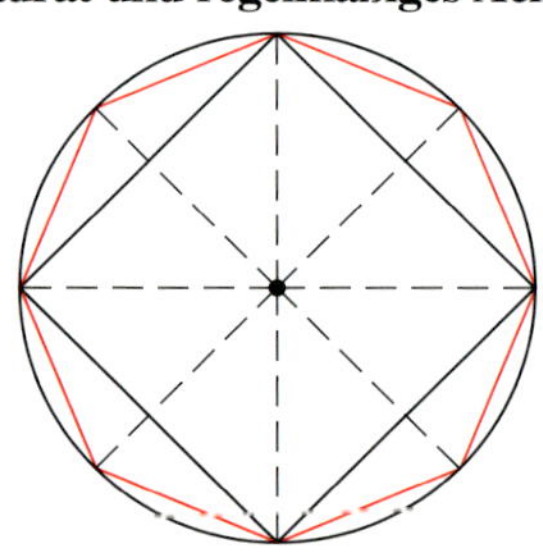

2. Konstruieren Sie ein regelmäßiges Sechseck.

Da die Winkel der Bestimmungsdreiecke am Mittelpunkt alle 60° betragen, diese Dreiecke außerdem gleichschenklig sind, sind auch die Winkel an der Basis dieser Dreiecke 60° groß, d. h., die Dreiecke sind gleichseitig.
Man zeichnet also einen Kreis und trägt, bei einem beliebigen Punkt der Kreisperipherie beginnend, den Radius dieses Kreises auf der Peripherie fünf mal ab.

Regelmäßiges Sechseck

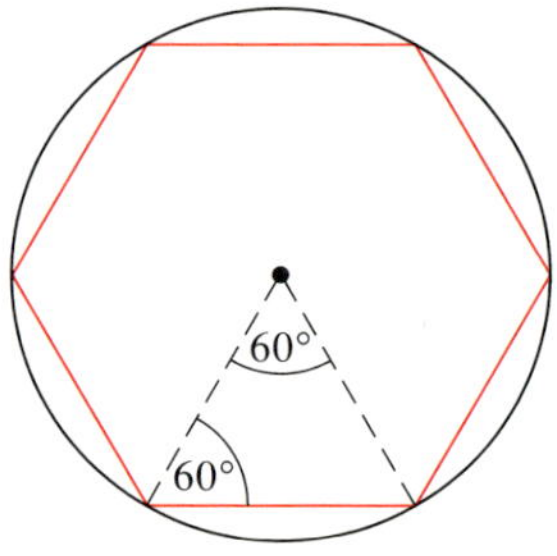

3. Konstruieren Sie ein regelmäßiges Neuneck.

Die Gleichheit der Winkel am Mittelpunkt in den Bestimmungsdreiecken eines regelmäßigen Vielecks eröffnet eine stets anwendbare Methode von deren Konstruktion, die allerdings nicht in jedem Falle nur mit Zirkel und Lineal auskommt, wie etwa im Falle des regelmäßigen Sechsecks. Man berechnet jeweils $360° : n$ und beginnt mit einem beliebigen Radius die Konstruktion.

Regelmäßiges Neuneck

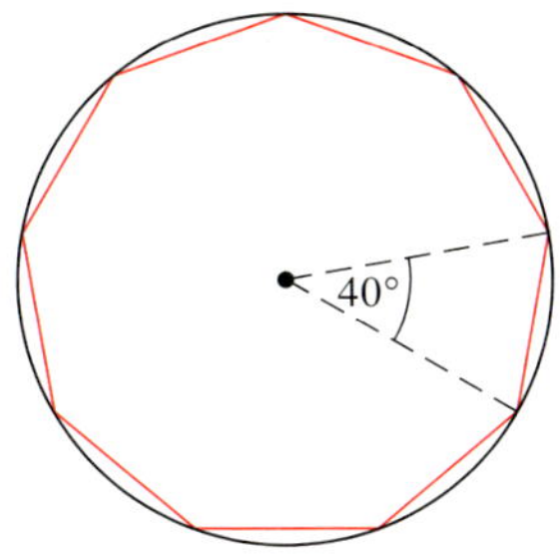

$360° : 9 = 40°$

Übungen zu 10

Streckenverhältnisse und Streckenteilung

1. Teilen Sie eine Strecke $\overline{AB}$ mit $|\overline{AB}| = 11$ cm innen im Verhältnis:
a) 3 : 2 **b)** 4 : 3 **c)** 7 : 4 **d)** 5 : 4 **e)** 3,5 : 2,5 **f)** 1,7 : 2,3

2. Teilen Sie eine Strecke $\overline{AB}$ mit $|\overline{AB}| = 8$ cm außen im Verhältnis:
a) 5 : 2 **b)** 9 : 4 **c)** 3 : 1 **d)** 6 : 2 **e)** 5 : 1

3. Teilen Sie eine Strecke $\overline{AB}$ mit $|\overline{AB}| = 10$ cm harmonisch im Verhältnis:
a) 15 : 3 **b)** 8 : 3 **c)** 4 : 1 **d)** 3 : 1 **e)** 7 : 3

4. Teilen Sie eine Strecke $\overline{AB}$ mit $|\overline{AB}| = 9$ cm innen im Verhältnis:
a) 2 : 3 : 4 **b)** 3 : 4 : 5 **c)** 2 : 3 : 5 **d)** 3 : 5 : 6

5. Teilen Sie eine Strecke $\overline{AB}$ mit $|\overline{AB}| = 12$ cm innen durch die Punkte C und D so, dass folgende Proportionen entstehen:
a) $\frac{|\overline{AC}|}{|\overline{CD}|} = \frac{2}{3}$ **b)** $\frac{|\overline{AC}|}{|\overline{AD}|} = \frac{2}{3}$ **c)** $\frac{|\overline{AC}|}{|\overline{CB}|} = \frac{4}{3}$ **d)** $\frac{|\overline{CD}|}{|\overline{DB}|} = \frac{2}{5}$ **e)** $\frac{|\overline{AD}|}{|\overline{AB}|} = \frac{4}{7}$

6. Konstruieren Sie das geometrische Mittel zweier Strecken und prüfen Sie das Ergebnis rechnerisch nach:
a) $a = 6$ cm, $b = 3$ cm **b)** $a = 4$ cm, $b = 3$ cm **c)** $a = 2$ cm, $b = 5$ cm **d)** $a = 5$ cm, $b = 3$ cm **e)** $a = 3{,}5$ cm, $b = 4{,}8$ cm

7. Konstruieren Sie ein Dreieck aus:
1. $b = 7$ cm $s_a = 6{,}9$ cm $s_c = 3{,}9$ cm
2. $a = 4$ cm $s_a = 7{,}8$ cm $s_c = 4{,}5$ cm
3. $h_c = 4{,}5$ cm $s_a = 6{,}9$ cm $s_c = 5{,}2$ cm

8. Konstruieren Sie folgende Punkte eines Dreiecks:
a) Mittelpunkte der drei Seiten
b) Fußpunkte der drei Höhen
c) Mittelpunkte der Höhenabschnitte $\overline{CH}$; $\overline{AH}$; $\overline{BH}$ (H: Schnittpunkt der Höhen)
Zeichnen Sie den Kreis, der durch die Mittelpunkte der drei Seiten geht (**Feuerbach'scher Kreis**). Welche Besonderheit tritt auf? Verbinden Sie den Höhenschnittpunkt mit dem Umkreismittelpunkt und halbieren Sie diese Verbindungsstrecke. Welche Besonderheit tritt auf?

Strahlensätze

1. Bestimmen Sie zeichnerisch für die Proportion $a:b = c:d$ die vierte Proportionale (d) und prüfen Sie das Ergebnis rechnerisch nach:

a) $a = 2$ cm, $b = 3$ cm, $c = 4$ cm **b)** $a = 4$ cm, $b = 3$ cm, $c = 6$ cm **c)** $a = 5$ cm, $b = 3$ cm, $c = 2$ cm **d)** $a = 4$ cm, $b = 5$ cm, $c = 3$ cm **e)** $a = 3$ cm, $b = 7$ cm, $c = 5$ cm

2. Bestimmen Sie zeichnerisch für die Proportion $a:b = b:c$ die dritte Proportionale (c) und prüfen Sie das Ergebnis rechnerisch nach:

a) $a = 4$ cm, $b = 3$ cm **b)** $a = 5$ cm, $b = 2$ cm **c)** $a = 3$ cm, $b = 2$ cm **d)** $a = 5$ cm, $b = 3$ cm **e)** $a = 7$ cm, $b = 3$ cm

3. Bestimmen Sie zeichnerisch für die Proportion $a:c = c:b$ die mittlere Proportionale (c) und prüfen Sie das Ergebnis rechnerisch nach:

a) $a = 2$ cm, $b = 8$ cm **b)** $a = 4$ cm, $b = 3$ cm **c)** $a = 5$ cm, $b = 2$ cm **d)** $a = 6$ cm, $b = 5$ cm **e)** $a = 7$ cm, $b = 4$ cm

4. Lösen Sie folgende Gleichungen durch Zeichnung:

a) $\frac{3}{4} = \frac{9}{x}$ **b)** $\frac{6}{4} = \frac{x}{2}$ **c)** $\frac{10}{x} = \frac{2}{1}$ **d)** $\frac{3}{5} = \frac{x}{8}$ **e)** $5x = 24$

5. Zeichnen Sie die Strecken a, b, c mit den Längen a, b, c so, dass gilt:

a) $a = \frac{b \cdot c}{a}$ **b)** $c = \frac{a^2}{b}$

6. Der Schatten eines Mannes (1,70 m) ist 2,60 m lang. Wie lang ist zu gleicher Zeit der Schatten eines 25 m hohen Hauses?

7. Ein 12 cm langer Füllfederhalter wird 45 cm vom Auge entfernt gehalten. Ein 320 m langes Schiff wird durch ihn gerade verdeckt. Wie weit ist das Schiff entfernt?

8. Ein kugelförmiger Gasbehälter von 36 m Durchmesser wird von einer Münze mit 21 mm Durchmesser verdeckt, wenn man diese 30 cm vom Auge weghält. Wie weit ist der Gasbehälter entfernt?

9. Ein Fotograf steht der Mitte eines Hauses gegenüber. Der Film ist 5 cm von der Linse entfernt. Wie lang ist das Haus, wenn er 25 m davon entfernt gestanden hat und auf dem Bild das Haus 7 cm lang ist?

10. Einem Beobachter erscheinen ein Mensch (1,70 m) und ein Kirchturm (34 m) gleich groß. Wievielmal weiter ist der Kirchturm vom Beobachter entfernt als der Mensch?

11.

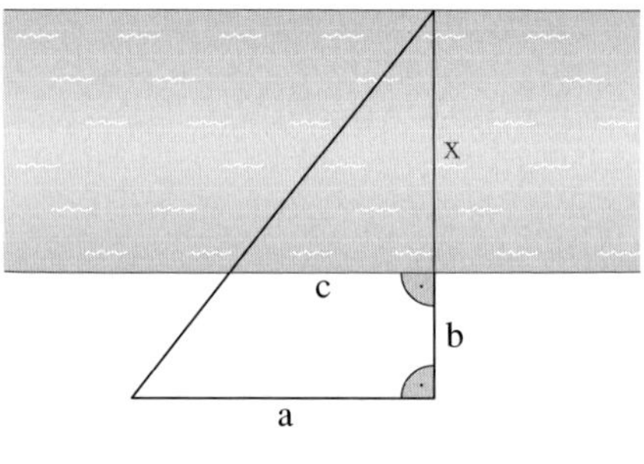

Um die Breite x eines Flusses zu bestimmen, misst man die Strecken a, b und c. Berechnen Sie den Wert für x.

	a)	b)	c)
a	20 m	30 m	a
b	10 m	5 m	b
c	13 m	26 m	c

12. Hält man eine Erbse von 6 mm Durchmesser 70 cm vom Auge entfernt, so verdeckt sie gerade den Vollmond ($d = 3476$ km). Wie weit ist der Mond zur Zeit der Messung von der Erde entfernt?

Ähnliche Dreiecke

1. Konstruieren Sie ähnliche Dreiecke aus:

a) $a:c = 4:3$, $\beta = 55°$ **b)** $a:b = 3:2$, $\gamma = 45°$ **c)** $\alpha = 50°$, $\beta = 70°$ **d)** $a:b:c = 1{,}5:2{,}5:3{,}5$

2. Ein Dreieck hat die Seitenlängen 5,4 cm für a, 4,8 cm für b und 6,3 cm für c. Bestimmen Sie durch Zeichnung und Rechnung, wie lang die entsprechenden Seiten eines ähnlichen Dreiecks sind, wenn für den Ähnlichkeitsfaktor k gilt: $k = \frac{1}{3}$.

3. Untersuchen Sie rechnerisch, ob Dreiecke mit den angegebenen Längen einander ähnlich sind:

a) $a = 3$ cm, $b = 4$ cm, $c = 6$ cm; $a' = 4{,}5$ cm, $b' = 6$ cm, $c' = 9$ cm

b) $c = 6{,}4$ cm, $h = 3{,}2$ cm, $a = 4{,}8$ cm; $c' = 3{,}2$ cm, $h = 1{,}6$ cm, $a' = 3{,}6$ cm

4. In ein Dreieck $\triangle ABC$ soll eine zu $\overline{AB}$ parallele Strecke mit der Länge $\frac{|\overline{AB}|}{3}$ gezeichnet werden.

5. Ein Dreieck hat die Seitenlängen 7 cm für a, 5 cm für b und 11 cm für c. Schneiden Sie durch eine Parallele zu $\overline{AB}$ ein ähnliches Dreieck ab, dessen Umfang 8 cm kürzer ist als der des ursprünglichen Dreiecks.

6. Konstruieren Sie ein Dreieck aus:

a) $a:b = 3:2$, $c = 7$ cm, $\gamma = 60°$ **b)** $a:b = 4:3$, $h_a = 5{,}5$ cm, $\gamma = 95°$ **c)** $a:b = 5:3$, $s_c = 4{,}5$ cm, $\gamma = 85°$

d) $a:b:c = 4:3:5$, $h_c = 5$ cm **e)** $a:b:c = 3:2:4$, $s_a = 5{,}5$ cm **f)** $a:b:c = 20:40:50$, $w_\beta = 5{,}5$ cm

g) $h_b:c = 3:5$, $\gamma = 85°$, $s_c = 4{,}5$ cm **h)** $h_b:h_c = 3:2$, $a = 6$ cm, $\alpha = 75°$ **i)** $c:w_\beta = 5:3$, $h_b = 4{,}5$ cm, $\beta = 65°$

7. Konstruieren Sie ein gleichschenkliges Dreieck aus (c: Länge der Grundseite):

a) $b:c = 3:5$, $h_b = 4$ cm **b)** $b:h_a = 7:4$, $h_c = 8{,}5$ cm **c)** $c:h_c = 3:4$, $s_c = 6$ cm

8. Konstruieren Sie ein Rechteck aus $c:f = 3:5$ und $d = 4$ cm.

9. Konstruieren Sie ein Parallelogramm aus $c:d = 3:4$, $\delta = 120°$ und $e = 6$ cm.

10. Zeichnen Sie in einen Kreis, dessen Radius Sie beliebig gewählt haben, ein Dreieck $\triangle A'B'C'$, das einem gegebenen Dreieck $\triangle ABC$ ähnlich ist.

11. In ein Dreieck $\triangle ABC$ mit den Längen 4 cm für a, 5 cm für b und 7 cm für c ist das größte mögliche Quadrat einzuzeichnen.

12. In das Dreieck von Aufgabe 11 ist ein Rechteck einzuzeichnen, dessen Seitenlängen im Verhältnis $3:2$ stehen.

Ähnlichkeit am rechtwinkligen Dreieck

1. Lösen Sie durch Zeichnung und Berechnung:

a) Wie lang ist a, wenn $c = 7$ cm und $p = 3$ cm ist?

b) Wie lang ist b, wenn $c = 6$ cm und $q = 4$ cm ist?

c) Wie lang ist q, wenn $c = 4{,}5$ cm und $b = 3{,}5$ cm ist?

d) Wie lang ist c, wenn $a = 5$ cm und $p = 4$ cm ist?

e) Wie lang ist p, wenn $c = 8$ cm und $a = 5{,}5$ cm ist?
f) Wie lang ist c, wenn $b = 4{,}5$ cm und $q = 3$ cm ist?
g) Wie lang ist h, wenn $p = 3$ cm und $q = 2{,}5$ cm ist?
h) Wie lang ist p, wenn $h = 4$cm und $q = 3{,}5$ cm ist?

2. Von zwei Zahlen kennt man die Summe S und das geometrische Mittel g. Wie groß sind beide Zahlen? (Lösung durch Berechnung und Zeichnung.)

a) $S = 6$, $g = 3$	**b)** $S = 10$, $g = 4$	**c)** $S = 8{,}5$, $g = 3{,}6$	**d)** $S = 14{,}5$, $g = 5$

Lehrsatz des Pythagoras

3. Berechnen Sie die fehlenden Seiten eines rechtwinkligen Dreiecks.

a) $a = 3$ cm	**b)** $a = 6$ cm	**c)** $a = ?$	**d)** $a = b = 18{,}38$ cm
$b = 4$ cm	$b = ?$	$b = 12$ cm	$c = ?$
$c = ?$	$c = 10$ cm	$c = 15$ cm	$h = ?$

4. Verdoppeln Sie ein gegebenes Quadrat ($a = 4$ cm) zeichnerisch.

5. Berechnen Sie die Höhe eines gleichschenkligen Dreiecks.

a) $c = 6$ cm	**b)** $c = 8$ cm	**c)** $c = 12$ cm	**d)** c, b
$b = 4$ cm	$b = 10$ cm	$b = 8$ cm	

6. Ein Satteldach ist 11 m (9,50 m) breit und 6 m (4,80 m) hoch. Wie lang sind die Dachsparren?

7. Ein Satteldach hat 7,50 m (6,40 m) lange Sparren und ist 9,40 m (8 m) breit. Wie hoch ist der Giebel?

8. Berechnen Sie die Länge s der Streben.

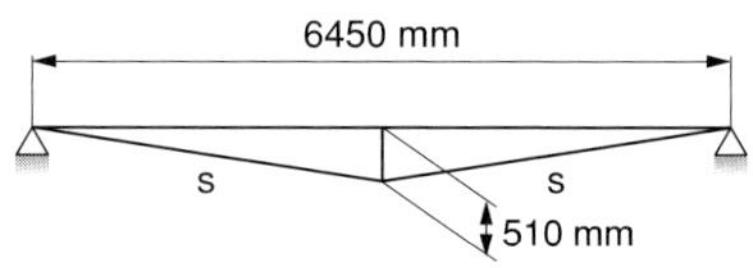

9.

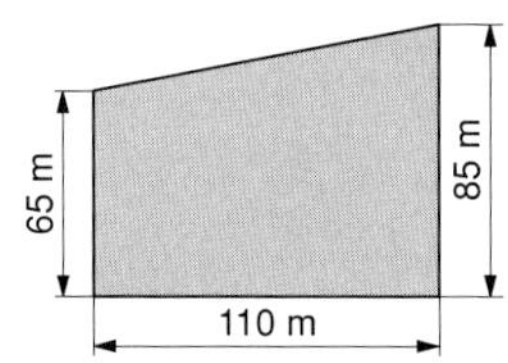

Wie viel Meter Zaun sind für dieses Grundstück notwendig?

10.

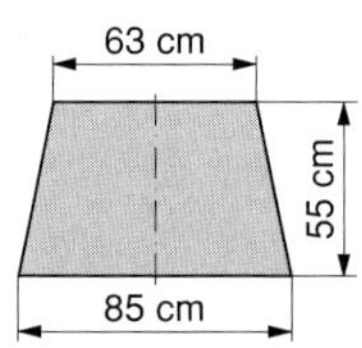

Berechnen Sie den Umfang des gleichschenkligen Trapezes in m.

11.

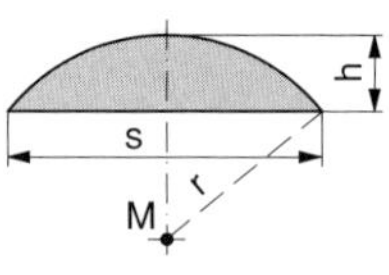

Berechnen Sie den Radius r des Kreisbogens.

12.

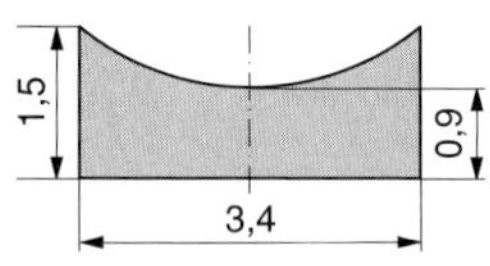

Wie lang ist der Radius des Bogens? Alle Maße sind in m angegeben.

Ähnlichkeit am Kreis

1. Zeichnen Sie mithilfe des Sehnensatzes zwei flächengleiche Rechtecke.

2. Ein Rechteck hat die Seiten a und b mit $a = 4$ cm und $b = 3$ cm. Zeichnen Sie ein anderes flächengleiches Rechteck und ein flächengleiches Quadrat.

3. Zeichnen Sie mithilfe des Sekantensatzes zwei flächengleiche Rechtecke.

4. Verwandeln Sie mithilfe des Tangentensatzes ein Rechteck mit einem Umfang von 20 cm in ein flächengleiches Quadrat.

5. Ein Berg erhebt sich 1200 m aus dem Flachland. Wie weit kann man von seiner Spitze ins Land blicken? (Radius der Erde 6370 km; Lösung durch Rechnung).

6. Wie hoch müsste ein Leuchtturm sein, wenn man ihn aus 25 km Entfernung sehen soll? (Lösung durch Rechnung).

7. Teilen Sie eine Strecke a mit $|a| = 11$ cm stetig. Prüfen Sie das Ergebnis durch Rechnung nach.

8. Zeichnen Sie ein Rechteck mit einem Umfang von 22 cm, dessen Seitenlängen dem Goldenen Schnitt entsprechen.

9. Zeigen Sie: Berührt eine Tangente aus E einen Kreis K im Punkt T und schneidet eine Sekante durch E diesen Kreis in den Punkten C und D, so gilt: $|\overline{ET}|^2 = |\overline{EC}| \cdot |\overline{ED}|$.

10. Konstruieren Sie die mittlere Proportionale zu den Streckenlängen $|\overline{EC}|$ und $|\overline{ED}|$ mithilfe des Tangentensatzes.

Ähnliche Vielecke

1. Zeichnen Sie zu folgenden Vielecken ähnliche Vielecke:

a) Viereck **b)** Fünfeck **c)** Sechseck **d)** Siebeneck

2. Vergrößern Sie ein gegebenes Fünfeck im Maßstab:

a) 2 : 1 **b)** 3 : 1 **c)** 3 : 2 **d)** 4 : 3

3. Verkleinern Sie ein gegebenes Fünfeck im Maßstab:

a) 1 : 2 **b)** 1 : 3 **c)** 2 : 3 **d)** 3 : 5

4. Wann sind Rhomben, wann Trapeze untereinander ähnlich?

Regelmäßige Vielecke

1. Zeichnen Sie in einen Kreis ($r = 4$ cm) ein regelmäßiges (d. h. gleichseitiges) Dreieck.

2. Zeichnen Sie in einen Kreis ($r = 5$ cm)
a) ein regelmäßiges Achteck, **b)** ein regelmäßiges Zwölfeck.

3. Zeichnen Sie in einen Kreis ($r = 4{,}5$ cm) mithilfe des Mittelpunktswinkels ein regelmäßiges Siebeneck.

4. Zeichnen Sie in einen Kreis ($r = 5{,}5$ cm)
a) ein regelmäßiges Zehneck, **b)** ein regelmäßiges Sechseck.

5. Zeichnen Sie in ein regelmäßiges Fünfeck ($r = 4{,}5$ cm) die Diagonalen. (Die entstehende Figur heißt Pentagramm $\widehat{=}$ Sternfünfeck.)

6. Der Durchmesser eines Kreises ist 12 cm. Wie lang ist die Seite eines einbeschriebenen Neunecks?

7. Aus einer Blechtafel 50 cm × 80 cm soll ein regelmäßiges Sechseck geschnitten werden, bei dem der Abstand gegenüberliegender Seiten 50 cm beträgt. Wie viel Prozent beträgt der Abfall?

8. Schneiden Sie aus einem Quadrat das größte regelmäßige Achteck heraus.

Wiederholungsfragen zu 10

Streckenverhältnisse, Strahlensätze

1. Was versteht man unter dem Verhältnis zweier Strecken $\overline{AB}$ und $\overline{CD}$?
2. Wo kann ein Punkt P liegen, der eine Strecke $\overline{AB}$ im Inneren oder im Äußeren teilt?
3. Welche Beziehung hat die stetige Teilung einer Strecke zum Goldenen Schnitt?
4. Welche Möglichkeiten der Konstruktion des Goldenen Schnitts einer Strecke $\overline{AB}$ gibt es?
5. Was versteht man unter der harmonischen Teilung einer Strecke?
6. Wie heißen der 1. Strahlensatz und seine Umkehrung?
7. Wie heißt der 2. Strahlensatz?
8. Wie konstruiert man eine 4. Proportionale?
9. Wie teilt man eine Strecke konstruktiv in n gleiche Abschnitte? $n \in \mathbb{N}$.

Ähnliche Figuren

1. Wann sind zwei Vielecke, wann zwei Dreiecke einander ähnlich?
2. Beschreiben Sie die sog. Ähnlichkeitslage von zwei Dreiecken.
3. Wie lauten die vier Ähnlichkeitssätze für Dreiecke?
4. Was wissen Sie über die Ähnlichkeit von gleichseitigen Dreiecken und von Kreisen?
5. In welchem Verhältnis stehen die Seiten eines Dreiecks zu den zugehörigen Höhen?
6. In welchem Verhältnis stehen die Transversalen zweier ähnlicher Dreiecke zueinander?
7. Wie lauten der Höhensatz, der Satz des Euklid und der Satz des Pythagoras am rechtwinkligen Dreieck?
8. Wie kann man die mittlere Proportionale zweier Strecken a und b konstruieren?
9. Was versteht man unter dem geometrischen Mittel der Streckenlängen a und b?
10. Welche Proportionen gelten am Kreis für die Abschnitte auf zwei sich schneidenden Sehnen, auf zwei sich schneidenden Sekanten und für die Abschnitte auf einer sich mit einer Tangente schneidenden Sekante und dem Tangentenabschnitt?
11. Wann nehmen zwei ähnliche Vielecke eine perspektive Lage zueinander ein?
12. Was versteht man unter einem regelmäßigen Vieleck?

11 Der Flächeninhalt ebener Figuren

11.1 Das Messen von Flächen

Wie Strecken und Winkel können auch Flächen gemessen werden. Um die Länge einer Strecke zu ermitteln, vergleicht man sie mit einer geeigneten Längeneinheit, etwa einem Meter oder einem Zentimeter. ► Kapitel 1. Um die Größe eines Winkels festzustellen, vergleicht man ihn mit einer geeigneten Winkeleinheit, etwa dem 180. Teil eines gestreckten Winkels. ► Kapitel 1.

Um die Größe einer Fläche, ihren **Flächeninhalt** zu bestimmen, vergleicht man sie mit einer geeigneten Vergleichsfläche, einem sog. **Einheitsquadrat**.
Jede Längeneinheit kann als Länge der Seiten eines Einheits- oder Vergleichsquadrats genommen werden. Beträgt die Länge der Seiten des Quadrats 1 m, so hat das Quadrat den Flächeninhalt 1 m^2, ist eine Seite 1 cm lang, so ist die Fläche 1 cm^2 groß.
Flächeninhalte werden als Größen mit der Maßeinheit m^2 oder daraus abgeleiteten Einheiten angegeben. Sie oder auch nur ihre Maßzahlen werden durch die Variable A bezeichnet.
Eine vorgegebene Fläche messen heißt also, sie mit einem Einheitsquadrat zu vergleichen, d. h. festzustellen, wie oft die Fläche des Einheitsquadrats in ihr enthalten ist, sie also mit Einheitsquadraten auszufüllen oder zu parkettieren.

Bestimmen von Flächeninhalten

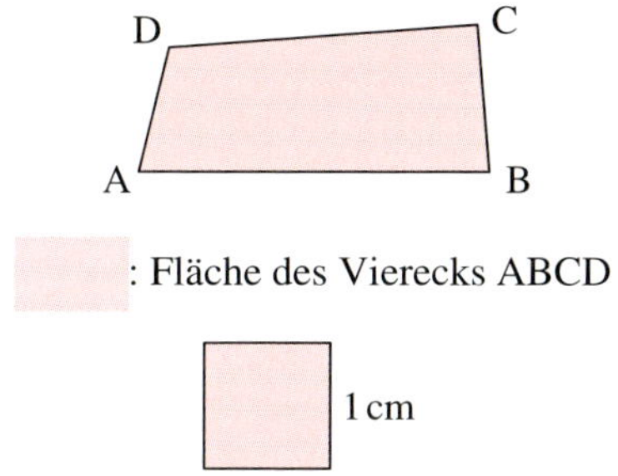

Einheitsquadrat, $A = 1\ cm^2$

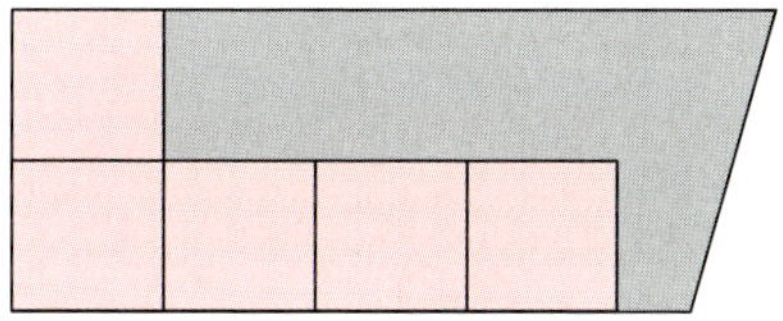

„Parkettieren“ der Vierecksfläche mit einem Einheitsquadrat

Aus dieser Erklärung folgt, dass zwei kongruente Figuren stets auch flächengleich sind – die Anzahl der Einheitsquadrate, mit der die Fläche der einen Figur gemessen wird, ist derjenigen der kongruenten Figur gleich.

Das Umgekehrte gilt jedoch nicht: Zwei flächengleiche Figuren – in der nebenstehenden Zeichnung sind die Rechtecke ABCD und EFGH flächengleich – müssen nicht kongruent sein.

Auch solche Figuren sind flächengleich, die als solche zwar nicht kongruent sind, aber durch Hinzufügen kongruenter Teilfiguren in kongruente verwandelt werden können. ► Nebenstehendes Beispiel. Man spricht in diesem Falle von **Ergänzungsgleichheit** der Figuren. Das Dreieck △ABC „passt“ sowohl in Figur 1 als auch in Figur 2.

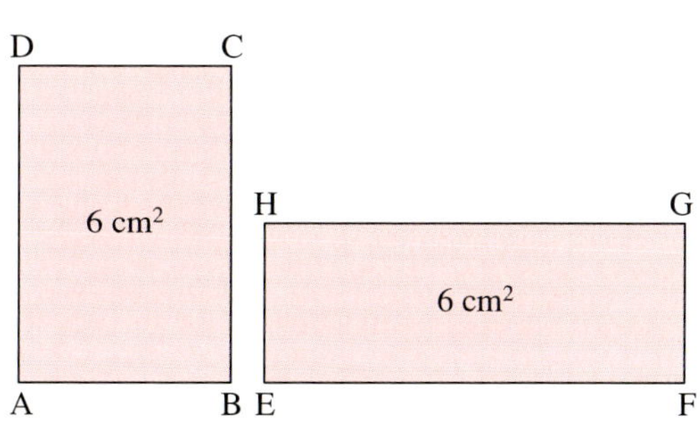

Ergänzungsgleiche Figuren

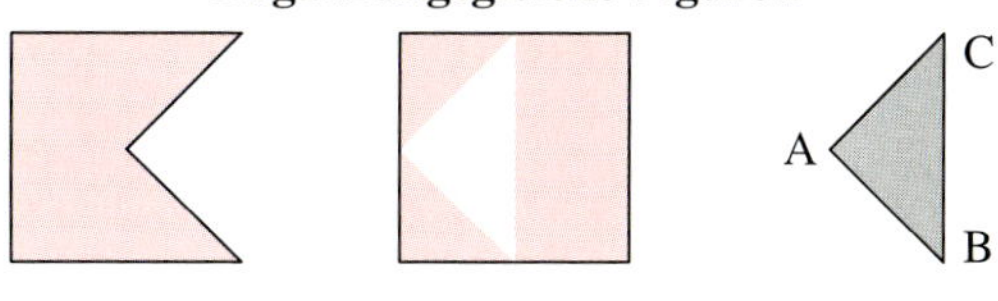

Schließlich soll noch der Fall der **Zerlegungsgleichheit** zweier Figuren erwähnt werden. Zwei Figuren heißen zerlegungsgleich, wenn sie in zueinander kongruente Teilfiguren zerlegt werden können.

▶ Nebenstehendes Beispiel. Auch zerlegungsgleiche Figuren sind flächengleich.

Zerlegungsgleiche Figuren

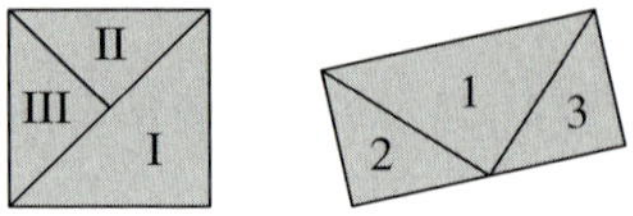

I = 1; II = 2; III = 3

11.2 Die Flächeninhalte der Vierecke

● Ein **Rechteck** ABCD von 5 cm Länge und 3 cm Breite lässt sich ohne Schwierigkeiten mithilfe eines Einheitsquadrats von 1 cm Seitenlänge, also 1 cm^2 Flächeninhalt, parkettieren.
Fünf solcher Messquadrate können nebeneinander auf der Seite a stehen, die Länge der Seite b ermöglicht drei solcher „Stangen" übereinander, insgesamt passen also $5 \cdot 3$ Einheitsquadrate in das Rechteck. Dessen Flächeninhalt beträgt $5 \cdot 3 \cdot 1\ cm^2$. Es gilt $A = 15 \cdot 1\ cm^2$, was man üblicherweise als $A = 15\ cm^2$ schreibt.

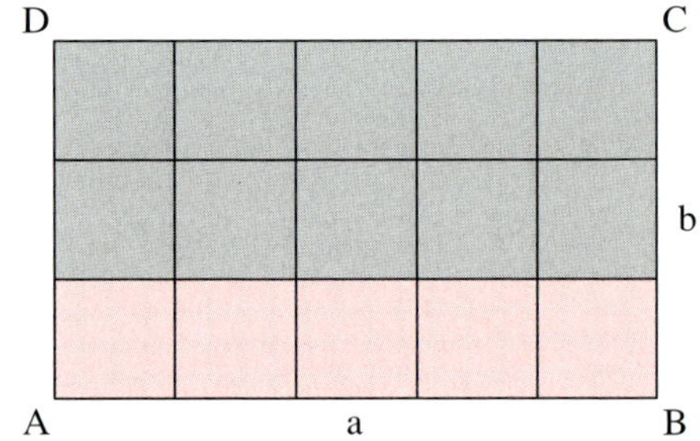

Offenbar kann man analog vorgehen, wenn z. B. die Maßzahlen der Seitenlängen eines Rechtecks rationale Zahlen sind. Man nimmt dann als Seitenlänge des Mess- oder Einheitsquadrats 1 mm oder den zehnten Teil eines Millimeters, wenn die Maßzahlen der entsprechenden Seitenlängen eine oder zwei Stellen nach dem Komma haben, usw.

Wenn a für 5,12 m und b für 2,9 m stehen, so wird man, da die erste Längenangabe auf Millimeter genau ist, mit Messquadraten von 1 mm^2 Flächeninhalt parkettieren. Man kann 5120 solcher Einheitsquadrate auf die Seite a stellen und 2900 solcher „Stangen" übereinander. Man hat dann die Rechtecksfläche mit $5120 \cdot 2900$ Einheitsquadraten parkettiert, für ihren Flächeninhalt also 14 848 000 mm^2 gefunden.
Da 1 000 000 mm^2 gleich 1 m^2 sind, sind das 14,848 m^2. Und 14,848 ist das Produkt aus 5,12 und 2,9.

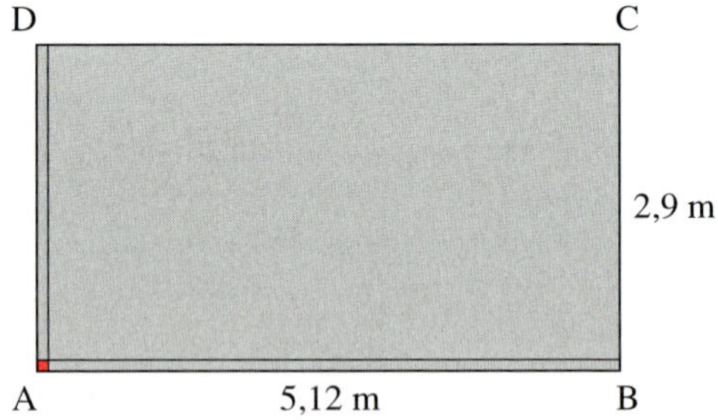

Dieses Resultat kann man wie folgt verallgemeinern: Sind die Maßzahlen der Seitenlängen eines Rechtecks rationale Zahlen und werden die Seitenlängen in derselben Maßeinheit gemessen, so erhält man die Maßzahl seines Flächeninhalts als Produkt der Maßzahlen der Seitenlängen, und die Maßeinheit des Flächeninhaltes ist das Quadrat aus der Maßeinheit der Längen der Seiten.

Merke:

Stehen a und b für die in derselben Maßeinheit gemessenen Maßzahlen der Längen der Seiten eines Rechtecks, so gilt für die Maßzahl A seines Flächeninhalts: $A = a \cdot b$, gemessen im Quadrat der Längeneinheit der Seiten.

Unter Anwendung der Regeln für das Rechnen mit Größen gelangt man zu denselben Ergebnissen. ► Kusch 1, Abschnitt 1.6.4. Deshalb kann die folgende Aussage gleichberechtigt verwendet werden:

Merke:

Stehen a und b für die Seitenlängen eines Rechtecks, so gilt für dessen Flächeninhalt A:

$$\boldsymbol{A = a \cdot b}.$$

Anmerkungen:

1. Diese Regeln gelten auch für den Fall, dass a oder b für Größen mit irrationalen Maßzahlen bzw. irrationale Maßzahlen selbst stehen, dass also z. B. a für $\sqrt{2}$ cm steht. ($\sqrt{2}$ ist der unendliche nichtperiodische Dezimalbruch 1,414213...). Der Beweis bedient sich immer neuer Einheitsquadrate mit immer kleiner werdender Seitenlänge, sodass man sich der Größe des Flächeninhalts beliebig eng annähern kann. Er soll hier nicht dargestellt werden.

2. In den folgenden Berechnungen werden alle jeweils vorkommenden Längen in der gleichen Maßeinheit angegeben. Unter dieser Voraussetzung stehen $a, b, c, \cdots$ für Maßzahlen von Längen bezogen auf diese gleiche Längeneinheit (LE) und A für die Maßzahl von Flächeninhalten bezogen auf die Flächeneinheit $(\text{LE})^2$.

Beispiel:

Ein Rechteck hat die Seitenlängen 2,5 cm und 1,9 cm. Wie groß ist sein Flächeninhalt?

Für den Flächeninhalt eines Rechtecks gilt: $A = a \cdot b$. a steht in der Aufgabe für 2,5, b steht für 1,9. Der Flächeninhalt beträgt 4,75 cm^2.	$A = a \cdot b$ $= 2{,}5 \cdot 1{,}9$ $= 2{,}5 \cdot 1{,}9$ $= \underline{\underline{4{,}75}}$

● Ein **Quadrat** ist ein Viereck mit vier rechten Winkeln und vier gleich langen Seiten. Es ist also ein spezielles Rechteck, für welches $a = b$ gilt, wenn a und b für die Seitenlängen stehen. Die Größe seines Flächeninhalts erhält man, wenn man in der Formel für den Flächeninhalt des Rechtecks a für b setzt. Aus $A = a \cdot b$ wird wegen $b = a$ die Formel $A = a \cdot a = a^2$.

Merke:

Hat ein Quadrat die Seitenlänge a, so gilt für seinen Flächeninhalt $\boldsymbol{A = a^2}$.

Im Kapitel 7 wurden außer Rechteck und Quadrat das allgemeine Viereck, das Parallelogramm, der Rhombus, das Trapez und das Drachenviereck behandelt. Nun soll untersucht werden, wie die Flächeninhalte von Parallelogramm, Rhombus und Trapez berechnet werden können.

● Im **Parallelogramm** sind die Gegenseiten parallel und gleich lang. Fällt man das Lot von einer Seite auf die Gegenseite, so heißt die Strecke zwischen den parallelen Seiten Höhe des Parallelogramms.

Problem: Wie berechnet man den Flächeninhalt eines Parallelogramms ABCD?

Lösungsidee: Da man den Flächeninhalt eines Rechtecks bereits berechnen kann, wird man versuchen, das Parallelogramm ABCD in ein flächengleiches Rechteck zu verwandeln.

Fällt man das Lot von C auf die Gerade AB mit dem Lotfußpunkt B_1 und von D auf AB mit dem Fußpunkt A_1, so ist das Rechteck A_1B_1CD dem Parallelogramm ABCD zerlegungs-, also flächengleich, denn das Viereck A_1BCD ist Bestandteil beider Figuren und das „angesetzte" Dreieck $\triangle BB_1C$ ist dem „abgeschnittenen" Dreieck $\triangle AA_1D$ nach dem Kongruenzsatz SsW kongruent. Es gilt nämlich:
$|\overline{AD}| = |\overline{BC}|$ (Gegenseiten im Parallelogramm)
$|\overline{DA}| = |\overline{CB_1}|$ (Höhen auf die gleiche Seite)
$|\sphericalangle AA_1D| = |\sphericalangle BB_1C| = 90°$ (nach Konstruktion)
Damit ist aber auch gezeigt, dass gilt: $|\overline{AA_1}| = |\overline{BB_1}|$ und $|\overline{A_1B_1}| = a$.
Steht h_a für die Längen der Höhen $\overline{CB_1}$ und $\overline{DA_1}$, so hat das Rechteck A_1B_1CD also den Flächeninhalt $A = a \cdot h_a$, und das ist auch der Flächeninhalt des Parallelogramms ABCD.
Dieselben Überlegungen könnte man für die Figur anstellen, die man erhält, wenn man von B und C aus die Lote auf die Gerade AD fällt. Der Flächeninhalt eines Parallelogramms ergibt sich auch dann als das Produkt der Länge einer Seite und der Länge einer Höhe auf diese Seite.

Flächeninhalt des Parallelogramms

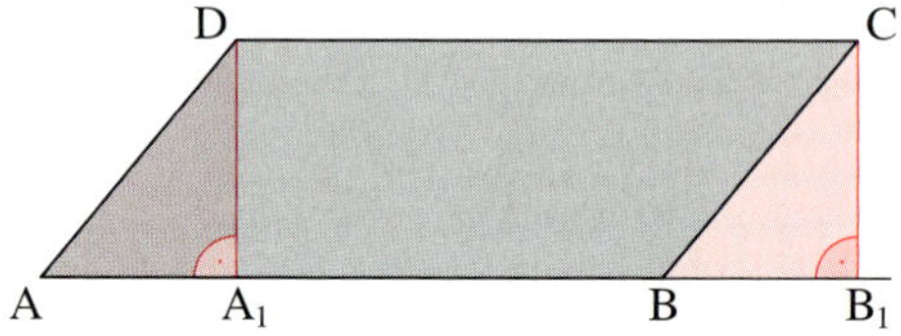

$\overline{DA_1}$ und $\overline{CB_1}$: Höhen im Parallelogramm

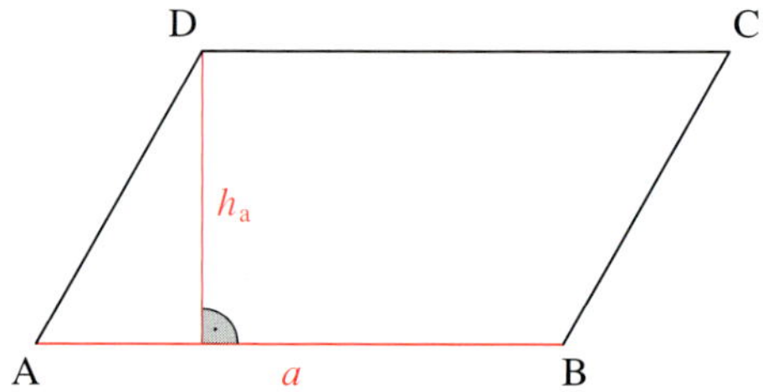

$A = a \cdot h_a$

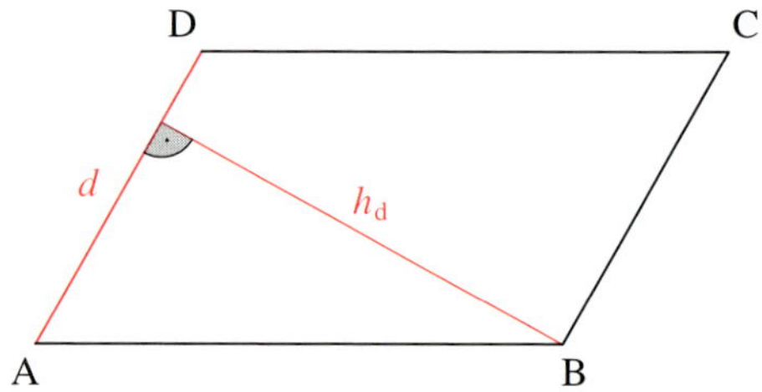

$A = d \cdot h_d$

Merke:

Steht g für die Länge einer Seite eines Parallelogramms und h für die Länge einer Höhe auf diese Seite, so gilt für den Flächeninhalt A des Parallelogramms:

$$\boldsymbol{A = g \cdot h}.$$

Beispiel:

Im Parallelogramm ABCD steht a für 5 cm. Die Höhe von D auf $\overline{AB}$ beträgt 3 cm. Wie groß ist der Flächeninhalt des Parallelogramms?

Die gesuchte Größe wird nach der Formel $A = g \cdot h$ berechnet.
g steht für 5, h für 3.
Der Flächeninhalt beträgt 15 cm^2.

$A = g \cdot h$
$A = 5 \cdot 3$
$\underline{\underline{A = 15}}$

● Der **Rhombus** ist ein Parallelogramm mit vier gleich langen Seiten.

Der Flächeninhalt eines Rhombus kann auf die gleiche Weise ermittelt werden wie im voranstehenden Beispiel der Flächeninhalt des Parallelogramms. Auch für den Rhombus gilt also $A = g \cdot h$.

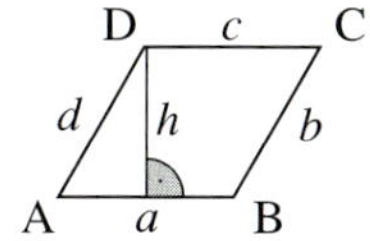

$a = b = c = d; A = a \cdot h$

● Das **Trapez** hat ein Paar paralleler Gegenseiten. Die Verbindungsstrecke der Mitten der Schenkel des Trapezes heißt Mittellinie des Trapezes. Im Trapez ABCD gilt für die Länge m der Mittellinie $m = \frac{a+c}{2}$, wenn a und c für die Längen der parallelen Gegenseiten stehen.

Problem: Wie berechnet man den Flächeninhalt eines Trapezes ABCD?

Wieder wird man versuchen, das Trapez in ein flächengleiches Rechteck zu verwandeln.

► **Lösungsidee**.

Die Punkte M und N sind die Mitten der Schenkel des Trapezes ABCD. Die Senkrechte zu AB und CD durch M schneidet DC in H_1 und AB in H_2. Die Senkrechte zu AB und BD durch N schneidet AB in H_3 und CD in H_4. $\overline{H_1H_2}$ und $\overline{H_3H_4}$ sind Höhen des Trapezes.

Das Viereck $H_1H_2H_3H_4$ ist ein Rechteck, und es gilt $|\overline{H_1H_3}| = |\overline{H_2H_4}| = m$.

Die Dreiecke $\triangle AH_1M$ und $\triangle DH_2M$ sind nach dem Kongruenzsatz SsW kongruent, denn: $|\overline{AM}| = |\overline{DM}|$ (nach Voraussetzung), $|\overline{H_1M}| = |\overline{H_2M}|$ (nach Konstruktion), $|\sphericalangle AH_1M| = |\sphericalangle DH_2M|$ (nach Konstruktion). Analog gilt: $\triangle H_3BN \cong \triangle H_4CN$.

Denkt man sich also das Dreieck $\triangle AH_1M$ abgeschnitten und als Dreieck $\triangle DH_2M$ an das Trapez angesetzt und analog für die Dreiecke $\triangle H_3BN$ und $\triangle H_4CN$, so erhält man das Rechteck $H_1H_2H_3H_4$, und dies ist flächengleich dem Trapez ABCD. Schreibt man h für die Länge der Höhen $\overline{H_1H_2}$ und $\overline{H_3H_4}$, so gilt für den Flächeninhalt des Rechtecks und damit des Trapezes: $A = m \cdot h$.

Flächeninhalt eines Trapezes

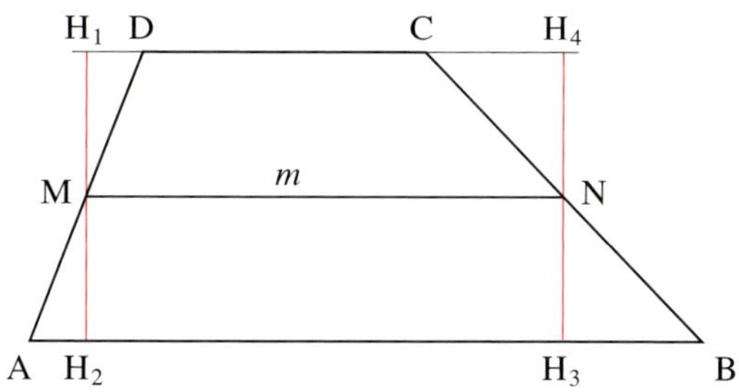

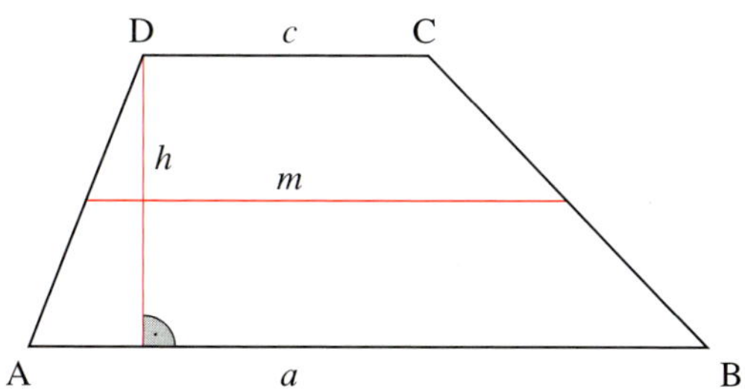

$A = m \cdot h = \frac{a+c}{2} \cdot h$

Merke:

Stehen a und c für die Längen der parallelen Seiten eines Trapezes, m für die Länge seiner Mittellinie und h für die Länge einer Höhe, so gilt für den Flächeninhalt A des Trapezes:

$$\boldsymbol{A = m \cdot h} \text{ oder } \boldsymbol{A = \frac{a+c}{2} \cdot h}.$$

Um die Flächeninhalte des Drachenvierecks und des allgemeinen Vierecks berechnen zu können, zerlegt man diese Figuren in der Regel in Dreiecke und berechnet deren Flächeninhalte.

11.3 Der Flächeninhalt des Dreiecks

Die Diagonale $\overline{AC}$ des Rechtecks ABCD erzeugt die zueinander kongruenten rechtwinkligen Dreiecke $\triangle ABC$ und $\triangle ADC$. Diese Dreiecke sind natürlich flächengleich, sodass jedes von ihnen den Flächeninhalt $A = \frac{a \cdot b}{2}$ hat.

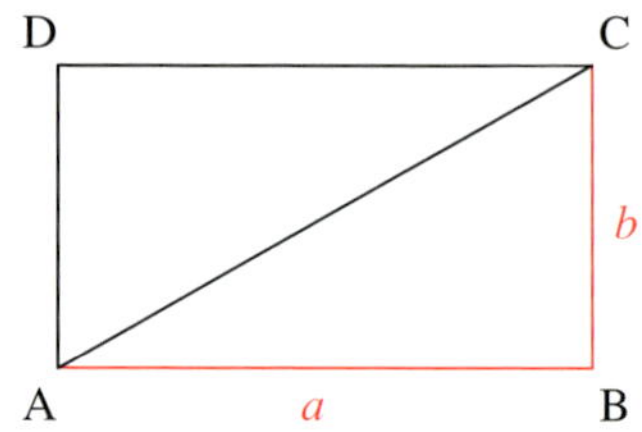

Problem: Wie kann man den Flächeninhalt eines allgemeinen Dreiecks bestimmen?

Wieder wird man versuchen, **das neue Problem auf ein bereits gelöstes zurückzuführen**. Im vorliegenden Falle verfolgt man die **Lösungsidee**, den Flächeninhalt eines allgemeinen Dreiecks mithilfe der Berechnung des Flächeninhalts eines rechtwinkligen Dreiecks zu bestimmen. Und wieder bietet sich die Benutzung einer Höhe an: sie erzeugt in einem allgemeinen Dreieck zwei rechtwinklige Teildreiecke.

Das Dreieck $\triangle ABC$ wird durch die Höhe $\overline{CH_c}$ auf $\overline{AB}$ in die rechtwinkligen Teildreiecke $\triangle AH_cC$ und $\triangle BH_cC$ zerlegt. Mit den Bezeichnungen der nebenstehenden Figur gilt $A_1 = \frac{q \cdot h_c}{2}$, denn der Flächeninhalt des Dreiecks $\triangle AH_cC$ ist der halbe Flächeninhalt des Rechtecks AH_cCD, und es gilt auch $A_2 = \frac{p \cdot h_c}{2}$, weil $\triangle BH_cC$ zum Rechteck BH_cCE ergänzt werden kann. Also gilt:

$$A_1 + A_2 = \frac{p \cdot h_c}{2} + \frac{q \cdot h_c}{2} = \frac{(p+q)h_c}{2} = \frac{c \cdot h_c}{2}.$$

Ganz ähnlich verliefen die Überlegungen, hätte man mit den Längen h_a oder h_b gearbeitet. Man kann also sagen, der Flächeninhalt eines Dreiecks ist gleich dem halben Produkt aus den Längen einer Seite und der zugehörigen Höhe.

Flächeninhalt eines Dreiecks

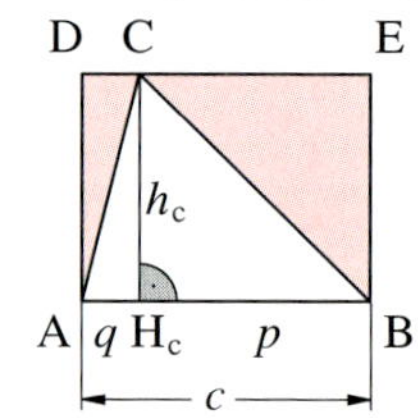

$$A = \frac{c \cdot h_c}{2}$$

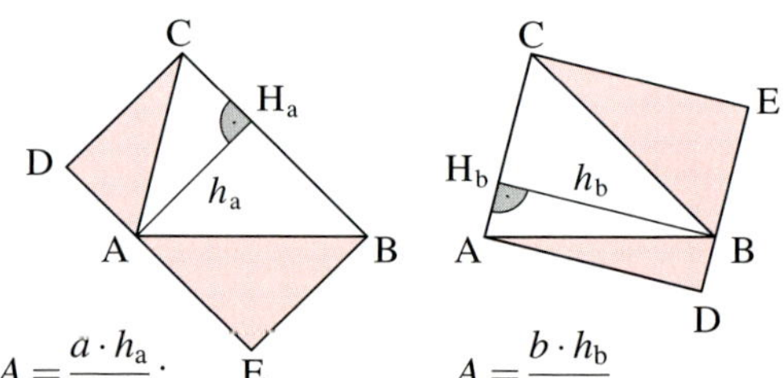

$$A = \frac{a \cdot h_a}{2}; \quad A = \frac{b \cdot h_b}{2}$$

Merke:

Stehen g für die Länge einer Seite eines Dreiecks und h für die Länge der zugehörigen Höhe, so gilt für den Flächeninhalt A des Dreiecks:

$$\boldsymbol{A = \frac{g \cdot h}{2}}.$$

In nicht ganz korrekter Kurzfassung: Flächeninhalt eines Dreiecks gleich Grundlinie mal Höhe durch zwei.

Problem: Ein Dreieck $\triangle A'B'C'$ ist einem Dreieck $\triangle ABC$ ähnlich, und es gilt: $a' : a = b' : b = c' : c = k$. Zeigen Sie, dass für die Flächeninhalte A' und A der beiden Dreiecke gilt: $A' = k^2 \cdot A$.

Der Ähnlichkeitsfaktor k gilt für die Seiten und Höhen der Dreiecke. Steht h' für die Länge einer Höhe im Dreieck $\triangle A'B'C'$ und h für die Länge der entsprechenden Höhe im Dreieck $\triangle ABC$, so ist $h' : h = k$ oder $h' = k \cdot h$, steht g' für die Länge einer Seite im Dreieck $\triangle A'B'C'$ und g für die Länge der entsprechenden Seite im Dreieck $\triangle ABC$, so ist $g' : g = k$ oder $g' = k \cdot g$.

Für den Flächeninhalt A des Dreiecks $\triangle ABC$ gilt: $A = \frac{g \cdot h}{2}$, für den Flächeninhalt A' des Dreiecks $\triangle A'B'C'$: $A' = \frac{g' \cdot h'}{2}$. Setzt man für g' und h' die Terme $k \cdot g$ und $k \cdot h$ ein, so erhält man: $A' = \frac{k \cdot g \cdot k \cdot h}{2} = k^2 \frac{g \cdot h}{2}$. Es gilt also: $A' = k^2 \cdot A$.

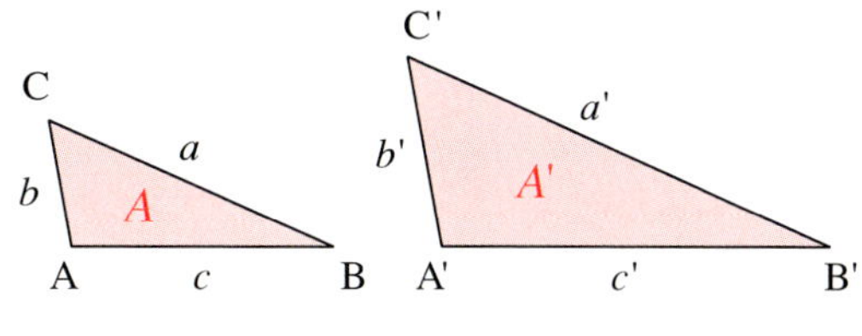

Aus der griechischen Antike ist eine Formel bekannt, die es gestattet, den Flächeninhalt eines Dreiecks aus den Längen seiner Seiten zu berechnen. Sie wird **Heron von Alexandria** zugeschrieben, der etwa 130 n.u.Z. lebte.

Heron benutzte Beziehungen, die zwischen den Seiten und dem Umfang eines Dreiecks sowie mit dem Dreieck verbundenen Flächen bestehen. Die langwierige Herleitung der Formel soll hier nicht dargestellt werden. Der Vorteil dieser Art der Flächenberechnung gegenüber der voranstehend beschriebenen besteht darin, dass man nicht mehr die Länge einer Höhe braucht, sondern mit den Längen der Seiten allein auskommt.

Flächenformel des Heron

a, b, c: Längen der Seiten des Dreiecks $\triangle ABC$
s: Länge des halben Umfangs von $\triangle ABC$,

$$s = \frac{a+b+c}{2}$$

$$\boldsymbol{A = \sqrt{s(s-a)(s-b)(s-c)}}$$

Beispiel:

Berechnen Sie den Flächeninhalt des Dreiecks $\triangle ABC$ mit 4 cm für a, 3 cm für b und 5 cm für c aus **a)** a und b,
b) nach der heronischen Formel.

Zu a) Das Tripel 3, 4, 5 ist ein pythagoreisches Zahlentripel ► Abschnitt 10.4
Das gegebene Dreieck hat also bei C einen rechten Winkel. Für seinen Flächeninhalt gilt: $A = \frac{a \cdot b}{2}$. Er beträgt also 6 cm^2.

Zu b) In der heronischen Formel stehen a für 4, b für 3, c für 5 und s für 6.

$$A = \frac{a \cdot b}{2}$$

$$\underline{\underline{A}} = \frac{4 \cdot 3}{2} = \underline{\underline{6}}$$

$$A = \sqrt{6 \cdot (6-4)(6-3)(6-5)}$$

$$A = \sqrt{36}$$

$$\underline{\underline{A = 6}}$$

Um den Flächeninhalt eines **allgemeinen Vierecks** oder den eines **Vielecks** bestimmen zu können, versucht man, es in solche Flächen, d. h. Vierecke oder Dreiecke zu zerlegen, deren Flächeninhalte man berechnen kann.

Beispiele:

1. Die nebenstehende Zeichnung zeigt einen Grundriss. Wie groß sind:

a) das ganze Grundstück,
b) das Büro,
c) das Lager,
d) die Werkstatt?

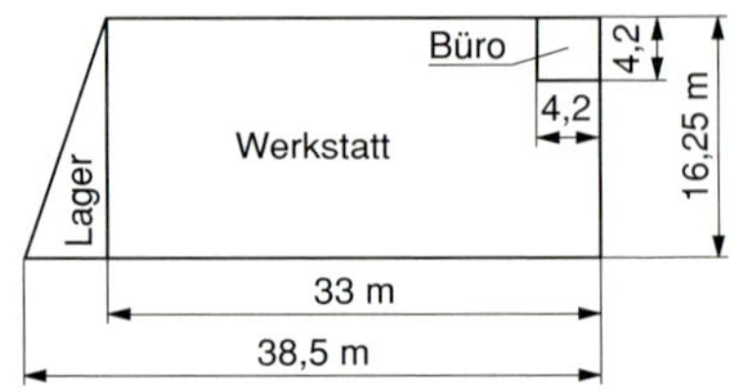

Zu a) Das Grundstück ist trapezförmig. Für seinen Flächeninhalt gilt: $A = \frac{a+c}{2} \cdot h$.
Man entnimmt der Zeichnung die entsprechenden Größen.

$$A_{\mathrm{T}} = \frac{38{,}5\,\mathrm{m} + 33\,\mathrm{m}}{2} \cdot 16{,}25\,\mathrm{m}$$
$$= \underline{\underline{580{,}9375\,\mathrm{m}^2}}$$

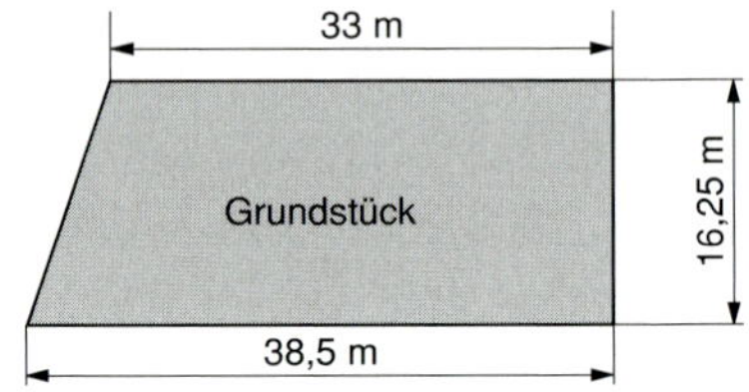

Zu b) Das Büro ist quadratisch. Es gilt: $A = a^2$.
Aus der Zeichnung entnimmt man die entsprechende Größe.

$$\underline{\underline{A_{\mathrm{Q}}}} = 4{,}2\,\mathrm{m} \cdot 4{,}2\,\mathrm{m} = \underline{\underline{17{,}64\,\mathrm{m}^2}}$$

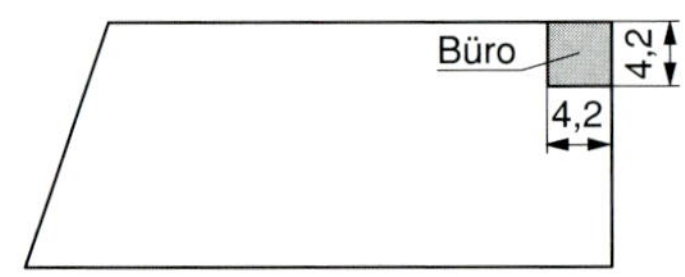

Zu c) Das Lager hat die Form eines rechtwinkligen Dreiecks. Für seinen Flächeninhalt gilt:
$A = \frac{g \cdot h}{2}$. Aus der Zeichnung entnimmt man

$$\underline{\underline{A_{\mathrm{D}}}} = \frac{5{,}5\,\mathrm{m} \cdot 16{,}25\,\mathrm{m}}{2} = \underline{\underline{44{,}68875\,\mathrm{m}^2}}$$

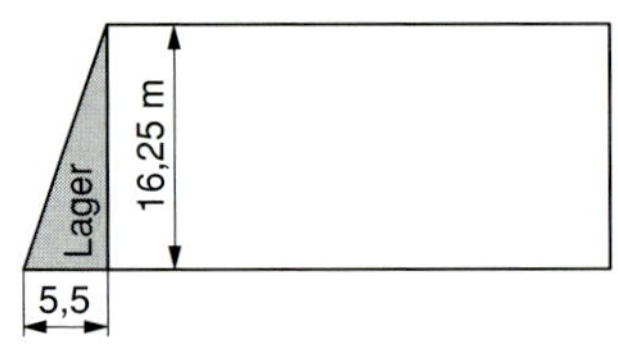

Zu d) Die Fläche der Werkstatt ist gleich der Fläche des Grundstücks, vermindert um die Flächen des Lagers und des Büros.
Also gilt:

$$\underline{\underline{A}} = 580{,}9\,\mathrm{m}^2 - 44{,}7\,\mathrm{m}^2 - 17{,}6\,\mathrm{m}^2$$
$$= \underline{\underline{518{,}61\,\mathrm{m}^2}}.$$

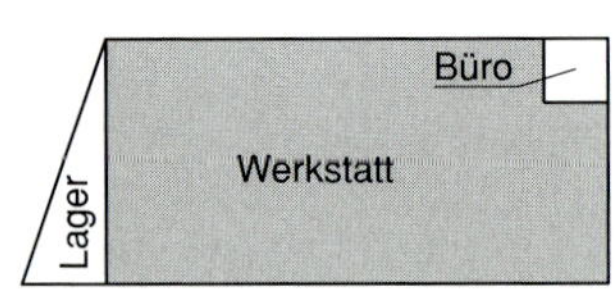

2. Berechnen Sie den Flächeninhalt nebenstehender Blechschablone. (Die Maße sind in mm angegeben.)

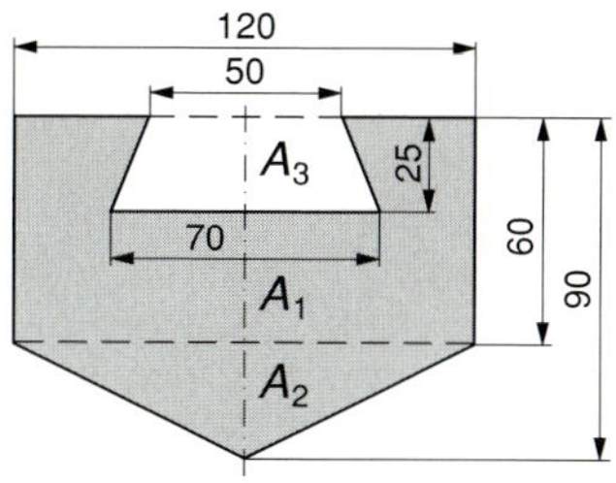

Man erkennt in der Figur ein Rechteck, aus dem ein Trapez ausgeschnitten ist, und ein Dreieck. Der gesuchte Flächeninhalt A ergibt sich als Summe des Flächeninhalts A_1 des Rechtecks und A_2 des Dreiecks, vermindert um den Flächeninhalt A_3 des Trapezes.

$$\underline{\underline{A_1}} = 12\text{ cm} \cdot 6\text{ cm} = 72\text{ cm}^2$$

$$\underline{\underline{A_2}} = \frac{12\text{ cm} \cdot 3\text{ cm}}{2} = \underline{\underline{18\text{ cm}^2}}$$

$$\underline{\underline{A_3}} = \frac{7\text{ cm} + 5\text{ cm}}{2} \cdot 2{,}5\text{ cm} = \underline{\underline{15\text{ cm}^2}}$$

$$\begin{aligned} A &= 72\text{ cm}^2 + 18\text{ cm}^2 - 15\text{ cm}^2 \\ &= \underline{\underline{75\text{ cm}^2}} \end{aligned}$$

3. Berechnen Sie den Flächeninhalt eines regelmäßigen Sechsecks.

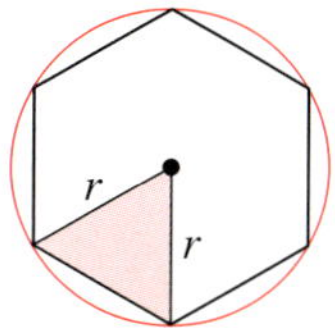

Das regelmäßige 6-Eck hat einen Umkreis, dessen Radius die gleiche Länge hat wie die Seiten des 6-Ecks. ► Abschnitt 10.7
Man kann es demzufolge in 6 kongruente gleichseitige Dreiecke zerlegen. Den Flächeninhalt eines solchen Dreiecks kann man z. B. nach der Formel von Heron berechnen.

► r: Länge der Dreiecksseiten

► s: Länge des halben Umfangs, $s = \frac{3r}{2}$

$$A = \sqrt{s(s-a)(s-b)(s-c)}$$

$$A = \sqrt{\frac{3r}{2}\left(\frac{3r}{2} - r\right)^3} = \sqrt{\frac{3r}{2}\left(\frac{r}{2}\right)^3}$$

$$A = \sqrt{\frac{3r^4}{16}} = \frac{r^2}{4}\sqrt{3}$$

Man erhält den Flächeninhalt des 6-Ecks als das 6fache des Flächeninhalts jeden Dreiecks.

$$A_s = 6 \cdot \frac{r^2}{4}\sqrt{3} = \frac{3r^2}{2}\sqrt{3}$$

Anmerkung: In Kusch Band 1, Abschnitt 1.2.5 sind die gebräuchlichen Maßeinheiten der Größenart Fläche beschrieben. Dort sind auch die sog. Umrechnungszahlen angegeben, die man bei der Verwandlung einer Größe der Größenart Fläche in eine Größe derselben Größenart aber mit einer anderen Maßeinheit benutzt.

11.4 Flächenverwandlungen

Die Flächeninhaltsformeln für Parallelogramm, Trapez und Dreieck eröffnen Möglichkeiten, diese Figuren in nicht-kongruente, aber flächengleiche Figuren zu verwandeln.

- Aus der Formel für den Flächeninhalt eines Parallelogramms folgt:

Parallelogramme mit gleich langen Grundseiten und Höhen haben den gleichen Flächeninhalt.

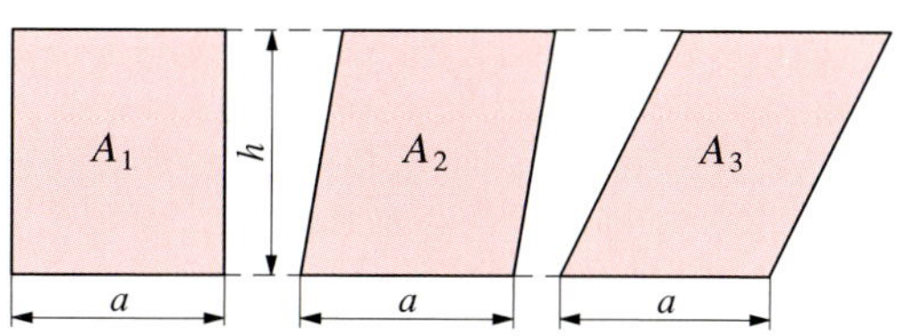

Anwendungen:

1. Gegeben ist ein beliebiges Parallelogramm ABCD mit der Größe 70° für α (vgl. Zeichnung). Verwandeln Sie es in ein flächengleiches Rechteck.

Man errichtet in A auf AB die Senkrechte und verlängert gegebenenfalls CD über D hinaus bis zum Schnittpunkt D′ mit dieser Senkrechten. Man konstruiert auch in B die Senkrechte zu AB, die CD oder deren Verlängerung in C′ schneidet. Das Rechteck ABC′D′ ist dem Parallelogramm ABCD flächengleich.

2. Gegeben ist ein Quadrat ABCD. Verwandeln Sie es in ein flächengleiches Parallelogramm mit 60° für α.

Man trägt in A an $\overline{AB}$ den Winkel α von 60° an und verlängert den freien Schenkel bis zum Schnittpunkt D′ mit $\overline{CD}$. Die Parallele zu AD′ durch B schneidet die Verlängerung von $\overline{CD}$ über C hinaus in C′. Das Parallelogramm ABC′D′ ist dem Ausgangsquadrat flächengleich und enthält den verlangten Winkel.

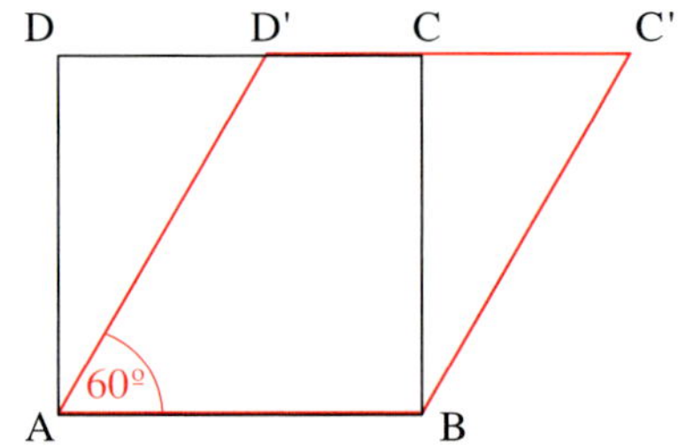

- Aus der Flächeninhaltsformel für ein Trapez folgt:

  Trapeze mit gleich langen Mittellinien und Höhen haben gleichen Flächeninhalt.

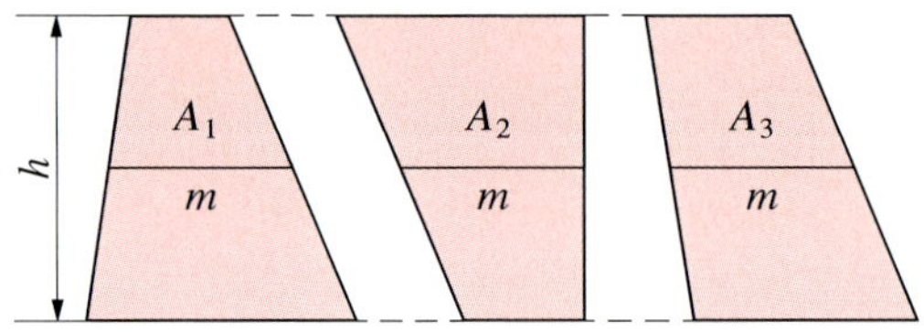

- Analog gilt für Dreiecke:

  Dreiecke mit gleich langen Grundseiten und zugehörigen Höhen haben den gleichen Flächeninhalt.

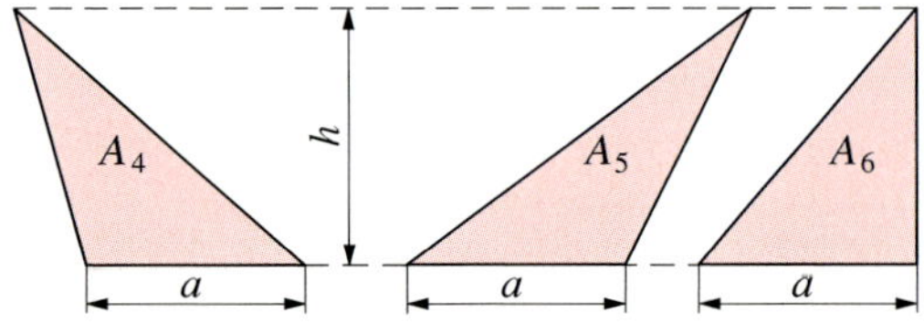

Anwendungen:

1. Gegeben ist ein Dreieck $\triangle$ABC mit der Größe 110° für α. Verwandeln Sie es in ein flächengleiches gleichschenkliges Dreieck.

Man konstruiert die Parallele zu AB durch C, sodann die Mittelsenkrechte zu AB. Sie schneidet die Parallele zu AB in C′. Man verbindet C′ mit A und mit B. Das Dreieck $\triangle$ABC′ ist dem Ausgangsdreieck flächengleich und gleichschenklig.

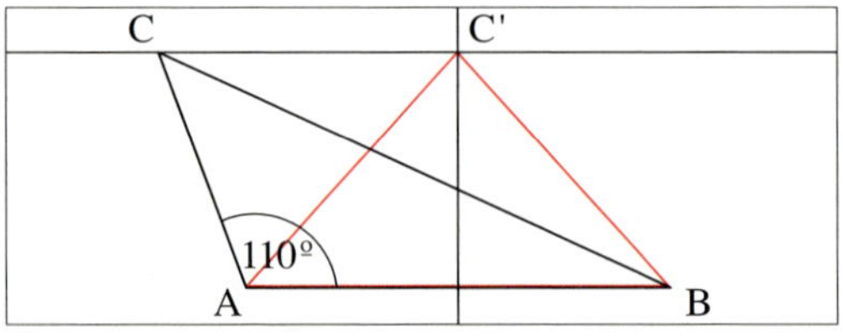

2. Verwandeln Sie das Trapez ABCD in ein flächengleiches Rechteck.

Man bestimmt die Mitten M_1 und M_2 der Schenkel des Trapezes. Die Senkrechte zu AB und CD durch M_1 schneidet die Grundseiten des Trapezes oder deren Verlängerungen in den Punkten A_1 und D_1. Die Senkrechte zu AB und CD durch M_2 schneidet die Grundseiten des Trapezes oder deren Verlängerungen in B_1 und C_1. Das Rechteck $A_1B_1C_1D_1$ ist dem Trapez ABCD flächengleich.

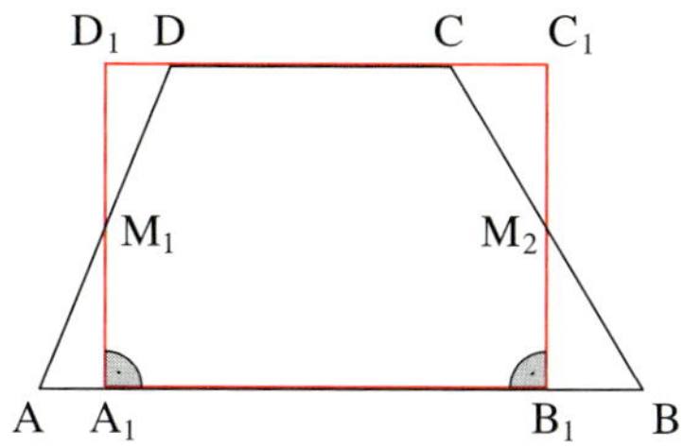

In den voranstehenden Beispielen wurden jeweils flächengleiche Vierecke bzw. flächengleiche Dreiecke betrachtet, d. h., zu einem Parallelogramm wurde ein flächengleiches Parallelogramm angegeben usw.
Vergleicht man die Formeln für den Flächeninhalt eines Parallelogramms und eines Dreiecks, so erkennt man:
Der Flächeninhalt eines Dreiecks, dessen Grundseite und die zugehörige Höhe genauso lang sind wie die Grundseite und Höhe eines Parallelogramms, ist halb so groß wie der Flächeninhalt des Parallelogramms.

Man kann auf Grund dieser Aussage also zu einem Dreieck ein flächengleiches Parallelogramm angeben, indem man dem Parallelogramm eine Grundseite der gleichen Länge gibt, wie sie die Grundseite des Dreiecks hat, aber eine Höhe, die nur halb so lang ist wie die Höhe des Dreiecks.

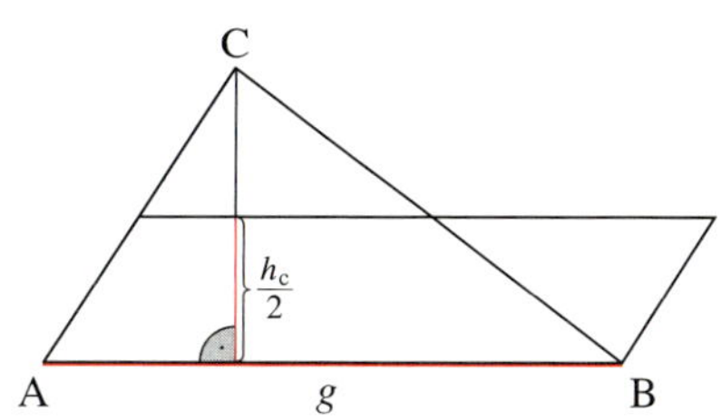

Anwendung:

Gegeben ist ein Parallelogramm ABCD. Geben Sie ein flächengleiches rechtwinkliges Dreieck an.

Man errichtet in A auf AB die Senkrechte. Sie schneidet $\overline{CD}$ oder die Verlängerung von $\overline{CD}$ in D′. Man verbindet D′ mit B. Das Dreieck $\triangle ABD'$ ist bei A rechtwinklig und hat den halben Flächeninhalt wie das Ausgangsparallelogramm. Verlängert man $\overline{AD'}$ um sich selbst über D′ hinaus, so erhält man den Punkt D″. Das Dreieck $\triangle ABD''$ ist dem Parallelogramm ABCD flächengleich.

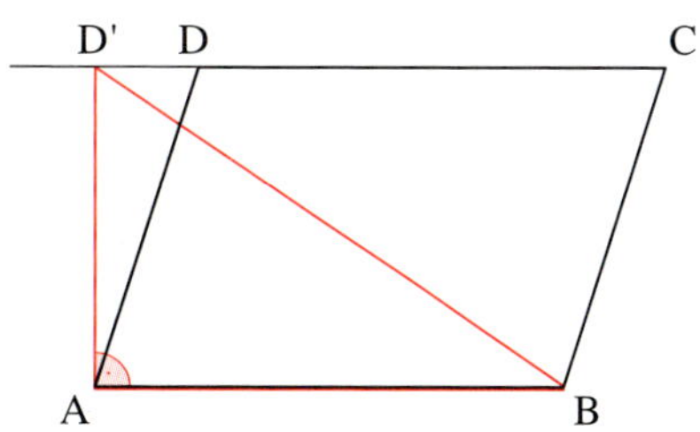

Problem: Gegeben ist ein Quadrat ABCD. Wandeln Sie es in ein flächengleiches Rechteck um, dessen eine Seite halb so lang ist wie die Quadratseiten.

Man gewinnt durch **Rückwärtsarbeiten** eine **Lösungsidee**, indem man sich fragt, ob man Lehrsätze kennt, in denen von flächengleichen Quadraten und Rechtecken die Rede ist. Sowohl im **Höhensatz** als auch in den **Kathetensätzen des Euklid** werden flächengleiche Quadrate und Rechtecke beschrieben. ► Abschnitt 10.4. Beide kommen also für Lösungen des Problems in Frage.

a) Lösung mithilfe des Höhensatzes.

Die geometrische Fassung des Höhensatzes lautet: Das Quadrat über der Höhe eines rechtwinkligen Dreiecks auf die Hypotenuse ist dem Rechteck aus den durch die Höhe erzeugten Hypotenusenabschnitten flächengleich.

Lösungsplan: Wenn E die Mitte der Quadratseite $\overline{AB}$ ist, konstruiert man das rechtwinklige Dreieck $\triangle EDF$, in welchem $\overline{AD}$ Höhe und $\overline{AE}$ Hypotenusenabschnitt ist.

Konstruktion: Man bestimmt die Mitte E von $\overline{AB}$. Sodann verbindet man E mit D und trägt in D an $\overline{ED}$ einen rechten Winkel an. Sein freier Schenkel schneidet die Verlängerung von $\overline{AB}$ über A hinaus in F. Nach dem Höhensatz ist das Quadrat über der Höhe $\overline{AD}$ dem Rechteck aus den Hypotenusenabschnitten $\overline{FA}$ und $\overline{AE}$ flächengleich.

Planfigur

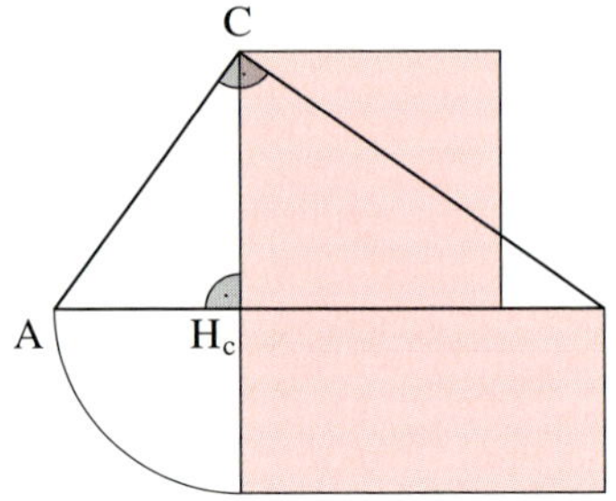

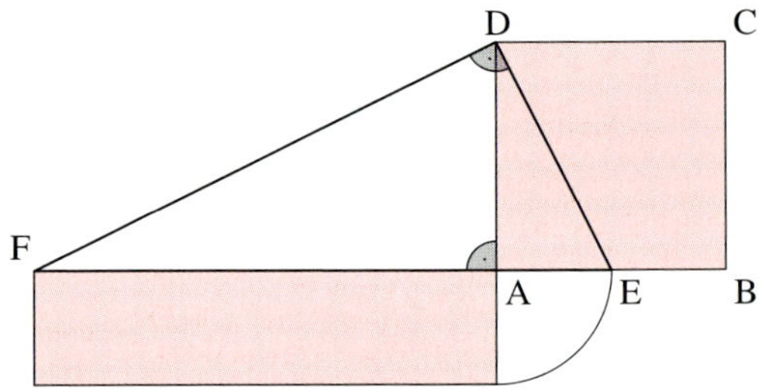

b) Lösung mithilfe eines Kathetensatzes.

Die geometrische Fassung eines Kathetensatzes lautet: Das Quadrat über der Kathete eines rechtwinkligen Dreiecks ist dem Rechteck aus der Hypotenuse und dem der Kathete anliegenden Hypotenusenabschnitt flächengleich.

Lösungsplan: Man konstruiert über $\overline{BC}$ das Dreieck $\triangle BH_CC$ mit dem rechten Winkel bei H_C und der Länge $\frac{a}{2}$ für $\overline{BH_C}$. Sodann verlängert man $\overline{BH_C}$ und $\overline{DC}$ bis zum Schnittpunkt F, dem 3. Eckpunkt des bei C rechtwinkligen Dreiecks $\triangle BFC$.

Konstruktion: Man bestimmt die Mitte von $\overline{BC}$ und zeichnet den Thaleskreis über $\overline{BC}$. Sodann zeichnet man einen Kreis um B mit dem Radius $\frac{a}{2}$. Er schneidet den Thaleskreis in H_C. Die Verlängerungen von $\overline{BH_C}$ und $\overline{DC}$ ergeben den Eckpunkt F eines rechtwinkligen Dreiecks $\triangle BFC$, für das gilt: Das Quadrat über der Kathete $\overline{BC}$ ist dem Rechteck aus der Hypotenuse und dem der Kathete anliegenden Hypotenusenabschnitt $\overline{BH_C}$ flächengleich.

Planfigur

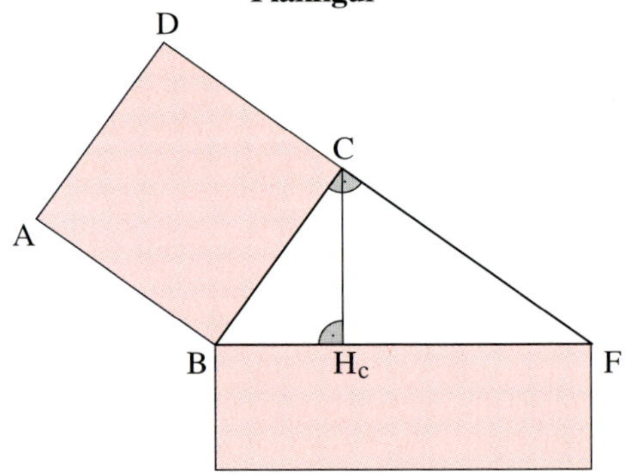

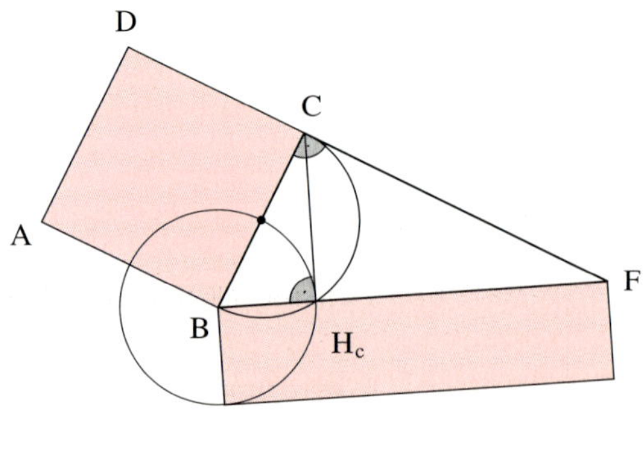

Die angegebenen Lösungen liefern gleichzeitig Hinweise darauf, wie die Umkehrung der Fragestellung – gegeben ist ein Rechteck, das in ein flächengleiches Quadrat verwandelt werden soll – angegangen werden kann.

Problem: Gegeben ist ein Rechteck ABCD. Verwandeln Sie es in ein flächengleiches Quadrat.

Wieder kann man beide Möglichkeiten zur Lösung nutzen.
Entweder man konstruiert ein rechtwinkliges Dreieck $\triangle LMN$, dessen Hypotenusenabschnitte die Längen der Rechtecksseiten haben, oder ein solches, in dem eine Kathete die Länge einer Rechtecksseite und der anliegende Hypotenusenabschnitt die Länge der anderen Rechtecksseite hat.
Im ersten Fall würde man über $\overline{LM}$ den Thaleskreis und in H_n die Senkrechte zu $\overline{LM}$ zeichnen.
Im zweiten Fall würde man zunächst das Teildreieck $\triangle LH_nN$ konstruieren und dies zum rechtwinkligen Dreieck $\triangle LMN$ ergänzen.

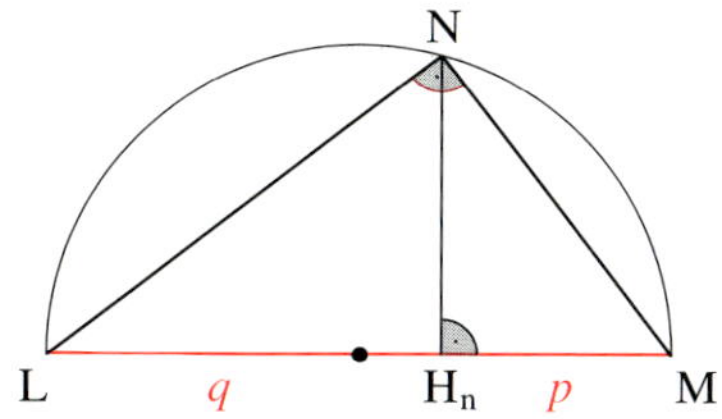

$q = a;\ p = b$

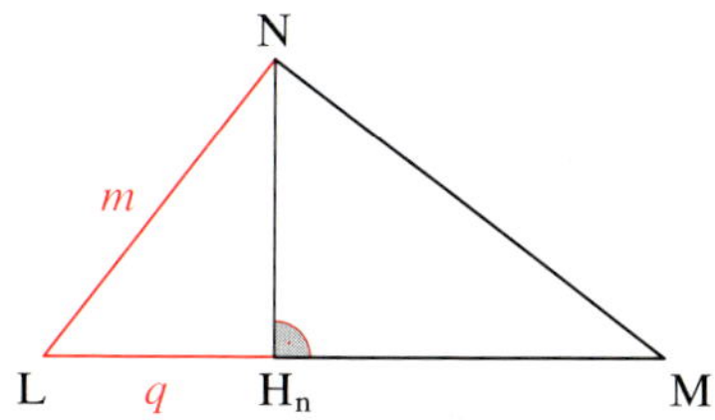

$m = a;\ q = b$

Der **Lehrsatz des Pythagoras** kann zur „geometrischen Addition zweier Quadrate" zu einem neuen Quadrat genutzt werden.

Macht man die Seiten der gegebenen Quadrate zu Katheten eines rechtwinkligen Dreiecks, so ist das Quadrat über der Hypotenuse flächengleich der Summe der Flächeninhalte der Quadrate über den Katheten. Das rechtwinklige Dreieck ist aus den gegebenen Stücken nach dem Kongruenzsatz SWS bis auf Kongruenz eindeutig konstruierbar.

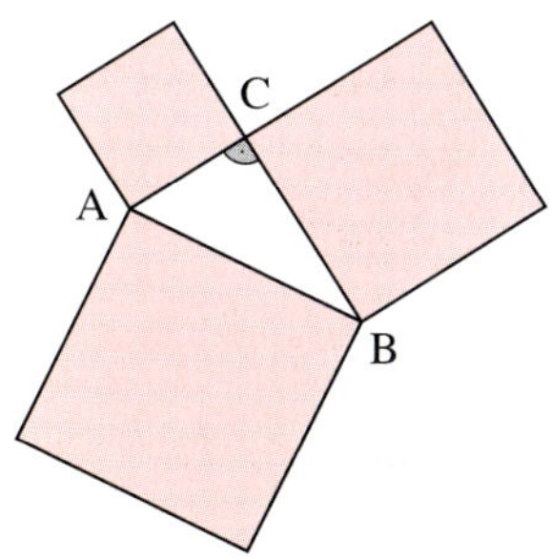

Übungen zu 11

Flächenberechnungen

1. Verwandeln Sie in cm^2:

a)	**b)**	**c)**	**d)**
1537 mm^2	3,56 dm^2	3,526 m^2	0,00125 a
350 mm^2	153 dm^2	0,0291 m^2	1,562 m^2
150 mm^2	0,56 dm^2	3,00 m^2	17,25 dm^2

2. Verwandeln Sie in m^2:

a) 1567,8 mm^2	**b)** 1567,6 cm^2	**c)** 354,3 dm^2	**d)** 15,67 a
36700 mm^2	98765 cm^2	3670 dm^2	3,68 ha
1765 mm^2	1565 cm^2	136 dm^2	0,027 km^2

3. Verwandeln Sie in ha:

a) 3987,4 m^2	**b)** 0,789 km^2	**c)** 10,374 a
3650 m^2	1,764 km^2	1376 a
1675,62 m^2	15,684 km^2	9,806 a

4. Verwandeln Sie in dm^2:

a) 3156,4 m^2	**b)** 346,5 a	**c)** 0,156 ha	**d)** 0,05 km^2
15000 m^2	1,095 a	13,674 ha	1,009 km^2

In den folgenden Aufgaben bedeuten die Maßzahlen ohne Bezeichnung mm.
Ist bei einer Fläche eine Maßeinheit angegeben, so gilt sie für alle Maße.
Die Flächen sind nicht maßstäblich gezeichnet.

5.

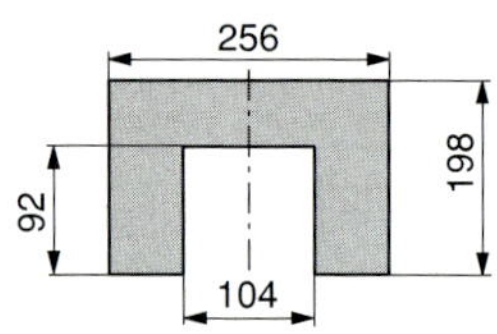

Berechnen Sie u in cm
A in cm^2

6.

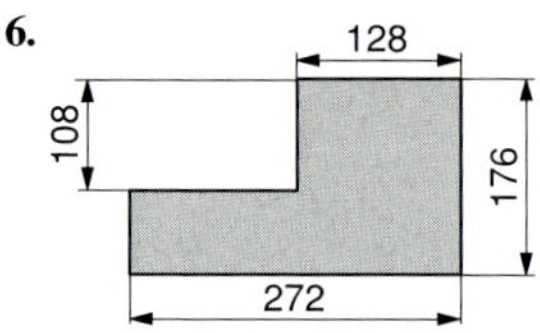

Berechnen Sie u in cm
A in cm^2

7.

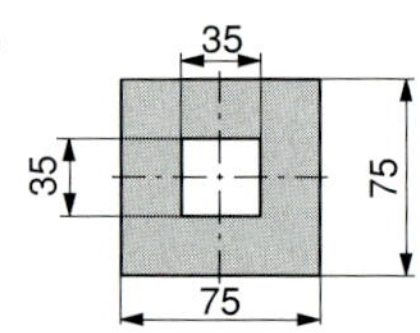

Berechnen Sie A in cm^2

8.

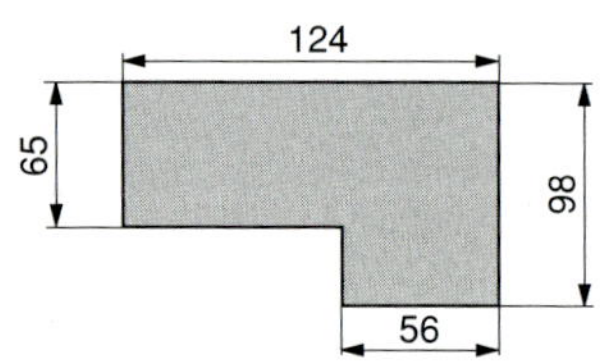

Berechnen Sie u in cm
A in cm^2

9.

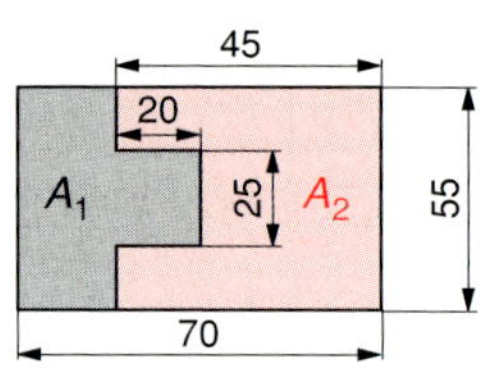

Berechnen Sie A_1 in cm^2
A_2 in cm^2

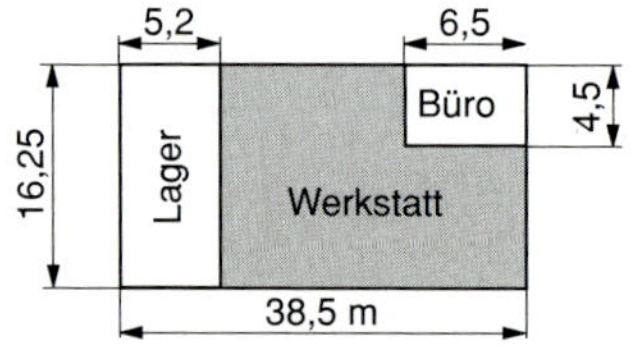

10. Berechnen Sie Werkstatt, Lager, Büro in cm^2.

11.

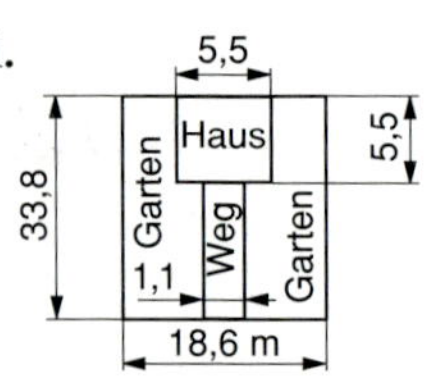

Berechnen Sie
1. das ganze Grundstück,
2. das Gartenhaus,
3. den Weg,
4. den Garten.

12.

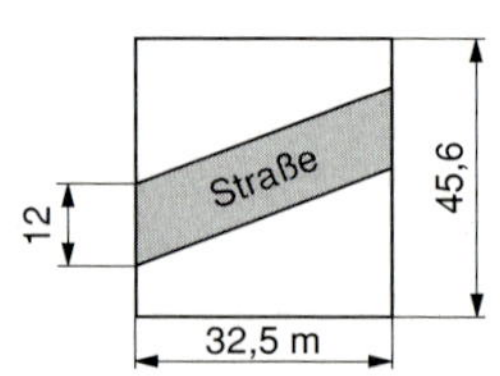

Berechnen Sie
1. das ganze Grundstück,
2. den Verlust durch die Straße,
3. den Rest des Grundstückes.

13. Berechnen Sie die fehlenden Größen eines rechtwinkligen Dreiecks:

	a	*b*	*A*
1.	2 m	1,5 m	
2.	3,6 m	2,75 m	
3.	6,24 m		15,6 m²
4.		3,97 m	7,98 m²

14.

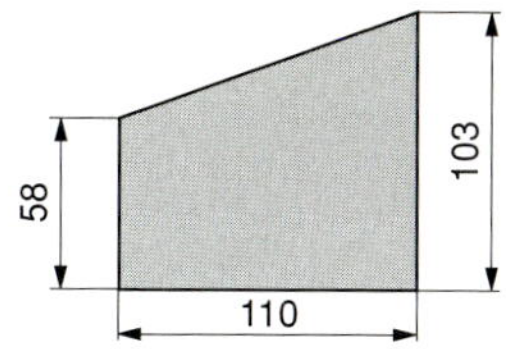

Berechnen Sie A in m²

15.

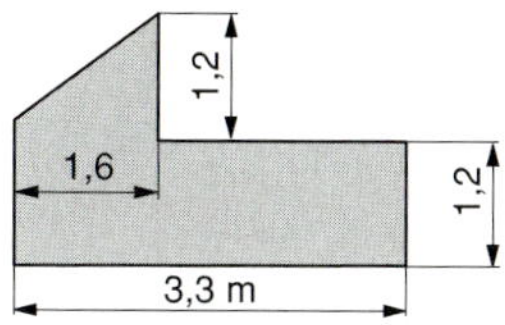

Berechnen Sie A in m²

16. Berechnen Sie die fehlenden Größen eines Trapezes:

A	*a*	*c*	*h*
	5,25 m	3,6 m	4,6 m
	8,7 m	6,5 m	5,25 m
8,75 cm²	40 cm	30 cm	
3240 cm²	75 cm	60 cm	
0,86 m²		0,95 m	0,8 m
3,815 m²	2,5 m		1,75 m

17.

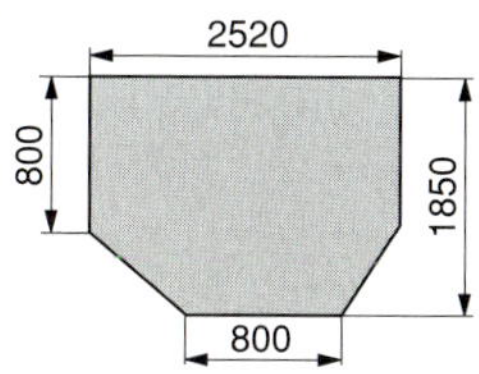

Berechnen Sie A in m²

18.

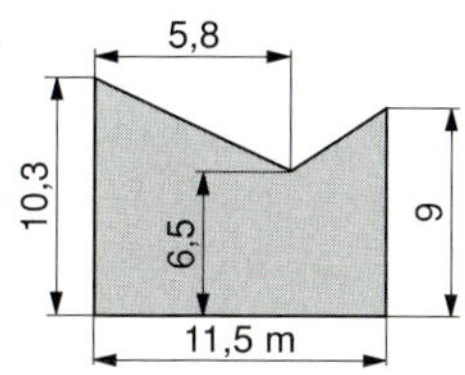

Berechnen Sie A in m²

19.

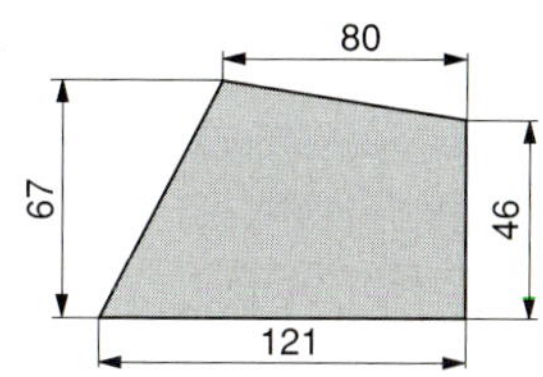

Berechnen Sie A in m²

20.

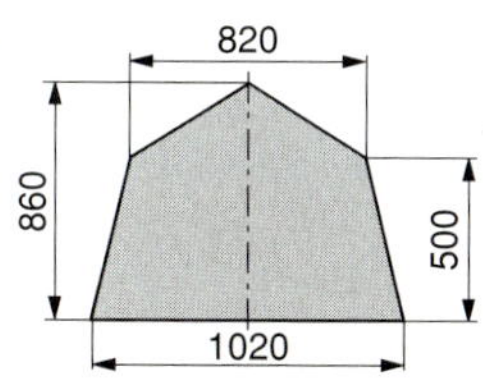

Berechnen Sie A in m²

21.

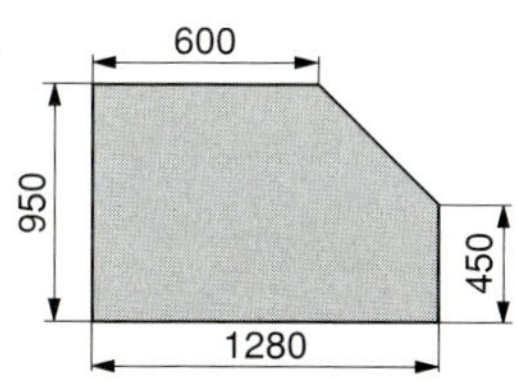

Berechnen Sie A in m²

22.

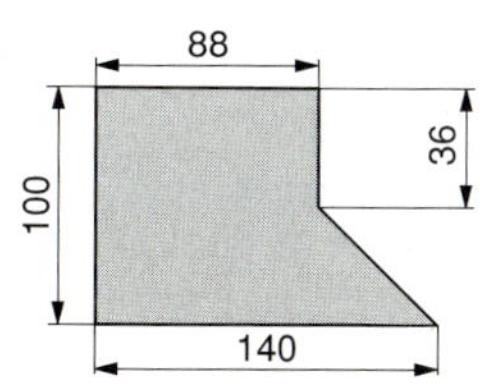

Berechnen Sie A in m²

23.

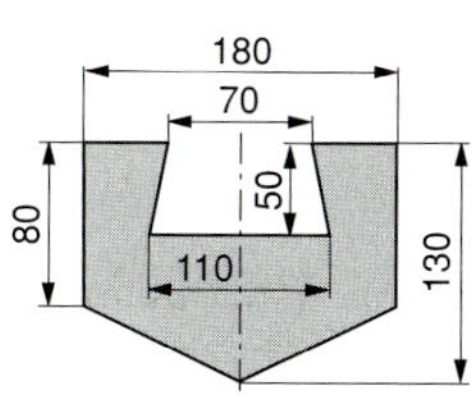

Berechnen Sie
1. A von 12 Blechen in m²
2. Gewicht der Bleche in N
(1 m² ≙ 156 N)

24.

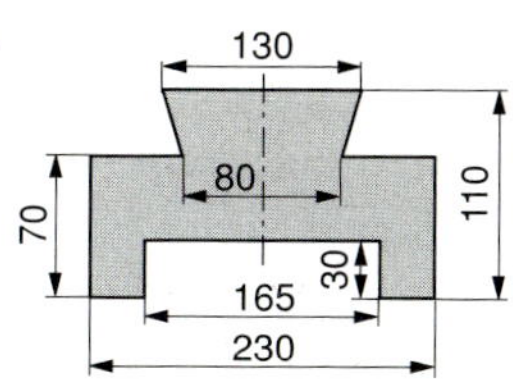

Berechnen Sie
1. A von Blechen in m²
2. Gewicht der Bleche in N
(1 m² ≙ 76,5 N)

25.

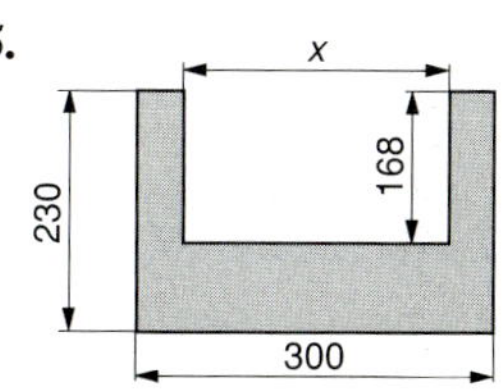

Der Inhalt der gerasterten Fläche beträgt $A = 480\ \text{cm}^2$.
Berechnen Sie x.

26.

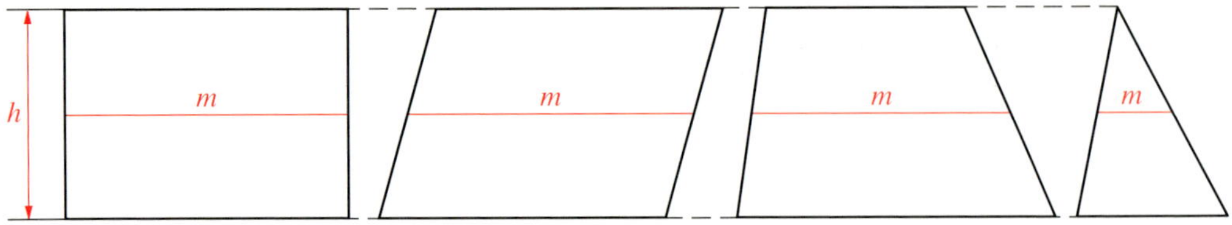

Steht m, wie vorstehend gezeichnet, für die Länge der Verbindungsstrecke der Mittelpunkte zweier gegenüberliegender Seiten eines Rechtecks oder eines Parallelogramms oder für die Länge der Mittellinie in einem Trapez oder einem Dreieck, und haben alle diese Figuren eine Höhe gleicher Länge h, so ist die Größe A des Flächeninhalts dieser Figuren durch eine einzige Formel bestimmt: $A = m \cdot h$.
Begründen Sie diese Aussage!

Flächenverwandlungen

1. Ein Parallelogramm hat die Stücke $a = 4$ cm, $\beta = 110°$, $b = 6$ cm. Zeichnen Sie ein flächengleiches Parallelogramm, in dem
a) $b = 7{,}5$ cm **b)** $\beta = 70°$ **c)** $d = 6{,}5$ cm **d)** $\alpha = 90°$ ist.

2. Ein Dreieck hat die Stücke $a = 4{,}5$ cm, $b = 7$ cm, $c = 6{,}5$ cm. Zeichnen Sie ein flächengleiches Parallelogramm, in dem
a) $\alpha = 60°$ **b)** $\beta = 120°$ **c)** $a = 6$ cm **d)** $a = b$ ist.

3. Ein Trapez hat die Stücke $a = 4$ cm, $\alpha = 75°$, $c = 3$ cm, $d = 6{,}5$ cm. Zeichnen Sie ein flächengleiches Parallelogramm, in dem
a) $\alpha = 105°$ **b)** $\beta = 120°$ cm **c)** $d = 6$ cm **d)** $b = d$ ist.

4. Teilen Sie ein Rechteck ($a = 8$ cm, $b = 6$ cm) in 4 gleiche Teile.

5. Verwandeln Sie ein Dreieck ($a = 5$ cm, $\alpha = 70°$, $\beta = 60°$) in ein flächengleiches mit
a) halber Grundseite, **b)** doppelter Grundseite.

6. Verwandeln Sie ein Dreieck ($c = 6$ cm, $\alpha = 80°$, $a = 7$ cm) in ein flächengleiches Parallelogramm.

7. Verwandeln Sie ein Parallelogramm ($a = 7$ cm, $b = 3{,}5$ cm, $\alpha = 70°$) in ein flächengleiches Dreieck mit gleicher Grundseite.

8. Ein trapezförmiges Grundstück ($a = 75$ m, $b = 55$ m, $d = 50$ m, $\alpha = 70°$) soll in ein flächengleiches rechteckiges Grundstück verwandelt werden.

9. Ein Parallelogramm ($a = 4{,}5$ cm, $b = 6$ cm, $\beta = 65°$) soll in ein flächengleiches verwandelt werden, in dem
a) $a = 5{,}5$ cm **b)** $a = 4$ cm ist.

10. Verwandeln Sie ein beliebiges Parallelogramm in ein flächengleiches Dreieck.

11. Teilen Sie ein Parallelogramm durch Parallelen in 5 gleiche Teile.

12. Teilen Sie ein Parallelogramm von einer Ecke aus in 3 gleiche Teile.

13. Verwandeln Sie in ein flächengleiches gleichschenklig-rechtwinkliges Dreieck
a) ein Quadrat **b)** ein Rechteck **c)** ein Dreieck.

Lehrsatz des Euklid

1. Verwandeln Sie ein Rechteck ($a = 6$ cm, $b = 3$ cm) in ein Quadrat.

2. Verwandeln Sie ein Dreieck ($c = 7$ cm, $\alpha = 75°$, $b = 6$ cm) in ein Quadrat.

3. Verwandeln Sie ein Trapez ($m = 4$ cm, $h = 3$ cm) in ein Quadrat.

4. Verwandeln Sie ein Quadrat ($a = 4$ cm) in ein Rechteck, in dem
a) $a = 3$ cm **b)** $a = 5$ cm ist.

5. Verwandeln Sie ein Quadrat ($a = 3{,}5$ cm) in ein Dreieck.

Lehrsatz des Pythagoras

1. Berechnen Sie die fehlenden Seiten eines rechtwinkligen Dreiecks

a) $a = 3$ cm, $b = 4$ cm, $c = ?$
b) $a = 6$ cm, $b = ?$, $c = 10$ cm
c) $a = ?$, $b = 12$ cm, $c = 15$ cm
d) $a = b = 18{,}38$ cm, $c = ?$, $h = ?$

2. Verdoppeln Sie ein gegebenes Quadrat ($a = 4$ cm) zeichnerisch.

3. Berechnen Sie die Höhe eines gleichschenkligen Dreiecks

a) $c = 6$ cm, $b = 4$ cm
b) $c = 8$ cm, $b = 10$ cm
c) $c = 12$ cm, $b = 8$ cm
d) c, b

4. Ein Satteldach ist 11 m (9,50 m) breit und 6 m (4,80 m) hoch. Wie lang sind die Dachsparren?

5. Ein Satteldach hat 7,50 m (6,40 m) lange Sparren und ist 9,40 m (8 m) breit. Wie hoch ist der Giebel?

6. Berechnen Sie die Länge s der Streben.

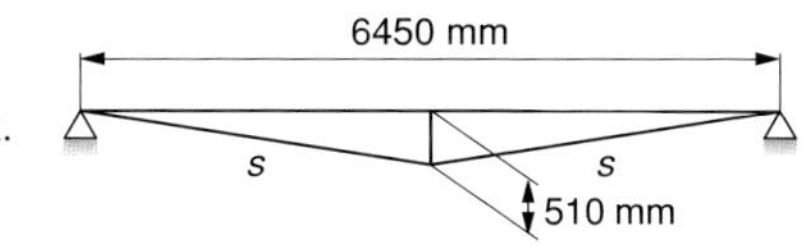

7.

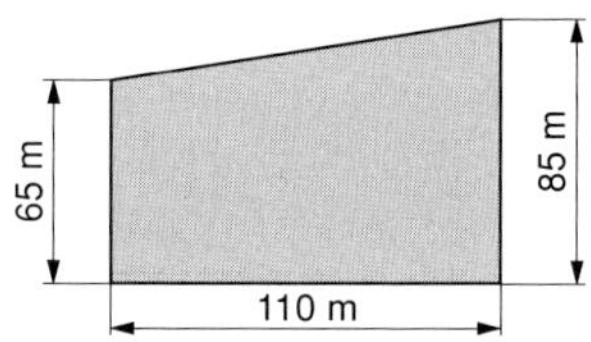

Wie viel Meter Zaun sind für dieses Grundstück notwendig?

8.

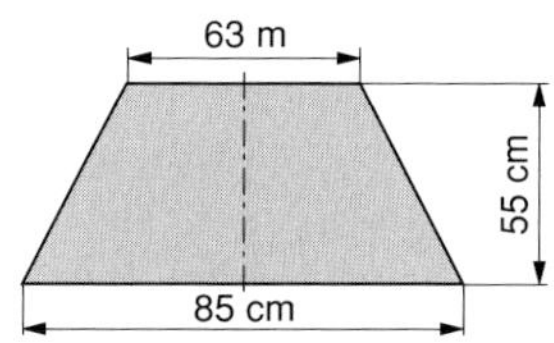

Berechnen Sie den Umfang des gleichschenkligen Trapezes in m.

9.

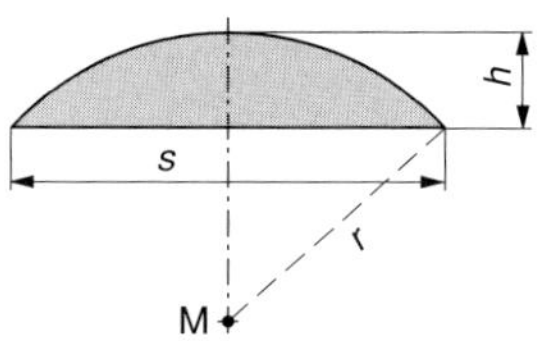

Berechnen Sie den Radius r des Kreisbogens.

10.

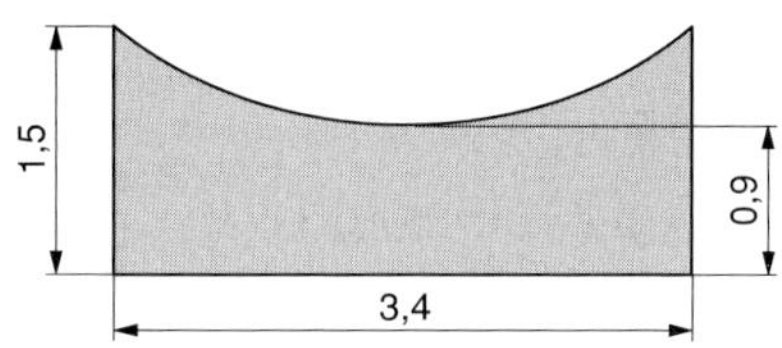

Wie lang ist der Radius des Bogens? Alle Maße sind in m angegeben.

Höhensatz

1. Verwandeln Sie folgende Rechtecke mithilfe des Höhensatzes in Quadrate:

a) $a = 6$ cm, $b = 2$ cm
b) $a = 8{,}5$ cm, $b = 3{,}5$ cm
c) $a = 4{,}3$ cm, $b = 6{,}5$ cm

2. Ein Funkturm ist unter anderem durch zwei gleich lange Seile nach entgegengesetzten Seiten abgesichert. Die Enden der Seile am Erdboden sind 264 m voneinander entfernt. Wie hoch ist der Turm, wenn die Seilenden an der Spitze einen rechten Winkel bilden und der Durchhang der Seile vernachlässigt wird?

3. Der Unterschied der Flächeninhalte der Kathetenquadrate eines rechtwinkligen Dreiecks ist 119 cm^2, der Abschnitt, der der kleineren Kathete anliegt, ist 5 cm. Wie lang ist die Hypotenuse?

4. Der Hypotenusenabschnitt, welcher der Seite a anliegt, ist 3,5 cm, die Höhe des Dreiecks ist 4,2 cm. Wie lang sind b, c, und wie groß ist A?

Satz des Heron

1. Berechnen Sie 1. den Flächeninhalt, 2. die Höhe h_c folgender Dreiecke:

a) $a = 5$ cm, $b = 7$ cm, $c = 8$ cm
b) $a = 3{,}1$ cm, $b = 5{,}4$ cm, $c = 2{,}5$ cm
c) $a = 12{,}5$ cm, $b = 8{,}6$ cm, $c = 15{,}5$ cm
d) $a = 3{,}9$ cm, $b = 4{,}7$ cm, $c = 7{,}3$ cm

Aufgaben zur Wiederholung

1. Ein gerader Weg ist 23,4 m lang und 6 m breit. Er soll mit quadratischen Platten von 16 cm Seitenlänge ausgelegt werden. Wie viele Platten sind notwendig, wenn für Abfall 5% mehr gerechnet wird?

2. Um ihre Felder zu begradigen, tauschen zwei Landwirte eine rechteckige Wiese gegen einen rechteckigen Acker. Die Wiese ist 112 m lang und 45 m breit. Wie breit muss der 76 m lange Acker sein, wenn die Größe beider Flächen gleich sein soll?

3. Ein quadratisches Grundstück hat einen Umfang von 512 m. Der Besitzer will es gegen ein rechteckiges Stück Land von gleicher Größe eintauschen. Wie lang wird das Grundstück sein, wenn die Breite 84 m betragen soll?

4. Ein Gärtner will ein 8 m langes Beet für Gemüse anlegen und 280 Pflanzen einsetzen. Wie breit wird das Beet werden, wenn man für jede Pflanze 400 cm^2 Bodenfläche rechnet?

5. An einem Neubau werden von einer Firma folgende Glaserarbeiten ausgeführt:
12 Fenster mit je 3 Scheiben, 120 cm $\times$ 110 cm
25 Fenster mit je 4 Scheiben, 60 cm $\times$ 55 cm
 7 Fenster mit je 2 Scheiben, 160 cm $\times$ 110 cm.
Wieviel m^2 Glas werden in Rechnung gestellt?

6. Ein Acker von 2,5 ha soll mit Kalisalz gedüngt werden. Wieviel kg Salz muss der Landwirt bestellen, wenn man für 1 m^2 Land 25 g Kalisalz rechnet?

7. Eine Gartenanlage hat die Gestalt eines Rhombus; sein Umfang beträgt 268 m, seine Breite 53 m.
a) Wie groß ist die Gartenanlage?
b) Wie groß wäre bei gleichem Flächeninhalt der Umfang eines Quadrates?

8. Ein Werkstattgelände hat eine Straßenfront von 178 m. An beiden Enden verläuft die Tiefe senkrecht zur Straßenfront und ist 163 m bzw. 125 m lang. Berechnen Sie den Flächeninhalt des Geländes.

9. Ein Parallelogramm $(a = 7\text{ cm};\ b = 4{,}5\text{ cm},\ \alpha = 60°)$ soll in ein flächengleiches Rechteck mit derselben Seite a verwandelt werden.

10. Ein Parallelogramm $(a = 6\text{ cm};\ b = 4\text{ cm};\ \alpha = 50°)$ soll in ein flächengleiches anderes verwandelt werden $(a' = 7\text{ cm};\ \alpha' = 65°)$.

11. Berechnen Sie den Halbmesser des Umkreises eines gleichseitigen Dreiecks mit der Seitenlänge a.

12. Berechnen Sie mit Variablen Flächeninhalt A und Radius r von folgenden regelmäßigen Vielecken:
a) Dreieck **b)** Quadrat **c)** Sechseck.

13. Berechnen Sie zunächst allgemein und danach mit Zahlen:
a) Seitenlänge und Flächeninhalt eines Quadrates, dessen Diagonale d die Länge 7 cm hat,
b) Länge der Diagonale d eines Rechtecks mit den Seitenlängen $a = 4{,}5$ cm und $b = 3{,}8$ cm,
c) Seitenlänge a eines Rhombus mit den Diagonalenlängen $e = 6$ cm und $f = 5$ cm,
d) Seitenlängen a und b eines gleichschenkligen Dreiecks mit der Grundseitenlänge $c = 5{,}6$ cm und der Länge der Höhe $h_c = 4{,}5$ cm.

14.

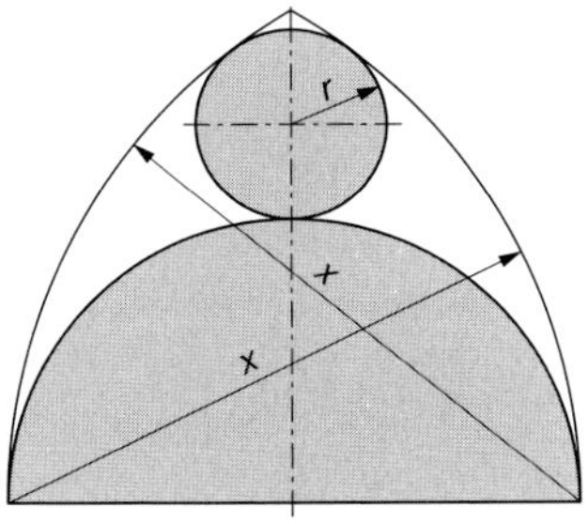

Berechnen Sie x zunächst mit der Variablen r und danach für $r = 3{,}2$ cm.

15.

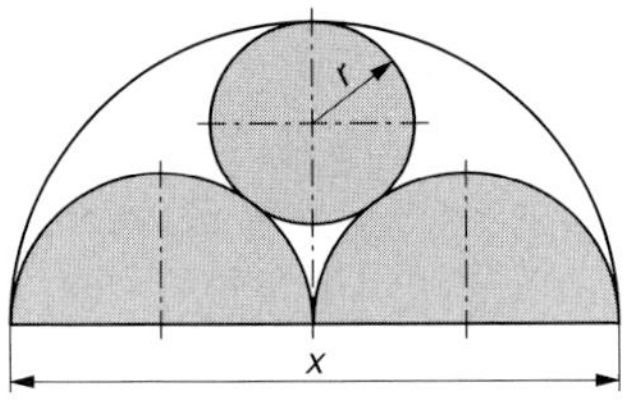

Berechnen Sie x zunächst mit der Variablen r und danach für $r = 2{,}5$ cm.

16.

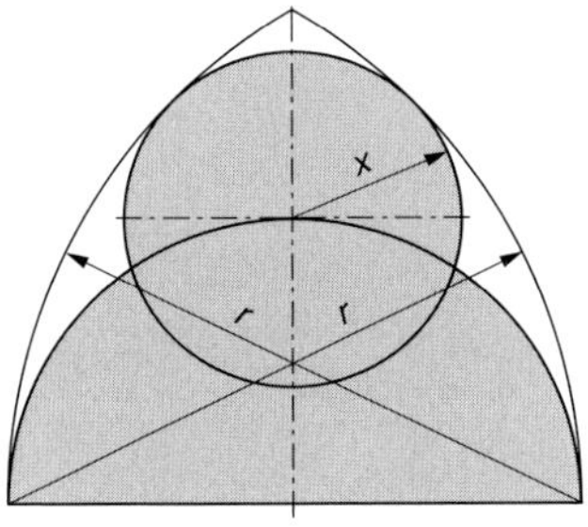

Berechnen Sie x zunächst mit der Variablen r und danach für $r = 8$ cm.

17.

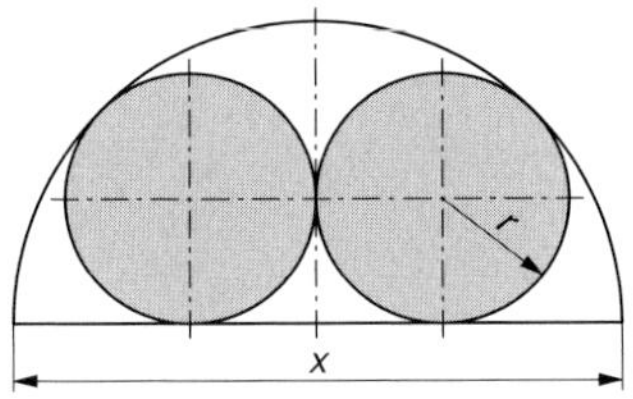

Berechnen Sie x zunächst mit der Variablen r und danach für $r = 1{,}75$ cm.

18.

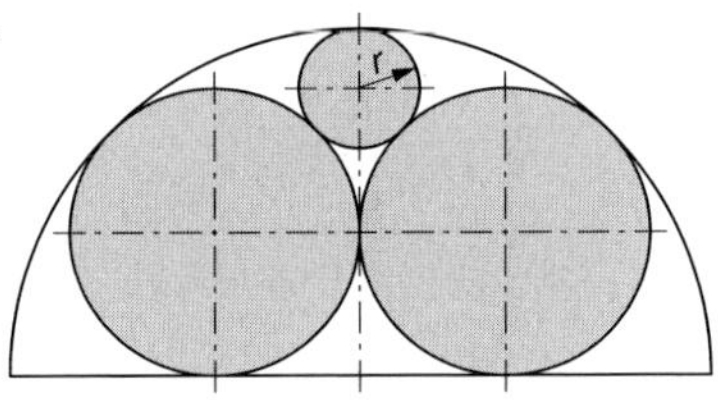

Berechnen Sie x zunächst mit der Variablen r und danach für $r = 17$ mm.

19.

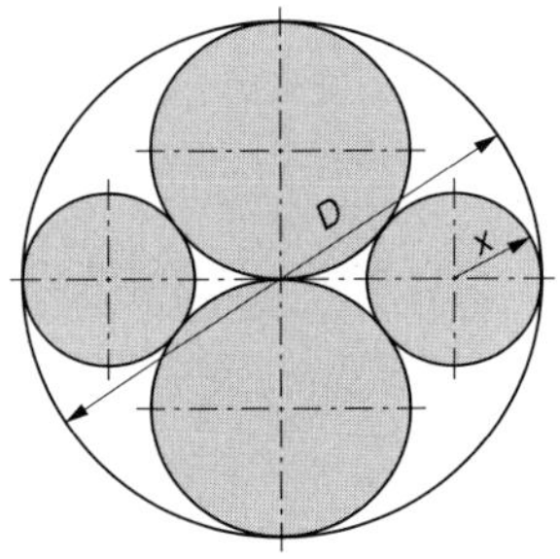

Berechnen Sie x zunächst mit der Variablen D und danach für $D = 12$ cm.

20.

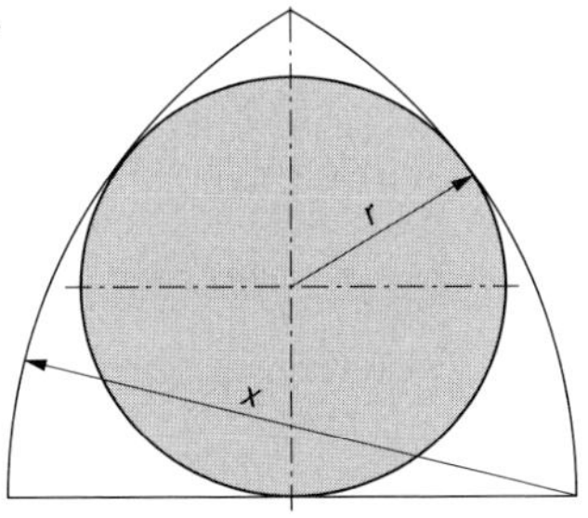

Berechnen Sie x zunächst mit der Variablen r und danach für $r = 1{,}9$ cm.

21.

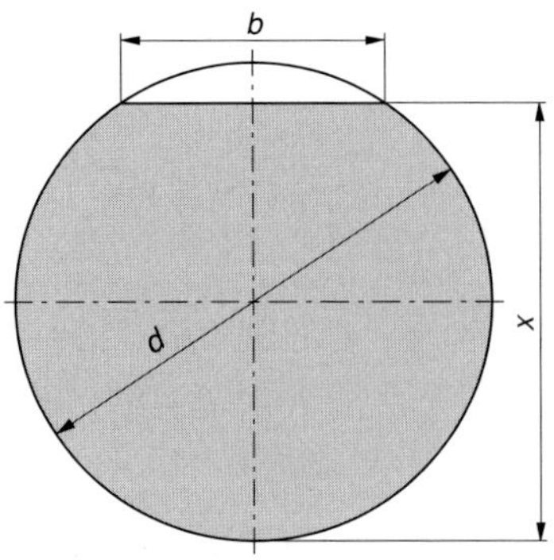

Eine Welle soll abgeflacht werden. Berechnen Sie das Maß x zunächst mit Variablen und danach für $d = 70$ mm und $b = 38$ mm.

22.

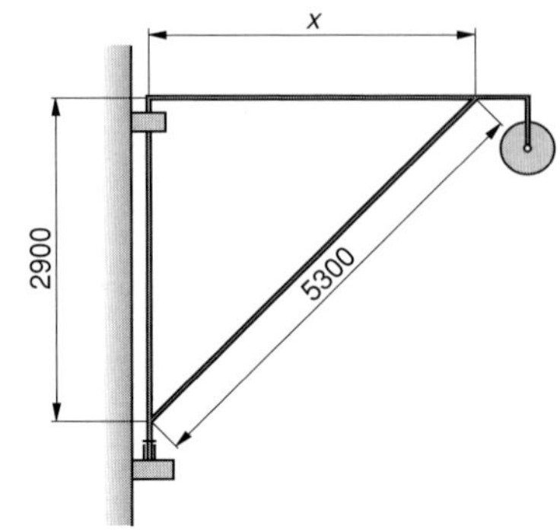

Berechnen Sie die Länge x der Strebe des Drehkranes.

23.

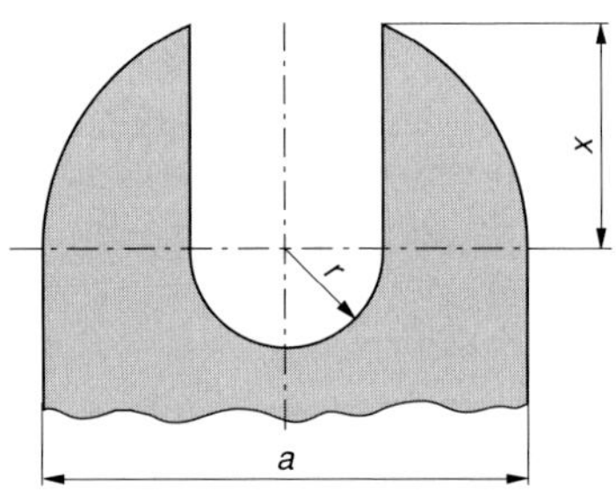

Berechnen Sie das Maß x der Ausfräsung zunächst mit Variablen und danach für $a = 46$ mm und $r = 15$ mm

24.

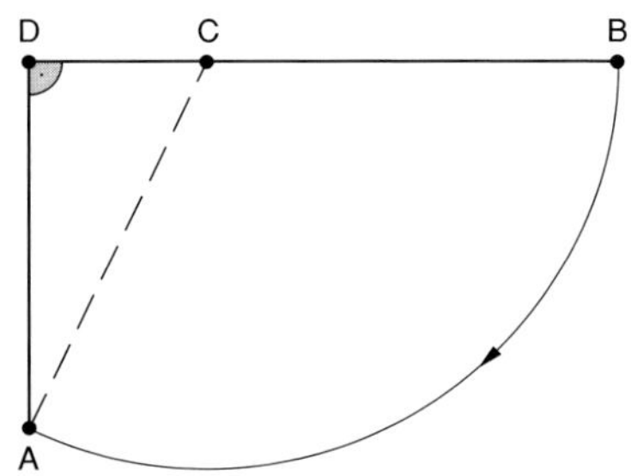

Ein rechtwinkliges Gestänge besteht aus den Stäben $\overline{AD}$ und $\overline{DB}$. Es soll in Punkt C ein Gelenk erhalten, damit nach dem Zusammenklappen Punkt B mit A zusammenfällt. Berechnen Sie $|\overline{DC}|$ zunächst mit Variablen und danach für $|\overline{AD}| = 52$ cm und $|\overline{DB}| = 80$ cm.

25.

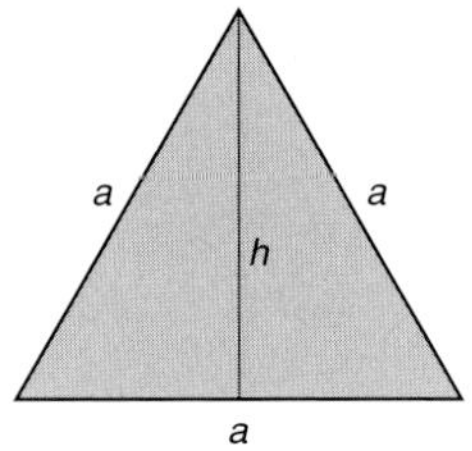

Ein Dreikantstahl hat die Höhe h. Berechnen Sie die Querschnittsfläche A aus der Höhe.

26. Vom Dreikantstahl der Aufgabe 25 ist die Querschnittsfläche A bekannt. Berechnen Sie die Seitenlänge a aus dem Flächeninhalt:

a) mit der Variablen A,

b) für $A = 4330{,}125\ \text{mm}^2$.

27.

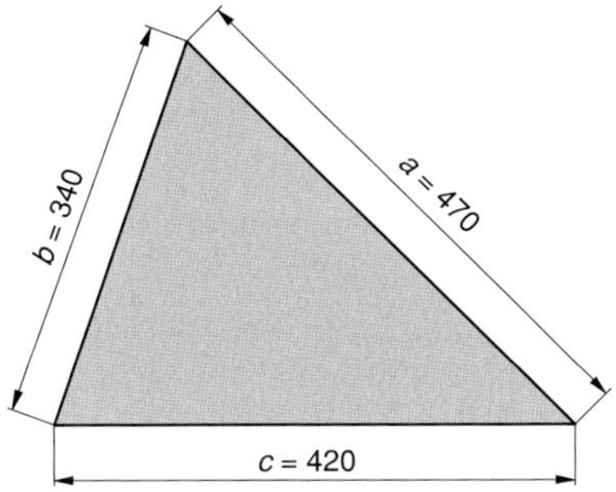

Aus einer dreieckigen Blechplatte soll eine möglichst große Kreisscheibe geschnitten werden. Der Durchmesser d ist zu berechnen:

a) mithilfe von Variablen,

b) für die angegebenen Werte in mm.

28. Aus einer quadratischen Blechplatte sollen zwei gleiche und möglichst große Kreisscheiben geschnitten werden. Berechnen Sie den Durchmesser d der Kreisscheiben:

a) mit der Variablen a,

b) für $a = 10\,\text{cm}$.

29.

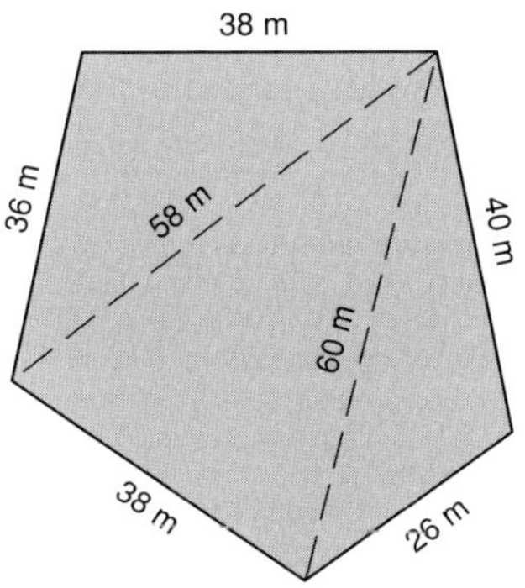

Berechnen Sie den Flächeninhalt des Grundstückes.

30. Aus einer runden Blechscheibe ($d = 460\,\text{mm}$) soll eine rechteckige Blechplatte ausgeschnitten werden. Die eine Seite der Blechplatte misst 400 mm. Wie lang ist die andere Seite der Blechplatte?

Wiederholungsfragen zu 11

1. Was heißt es, eine Fläche zu messen?

2. Wann sind zwei Vielecke ergänzungsgleich, wann zerlegungsgleich?

3. Wie lauten die Formeln zur Berechnung der Flächeninhalte der Vierecke?

4. Welche Möglichkeiten kennen Sie, um den Flächeninhalt eines Dreiecks zu bestimmen?

5. Wie kann die Verwandlung von Vielecken in flächengleiche Vielecke erfolgen?

12 Berechnungen am Kreis

12.1 Umfangsberechnungen

Die Länge einer Strecke wird durch Vergleichen mit einer Einheitsstrecke gemessen. Die Länge einer Kreislinie, der sog. **Umfang** eines Kreises lässt sich nicht ohne weiteres auf die gleiche Weise bestimmen – man kann nicht einfach ein Lineal anlegen und die Länge ablesen. Man hilft sich, indem man die gekrümmte Kreislinie „stückchenweise" durch Strecken ersetzt und sich so ihrer Länge annähert.
Zeichnet man **in** einen Kreis z. B. ein regelmäßiges Vieleck ein, so wird dessen Umfang kleiner als die Länge der Kreisperipherie sein. Er wird sich aber gewissermaßen „von unten her" der Länge der Peripherie umso besser nähern, je mehr Ecken das Vieleck hat. Analog stellt man fest: Zeichnet man **um** einen Kreis ein regelmäßiges Vieleck, so wird dessen Umfang größer sein als die Länge der Kreislinie. Er wird sich aber „von oben her" der Länge der Peripherie umso besser annähern, je mehr Ecken das Vieleck hat.

● Die Seiten des einem Kreis K mit dem Mittelpunkt M **einbeschriebenen** regelmäßigen 6-Ecks sind gleich lang wie dessen Radius.
► Abschnitt 10.7

Für den Umfang u des 6-Ecks gilt also: $u = 6 \cdot r$, oder wenn man statt des Radius r den Durchmesser d für $2\,r$ verwendet: $u = 3 \cdot d$.

● Die Länge der Seiten des **umbeschriebenen** regelmäßigen 6-Ecks berechnet man in den folgenden Schritten (vgl. nebenstehende Zeichnung):

1) Man berechnet die Höhe eines Bestimmungsdreiecks des einbeschriebenen 6-Ecks.

2) Aus dem Vergleich der Bestimmungsdreiecke des einbeschriebenen und des umbeschriebenen 6-Ecks gewinnt man einen Ansatz zur Berechnung der Länge der Seite des umbeschriebenen 6-Ecks.

3) Für die Länge der Seite $\overline{AB}$ gilt:

$|\overline{AB}| = 2\,|\overline{AH_2}|$, und für den Umfang U des umbeschriebenen 6-Ecks:

$U = 6 \cdot |\overline{AB}|$.

Umfang eines Kreises

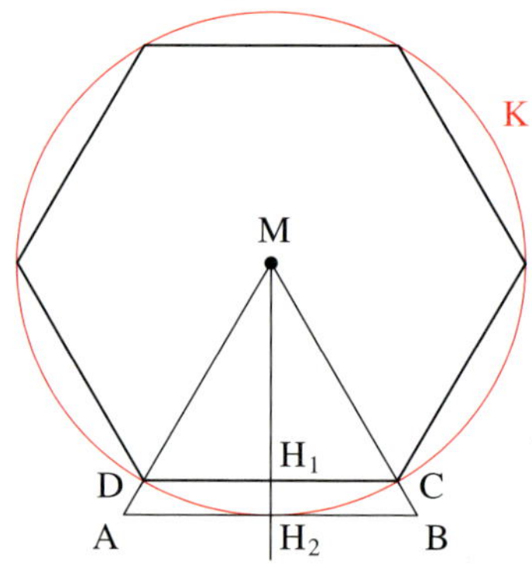

1) $|\overline{DH_1}| = \frac{1}{2} \cdot r$. Nach dem Lehrsatz des Pythagoras gilt also, wenn man h für $\overline{MH_1}$ schreibt:

$h^2 = r^2 - \left(\frac{r}{2}\right)^2 = \frac{3}{4} r^2$, also $h = \frac{r}{2}\sqrt{3}$.

2) $\triangle MDC \sim \triangle MAB$ (Alle Winkel sind gleich groß)

Daraus folgt: $|\overline{MH_1}| : |\overline{MH_2}| = |\overline{DH_1}| : |\overline{AH_2}|$

oder $h : r = \frac{r}{2} : |\overline{AH_2}|$.

Durch Umformen and Ausrechnen erhält man:

$|\overline{AH_2}| = \frac{r}{3}\sqrt{3}$

3) $|\overline{AB}| = 2 \cdot \frac{r}{3}\sqrt{3}$

$$\begin{aligned} U &= 4r \cdot \sqrt{3} \\ &= 6{,}928\,r \\ &= \underline{\underline{3{,}464\,d}} \end{aligned}$$

Diese Überlegungen zeigen:
Offenbar erhält man den Umfang eines Kreises, wenn man die Länge seines Durchmessers oder die doppelte Länge seines Radius mit einer Zahl multipliziert, die zwischen 3 und 3,464 liegt.
► $u = 3 \cdot d$ und $U = 3{,}464 \cdot d$

Stellt man analoge Rechnungen für die ein- und umbeschriebenen 12-Ecke, 24-Ecke, 48-Ecke, 96-Ecke und 192-Ecke an, so erhält man für diesen Faktor Werte, die in der nebenstehenden Tabelle aufgelistet sind. Für die 192-Ecke stimmen diese Werte schon bis zur dritten Stelle nach dem Komma überein.

n	u	U
12	$d \cdot 3{,}1058285$	$d \cdot 3{,}2153903$
24	$d \cdot 3{,}1326286$	$d \cdot 3{,}1596599$
48	$d \cdot 3{,}1393502$	$d \cdot 3{,}1460862$
96	$d \cdot 3{,}1410320$	$d \cdot 3{,}1427146$
192	$d \cdot 3{,}1414525$	$d \cdot 3{,}1418731$

Man kann diese Berechnungen beliebig weit fortsetzen, indem man die Anzahl der Ecken der Vielecke immer wieder verdoppelt. Die Umfänge der ein- und umbeschriebenen Vielecke werden sich immer mehr einander annähern, die Faktoren in immer mehr Stellen nach dem Komma übereinstimmen. Denkt man sich den Prozess der Vergrößerung der Anzahl der Ecken der Vielecke unendlich fortgesetzt, so werden schließlich die Umfänge der ein- und umbeschriebenen Vielecke übereinstimmen und gleich dem Umfang des Kreises sein. Die Faktoren von d nähern sich dabei immer mehr ein und derselben Zahl, einer unendlichen nichtperiodischen Dezimalzahl, deren erste Stellen lauten: $3{,}141592653589 \cdots$

Diese Zahl wurde von **Leonhard Euler** (1707–1783) mit dem griechischen Buchstaben π (lies: pi) bezeichnet.

Für das praktische Rechnen benutzt man Näherungswerte von π, meist die Zahl 3,14 – wenn nicht der Taschenrechner eingesetzt wird – oder den Bruch $\frac{22}{7}$, den schon **Archimedes** (287–212 v.u.Z.) verwendete.

In diesem Buch werden die Rechnungen mit der Taste π eines Taschenrechners mit 8-stelligem Display ausgeführt und die Ergebnisse sinnvoll gerundet.

Für die Ergebnisse praktischen Rechnens mit π müsste das Zeichen „$\approx$" verwendet werden. Da solche Ergebnisse aber stets mit jeder gewünschten Genauigkeit berechnet werden können, soll das Zeichen „=" benutzt werden.

Merke:

Der Umfang u eines Kreises mit der Länge r des Radius und der Länge d des Durchmessers wird nach den Formeln berechnet:

$$\boldsymbol{u = 2\pi \cdot r} \text{ oder } \boldsymbol{u = \pi \cdot d}.$$

Beispiele:

1. Ein Kreis hat einen Radius von 2,5 cm Länge. Wie groß ist sein Umfang u?

Es ist $r = 2{,}5$ cm, also $d = 5$ cm.
Beide Formeln für die Berechnung von u können verwendet werden.

$u = 2\pi \cdot r$, $r = 2{,}5 \text{ cm} \Rightarrow$
$u = 2 \cdot 2{,}5 \text{ cm} \cdot \pi$
$\quad = 15{,}7 \text{ cm}$
$\underline{\underline{u}} = 5 \text{ cm} \cdot \pi = \underline{\underline{15{,}7 \text{ cm}}}$

2. Von einem Kreis kennt man den Umfang. Es gilt $u = 38$ cm. Wie groß sind Durchmesser und Radius?

Da u bekannt ist, stellt man die Formel $u = \pi \cdot d$ nach d um und setzt für u die bekannte Länge ein.

d hat eine Länge von 12,1 cm (gerundet). r ist halb so lang, also 6,05 cm.

$u = \pi \cdot d$ ► Umstellen nach d

$d = \frac{u}{\pi}$ ► Einsetzen für u

$\underline{\underline{d}} = \frac{38\text{ cm}}{\pi} = \underline{\underline{12{,}1\text{ cm}}}$

3. Der idealisierte Äquator wird als Kreis mit dem Radius $r = 6378$ km angenommen.

a) Wie lang ist der Äquator?

b) Wenn man eine Schnur um den Äquator legen könnte, die 1 m länger wäre als der Äquator selbst – könnte unter der Schnur dann eine Maus hindurchschlüpfen?

Zu a) Die Länge des Äquators entspricht dem Umfang des Kreises. Also gilt $u = 2\pi \cdot r$. Der Äquator ist auf Meter gerundet 40 074,156 km lang.

$u = 2\pi \cdot r$

$u = 2\pi \cdot 6378\text{ km}$

$= \underline{\underline{40\,074{,}156\text{ km}}}$

Zu b) Steht U für die Länge der Schnur, so gilt: $U = u + 1$ m, also $U = 40074{,}157$ km. Aus der Formel $U = 2\pi \cdot R$ kann man den zugehörigen Radius R berechnen. Wenn r für die Länge des Radius des Äquators steht, dann erlaubt die Differenz $R - r$ eine Antwort auf die gestellte Frage. Nicht nur eine Maus, auch eine Katze oder ein nicht zu großer Hund könnten unter der Schnur der Schnurhöhe 20 cm durchkriechen.

$R = \frac{40\,074{,}157\text{ km}}{2\pi} = 6378{,}0002\text{ km}$

$\underline{\underline{R - r}} = 0{,}0002\text{ km} = \underline{\underline{20\text{ cm}}}$

Man kann diese Rechnung auch solange wie möglich mit Variablen durchführen, um erst am Schluss Zahlenwerte einzusetzen. Setzt man für dic Differenz $U - u$ die Variable D und stellt die Gleichung nach $R - r$ um, so kann man ein verblüffendes Ergebnis feststellen: Das Resultat ist unabhängig von den Umfängen der beiden Kreise, es hängt allein von deren Differenz ab. Ob man also einen Kreisumfang von 100 m oder von 40 000 km um 1 m vergrößert – immer wird der Abstand der Peripherie des größeren von der Peripherie des kleineren Kreises ungefähr 16 cm betragen. Dieser Wert ist genauer als der zuerst berechnete, weil oben auf cm, hier aber auf mm gerundet wurde.

$U = 2\pi \cdot R$

$u = 2\pi \cdot r \Rightarrow$

$U - u = 2\pi R - 2\pi r$

$= 2\pi(R - r)$

$D = 2\pi(R - r)$ ► Umstellen nach $R - r$

$R - r = \frac{D}{2\pi}$

$= \frac{1\text{ m}}{2\pi} = \underline{\underline{0{,}16\text{ m}}}$

4. Berechnen Sie den Umfang folgender Figur in Zentimetern. (In der Zeichnung sind die Maße in Millimetern angegeben.)

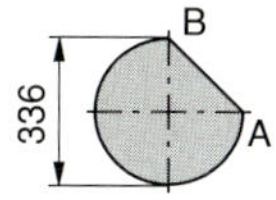

Der Umfang u der Figur setzt sich zusammen aus dem Bogen $\overset{\frown}{BA}$ und der Strecke $\overline{AB}$.
Der Bogen $\overset{\frown}{BA}$ ist ein Dreiviertelkreis.

Die Länge der Strecke $\overline{AB}$ kann mithilfe des Satzes von Pythagoras berechnet werden. Der Umfang hat eine Länge von ungefähr 102,93 cm.

$$\overset{\frown}{BA} = \pi \cdot d \cdot \frac{3}{4} = \frac{33{,}6\text{ cm} \cdot \pi \cdot 3}{4} = 79{,}17\text{ cm}$$

$$(|\overline{AB}|)^2 = r^2 + r^2 = 2r^2$$

$$|\overline{AB}| = \sqrt{2 \cdot r^2} = \sqrt{2 \cdot 16{,}8^2\text{ cm}^2} = 23{,}76\text{ cm}$$

$$\underline{\underline{u}} = \overset{\frown}{BA} + \overline{AB} = \underline{\underline{102{,}93\text{ cm}}}$$

Zu einem Zentriwinkel eines Kreises gehört immer ein Teil der Kreisperipherie, ein sog. **Kreisbogen**.

Problem: Leiten Sie eine Formel für die Länge eines Kreisbogens her.

Gleich große Zentriwinkel eines Kreises schneiden gleich große Kreisbögen aus, zu einem doppelt so großen Zentriwinkel gehört ein doppelt so großer Bogen. Zwischen Bogen und Winkel besteht direkte Proportionalität.

► Band 1, Abschnitt 2.3.6

Man kann also eine Verhältnisgleichung aufstellen und diese nach b auflösen. In der Regel wird man dazu den Satz über die Gleichheit der Produkte aus Innen- und Außengliedern der Verhältnisgleichung benutzen.
Schließlich ersetzt man u durch $\pi \cdot d$ bzw. $2\pi \cdot r$.

Länge eines Kreisbogens

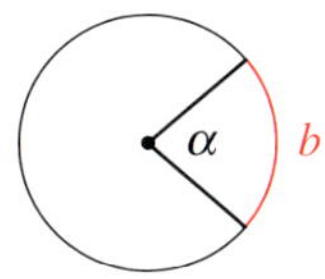

Für α und b gilt: $\alpha : 360° = b : u$
Hieraus erhält man: $b \cdot 360° = \alpha \cdot u$ und damit

$$b = \frac{\alpha \cdot u}{360°} \text{ und wegen } u = \pi \cdot d$$

$$b = \frac{\alpha}{360°} \pi \cdot d \text{ bzw. wegen } d = 2r$$

$$b = \frac{\alpha}{180°} \pi \cdot r$$

Merke:

Für die Länge b des Bogens, den ein Zentriwinkel α aus der Peripherie eines Kreises mit dem Radius der Länge r bzw. dem Durchmesser der Länge d ausschneidet, gilt:

$$\boldsymbol{b = \frac{\alpha}{180°} \pi \cdot r} \text{ bzw. } \boldsymbol{b = \frac{\alpha}{360°} \pi \cdot d}.$$

Beispiel:

Berechnen Sie die Länge des Bogens, den ein Zentriwinkel von 45° aus einem Kreis mit dem Radius 4 cm ausschneidet.

Da der Radius des Kreises gegeben ist, wird man die Formel $b = \frac{\alpha}{180°} \pi \cdot r$ verwenden. r steht hier für 4 cm, α steht für 45°.

$$b = \frac{\alpha}{180°} \pi \cdot r$$

$$\underline{\underline{b}} = \frac{45°}{180°} \pi \cdot 4\text{ cm} = \underline{\underline{\pi\text{ cm}}}$$

12.2 Flächeninhaltsberechnungen

Flächen werden gemessen, indem man sie mit einem Messquadrat, einem sog. Einheitsquadrat vergleicht. Für geradlinig begrenzte Flächen ist das im Kapitel 11 erörtert worden.

Dieses Vorgehen lässt sich nur mit gewissen Modifikationen auf das Problem übertragen, den Inhalt einer Kreisfläche zu berechnen. Überzieht man die nachfolgend gezeichnete Kreisfläche mit einem Netz von Einheitsquadraten, so erkennt man:

- Es gibt Messquadrate mit dem Flächeninhalt 1 cm^2, die ganz im Kreis liegen. Die Figur, welche diese Quadrate bilden, ist in der nebenstehenden Zeichnung rot umrandet. Der Flächeninhalt dieser Figur ist kleiner als der des Kreises.
- Es gibt solche Quadrate, die ganz im Kreis liegen oder von der Peripherie „durchschnitten“ werden. Die Figur, welche diese Quadrate bilden, ist schwarz umrandet. Ihr Flächeninhalt ist größer als der des Kreises.

Verwendet man anstelle der Messquadrate mit der Seitenlänge 1 cm solche mit der Seitenlänge 5 mm, so sind die Abweichungen der Flächeninhalte der ganz im Kreis liegenden und der über die Peripherie hinausgehenden Figuren vom Flächeninhalt des Kreises offensichtlich kleiner als bei der „gröberen“ Rasterung.

Flächeninhalt des Kreises

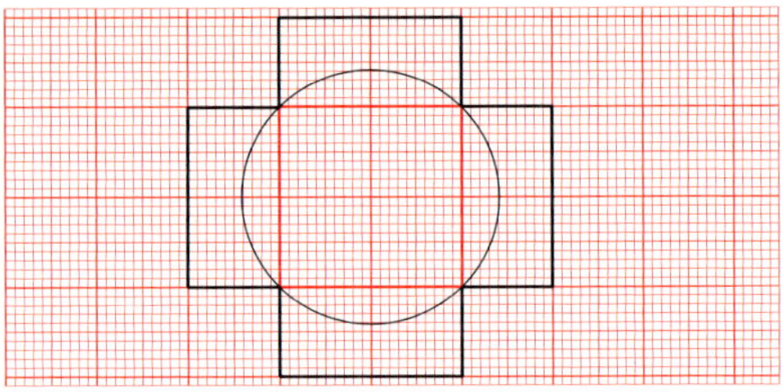

Flächeninhalt der roten Figur: 4 cm^2
Flächeninhalt der schwarzen Figur: 12 cm^2

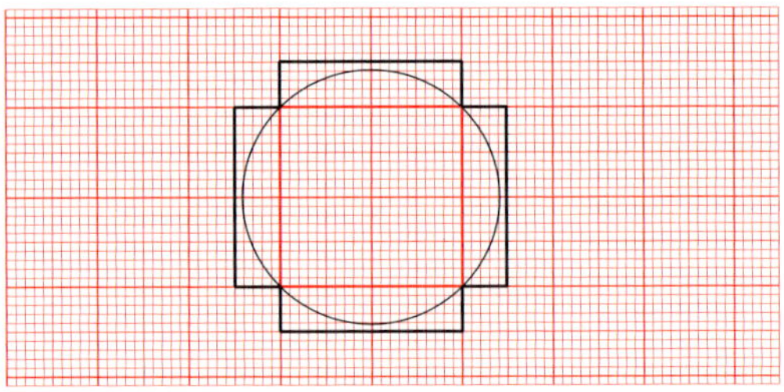

Flächeninhalt der roten Figur: 4 cm^2
Flächeninhalt der schwarzen Figur: 8 cm^2

Dieses Verfahren könnte man mit immer kleineren Messquadraten fortsetzen. Aber schon dann, wenn man Messquadrate von 1 mm Seitenlänge verwendet, ließe sich die Anzahl derjenigen Quadrate, die ganz im Inneren des Kreises liegen, und die Anzahl derer, die ganz im Kreis liegen oder von seiner Peripherie durchschnitten werden, nur mit großer Mühe – wenn überhaupt – feststellen. Es ist anschaulich klar, dass sich die Flächeninhalte der einbeschriebenen Figuren „von unten her“ und die Flächeninhalte der umbeschriebenen Figuren „von oben her“ immer mehr dem Flächeninhalt des Kreises annähern.

Man schließt auf diese Weise den Flächeninhalt des Kreises in Grenzen ein, deren Unterschied man so klein machen kann, wie man nur will.

Praktisch ist ein solches Vorgehen nicht zu verwirklichen. Man sucht auch für den Flächeninhalt des Kreises nach einer Formel, die es gestattet, diesen zu berechnen. Es ist klar, dass in einer solchen Formel die Länge des Radius oder des Durchmessers auftreten werden, denn davon ist der Flächeninhalt des Kreises abhängig.

Man kann die Fläche eines Kreises auch auf andere als die beschriebene Weise angenähert erfassen, indem man z. B. ein- und umbeschriebene regelmäßige Vielecke benutzt.

Die Seiten eines einem Kreis einbeschriebenen regelmäßigen 6-Ecks haben die gleiche Länge wie der Radius des Kreises.
► Abschnitt 10.7

Die Bestimmungsdreiecke des 6-Ecks sind also gleichseitige Dreiecke. Die Länge h der Höhe vom Kreismittelpunkt auf eine Dreiecksseite kann mithilfe des Lehrsatzes des Pythagoras bestimmt werden. Damit kann der Flächeninhalt eines Bestimmungsdreiecks und somit auch der Flächeninhalt des 6-Ecks berechnet werden.

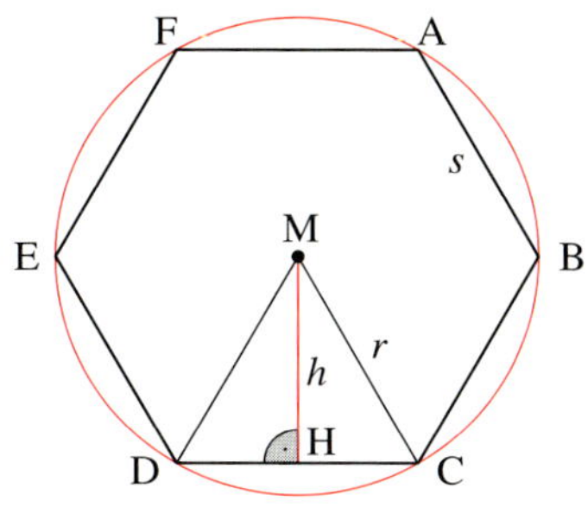

$|\overline{DC}| = s = r$
$|\overline{MH}| = h = \frac{r}{2}\sqrt{3}$

Die nebenstehende Zeichnung zeigt Bestimmungsdreiecke eines einbeschriebenen und eines umbeschriebenen regelmäßigen 6-Ecks. Mit ihren Bezeichnungen gilt:

a) Einbeschriebenes 6-Eck
Wegen $s = r$ und $h = \frac{r}{2}\sqrt{3}$ gilt für den Flächeninhalt A_d des Bestimmungsdreiecks:
$A_d = \frac{1}{2} \cdot r \cdot \frac{r}{2}\sqrt{3} = \frac{r^2}{4}\sqrt{3}$ und für den Flächeninhalt A_e des 6-Ecks $6 \cdot A_d$.

b) Umbeschriebenes 6-Eck
Wie eingangs des Abschnitts schon festgestellt, gilt für die Länge S der halben Seite des umbeschriebenen 6-Ecks:
$S = \frac{r}{3}\sqrt{3}$.
Da außerdem $|\overline{MH_2}| = r$ gilt, lässt sich der Flächeninhalt A_D des Bestimmungsdreiecks und dann auch A_E des umbeschriebenen 6-Ecks bestimmen.

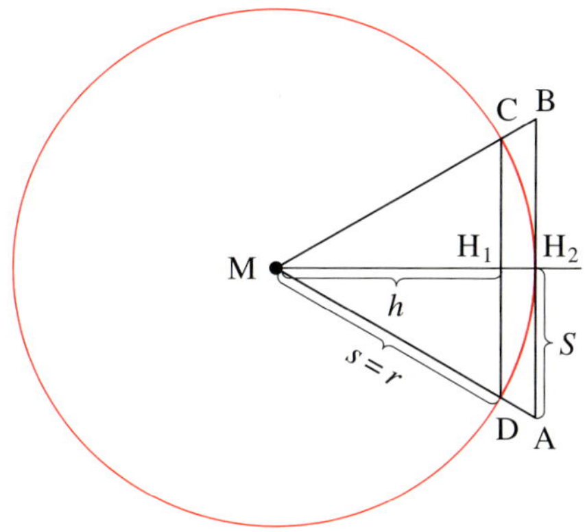

$$A_e = 6 \cdot \frac{r^2}{4}\sqrt{3} = \frac{3}{2} r^2 \sqrt{3} \approx 2{,}60\, r^2$$

$$A_D = \frac{r}{3}\sqrt{3} \cdot r = \frac{r^2}{3}\sqrt{3} \quad \text{und}$$

$$A_E = 6 \cdot \frac{r^2}{3}\sqrt{3} = r^2 \cdot 2 \cdot \sqrt{3} \approx 3{,}46\, r^2$$

Offenbar erhält man den Flächeninhalt eines Kreises, wenn man das Quadrat der Länge seines Radius mit einer Zahl multipliziert, die zwischen 2,60 und 3,46 liegt.

Stellt man analoge Rechnungen für die ein- und umbeschriebenen regelmäßigen 12-Ecke, 24-Ecke $\cdots$ an, so erhält man für diese Zahl Werte, die sich immer mehr der Zahl π annähern. Durch Erhöhung der Anzahl der Ecken der regelmäßigen Vielecke kann man so viele Stellen des unendlichen Dezimalbruchs für π bestimmen, wie man nur will.

Merke:

Der Flächeninhalt A eines Kreises mit dem Radius r wird nach der Formel $\boldsymbol{A = \pi \cdot r^2}$ berechnet oder wegen $r = \frac{d}{2}$ nach der Formel $\boldsymbol{A = \frac{\pi}{4} \cdot d^2}$.

Beispiele:

1. Ein Kreis hat einen Durchmesser von 8 cm Länge. Wie groß ist sein Flächeninhalt?

Beide angegebenen Formeln können verwendet werden.

$\underline{\underline{A}} = \pi \cdot r^2 = \pi \cdot 4^2\ \text{cm}^2 = \underline{\underline{50{,}27\ \text{cm}^2}}$

2. Ein Kreis hat einen Flächeninhalt von 52 cm². Wie groß sind sein Radius und sein Durchmesser?

Durch Umstellen der Formel $A = \pi \cdot r^2$ gewinnt man einen Term für r:

$r^2 = \frac{A}{\pi}$ und damit $r = \sqrt{\frac{A}{\pi}}$.

$\underline{\underline{r}} = \sqrt{\frac{52\ \text{cm}^2}{\pi}} = \sqrt{16{,}55\ \text{cm}^2} = \underline{\underline{4{,}1\ \text{cm}}}$

3. Ein kreisrunder Platz hat einen Durchmesser von 46 m. Um seinen Mittelpunkt liegt eine kreisrunde Verkehrsinsel von 9,5 m Durchmesser. Wie viel m² bleiben für den Verkehr übrig?

Der Platz und die Verkehrsinsel werden als Kreise mit gemeinsamem Mittelpunkt – konzentrische Kreise – skizziert. Die Kreise bilden einen sog. **Kreisring**.

Gefragt ist nach dem Flächeninhalt des Ringes. Man erhält ihn, wenn man vom Flächeninhalt des äußeren Kreises den des inneren Kreises subtrahiert.

Man kann die Rechnung zunächst mit den Variablen D für die Länge des Durchmessers des äußeren und d für die Länge des inneren Kreises durchführen und erst zuletzt die gegebenen Zahlen einsetzen.

D steht für 46 m, d steht für 9,5 m.

Für den Verkehr stehen 1591,02 m² zur Verfügung.

Flächeninhalt eines Kreisringes

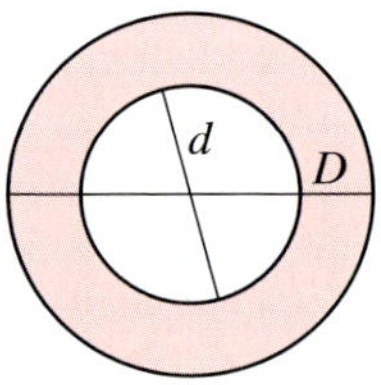

$A_1 = \frac{\pi D^2}{4}$; $A_2 = \frac{\pi d^2}{4}$

$A_1 - A_2 = \frac{\pi}{4}(D^2 - d^2)$

$A_1 - A_2 = \frac{\pi}{4}(2116\ \text{m}^2 - 90{,}25\ \text{m}^2)$

$= \underline{\underline{1591{,}02\ \text{m}^2}}$

Merke:

Hat der äußere zweier konzentrischer Kreise einen Radius der Länge D und der innere einen Radius der Länge d, so gilt für den Flächeninhalt A des Kreisrings:

$$\boldsymbol{A = \frac{\pi}{4}(D^2 - d^2).}$$

4. An einem runden Stahlbolzen hängt eine Masse mit einer Gewichtskraft von 56 kN.

a) Wie groß muss die Querschnittsfläche A des Bolzens sein, wenn 1 mm² des Materials mit 110 N belastet werden kann?

b) Wie lang ist der Durchmesser d des Bolzens?

Zu a) Um diese Frage beantworten zu können, muss man feststellen, wie oft 110 N in 56 kN enthalten sind. Man muss also 56 000 N durch 110 N dividieren und erhält so die Anzahl der mm^2 der Querschnittsfläche.

$$\frac{56\,000\,\text{N}}{110\,\text{N}} = 509{,}091$$

$$\underline{\underline{A}} = \underline{\underline{509{,}1\,\text{mm}^2}}$$

Zu b) Aus der Querschnittsfläche kann man den Durchmesser berechnen, indem man die Formel für den Flächeninhalt des Kreises nach d umstellt.

Der Durchmesser des Bolzens hat eine Länge von 25,5 mm.

$$A = \frac{\pi}{4} d^2 \Rightarrow d = \sqrt{\frac{4 \cdot A}{\pi}}$$

$$\underline{\underline{d}} = \sqrt{\frac{2036{,}37\,\text{mm}^2}{\pi}} = \underline{\underline{25{,}5\,\text{mm}}}$$

Zu einem Zentriwinkel eines Kreises gehört immer ein Teil der Kreisfläche, ein **Kreisausschnitt** oder **Kreissektor**, kurz **Sektor** genannt.

Problem: Leiten Sie eine Formel für die Berechnung der Fläche eines Kreisausschnitts her.

Gleich große Zentriwinkel schneiden gleich große Sektoren aus, zu einem doppelt so großen Zentriwinkel gehört ein doppelt so großer Sektor. Zwischen Sektor und Zentriwinkel besteht direkte Proportionalität.

Man kann also eine Verhältnisgleichung aufstellen und diese nach der Sektorfläche auflösen.

Flächeninhalt eines Kreissektors

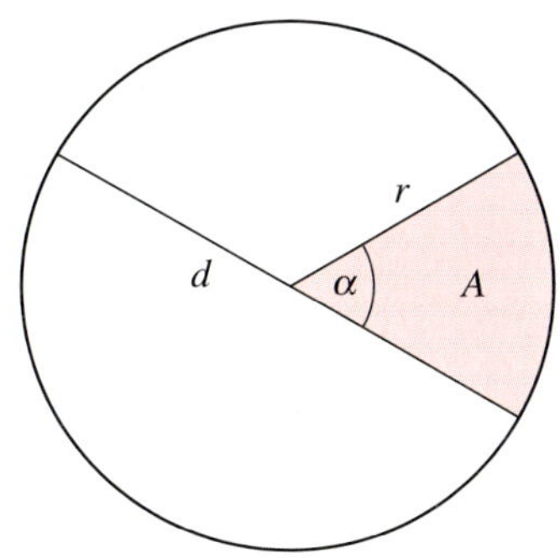

$$\alpha : 360° = A : \pi r^2$$

$$A = \frac{\alpha}{360°} \cdot \pi \cdot r^2$$

Wegen $d = 2r$ lässt sich die Sektorfläche auch in Abhängigkeit von d ausdrücken.

$$A = \frac{\alpha}{360°} \cdot \pi \cdot \frac{d^2}{4}$$

Die Sektorfläche kann auch in Abhängigkeit von der Bogenlänge b ausgedrückt werden. Es kommen nämlich in beiden Formeln die gleichen Faktoren $\frac{\alpha}{360°} \cdot \pi$ vor.

Für die Bogenlänge b gilt:

$b = \frac{\alpha}{360°} \cdot \pi \cdot d$. Dividiert man die Gleichung durch d, so erhält man:

$\frac{b}{d} = \frac{\alpha \cdot \pi}{360°}$. Das berücksichtigt man in der Formel für die Sektorfläche und erhält:

Dies nutzt man zu einer Umstellung der Formel für die Sektorfläche.

$$A = \frac{b}{d} \cdot \frac{d^2}{4} = \frac{b \cdot d}{4}.$$

Merke:

Für den Flächeninhalt eines Sektors mit dem Zentriwinkel α in einem Kreis mit einem Radius der Länge r bzw. Durchmesser der Länge d und der Bogenlänge b gilt:

$$\boldsymbol{A = \frac{\alpha}{360^\circ} \cdot \pi \cdot r^2} \text{ oder } \boldsymbol{A = \frac{\alpha}{360^\circ} \cdot \pi \cdot \frac{d^2}{4}} \text{ bzw. } \boldsymbol{A = \frac{b \cdot d}{4}}.$$

Beispiel:

Berechnen Sie den Flächeninhalt eines Kreissektors, wenn α für 45° und r für 5 cm steht.

Die gegebenen Werte werden für die Variablen α und r in der Formel eingesetzt, in welcher r vorkommt.

$$\underline{\underline{A}} = \frac{45^\circ}{360^\circ} \cdot \pi \cdot 25 \text{ cm}^2 = \underline{\underline{9{,}82 \text{ cm}^2}}$$

Die von einem Kreisbogen und der zugehörigen Sehne begrenzte Fläche heißt **Kreisabschnitt**.

Problem: Berechnen Sie den Flächeninhalt A eines Kreisabschnitts, der zu einem Kreis mit einem Durchmesser der Länge d und dem Zentriwinkel α gehört.

Man erhält A, wenn man von dem Flächeninhalt K des Kreissektors den Flächeninhalt D des Dreiecks aus der Sehne und den zugehörigen Radien subtrahiert.
Wenn h für die Länge der Höhe des Kreisabschnitts über der Sehne mit der Länge s steht, so steht $\frac{d}{2} - h$ für die Länge der Höhe des Dreiecks.

► $K = \frac{\alpha}{360^\circ} \cdot \pi \cdot \frac{d^2}{4} = \frac{b \cdot d}{4}$;

► $D = \frac{s}{2}\left(\frac{d}{2} - h\right)$

Flächeninhalt eines Kreisabschnitts

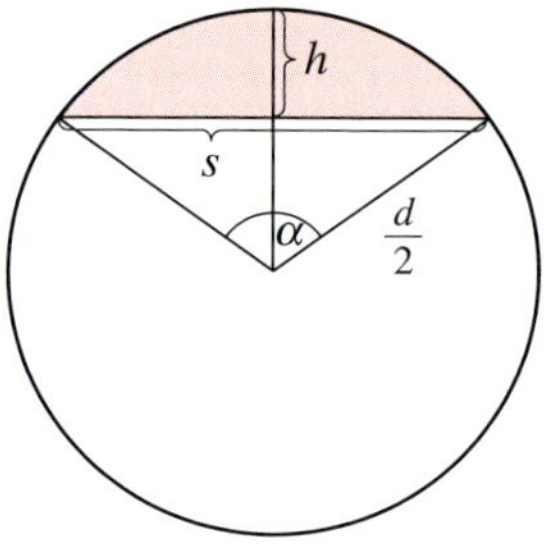

$$\underline{\underline{A}} = K - D = \frac{\alpha}{360^\circ} \cdot \pi \cdot \frac{d^2}{4} - \frac{s}{2}\left(\frac{d}{2} - h\right)$$

$$= \underline{\underline{\frac{b \cdot d}{4} - \frac{s}{2}\left(\frac{d}{2} - h\right)}}$$

$$\text{bzw. } \underline{\underline{A = \frac{b\,r}{2} - \frac{s(r-h)}{2}}} \quad ► \; d = 2r$$

Beispiel:

Die Maße eines Kreisabschnitts sind: d steht für 8 cm, α für 60°, s für 4 cm, h für 0,5 cm. Berechnen Sie den Inhalt der Abschnittsfläche.

Die Formel für den Flächeninhalt des Kreisabschnitts bei Verwendung von r lautet:

$$A = \frac{b\,r}{2} - \frac{s(r-h)}{2}.$$

Der Flächeninhalt beträgt 1,38 cm².

$$A = \frac{60^\circ}{360^\circ} \cdot \pi \cdot \frac{64 \text{ cm}^2}{4} - 2 \text{ cm}(4 \text{ cm} - 0{,}5 \text{ cm})$$

$$\underline{\underline{A \approx 1{,}38 \text{ cm}^2}}$$

Weitere Beispiele:

1. Berechnen Sie die Masse m von 12 Blechschablonen der nebenstehenden Form, wenn 1 m^2 des Blechs die Masse 7,8 kg hat. (Die Maße sind in mm angegeben.)

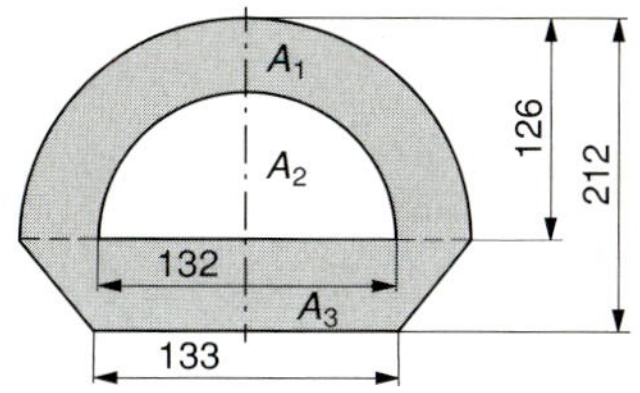

In der Zeichnung sind ein halber Kreisring und ein Trapez zu erkennen. Zunächst werden deren Flächeninhalte bestimmt und addiert.

$$A = \frac{\pi}{8}(252^2\text{ mm}^2 - 132^2\text{ mm}^2) + \frac{133\text{ mm} + 252\text{ mm}}{2} \cdot 86\text{ mm}$$

$$A = 34\,650{,}574\text{ mm}^2 = 0{,}034650\text{ m}^2$$

Sodann wird der Flächeninhalt von 12 solchen Schablonen berechnet.
Es schließt sich die Ermittlung der gesuchten Masse an.

$$12 \cdot A = 12 \cdot 0{,}034650\text{ m}^2 = 0{,}4158\text{ m}^2$$

$$\underline{\underline{m}} = 7{,}8\,\frac{\text{kg}}{\text{m}^2} \cdot 0{,}4158\text{ m}^2 = \underline{\underline{3{,}243\text{ kg}}}$$

2. Wie viel Prozent beträgt der Blechabfall, wenn nebenstehend gezeichnete Schablone aus einer rechteckigen Blechplatte ausgeschnitten wird? (Die Maße sind in mm angegeben.)

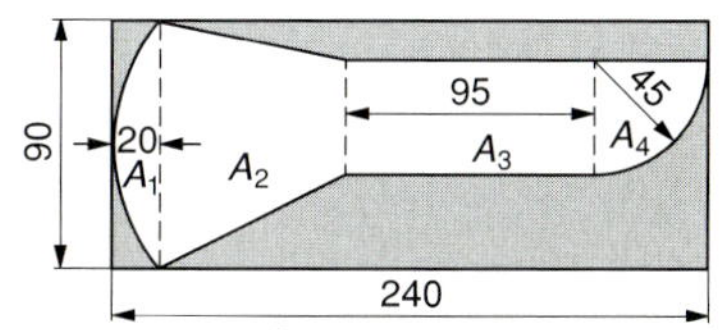

In der Schablone sind von links nach rechts ein Kreisabschnitt, ein Trapez, ein Rechteck und ein Viertelkreis zu erkennen. Deren Flächeninhalte müssen ermittelt werden.

Kreisabschnitt: $A = \frac{2}{3} \cdot 90\text{ mm} \cdot 20\text{ mm} = 1200\text{ mm}^2$

Trapez: $A = \frac{90\text{ mm} + 45\text{ mm}}{2} \cdot 80\text{ mm} = 5400\text{ mm}^2$

Rechteck: $A = 95\text{ mm} \cdot 45\text{ mm} = 4275\text{ mm}^2$

Viertelkreis: $A = \frac{45^2\text{ mm}^2 \cdot \pi}{4} = 1590{,}43\text{ mm}^2$

Die Summe dieser Inhalte wird gebildet und vom Flächeninhalt der Blechplatte subtrahiert, um den Flächeninhalt des Abfalls zu ermitteln.

$$1200\text{ mm}^2 + 5400\text{ mm}^2 + 4275\text{ mm}^2 + 1590{,}43\text{ mm}^2 = $$
$$= 12\,465{,}43\text{ mm}^2$$

Blechplatte: $A = 240\text{ mm} \cdot 90\text{ mm} = 21\,600\text{ mm}^2$

Differenz: $21\,600\text{ mm}^2 - 12\,465{,}43\text{ mm}^2 = 9134{,}57\text{ mm}^2$

Schließlich wird bestimmt, wie viel Prozent der Blechplatte Abfall werden.

1 mm^2 sind $\frac{100}{21\,600}\%$, 9134,57 mm^2 sind

$$\frac{100}{21\,600} \cdot 9134{,}57\% = \underline{\underline{42{,}29}}\%$$

Übungen zu 12

Kreisumfang

1. Berechnen Sie den Umfang eines Kreises, wenn
a) $d = 16$ cm **b)** $d = 27$ cm **c)** $d = 12{,}3$ cm **d)** $r = 3{,}7$ cm ist.

2. Wie lang ist der Durchmesser eines Baumes, wenn
a) $u = 4{,}35$ m **b)** $u = 1{,}25$ m **c)** $u = 85$ m **d)** $u = 3{,}75$ m ist?

3. Ein Rad hat einen Durchmesser von 80 cm. Wie viel Umdrehungen macht es auf einer Strecke von 1,5 km?

4. Der Minutenzeiger einer Turmuhr ist 3,65 m lang. Welchen Weg hat die äußerste Spitze in
a) 24 Stunden; **b)** 365 Tagen zurückgelegt?

5. Welchen Weg hat die Spitze eines 5 mm langen Sekundenzeigers in 10 Jahren (1 Jahr $\widehat{=}$ 365 Tage) zurückgelegt?

6. Ein Fußgänger hat eine Geschwindigkeit von $5\frac{\text{km}}{\text{h}}$. In welcher Zeit überquert er einen runden Platz, der einen Umfang von 420 m hat?

7. Ein Auto hat eine Geschwindigkeit von $75\frac{\text{km}}{\text{h}}$ und einen Raddurchmesser von 680 mm.
a) Wievielmal haben sich die Räder in $1\frac{1}{2}$ Stunden gedreht?
b) Wie lange dauert eine Radumdrehung?

8. Auf einen Spulenkörper (Außendurchmesser = 65 mm) wurde eine Lage Kupferdraht (Durchmesser = 2 mm) aufgewickelt. Welche Länge hat der Draht, wenn der Spulenkörper 17 cm lang ist?

9. Zeichnen Sie einen Kreis ($r = 5$ cm) und messen Sie den Umfang mithilfe des Stechzirkels (1 cm abtragen). Welchen Wert π ergibt diese Messung?

10. Wie lang ist das gestreckte Rinneisen? (Maße sind in mm angegeben.)

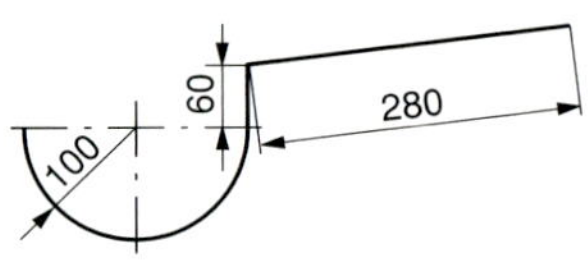

11. Wie viel Meter Rohr werden für die Rohrarbeiten gebraucht? (Maße sind in m angegeben.)

a)

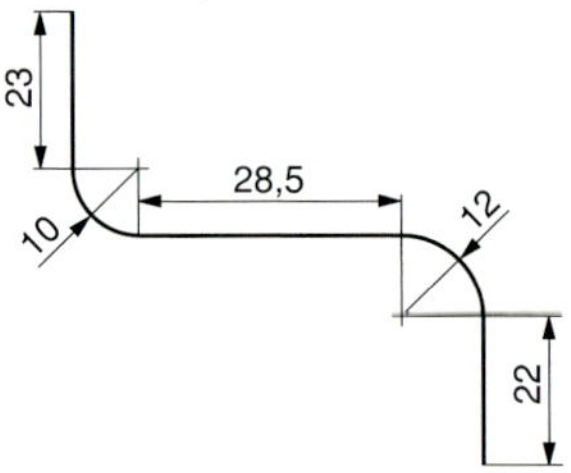

b)

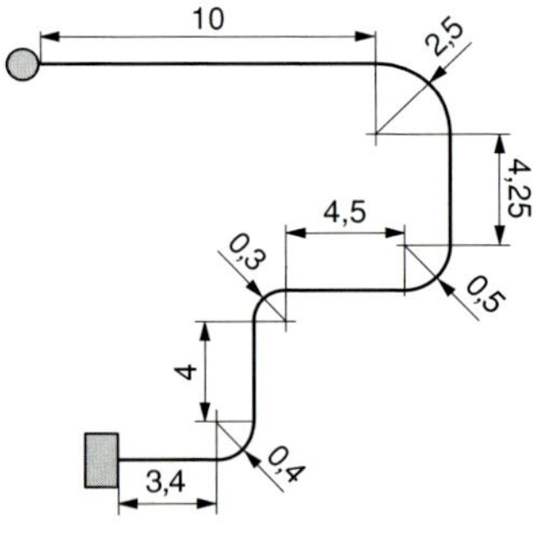

Kreisfläche

1. Berechnen Sie die fehlenden Größen eines Kreises:

	a	b	c	d	e	f
d	6 cm	15 mm				
u			84,451 cm	173,42 cm		
A					881,41 cm²	330 m²

2. Berechnen Sie den Flächeninhalt folgender Kreisringe:

	a	b	c
d	4 cm	2,9 cm	58 mm
D	7 cm	9,4 cm	118 mm
A			

3. Hat eine rechteckige (21 cm × 32 cm) oder eine runde Blechplatte (Durchmesser = 22 cm) mehr Masse, wenn beide aus dem gleichen Material hergestellt wurden?

Ist bei einer Fläche eine Maßangabe gemacht, so gilt sie für die ganze Fläche. Die Flächen sind nicht maßstäblich gezeichnet.

4. Berechnen Sie den Flächeninhalt und den Umfang der folgenden Blechstücke:

a)

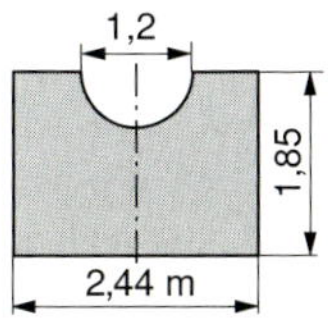

b)

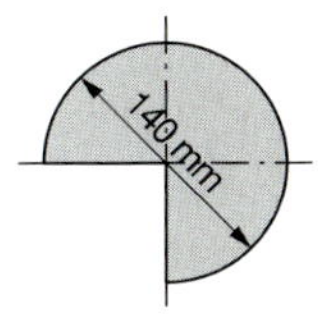

c)

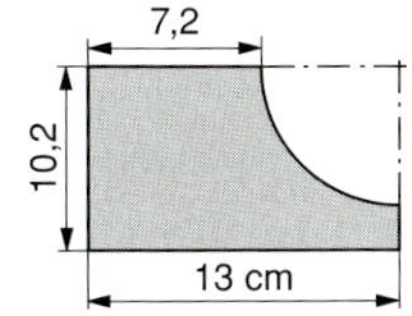

d)

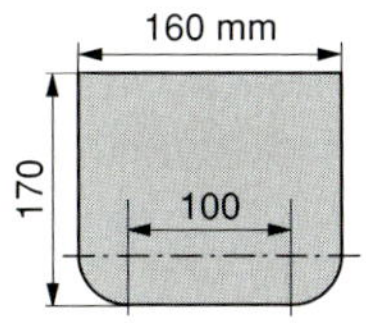

e)

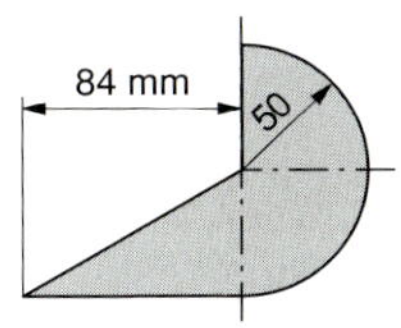

f)

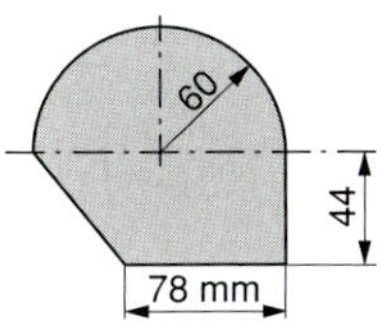

5. Wie groß ist der Flächeninhalt des Ofenbleches (runde Fläche) und wieviel Prozent Abfall entsteht?

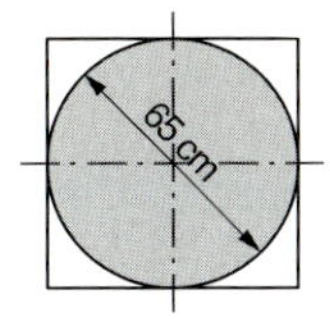

6. a) Wie groß ist nebenstehend gezeichneter Sportplatz?

b) Wie teuer ist der Bau der Aschenbahn, wenn 1 m^2 100 € kostet?

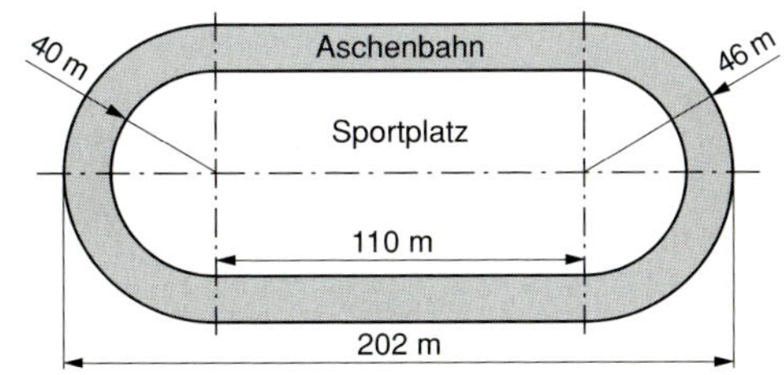

7. Eine rechteckige Blechplatte (85 cm × 55 cm) wird an den Ecken abgerundet ($r = 6$ cm). Wieviel verliert sie an Gewicht, wenn 1 m^2 des Bleches 235 N wiegt?

8. Aus einer quadratischen Blechplatte ($a = 24$ cm) sollen ein Kreis oder vier Kreise ausgeschnitten werden. Wann ist der Abfall geringer? Wie groß ist der Abfall in Prozent, bezogen auf die Ausgangsfläche?

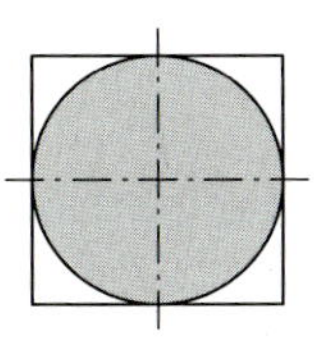

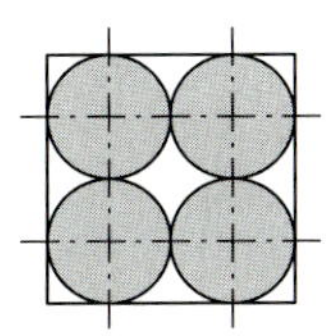

9. Wie groß ist der Flächeninhalt und die größte Dicke der gerasterten Fläche ($a = 5$ cm)?

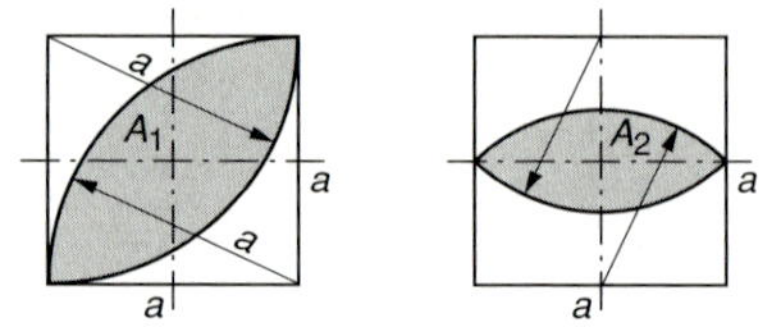

10. Berechnen Sie die Flächeninhalte A_2 und A_3 der beiden mondsichelähnlichen Figuren. Vergleichen Sie ihn mit dem Flächeninhalt A_1 des Dreiecks ($a = 36$ cm, $c = 85$ cm).

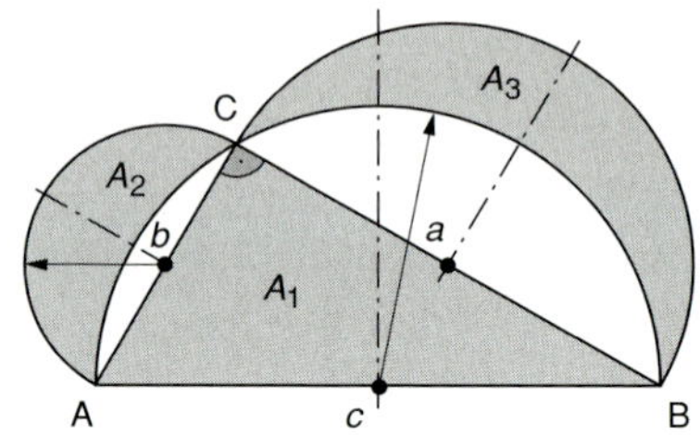

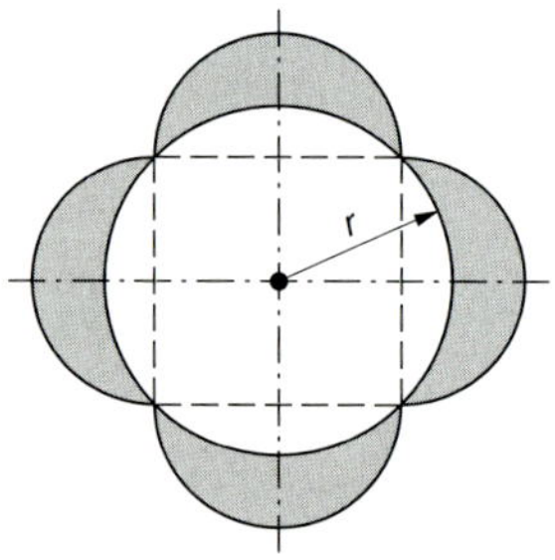

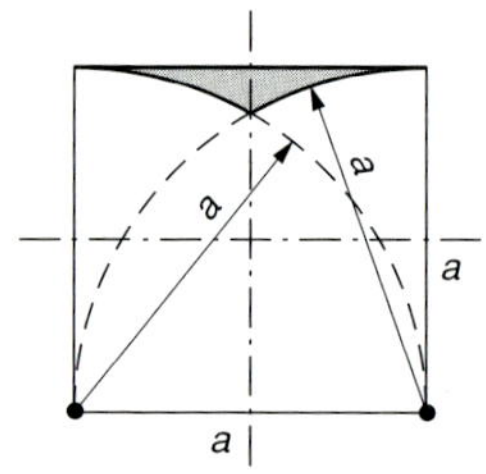

11. Wie groß ist der Flächeninhalt der vier mondsichelähnlichen Figuren? Vergleichen Sie ihn mit dem Flächeninhalt des Quadrates ($r = 0{,}5$ dm).

12. Berechnen Sie den Flächeninhalt der gerasterten Fläche
a) mit der Variablen a,
b) für $a = 12$ cm.

Kreisteile

1. Berechnen Sie die fehlenden Maße eines Kreisausschnitts:

	a	b	c	d	e	f
d	12 cm	3,7 cm		75 mm		
α	65°	190°			35°	
b			75 mm		90 mm	195 mm
A			24 cm^2	32 cm^2		68 cm^2

2. Berechnen Sie den Flächeninhalt eines Kreisabschnittes:

a) $s = 12$ cm, $h = 4$ cm
b) $s = 45$ mm, $h = 13$ mm

3. Berechnen Sie den Flächeninhalt eines Kreisabschnittes, wenn gegeben sind:

a) $d = 150$ mm, $s = 75$ mm
b) $d = 5$ cm, $h = 2$ cm

4. Von einem Kreisabschnitt kennt man $d = 4$ cm and $\alpha = 90°$. Berechnen Sie den Abschnitt.

Aufgaben zur Wiederholung

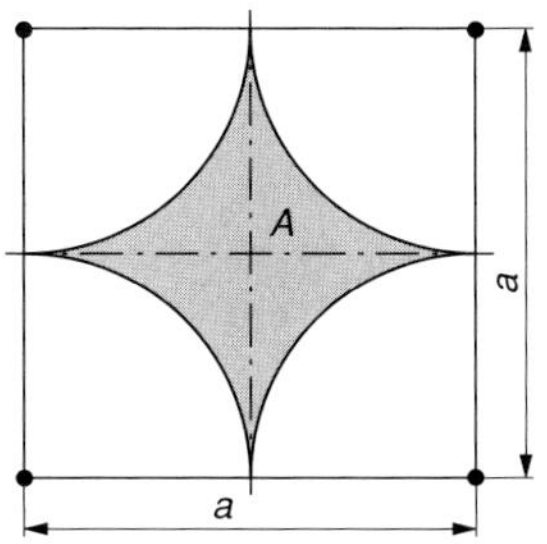

1. Berechnen Sie den Flächeninhalt A
a) allgemein mit a,
b) für $a = 70$ cm.

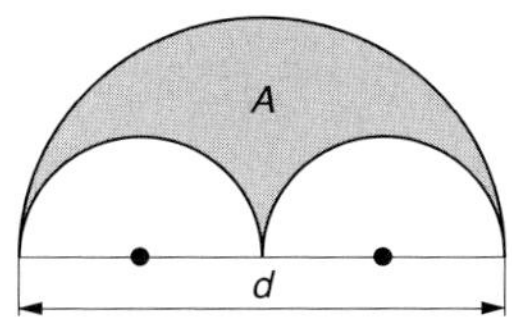

2. Berechnen Sie den Flächeninhalt A
a) allgemein mit d,
b) für $d = 50$ cm.

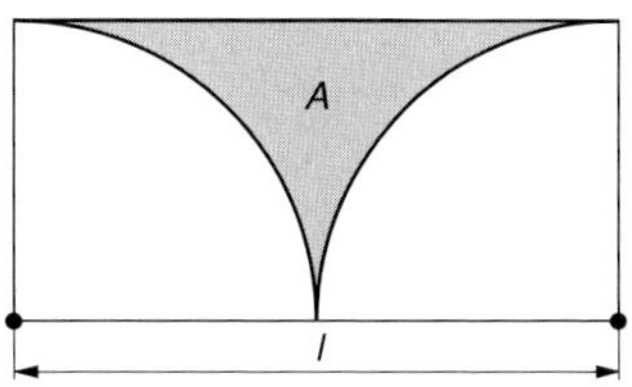

3. Berechnen Sie den Flächeninhalt A
a) allgemein mit l,
b) für $l = 16$ cm.

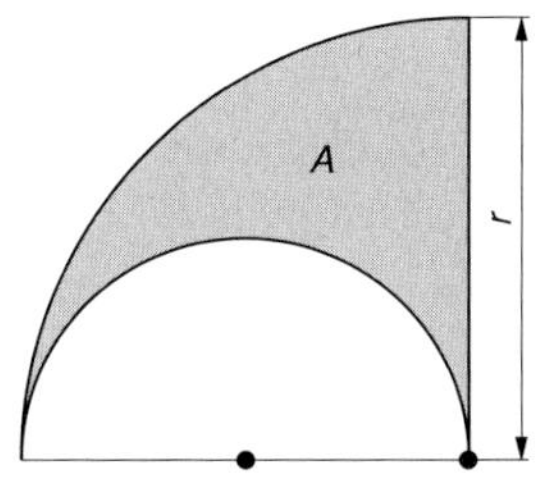

4. Berechnen Sie den Flächeninhalt A
a) allgemein mit r,
b) für $r = 32$ cm.

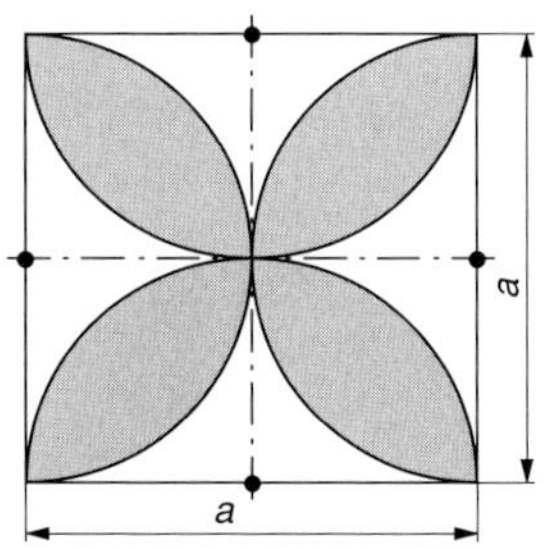

5. Berechnen Sie die gerasterte Fläche
a) allgemein mit a,
b) für $a = 40$ cm.

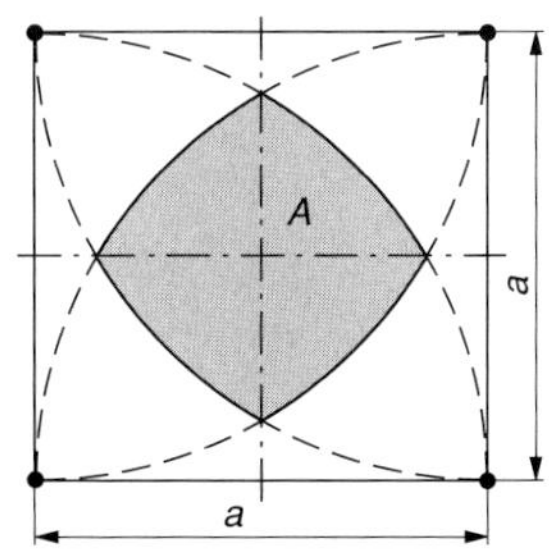

6. Berechnen Sie den Flächeninhalt A
a) allgemein mit a,
b) für $a = 20$ cm.

7. Berechnen Sie den Flächeninhalt A
a) allgemein mit Variablen,
b) für $R = 20$ cm, $r = 8$ cm.
c) Vergleichen Sie A mit dem Flächeninhalt des Kreises um M.

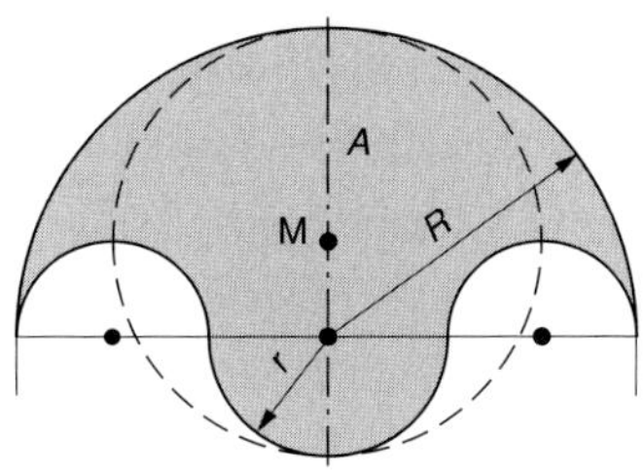

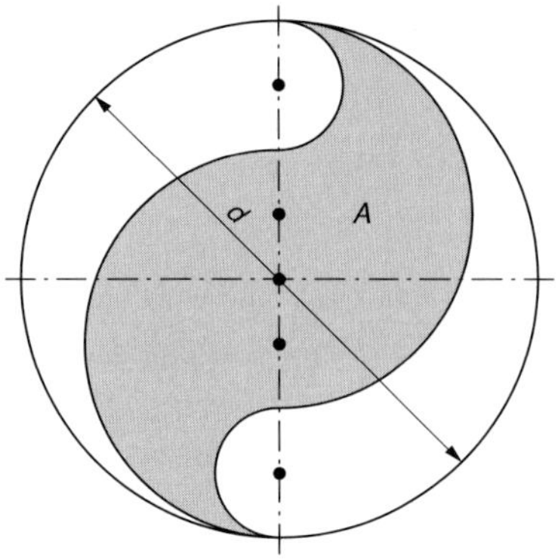

8. Berechnen Sie den Flächeninhalt A
a) allgemein mit d,
b) für $d = 56$ cm.

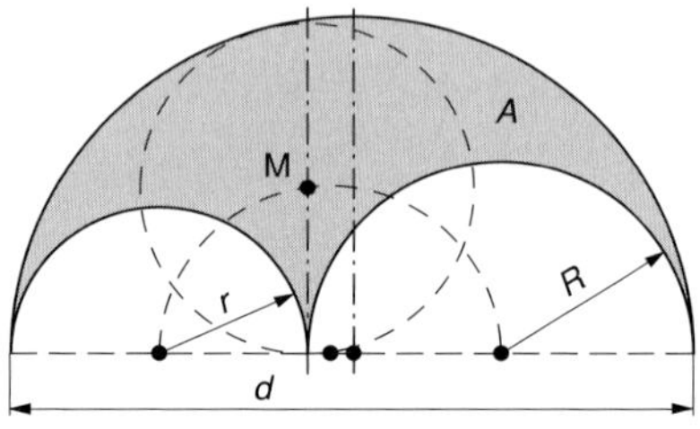

9. Berechnen Sie den Flächeninhalt A
a) allgemein mit Variablen,
b) für $d = 10$ cm, $r = 2$ cm.
c) Vergleichen Sie A mit dem Flächeninhalt des Kreises um M.

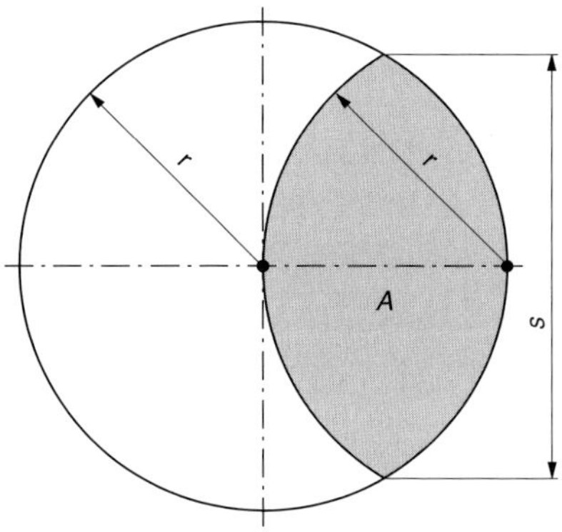

10. Berechnen Sie den Flächeninhalt A
a) allgemein mit s,
b) für $s = 5$ cm.

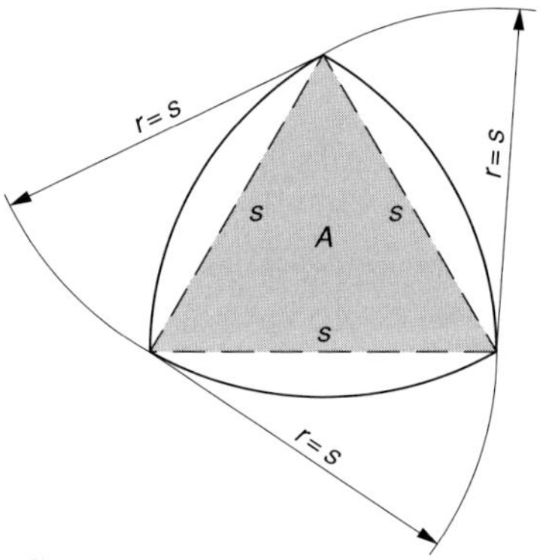

11. Berechnen Sie den Flächeninhalt A und die Länge s der Sehne
a) allgemein mit r,
b) für $r = 35$ mm.

Wiederholungsfragen zu 12

1. Wie lauten die Formeln zur Berechnung des Umfangs und des Flächeninhalts eines Kreises mit dem Radius r bzw. dem Durchmesser d?

2. Wie kann man die Zahl π berechnen?

3. Wie lauten die Formeln für die Länge eines Kreisbogens und den Flächeninhalt eines Kreisausschnitts und wie kann man sie herleiten?

4. Was versteht man unter einem Kreisring? Wie berechnet man seine Fläche?

5. Was versteht man unter einem Kreisabschnitt?

13 Berechnungen an Körpern

13.1 Begriffe und Bezeichnungen

Ebene Figuren haben Strecken (Vielecke) oder gekrümmte Linien (Beispiel Kreis) als Begrenzungen, als Abgrenzungen von der Ebene, in der sie liegen.

Geometrische Körper sind allseitig durch ebene oder gekrümmte Flächen von dem Raum abgegrenzt, in dem sie liegen.

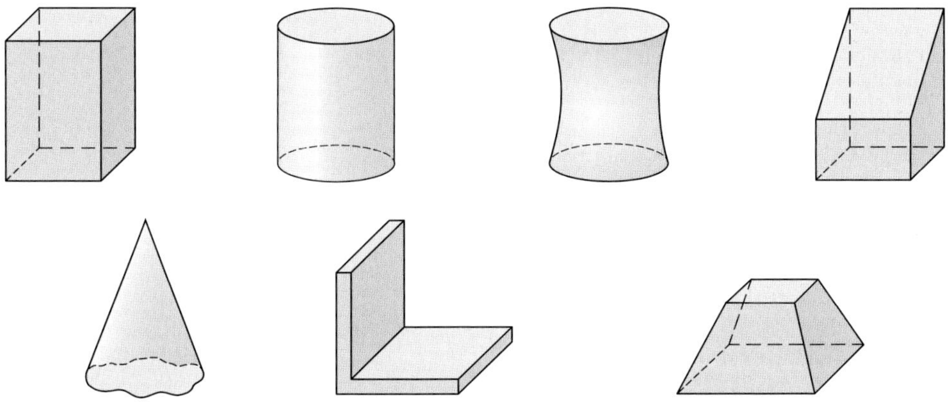

In diesem Kapitel werden nur solche Körper betrachtet, die man sich entweder dadurch erzeugt denken kann, dass ein ebenes Flächenstück, das von einer geschlossenen Kurve oder einem Streckenzug umrandet ist, parallel zu sich in den Raum verschoben wird, oder dadurch, dass man alle Punkte des Randes mit einem Punkt verbindet, der außerhalb des Flächenstücks liegt.

Das Flächenstück, welches verschoben wird oder dessen Randpunkte mit einem Punkt verbunden werden, der nicht auf dem Flächenstück liegt, heißt **Grundfläche** des Körpers.
Ist der Körper durch eine Verschiebung entstanden, so weist er eine **Deckfläche** auf, die kongruent zur Grundfläche ist.

Grund- und Deckfläche

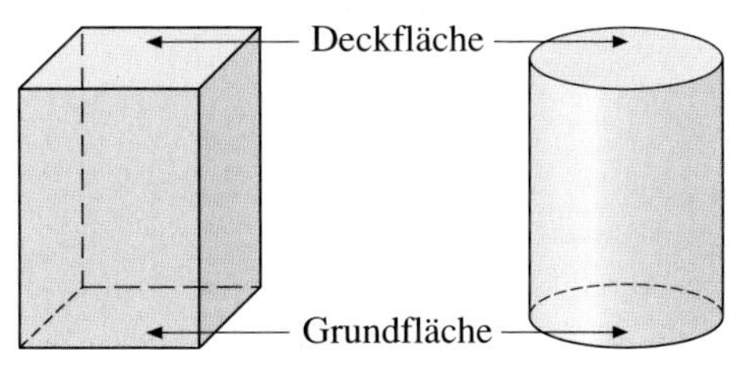

Im anderen Fall hat der Körper eine **Spitze**, es ist ein **spitzer Körper**.

Spitze

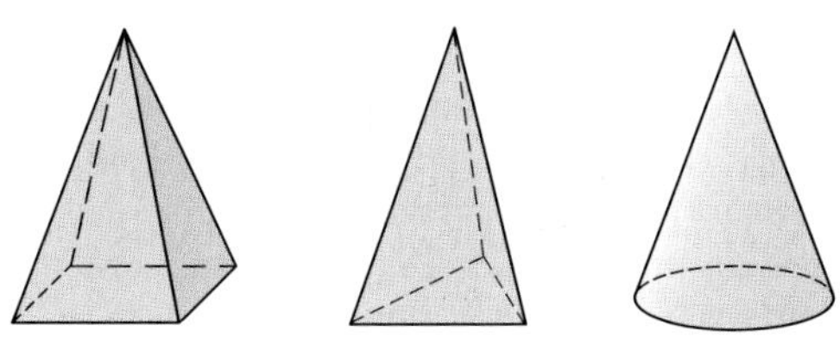

Denkt man sich durch spitze Körper einen Schnitt parallel zur Grundfläche gelegt – schneidet also gewissermaßen ein Stück des Körpers ab –, so heißt der zwischen Schnitt- und Grundfläche liegende Körper ein **Körperstumpf**.
Grund- und Deckflächen eines Körperstumpfs sind einander ähnlich.

Körperstumpf

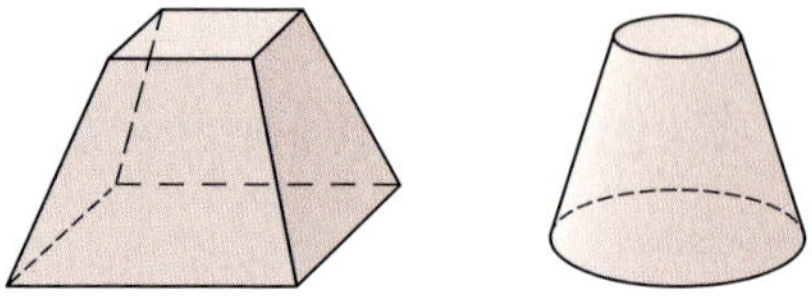

Erfolgt die Verschiebung des ebenen Flächenstücks senkrecht zur Grundfläche, so entsteht ein **gerader** Körper, erfolgt sie in einem anderen Winkel zur Grundfläche, so entsteht ein **schiefer** Körper.

Liegt die Spitze eines Körpers senkrecht über dem Mittelpunkt seiner Grundfläche, so ist er ebenfalls ein gerader, andernfalls ein schiefer Körper.

Gerade und schiefe Körper

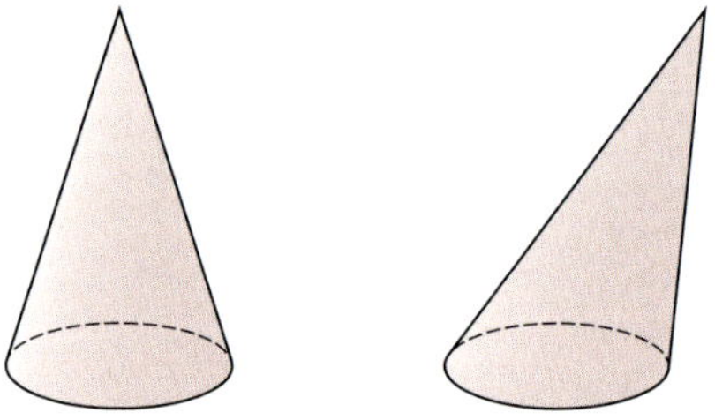

Diejenigen Flächen an einem Körper, die Grund- und Deckfläche oder Grundfläche und Spitze miteinander verbinden, sind seine **Seiten-** oder **Mantelflächen**.

Die **Oberfläche** eines Körpers besteht aus den Mantelflächen und den Grund- und Deckflächen.

Mantel- und Oberfläche

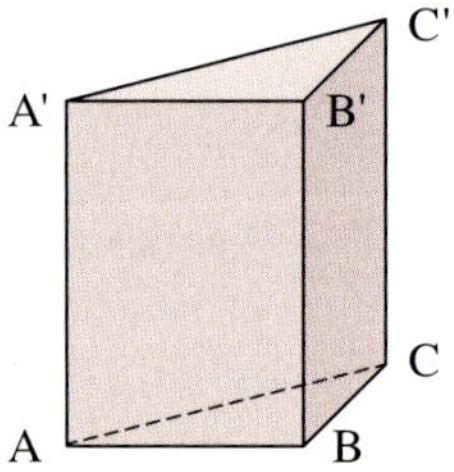

► ABC: Grundfläche, A′ B′ C′: Deckfläche, ABB′A′, ACC′A′, BCC′ B′: Mantelflächen

Im Folgenden werden ausgewählte, vor allem in der Praxis häufig auftretende Körper betrachtet.

Ein Körper, der parallele und kongruente Vielecke als Grund- und Deckflächen und Rechtecke oder Parallelogramme als Seitenflächen hat, ist ein **Prisma**.
Bei geraden Primen bestehen die Seitenflächen nur aus Rechtecken, bei schiefen Prismen kommen auch Parallelogramme vor. Unter der **Höhe** eines Prismas versteht man das Lot von jedem Punkt der Deckfläche auf die Grundfläche bzw. bei schiefen Prismen unter Umständen auch auf die Ebene, in welcher die Grundfläche liegt, oder die Länge dieser Lote.

Prisma

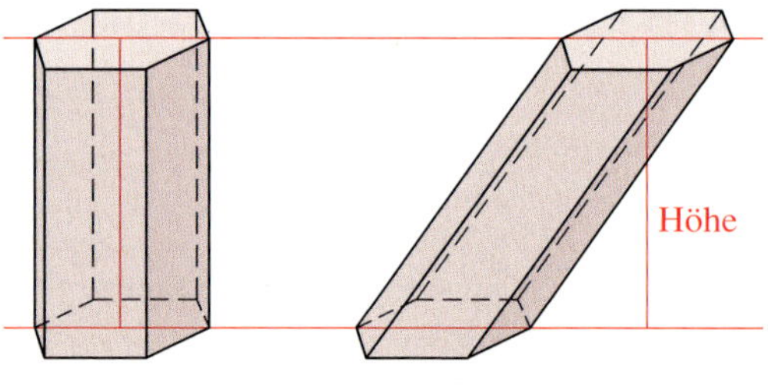

Sind auch die Grund- und Deckflächen eines geraden Prismas Rechtecke, so ist dieses spezielle Prisma ein **Quader**.

Quader

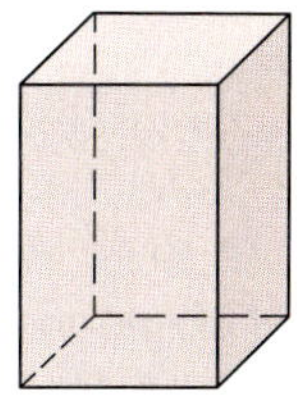

Sind Grund- und Deckflächen sowie die Seitenflächen eines Quaders zueinander kongruente Quadrate, so ist dieser spezielle Quader ein **Würfel**.

Würfel

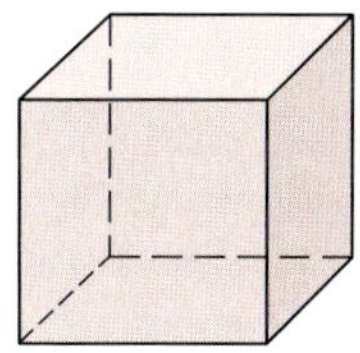

Sind die Grundfläche und die dazu parallele und kongruente Deckfläche eines Körpers krummlinig begrenzt, so nennt man den Körper einen **Zylinder**.
Sind die Begrenzungslinien von Grund- und Deckfläche Kreise, so wird dieser spezielle Zylinder als **Kreiszylinder** bezeichnet. Da im Folgenden nur Kreiszylinder betrachtet werden, werden diese kurz Zylinder genannt. Unter der **Höhe** eines Zylinders versteht man das Lot von jedem Punkt der Deckfläche auf die Grundfläche bzw. bei schiefen Zylindern unter Umständen auch auf die Ebene, in welcher die Grundfläche liegt, oder die Länge dieser Lote.
Die **Seiten**- oder **Mantelfläche** eines Zylinders ist die gekrümmte Fläche, welche die Ränder von Grund- und Deckfläche miteinander verbindet. Denkt man sich die Mantelfläche eines geraden Zylinders senkrecht zur Grundfläche aufgeschnitten und abgerollt, so erhält man ein Rechteck.

Zylinder

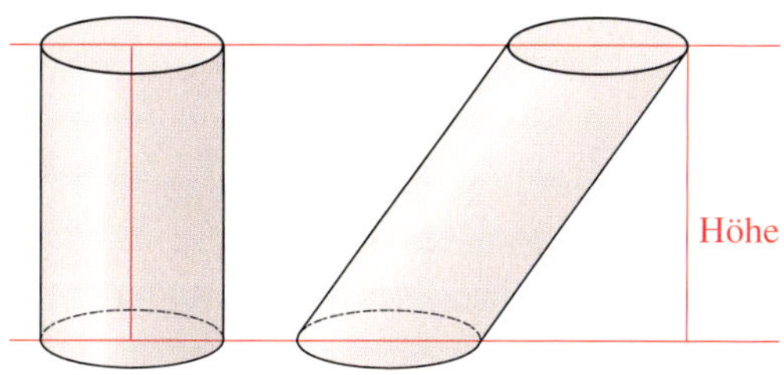

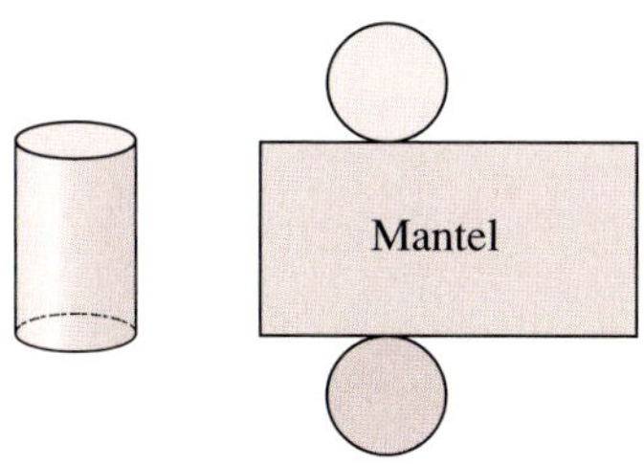

Ist das ebene Flächenstück, dessen Randpunkte mit einem Punkt außerhalb des Flächenstücks verbunden werden, ein Vieleck, so ist der entstehende Körper eine **Pyramide**. Sie ist gerade, wenn die Spitze über dem Mittelpunkt der Grundfläche liegt, andernfalls schief.
Durch einen Parallelschnitt zur Grundfläche entsteht ein **Pyramidenstumpf**.

Pyramide und Pyramidenstumpf

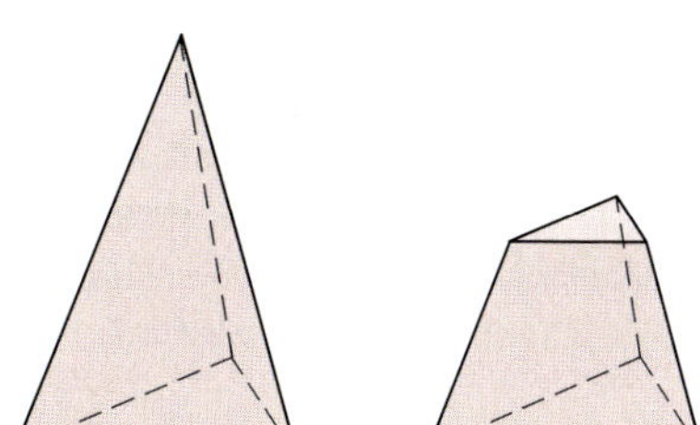

Kegel und Kegelstumpf

Ist das ebene Flächenstück krummlinig begrenzt, so ist der durch Verbinden seiner Randpunkte mit einem Punkt außerhalb des Flächenstücks entstehende Körper ein **Kegel**. Ist die Begrenzungslinie der Grundfläche eines Kegels ein Kreis, so wird dieser spezielle Kegel als **Kreiskegel** bezeichnet. Da im Folgenden ausschließlich Kreiskegel betrachtet werden, werden diese kurz Kegel genannt.

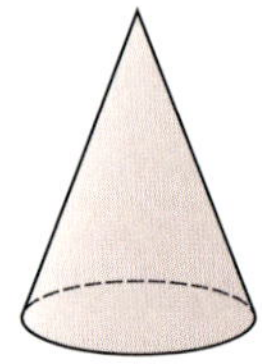

Denkt man sich die Mantelfläche eines geraden Kegels entlang einer der Schnittlinien einer Ebene, die zur Grundfläche senkrecht ist und durch die Spitze des Kegels geht, mit dem Kegel aufgeschnitten und abgerollt, so erhält man einen Kreissektor.

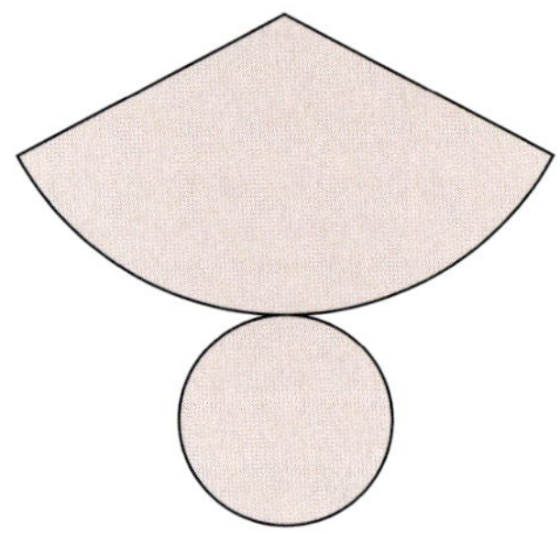

Durch einen Parallelschnitt zur Grundfläche entsteht ein **Kegelstumpf**.
Pyramiden- und Kegelstumpf sind **stumpfe Körper**.

Unter der **Höhe** einer Pyramide oder eines Kegels versteht man das Lot von der Spitze auf die Grundfläche bzw. unter Umständen auf die Ebene, in welcher die Grundfläche liegt, oder die Länge dieses Lotes.

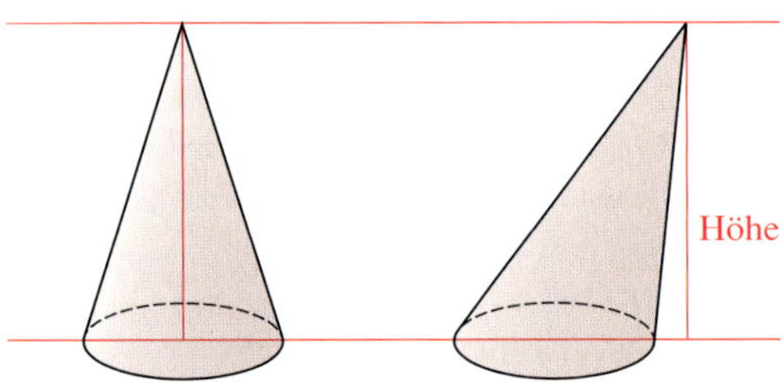

Das nebenstehende Schema veranschaulicht die Zusammenhänge zwischen den Körpern. Es bedeuten:

1. G: Grundfläche
D: Deckfläche

2. (1): Die Randkurve der Grundfläche ist ein geschlossener Streckenzug (Vieleck).
(2): Die Randkurve der Grundfläche ist eine geschlossene gekrümmte Linie.
(3): Alle begrenzenden Flächen sind Rechtecke.
(4): Alle begrenzenden Flächen sind zueinander kongruente Quadrate.
(5): Die Randkurve der Grundfläche ist ein Kreis.

3. Bei Körpern ohne Spitze wird zwischen $G \cong D$ und $G \sim D$ unterschieden.

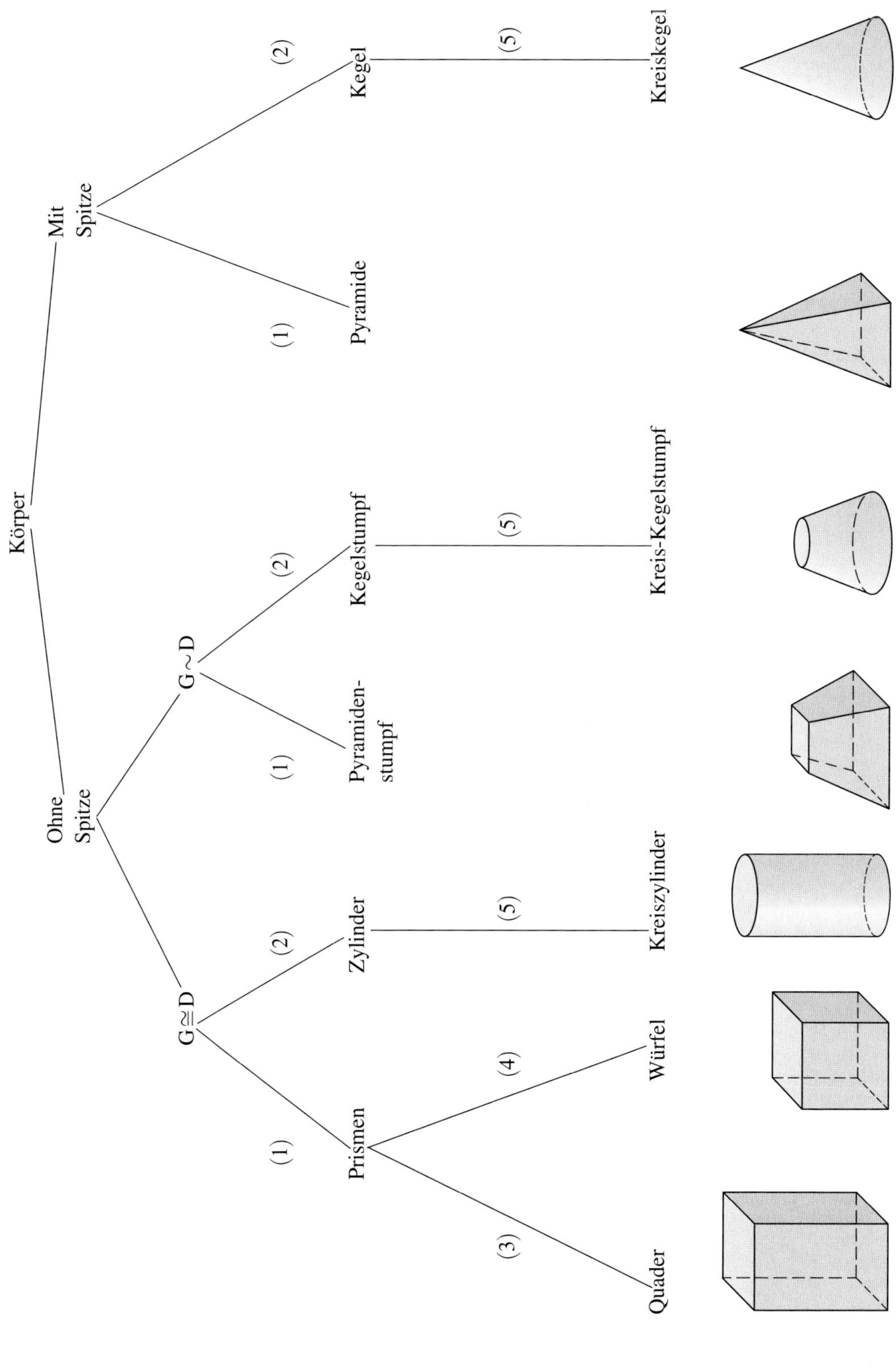
Körper
Mit Spitze
Ohne Spitze
G≅D
G~D
(1)
(2)
Prismen
Zylinder
Pyramiden-stumpf
Kegelstumpf
Pyramide
Kegel
(3)
(4)
(5)
Quader
Würfel
Kreiszylinder
Kreis-Kegelstumpf
Kreiskegel

13.2 Das Messen von Rauminhalten

Strecken haben Längen, Flächen haben Flächeninhalte, Körper haben Rauminhalte, auch Volumina genannt. Auch Rauminhalte können gemessen werden.

Um den Rauminhalt eines Körpers zu bestimmen, vergleicht man ihn mit einem Vergleichskörper, einem sog. **Einheitswürfel**. Das ist ein Würfel mit der Kantenlänge 1 LE (Längeneinheit), also z. B. 1 m, 1 cm, 1 mm, $\cdots$. Ein Einheitswürfel der Kantenlänge 1 m hat den Rauminhalt – das Volumen – 1 m^3. Volumina werden als Größen mit der Maßeinheit m^3 oder daraus abgeleiteten Einheiten angegeben. Sie werden meist mit der Variablen V bezeichnet.
Einen vorgegebenen Körper messen, seinen Rauminhalt bestimmen heißt also, ihn mit einem Einheitswürfel zu vergleichen, d. h., festzustellen, wie oft ein Einheitswürfel in ihm enthalten ist, ihn also mit Einheitswürfeln auszufüllen oder vollzupacken.

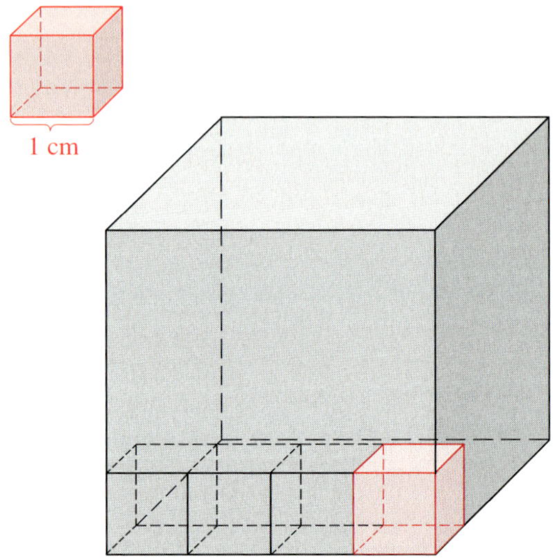

13.3 Berechnungen an Quadern und Würfeln

Wenn ein Quader z. B. 2 cm breit, 3 cm tief und 3 cm hoch ist, lässt er sich ohne Schwierigkeiten mithilfe von Einheitswürfeln der Kantenlänge 1 cm ausfüllen.
Zwei solcher Würfel können nebeneinander an der vorderen Kante stehen, 3 solcher Reihen in der ersten „Schicht" hintereinander und schließlich 3 solcher Schichten übereinander. Das Volumen des betrachteten Quaders beträgt also $2 \cdot 1\,cm^3 \cdot 3 \cdot 3$, das sind 18 cm^3. Es gilt also $V = 18 \cdot 1\,cm^3$, was man üblicherweise als $V = 18\,cm^3$ schreibt.

Volumen eines Quaders

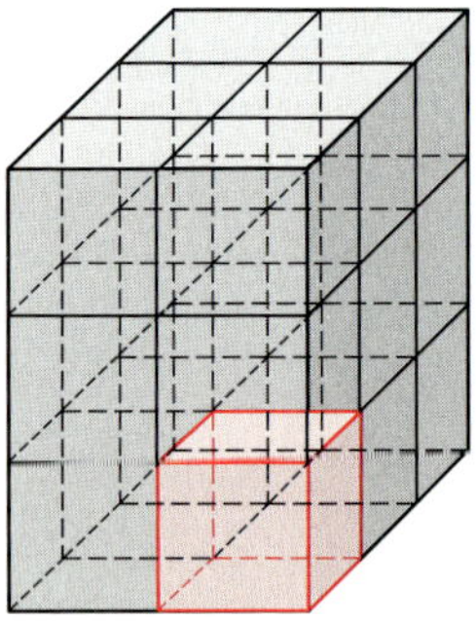

Offenbar kann man analog vorgehen, wenn die Maßzahlen der Kantenlängen eines Quaders rationale Zahlen sind. Man nimmt dann z. B. als Seitenlänge des Einheitswürfels 1 mm oder den zehnten Teil eines Millimeters, wenn die Maßzahlen der in cm gemessenen Kantenlängen eine oder zwei Stellen nach dem Komma haben usw.

Wenn ein Quader die Kantenlängen 3,2 m für a, 2,8 m für b und 5 m für c hat, wird man, da die ersten beiden Maßzahlen auf cm genau sind, den Quader mit Messwürfeln von 1 cm Kantenlänge, also einem Volumen von 1 cm^3 ausfüllen. Man kann 320 solcher Einheitswürfel an die vordere Kante stellen, 280 solcher Stangen in der ersten Schicht hintereinander und 500 solcher Schichten übereinander. Es passen also $320 \cdot 280 \cdot 500$ der Messwürfel in den Quader, sie haben ein Volumen von 44 800 000 cm^3 oder, da 1 000 000 cm^3 gleich 1 m^3 sind, 44,8 m^3. Die Maßzahl 44,8 ist gleich dem Produkt $3{,}2 \cdot 2{,}8 \cdot 5$.

Verallgemeinernd kann man sagen: Sind die Maßzahlen der Kantenlängen eines Quaders rationale Zahlen und werden alle Kantenlängen in derselben Maßeinheit gemessen, so erhält man die Maßzahl des Quadervolumens als Produkt der Maßzahlen der Kantenlängen und die Maßeinheit des Volumens als die dritte Potenz der Maßeinheit der Kantenlängen.

Merke:

Stehen a, b und c für die in derselben Maßeinheit gemessenen Maßzahlen der Längen der Kanten eines Quaders, so gilt für die Maßzahl V seines Volumens: $\boldsymbol{V = a \cdot b \cdot c}$, und die Maßeinheit des Volumens ist die dritte Potenz der Längeneinheit der Kanten.

Unter Anwendung der Regeln für das Rechnen mit Größen gelangt man zu demselben Ergebnis.
► Kusch 1, Abschnitt 1.6.4

Stehen a für 3,2 m, b für 2,8 m, c für 5 m und bildet man das Produkt $a \cdot b \cdot c$, so erhält man ebenfalls 44,8 m^3.

$$\underline{\underline{V}} = a \cdot b \cdot c = 3{,}2\,\text{m} \cdot 2{,}8\,\text{m} \cdot 5\,\text{m} = 44{,}8\,\text{m}^3$$

Merke:

Stehen a, b und c für die Kantenlängen eines Quaders, so gilt für dessen Volumen V:

$$\boldsymbol{V = a \cdot b \cdot c}.$$

Da $a \cdot b$ für die Größe A des Flächeninhalts der Grundfläche des Quaders steht und die Länge h seiner Höhe gleich c ist, kann man das Volumen des Quaders auch mit A und h ausdrücken.

Merke:

Stehen A für die Größe des Inhalts der Grundfläche und h für die Länge der Höhe eines Quaders, so gilt für dessen Volumen V:

$$\boldsymbol{V = A \cdot h}.$$

Eine nicht ganz korrekte Kurzfassung lautet: Volumen gleich Grundfläche mal Höhe.

Anmerkungen:

1. Diese Regeln gelten auch für den Fall, dass a oder b oder c für Größen mit irrationalen Maßzahlen stehen, wie es analog bei der Flächenberechnung dargelegt wurde.

2. Werden in den folgenden Berechnungen alle jeweils vorkommenden Längen in derselben Maßeinheit angegeben, können a, b, c und h auch für Maßzahlen von Längen, A für die Maßzahl eines Flächeninhalts und V für die Maßzahl eines Volumens stehen.

Die Mantelflächen eines Quaders sind Rechtecke, ebenso seine Grund- und Deckfläche. Also ist der Flächeninhalt seiner **Oberfläche** die Summe der Flächeninhalte der ihn begrenzenden Rechtecke. Haben die Kanten eines Quaders die Längen a, b und c, so gilt für den Flächeninhalt O seiner Oberfläche:

$$O = 2ab + 2bc + 2ca = 2(ab + bc + ca).$$

Oberfläche eines Quaders

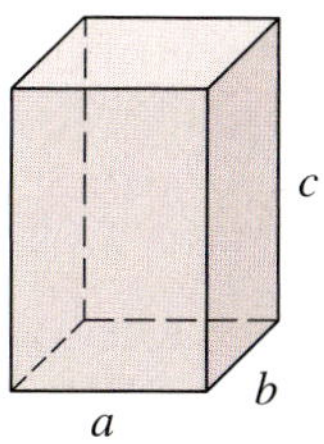

$$\boldsymbol{O = 2(ab + bc + ca)}$$

Beispiel:

Die Kanten eines Quaders haben die Längen 4 cm für a, 3,5 cm für b und 7,1 cm für c. Berechnen Sie den Inhalt seiner Oberfläche.

In die Formel $O = 2(ab + bc + ca)$ können die Maßzahlen der angegebenen Werte für a, b und c eingesetzt werden.
Die Oberfläche beträgt 134,5 cm^2

$$\underline{\underline{O}} = 2(ab + bc + ca) = 2(14 + 24{,}85 + 28{,}4) = \underline{\underline{134{,}5}}$$

In jeder Ecke eines Quaders ABCD-A′ B′ C′ D′ stoßen drei Rechtecksflächen zusammen. Von jeder Ecke gehen also drei in diesen Rechtecken liegende sog. **Flächendiagonalen** aus, z. B. $\overline{AC}$, $\overline{AB'}$ und $\overline{AD'}$. Aber auch die Verbindungsstrecke von einer Ecke zu der im Quader ihr gegenüberliegenden Ecke, z. B. $\overline{AC'}$, wird Diagonale – genauer **Raumdiagonale** – genannt.

Flächen- und Raumdiagonalen im Quader

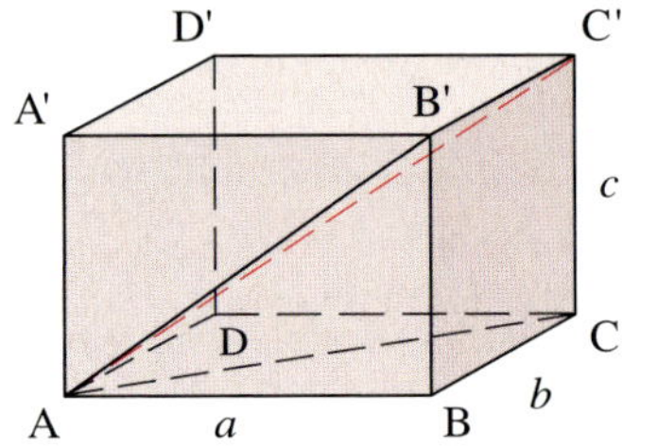

Problem: Was kann man über die Längen der Raumdiagonalen eines Quaders feststellen?

Die Längen sowohl der Flächen- als auch der Raumdiagonalen können aus geeigneten rechtwinkligen Dreiecken mithilfe des Satzes des Pythagoras berechnet werden. So ist z. B. die Raumdiagonale $\overline{AC'}$ Hypotenuse im rechtwinkligen Dreieck $\triangle ACC'$.
In gleicher Weise können die Längen der anderen Raumdiagonalen berechnet werden. Man erkennt, dass alle Raumdiagonalen eines Quaders gleich lang sind.

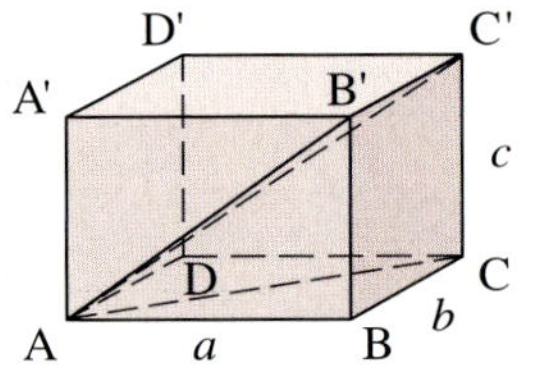

$|\overline{AC'}|^2 = |\overline{AC}|^2 + |\overline{CC'}|^2$

► $|\overline{AC}|^2 = a^2 + b^2$ und $|\overline{CC'}|^2 = c^2$

$\Rightarrow |\overline{AC'}| = \sqrt{a^2 + b^2 + c^2}$

Merke:

Stehen a, b und c für die Längen der Kanten eines Quaders, so gilt für sein Volumen V, seine Oberfläche O und die Länge d seiner Raumdiagonalen:

$$\boldsymbol{V = a \cdot b \cdot c, \quad O = 2(ab + bc + ca), \quad d = \sqrt{a^2 + b^2 + c^2}}.$$

Beispiel:

Ein quaderförmiger Blechbehälter mit 32 cm für a, 15 cm für b und 41 cm für c ist oben offen und besteht aus 1 mm starkem Stahlblech ($\rho = 7{,}8\ \frac{\text{kg}}{\text{dm}^3}$). Berechnen Sie:

a) Wie viel Liter Wasser fasst der Behälter?
b) Wie lang ist eine Raumdiagonale?
c) Wie groß ist die Masse des Behälters?

Zu a) Man berechnet unter Vernachlässigung der Wanddicke das Volumen des Behälters. Da 1 dm^3 einem Liter entspricht, fasst der Behälter also 19,68 Liter.

$$V = abc$$
$$\underline{\underline{V}} = 32\,\text{cm} \cdot 15\,\text{cm} \cdot 41\,\text{cm} = 19\,680\,\text{cm}^3 = \underline{\underline{19{,}68\,\text{dm}^3}}$$

Zu b) Man berechnet die Länge einer Raumdiagonale. ▶ In einem Quader sind alle Raumdiagonalen gleich lang. Die Länge beträgt 54,12 cm.

$$\underline{\underline{d}} = \sqrt{32^2\,\text{cm}^2 + 15^2\,\text{cm}^2 + 41^2\,\text{cm}^2} = \sqrt{2930\,\text{cm}^2} = \underline{\underline{54{,}12\,\text{cm}}}$$

Zu c) Man berechnet zunächst das Volumen des für den Behälter verarbeiteten Blechs, indem man den Inhalt von dessen Oberfläche berechnet und diesen mit der Blechdicke multipliziert. Sodann bestimmt man die Masse m des Blechs mithilfe der Formel $m = V \cdot \rho$. Sie beträgt auf drei Dezimalstellen gerundet 3,381 kg.

$$O = ab + 2bc + 2ca = 32 \cdot 15\,\text{cm}^2 + 2 \cdot 15 \cdot 41\,\text{cm}^2 + 2 \cdot 41 \cdot 32\,\text{cm}^2 = 4334\,\text{cm}^2 = 43{,}34\,\text{dm}^2$$

$$V = 43{,}34\,\text{dm}^2 \cdot 0{,}01\,\text{dm} = 0{,}4334\,\text{dm}^3$$

$$\underline{\underline{m}} = V \cdot \rho = 0{,}4334\,\text{dm}^3 \cdot 7{,}8\,\tfrac{\text{kg}}{\text{dm}^3} = \underline{\underline{3{,}3805\,\text{kg}}}$$

Die Formeln für die Berechnung von Volumen, Oberflächeninhalt und Länge einer Raumdiagonale eines **Würfels** gewinnt man aus den entsprechenden Formeln für den Quader, indem man bedenkt, dass alle Kanten eines Würfels gleich lang sind, indem man also sowohl für b als auch für c die Variable a setzt.

Merke:

Steht a für die Kantenlänge eines Würfels, so gilt für dessen Volumen V, seinen Oberflächeninhalt O und die Länge d einer seiner Raumdiagonalen:

$$\boldsymbol{V = a^3, \quad O = 6 \cdot a^2, \quad d = \sqrt{3a^2} = \sqrt{3} \cdot a.}$$

Beispiel:

Ein Würfel hat die Länge 3,5 cm für a. Wie groß ist sein Volumen?

Man setzt in der Formel für das Volumen eines Würfels 3,5 cm für a. Das Volumen beträgt rund 43 cm³.

$$V = a^3$$

$$\underline{\underline{V}} = (3{,}5\,\text{cm})^3 = \underline{\underline{42{,}875\,\text{cm}^3}}$$

13.4 Berechnungen an Prismen und Kreiszylindern

Ein gerades Prisma kann Grund- und Deckflächen haben, die nicht Rechtecke sondern n-Ecke sind. Die Seitenflächen eines solchen Prismas stoßen i.a. nicht rechtwinklig aneinander, und das Bestimmen des Volumens des Körpers durch sein lückenloses Ausfüllen mit Einheitswürfeln stößt auf Schwierigkeiten.

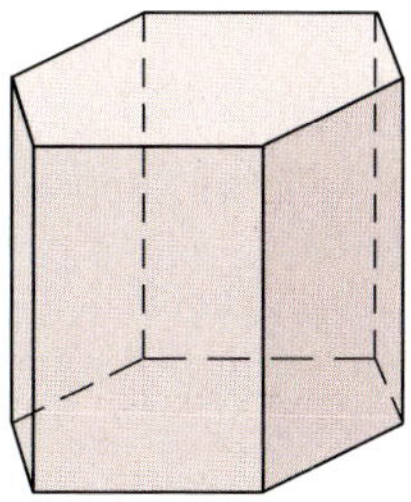

Problem: Gegeben ist ein gerades Prisma mit Grund- und Deckflächen, die nicht Rechtecke sind, sondern z. B. regelmäßige Sechsecke. Da deren Seiten nicht im rechten Winkel aneinander stoßen, lässt sich die Grundfläche nicht mit Einheitswürfeln ausfüllen. Wie kann man seinen Rauminhalt bestimmen?

Vorüberlegung: Wie man das Volumen eines Quaders berechnet, ist bekannt. Ein Quader ist ein gerades Prisma, dessen Grundfläche ein Rechteck ist. Kann man die Berechnung des Volumens eines geraden Prismas, dessen Grundfläche kein Rechteck ist, auf das bereits gelöste Problem zurückführen?

Lösungsidee: Man muss die Grundfläche dieses Prismas in Rechtecke zerlegen oder zu Rechtecken ergänzen.

1. Ein rechtwinkliges Dreieck △ABC ist die Grundfläche eines Prismas mit der Länge h der Höhe.
Dieses Dreieck lässt sich leicht zu einem Rechteck AC′BC ergänzen. Der Flächeninhalt A_2 des so entstandenen Rechtecks ist das Doppelte des Flächeninhalts A_1 des Dreiecks: $A_2 = 2 \cdot A_1$. Das Volumen V_2 des Quaders mit der Grundfläche AC′BC beträgt $V_2 = 2 \cdot A_1 \cdot h$. Das Volumen V_1 des Prismas mit der Grundfläche △ABC ist halb so groß, also gilt: $V_1 = A_1 \cdot h$.
Auch hier gilt also die Formel $V = A \cdot h$

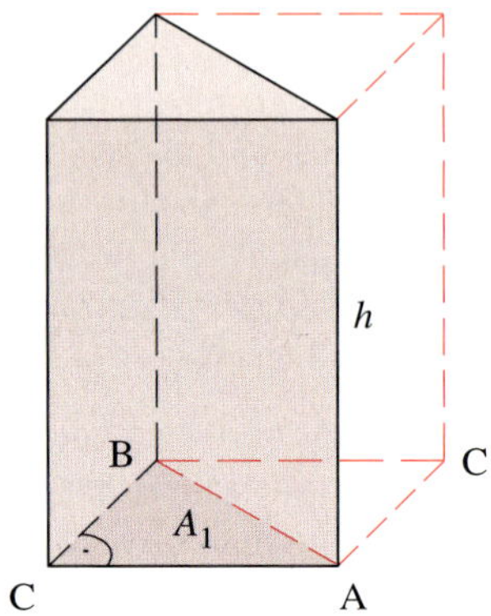

► $|\sphericalangle \mathrm{ACB}| = 90°$

2. Ein nicht rechtwinkliges Dreieck △ABC ist die Grundfläche eines Prismas mit der Länge h der Höhe.
Dieses Dreieck lässt sich durch eine Höhe – am zweckmäßigsten auf die dem größten Innenwinkel gegenüber liegende Seite – in zwei rechtwinklige Dreiecke △AHC und △BHC zerlegen. Steht A_1 für die Größe des Flächeninhalts des Dreiecks △AHC und A_2 für die Größe des Flächeninhalts des Dreiecks △BHC, so gilt für das Volumen V der Prismen über diesen Dreiecken: $V = A_1 \cdot h + A_2 \cdot h = (A_1 + A_2) \cdot h$. Steht A für die Größe des Flächeninhalts des Dreiecks △ABC, so gilt $A = A_1 + A_2$, und damit erhält man für V wieder: $V = A \cdot h$.

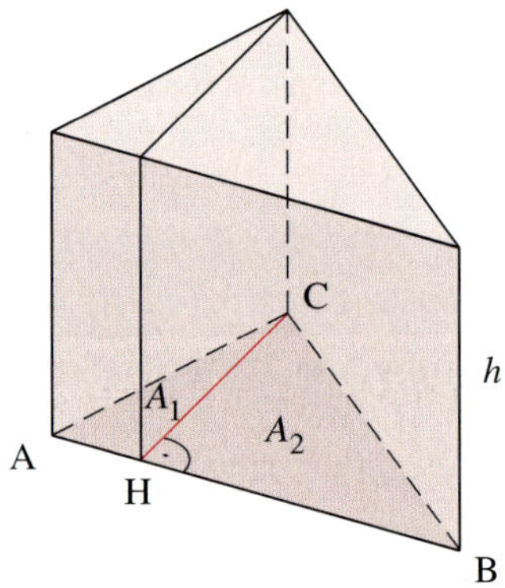

3. Ist die Grundfläche eines Prismas ein n-Eck mit $n > 4$, so kann man es in $n-2$ Dreiecke zerlegen. Das gegebene Prisma ist dann in $n-2$ dreiseitige Prismen zerlegt, für dessen Volumen V gilt:

$$V = A_1 \cdot h + A_2 \cdot h + \cdots + A_{n-2} \cdot h$$
$$= (A_1 + A_2 + \cdots + A_{n-2}) \cdot h,$$ wenn die A_1 bis A_{n-2} für die Größen der Grundflächen der Dreiecke stehen. Dann gilt aber:
$A_1 + A_2 + \cdots + A_{n-2} = A$, wobei A für die Größe des Grundflächeninhalts des Prismas steht. Somit erhält man wiederum $V = A \cdot h$ für das Volumen dieses Prismas.

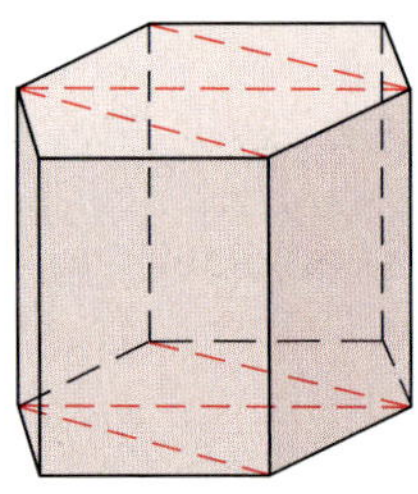

Bedenkt man, wie in Kapitel 12 der Flächeninhalt eines Kreises ermittelt wurde, erkennt man den Weg, den man zur Bestimmung des Volumens eines geraden **Zylinders** gehen kann. Durch die Verwendung von Vielecken, die dem Grundkreis des Zylinders ein- und umbeschrieben sind und die sich bei der Vergrößerung der Anzahl ihrer Ecken immer besser an die Kreisperipherie anschmiegen, kann man die Kreisfläche in gleichschenklige Dreiecke einteilen, deren Spitzen im Mittelpunkt des Kreises liegen. Man erhält sowohl für das einbeschriebene als auch für das umbeschriebene n-Eck jeweils n solcher Dreiecke.

► Abschnitt 12.2

Erhöht man schrittweise die Anzahl der Ecken der Grundflächenvielecke, so vergrößert man ebenso die Anzahl der beschriebenen gleichschenkligen Dreiecke. Denkt man sich über jedem dieser Dreiecke ein dreiseitiges Prisma von gleicher Höhe wie der Zylinder stehen und betrachtet die Summe der Volumina dieser Prismen, so stellt man fest: Das Gesamtvolumen der ganz im Zylinder liegenden Prismen nähert sich von unten und das Gesamtvolumen der auch über den Zylindermantel hinausragenden Prismen nähert sich von oben immer mehr dem Volumen des Zylinders. Stehen A_1 und A_2 für die Größen der Flächeninhalte aller „einbeschriebenen" bzw. aller „umbeschriebenen" Dreiecke, so gilt für das Gesamtvolumen der „einbeschriebenen" Prismen die Formel $V_1 = A_1 \cdot h$ und für das Gesamtvolumen der „umbeschriebenen" Prismen die Formel $V_2 = A_2 \cdot h$. Da sich die Summe der Flächeninhalte dieser Dreiecke jeweils immer mehr dem Flächeninhalt A des Kreises nähert, erhält man auch für das Volumen des Zylinders die Formel $V = A \cdot h$.

Da für die Größe A des Flächeninhalts eines Kreises mit der Länge des Radius r die Formel $A = \pi \cdot r^2$ gilt, kann man für das Volumen eines Zylinders auch schreiben: $V = \pi \cdot r^2 \cdot h$ oder wegen $r = \frac{d}{2}$ auch $V = \pi \cdot \frac{d^2}{4} \cdot h$.

Merke:

Für das Volumen V eines geraden Prismas oder eines geraden Zylinders mit dem Grundflächeninhalt A und der Länge h der Höhe gilt: $\boldsymbol{V = A \cdot h}$.
Hat der Grundkreis des Zylinders einen Radius der Länge r bzw. einen Durchmesser der Länge d, so gilt für sein Volumen: $\boldsymbol{V = \pi r^2 h}$ bzw. $\boldsymbol{V = \pi \frac{d^2}{4} h}$.

Beispiel:

Ein Kreiszylinder hat einen Durchmesser von 4 cm und eine Höhe von 6 cm. Wie groß ist sein Volumen?

Diese Aufgabe löst man mithilfe der Formel $V = A \cdot h$. Die Grundfläche ist ein Kreis, für dessen Flächeninhalt A gilt: $A = \frac{d^2}{4} \cdot \pi$.

Durch Einsetzen von 4 cm für d und 6 cm für h errechnet man das gesuchte Volumen. Es beträgt rund 75,4 cm³.

$$V = A \cdot h$$
$$V = \frac{d^2}{4} \cdot \pi \cdot h$$
$$\underline{\underline{V}} = \frac{16\,\text{cm}^2}{4} \cdot \pi \cdot 6\,\text{cm} = \underline{\underline{75{,}398\,\text{cm}^3}}$$

Um das Volumen eines **schiefen** Prismas bestimmen zu können, bedarf man eines zusätzlichen Hilfsmittels. Es ist dies das **Prinzip des Cavalieri** (italienischer Mathematiker, 1598–1647).

Das Cavalierische Prinzip besagt: Stehen zwei Körper mit flächengleichen Grundflächen auf einer Ebene und schneidet jede dazu parallele Ebene die Körper in inhaltsgleichen Flächen, so sind die Körper rauminhaltsgleich.

Das Prinzip des Cavalieri

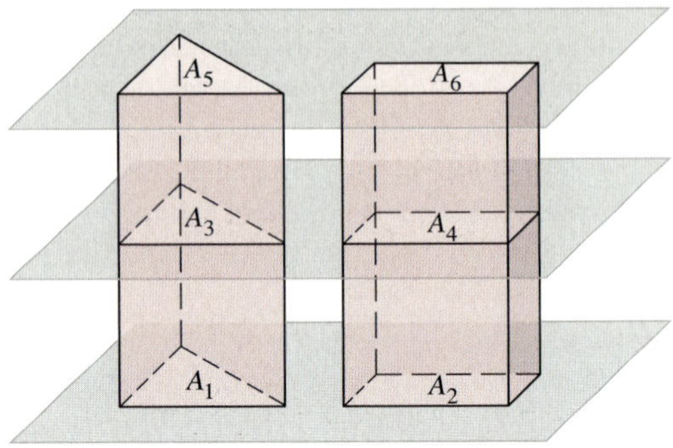

$A_1 = A_2; A_3 = A_4; \dots \Rightarrow V_1 = V_2.$

Dieser Lehrsatz kann hier nur mitgeteilt werden. Er lässt sich mit elementar-geometrischen Mitteln nicht beweisen. Man benötigt hierfür Aussagen der Höheren Mathematik.

Das Cavalierische Prinzip ermöglicht die Volumenberechnung schiefer Körper, also auch die Berechnung des Volumens eines schiefen Prismas.

Zerschneidet man ein gerades Prisma durch Ebenen parallel zu seiner Grundfläche in Schichten von gleicher Höhe, also in flache Prismen mit gleicher Grundfläche und Höhe, und verschiebt man diese Schichten so gegeneinander, wie es das nebenstehende Bild zeigt, so erhält man einen „Treppenkörper“, der dem Ausgangsprisma volumengleich ist. Macht man nun den Abstand zwischen den Parallelschnitten des Treppenkörpers immer kleiner, nähert sich dieser immer besser einem schiefen Prisma an. Dessen Volumen ist dem Volumen des Treppenkörpers und damit dem des Ausgangsprismas gleich. Man erkennt, dass das Volumen des schiefen Prismas wie das des geraden als Produkt aus Grundflächeninhalt und Höhe des Prismas zu berechnen ist.

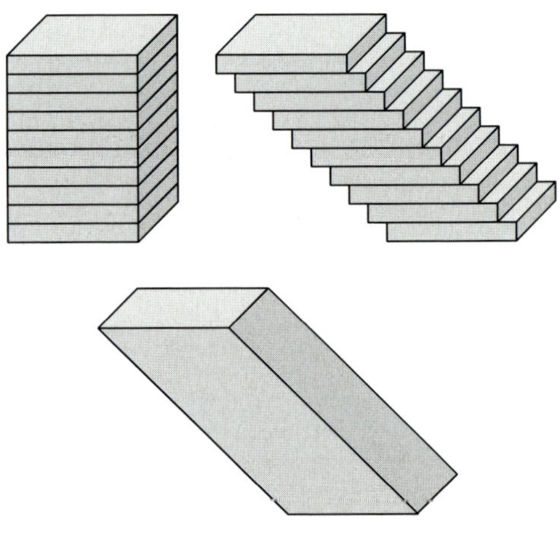

Analoge Überlegungen gelten auch für das Volumen eines schiefen Zylinders.

Merke:

Für das Volumen V von schiefen Prismen und Zylindern gilt $\boldsymbol{V = A \cdot h}$, wenn A für die Größe des Grundflächeninhalts und h für die Länge der Höhe stehen.

Beispiel:

Ein schiefes Prisma hat ein regelmäßiges Sechseck mit der Seitenlänge 2 cm zur Grundfläche. Seine Höhe beträgt 3 cm. Wie groß ist sein Volumen?

Ein regelmäßiges Sechseck kann in sechs gleichseitige Dreiecke zerlegt werden.

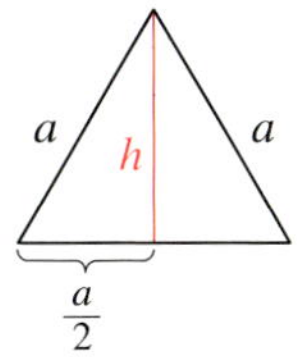

Steht a für die Länge der Seite eines solchen gleichseitigen Dreiecks, so gilt für die Länge h seiner Höhe:

$h = \frac{a}{2}\sqrt{3}$ und damit für seinen Flächeninhalt

$A = \frac{a}{2} \cdot \frac{a}{2}\sqrt{3} = \frac{a^2}{4}\sqrt{3}$.

$$h = \frac{2\,\text{cm}}{2}\sqrt{3} = 1{,}7\,\text{cm}$$

$$A = \frac{4\,\text{cm}^2}{4}\sqrt{3} = 1{,}7\,\text{cm}^2$$

Das regelmäßige Sechseck besteht aus sechs solchen gleichseitigen Dreiecken, also gilt für seinen Flächeninhalt A_S:

$A_S = 6 \cdot \frac{a^2}{4}\sqrt{3} = \frac{3a^2}{2}\sqrt{3}$.

$$A_S = \frac{3 \cdot 4\,\text{cm}^2}{2}\sqrt{3} = 10{,}4\,\text{cm}^2$$

Nun kann das Volumen V des schiefen Prismas nach der Formel $V = A \cdot h$ berechnet werden. Es beträgt $31{,}2\,\text{cm}^3$.

$$\underline{\underline{V}} = 10{,}4\,\text{cm}^2 \cdot 3\,\text{cm} = \underline{\underline{31{,}2\,\text{cm}^3}}$$

Da Prismen sehr unterschiedliche Grund- und Deckflächen haben können, gibt es keine allgemein gültige Formel für den Inhalt ihrer **Oberfläche** oder ihrer **Mantelfläche**. Man muss jeden Fall einzeln betrachten. Anders ist das beim Kreiszylinder. Grund- und Deckflächen sind Kreise, deren Flächeninhalt stets nach derselben Formel berechnet werden kann. Aber die Mantelfläche ist eine gekrümmte Fläche.

Beispiele:

1. Berechnen Sie den Flächeninhalt der Mantelfläche eines Zylinders.

Die Mantelfläche eines geraden Kreiszylinders lässt sich zu einem Rechteck „aufrollen", wenn man sie senkrecht zur Grundfläche aufgeschnitten denkt. Eine Seite dieses Rechtecks hat die Länge der Peripherie des Grundkreises, die andere die Länge der Höhe des Zylinders.
Also gilt:

$M = d \cdot \pi \cdot h$ und $O = d \cdot \pi \cdot h + 2 \cdot \frac{d^2}{4} \cdot \pi$,

wenn d für die Länge des Durchmessers des Zylinders und h für die Länge seiner Höhe stehen.

Mantel- und Oberfläche eines Zylinders

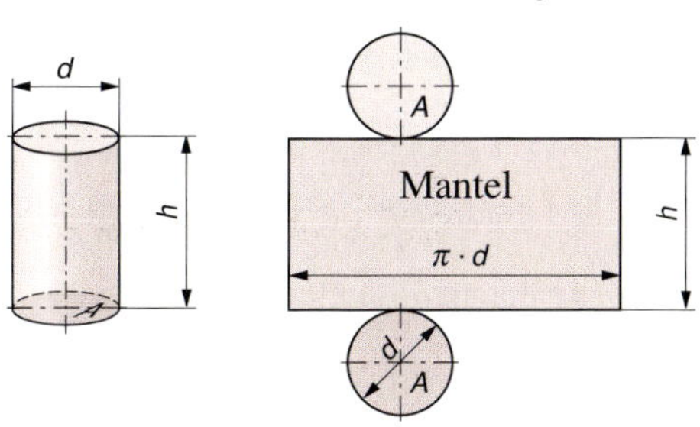

Der Inhalt der Mantelfläche eines schiefen Kreiszylinders lässt sich in ähnlicher Weise berechnen.

2. Welche Masse hat der nebenstehend gezeichnete gerade Hohlzylinder aus Grauguss? Wie groß ist seine äußere Mantelfläche? $\left(\rho = 7{,}3\,\frac{\text{kg}}{\text{dm}^3}\right)$

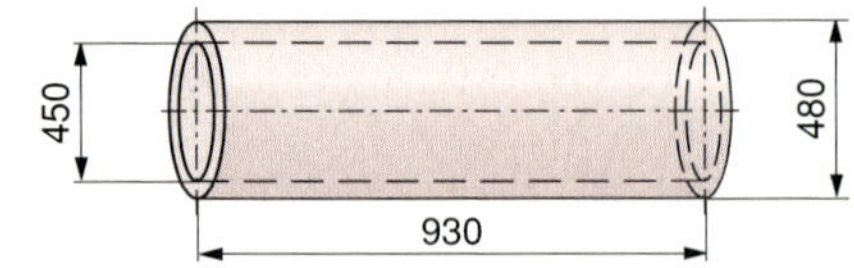

► Maßangaben in mm

Um das Volumen des Hohlzylinders zu berechnen, muss man vom Volumen V_1 des äußeren Zylinders das Volumen V_2 des inneren Zylinders subtrahieren.
Durch Multiplikation des errechneten Volumens mit der angegebenen Dichte erhält man die gesuchte Masse m zu rund 148,8 kg.

$V_1 = 2{,}4^2\ \text{dm}^2 \cdot \pi \cdot 9{,}3\ \text{dm} = 168{,}29\ \text{dm}^3$
$V_2 = 2{,}25^2\ \text{dm}^2 \cdot \pi \cdot 9{,}3\ \text{dm} = 147{,}91\ \text{dm}^3$
$V_1 - V_2 = 20{,}38\ \text{dm}^3$

$$\underline{\underline{m}} = 20{,}38\ \text{dm}^3 \cdot 7{,}3\,\frac{\text{kg}}{\text{dm}^3} = \underline{\underline{148{,}774\,\text{kg}}}$$

Für den Flächeninhalt M des äußeren Mantels des Hohlzylinders gilt:

$M = d \cdot \pi \cdot h.$

Für d ist 4,8 dm und für h ist 9,3 dm zu setzen. Der Flächeninhalt beträgt rund 1,4 m².

$$\underline{\underline{M}} = 4{,}8\ \text{dm} \cdot \pi \cdot 9{,}3\ \text{dm} = 140{,}24\ \text{dm}^2 = \underline{\underline{1{,}4024\,\text{m}^2}}$$

13.5 Berechnungen an Pyramiden und Kegeln

Die Volumina von **spitzen Körpern** lassen sich nicht dadurch bestimmen, dass man sie lückenlos mit Einheitswürfeln ausfüllt. Man muss versuchen, dieses Problem dadurch zu klären, dass man es wiederum auf ein bereits gelöstes zurückführt. Könnte man z. B. ein Prisma in volumengleiche Pyramiden zerlegen, so wäre das Volumen einer solchen Pyramide aus dem Volumen des Prismas als ein Teil dieses Volumens zu bestimmen.
Das gelingt, wenn man den folgenden **Lehrsatz** als bekannt voraussetzt:
Pyramiden, deren Grundflächeninhalte gleich groß und deren Höhen gleich lang sind, sind volumengleich.

Zum Beweis dieses Satzes werden die Strahlensätze auf eine räumliche Figur angewendet. Es werden die beiden parallelen Ebenen E_1 und E_2 betrachtet, die von einem Strahlenbüschel aus einem Punkt S – dem Büschelgrundpunkt –, der nicht auf E_1 oder E_2 liegt, geschnitten werden. Der Einfachheit halber aber ohne Beschränkung der Allgemeinheit wird angenommen, dass S die nebenstehend gezeichnete Lage hat und dass von ihm drei Strahlen ausgehen, welche die Ebenen E_1 und E_2 in den Punkten A, B, C und A′, B′, C′ schneiden.

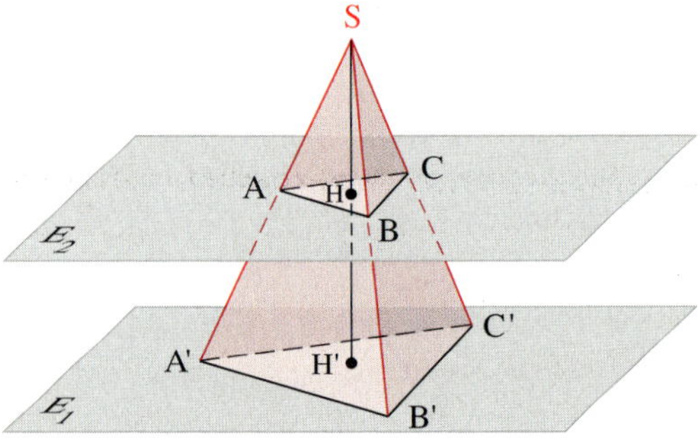

Eine Ebene ist durch drei Punkte eindeutig bestimmt. Auf die Ebenen SAB, SBC und SAC werden die Strahlensätze angewendet.

► Abschnitt 10.2

Man erkennt: Die Dreiecke △ABC und △A′B′C′ sind einander ähnlich, denn die Kriterien für die Ähnlichkeit zweier Dreiecke gelten auch dann, wenn die Dreiecke in verschiedenen Ebenen liegen. Also gilt $G' = k^2 \cdot G$, wenn G und G' für die Größe ihrer Flächeninhalte und k für ihren Ähnlichkeitsfaktor stehen.

► $|\overline{SA'}| : |\overline{SA}| = |\overline{SB'}| : |\overline{SB}| = |\overline{SC'}| : |\overline{SC}|$;

$|\overline{SA'}| = k \cdot |\overline{SA}|$, $|\overline{SB'}| = k \cdot |\overline{SB}|$,

$|\overline{SC'}| = k \cdot |\overline{SC}|$

$|\overline{A'B'}| : |\overline{AB}| = |\overline{B'C'}| : |\overline{BC}| = |\overline{A'C'}| : |\overline{AC}|$;

$|\overline{A'B'}| = k \cdot |\overline{AB}|$, $|\overline{B'C'}| = k \cdot |\overline{BC}|$,

$|\overline{A'C'}| = k \cdot |\overline{AC}|$

$\triangle A'B'C' \sim \triangle ABC$

$G' = k^2 \cdot G$

► Sind H und H′ die Fußpunkte der Höhen von S auf △ABC und △A′B′C′, so gilt: $|\overline{SH'}| : |\overline{SH}| = k$.

Das Ergebnis kann man zu der Aussage **verallgemeinern**: Werden parallele Ebenen von den Strahlen eines Büschels geschnitten, so verhalten sich die Flächeninhalte entsprechender Figuren in den Ebenen wie die Quadrate ihrer Abstände vom Büschelgrundpunkt.

Nun wird der behauptete Lehrsatz für eine dreiseitige und eine vierseitige Pyramide bewiesen. Dazu wird zunächst gezeigt, dass eine zu der Ebene, auf welcher die Pyramiden stehen, parallele Ebene die beiden Pyramiden in flächengleichen Schnittfiguren schneidet.

Voraussetzung: Die Pyramiden SDEF und TGHJK mit den Volumina V_1 und V_2 stehen auf ein und derselben Ebene. Sie haben flächengleiche Grundflächen mit den Flächeninhalten A_1 und A_2 und eine gleiche Höhe der Länge h. Sie werden durch einen Parallelschnitt in den Figuren D′E′F′ und G′H′J′K′ geschnitten.

Behauptung: Die Flächeninhalte A'_1 und A'_2 der Schnittfiguren sind gleich groß.

Beweis: Nach dem vorstehenden Ergebnis der Anwendung der Strahlensätze im Raum gilt:
$A_1 = k^2 \cdot A'_1$ und $A_2 = k^2 \cdot A'_2$. Daraus folgt aber: $k^2 \cdot A'_1 = k^2 \cdot A'_2$, d. h. $A'_1 = A'_2$.

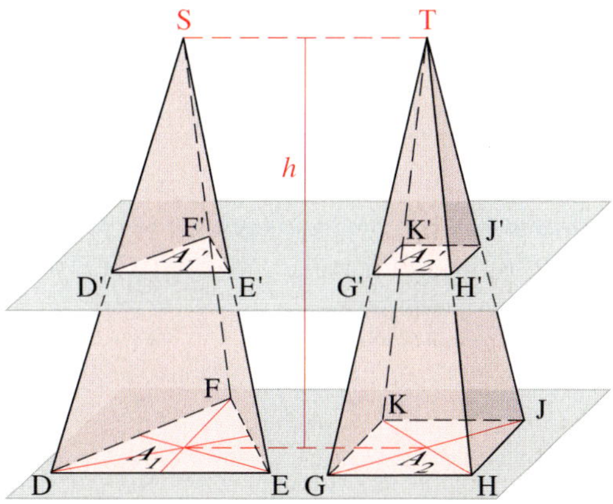

Die Überlegungen zum Beweis wurden zwar an zwei speziellen Körpern duchgeführt, sie sind aber im Prinzip ganz unabhängig von der Art der Vielecke, die als Grundflächen der geraden Pyramiden vorliegen.

Damit ist gezeigt, dass für zwei gerade Pyramiden mit gleichem Inhalt der Grundflächen und gleicher Länge der Höhe die Voraussetzungen des Prinzips von Cavalieri gegeben sind, dass sie also volumengleich sind.

Nun kann das anstehende Problem bearbeitet werden.

Problem: Versuchen Sie, ein dreiseitiges gerades Prisma in drei rauminhaltsgleiche Pyramiden zu zerschneiden.

Durch das dreiseitige Prisma ABCA′B′C′ wird ein ebener Schnitt durch die Punkte A′, B und C gelegt. Er schneidet die dreiseitige Pyramide ABCA′ ab, deren Grundfläche ABC mit der Grundfläche des Prismas und deren Höhe $\overline{AA'}$ mit der Höhe des Prismas übereinstimmt.
Es bleibt der Restkörper A′B′C′BC.
Ein ebener Schnitt durch die Punkte A′C′B zerlegt diesen Restkörper in die dreiseitigen Pyramiden A′C′BB′ und A′C′BC, welche die gleiche Grundfläche A′C′B und gleich lange Höhen haben, also volumengleich sind.
Das sind aber auch die Pyramiden A′ABC und BA′C′B′ oder A′B′C′B, weil sie die gleich großen Grundflächen ABC bzw. A′B′C′ und gleich lange Höhen haben.
Es sind also alle drei durch die beiden Schnitte erzeugten Pyramiden volumengleich, das Volumen einer solchen Pyramide beträgt also ein Drittel des Volumens des Prismas.

Zerlegung eines dreiseitigen geraden Prismas in drei volumengleiche Pyramiden

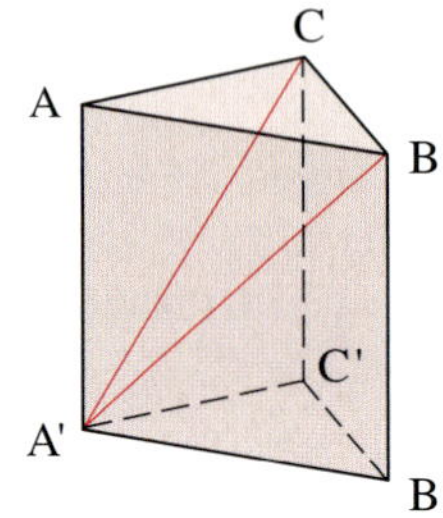

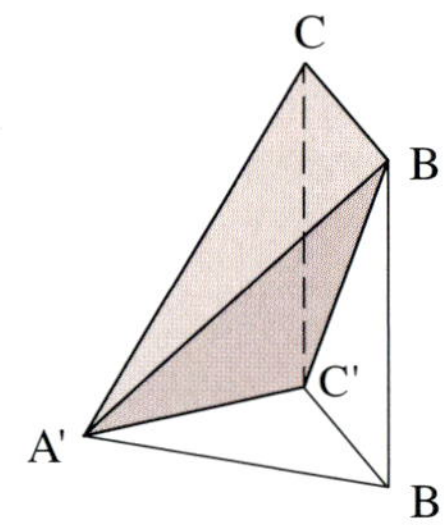

Ein **Kegel** kann als Pyramide mit einem Vieleck als Grundfläche aufgefasst werden, das sehr viele Ecken hat, sich von einem Kreis also so wenig unterscheidet, wie man nur will. Deshalb wird sein Volumen in gleicher Weise berechnet wie das der Pyramide.

Merke:

Steht A für die Größe des Grundflächeninhalts einer geraden Pyramide oder eines geraden Kegels und h für die Länge der Höhe der Pyramide oder des Kegels, so gilt für die Größe V ihres Volumens:

$$\boldsymbol{V = \frac{A \cdot h}{3}}.$$

Das Prinzip des Cavalieri gilt auch für **schiefe** Körper.

Wenn ein gerader und ein schiefer spitzer Körper inhaltsgleiche Grundflächen und in gleicher Höhe inhaltsgleiche Parallelschnitte haben, so sind sie volumengleich.

Das Cavalieri'sche Prinzip für schiefe Körper

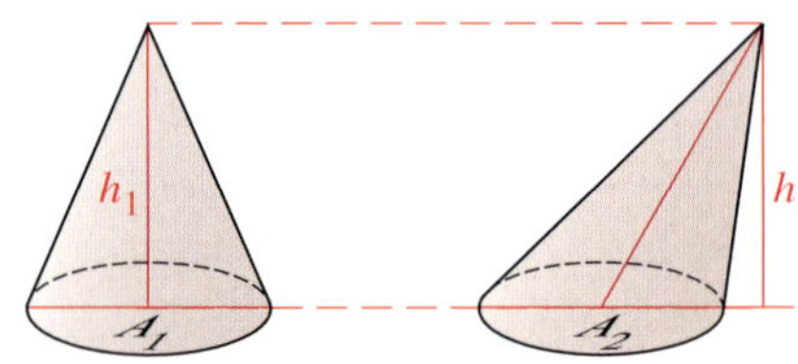

$A_1 = A_2$ und $h_1 = h_2 \Rightarrow V_1 = V_2$

Deshalb kann man festhalten:

Merke:

- Für das Volumen V von geraden und schiefen Pyramiden und Kegeln gilt: $\boldsymbol{V = \frac{A \cdot h}{3}}$, wenn A für die Größe des Grundflächeninhalts und h für die Länge der Höhe stehen.
- Für das Volumen V eines Kegels gilt wegen $A = \frac{\pi d^2}{4} = \pi r^2$ auch: $\boldsymbol{V = \frac{\pi d^2 h}{12} = \frac{\pi r^2 h}{3}}$.

Beispiele:

1. Eine Pyramide, deren Grundfläche und deren Mantelflächen aus vier kongruenten gleichseitigen Dreiecken bestehen, heißt **Tetraeder**. Berechnen Sie das Volumen eines Tetraeders mit der Kantenlänge 5 cm.

Um das gesuchte Volumen berechnen zu können, muss man den Inhalt der Grundfläche und die Höhe des Körpers kennen. Die Grundfläche ist ein gleichseitiges Dreieck, dessen Flächeninhalt nach der Formel $A = \frac{1}{2} g \cdot h$ bestimmt werden kann. Setzt man für die Länge einer Seite des gleichseitigen Dreiecks die Variable a, so ergibt sich nach dem Satz des Pythagoras für die Länge h der Dreieckshöhe $h = \frac{1}{2}\sqrt{3}\,a$ und damit für den Grundflächeninhalt $A = \frac{1}{2} \cdot a \cdot \frac{1}{2} \cdot \sqrt{3}\,a$, also $A = \frac{1}{4} \cdot \sqrt{3}\,a^2$.

Nun muss man noch die Länge $|\overline{\mathrm{HS}}|$ der sog. Raumhöhe des Tetraeders berechnen, wobei S die Spitze des Körpers bezeichnet. Die Spitze liegt senkrecht über dem Mittelpunkt der Grundfläche $\triangle$ABC. Dieser ist im Falle eines gleichseitigen Dreiecks der Schnittpunkt der Flächenhöhen.

Dieser Höhenschnittpunkt teilt die Flächenhöhen im Verhältnis 2 : 1, d. h., in den Bezeichnungen der obenstehenden Zeichnung gilt:

$|\overline{\mathrm{AH}}| : |\overline{\mathrm{HH_a}}| = 2 : 1$ oder $|\overline{\mathrm{AH}}| = \frac{2}{3}|\overline{\mathrm{AH_a}}|$ bzw. $|\overline{\mathrm{AH}}| = \frac{2}{3}\,h$, also $|\overline{\mathrm{AH}}| = \frac{2}{3} \cdot \frac{1}{2} \cdot \sqrt{3}\,a$.

Mit Hilfe des Satzes des Pythagoras erhält man die Länge $|\overline{\mathrm{HS}}|$ als Länge einer Kathete des rechtwinkligen Dreiecks $\triangle$AHS.

Man erhält: $|\overline{\mathrm{HS}}|^2 = a^2 - \frac{1}{3}\,a^2$, also $|\overline{\mathrm{HS}}| = \sqrt{a^2 \cdot \frac{2}{3}}$ oder $|\overline{\mathrm{HS}}| = \frac{1}{3}\sqrt{6}\,a$. Das Volumen des Tetraeders beträgt 14,73 cm³.

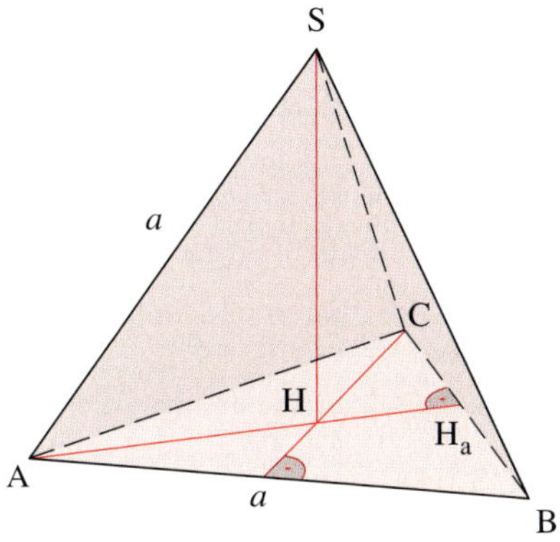

► $|\overline{\mathrm{AH_a}}| = h = \frac{1}{2}\sqrt{3}\,a$

$$V = \frac{A \cdot h}{3} = \frac{\frac{1}{4}\sqrt{3}\,a^2 \cdot \frac{1}{3}\sqrt{6}\,a}{3}$$

$$= \frac{\sqrt{18}\,a^3}{36} = \frac{\sqrt{2}}{12}a^3$$

Setzt man 5 cm für a, so erhält man $\underline{\underline{V = 14{,}73\ \mathrm{cm}^3}}$.

2. Eine Kohlenhalde hat Kegelform, ist 10 m hoch und bedeckt eine Kreisfläche mit dem Durchmesser 18 m.

a) Wie viel m^3 Kohle enthält die Halde?

b) Wie viel Eisenbahnwagen zu 20 t sind zum Abtransport notwendig? $\left(\rho = 1{,}3\,\frac{kg}{dm^3}\right)$

Zu a) Für das Kegelvolumen V gilt:

$$V = \frac{d^2\pi h}{12}.$$

Für d ist 18 m und für h ist 10 m zu setzen. Die Halde enthält 848,230 m^3 Kohle.

$$\underline{\underline{V}} = \frac{324\,m^2 \cdot \pi \cdot 10\,m}{12}$$

$$= \underline{\underline{848{,}230\,m^3}} = 848\,230\,dm^3$$

Zu b) Zunächst wird die Masse m der lagernden Kohle aus der Formel $m = V \cdot \rho$ berechnet.

$$m = 848\,230\,dm^3 \cdot 1{,}3\frac{kg}{dm^3} = 1\,102\,699\,kg$$

$$= 1102{,}699\,t$$

Dividiert man die berechnete Größe durch 20 t, so erhält man die gesuchte Anzahl von Eisenbahnwagen.

Um 1102,699 t Kohle abzutransportieren, benötigt man 56 Eisenbahnwagen zu je 20 t.

$$n \geq 1102{,}699\,t : 20\,t = 55{,}135 \quad \blacktriangleright\ n \in \mathbb{N}$$

$$\Rightarrow \underline{\underline{n = 56}}$$

Da Pyramiden sehr unterschiedliche Grundflächen haben können, gibt es keine allgemein gültige Formel für die Größen ihrer **Oberflächen** oder **Mantelflächen**. Der Flächeninhalt der jeweiligen Grundfläche und der Flächeninhalt der Mantelfläche, die aus Dreiecken besteht, müssen von Fall zu Fall berechnet werden. Dazu benötigt man häufig die Kenntnis des Zusammenhangs zwischen der Länge der Höhe der Pyramide und der Länge ihrer Kanten sowie die Länge der Höhe der Dreiecke der Mantelflächen. Am Beispiel der geraden quadratischen Pyramide soll ein solcher Zusammenhang exemplarisch erörtert werden.

Die nebenstehende Zeichnung macht das rechtwinklige Dreieck $\triangle$AMS sichtbar. s soll für die Länge der Kante $\overline{AS}$, h für die Länge der Höhe $\overline{MS}$, a für die Länge der Seite des Quadrats, welches die Grundfläche der Pyramide bildet, stehen. $\overline{AM}$ ist halb so lang wie die Diagonale des Grundflächen Quadrats. ▶ Abschnitt 7.12

Nach dem Satz des Pythagoras gilt: $|\overline{AM}| = \frac{1}{2} \cdot \sqrt{2}a$. Damit erhält man nach dem gleichen Lehrsatz: $s^2 = h^2 + \frac{1}{2}a^2$. Kennt man zwei der drei in der Formel vorkommenden Stücke, kann man das dritte berechnen. Die Länge l der Höhe im Seitendreieck $\triangle$ABS der Pyramide kann ebenfalls mithilfe des pythagoreischen Lehrsatzes berechnet werden. Man entnimmt der Figur:

$$l^2 = s^2 - \left(\frac{a}{2}\right)^2 \text{ und damit } l = \sqrt{s^2 - \frac{a^2}{4}}.$$

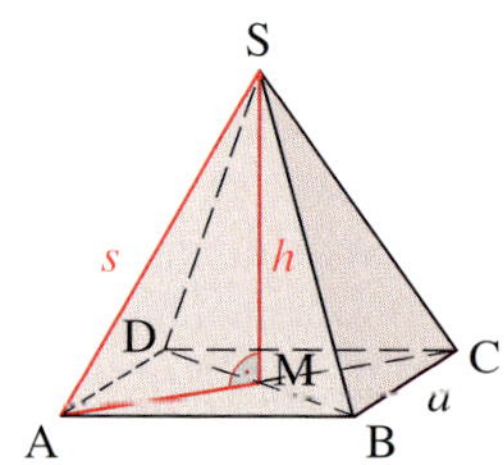

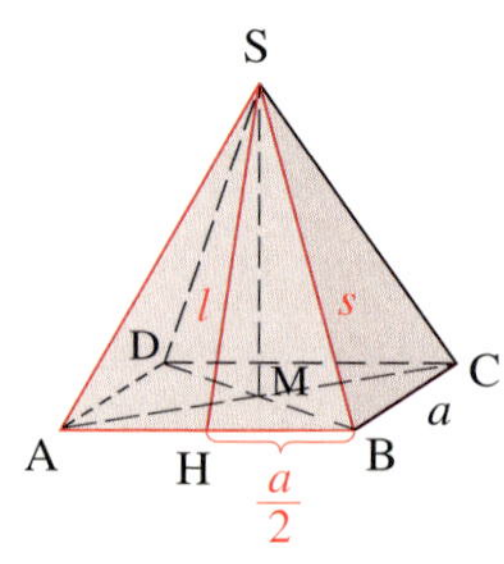

Beispiel:

Das nachfolgend abgebildete sechseckige Turmdach soll mit 1,3 mm dickem Kupferblech gedeckt werden. Wie viel Quadratmeter davon sind nötig, wenn für Falze und Verschnitt ein Zuschlag von 15% erforderlich ist? – Die Blechfläche ist der Mantel einer sechseckigen Pyramide und besteht aus sechs kongruenten gleichschenkligen Dreiecken. Um den Inhalt einer Dreiecksfläche berechnen zu können, muss man die Länge h_s der Höhe des Dreiecks kennen.

Man bestimmt sie mithilfe des Satzes von Pythagoras.
Es gilt: $h_s^2 = 49\,\text{m}^2 + (0{,}75\,\text{m} \cdot \sqrt{3})^2$ und damit $h_s = 7{,}12$ m.
Somit erhält man für den Flächeninhalt A eines Dreiecks:
$A = \frac{1{,}5\,\text{m} \cdot 7{,}12\,\text{m}}{2} = 5{,}34\,\text{m}^2$ und für den Flächeninhalt M der Mantelfläche der Pyramide: $M = 6 \cdot A = 32{,}04\,\text{m}^2$. 15% davon sind $\frac{15 \cdot 32{,}04\,\text{m}^2}{100} = 4{,}806\,\text{m}^2$. Man benötigt also für das Turmdach $32{,}04\,\text{m}^2 + 4{,}806\,\text{m}^2$ Kupferblech, das sind $36{,}846\,\text{m}^2$.

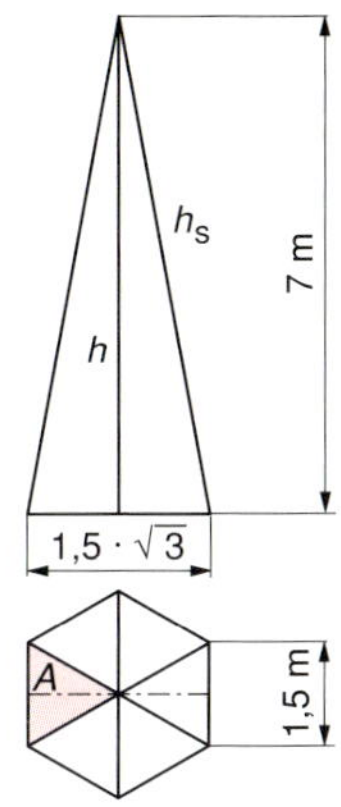

Im Unterschied zu den Verhältnissen bei den Pyramiden lassen sich über die Inhalte der Mantel- und Oberflächen von geraden Kreiskegeln Aussagen treffen, die für alle solchen Kegel gelten. So sind die Grundflächen immer Kreise. Allerdings ist die Mantelfläche eine gekrümmte Fläche, die Größe einer Fläche dieser Art wurde bisher nicht berechnet.

Problem: Wie kann man den Inhalt der Mantelfläche eines geraden Kreiskegels berechnen?

Denkt man sich die Mantelfläche in die Ebene abgerollt, so erhält man stets einen Kreisausschnitt. Die Länge b von dessen Bogen entspricht der Länge des Umfangs des Grundkreises, es gilt also: $b = 2\pi r$, wenn r für die Länge des Grundkreisradius steht. Der Radius des Sektors entspricht der Strecke $\overline{SH}$. Er hat die Länge $s = \sqrt{h^2 + r^2}$, wie man der nebenstehenden Zeichnung entnehmen kann. Für den Flächeninhalt A eines Kreisausschnitts kennt man die Formel $A = \frac{br}{2}$. ▶ Abschnitt 12.2

Da für den Kegelmantel gilt: $r = s$ und $b = 2\pi r$, erhält man für den Inhalt M der Mantelfläche:

$$M = \frac{2\pi r s}{2} = \pi r s.$$

Die Oberfläche des geraden Kreiskegels besteht aus der Grundfläche und der Mantelfläche, für ihren Flächeninhalt O gilt also:

$O = \pi r^2 + \pi r s = \pi r(r + s)$.

Mantel- und Oberfläche eines geraden Kegels

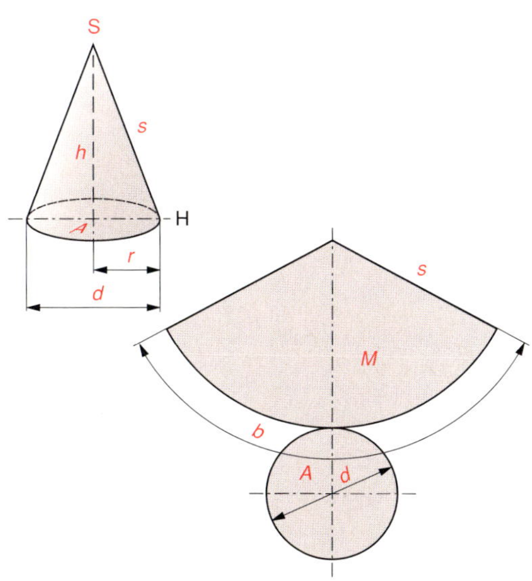

Merke:

Wenn r für die Länge des Radius eines geraden Kreiskegels steht und s für dessen Seitenlänge, so gilt für den Flächeninhalt M der Mantelfläche und O der Oberfläche:

$\boldsymbol{M = \pi r s}$ und $\boldsymbol{O = \pi r(r+s)}$.

Beispiel:

Berechnen Sie den Oberflächeninhalt eines geraden Kreiskegels mit 3 cm für r und 4 cm für h.

Um die gesuchte Größe nach der Formel $O = \pi r(r+s)$ bestimmen zu können, benötigt man noch die Größe s. Man erhält sie mithilfe des pythagoreischen Lehrsatzes aus r und h als $s = \sqrt{h^2 + r^2}$.
Die Oberfläche beträgt rund 75 cm².

$$O = \pi r(r+s)$$
$$s = \sqrt{16\,\text{cm}^2 + 9\,\text{cm}^2} = 5\,\text{cm}^2$$
$$O = 3\,\text{cm} \cdot \pi(3\,\text{cm} + 5\,\text{cm})$$
$$= \underline{\underline{75{,}40}}\,\text{cm}^2$$

13.6 Berechnungen an Pyramiden- und Kegelstümpfen

Pyramiden- und Kegelstümpfe sind gewissermaßen „Reste“, die entstehen, wenn man von Pyramiden oder Kegeln durch einen Schnitt parallel zur Grundfläche eine kleine Pyramide oder einen kleinen Kegel abschneidet. Das bedeutet, dass man bei der Berechnung ihres Volumens auf die Formeln zurückgreifen kann, die für die Volumina von Pyramide und Kegel aufgestellt wurden.

Problem: Gegeben ist ein Kreiskegelstumpf. D steht für die Größe des Durchmessers des Grundkreises K_G, d für die Größe des Durchmessers des Deckkreises K_D und h für die Länge seiner Höhe. Wie kann man sein Volumen berechnen?

Lösungsidee: Der Kegelstumpf ist der Restkörper, den man erhält, wenn man von dem Kegel mit dem Grundkreis K_G den Kegel vom Deckkreis K_D bis zur Spitze abschneidet. Sein Volumen V kann also als Differenz des Volumens V_1 des „großen“ Kegels und V_2 des „kleinen“ Kegels berechnet werden: $V = V_1 - V_2$.

Steht x für die Länge der Höhe des abgeschnittenen Kegels, also $x + h$ für die Länge der Höhe des großen Kegels, so gilt für V_1:

$$V_1 = \frac{1}{3} \cdot \pi \cdot \frac{D^2}{4} \cdot (h+x) = \frac{\pi D^2 \cdot (h+x)}{12}.$$

Analog erhält man für V_2:

$$V_2 = \frac{\pi \cdot d^2 \cdot x}{12}.$$

Volumen eines Kreiskegelstumpfs

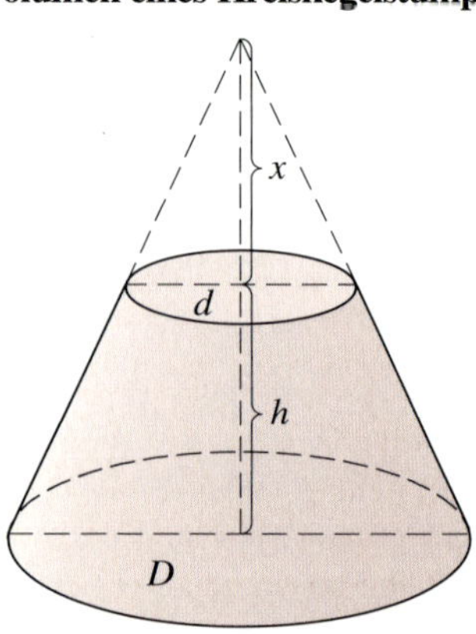

Nun kann man $V_1 - V_2$ bestimmen. Dabei wendet man den 1. Strahlensatz auf die Kegelhöhen an: $x:(h+x) = d:D$, und hieraus:

$x = \frac{dh}{D-d}$ ► $D > d$.

Jetzt wird in der eckigen Klammer die runde Klammer ausmultipliziert und aus zwei der entstandenen Terme $\frac{Dh}{D-d}$ ausgeklammert.
Da $D^2 - d^2$ nach der dritten binomischen Formel dem Produkt $(D+d)(D-d)$ gleich ist, kann man im letzten Term der eckigen Klammer kürzen, die Summe in der eckigen Klammer umformen und h ausklammern.

$$V = \frac{\pi D^2(h+x)}{12} - \frac{\pi d^2 x}{12} = \frac{\pi}{12}[D^2(h+x) - d^2x]$$
$$= \frac{\pi}{12}\left[D^2\left(h + \frac{dh}{D-d}\right) - d^2\frac{dh}{D-d}\right]$$
$$= \frac{\pi}{12}\left[D^2 h + \frac{dh}{D-d}(D^2 - d^2)\right]$$
$$= \frac{\pi}{12}[D^2 h + dh(D+d)]$$
$$= \frac{\pi h}{12}(D^2 + Dd + d^2)$$

Verwendet man anstelle der Durchmesser D und d die Radien R und r, so hat die erarbeitete Formel wegen $D = 2R$ und $d = 2r$ nach entsprechender Umformung die Gestalt:

$$V = \frac{\pi h}{3}(R^2 + Rr + r^2).$$

Merke:

Stehen D und d bzw. R und r für die Längen der Durchmesser bzw. Radien der Grund- und Deckflächen eines Kreiskegelstumpfs und h für die Länge seiner Höhe, so gilt für sein Volumen V:

$$\boldsymbol{V = \frac{\pi \cdot h}{12}(D^2 + Dd + d^2)} \text{ bzw. } \boldsymbol{V = \frac{\pi \cdot h}{3}(R^2 + Rr + r^2)}.$$

Durch einen Rechentrick kann man das Volumen eines Kegelstumpfs auch in Abhängigkeit von den Flächeninhalten A_1 und A_2 seiner Grund- und Deckflächen darstellen.
$\frac{\pi D^2}{4}$ und $\frac{\pi d^2}{4}$ beschreiben die Inhalte der Grund- bzw. Deckfläche des Kegelstumpfs.
Setzt man für $\frac{\pi D d}{4}$ den Term $\sqrt{\frac{\pi D^2}{4} \cdot \frac{\pi d^2}{4}}$, der wegen $D > 0$ und $d > 0$ erklärt und dem Ausgangsterm gleich ist, so ist auch der mittlere Term der Summe in der Klammer mithilfe der Inhalte A_1 und A_2 ausgedrückt.

Man schreibt für V:

$$V = \frac{h}{3}\left(\frac{\pi D^2}{4} + \frac{\pi Dd}{4} + \frac{\pi d^2}{4}\right).$$
$$V = \frac{h}{3}\left(A_1 + \frac{\pi Dd}{4} + A_2\right).$$
► $\frac{\pi D d}{4} = \sqrt{\frac{\pi D^2}{4} \cdot \frac{\pi d^2}{4}}$
$$V = \frac{h}{3}(A_1 + \sqrt{A_1 \cdot A_2} + A_2)$$

In der Formel $V = \frac{h}{3}(A_1 + \sqrt{A_1 \cdot A_2} + A_2)$ spielt die Tatsache, dass Grund- und Deckfläche des Kegelstumpfs Kreise sind, keine Rolle. Diese Formel gilt unabhängig von der Form von Grund- und Deckfläche, also auch für einen **Pyramidenstumpf**. Sie kann in diesem Fall aber auch konkretisiert werden, wenn Grund- und Deckfläche des Stumpfs z. B. Quadrate sind. Das bleibt dem Leser überlassen. ► Übungen zu 13.6 Stumpfe Körper, Aufgabe Nr. 10.

Man kann die Formeln für die Volumina von Kegel- und Pyramidenstumpf auch durch die Anwendung der Strahlensätze auf die jeweiligen Körper finden. Auch das bleibt dem Leser überlassen.
► Übungen zu 13.6 Stumpfe Körper, Aufgabe 11.

Merke:

Stehen A_1 und A_2 für den Flächeninhalt von Grund- bzw. Deckfläche eines Pyramiden- oder Kegelstumpfs und h für die Länge seiner Höhe, so gilt für sein Volumen V:

$$\boldsymbol{V = \frac{h}{3}(A_1 + \sqrt{A_1 \cdot A_2} + A_2).}$$

Gelegentlich wird eine sog. **Faustformel** zur Berechnung der Volumina von Pyramiden- und Kegelstumpf verwendet. Stehen A_1 und A_2 für die Inhalte von Grund- und Deckfläche, so lautet sie:

$$V \approx \frac{A_1 + A_2}{2} \cdot h.$$

In der exakten Formel steht das geometrische Mittel $\sqrt{A_1 A_2}$ der Flächeninhalte A_1 und A_2, in der Faust- oder Näherungsformel deren arithmetisches Mittel $\frac{1}{2}(A_1 + A_2)$.
Dies kann man dazu benutzen, sich einen Eindruck von der Genauigkeit zu verschaffen, mit welcher die Faustformel das Volumen eines Pyramiden- oder Kegelstumpfs erfasst.

Es gilt stets:
$\sqrt{A_1 \cdot A_2} \leqq \frac{A_1+A_2}{2}$, weil das geometrische Mittel zweier nicht negativer reeller Zahlen höchstens gleich ihrem arithmetischen Mittel ist.
Setzt man das arithmetische Mittel für das geometrische in der exakten Formel für das Volumen, so erhält man die rechte Seite der Faustformel und erkennt, dass das nach der Faustformel berechnete Volumen stets größer oder gleich dem exakten Volumen ist.

$$V = \frac{h}{3}\left(A_1 + \sqrt{A_1 A_2} + A_2\right)$$
$$V \leqq \frac{h}{3}\left(A_1 + \frac{A_1 + A_2}{2} + A_2\right)$$
$$\leqq \frac{h}{3}\left[\frac{3(A_1 + A_2)}{2}\right]$$
$$V \leqq \frac{h}{2}(A_1 + A_2)$$

Geometrisches und arithmetisches Mittel sind nur für $A_1 = A_2$ gleich, wie die nebenstehende Rechnung zeigt.

In diesem Fall wäre der durch die Faustformel bewirkte Fehler gleich 0.

$$\frac{A_1 + A_2}{2} = \sqrt{A_1 A_2} \quad | \cdot 2;\ \text{quadrieren}$$
$$(A_1 + A_2)^2 = 4 \cdot A_1 A_2 \quad | \ \text{binom. Formel}$$
$$A_1^2 + 2A_1A_2 + A_2^2 = 4A_1A_2 \quad | -4A_1A_2$$
$$A_1^2 - 2A_1A_2 + A_2^2 = 0 \quad | \ \text{binom. Formel}$$
$$(A_1 - A_2)^2 = 0$$
$$\Rightarrow A_1 = A_2$$

Die Faustformel liefert also umso genauere Ergebnisse, je mehr sich die Form des Pyramiden- oder Kegelstumpfs der Form eines Prismas oder eines Zylinders annähert.

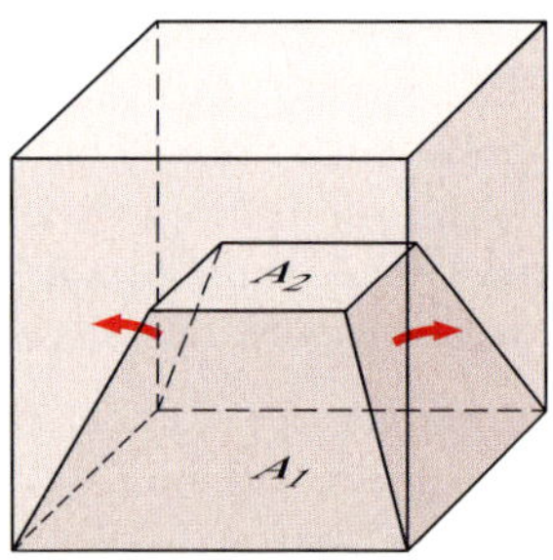

Beispiel:

Untenstehend ist eine Körnerspitze aus Stahl $\left(\rho = 7{,}8\,\frac{\text{kg}}{\text{dm}^3}\right)$ abgebildet.

Welche Masse hat sie? (Die Maße sind in Millimetern angegeben.)

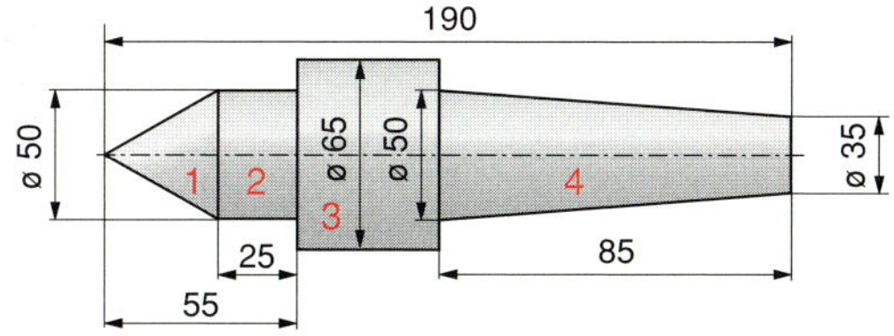

Die Körnerspitze besteht aus vier Körpern. Deren Volumina $V_1, \ldots, V_4$ können berechnet werden. Ihre Summe ergibt das Gesamtvolumen V. Die Masse m erhält man mithilfe der Formel $m = \rho \cdot V$.

Der 1. Körper ist ein Kegel mit einem Grundkreisdurchmesser von 0,5 dm und einer Höhe von 0,3 dm.

$$V_1 = \frac{\pi \cdot 0{,}5^2\,\text{dm}^2 \cdot 0{,}3\,\text{dm}}{4 \cdot 3} = 0{,}02\,\text{dm}^3$$

Der 2. Körper ist ein Kreiszylinder mit einem Durchmesser von 0,5 dm und einer Höhe von 0,25 dm.

$$V_2 = \frac{\pi \cdot 0{,}5^2\,\text{dm}^2}{4} \cdot 0{,}25\,\text{dm} = 0{,}05\,\text{dm}^3$$

Der 3. Körper ist ein Zylinder mit einem Durchmesser von 0,65 dm und einer Höhe von 0,5 dm.

$$V_3 = \frac{0{,}65^2\,\text{dm}^2 \cdot \pi}{4} \cdot 0{,}5\,\text{dm} = 0{,}17\,\text{dm}^3$$

Der 4. Körper ist ein Kegelstumpf mit einem Grundkreisdurchmesser von 0,5 dm, einem Deckkreisdurchmesser von 0,35 dm und einer Höhe von 0,85 dm.

$$V_4 = \frac{0{,}85\,\text{dm}}{3}(0{,}196\,\text{dm}^2 + 0{,}096\,\text{dm}^2 + 0{,}137\,\text{dm}^2) = 0{,}12\,\text{dm}^3$$

Die Summe aus den Teilvolumina wird gebildet und die Masse des Gesamtkörpers berechnet. Sie beträgt rund 2,8 kg.

$$V = 0{,}36\,\text{dm}^3$$

$$\underline{\underline{m = 2{,}808\,\text{kg}}}$$

Für die Berechnung der **Oberfläche** bzw. der **Mantelfläche** eines **Pyramidenstumpfs** gilt sinngemäß das, was für das entsprechende Problem bei einer Pyramide gesagt wurde. Beide Größen müssen in Abhängigkeit von der Form der Grundfläche des Stumpfs jeweils einzeln berechnet werden. Die Seitenflächen sind immer Trapeze, die kongruent sind, wenn die Grundfläche ein regelmäßiges Vieleck ist.

Anders ist das für einen **Kegelstumpf**. Grund- und Deckfläche sind immer Kreise, und der Inhalt der Mantelfläche kann als Differenz der Mantelflächen zweier Kegel bestimmt werden.

Stehen r für die Länge des Radius des Grundkreises eines Kegels und s für die Länge seiner Seitenlinie, so gilt für seine Mantelfläche $M = \pi r s$ oder, setzt man $\frac{d}{2}$ für r, $M = \frac{\pi d s}{2}$.

Mantelfläche eines Kegelstumpfs

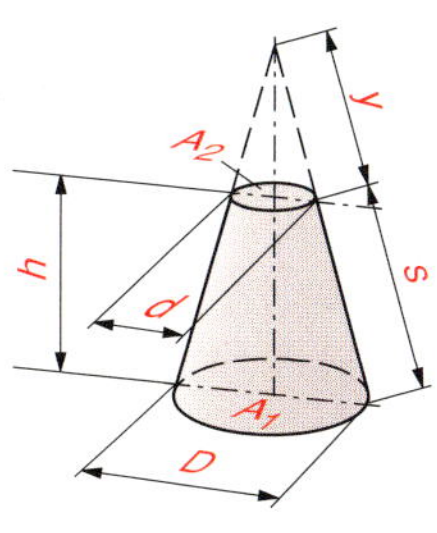

Mit den Bezeichnungen der nebenstehenden Figur gilt für den Inhalt M_K der Mantelfläche des Kegelstumpfs:

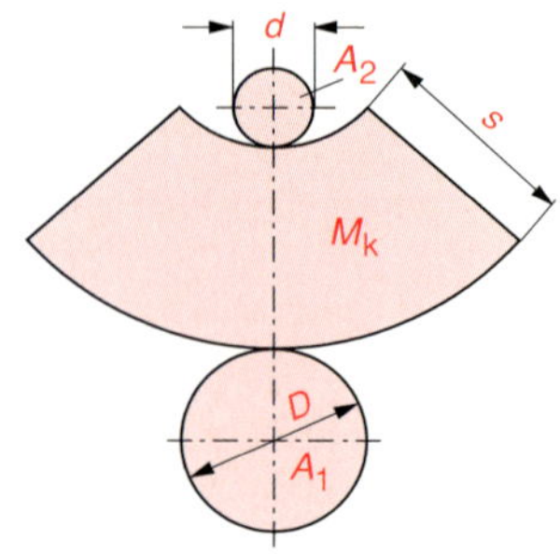

$$M_K = \frac{\pi D}{2}(s+y) - \frac{\pi d y}{2}$$
$$= \frac{\pi}{2}(Ds + Dy - dy)$$
$$= \frac{\pi}{2}[Ds + y(D-d)]$$

Der 2. Strahlensatz ermöglicht es, die am Kegelstumpf in der Regel nicht bekannte Größe y durch d, D und s auszudrücken. Man erhält

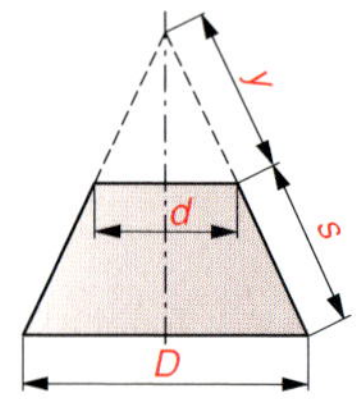

$$M_K = \frac{\pi}{2}(Ds + ds) = \frac{s\pi}{2}(D+d),$$ oder für

$D = 2R$ und $d = 2r$:

$M_K = \pi s(R+r)$.

► 2. Strahlensatz: $y:(s+y) = \frac{d}{2} : \frac{D}{2}$;

$\Rightarrow y = \frac{ds}{D-d}$.

Merke:

Stehen D und d für die Längen von Grundkreisdurchmesser und Deckkreisdurchmesser eines geraden Kreiskegels bzw. R und r für die Längen derer Radien und s für seine Seitenlänge, so gilt für den Inhalt M seiner Mantelfläche

$$\boldsymbol{M = \frac{\pi s}{2}(D+d)} \text{ bzw. } \boldsymbol{M = \pi s(R+r)}.$$

Beispiel:

Berechnen Sie die Mantelfläche eines rechteckigen Pyramidenstumpfes aus den nebenstehend angegebenen Variablen.

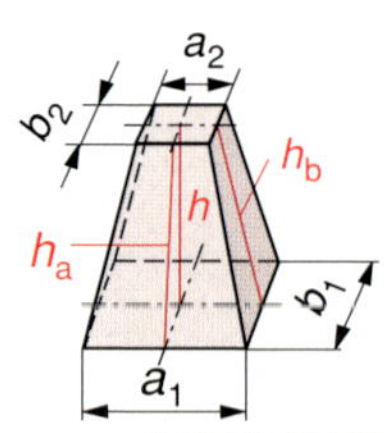

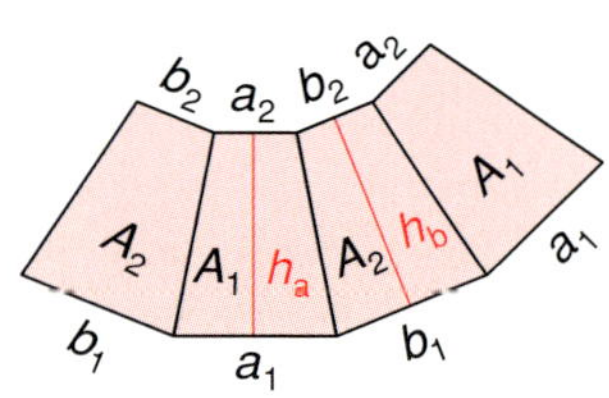

Die Mantelfläche besteht aus vier Trapezen, von denen je zwei kongruent sind, nämlich die Trapeze über den Seiten mit den Längen a_1 und den Flächeninhalten A_1 und die Trapeze über den Seiten der Längen b_1 und den Flächeninhalten A_2.

Die Längen h_a und h_b der Höhen dieser Trapeze kann man mithilfe des „Pythagoras" berechnen.

► Für den Flächeninhalt A eines Trapezes gilt:

$A = \frac{a+c}{2} \cdot h.$

Für die Mantelfläche gilt: $M = 2 \cdot A_1 + 2 \cdot A_2$

$$h_a = \sqrt{h^2 + \frac{(b_1 - b_2)^2}{2}}; \; h_b = \sqrt{h^2 + \frac{(a_1 - a_2)^2}{2}}$$

$$A_1 = \frac{a_1 + a_2}{2} \cdot \sqrt{h^2 + \frac{(b_1 - b_2)^2}{2}}$$

$$A_2 = \frac{b_1 + b_2}{2} \cdot \sqrt{h^2 + \frac{(a_1 - a_2)^2}{2}}$$

$$M = 2 \cdot A_1 + 2 \cdot A_2$$

13.7 Berechnungen von Kugeln und Kugelteilen

Ein Kreis ist eine ebene Figur mit der grundlegenden Eigenschaft, dass seine Peripherie der geometrische Ort für alle Punkte ist, die von einem festen Punkt M den gleichen Abstand haben. Eine **Kugel** ist ein (räumlicher) Körper mit der grundlegenden Eigenschaft, dass ihre Oberfläche der geometrische Ort für alle Punkte ist, die von einem festen Punkt M den gleichen Abstand haben.

Der feste Punkt M ist der **Mittelpunkt** der Kugel. Die Verbindungsstrecken des Mittelpunkts mit den Punkten der Kugeloberfläche sind die **Radien** der Kugel. Die Radien einer Kugel sind alle gleich lang, ihre Länge ist der Abstand der Punkte der Kugeloberfläche vom Mittelpunkt.

Diejenigen Verbindungsstrecken zweier Punkte der Kugeloberfläche, die durch den Mittelpunkt gehen, sind die **Durchmesser** der Kugel.

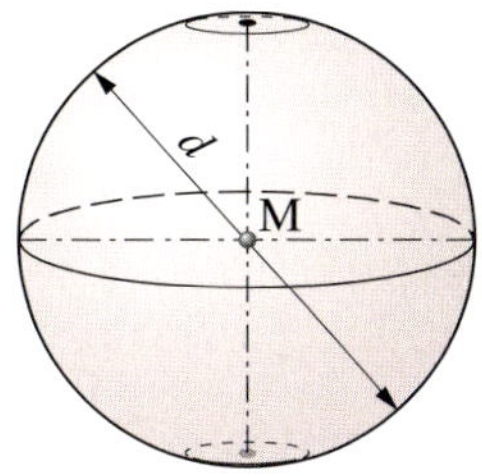

Wenn r für die Länge der Radien einer Kugel steht, so gilt für alle Punkte P der **Kugeloberfläche** $|\overline{\mathrm{MP}}| = r$. Die Punkte, für die $|\overline{\mathrm{MP}}| < r$, bilden das **Innere** der Kugel, die Punkte, für die $|\overline{\mathrm{MP}}| > r$, bilden das Äußere der **Kugel**. Die Punkte, für die $|\overline{\mathrm{MP}}| \leq r$, bilden den **Kugelkörper**.

Das Wort „Kugel" wird häufig sowohl für die Kugeloberfläche als auch für den Kugelkörper gebraucht. Aus dem jeweiligen Zusammenhang muss man entnehmen, was gerade gemeint ist.

Das **Volumen** einer Kugel kann nicht einfach durch Ausfüllen des Kugelinneren mit Einheitswürfeln bestimmt werden. Man muss – ähnlich wie bei der Bestimmung des Volumens von Prismen und spitzen Körpern – versuchen, das neue Problem auf ein bereits gelöstes zurückzuführen.

Problem: Eine Kugel hat einen Radius der Länge r. Wie groß ist ihr Volumen?

Die nebenstehende Zeichnung zeigt eine Halbkugel mit einem Durchmesser der Länge d, die in einen Zylinder mit einem Durchmesser gleicher Länge eingebettet ist, dessen Höhe die halbe Länge des Durchmessers, also die Länge des Radius der Halbkugel hat. In dem Zylinder steht ein Kegel. Dessen Spitze liegt auf dem Mittelpunkt der Halbkugel, seine Grundfläche ist die Deckfläche des Zylinders.

Schon Archimedes (287 bis 212 v.u.Z.) wusste, dass das Volumen der Halbkugel dem Volumen des Restkörpers gleich ist, den man erhält, wenn man den Kegel aus dem Zylinder „herausnimmt". Kennt man das Volumen des Restkörpers, so kennt man auch das Volumen der Halbkugel und damit das Volumen der Kugel.

Das Volumen einer Kugel

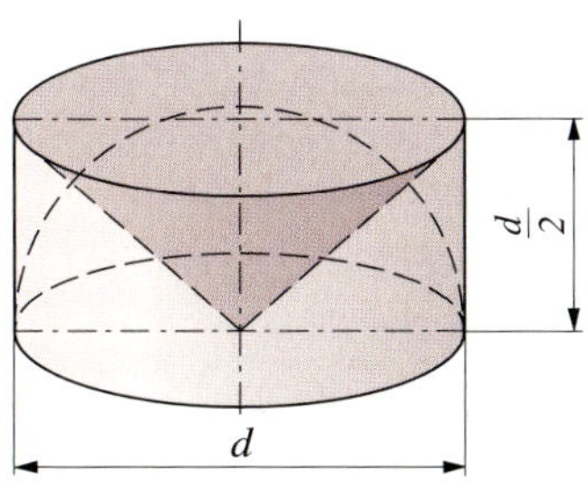

$$V_{\text{Halbkugel}} = V_{\text{Zylinder}} - V_{\text{Kegel}}$$

Dieser Nachweis soll mithilfe des Prinzips von Cavalieri geführt werden. Nach ihm sind zwei Körper volumengleich, wenn sie gleich große Grundflächeninhalte, gleich lange Höhen und in gleicher Höhe gleich große Inhalte der Schnittflächen haben.
In der unten stehenden Zeichnung sind die Halbkugel und der Zylinder mit dem Restkörper der besseren Übersicht halber „auseinander gerückt" gezeichnet. Beide Körper stehen zwischen den parallelen Ebenen E_1 und E_2.

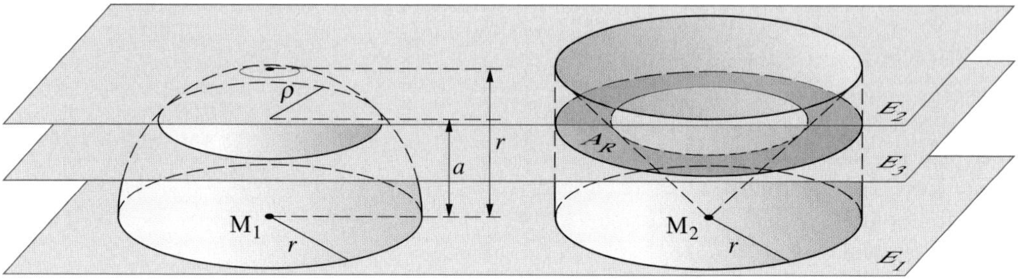

Die folgende Zeichnung zeigt einen zu Grund- und Deckfläche des Zylinders senkrechten Schnitt durch den Mittelpunkt von Zylinder und Halbkugel. Es muss nun gezeigt werden, dass eine zwischen E_1 und E_2 liegende und zu E_1 und E_2 parallele Ebene E_3 die Halbkugel und den Restkörper in Flächen schneidet, die denselben Flächeninhalt haben. In dieser Zeichnung erscheinen die Ebenen E_1, E_2 und E_3 als Geraden.

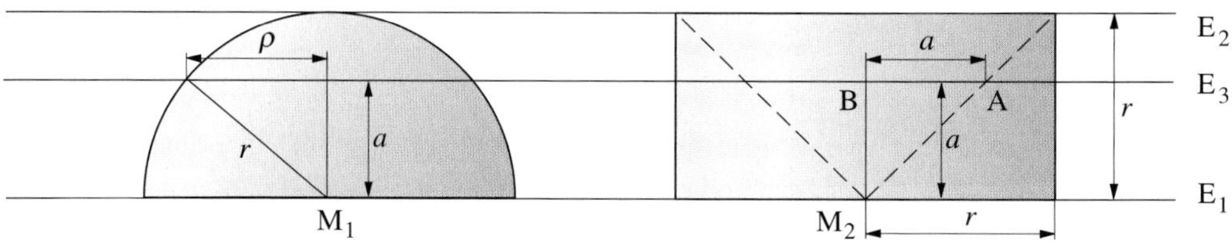

Man entnimmt der Zeichnung:

1. Die Halbkugel betreffend. Für den Schnittkreisradius mit der Länge ρ erhält man nach Pythagoras $\rho^2 = r^2 - a^2$. Der Flächeninhalt A_K des Schnittkreises beträgt also: $A_K = \pi \rho^2 = \pi (r^2 - a^2)$.

2. Den Restkörper betreffend. Das Dreieck $\triangle ABM_2$ ist gleichschenklig (die Winkel bei M_2 und A sind je 45°). Deshalb hat $\overline{AB}$ die Länge a. Der durch E_3 aus dem Restkörper ausgeschnittene Kreisring ist daher durch Kreise mit den Radien der Längen r und a begrenzt. Für seinen Flächeninhalt A_R gilt also: $A_R = \pi r^2 - \pi a^2 = \pi(r^2 - a^2)$.

Man erkennt: Es gilt $A_K = A_R$, d. h., die Schnittflächen von Halbkugel und Restkörper sind inhaltsgleich, die Volumina von Halbkugel und Restkörper stimmen also überein. Das Volumen des Restkörpers wird als Differenz des Volumens des Zylinders und des Kegels berechnet.

Die Formel für den Rauminhalt V_Z des Zylinders kennt man.

$$V_Z = A \cdot h$$

$$V_Z = \frac{\pi d^2}{4} \cdot \frac{d}{2} = \frac{\pi d^3}{8}$$

Der Rauminhalt des Kegels ist ein Drittel davon, der Rauminhalt V_R des Restkörpers also zwei Drittel.

$$V_R = \frac{\pi d^3}{8} \cdot \frac{2}{3} = \frac{\pi d^3}{12}$$

Der Rauminhalt des Restkörpers ist dem Rauminhalt der Halbkugel gleich.
Das Volumen V_K der Kugel ist das Doppelte des Volumens der Halbkugel.

$$V_K = \frac{\pi d^3}{12} \cdot 2 = \frac{\pi d^3}{6} = \frac{\pi}{6} d^3$$

Bedenkt man, dass $d = 2r$ gilt, so kann man das Volumen der Kugel auch in Abhängigkeit von r ausdrücken.

$$V_K = \frac{4\pi r^3}{3} = \frac{4}{3}\pi r^3$$

Merke:

Stehen d bzw. r für die Längen von Durchmesser bzw. Radius einer Kugel, so gilt für deren Volumen V: $\boldsymbol{V = \frac{\pi}{6} d^3}$ bzw. $\boldsymbol{V = \frac{4}{3}\pi r^3}$.

Die obige Figur, welche der Herleitung der Formel für das Kugelvolumen zugrunde liegt, regt zur Ableitung einer weiteren Beziehung zwischen den Volumina der dargestellten Körper an.

Die Figur vereint drei Körper: Einen Kegel, dessen Radius und Höhe die Länge r haben; eine Halbkugel mit der Radiuslänge r und einen Kreiszylinder mit ebenfalls der Länge r für Radius und Höhe.

V_{Ke}: Volumen des Kegels
V_H : Volumen der Halbkugel
V_Z : Volumen des Zylinders

Setzt man die Terme für die Volumina der drei Körper ins Verhältnis, wobei man für das Volumen des Zylinders anstelle von πr^3 den äquivalenten Term $\frac{3}{3}\pi r^3$ schreibt, so erhält man die angedeutete Aussage.

$$\begin{aligned} V_{Ke} : V_H : V_Z &= \frac{\pi \cdot r^2 \cdot r}{3} : \frac{2 \cdot \pi \cdot r^3}{3} : \frac{3 \cdot \pi \cdot r^2 \cdot r}{3} \\ &= \frac{1}{3} : \frac{2}{3} : \frac{3}{3} = 1:2:3 \end{aligned}$$

Dieses Ergebnis kann man zu der Aussage verallgemeinern: Die Volumina von Kegel, Kugel und Zylinder verhalten sich wie $1:2:3$, wenn die Körper Durchmesser und Höhen von jeweils gleicher Länge haben.

1 : 2 : 3

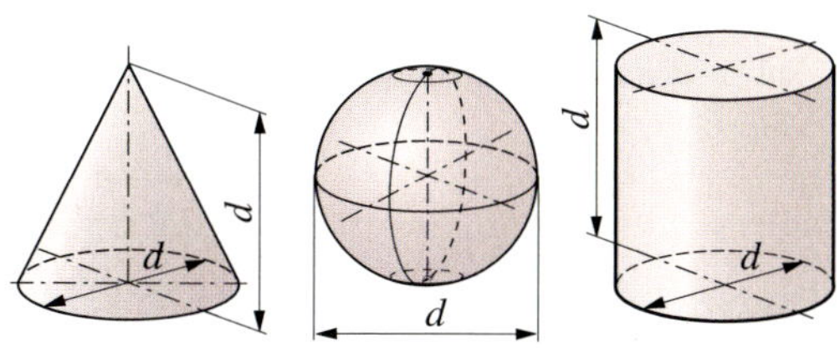

Der Inhalt der **Oberfläche** einer Kugel kann nicht mit einer der bisher angewandten Methoden berechnet werden. Sie ist gekrümmt und kann nicht in eine Ebene abgerollt werden.

Problem: Eine Kugel mit einem Radius der Länge r ist gegeben. Wie groß ist ihr Oberflächeninhalt?

Um den Oberflächeninhalt einer Kugel bestimmen zu können, muss man Überlegungen anstellen, die denen ähneln, welche man bei der Berechnung des Umfangs oder des Flächeninhalts eines Kreises verwendete.

Schneidet man eine Kugel durch eine Schar von Ebenen, von denen jede ein und denselben Kugeldurchmesser enthält, erhält man auf der Kugeloberfläche eine Schar von Kreisen. Schneidet man die Kugel nun ein zweites Mal mit einer Schar paralleler Ebenen, die senkrecht zu denen der 1. Schar sind, so erhält man eine zweite Schar von Kreisen; es entstehen so vierecksähnliche (an den Polen dreiecksähnliche) Figuren.

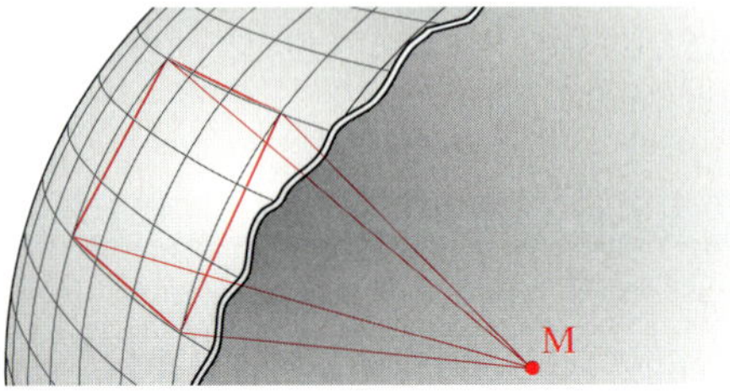

Verbindet man die Ecken dieser Figuren mit dem Kugelmittelpunkt, entstehen viele kleine pyramidenförmige Körper. Ihre Höhen haben die Länge r des Kugelradius, sie füllen die Kugel aus und ihre Grundflächen bedecken die Kugeloberfläche vollständig. Haben die pyramidenförmigen Körper die Volumina $V_1, V_2, \cdots, V_n$ und die Grundflächen $O_1, O_2, \cdots, O_n$, so gilt, wenn auch nur angenähert, weil diese Grundflächen nicht eben sind:

$V_1 \approx \frac{1}{3} r \cdot O_1, V_2 \approx \frac{1}{3} r \cdot O_2, \cdots, V_{\mathrm{n}} \approx \frac{1}{3} r \cdot O_n$. Addiert man alle diese Gleichungen, so erhält man: $V_1 + V_2 + \cdots + V_{\mathrm{n}} \approx \frac{1}{3} r (O_1 + O_2 + \cdots + O_n)$, und damit $V \approx \frac{1}{3} r \cdot O$, wobei V für das Volumen der Kugel und O für die Größe ihrer Oberfläche stehen.

Je größer die Anzahl der pyramidenförmigen Körper ist, desto besser wird sich die Summe der Inhalte ihrer Grundflächen der Größe der Kugeloberfläche nähern. Man kann mit Mitteln der Höheren Mathematik zeigen, dass sogar das Gleichheitszeichen gilt, dass also $V = \frac{1}{3} r \cdot O$ ist. Da man V kennt, kann man O bestimmen: $O = \frac{3 \cdot V}{r}$, also $O = 3 \cdot \frac{4 \pi r^3}{3 r} = 4 \pi r^2$. Wegen $r = \frac{d}{2}$ gilt auch $O = \pi d^2$.

Merke:

Stehen d bzw. r für die Längen von Durchmesser bzw. Radius einer Kugel, so gilt für deren Oberflächeninhalt O:

$$\boldsymbol{O = \pi d^2} \text{ bzw. } \boldsymbol{O = 4 \pi r^2}.$$

Beispiele:

1. Wie groß ist der Oberflächeninhalt einer Kugel, deren Radius 5 cm groß ist?

In der Formel $O = 4 \pi r^2$ wird 5 cm für r gesetzt. Der Oberflächeninhalt beträgt rund 314,2 cm².

$$\underline{\underline{O}} = 4 \cdot \pi \cdot 25 \text{ cm}^2 = \underline{\underline{314{,}159 \text{ cm}^2}}$$

2. Wie viele Bleikugeln mit einem Durchmesser von 3 mm muss man zusammenschmelzen, um eine Kugel mit einem Durchmesser der Länge D von 3 cm zu erhalten?

Wenn x für die Anzahl der kleinen Kugeln und d für die Länge von deren Durchmesser steht, dann kann das Volumen der kleinen Kugeln dem Volumen der großen Kugel gleichgesetzt werden.
Man muss 1000 kleine Kugeln zusammenschmelzen.

$$\frac{\pi d^3}{6} \cdot x = \frac{\pi D^3}{6} \qquad | \cdot 6 : \pi$$

$$d^3 \cdot x = D^3 \qquad | : d^3$$

$$\underline{\underline{x}} = \frac{D^3}{d^3} = \frac{27\,000\ \text{mm}^3}{27\ \text{mm}^3} = \underline{\underline{1000}}$$

3. Eine Boje aus Stahlblech $\left(\gamma = 78\ \frac{\text{N}}{\text{dm}^3}\right)$ ist kugelförmig und ihr äußerer Durchmesser hat eine Länge D von 80 cm. Sie enthält 118 kg Sand mit einer Gewichtskraft von 1180 N. Wie stark ist das Stahlblech, wenn die Boje bis zur Hälfte ins Wasser eintaucht? Für Wasser gilt $\gamma = 10\ \frac{\text{N}}{\text{dm}^3}$.

Nach dem Archimedischen Gesetz erfährt ein Körper in einer Flüssigkeit einen Auftrieb, der genauso groß ist wie die Gewichtskraft der von ihm verdrängten Flüssigkeit. Die Gewichtskraft der Boje und die Gewichtskraft des von ihr verdrängten Wassers können demnach gleichgesetzt werden.

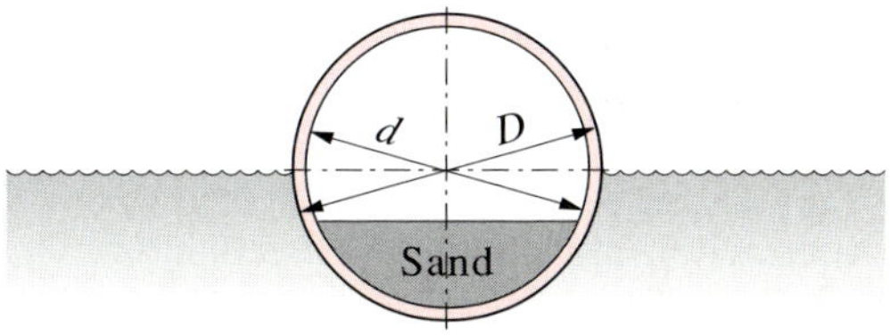

Stehen d für die Größe des inneren Durchmessers der Boje, F_G für die Gewichtskraft des in ihr enthaltenen Sandes, γ_{St} für die Wichte des Stahls und γ_W für die Wichte des Wassers, kann man die Ausgangsgleichung zur Berechnung von d zunächst mit Variablen aufstellen.

Man stellt diese Gleichung nach d um und setzt die entsprechenden Größen ein.
Die Wandstärke der Boje beträgt $\frac{D-d}{2}$, also $\frac{80\ \text{cm} - 79{,}8\ \text{cm}}{2}$, das sind 0,1 cm.

$$\left(\frac{\pi D^3}{6} - \frac{\pi d^3}{6}\right) \cdot \gamma_{St} + F_G = \frac{\pi D^3}{6} \cdot \tfrac{1}{2} \cdot \gamma_W$$

$$\frac{\pi}{6}(D^3 - d^3) = \frac{\pi D^3 \gamma_W}{12 \cdot \gamma_{St}} - \frac{F_G}{\gamma_{St}}$$

$$d^3 = D^3 - \frac{D^3 \gamma_W}{2\gamma_{St}} + \frac{6F_G}{\pi \gamma_{St}}$$

$$\underline{\underline{d}} = 7{,}98\ \text{dm} = \underline{\underline{79{,}8\ \text{cm}}}$$

Schneidet man eine Kugel mit einer Ebene so, wie es das nebenstehende Bild zeigt, so entsteht ein **Kugelabschnitt** oder **Kugelsegment**.
Der Radius seines Grundkreises wird hier mit s bezeichnet, die Höhe des Kreisabschnitts mit h, die Längen dieser Strecken entsprechend mit s und h.
Um das **Volumen** eines Kugelabschnitts zu bestimmen, kann man ähnlich vorgehen wie bei der Berechnung des Volumens einer Kugel. Auch hier gilt, dass das Volumen V_R des Restkörpers, der bei einem Schnitt durch den Kugelabschnitt entsteht, gleich der Differenz der Volumina V_Z des Zylinders und V_{Ke} des Kegelstumpfs ist. Da außerdem auch wieder V_R dem Volumen V_{Ka} des Kugelabschnitts gleich ist, gilt: $V_{Ka} = V_Z - V_{Ke}$.

Da V_Z and V_{Ke} bekannt sind, kann man ihre Differenz bilden und vereinfachend umformen. Dieses Rechnung soll hier nicht im einzelnen ausgeführt werden.

Mithilfe des Lehrsatzes des Pythagoras kann man die Länge d des Kugeldurchmessers durch die Längen s und h des Grundkreisdurchmessers und der Höhe des Kugelabschnitts ausdrücken. Aus

$|\overline{MB}|^2 = |\overline{BC}|^2 + |\overline{MC}|^2$ folgt:

$$\left(\frac{d}{2}\right)^2 = \left(\frac{s}{2}\right)^2 + \left(\frac{d}{2} - h\right)^2.$$

Hieraus erhält man:

$$d = \frac{s^2}{4h} + h.$$

Volumen eines Kugelabschnitts

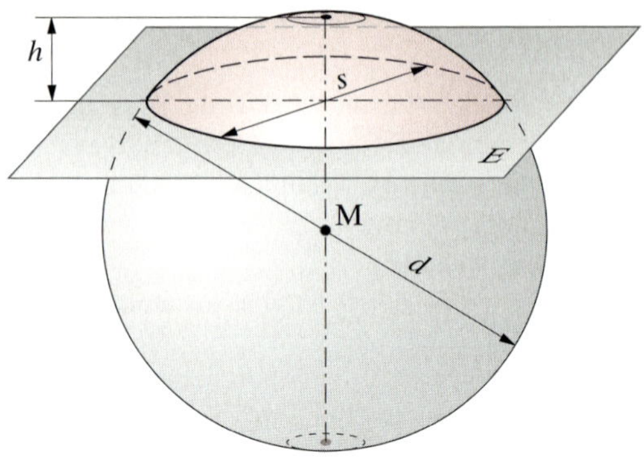

► d: Länge des Kugeldurchmessers;
h: Länge der Höhe des Kugelabschnitts

$$V_Z - V_{Ke} = \frac{\pi d^2}{4} \cdot h - \frac{\pi h}{12}\left[d^2 + (d-2h)^2 + d(d-2h)\right]$$

$$V_{Ka} = \frac{\pi h^2}{6}(3d - 2h) \text{ oder wegen } d = 2r$$

$$V_{Ka} = \frac{\pi h^2}{3}(3r - h)$$

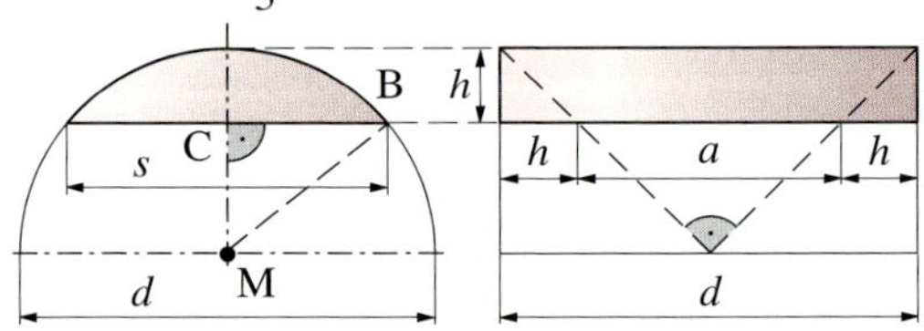

413020 S.252B

$$d = \frac{s^2}{4h} + h \Rightarrow V_{Ka} = \pi h\left(\frac{s^2}{8} + \frac{h^2}{6}\right)$$

Merke:

Stehen d bzw. r für die Längen von Durchmesser bzw. Radius einer Kugel und h für die Höhe eines Abschnitts dieser Kugel, so gilt für das Volumen V dieses Kugelabschnitts:

$$\boldsymbol{V = \frac{\pi h^2}{6}(3d - 2h)} \text{ bzw. } \boldsymbol{V = \frac{\pi h^2}{3}(3r - h)}.$$

Beispiel:

Eine bikonvexe Linse aus Glas $\left(\rho = 3{,}5\ \frac{\text{g}}{\text{cm}^3}\right)$ hat einen Durchmesser von 12 cm und eine Höhe von 4 cm. Berechnen Sie ihre Masse.

Die Linse besteht aus zwei gleichen Kugelabschnitten von je 2 cm Höhe und einem Durchmesser von 12 cm.
Es sind also h und s bekannt, d. h., man wird die Formel $V = \pi h \left(\frac{s^2}{8} + \frac{h^2}{6}\right)$ verwenden, um das Volumen eines der Kugelabschnitte zu berechnen.

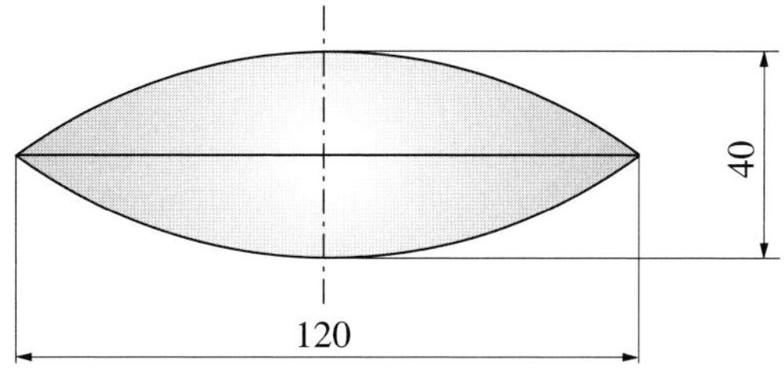

► Maßangaben in mm

Volumen eines Kugelabschnitts:

$$\underline{\underline{V}} = \pi \cdot 2\,\text{cm}\left(\frac{144\,\text{cm}^2}{8} + \frac{4\,\text{cm}^2}{6}\right)$$
$$= \underline{\underline{117{,}286\,\text{cm}^3}}$$

Das Volumen der Linse ist das Doppelte des errechneten Wertes, also rund 234,57 cm³.

Volumen eines Kugelausschnitts

Zeichnet man über dem Grundkreis eines Kugelabschnitts wie im nebenstehenden Bild einen Kegel, dessen Spitze im Mittelpunkt der Kugel liegt, so entsteht ein **Kugelausschnitt** oder **Kugelsektor**.

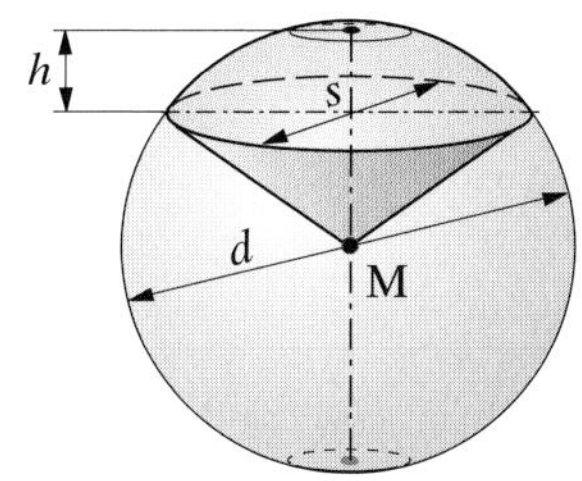

Für das **Volumen** V_A des Kugelausschnitts gilt $V_A = V_{Ka} + V_{Ke}$, wobei V_{Ka} für das Volumen des Kugelabschnitts und V_{Ke} für das Volumen des Kegels stehen.

Bedenkt man, dass die Länge s des Grundkreisradius aus $\left(\frac{d}{2}\right)^2 = \left(\frac{s}{2}\right)^2 + \left(\frac{d}{2} - h\right)^2$ zu $s^2 = 4h(d-h)$ berechnet werden kann, erhält man nach längerer Rechnung, die hier nicht ausgeführt wird, eine kurze Formel für das gesuchte Volumen.

$$V = \frac{\pi h^2}{6}(3d - 2h) + \frac{1}{3} \cdot \frac{s^2\pi}{4}\left(\frac{d}{2} - h\right)$$
$$V = \frac{\pi h^2}{6}(3d - 2h) + \frac{4h(d-h)\pi}{12} \cdot \left(\frac{d}{2} - h\right)$$
$$\boldsymbol{V = \frac{\pi d^2 h}{6}} \text{ oder wegen } d = 2r\text{:}$$
$$\boldsymbol{V = \frac{2\pi r^2 h}{3}}$$

Die gekrümmte Oberfläche eines Kugelabschnitts nennt man **Kugelhaube**, **Kugelkappe** oder **Kalotte**.

Problem: Leiten Sie eine Formel für den Flächeninhalt einer Kugelhaube ab.

Um den Flächeninhalt einer Kugelhaube zu bestimmen, bedient man sich des weiter vorn beschriebenen Zusammenhangs zwischen dem Oberflächeninhalt und dem Volumen einer Kugel. Der besteht auch dann, wenn es sich nicht um die ganze Kugel sondern eben um einen Kugelausschnitt handelt.

Für den Zusammenhang zwischen dem Volumen V und dem Oberflächeninhalt O einer Kugel besteht die Beziehung $V = \frac{1}{3} r O$ bzw. $V = \frac{1}{6} d O$. Sie gilt auch für das Volumen und den Oberflächeninhalt eines Kugelausschnitts.

Zwischen dem Volumen V eines Kugelausschnitts und seinem Oberflächeninhalt O gilt:

$\frac{2\pi r^2 h}{3} = \frac{1}{3} r O$. Hieraus folgt für O:

$\boldsymbol{O = 2\pi r h}$ oder wegen $d = 2r$ auch $\boldsymbol{O = \pi d h}$.

Schneidet man eine Kugel wie im nebenstehenden Bild gezeigt durch zwei parallele Ebenen, so nennt man den zwischen den Ebenen liegenden Körper eine **Kugelschicht**, die zugehörige Oberfläche eine **Kugelzone**.

Volumen und Oberfläche einer Kugelschicht

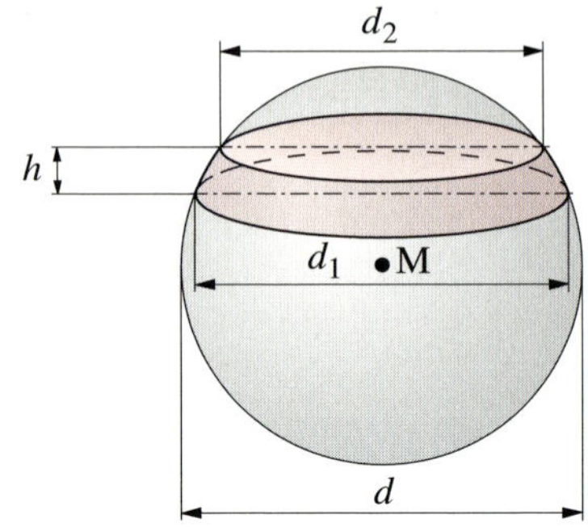

Das Volumen der Kugelschicht berechnet man als Differenz der Volumina der beiden durch die Schnitte entstandenen Kugelabschnitte. Die im allgemeinen Fall dazu notwendige längere Rechnung soll hier nicht ausgeführt werden.

$$\boldsymbol{V = \frac{\pi h}{24}(3d_1 + 3d_2 + 4h^2)}$$

Den Oberflächeninhalt erhält man analog als Differenz der Inhalte der beiden zugehörigen Kugelhauben zu $\pi d h$.

$$\boldsymbol{O = \pi d h}$$

Beispiele:

1. Welche Masse m hat nachstehender Stahlbehälter, wenn 1 m² Blech eine Masse von 7,85 kg besitzt?

Der Behälter hat die Maße: $l = 3{,}4$ m, $h = 0{,}22$ m, $d = 1{,}4$ m.
Bei der Rechnung sollen die Schweißnähte nicht berücksichtigt werden.
Die Oberfläche des Stahlbehälters besteht aus einem Zylindermantel und zwei kongruenten Kugelhauben, deren Grundkreisdurchmesser die Länge des Zylinderdurchmessers haben. Für seinen Oberflächeninhalt O gilt:
$O = O_{\text{Zylindermantel}} + 2 \cdot O_{\text{Kugelhaube}}$

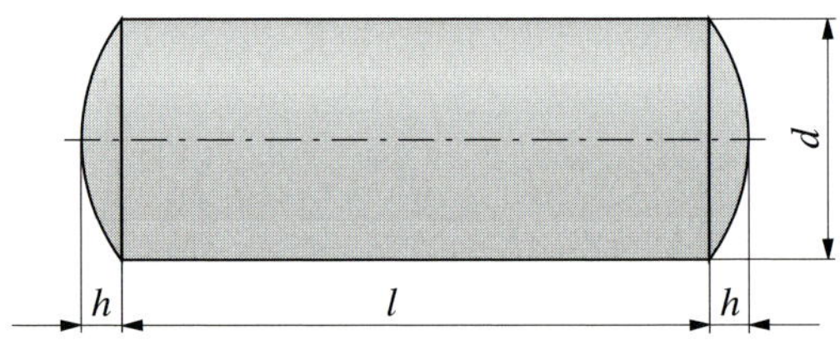

$$O = \pi d l + 2 \cdot \frac{\pi}{4}(s^2 + 4h^2)$$

Man setzt die entsprechenden Werte in diesen Ausdruck ein und berechnet O.

$$O = \pi \cdot 1{,}4\,\text{m} \cdot 3{,}4\,\text{m} + 2 \cdot \frac{\pi}{4}(1{,}4^2\,\text{m}^2 + 4 \cdot 0{,}22^2\,\text{m}^2)$$

$$O = 18{,}337\,\text{m}^2$$

Die Masse des Behälters erhält man als Produkt von O und $7{,}85\,\frac{\text{kg}}{\text{m}^2}$. Sie beträgt 143,945 kg.

$$\underline{\underline{m}} = 18{,}337\,\text{m}^2 \cdot 7{,}85\,\frac{\text{kg}}{\text{m}^2} = \underline{\underline{143{,}945\,\text{kg}}}$$

2. Für Strömungsuntersuchungen soll ein Kugelausschnitt hergestellt werden, bei dem die Flächeninhalte von Kugelhaube und Kegelmantel gleich groß sind. Berechnen Sie die Länge s des Grundkreisdurchmessers der Haube und das Volumen V des Kegels in Variablen und für $d = 25$ cm.

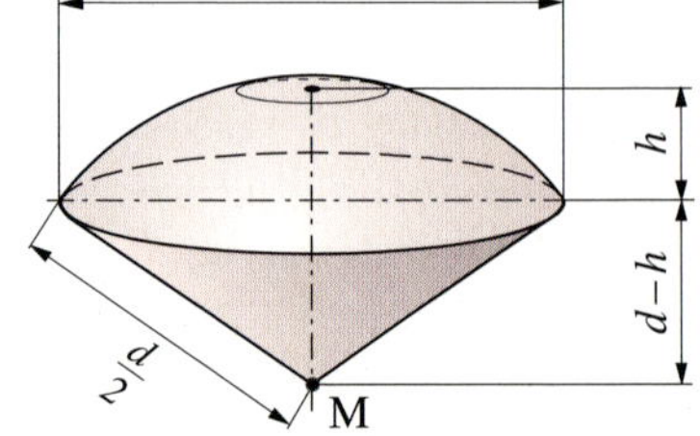

Der Flächeninhalt des Kegelmantels $M = \frac{\pi d s}{4}$ ist dem Flächeninhalt der Kugelhaube $M = \pi d h$ gleich. Durch Gleichsetzen der Terme erhält man $s = 4h$, wo s also von h abhängig ist. Für die verlangte numerische Berechnung muss es aber auf d bezogen sein. Schneidet man den Kugelausschnitt mit einer Ebene, welche senkrecht zur Grundfläche der Kugelhaube ist und die durch die Kegelspitze oder durch den Mittelpunkt des zugrundeliegenden Kreises geht, erkennt man, dass der Sehnensatz (► Abschnitt 9.1) eine weitere Beziehung zwischen s, d und h liefert.

Es gilt: $\frac{s}{2} \cdot \frac{s}{2} = h \cdot (d - h)$. Hieraus folgt $h = \frac{d}{5}$, und setzt man das in $s = 4h$, so erhält man die gesuchte Beziehung $s = \frac{4d}{5}$.

Setzt man für d den Wert 25 cm, so erhält man für s die Größe 20 cm.
Das Volumen des Kegels beträgt 1636,24 cm³.

$\frac{\pi d s}{4} = \pi d h$. Division durch πd liefert:
$s = 4h$

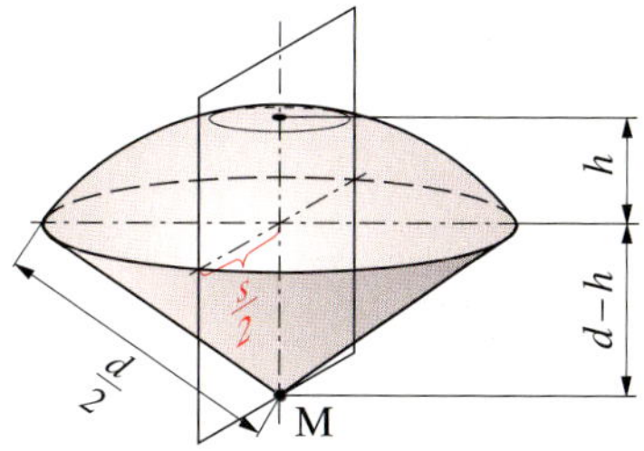

Aus $\frac{s^2}{4} = dh - h^2$ folgt wegen $s = 4h$:
$4h^2 = dh - h^2$ oder $5h^2 = dh$ und daraus $h = \frac{d}{5}$.

Für das Kegelvolumen V gilt.

$V = \frac{\pi d^2 h}{6}$. Da $h = \frac{d}{5} = 5$ cm, errechnet sich V zu $\underline{\underline{V = 1636{,}24 \text{ cm}^3}}$.

3. Eine Kugel wird zylindrisch durchbohrt. Berechnen Sie das Volumen V des Restkörpers für $a = 5$ cm und $d = 20$ cm.

Den Restkörper (in der Zeichnung rot) kann man sich auch wie folgt entstanden denken: Zunächst werden die diametral gegenüberliegenden Kugelsegmente mit der Länge a des Grundkreisdurchmessers von der Kugel abgeschnitten und sodann die dadurch entstandene Kugelschicht wie in der Zeichnung angegeben zylindrisch durchbohrt.

Zur Berechnung des Volumens einer Kugelschicht benötigt man die Längen d_1 und d_2 der Durchmesser der sie begrenzenden Kreise. Hier gilt: $d_1 = d_2 = a$.

Um das Volumen des Zylinders berechnen zu können, benötigt man die Länge h seiner Höhe. Aus der Figur ist abzulesen, dass man im rechtwinkligen Dreieck $\triangle$MAB mithilfe des pythagoreischen Lehrsatzes h aus d und a berechnen kann: $h^2 = d^2 - a^2$.

$|\overline{AB}| = \frac{a}{2}$

$|\overline{BM}| = \frac{h}{2}$

$|\overline{MA}| = \frac{d}{2}$

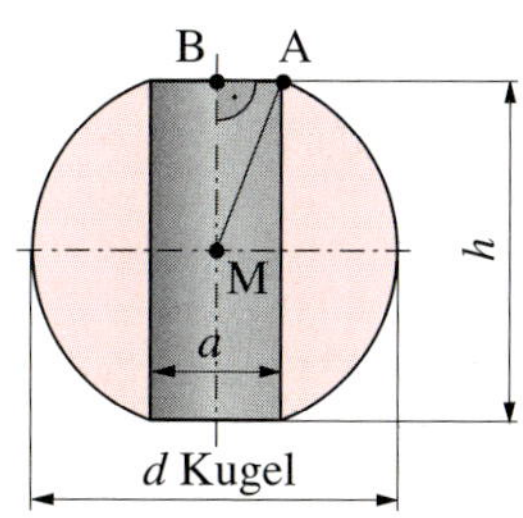

Für V gilt: $V = V_{\text{Kugelschicht}} - V_{\text{Zylinder}}$.

$$V = \frac{\pi h}{24}(3d_1^2 + 3d_2^2 + 4h^2) - \frac{\pi a^2}{4}h$$

In den Formeln werden zunächst d_1 und d_2 durch a ersetzt.

$$V = \frac{\pi h}{24}(3a^2 + 3a^2 + 4h^2) - \frac{\pi a^2}{4}h$$

Nun kann man zusammenfassen und vereinfachen.

$$V = \frac{\pi h}{24}\cdot 6a^2 + \frac{\pi h}{24}\cdot 4h^2 - \frac{\pi a^2}{4}h$$

Schließlich wird h durch $\sqrt{d^2 - a^2}$ ersetzt.

$$V = \frac{\pi a^2 h}{4} + \frac{\pi h^3}{6} - \frac{\pi a^2 h}{4} = \frac{\pi h^3}{6}$$

Bedenkt man, dass a für 5 cm und d für 20 cm stehen, kann man V nun bestimmen.

$$V = \frac{\pi}{6}\sqrt{(d^2 - a^2)^3}$$

Das Volumen des Restkörpers beträgt 3802,293 cm³.

$$\underline{\underline{V}} = \frac{\pi}{6}\sqrt{(400\,\text{cm}^2 - 25\,\text{cm}^2)^3} = \underline{\underline{3802{,}293\,\text{cm}^3}}$$

4. Berechnen Sie die Größe der Erdoberfläche, die auf der nördlichen Halbkugel ($R = 6370$ km) zwischen den Breitenkreisen 75° ($r_1 = 1649$ km) und 30° ($r_2 = 5517$ km) liegt.

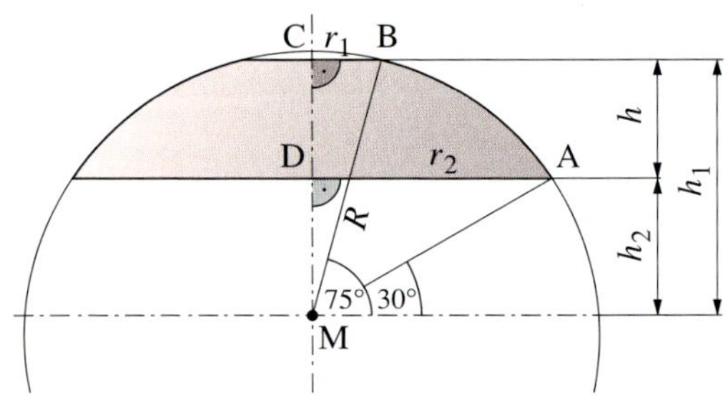

Der Flächeninhalt der Erdoberfläche zwischen zwei Breitenkreisen entspricht dem Oberflächeninhalt einer Kugelzone. Die Formel dafür lautet: $O = \pi d h$, wobei d für die Länge des Kugeldurchmessers und h für die Länge der Höhe der Zone stehen.
Die Länge des Erddurchmessers ist bekannt, die Länge h muss aus den gegebenen Stücken noch berechnet werden. Es gilt: $h = h_1 - h_2$.
Im Dreieck $\triangle$MBC kann mithilfe des Satzes von Pythagoras die Länge der Höhe h_1 bestimmt werden.

$$h_1 = \sqrt{R^2 - r_1^2} = 6152{,}861\,\text{km}$$

Im Dreieck $\triangle$MAD ist die Länge der Höhe h_2 bestimmbar.

$$h_2 = \sqrt{R^2 - r_2^2} = 3184{,}276\,\text{km}$$

Die Höhe der Kugelzone beträgt 2968,585 km.

$$h = h_1 - h_2 = 2968{,}585\,\text{km}$$

Nunmehr kann der Oberflächeninhalt der Kugelzone berechnet werden. Er beträgt 118 814 320 km².

$$\underline{\underline{O}} = 12\,740\,\text{km}\cdot\pi\cdot 2968{,}585\,\text{km} = \underline{\underline{118\,814\,320\,\text{km}^2}}$$

Schneidet man eine Kugel so durch zwei Ebenen, wie es das nebenstehende Bild zeigt, entsteht ein **Kugelkeil**.

Der zwischen den beiden Ebenen liegende Teil der Kugeloberfläche wird als **Kugelzweieck** bezeichnet.

Sowohl das Volumen des Kugelkeils als der Flächeninhalt des Kugelzweiecks sind offenbar von der Größe des Winkels α zwischen den sich schneidenden Ebenen abhängig. Es gelten die Verhältnisgleichungen:

$\alpha : 360° = V : \frac{\pi d^3}{6}$ und

$\alpha : 360° = O : \pi d^2$.

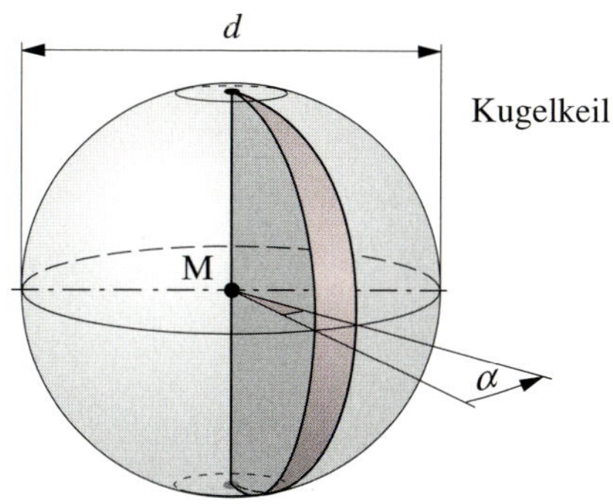

Volumen des Kugelkeils

$$\boldsymbol{V = \frac{\alpha}{360°} \cdot \frac{\pi d^3}{6}}$$

Oberflächeninhalt des Kugelzweiecks

$$\boldsymbol{O = \frac{\alpha}{360°} \cdot \pi d^2}$$

13.8 Volumenberechnung nach der Keplerschen Fassregel

Die Volumina der bisher behandelten Körper können auch mithilfe der **Keplerschen Fassregel** berechnet werden. Sie hat den Vorteil, dass man sich nur eine Formel zu merken braucht. Allerdings muss zu den Flächeninhalten von Grund- und Deckfläche noch der Flächeninhalt einer sog. Mittelfläche zusätzlich bestimmt werden.

In der Keplerschen Fassregel kommen vor:

V für das zu berechnende Volumen des Körpers;
A_1 für die Größe des Inhalts der Grundfläche des Körpers;
A_2 für die Größe des Inhalts der Deckfläche;
A_m für die Größe des Inhalts einer sog. Mittelfläche, d. h. der Fläche, welche im Körper in halber Höhe parallel zur Grundfläche liegt.

Keplersche Fassregel

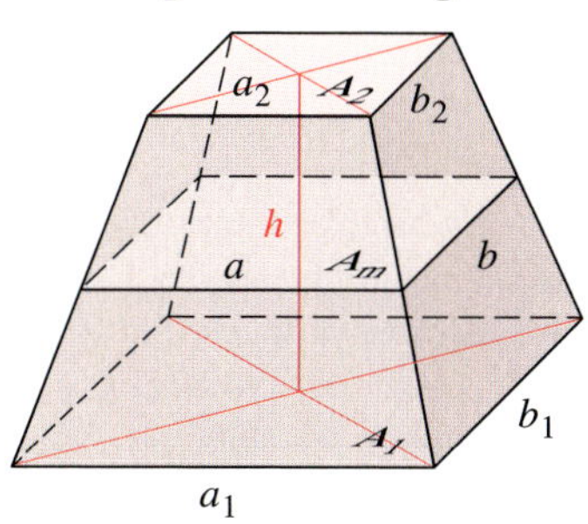

Mit diesen Bezeichnungen gilt:

$$V = \frac{h}{6}(A_1 + 4A_m + A_2)$$

Beispiel:

Berechnen Sie das Volumen des nachfolgend gezeichneten Pyramidenstumpfs sowohl nach der Volumenformel für Pyramidenstümpfe als auch nach der Keplerschen Fassregel.

Die Größen A_1, A_2 und A_m sind die Flächeninhalte von Grund-, Deck- und Mittelfläche des Pyramidenstumpfs.

Die Seiten a und b des Rechtecks, welches die Mittelfläche bildet, sind Mittellinien in den Trapezen, welche die Seitenflächen des Pyramidenstumpfs bilden. Für ihre Längen a und b gilt daher:

$$a = \frac{15\text{ mm} + 9\text{ mm}}{2} = 12\text{ mm}$$

$$b = \frac{20\text{ mm} + 12\text{ mm}}{2} = 16\text{ mm}.$$

► Abschnitt 7.4

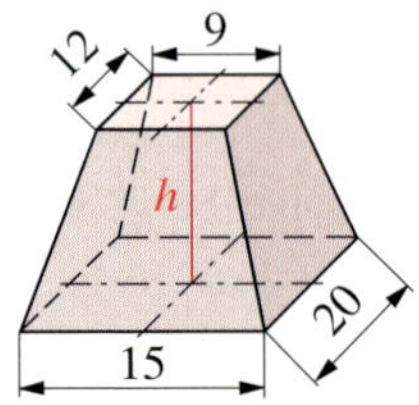

► Maßangaben in mm

$V = \frac{h}{3}(A_1 + \sqrt{A_1 \cdot A_2} + A_2)$ ► Volumenformel

$\underline{\underline{V}} = 8\text{ mm} \cdot (15 \cdot 20\text{ mm}^2 + \sqrt{15 \cdot 20 \cdot 9 \cdot 12\text{ mm}^4} + 9 \cdot 12\text{ mm}^2)$

$= \underline{\underline{4704\text{ mm}^3}}$

► $a = \frac{a_1 + a_2}{2}$; $b = \frac{b_1 + b_2}{2}$

$V = \frac{h}{6}(A_1 + 4A_m + A_2)$ ► Keplersche Fassregel

$\underline{\underline{V}} = 4\text{ mm}\,(300\text{ mm}^2 + 768\text{ mm}^2 + 108\text{ mm}^2)$

$= \underline{\underline{4704\text{ mm}^3}}$

Die beiden Formeln liefern im Beispiel deshalb dasselbe Ergebnis, weil hier stets $A_m = \frac{1}{2}\left(\frac{A_1+A_2}{2} + \sqrt{A_1A_2}\right) = \frac{(\sqrt{A_1}+\sqrt{A_2})^2}{4}$ gelten muss. Berücksichtigt man das in der Keplerschen Fassregel, so erhält man:

$$V = \frac{h}{6}(A_1 + 4A_m + A_2) = \frac{h}{6}(A_1 + [A_1 + A_2 + 2\sqrt{A_1A_2}] + A_2) = \frac{h}{3}(A_1 + \sqrt{A_1A_2} + A_2),$$

also die Volumenformel für den Pyramidenstumpf.

Man kann das folgendermaßen einsehen:

Wendet man die Strahlensätze auf die Figur eines Pyramidenstumpfs an, so kann man einmal die Flächeninhalte A_2 und A_1, zum anderen aber auch die Flächeninhalte A_2 und A_m zur Länge h der Höhe des Stumpfs und zur Länge x der Höhe der „abgeschnittenen" Spitze ins Verhältnis setzen.

► Abschnitt 13.5

Berechnet man x aus der ersten Gleichung und setzt diesen Term in die 2. Gleichung ein, so erhält man die Behauptung:

$$A_m = \frac{1}{2}\left(\frac{A_1 + A_2}{2} + \sqrt{A_1A_2}\right).$$

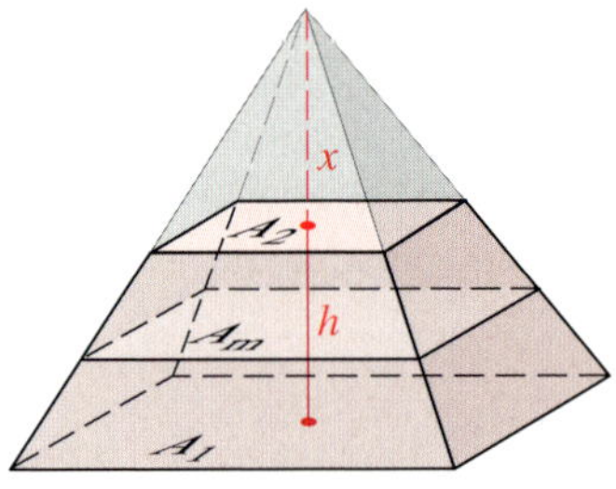

$$\frac{A_2}{A_1} = \frac{x^2}{(x+h)^2} \Rightarrow x = \frac{\sqrt{A_2}h}{\sqrt{A_1} - \sqrt{A_2}} \quad ► A_1 > A_2 \quad (1)$$

$$\frac{A_2}{A_m} = \frac{x^2}{(x+\frac{h}{2})^2} \quad (2)$$

Anmerkungen:

- Wie die im Beispiel für die Fläche A_m errechnete Formel – im Unterschied zu den berechneten Längen ihrer Seiten – zeigt, ist A_m i.a. nicht dem arithmetischen Mittel aus den Flächeninhalten von Grund- und Deckfläche des Pyramidenstumpfs gleich sondern etwas größer. Genau dann ist $A_m = \frac{1}{2}(A_1 + A_2)$, wenn $A_1 = A_2$ gilt.
- Kepler benutzte den Term $\frac{h}{6}(A_1 + 4\,A_m + A_2)$ zur näherungsweisen Berechnung des **Volumens von Fässern**, also von nicht geradlinig begrenzten Körpern, bei denen die Formel $A_m = \frac{1}{2}\left(\frac{A_1+A_2}{2} + \sqrt{A_1 \cdot A_2}\right)$ nicht mehr zu stimmen braucht.

Stehen h für die Länge der Höhe eines Fasses, d_1 für die Länge des Durchmessers des Grundkreises, d_2 für die Länge des Durchmessers des Deckkreises und D für die Länge des Durchmessers des Mittelkreises, so erhält man mithilfe der Formel für den Flächeninhalt eines Kreises nach Kepler eine spezielle Näherungsformel für das Volumen V des Fasses.

► $A_1 = \pi \frac{d_1^2}{4}$; $A_2 = \pi \frac{d_2^2}{4}$

► $A_m = \pi \frac{D^2}{4}$

Volumen eines Fasses

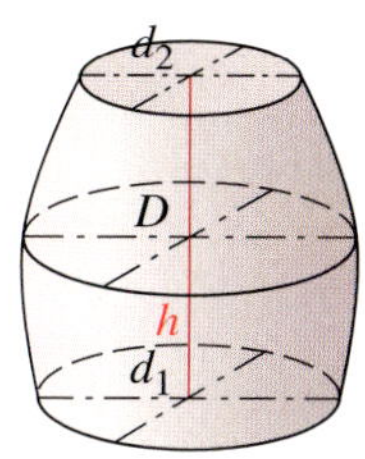

$$\underline{\underline{V}} \approx \frac{h}{6}\left(\frac{\pi}{4} d_1^2 + 4 \cdot \frac{\pi}{4} D^2 + \frac{\pi}{4} d_2^2\right)$$

$$= \frac{\pi}{6} h \left(\frac{d_1^2}{4} + D^2 + \frac{d_2^2}{4}\right)$$

$$= \underline{\underline{\frac{\pi}{24} h(d_1^2 + 4 \cdot D^2 + d_2^2)}}$$

Sind Grund- und Deckkreis kongruent, also $d_1 = d_2 = d$, so erhält man eine entsprechend einfachere Formel. ► Übungen zur Keplerschen Fassregel, Aufgabe 3.

Übungen zu 13

Gerade Körper
(Alle Maße sind in mm)

1. Profileisen (Baustahl)	**2.** Lochscheibe (Stahl)	**3.** Führungsplatte (Gusseisen)
$\left(\varrho = 7{,}8\ \frac{\text{kg}}{\text{dm}^3}\right)$	$\left(\varrho = 7{,}8\ \frac{\text{kg}}{\text{dm}^3}\right)$	$\left(\varrho = 7{,}3\ \frac{\text{kg}}{\text{dm}^3}\right)$
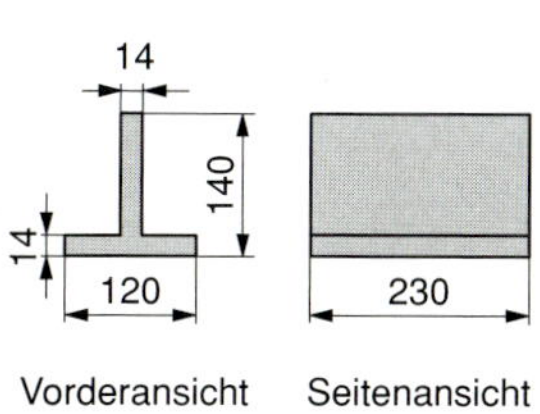	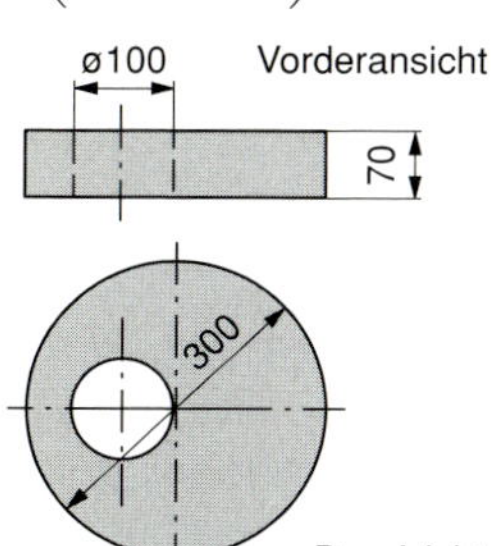	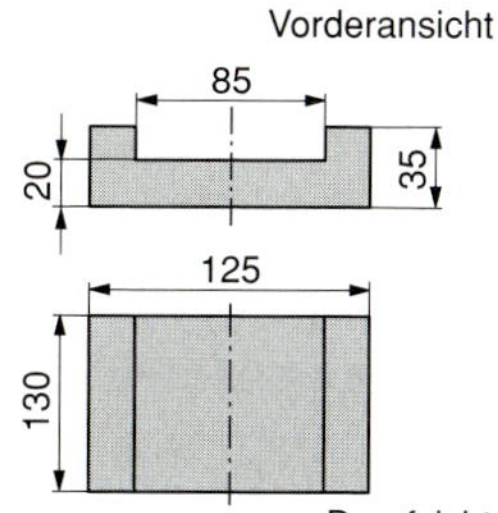
Gesucht: Masse in kg	*Gesucht:* Masse in kg	*Gesucht:* Masse in kg

4. Bolzen (Stahl)

$\left(\varrho = 7{,}8\ \frac{\text{kg}}{\text{dm}^3}\right)$

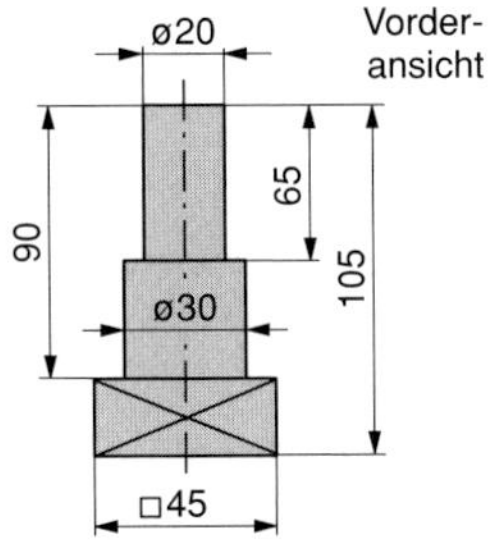

Gesucht: Masse in kg

5. Gleitstück (Gusseisen)

$\left(\varrho = 7{,}3\ \frac{\text{kg}}{\text{dm}^3}\right)$

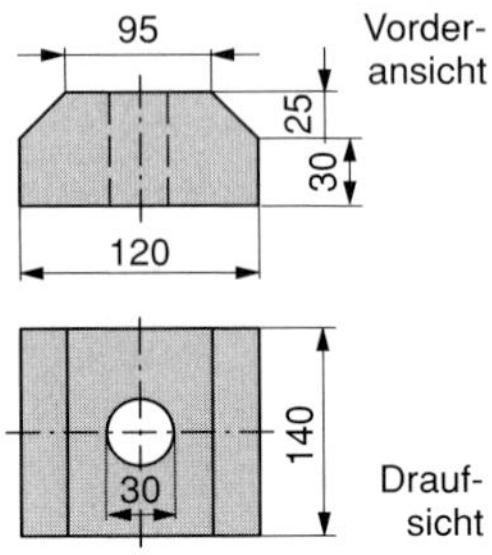

Gesucht: Masse in kg

6. Messingbuchse

$\left(\varrho = 8{,}6\ \frac{\text{kg}}{\text{dm}^3}\right)$

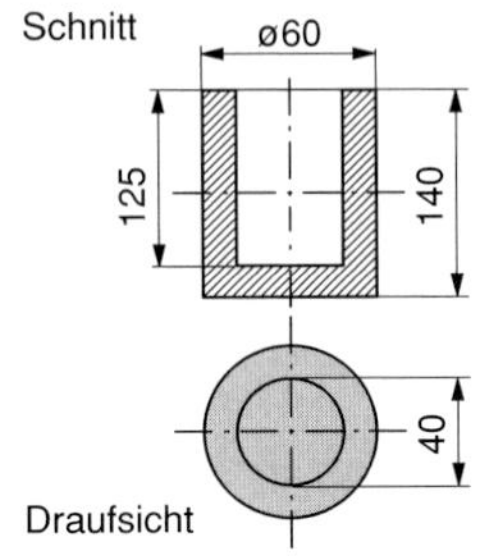

Gesucht: Masse in kg

7. Flansch (Gusseisen)

$\left(\varrho = 7{,}3\ \frac{\text{kg}}{\text{dm}^3}\right)$

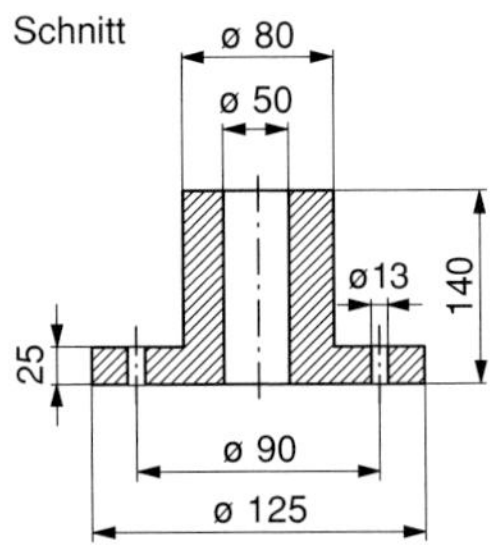

Flansch hat 4 Bohrungen

Gesucht: Masse in kg

8. Lagerbock (Gusseisen)

$\left(\varrho = 7{,}3\ \frac{\text{kg}}{\text{dm}^3}\right)$

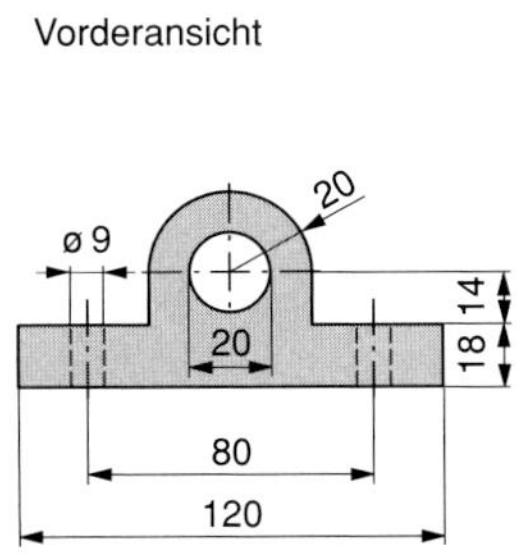

Breite: 35; 2 Löcher

Gesucht: Masse in kg

9. Seiltrommel (Gusseisen)

$\left(\varrho = 7{,}3\ \frac{\text{kg}}{\text{dm}^3}\right)$

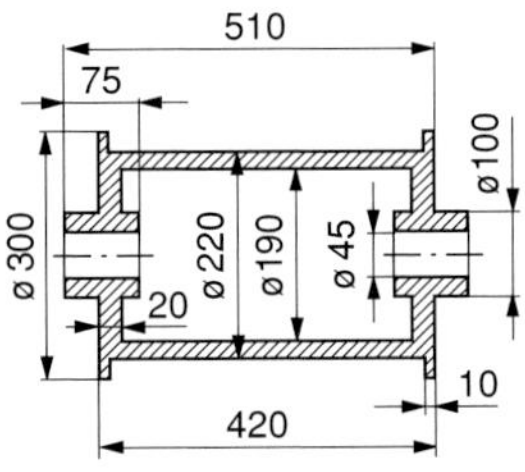

Gesucht: Masse in kg

10. Ein Schwimmbassin ist 15,5 m lang, 8,4 m breit und 3 m hoch mit Wasser gefüllt. Wie viel Liter (m^3) fasst es?

11. Wie lang sind die Flächen- und Körperdiagonale in einem Würfel mit der Kante a?

12. Ein Gartenweg von 35 m Länge und 0,9 m Breite soll 10 cm hoch mit Kohlenasche bedeckt werden. Wie viel m^3 sind erforderlich?

13. Der zylindrische Kessel eines Sprengwagens hat einen Umfang von 6,28 m und eine Höhe von 1,5 m. Wie viel Liter (m^3) fasst er?

14. Litermaße haben nach Vorschrift einen Durchmesser von 86 mm. Wie hoch müssen sie sein?

15. Ein Behälter von 800 mm Durchmesser wird mit 200 Liter Wasser gefüllt. Wie hoch steht das Wasser?

16. Ein rechteckiger Härtebehälter ist innen 650 mm lang, 340 mm breit und 730 mm hoch. Er soll bis 150 mm unter Oberkante mit Härteöl gefüllt werden.

a) Wie viel Liter Öl sind notwendig?

b) Welche Masse hat das Öl? ($\varrho = 0{,}92\ \frac{\text{kg}}{\text{dm}^3}$.)

17. Eine Welle von 40 mm Durchmesser ist 800 mm lang und soll aus einem Vierkantstahl 50 mm × 50 mm geschmiedet werden. Wie lang ist der Vierkantstahl zu wählen, wenn zur Länge des Stahles 50 mm für Abbrand zugeschlagen werden?

18. In einen Härtebehälter von 1 m Länge, 0,6 m Breite und 0,3 m Höhe werden 120 l Härteöl eingegossen. Wie hoch reicht der Ölspiegel?

19. Berechnen Sie die Masse eines Rundstahls von 40 mm Durchmesser und 1,5 m Länge ($\varrho = 7{,}85\ \frac{\text{kg}}{\text{dm}^3}$). Wie viele solcher Stäbe kann ein Lastwagen von 3 t Ladefähigkeit befördern?

20. Aus einer Blechtafel (1 m × 1,5 m) werden 33 Scheiben (200 mm Durchmesser) ausgeschnitten.
a) Wie viel Prozent beträgt der Abfall (Verschnitt)?
b) Welche Masse haben die Scheiben, wenn das Blech 1,4 mm dick ist? ($\varrho = 7{,}85\ \frac{\text{kg}}{\text{dm}^3}$.)

21. Aus einem Block von 80 mm × 80 mm × 1500 mm wird ein Flachstahl von 15 mm × 30 mm gewalzt. Wie lang wird der Flachstahl?

22. Welche Masse hat ein Ring mit 120 mm Außendurchmesser, der aus Flachstahl 16 mm × 6 mm hergestellt wird? ($\varrho = 7{,}85\ \frac{\text{kg}}{\text{dm}^3}$.)

23. Ein Augenlager von 100 mm Breite mit einer zylindrischen Bohrung von 80 mm Durchmesser soll mit Lagermetall ausgegossen werden. Der Durchmesser der fertig bearbeiteten Lagerbohrung beträgt 60 mm. Für die Bearbeitung ist eine Spantiefe von 3 mm vorgesehen. Der Abbrand beim Einschmelzen des Lagermetalls beträgt 7% ($\varrho = 9{,}4\ \frac{\text{kg}}{\text{dm}^3}$). Wie viel Lagermetall muss man einschmelzen?

24. Ein gusseisernes Rohr ($\varrho = 7{,}3\ \frac{\text{kg}}{\text{dm}^3}$) hat einen Außendurchmesser von 25 mm und eine Wandstärke s von 3 mm. Welche Masse hat das laufende Meter?

25. Eine Rolle Eisendraht ($\varrho = 7{,}8\ \frac{\text{kg}}{\text{dm}^3}$) hat eine Masse von 12 kg. Wie lang ist der Draht, wenn seine Dicke 2 mm beträgt?

26. 200 m Kupferdraht ($\varrho = 8{,}8\ \frac{\text{kg}}{\text{dm}^3}$) haben eine Masse von 5,54 kg. Wie dick ist er?

27. 50 m Kupferdraht ($\varrho = 8{,}8\ \frac{\text{kg}}{\text{dm}^3}$) haben eine Masse von 1,5 kg. Um die elektrische Leitfähigkeit zu verbessern, wird er mit 45 g Silber ($\varrho = 10{,}5\ \frac{\text{kg}}{\text{dm}^3}$) versilbert.
a) Wie dick ist der Kupferdraht?
b) Wie stark wird die aufgebrachte Silberschicht?

28. Eine 1 Stein starke Mauer ist 8,32 m lang, 24 cm breit und 5,60 m hoch. Wie viele Mauersteine und wie viel Liter Mörtel sind erforderlich? (410 Ziegel und 204 l Mörtel für 1 m^3.)

29. Ein Haus mit rechtwinkligem und gleichschenkligem Satteldach hat folgende Abmaße: Länge 9,50 m, Breite 11,20 m, Höhe bis zum Giebel 8,30 m. Wie teuer wird das Haus ungefähr kommen, wenn 1 m^3 umbauter Raum 350 € kostet?

30. Ein Ziegelstein ($\varrho = 1{,}8\ \frac{\text{kg}}{\text{dm}^3}$) hat folgende Abmessungen: Länge 24 cm, Breite 11,5 cm, Höhe 7,1 cm.
a) Welche Masse hat er?
b) Wie viele Ziegelsteine braucht man für eine Mauer von 12 m Länge, 24 cm Breite und 3,6 m Höhe (siehe Aufg. 28)?
c) Welchen Druck übt die Mauer auf 1 cm^2 Bodenfläche aus? (Mauerwerk: ($\varrho = 1{,}95\ \frac{\text{kg}}{\text{dm}^3}$.)

31. Ein Kanal ist auf der Sohle 32 m breit, die Entfernung beider Ufer beträgt 40 m, die Wassertiefe 4,20 m. Wie viel m^3 Wasser strömen in 24 Stunden an einer Stelle vorbei, wenn die Strömungsgeschwindigkeit 35 $\frac{\text{m}}{\text{h}}$ ist?

32. Ein Brunnen soll 12 m tief ausgeschachtet werden. Zum Schutz gegen das Erdreich wird er 38 cm stark ausgemauert. Die Mauer ragt 0,5 m aus dem Erdboden heraus. Der Innendurchmesser des Brunnens beträgt 2,10 m.
a) Wie viel m^3 Erdreich sind auszuschachten?
b) Wie viele Ziegelsteine sind notwendig? (1 m^3 $\mathrel{\widehat{=}}$ 380 Steine.)
c) Wie viel m^3 (Liter) Wasser sind in dem Brunnen, wenn der Wasserspiegel 4,20 m von der Oberkante der Mauer entfernt ist?

Spitze Körper

1. Eine Pyramide hat eine quadratische Grundfläche ($a = 240$ m) und ist 151 m hoch.
a) Wie viel m^3 Mauerwerk enthält das Bauwerk?
b) Wie viele Mauersteine und wie viel m^3 Mörtel wären für solch einen Bau notwendig? (1 m^3 Mauerwerk $\mathrel{\widehat{=}}$ 380 Ziegel und 300 l Mörtel.)

2. Aus 1 mm starkem Zinkblech ($\varrho = 7{,}1\ \frac{\text{kg}}{\text{dm}^3}$) soll eine rechteckige Pyramide (Grundfläche 65 mm × 110 mm, Höhe 300 mm) hergestellt werden. Welche Masse hat sie?

3. Ein Sandberg hat Kegelform und bedeckt bei einer Höhe von 2 m eine Kreisfläche mit dem Durchmesser 6 m. Wie viel m^3 Sand sind vorhanden?

4. Ein kegelförmiger Sandhaufen hat am Boden einen Umfang von 15 m. Die Mantelhölle misst 2,8 m. Wieviel t Sand sind vorhanden? ($\varrho = 1{,}5\ \frac{kg}{dm^3}$.)

5. Ein kegelförmiges Zelt ohne Boden soll 8 m^2 Boden bedecken und 2,5 m hoch sein. Wie viel m^2 Zeltstoff werden gebraucht?

6. Die Pyramide des Cheops hat einen Rauminhalt von rund 2 899 200 m^3. Wie hoch ist sie, wenn die Kante a der quadratischen Grundfläche 240 m lang ist? Berechnen Sie den Flächeninhalt ihres Mantels.

7. Der Achsenschnitt eines Kegels ist ein gleichseitiges Dreieck, dessen Seite 8 cm lang ist. Wie groß ist der Rauminhalt des Kegels?

8. Der Mantelflächeninhalt eines Kegels, dessen Achsenschnitt ein gleichseitiges Dreieck ist, beträgt 103,5 dm^2. Wie groß ist der Rauminhalt des Kegels?

9. Ein Weinglas (Kelchglas) hat einen oberen Innendurchmesser d von 11 cm und eine Höhe h von 16 cm. Wie hoch steht der Wein im Glas, wenn man 280 cm^3 hineinfüllt?

10. Ein Kelchglas hat ein gleichseitiges Dreieck als Achsenschnitt. Wie hoch muss es mindestens sein, wenn es $\frac{1}{4}$ l Wein fassen soll?

11. Der Achsenschnitt eines Trichters ist ein gleichseitiges Dreieck. Wie hoch muss der Trichter mindestens sein, wenn er 3,256 kg Quecksilber ($\varrho = 13{,}6\ \frac{kg}{dm^3}$) fassen soll?

12. Ein Gefäß hat Kegelform. Seitenlinie und Durchmesser sind gleich lang (35 cm). Wie viel kg Quecksilber ($\varrho = 13{,}6\ \frac{kg}{dm^3}$) fasst das Gefäß?

13. Ein hölzerner Kegel hat 144 g Masse und folgende Maße: $d = 8$ cm, $h = 18$ cm. Wie groß ist die Dichte des Holzes?

14. Die Decke eines Turmzimmers hat Kegelform ($d = 5{,}2$ m; $h = 2{,}8$ m). Die Wand des Zimmers ist 4 m hoch. Wie viel € kostet der Anstrich von Decke und Wand, wenn für 1 m^2 7,50 € gefordert wird?

15. Einer geraden quadratischen Pyramide ($a = 21$ cm; $h = 73$ cm) ist ein Kegel einbeschrieben. Wie groß ist der Oberflächeninhalt des Kegels?

16. Einem geraden Kegel ($d = 25$ cm; $h = 16$ cm) ist eine quadratische Pyramide einbeschrieben. Berechnen Sie den Oberflächeninhalt der Pyramide.

17. Eine Säule ($d = 15$ cm; $h = 51$ cm) besteht aus Holz. Aus ihr soll mit möglichst wenig Abfall ein Kegel gedreht werden.

a) Wie groß ist der Rauminhalt des Kegels?

b) Welche Masse hat der Abfall des Holzes ($\varrho = 0{,}65\ \frac{kg}{dm^3}$)?

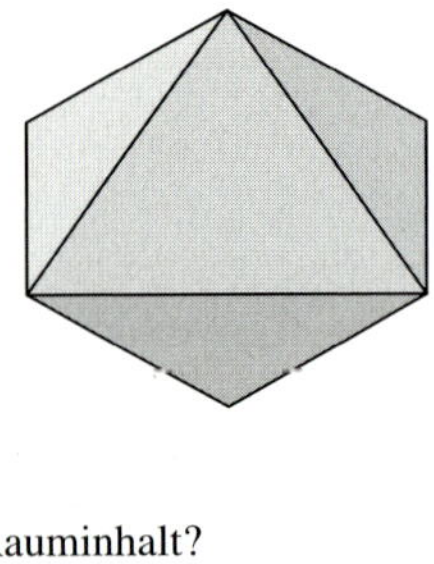

18. Berechnen Sie den Oberflächeninhalt und den Rauminhalt eines Oktaeders ($a = 14$ cm). (Ein Oktaeder wird von 8 gleichseitigen Dreiecken begrenzt.) Siehe nebenstehende Abbildung.

19. In einen Würfel ($a = 12$ cm) ist eine doppelseitige Pyramide so einbeschrieben, dass ihre Ecken mit den Mittelpunkten der Würfelflächen zusammenfallen. Berechnen Sie den Rauminhalt und den Oberflächeninhalt der doppelseitigen Pyramide.

20. Der Oberflächeninhalt eines Oktaeders beträgt 100 cm^2. Wie groß ist sein Rauminhalt?

21. Ein Oktaeder ($a = 12$ cm) wird an beiden Spitzen gleichmäßig abgestumpft. Die Eckkanten sind nachher nur noch halb so lang.

a) Wie groß sind Rauminhalt und Oberflächeninhalt des abgestumpften Körpers?

b) Wie groß ist der Rauminhalt der abgeschnittenen Stücke?

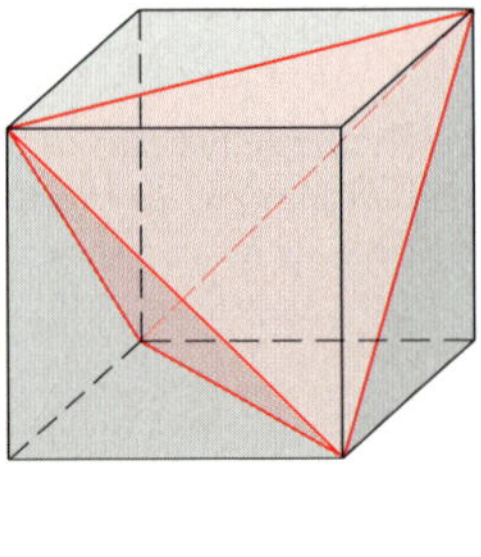

22. In einen Würfel ($a = 12$ cm) ist ein Tetraeder so einbeschrieben, dass dessen Kanten die Flächendiagonalen des Würfels sind. Wie groß sind Rauminhalt und Oberflächeninhalt des Tetraeders?

Stumpfe Körper

(Alle Maße sind in mm)

1. Ankerschraube (Stahl)
($\varrho = 7{,}8\ \frac{\text{kg}}{\text{dm}^3}$)

Vorderansicht

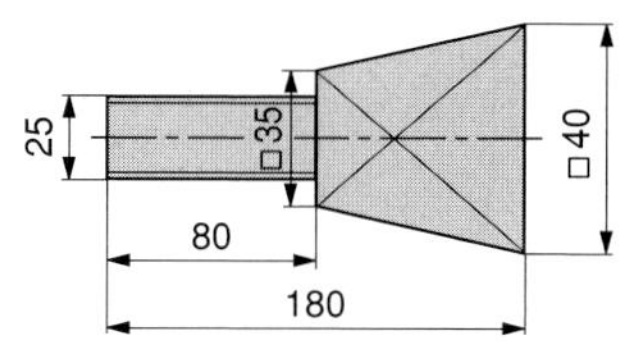

Gesucht: Masse in kg

2. Abschrot (Stahl)
($\varrho = 7{,}8\ \frac{\text{kg}}{\text{dm}^3}$)

Vorderansicht

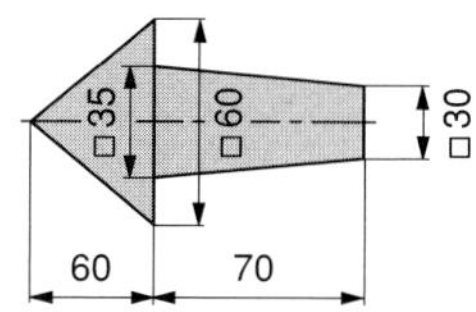

Gesucht: Masse in kg

3. Ankerklotz (Gusseisen)
($\varrho = 7{,}3\ \frac{\text{kg}}{\text{dm}^3}$)

Schnitt

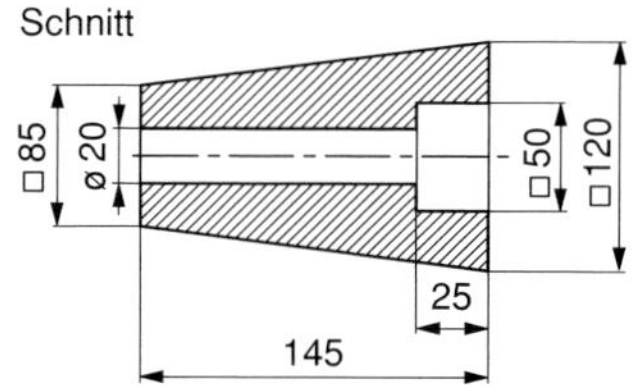

Gesucht: Masse in kg

4. Konusbuchse (Gusseisen)
($\varrho = 7{,}3\ \frac{\text{kg}}{\text{dm}^3}$)

Schnitt

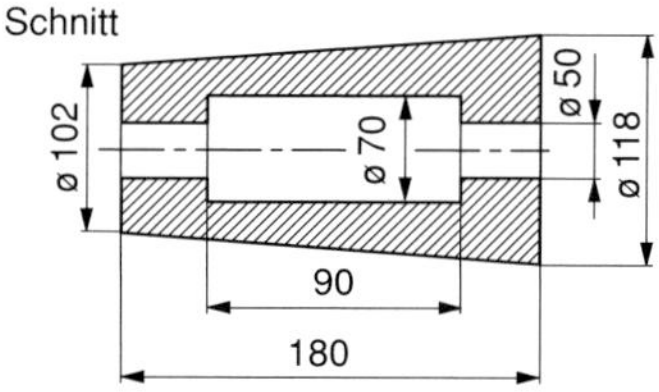

Gesucht: Masse in kg

5. Ein Eimer ($d = 21$ cm, $D = 32$ cm, $h = 34$ cm) wird mit Wasser gefüllt. Wie viel Liter fasst er?

6. Der Stamm einer Tanne hat die Form eines Kegelstumpfes ($d = 9$ cm, $D = 2{,}1$ dm, $h = 17{,}75$ m).

a) Wie viel Festmeter Holz enthält er?

b) Welche Masse hat er? ($\varrho = 0{,}75\ \frac{\text{kg}}{\text{dm}^3}$.)

7. Eine Steinsäule hat die Gestalt eines Kegelstumpfes ($D = 1{,}5$ m, $d = 0{,}8$ m, $h = 15$ m). Welche Masse hat die Säule, wenn sie aus Sandstein besteht? ($\varrho = 2{,}4\ \frac{\text{kg}}{\text{dm}^3}$.)

8. Das Gewicht eines Sicherheitsventils hat die Form eines abgestumpften Kegels ($d = 100$ mm, $D = 140$ mm). Wie lang muss es sein, wenn es 14,6 kg Masse besitzt ($\varrho = 7{,}3\ \frac{\text{kg}}{\text{dm}^3}$)?

9. Ein Blumenübertopf aus Kupfer ($\varrho = 8{,}8\ \frac{\text{kg}}{\text{dm}^3}$) von 3 mm Dicke und 20 mm Höhe hat die Gestalt eines Kegelstumpfes. Die äußeren Durchmesser d und D sind 10 cm und 14,5 cm lang. Welche Masse hat der Topf?

10. Ein Pyramidenstumpf hat eine quadratische Grundfläche mit der Seitenlänge a und eine quadratische Deckfläche mit der Seitenlänge b. Stellen Sie eine Formel für sein Volumen auf, wenn außerdem h für die Länge seiner Höhe steht.

11. Sowohl für das Volumen des Kegel- wie auch des Pyramidenstumpfs gilt: $V = \frac{A_1}{3}(h + x) - \frac{A_2}{3}x$, wenn A_1 für den Inhalt der Grundfläche, A_2 für den Inhalt der Deckfläche, h für die Länge der Höhe des Stumpfs und x für die Länge der Höhe der abgeschnittenen Spitze stehen.
Aus der Anwendung der Strahlensätze auf die jeweiligen Körper ergibt sich: $A_1 : A_2 = (h + x)^2 : x^2$. Eliminieren Sie aus den Gleichungen die Variable x und vergleichen Sie das Ergebnis mit den Formeln für die Volumina von Pyramiden- und Kegelstumpf.

Kugel

1. Wie groß ist die Oberfläche der Erde, wenn man sie als Kugel mit $r = 6370$ km betrachtet? Wie viel Tonnen wiegt sie, wenn $\varrho = 5{,}56\,\frac{\text{kg}}{\text{dm}^3}$ ist?

2. Der Mond hat einen Halbmesser von 1740 km, die Sonne einen solchen von 700 000 km.

a) Wie viele Monde könnte man theoretisch (bei gleicher Massendichte) aus der Erde herstellen?

b) Wie viele Erden könnte man theoretisch (bei gleicher Massendichte) aus der Sonne herstellen?

3. Welche Masse hat eine Kugel mit $r = 0{,}25$ m:

a) aus Kork ($\varrho = 0{,}23\,\frac{\text{kg}}{\text{dm}^3}$) **b)** aus Holz ($\varrho = 0{,}75\,\frac{\text{kg}}{\text{dm}^3}$)

c) aus Eisen ($\varrho = 7{,}3\,\frac{\text{kg}}{\text{dm}^3}$) **d)** aus Gold ($\varrho = 19{,}3\,\frac{\text{kg}}{\text{dm}^3}$)

4. Wie viele Schrotkörner ($d = 1{,}5$ mm) kann man aus 2 kg Blei ($\varrho = 11{,}4\,\frac{\text{kg}}{\text{dm}^3}$) herstellen? (Schmelzverluste: 15%.)

5. Eine Kugel hat einen Umfang von 70 cm. Wie groß ist **a)** ihr Oberflächeninhalt, **b)** ihr Rauminhalt, **c)** eine Quadratseite, wenn der Inhalt der Quadratfläche gleich dem Inhalt der Kugeloberfläche ist?

6. Wie hoch muss ein Zylinder sein, der den gleichen Rauminhalt und den gleichen Durchmesser wie eine Kugel haben soll?

7. Eine Kugel mit dem Durchmesser d von 60 cm sinkt 30 cm tief ins Wasser ein. Wie groß ist ihre Wichte?

8. Eine halbe Hohlkugel hat einen Außendurchmesser von 25 cm und eine Wandstärke von 5 mm. Wie viel Liter Wasser fasst sie?

9. Ein zylindrischer Rohling von 20 mm Durchmesser soll durch ein Presswerkzeug in eine Kugel von 30 mm Durchmesser umgeformt werden. Auf welche Länge ist der Rohling abzuschneiden?

10. Der Mond hat einen Durchmesser von 3474 km, der Mars einen solchen von 6780 km. Wie viele Monde lassen sich theoretisch aus dem Mars formen? Wie verhalten sich die Oberflächen zueinander?

11. Eine Kugel aus Holz ($\varrho = 0{,}75\,\frac{\text{kg}}{\text{dm}^3}$) hat die Masse 2 kg. Wie groß sind Durchmesser und Oberflächeninhalt der Kugel?

12. Wie groß sind Durchmesser und Mantelflächeninhalt eines Zylinders, der aus einer Bleikugel umgegossen wurde? Zylinder und Kugel sollen gleich hoch sein.

13. Eine Hohlkugel fasst 560 cm^3 Wasser. Welche Wanddicke hat sie, wenn der äußere Durchmesser 12 cm beträgt?

14. Aus 0,75 kg einer Metallmischung kann man 14 Kugeln von 2 cm Durchmesser gießen. Wie groß ist die Dichte der Legierung?

15. Ein Ballon von 12 m innerem Durchmesser wird mit Wasserstoff gefüllt ($\varrho = 0{,}09\,\frac{\text{g}}{\text{dm}^3}$).

a) Wie viel m^3 Wasserstoff im Normalzustand sind notwendig?

b) Welche Masse hat das Gas?

c) Welche Tragkraft hat die Füllung? (1 l Luft: $G = 1{,}29$ g.)

16. Einer Kugel ist ein Würfel ($a = 20$ cm) einbeschrieben. Welchen Rauminhalt hat die Kugel?

17. Sechs gleich große Kugeln wurden in einen zylinderförmigen Wasserbehälter (Innendurchmesser = 21 cm) hineingeworfen und tauchten im Wasser vollständig unter. Wie groß ist der Durchmesser der Kugeln, wenn das Wasser um $2\frac{1}{3}$ cm stieg?

Kugelteile

1.

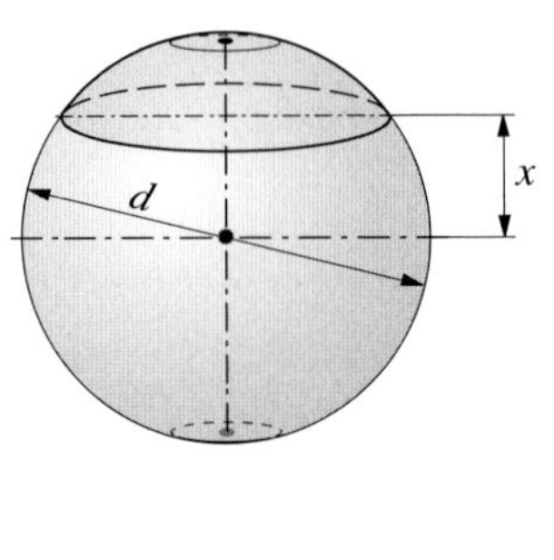

Eine Kugel mit dem Durchmesser d soll so geschnitten werden, dass sich die Oberflächeninhalte der Kugelhauben wie 1 : 5 verhalten. Berechnen Sie den Abstand x.

2. 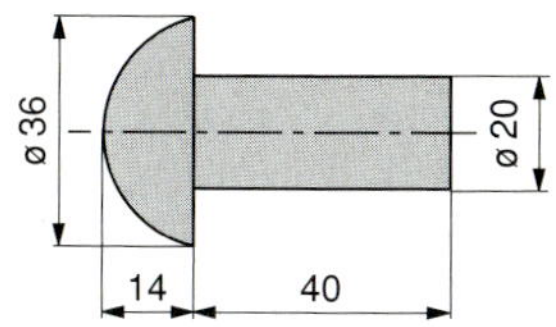

Welche Masse haben 120 Nieten aus Stahl ($\varrho = 7{,}8\ \text{g cm}^{-3}$) nach nebenstehender Zeichnung?

3. Ein Kugelabschnitt ist 6 cm hoch und hat einen Rauminhalt V von $5000\ \text{cm}^3$. Berechnen Sie den Durchmesser d der dazugehörigen Kugel:

a) mithilfe von Variablen,

b) für die angegebenen Werte.

4. Ein Hohlspiegel ist 2 cm tief und gehört zu einer Kugel mit dem Durchmesser d von 15 cm Länge. Er ist mit einer Silberschicht belegt, die 0,1 mm dick ist. Berechnen Sie die Masse der Silberschicht ($\varrho = 10{,}5\ \text{g cm}^{-3}$).

5. Ein Kuppeldach hat die Form einer Kugelhaube. Die Höhe der Kuppel beträgt 8 m und der Durchmesser der Grundfläche 32 m. Berechnen Sie:

a) den Flächeninhalt des Daches,

b) den Rauminhalt der Kuppel.

6. Berechnen Sie die Masse nebenstehender Bikonkavlinse ($\varrho = 3{,}5\ \text{g cm}^{-3}$).

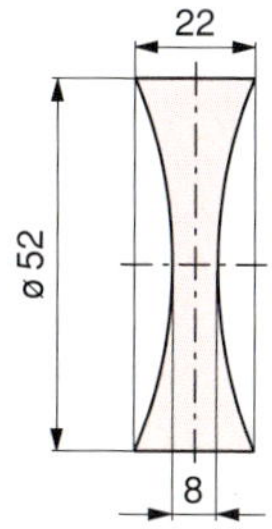

7. Eine Schale hat die Form eines Kugelabschnittes. Sie hat eine Innenhöhe von 6 cm und kann 2 l Wasser aufnehmen. Berechnen Sie:

a) ihren Innendurchmesser s,

b) den Durchmesser d der zugehörigen Innenkugel.

8. Eine Stahlkugel von 40 cm Durchmesser wird mit einem Bohrer ($d = 20$ cm) durchbohrt. Die Bohrerachse geht durch den Mittelpunkt der Kugel. Welche Masse hat der verbleibende Restkörper ($\varrho = 7{,}8\ \text{g cm}^{-3}$)?

9. Der Oberflächeninhalt einer Kugelhaube soll doppelt so groß sein wie der Flächeninhalt der ebenen Grundfläche, die sie bedeckt. Berechnen Sie:

a) die Abhängigkeit zwischen s und h,

b) die Höhe h, wenn s für 48 cm steht.

10. Eine Kugel aus Holz ($d = 30$ cm) schwimmt im Wasser von 4 °C. Der aus dem Wasser ragende Teil der Kugel hat eine Höhe von 6 cm. Berechnen Sie die Dichte des Holzes:

a) für die angegebenen Werte,

b) mithilfe von Variablen.

11. Eine Kugel hat einen Rauminhalt V von $8000\ \text{cm}^3$. Ein davon abgetrenntes Kugelsegment besitzt eine Höhe von 5 cm. Berechnen Sie den Durchmesser s der Segmentgrundfläche:

a) für die angegebenen Werte,

b) mithilfe von Variablen.

12. Berechnen Sie den Rauminhalt eines Kugelausschnittes aus h und s:

a) mithilfe von Variablen,

b) für $h = 5$ cm und $s = 20$ cm.

13. Berechnen Sie den Rauminhalt eines Kugelausschnittes aus d und s:

a) mithilfe von Variablen,

b) für $d = 20$ cm und $s = 16$ cm.

14. Von einer Kugel aus Stahl soll ein Kugelausschnitt herausgedreht werden. Die Kugel verliert 25% an Masse. Berechnen Sie den Durchmesser s der Ausdrehung an der Oberfläche der Kugel:

a) mithilfe von Variablen,

b) für $d = 64$ cm.

15.

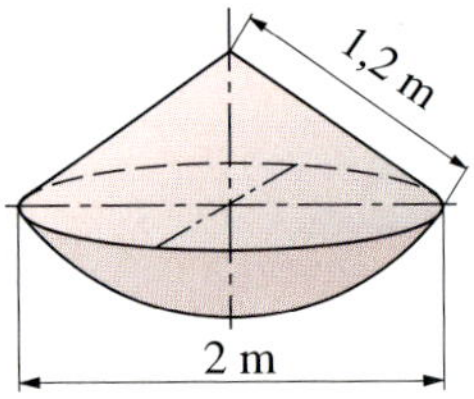

Nebenstehender Körper aus Stahlblech hat die Form eines Kugelausschnittes. Er soll dreimal mit Farbe angestrichen werden. Wie teuer wird der Anstrich, wenn der Preis für einen m² 9 € beträgt?

16. Eine Kugelschicht ist 10,5 cm hoch. Die Durchmesser ihrer Begrenzungskreise betragen 43 cm und 56 cm. Berechnen Sie:

a) den Rauminhalt der Kugelschicht,

b) den Oberflächeninhalt der Kugelzone, wenn der Durchmesser der dazugehörigen Kugel 60 cm beträgt.

17.

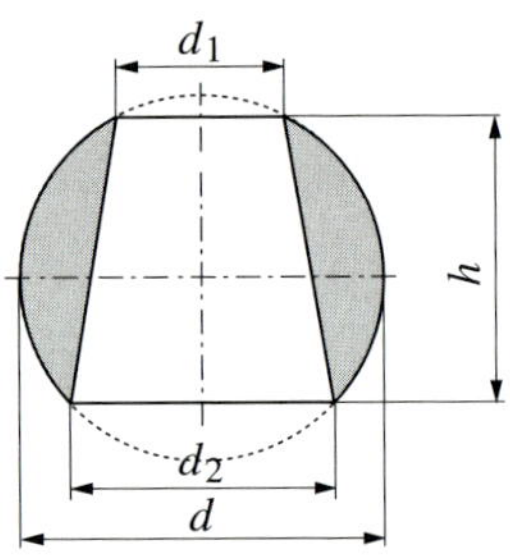

Eine Kugel wird kegelig durchbohrt. Berechnen Sie den Rauminhalt des Restkörpers:

a) mithilfe von Variablen,

b) für $d_1 = 7$ cm, $d_2 = 15$ cm, $h = 16$ cm.

18.

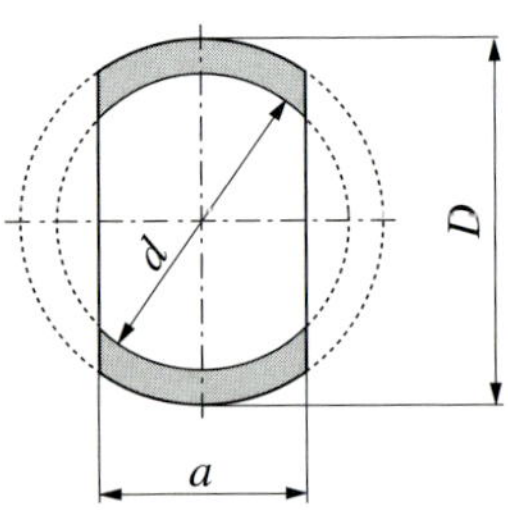

Eine Hohlkugel wird beidseitig eben abgefräst. Berechnen Sie den Rauminhalt des Restkörpers:

a) mithilfe von Variablen,

b) für $D = 50$ cm, $d - 35$ cm, $a = 20$ cm.

19.

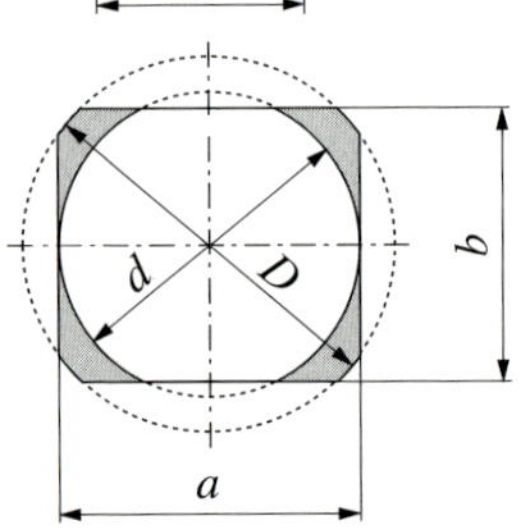

Eine Hohlkugel wird an vier Flächen nach nebenstehender Zeichnung eben abgefräst. Berechnen Sie den Rauminhalt des Restkörpers:

a) mithilfe von Variablen,

b) für $D = 19$ cm, $d = 17{,}5$ cm, $a = 15$ cm, $b = 16$ cm.

20.

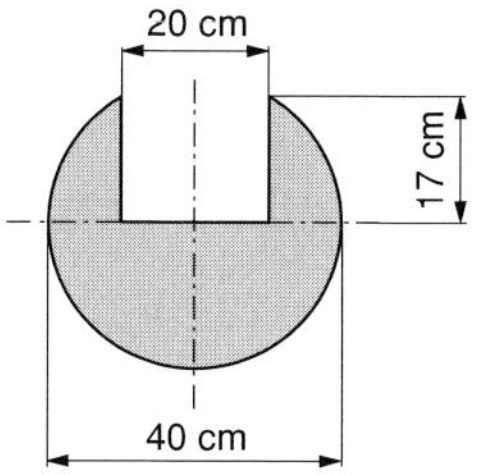

In eine volle Stahlkugel ($\varrho = 7{,}8\,\text{g}\,\text{cm}^{-3}$) wird eine Nut nach nebenstehender Zeichnung eingefräst. Berechnen Sie die Masse des Restkörpers.

Volumenberechnung nach der Keplerschen Fassregel

1. Berechnen Sie mithilfe der Keplerschen Fassregel das Volumen folgender Körper:

a) Kugel **b)** Fass (näherungsweise), Maßangaben in mm

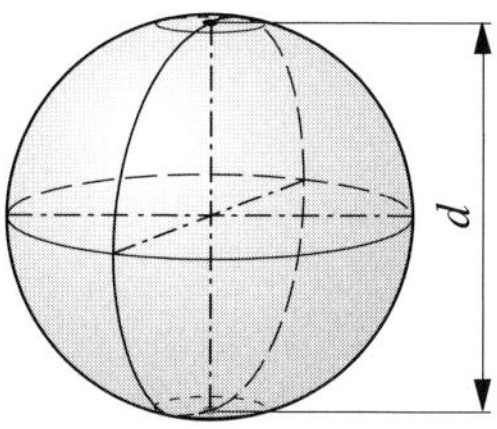

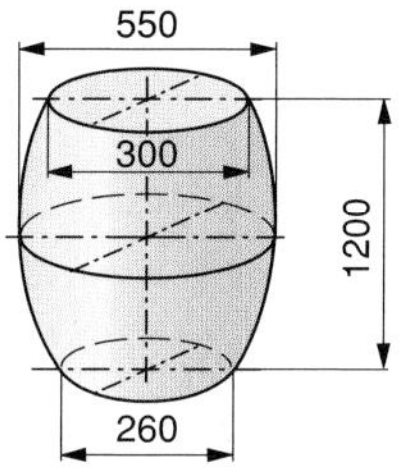

2. Leiten Sie mithilfe der Keplerschen Fassregel die Formeln für die Volumina folgender Körper ab:

a) Prisma **b)** Kegel **c)** Quadratische Pyramide **d)** Kegelstumpf

3. Ein Fass hat kongruente Grund- und Deckkreise mit der Länge d der Durchmesser, einen Durchmesser des Mittelkreises mit der Länge D und eine Höhe der Länge h. Berechnen Sie näherungsweise sein Volumen V.

Wiederholungsfragen zu 13

1. Welche geometrischen Körper kennen Sie, welches sind ihre Gemeinsamkeiten und Unterschiede?

2. Wie kann man den Rauminhalt eines Körpers messen?

3. Welche Formel gilt für das Volumen aller Prismen und Kreiszylinder?

4. Welche Formel gilt für das Volumen aller spitzen Körper?

5. Aus welchen Flächen bestehen die Mantelflächen und die Oberflächen von Prismen, Zylindern und Kegeln?

6. Was besagt das Prinzip von Cavalieri?

7. Wie berechnet man das Volumen und den Inhalt der Mantelflächen von Pyramiden- und Kegelstümpfen?

8. Wie lauten die Formeln für das Volumen und die Oberfläche einer Kugel?

9. Auf welche Weise entstehen Kugelabschnitt, Kugelausschnitt, Kugelschicht und Kugelkeil?

10. Was versteht man unter einer Kugelhaube oder Kalotte, einer Kugelzone und einem Kugelzweieck?

11. Wie heißt die Keplersche Fassregel zur Volumenberechnung, welche Vorteile hat sie?

14 Bestimmung von Schwerpunkten

14.1 Physikalische Grundlagen

Der Begriff des Schwerpunkts ist ursprünglich ein physikalischer Begriff. Die Physik untersucht Körper, auch flächen- oder plattenförmige und stabförmige Körper, hinsichtlich der Lage ihrer Schwerpunkte. Schwerpunkte bestimmen zu können ist für bestimmte Fragestellungen in Naturwissenschaft und Technik von Bedeutung.

Körper, Flächen und Linien sind auch Untersuchungsgegenstände der Geometrie. Die abstrakten Begriffe Körper, Fläche und Strecke sind geometrische Objekte. Kann die Geometrie einen Beitrag zur Bestimmung von Schwerpunkten leisten?

In diesem Kapitel wird, ausgehend von der kurzen Darstellung einiger physikalischer Grundlagen, der aufgeworfenen Frage nachgegangen.

Wirkt eine Kraft auf einen drehbaren Körper, so erzeugt sie ein **Drehmoment**. Stehen M für ein Drehmoment, F für eine (Gewichts-)Kraft und l für den (senkrechten) Abstand der Wirkungslinie der Kraft vom Drehpunkt D, so gilt: $M = F \cdot l$ bzw. wegen $F = m \cdot g$ auch $M = m \cdot g \cdot l$, in der Regel angegeben in Nm (Newtonmeter), wobei m für eine Masse und g für die örtliche Fallbeschleunigung stehen. Dreht eine Kraft F einen Körper im Drehsinn des Uhrzeigers, so ist das wirkende Drehmoment ein **rechtsdrehendes**, andernfalls ein **linksdrehendes**.

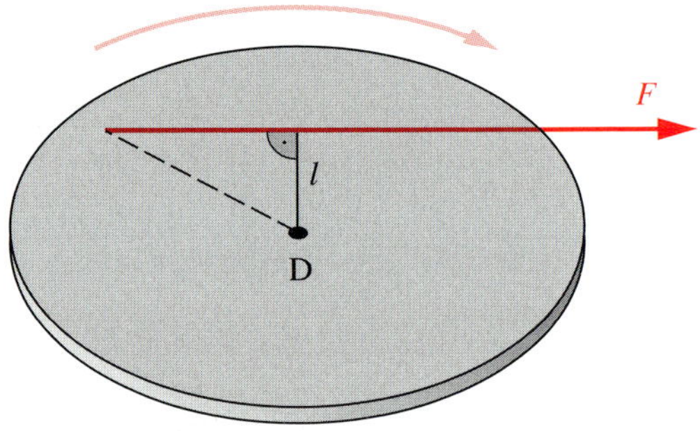

► D: Drehpunkt
► Rechtsdrehendes Drehmoment

Wirken mehrere Kräfte auf einen drehbaren Körper ein, so entstehen mehrere Drehmomente. Dabei kann die Summe der linksdrehenden Drehmomente von der Summe der rechtsdrehenden Drehmomente verschieden sein.

Das bekannte Hebelgesetz beschreibt den Fall, dass zwei Kräfte F_1 und F_2 gleich große unterschiedlich gerichtete Drehmomente erzeugen. Am Hebel herrscht dann Gleichgewicht.

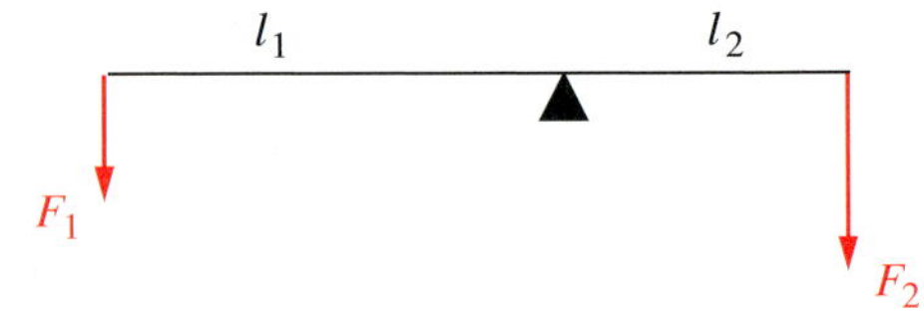

Am Hebel herrscht Gleichgewicht, falls $F_1 \cdot l_1 = F_2 \cdot l_2$ gilt.

Denkt mann sich einen ansonsten gewichtslosen Stab nur an den Endpunkten A und B mit den Massen m_1 und m_2 belegt und in einem Punkt S unterstützt, für den $|\overline{AS}| = r_1$ und $|\overline{BS}| = r_2$ gilt, so wirken auf den Stab das linksdrehende Drehmoment M_1 und das rechtsdrehende Drehmoment M_2 mit $M_1 = F_1 r_1 = m_1 \cdot g \cdot r_1$ und $M_2 = F_2 r_2 = m_2 \cdot g \cdot r_2$. Falls $M_1 = M_2$ gilt – also Gleichgewicht herrscht –, heißt S der **Massenmittelpunkt** oder **Schwerpunkt** der Massen m_1 und m_2. In diesem Punkt kann man sich die Massen m_1 und m_2 konzentriert denken.

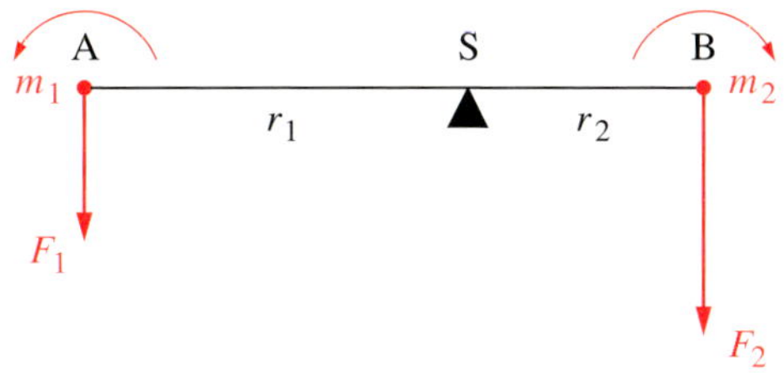

Der Schwerpunkt teilt $\overline{AB}$ im umgekehrten Verhältnis der Massen m_1 und m_2, denn aus $m_1 \cdot g \cdot r_1 = m_2 \cdot g \cdot r_2$ folgt nach Division durch g die Gleichung $m_1 \cdot r_1 = m_2 \cdot r_2$ und daraus die Proportion $r_1 : r_2 = m_2 : m_1$.

Merke:

Der Schwerpunkt oder Massenmittelpunkt von 2 Massenpunkten, die durch einen gewichtslosen Stab miteinander verbunden sind, ist der eindeutig bestimmte Punkt, für den die Summe der linksdrehenden Drehmomente gleich der Summe der rechtsdrehenden Drehmomente ist, wenn man diesen Punkt als Drehpunkt betrachtet.

Denkt man sich den Stab $\overline{AB}$ auf die x-Achse eines x-y-Koordinatensystems gelegt, so kann man die Abszisse x_s des Schwerpunkts von m_1 und m_2 bestimmen.

Stehen x_1 für die Abszisse von A, x_2 für die Abszisse von B, so gilt für die Schwerpunktskoordinate x_s:
$m_1(x_s - x_1) = m_2(x_2 - x_s)$, oder
$m_1 x_s + m_2 x_s = m_2 x_2 + m_1 x_1$. Man klammert auf der linken Seite x_s aus und dividiert beide Seiten durch den Koeffizienten $m_1 + m_2$ von x_s und erhält so den Term für die Abszisse x_s.

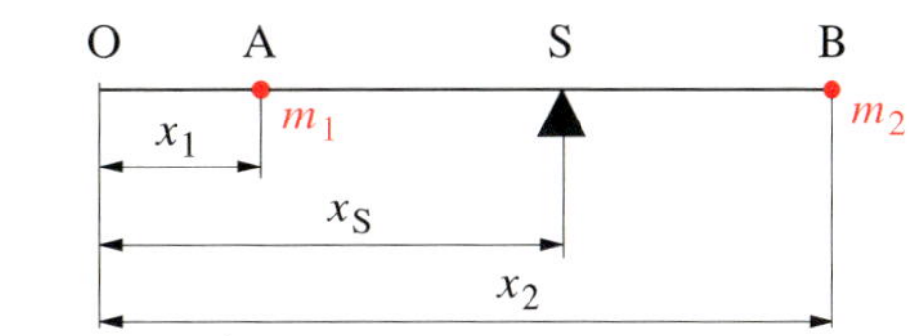

$$x_s = \frac{m_1 x_1 + m_2 x_2}{m_1 + m_2}$$

Für die Abszisse x_s des Schwerpunkts eines (gewichtslosen) Stabs, auf welchem mehr als zwei punktförmige Massen $m_1, m_2, \cdots, m_n$ verteilt sind, gilt analog:

$$x_s = \frac{m_1 x_1 + m_2 x_2 + \cdots + m_n x_n}{m_1 + m_2 + \cdots + m_n} \qquad (1).$$

Diese Gleichung beschreibt auch den Fall, dass die Massen $m_1, m_2, \cdots, m_n$ irgendwo im Raum verteilt, d. h. nicht notwendig alle auf ein und demselben Stab liegen. Bezogen auf ein x-y-z-Koordinatensystem gelten dann für die Koordinaten y_s und z_s ihres Schwerpunkts analoge Ausdrücke:

$$y_s = \frac{m_1 \cdot y_1 + m_2 \cdot y_2 + \cdots + m_n \cdot y_n}{m_1 + m_2 + \cdots + m_n} \quad (2) \quad \text{und} \quad z_s = \frac{m_1 \cdot z_1 + m_2 \cdot z_2 + \cdots + m_n \cdot z_n}{m_1 + m_2 + \cdots + m_n} \quad (3).$$

Hierbei stehen die $\langle x_i \,|\, y_i \,|\, z_i \rangle$, $i = 1, 2, \cdots, n$, für die Koordinaten der Raumpunkte, die mit den Massen $m_1, m_2, \cdots, m_n$ belegt sind.

Merke:

Die Masse eines Körpers kann man sich in seinem Schwerpunkt vereint denken. Hat man mehrere, z. B. n Körper, $n \in \mathbb{N}^{\geq 2}$, und denkt sich deren Massen $m_1, m_2, \cdots, m_n$ jeweils in ihren Schwerpunkten mit den Koordinaten $\langle x_i \,|\, y_i \,|\, z_i \rangle$, $i = 1 \cdots n$, konzentriert, so gelten für die Koordinaten des Schwerpunkts $S\langle x_s \,|\, y_s \,|\, z_s \rangle$ des Systems der n Schwerpunkte mit den Massen m_i die Gleichungen (1), (2) und (3).

Gilt für diese Massen $m_1 = m_2 = \cdots = m_n = m$, so kann man die rechten Seiten der Gleichungen (1), (2) und (3) mit m kürzen und erhält einfachere Gleichungen für die Koordinaten des Schwerpunktes:

$$x_s = \frac{x_1 + x_2 + \cdots + x_n}{n} \quad (1'), \quad y_s = \frac{y_1 + y_2 + \cdots + y_n}{n} \quad (2'), \quad z_s = \frac{z_1 + z_2 + \cdots + z_n}{n} \quad (3').$$

Der Schwerpunkt $S\langle x_s \,|\, y_s \,|\, z_s \rangle$ heißt in diesem Fall auch der **geometrische Schwerpunkt** der Raumpunkte $P_1\langle x_1 \,|\, y_1 \,|\, z_1 \rangle, P_2\langle x_2 \,|\, y_2 \,|\, z_2 \rangle, \cdots, P_n\langle x_n \,|\, y_n \,|\, z_n \rangle$.

Im Abschnitt 6.1 war der Schnittpunkt der Seitenhalbierenden eines Dreiecks als der Flächenschwerpunkt des Dreiecks bezeichnet und festgestellt worden, dass sich die Länge des Abschnitts einer Seitenhalbierenden, der vom Seitenmittelpunkt bis zum Schwerpunkt reicht, zur Länge der ganzen Seitenhalbierenden wie 1 : 3 verhält.

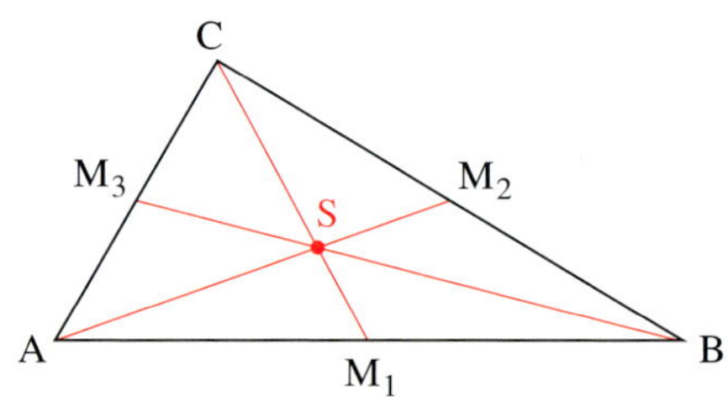

Liegt ein Dreieck $\triangle P_1P_2P_3$ z. B. in der x-y-Ebene eines Koordinatensystems und haben die Eckpunkte der Reihe nach die Koordinaten $\langle x_1 \,|\, y_1 \rangle$, $\langle x_2 \,|\, y_2 \rangle$ und $\langle x_3 \,|\, y_3 \rangle$, so kann man die Koordinaten $\langle x_s \,|\, y_s \rangle$ seines Schwerpunkts berechnen. Heißen die Seitenmitten $M_1\langle x_4 \,|\, y_4 \rangle, M_2\langle x_5 \,|\, y_5 \rangle$ und $M_3\langle x_6 \,|\, y_6 \rangle$, so gilt:

$$x_4 = \frac{x_1 + x_2}{2} \quad \text{und} \quad y_4 = \frac{y_1 + y_2}{2} \quad \text{und für}$$

$$x_s = x_4 + \frac{x_3 - x_4}{3}, \quad y_s = y_4 + \frac{y_3 - y_4}{3}.$$

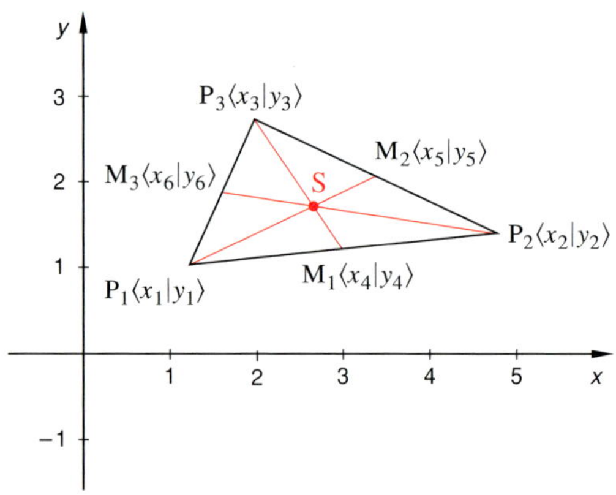

Durch Einsetzen von x_4 und y_4 in die beiden letzten Terme erhält man die Koordinaten des Schwerpunkts.

$$x_s = \frac{x_1 - x_2}{2} + \frac{x_3 - \frac{x_1 + x_2}{2}}{3}$$

$$= \frac{x_1 + x_2}{2} + \frac{2x_3 - x_1 - x_2}{2 \cdot 3}.$$ Hieraus folgt

$x_s = \dfrac{x_1 + x_2 + x_3}{3}$ und in gleicher Weise erhält man

$$y_s = \frac{y_1 + y_2 + y_3}{3}.$$

Es zeigt sich, dass die Koordinaten des Schwerpunkts eines Dreiecks gerade durch die Gleichungen (1′), (2′) und (3′) bestimmt sind. Der physikalische Schwerpunktsbegriff deckt sich also mit dem geometrischen Schwerpunktsbegriff.

Hat ein Körper das Volumen V und die Masse m, so heißt der Quotient $\frac{m}{V}$ die **Dichte** des Körpers. Sie wird in der Regel mit ρ bezeichnet: $\rho = \frac{m}{V}$.

Ein Körper K heißt **homogen** oder **homogen mit Masse belegt**, wenn für jeden beliebigen Teilkörper K_i von K mit dem Volumen V_i und der Masse m_i die Dichte $\rho_i = \frac{m_i}{V_i}$ der Dichte ρ von K gleich ist. Im Folgenden werden nur homogene Körper betrachtet.

Aus der Feststellung, dass der Schwerpunkt eines Körpers auch sein Massenmittelpunkt ist, folgen für bestimmte homogene Körper auch ohne Rechnungen Aussagen über die Lage ihres Schwerpunkts. Ist nämlich ein homogener Körper symmetrisch zu einer Ebene oder einer Geraden, so muss sein Schwerpunkt auf dieser Ebene bzw. Geraden liegen. Das ist eine notwendige Bedingung dafür, dass bezüglich des Schwerpunkts als Drehpunkt die Summe der linksdrehenden Drehmomente der Summe der rechtsdrehenden gleich ist.

Anmerkung: Eine Ebene E ist genau dann Symmetrieebene eines Körpers, wenn dieser bei einer Spiegelung an E in sich übergeht. Die durch E erzeugten Teilkörper sind in diesem Falle kongruent. Eine Gerade g ist genau dann Symmetriegerade eines Körpers, wenn dieser bei jeder Drehung um g in sich übergeht.

Beispiele:

1. Ein Würfel ABCDA′ B′ C′ D′ hat mindestens drei Symmetrieebenen: Die Ebene E_1 parallel zur Grundfläche durch die Mitte von $\overline{AA'}$, die Ebene E_2 parallel zur Seitenfläche BCC′ B′ durch die Mitte von $\overline{AB}$ und die Ebene E_3 parallel zur Vorderfläche ABA′ B′ durch die Mitte von $\overline{BC}$. Die Ebenen E_1 und E_2 haben eine Gerade gemeinsam, die von E_3 in einem Punkt, dem Mittelpunkt S des Würfels, geschnitten wird. Der Schwerpunkt des Würfels muss auf allen Symmetrieebenen liegen, es ist also der Punkt S.

2. Ein gerader Kreiszylinder hat unendlich viele Symmetrieebenen – alle Ebenen, die senkrecht auf seiner Grundfläche stehen und durch deren Mittelpunkt gehen, sind Symmetrieebenen. Sie schneiden sich in der Achse des Zylinders, der Verbindungsgeraden der Mittelpunkte von Grund- und Deckkreis. Diese Achse ist Symmetriegerade des Zylinders. Der Schwerpunkt des Zylinders, der auf allen Symmetrieebenen liegen muss, liegt auf dieser Symmetriegeraden. Aber auch die Ebene E parallel zum Grundkreis, die durch die Mitte der Symmetrieachse geht, ist eine Symmetrieebene des Zylinders. Da dessen Schwerpunkt auch auf E liegen muss, ist also der Mittelpunkt der Achse des Zylinders dessen Schwerpunkt.

Schwerpunkt eines Würfels

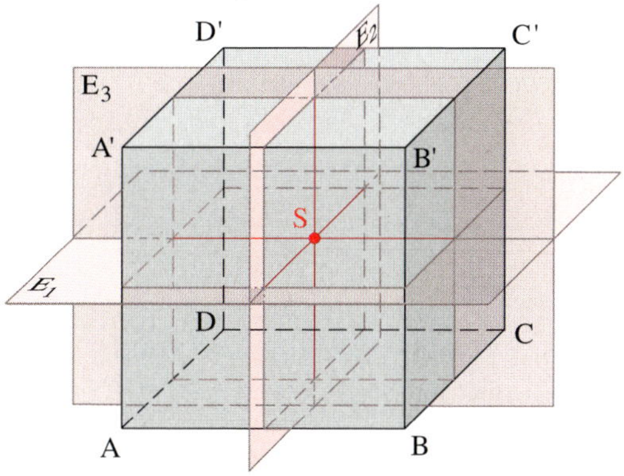

Schwerpunkt eines Kreiszylinders

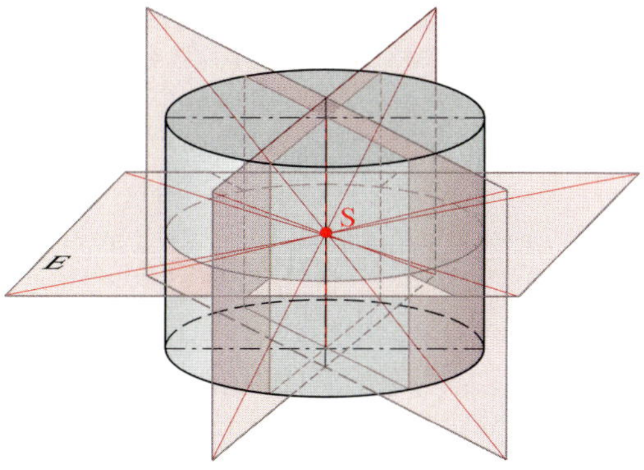

Für homogene Körper lassen sich die Gleichungen (1), (2) und (3) umformen und vereinfachen.

Sind n Körper homogen mit Masse belegt, so gelten für ihre Massen m_i die Gleichungen $m_i = V_i \cdot \rho$. Damit lassen sich die Gleichungen (1), (2) und (3) für die Koordinaten des Schwerpunkts des Systems aus diesen n Körpern wie folgt umformen:

$$x_s = \frac{V_1 \rho x_1 + V_2 \rho x_2 + \cdots + V_n \rho x_n}{V_1 \rho + V_2 \rho + \cdots + V_n \rho} \qquad (1^*),$$

$$y_s = \frac{V_1 \rho y_1 + V_2 \rho y_2 + \cdots + V_n \rho y_n}{V_1 \rho + V_2 \rho + \cdots + V_n \rho} \qquad (2^*),$$

$$z_s = \frac{V_1 \rho z_1 + V_2 \rho z_2 + \cdots + V_n \rho z_n}{V_1 \rho + V_2 \rho + \cdots + V_n \rho} \qquad (3^*).$$

Die Brüche auf den rechten Seiten dieser Gleichungen können mit ρ gekürzt werden. Wegen $V_1 + V_2 + \cdots + V_n = V$ nehmen die Gleichungen (1^*), (2^*) und (3^*) die Gestalt an:

$$x_s = \frac{V_1 \cdot x_1 + V_2 \cdot x_2 + \cdots + V_n \cdot x_n}{V} \qquad (1''),$$

$$y_s = \frac{V_1 \cdot y_1 + V_2 \cdot y_2 + \cdots + V_n \cdot y_n}{V} \qquad (2''),$$

$$z_s = \frac{V_1 \cdot z_1 + V_2 \cdot z_2 + \cdots + V_n \cdot z_n}{V} \qquad (3'').$$

Hierbei sind die V_i die Volumina der Teilkörper, V das Volumen des Gesamtkörpers, $\langle x_i | y_i | z_i \rangle$ die Koordinaten der Schwerpunkte der Teilkörper und $\langle x_s | y_s | z_s \rangle$ die Koordinaten des Schwerpunkts des Gesamtkörpers.

Der Vereinfachung der Berechnung der Masse **flächen-** oder **plattenförmiger Körper** mit dem Grundflächeninhalt A und der konstanten Dicke t dient der Begriff der **flächenbezogenen Masse**. Die flächenbezogene Masse ist die Masse pro Flächeneinheit. Sie hat die Dimension $\frac{\text{kg}}{\text{dm}^2}$. Gibt man ihr das Formelzeichen m'', so gilt für die Masse m eines flächenförmigen Körpers $m = m'' \cdot A$, wenn A für den Inhalt der Grundfläche dieses Körpers steht. Es ist also für flächenförmige Körper $m_i = m''A_i$ und damit $V_i \rho = m''A_i$, $i = 1, 2, \cdots n$.

Berücksichtigt man das in den Gleichungen (1^*), (2^*) und (3^*), so erhält man für die Koordinaten des Schwerpunkts eines flächenförmigen Körpers, dessen Flächeninhalt A sich aus den Teilflächeninhalten A_i mit $i = 1, 2, \cdots, n$ zusammensetzt, deren Schwerpunkte die Koordinaten $\langle x_i | y_i | z_i \rangle$ haben, wegen $m_\text{i} = m''A_i$ die Gleichungen:

$$x_s = \frac{m''A_1 x_1 + m''A_2 x_2 + \cdots + m''A_n x_n}{m''(A_1 + A_2 + \cdots + A_n)} = \frac{m''(A_1 x_1 + A_2 x_2 + \cdots A_n x_n)}{m''A}, \text{ also}$$

$$x_s = \frac{A_1 x_1 + A_2 x_2 + \cdots + A_n x_n}{A} \qquad (1''), \text{ und analog für } y_s \text{ und } z_s:$$

$$y_s = \frac{A_1 y_1 + A_2 y_2 + \cdots + A_n y_n}{A} \qquad (2''')\text{,}$$

$$z_s = \frac{A_1 z_1 + A_2 z_2 + \cdots + A_n z_n}{A} \qquad (3''')\text{.}$$

Ordnet man die Teilkörper eines flächenförmigen Körpers in einem x-y-z-Koordinatensystem so an, dass sie symmetrisch zur x-y-Ebene liegen, so liegt der Schwerpunkt des Körpers auf der Symmetrieebene. Für seine Koordinaten x_s und y_s gelten die Gleichungen $(1''')$, $(2''')$ und $z_s = 0$.
Der Punkt $S\langle x_s | y_s \rangle$, dessen Koordinaten durch die Gleichungen $(1''')$ und $(2''')$ bestimmt sind, ist der Flächenschwerpunkt **der Fläche**, welche die Symmetrieebene aus dem flächenförmigen Körper ausschneidet.

Schwerpunkt eines flächenförmigen Körpers

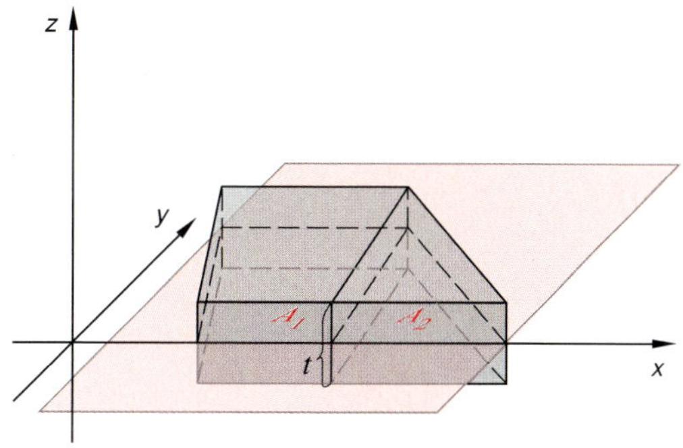

Merke:

Besteht eine in der x-y-Ebene liegende Fläche mit dem Flächeninhalt A aus n Teilflächen, welche die Flächeninhalte A_i und deren Schwerpunkte die Koordinaten $\langle x_i | y_i \rangle$ haben, so hat der Schwerpunkt $S\langle x_s | y_s \rangle$ der Gesamtfläche die Koordinaten:

$$x_s = \frac{A_1 x_1 + A_2 x_2 + \cdots + A_n x_n}{A}, \quad y_s = \frac{A_1 y_1 + A_2 y_2 + \cdots + A_n y_n}{A}.$$

Von einem **stabförmigen Körper** spricht man, wenn zwei der Abmessungen des Körpers klein sind gegenüber der dritten Abmessung.
Der Vereinfachung der Berechnung der Masse eines solchen Körpers mit der Länge d und einer konstanten Querschnittsfläche dient der Begriff der **längenbezogenen Masse**. Sie ist Masse pro Längeneinheit. Sie hat die Dimension $\frac{\text{kg}}{\text{dm}}$. Benutzt man für sie das Formelzeichen m', so gilt $m = m' \cdot d$.
Es ist also $m_i = m'd_i$ und damit $V_i\rho = m'd_i$.
Berücksichtigt man das in den Gleichungen (1^*), (2^*) und (3^*), so erhält man für die Koordinaten x_s, y_s, z_s des Schwerpunkts eines stabförmigen Körpers, dessen Gesamtlänge d aus stabförmigen Körpern mit den Teillängen $d_1, d_2, \cdots, d_n$ mit den Schwerpunktskoordinaten $\langle x_i | y_i | z_i \rangle$ zusammengesetzt ist, wegen $m_i = m' \cdot d_i$ die Gleichungen:

$$x_s = \frac{m' d_1 x_1 + m' d_2 x_2 + \cdots + m' d_n x_n}{m'(d_1 + d_2 + \cdots + d_n)} = \frac{m'(d_1 x_1 + d_2 x_2 + \cdots + d_n x_n)}{m'd}\text{, also}$$

$$x_s = \frac{d_1 x_1 + d_2 x_2 + \cdots + d_n x_n}{d} \qquad (1'''')\text{, und analog für } y_s \text{ und } z_s\text{:}$$

$$y_s = \frac{d_1 y_1 + d_2 y_2 + \cdots + d_n y_n}{d} \qquad (2'''')\text{,}$$

$$z_s = \frac{d_1 z_1 + d_2 z_2 + \cdots + d_n z_n}{d} \qquad (3'''')\text{.}$$

Ordnet man die Teilkörper eines stabförmigen Körpers in einem x-y-z-Koordinatensystem so an, dass sie symmetrisch zur x-y-Ebene liegen, so liegt der Schwerpunkt des stabförmigen Körpers auf der Symmetrieebene. Für seine Koordinaten gelten die Gleichungen $(1'''')$, $(2'''')$ und $z_s = 0$. Der Punkt $S\langle x_s | y_s \rangle$, dessen Koordinaten durch die Gleichungen $(1'''')$ und $(2'''')$ bestimmt sind, ist der Schwerpunkt **des Streckenzugs**, den die Symmetrieebene aus dem stabförmigen Körper ausschneidet, wobei man die „Breite" der durch den Schnitt eigentlich entstehenden Flächen vernachlässigt. Sie war ja ohnehin als sehr gering vorausgesetzt.

Schwerpunkt eines stabförmigen Körpers

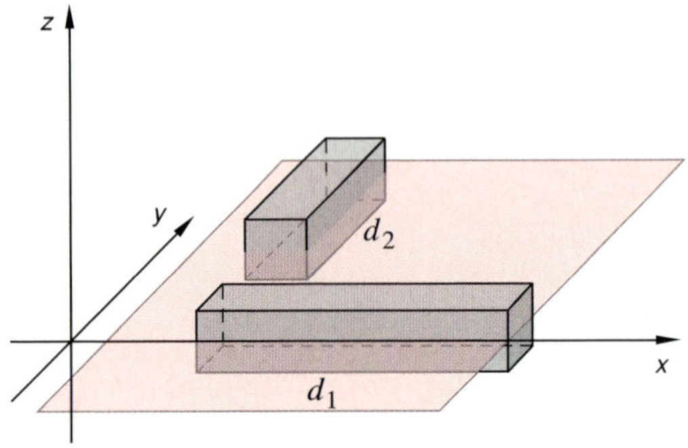

Merke:

Besteht eine in der x-y-Ebene liegende Figur aus n Strecken mit der Gesamtlänge d, deren Teilstrecken die Längen d_i $(i = 1, 2, \cdots n)$ und deren Schwerpunkte die Koordinaten $\langle x_i | y_i \rangle$ haben, so hat der Schwerpunkt $S\langle x_s | y_s \rangle$ der Gesamtfigur die Koordinaten:

$$x_s = \frac{d_1 x_1 + d_2 x_2 + \cdots + d_n x_n}{d}, \quad y_s = \frac{d_1 y_1 + d_2 y_2 + \cdots + d_n y_n}{d}.$$

14.2 Anwendungen auf die Geometrie

Die vorstehenden Formeln ermöglichen es, den Schwerpunkt von Gebilden zu bestimmen, die aus mehreren Strecken, ebenen Figuren oder geraden Körpern bestehen. Die x_i, y_i bzw. x_i, y_i und z_i sind dic Koordinatcn der Schwerpunkte der einzelnen Teilstrecken, -flächen oder -körper, aus denen diese Gebilde zusammengesetzt sind. Um die Formeln anwenden zu können, muss man also den Schwerpunkt einer Strecke bzw. den Schwerpunkt einfacher Flächen oder Körper kennen bzw. bestimmen können. Mithilfe der vorstehend erwähnten Symmetriebetrachtungen kann man ohne Rechnung Aussagen über Schwerpunkte gewinnen, wie dies die Beispiele von Würfel und Kreiszylinder belegen.

Eine **Strecke** $\overline{P_1P_2}$ ist symmetrisch bezüglich ihrer Mittelsenkrechten und bezüglich der Geraden, auf der sie liegt. Der Schnittpunkt beider Geraden ist der Mittelpunkt der Strecke und ihr Schwerpunkt.

► Kapitel 8

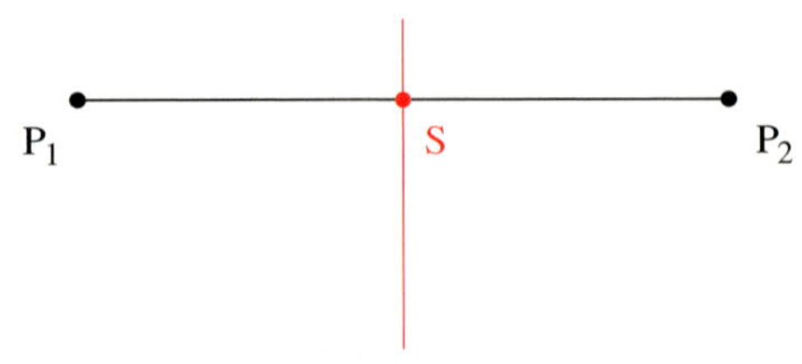

Die Koordinaten des Schwerpunkts $S\langle x_s|y_s\rangle$ einer beliebig in einer x-y-Ebene liegenden **Strecke** $\overline{P_1P_2}$ mit $P_1\langle x_1|y_1\rangle$ und $P_2\langle x_2|y_2\rangle$ erhält man aus den allgemeinen Gleichungen für die Schwerpunktskoordinaten eines Systems aus n materiellen Punkten.

Man betrachtet dabei $\overline{P_1P_2}$ als gewichtslosen Stab, der in P_1 und P_2 mit gleichen Massen m_1 und m_2 belastet ist, und muss dabei beachten, dass $z_s = 0$ und $n = 2$ gilt.

Auch hier ergibt sich:
Der Schwerpunkt einer Strecke $\overline{P_1P_2}$ ist der Mittelpunkt dieser Strecke.

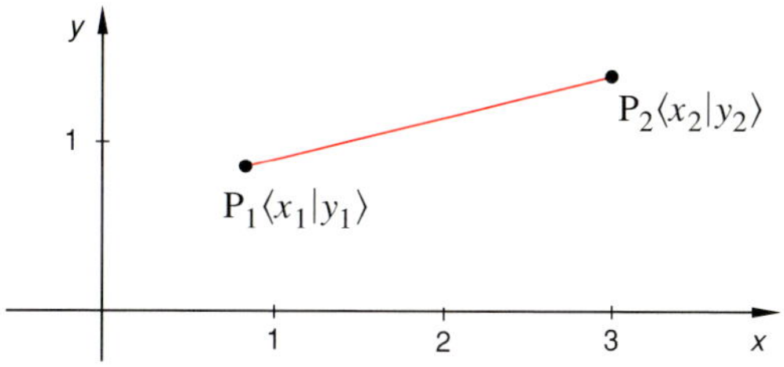

$$x_s = \frac{m_1 x_1 + m_2 x_2}{m_1 + m_2}$$

$$y_s = \frac{m_1 y_1 + m_2 y_2}{m_1 + m_2} \quad \blacktriangleright\ m_1 = m_2 = m$$

$$x_s = \frac{m(x_1 + x_2)}{2m} = \frac{x_1 + x_2}{2}$$

$$y_s = \frac{m(y_1 + y_2)}{2m} = \frac{y_1 + y_2}{2}$$

Merke:

Der Mittelpunkt einer Strecke ist ihr Schwerpunkt.

Für die folgenden Betrachtungen werden die Begriffe **punktsymmetrisch** und **schiefsymmetrisch bezüglich einer Geraden** gebraucht.

Wenn es zu einer Figur einen Punkt Z so gibt, dass mit jedem ihrer Punkte P auch der Punkt P′ zur Figur gehört, für den gilt: $|\overline{PZ}| = |\overline{P'Z}|$ und der auf der Geraden PZ liegt, so heißt diese Figur **punktsymmetrisch** bezüglich Z.

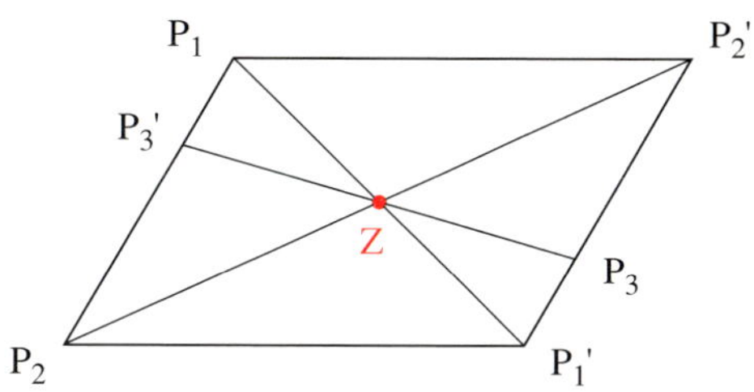

Eine Figur ist bezüglich einer Geraden **schiefsymmetrisch**, wenn die Verbindungsstrecken entsprechender Punkte die Symmetrieachse nicht unter einem rechten sondern unter einem beliebigen Winkel schneiden, jedoch von der Symmetrieachse ebenfalls halbiert werden.

Ein Parallelogramm ist schiefsymmetrisch bezüglich jeder seiner Mittelparallelen. Z. B. werden die zu $\overline{AD}$ und $\overline{BC}$ parallelen Strecken, deren Anfangs- und Endpunkte auf den Parallelogrammseiten $\overline{AB}$ und $\overline{CD}$ liegen, von der Mittelparallelen M_1M_2 halbiert.

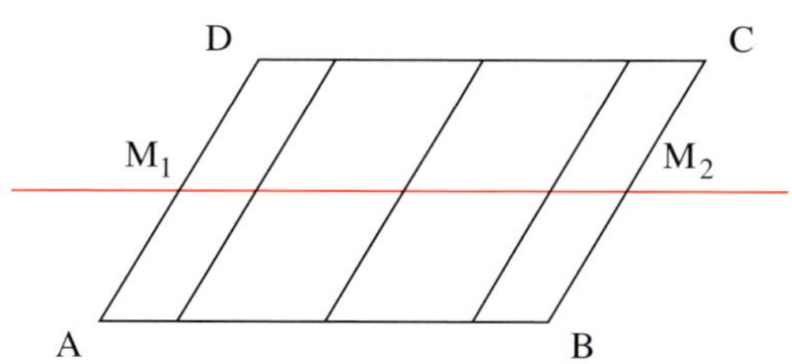

Aus dem gleichen Grund wie bei der entsprechenden Aussage über Körper gilt auch für Flächen, Strecken- und Punktfiguren: Hat eine dieser Figuren eine Achse für senkrechte oder schiefe Symmetrie, so liegt ihr Schwerpunkt auf dieser Achse. Hat eine Figur zwei sich schneidende Achsen für senkrechte oder schiefe Symmetrie, so ist der Schnittpunkt der Achsen der Schwerpunkt der Figur. Figuren, die zwei zueinander senkrechte Symmetrieachsen haben, sind punktsymmetrisch. Jede bezüglich eines Punktes P punktsymmetrische Figur hat zwei Achsen für senkrechte Symmetrie, die sich in P schneiden.

Merke:

- Hat eine Figur eine Symmetrieachse, so liegt ihr Schwerpunkt auf dieser Achse.
- Hat eine Figur zwei sich schneidende Symmetrieachsen, so ist der Schnittpunkt der Achsen der Schwerpunkt der Figur.
- Ist eine Figur symmetrisch bezüglich eines Punktes, so ist dieser Punkt der Schwerpunkt der Figur.

Problem: Wo liegen die Schwerpunkte der Flächen von Dreiecken, Vierecken, Kreisen und Vielecken?

Man löst dieses Problem, indem man die genannten Figuren auf ihre Symmetrien hin überprüft.

Das **Dreieck** $\triangle$ABC ist **schiefsymmetrisch** bezüglich der Seitenhalbierenden s_c, aber auch bezüglich der Seitenhalbierenden s_a und der Seitenhalbierenden s_b. Sein Schwerpunkt ist daher der Schnittpunkt der Seitenhalbierenden.

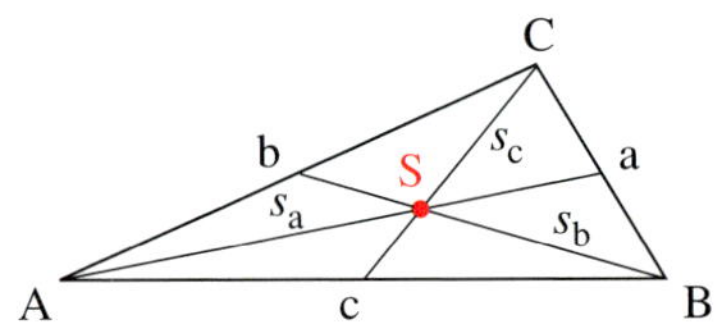

Es gilt: $|\overline{CS}| = \frac{2}{3}s_c$, $|\overline{BS}| = \frac{2}{3}s_b$, $|\overline{AS}| = \frac{2}{3}s_a$.

► Abschnitt 6.1

Im **gleichschenkligen Dreieck** $\triangle$ABC mit $|\overline{AC}| = |\overline{BC}|$ fällt s_c mit h_c zusammen. Es gilt also: $|\overline{CS}| = \frac{2}{3}s_c = \frac{2}{3}h_c$.

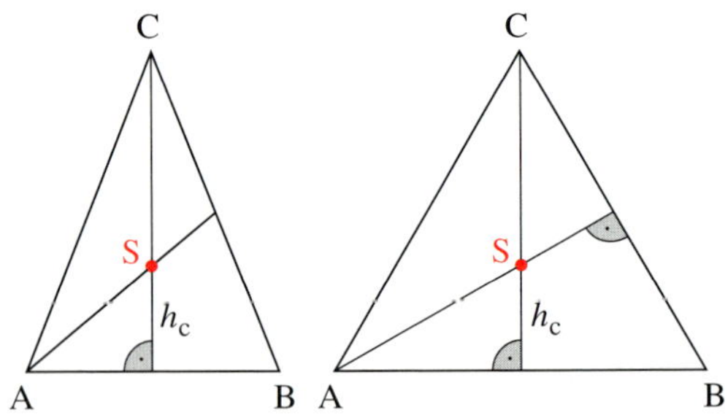

Im **gleichseitigen Dreieck** sind alle Seitenhalbierenden gleichzeitig auch Höhen, die alle außerdem gleich lang sind. Also gilt: $|\overline{CS}| = |\overline{AS}| = |\overline{BS}| = \frac{2}{3}h$, wenn h für die Länge der Höhen steht.

Alle **Parallelogramme** sind **schiefsymmetrisch** bezüglich der Verbindungsgeraden der Mitten gegenüberliegender Seiten und **punktsymmetrisch** bezüglich des Schnittpunkts der Diagonalen. Der Schnittpunkt der Diagonalen ist gleichzeitig der Schnittpunkt der Mittellinien. Er ist daher der Schwerpunkt.

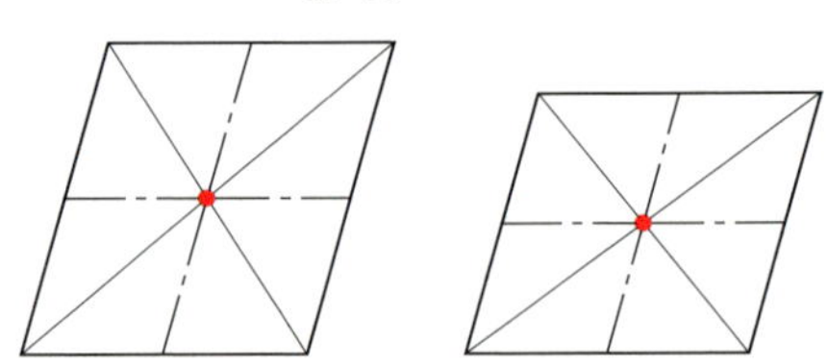

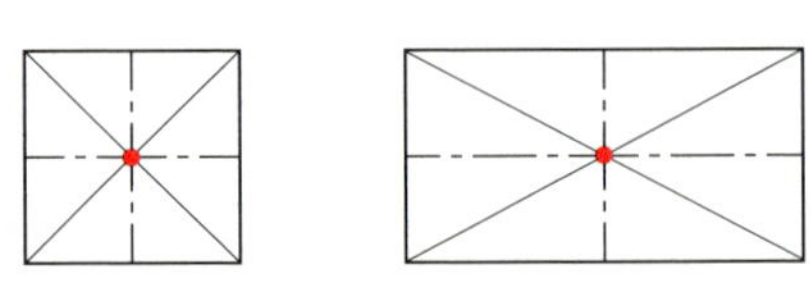

Der Schwerpunkt von **Trapezen** liegt auf der Verbindungsgeraden der Mitten der parallelen Seiten, denn die ist die Achse einer **schiefen Symmetrie**. Für den Abstand y_0 des Schwerpunkts von der längeren Grundseite gilt, wie hier nur mitgeteilt wird:

$$y_0 = \frac{h}{3} \cdot \frac{a+2c}{a+c}.$$

► Aufgabe 12, Schwerpunkte von Flächen.

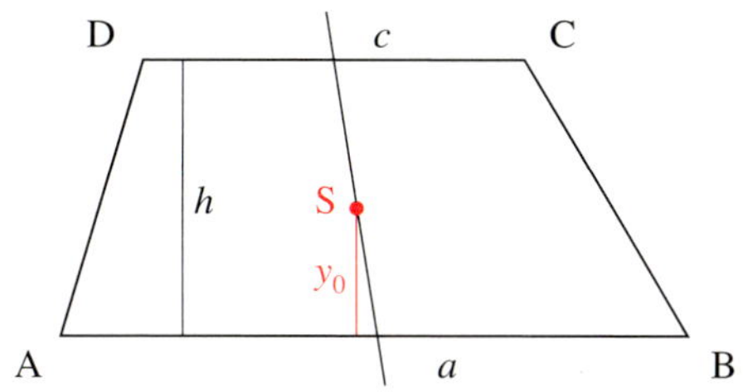

Ist das Trapez ABCD rechtwinklig bei B, so gilt für den Abstand x_0 des Schwerpunktes von der Seite $\overline{BC}$:

$$x_0 = \frac{a^2 + ac + c^2}{3(a+c)}.$$

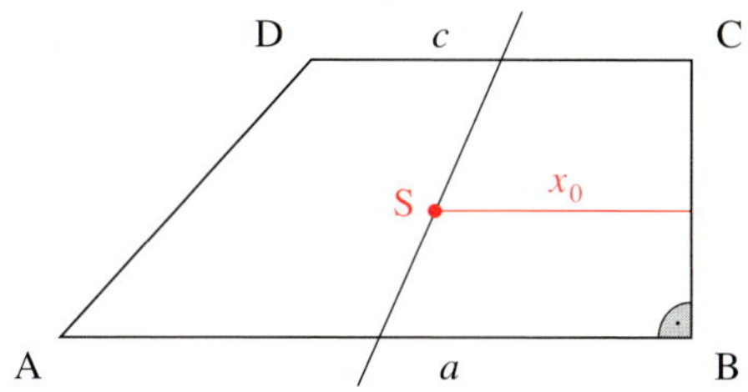

Der Schwerpunkt eines **Kreises** ist sein Mittelpunkt, und der Schwerpunkt **regelmäßiger Vielecke** ist der Mittelpunkt ihres Um- bzw. Inkreises. Die Figuren sind punktsymmetrisch bezüglich ihres Mittelpunktes, und im Mittelpunkt schneiden sich alle Symmetrieachsen der Figuren.

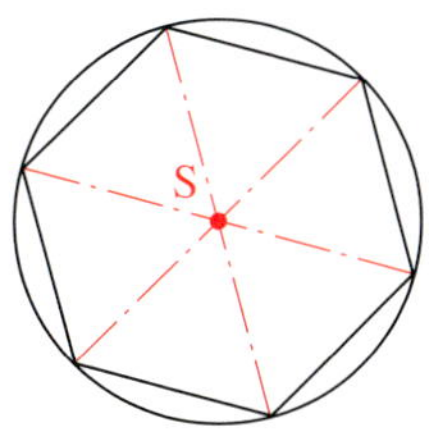

Die Aussagen über die Lage der Schwerpunkte von Dreiecken und Vierecken ermöglichen es, die Schwerpunkte von beliebigen Vielecken konstruktiv zu ermitteln. Das soll am Beispiel eines allgemeinen Vierecks gezeigt werden.

ABCD ist ein **allgemeines Viereck**. Um seinen Schwerpunkt S konstruktiv zu ermitteln, wird es in zweifacher Weise in Dreiecke zerlegt.
Die Schwerpunkte S_1 des Dreiecks $\triangle ACD$ und S_2 des Dreiecks $\triangle ABC$ werden als Schnittpunkte der Seitenhalbierenden konstruiert, ebenso die Schwerpunkte S_3 des Dreiecks $\triangle ABD$ und S_4 des Dreiecks $\triangle DBC$. Die Strecken $\overline{S_1S_2}$ und $\overline{S_3S_4}$ schneiden sich im Schwerpunkt S des Vierecks.

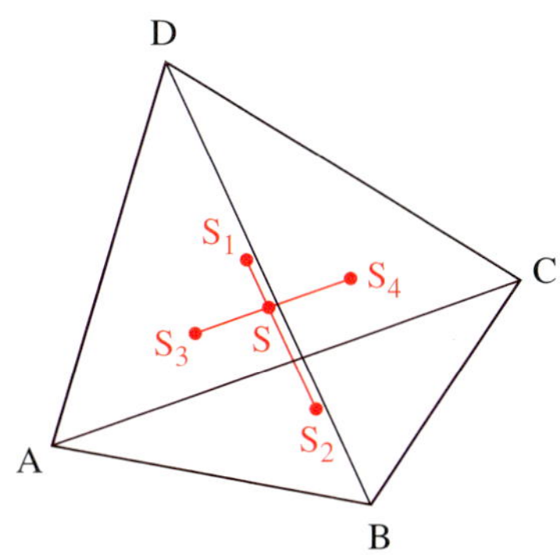

Man kann den Schwerpunkt von Streckenzügen und Flächen auch **experimentell** bestimmen.

Man hängt die jeweilige Figur nacheinander an zweien ihrer Punkte auf und bestimmt die Lote aus diesen Punkten zur Erdoberfläche, die sog. **Schwerlinien**. Sie schneiden sich im Schwerpunkt.

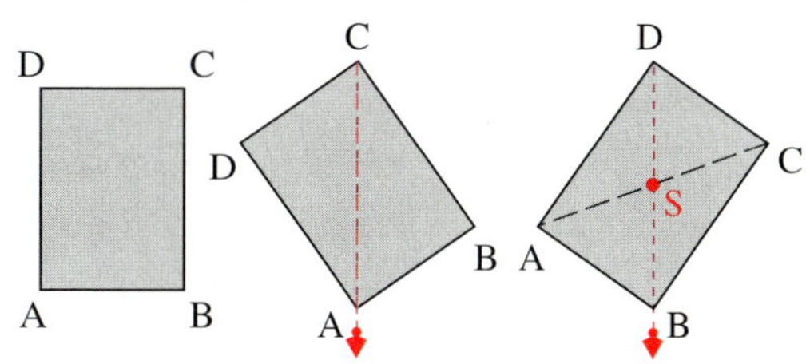

Merke:

- Die Schwerpunkte von Strecken, Dreiecken, Parallelogrammen, Kreisen und regelmäßigen Vielecken lassen sich aufgrund der vorliegenden Symmetrien ohne Rechnung angeben.
- Der Schwerpunkt eines Trapezes liegt auf der Verbindungsgeraden der Mitten der parallelen Seiten.
- Um den Schwerpunkt einer Fläche experimentell zu bestimmen, hängt man sie an zweien ihrer Punkte auf und bestimmt die jeweiligen Schwerlinien. Diese schneiden sich im Schwerpunkt des Körpers.

14.2.1 Schwerpunkte von Streckenzügen und Kreisbögen

Auch die Schwerpunkte symmetrischer Streckenzüge oder symmetrisch liegender Strecken lassen sich **ohne Rechnung** bestimmen.

Die Figur aus den Strecken $\overline{AB}$, $\overline{CD}$ und $\overline{EF}$ mit $|\overline{AE}| = |\overline{BE}|$, $|\overline{CF}| = |\overline{FD}|$ und $\overline{AB} \perp \overline{EF}$, $\overline{CD} \perp \overline{EF}$ ist symmetrisch bezüglich der Mittelsenkrechten zu $\overline{EF}$ und bezüglich der Geraden EF selbst. Ihr Schwerpunkt S ist also der Schnittpunkt von $\overline{EF}$ mit der Mittelsenkrechten, d. h. der Mittelpunkt von $\overline{EF}$.

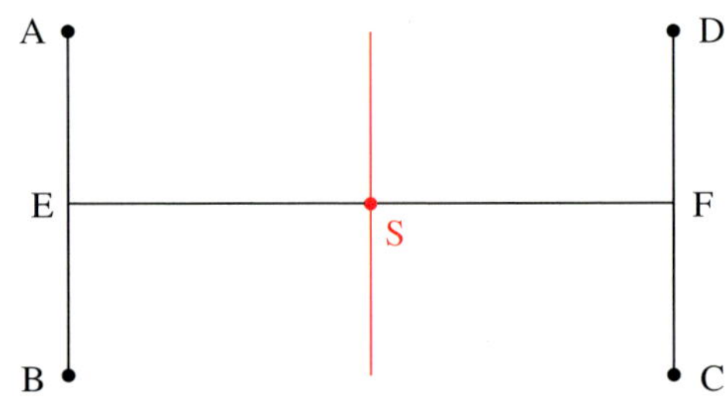

Zur **Berechnung** der Koordinaten der Schwerpunkte von Streckenzügen und Kreisbögen bedient man sich der vorstehend angegebenen Formeln und der Aussagen über die Schwerpunkte ausgewählter geometrischer Figuren.

Beispiele:

1. Berechnen Sie die Koordinaten x_s und y_s des Schwerpunktes S des nebenstehenden Streckenzuges $\overline{AOBC}$.

S_a, S_b und S_c sind die Schwerpunkte der Strecken a, b und c, also deren Mitten. Um ihre Koordinaten möglichst einfach ablesen zu können, wählt man zweckmäßigerweise die Geraden, auf denen die Strecken a und b liegen, als y- bzw. x-Achse des Koordinatensystems.

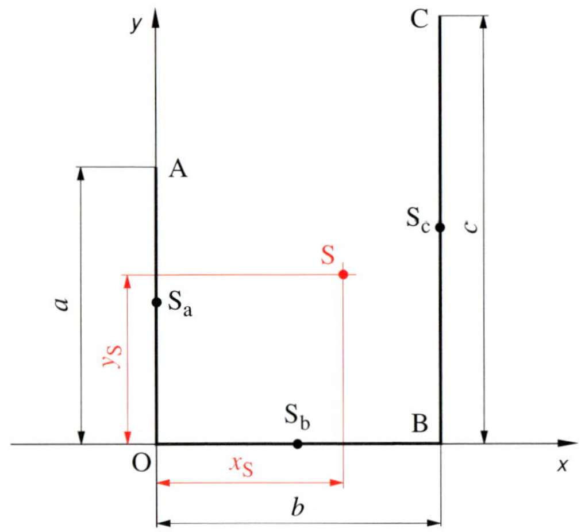

Man erhält die gesuchten Koordinaten aus den Gleichungen

$$x_s = \frac{d_1 x_1 + d_2 x_2 + d_3 x_3}{d}, \quad y_s = \frac{d_1 y_1 + d_2 y_2 + d_3 y_3}{d}.$$

Dabei stehen:

d_1 für die Länge a der Strecke a, d_2 für die Länge b der Strecke b, d_3 für die Länge c der Strecke c, d für die Gesamtlänge des Streckenzuges. Die Koordinaten $\langle x \mid y \rangle$ eines Punktes P in einem x-y-Koordinatensystem sind vorzeichenbehaftete Zahlen, aber keine Größen im physikalischen Sinne. Im Beispiel ist die Abszisse x_3 des Schwerpunktes S_c der Strecke c gleich der Maßzahl der Länge b der Strecke b. Für diese Maßzahl soll ebenfalls das Zeichen b verwendet werden. Analog wird bei den anderen Abszissen und Ordinaten der Schwerpunkte S_a, S_b und S_c verfahren.

Dann stehen:

x_1 für die Abszisse von S_a, $x_1 = 0$;

x_2 für die Abszisse von S_b, $x_2 = \frac{b}{2}$;

x_3 für die Abszisse von S_c, $x_3 = b$;

y_1 für die Ordinate von S_a, $y_1 = \frac{a}{2}$;

y_2 für die Ordinate von S_b, $y_2 = 0$;

y_3 für die Ordinate von S_c, $y_3 = \frac{c}{2}$.

Setzt man entsprechend ein, so erhält man:

$$\underline{\underline{x_s}} = \frac{a \cdot 0 + b \cdot \frac{b}{2} + c \cdot b}{a+b+c} = \underline{\underline{\frac{b(b+2c)}{2(a+b+c)}}},$$

$$\underline{\underline{y_s}} = \frac{a \cdot \frac{a}{2} + b \cdot 0 + c \cdot \frac{c}{2}}{a+b+c} = \frac{\frac{a^2}{2} + \frac{c^2}{2}}{a+b+c} = \underline{\underline{\frac{a^2+c^2}{2(a+b+c)}}}.$$

2. Berechnen Sie die Koordinaten x_s und y_s des Schwerpunktes S für die nebenstehenden Strecken $\overline{AB}$, $\overline{CD}$ und $\overline{EF}$

a) allgemein mit Variablen,
b) wenn a für 30 mm, b für 60 mm und c für 90 mm stehen.

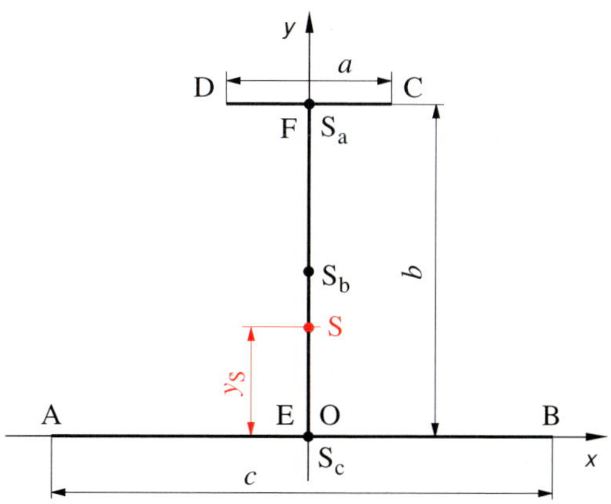

Die Punkte E und F sind die Mitten der Strecken $\overline{AB}$ und $\overline{CD}$, also deren Schwerpunkte S_c und S_a. Die vorgegebenen Strecken liegen axialsymmetrisch bezüglich der Geraden, auf welcher die Strecke b liegt. Der Schwerpunkt der Figur liegt sicher auf dieser Geraden. Es ist deshalb zweckmäßig, die y-Achse des Koordinatensystems auf b und die x-Achse des Systems auf c zu legen. Dann ist die Abszisse des Schwerpunktes Null, und es braucht nur die Ordinate berechnet zu werden.

a) Es stehen:

d_1 für die Länge a der Strecke a,

d_2 für die Länge b der Strecke b,

Man setzt in die Gleichung für y_s ein:

$$y_s = \frac{ab + b\frac{b}{2} + c \cdot 0}{a+b+c}$$

d_3 für die Länge c der Strecke c,

d für die Gesamtlänge des Streckenzugs;

y_1 für die Ordinate von S_a, $y_1 = b$,

y_2 für die Ordinate von S_b, $y_2 = \frac{b}{2}$,

y_3 für die Ordinate von S_c, $y_3 = 0$.

$$\underline{\underline{y_s}} = \frac{\frac{2ab+b^2}{2}}{a+b+c} = \underline{\underline{\frac{b(2a+b)}{2(a+b+c)}}}$$

b) Setzt man die für a, b und c gegebenen Werte in den gefundenen Ausdruck ein, so erhält man den numerischen Wert der Ordinate des Schwerpunkts.

$$\underline{\underline{y_s}} = \frac{60(60\,\text{mm} + 60\,\text{mm})}{3600\,\text{mm}} = \underline{\underline{2}}$$

3. Berechnen Sie die Koordinaten x_s und y_s des Schwerpunktes der nebenstehenden Strecken $\overline{AB}$, $\overline{BC}$, $\overline{DE}$

a) allgemein mit Variablen,
b) wenn a für 20 cm, b für 60 cm und c für 30 cm stehen.
Hier legt man die y-Achse auf c und die x-Achse auf b.

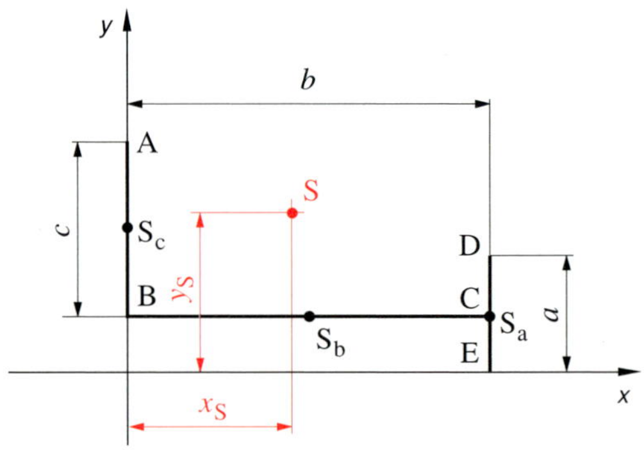

a) Es stehen:

d_1 für die Länge a der Strecke a,
d_2 für die Länge b der Strecke b,
d_3 für die Länge c der Strecke c,
d für die Gesamtlänge des Streckenzugs;

x_1 für die Abszisse von S_a, $x_1 = b$,

x_2 für die Abszisse von S_b, $x_2 = \frac{b}{2}$,

x_3 für die Abszisse von S_c, $x_3 = 0$;

y_1 für die Ordinate von S_a, $y_1 = 0$,

y_2 für die Ordinate von S_b, $y_2 = 0$,

y_3 für die Ordinate von S_c, $y_3 = \frac{c}{2}$.

$$\underline{\underline{x_s}} = \frac{ab + b\frac{b}{2} + c \cdot 0}{a+b+c} = \underline{\underline{\frac{b(2a+b)}{2(a+b+c)}}}$$

$$\underline{\underline{y_s}} = \frac{a \cdot 0 + b \cdot 0 + \frac{c \cdot c}{2}}{a+b+c} = \underline{\underline{\frac{c^2}{2(a+b+c)}}}$$

b) Man setzt die für a, b und c gegebenen Werte in die Ausdrücke für die Koordinaten ein.

$$\underline{\underline{x_s}} = \frac{60(40\,\text{cm} + 60\,\text{cm})}{2(110\,\text{cm})} = \underline{\underline{27{,}27}}$$

$$\underline{\underline{y_s}} = \frac{30 \cdot 30\,\text{cm}}{2(110\,\text{cm})} = \underline{\underline{4{,}09}}$$

Soll der Schwerpunkt einer gekrümmten Linie bestimmt werden, sind besondere Überlegungen notwendig. Das soll am Beispiel eines Kreisbogens gezeigt werden. Der Grundgedanke des Vorgehens ist es, den Bogen in sehr viele sehr kleine Bogenstücke zu zerlegen, die man als Strecken behandeln kann.

Problem: Berechnen Sie die Koordinaten des Schwerpunkts S eines Kreisbogens $\overset{\frown}{AB}$ mit dem Radius r.

Der Kreisbogen hat eine Symmetrieachse, die durch den Mittelpunkt M des zugehörigen Kreises und die Mitte des Bogens geht. Auf ihr liegt der Schwerpunkt. Wählt man die Symmetrieachse als y-Achse eines x-y-Koordinatensystems, so braucht man nur die Ordinate des Schwerpunkts zu berechnen, weil seine Abszisse gleich Null ist.

Man teilt den Bogen $\overset{\frown}{AB}$ mit der Länge b in die Bogenstücke $b_1, b_2, \ldots, b_n$ auf, die man so klein wählt, dass man sie als Strecken behandeln kann. Wenn $y_1, y_2, \ldots, y_n$ für die Ordinaten der Schwerpunkte aller dieser kleinen Strecken stehen, so gilt für die Ordinate y_s des Schwerpunkts des Bogens $\overset{\frown}{AB}$

$$y_s = \frac{b_1 y_1 + b_2 y_2 + \cdots + b_n y_n}{b}$$

Im nebenstehenden Bild erkennt man ein rot umrandetes und ein schraffiertes Dreieck. Diese Dreiecke sind einander ähnlich, denn sie stimmen in einem rechten Winkel und den Winkeln $\sphericalangle(s_1, b_1)$ und $\sphericalangle(y_1, r)$ überein. Entsprechende Seiten stehen daher im gleichen Verhältnis. Dies gilt für alle Dreiecke, die zu den als Strecken interpretierten Bogenstücken $b_1, b_2, \ldots, b_n$ gehören.

Setzt man die so gefundenen Ausdrücke in die Formel für y_s ein, so erhält man:

$$y_s = \frac{r(s_1 + s_2 + \cdots + s_n)}{b} \text{ und wegen}$$

$s_1 + s_2 + \cdots + s_n = s$ also

$$y_s = \frac{r\,s}{b}.$$

Schwerpunkt eines Kreisbogens

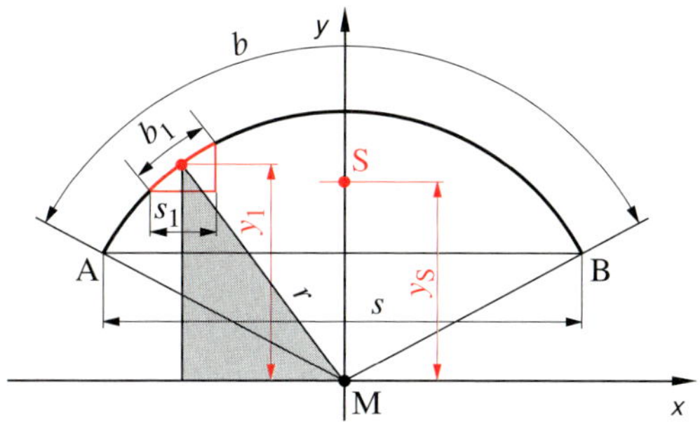

$$|\overset{\frown}{AB}| = b_1 + b_2 + b_3 + \cdots + b_n = b$$

$$b_1 : s_1 = r : y_1, \quad \text{also} \quad b_1 y_1 = s_1 r$$
$$b_2 y_2 = s_2 r$$
$$\vdots$$
$$b_n y_n = s_n r$$

$$s_1 + s_2 + s_3 \cdots s_n = s$$

Ist der Bogen $\overset{\frown}{AB}$ ein **Halbkreis**, so ist b der halbe Umfang, also $b = \pi \frac{d}{2}$ und $s = d$.

Schwerpunkt eines Halbkreises

$$y_s = \frac{\frac{d}{2} \cdot d}{\pi \cdot \frac{d}{2}} = \frac{d}{\pi} \quad \blacktriangleright \; x_s = 0$$

14.2.2 Schwerpunkte von Flächen

Soll der Schwerpunkt einer Fläche bestimmt werden, die nicht selbst ein Dreieck, ein Parallelogramm oder ein Trapez ist, so versucht man, sie in solche Figuren mit bekannter Schwerpunktlage zu zerlegen und ihren Gesamtschwerpunkt – ähnlich wie bei den Streckenzügen geschildert – aus den Schwerpunkten der Teilflächen zu berechnen.

Man legt die Figur in ein geeignet gewähltes Koordinatensystem, bestimmt die Koordinaten der Schwerpunkte der Teilflächen und berechnet hieraus mithilfe der angegebenen Formeln die Koordinaten des Gesamtschwerpunkts.

Beispiele:

1. Berechnen Sie die Koordinaten x_s und y_s des Schwerpunkts S der nebenstehenden Fläche.

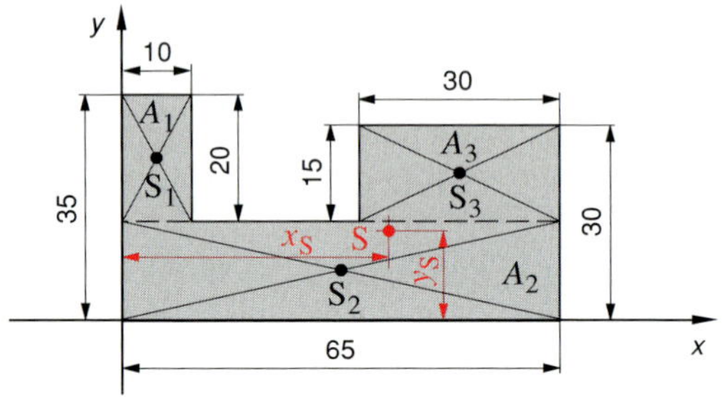

► Maßangaben in mm

Die Gesamtfläche mit dem Flächeninhalt A ist in drei Teilflächen mit den Inhalten A_1, A_2 und A_3 eingeteilt. Legt man die x- und die y-Achse wie im Bild gezeichnet, kann man die Koordinaten der Schwerpunkte S_1, S_2 und S_3 ablesen. Man findet:

$x_1 = 5;\ y_1 = 25;\ x_2 = 32{,}5;\ y_2 = 7{,}5;$
$x_3 = 50;\ y_3 = 22{,}5.$

Die Teilflächen haben die Inhalte:
$A_1 = 200\,\text{mm}^2; A_2 = 975\,\text{mm}^2; A_3 = 450\,\text{mm}^2.$
Die Gesamtfläche hat $1625\,\text{mm}^2$ Inhalt.
Für die Koordinaten des Schwerpunkts $S\langle x_s \mid y_s\rangle$ gelten die Formeln:

$$x_s = \frac{A_1 x_1 + A_2 x_2 + A_3 x_3}{A} \quad \text{und}$$
$$y_s = \frac{A_1 y_1 + A_2 y_2 + A_3 y_3}{A}$$

Man setzt die für die Koordinaten der Teilschwerpunkte und die für die Flächeninhalte der Teilflächen errechneten Werte in die angegebenen Formeln ein.

$$\underline{\underline{x_s}} = \frac{5 \cdot 200\,\text{mm}^2 + 32{,}5 \cdot 975\,\text{mm}^2 + 50 \cdot 450\,\text{mm}^2}{1625\,\text{mm}^2} = \underline{\underline{33{,}96}}$$

$$\underline{\underline{y_s}} = \frac{25 \cdot 200\,\text{mm}^2 + 7{,}5 \cdot 975\,\text{mm}^2 + 22{,}5 \cdot 450\,\text{mm}^2}{1625\,\text{mm}^2} = \underline{\underline{13{,}81}}$$

2. Berechnen Sie die Koordinaten x_s und y_s des Schwerpunkts S der nebenstehend gezeichneten Fläche.

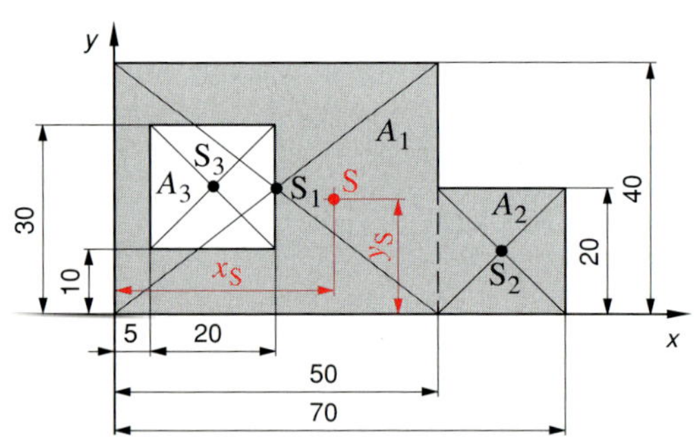

► Maßangaben in mm

Die Gesamtfläche mit dem Flächeninhalt A ist in drei Teilflächen mit den Inhalten A_1, A_2 und A_3 eingeteilt. Legt man die x- und die y-Achse so, wie im Bild gezeichnet, so kann man die Koordinaten der Schwerpunkte S_1, S_2 und S_3 der Teilflächen ablesen. Man findet:

$x_1 = 25;\ y_1 = 20;\ x_2 = 60;\ y_2 = 10;$
$x_3 = 15;\ y_3 = 20.$

Die Flächeninhalte sind:
$A_1 = 2000\,\text{mm}^2; A_2 = 400\,\text{mm}^2; A_3 = 400\,\text{mm}^2.$
Für die Gesamtfläche erhält man
$2400\,\text{mm}^2 - 400\,\text{mm}^2$, also $2000\,\text{mm}^2$.
Da die Teilfläche mit dem Inhalt A_3 eine Aussparung ist, müssen die zu ihr gehörenden Werte bei der Berechnung von x_s und y_s subtrahiert werden.

$$x_s = \frac{25 \cdot 2000\,\text{mm}^2 + 60 \cdot 400\,\text{mm}^2 - 15 \cdot 400\,\text{mm}^2}{2000\,\text{mm}^2} = \underline{\underline{34}}$$

$$y_s = \frac{20 \cdot 2000\,\text{mm}^2 + 10 \cdot 400\,\text{mm}^2 - 20 \cdot 400\,\text{mm}^2}{2000\,\text{mm}^2} = \underline{\underline{18}}$$

Soll der Schwerpunkt einer Fläche bestimmt werden, die von einer gekrümmten Linie begrenzt wird, sind besondere Überlegungen notwendig. Das soll am Beispiel der Berechnung der Koordinaten des Schwerpunkts eines Kreissektors gezeigt werden. Der Grundgedanke des Vorgehens ist, den Sektor in sehr viele „schmale" Sektoren aufzuteilen, die als gleichschenklige Dreiecke betrachtet werden können.

Problem: Wie kann man die Koordinaten x_s und y_s des Schwerpunkts S eines Kreissektors mit dem Radius r berechnen?

Der Kreissektor hat eine Symmetrieachse, die durch den Mittelpunkt des zugehörigen Kreises und die Mitte des zugehörigen Bogens geht. Auf ihr liegt der Schwerpunkt S. Legt man die Figur so in ein Koordinatensystem, dass dessen y-Achse auf die Symmetrieachse fällt, so ist die Abszisse von S gleich Null, und man hat nur noch die Ordinate von S zu bestimmen.

Man zerlegt den Sektor in viele schmale Sektoren mit den Bogenlängen b_1, b_2 bis b_n. Die Summe dieser Längen ist gleich der Länge b des Bogens des Sektors.

Man kann diese Bögen so klein machen, dass sie als Strecken aufgefasst werden können. So entstehen gleichschenklige Dreiecke, deren Flächeninhalte man bestimmen kann. Es gilt nämlich für $i = 1, 2, \ldots, n$:

$$A_i = \frac{b_i\, r}{2}.$$

Ihre Schwerpunkte liegen auf einem Kreisbogen um M mit dem Radius r', für den gilt:

$$r' = \frac{2}{3}r.$$

Für den Flächeninhalt A des Sektors gilt:

$$A = \frac{b \cdot r}{2}$$ ► Abschnitt 12.2.

Im obenstehenden Bild erkennt man die Dreiecke $\triangle$DMS$_1$ und $\triangle$AEC. Sie sind einander ähnlich, denn sie stimmen in einem rechten Winkel und den Winkeln ∢MS$_1$D und ∢CAE überein (die Schenkel des Winkels ∢MS$_1$D stehen senkrecht auf den Schenkeln des Winkels ∢CAE).

Entsprechende Seiten stehen daher im gleichen Verhältnis zueinander. Dies gilt für alle Dreiecke, die zu den als Strecken interpretierten kleinen Bögen b_1, b_2 bis b_n gehören.

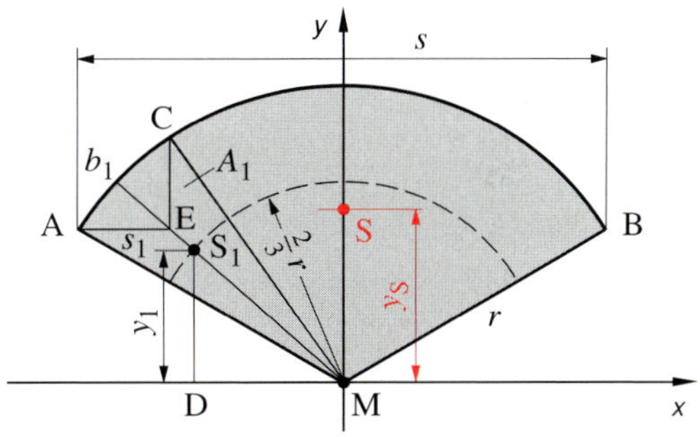

$|\widehat{AB}| = b; \quad |\overline{AB}| = s$

► Im gleichschenkligen Dreieck $\triangle$AMC mit $|\overline{AM}| = |\overline{CM}|$ gilt: $|\overline{MS_1}| = \frac{2}{3}r$. ► Abschnitt 6.1

Stehen die Ordinaten $y_1, y_2, \ldots, y_n$ für die Ordinaten der Schwerpunkte der Dreiecke, so gilt für die Ordinate y_s des Gesamtschwerpunkts S:

$$y_s = \frac{\frac{b_1 r}{2}y_1 + \frac{b_2 r}{2}y_2 + \cdots + \frac{b_n r}{2}y_n}{\frac{b \cdot r}{2}}.$$

► $b_1 : s_1 = \frac{2}{3}r : y_1$

Es gilt also:

$$b_1 \cdot y_1 = s_1 \cdot \frac{2}{3}r$$
$$b_2 \cdot y_2 = s_2 \cdot \frac{2}{3}r$$
$$\vdots$$
$$b_n \cdot y_n = s_n \cdot \frac{2}{3}r$$

Ersetzt man im Zähler der Formel für y_s die Produktterme $b_i y_i$ durch die äquivalenten Terme $s_i \cdot \frac{2}{3} r$, so erhält man einen Ausdruck, der sich wegen

$s_1 + s_2 + \dots + s_n = s$ weiter zu

$y_s = \frac{2}{3} \cdot \frac{r \cdot s}{b}$ vereinfachen lässt.

$$y_s = \frac{\frac{r}{2} \cdot \frac{2r}{3} \cdot s_1 + \frac{r}{2} \cdot \frac{2r}{3} \cdot s_2 + \dots + \frac{r}{2} \cdot \frac{2r}{3} \cdot s_n}{\frac{b \cdot r}{2}}$$
$$= \frac{\frac{r^2}{3}(s_1 + s_2 + \dots + s_n)}{\frac{b \cdot r}{2}}$$
$$= \frac{\frac{r^2}{3} \cdot s}{\frac{b \cdot r}{2}}$$
$$= \underline{\underline{\frac{2}{3} \cdot \frac{r \cdot s}{b}}}$$

Ist der Sektor ein Halbkreis, so lassen sich die Koordinaten seines Schwerpunkts aus denen eines beliebigen Sektors herleiten. ► Übungen zu 14, Aufgabe 1.

Beispiel:

Berechnen Sie die Koordinaten x_s und y_s des Schwerpunkts S der unten gezeichneten Fläche.

Die Gesamtfläche ist ein Kreis mit zwei kreisförmigen Aussparungen. Ihr Flächeninhalt A ist bestimmt durch $A_1 - A_2 - A_3$. Es gilt: $A_1 = 900\,\text{mm}^2 \cdot \pi$, $A_2 = 36\,\text{mm}^2 \cdot \pi$ und $A_3 = 56{,}25\,\text{mm}^2 \cdot \pi$. Damit erhält man für A den Wert $2537{,}62\,\text{mm}^2$.
Die Koordinaten der Schwerpunkte S_1, S_2 und S_3 können aus der Zeichnung entnommen werden, wenn der Mittelpunkt des Kreises mit dem Flächeninhalt A als Ursprung des Koordinatensystems gewählt wird. Es gilt:

$x_1 = 0;\ y_1 = 0;\ x_2 = -10;\ y_2 = -10;$
$x_3 = 15;\ y_3 = 0.$

Nunmehr setzt man in die Formeln für die Koordinaten des Gesamtschwerpunkts S entsprechend ein.

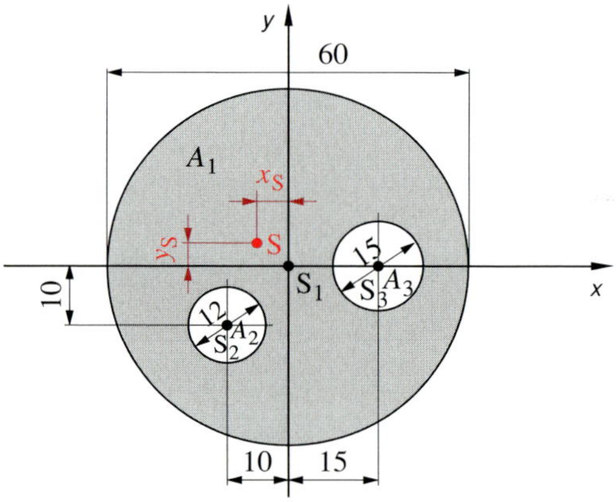

► Maßangaben in mm

$$\underline{\underline{x_s}} = \frac{2827{,}43\,\text{mm}^2 \cdot 0 - 113{,}1\,\text{mm}^2 \cdot (-10) - 176{,}71\,\text{mm}^2 \cdot 15}{2537{,}62\,\text{mm}^2}$$
$$= \underline{\underline{0{,}6}}$$

$$\underline{\underline{y_s}} = \frac{2827{,}43\,\text{mm}^2 \cdot 0 - 113{,}1\,\text{mm}^2 \cdot (-10) - 176{,}71\,\text{mm}^2 \cdot 0}{2537{,}62\,\text{mm}^2}$$
$$= \underline{\underline{0{,}45}}$$

Die nebenstehende Tabelle fasst Aussagen über Schwerpunkte einiger einfacher Figuren zusammen.

Schwerpunkte von Flächen

Dreieck	Rechtwinkliges Trapez	Kreisausschnitt
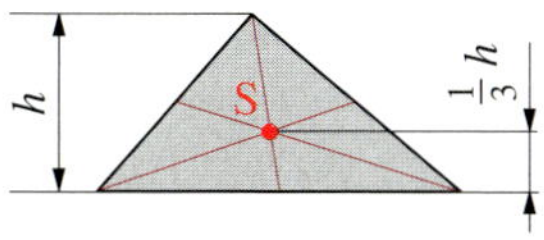 S liegt im Schnittpunkt der Seitenhalbierenden	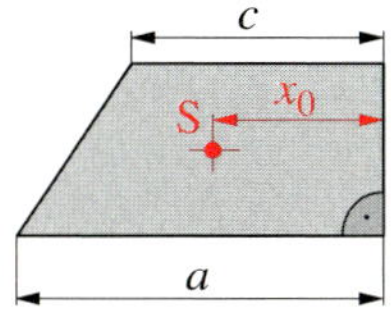 $x_0 = \frac{a^2+ac+c^2}{3(a+c)}$	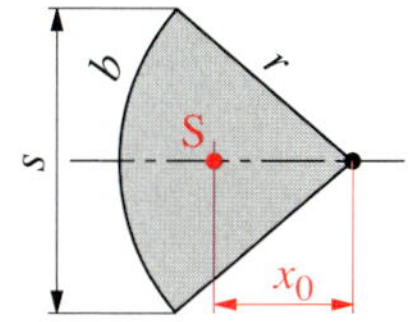 $x_0 = \frac{2}{3} \cdot \frac{rs}{b}$
Rechteck und Parallelogramm	**Halbkreis**	**Kreisabschnitt**
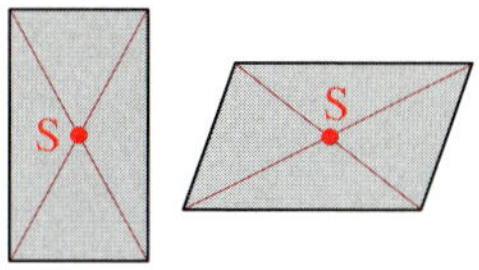 S liegt im Schnittpunkt der Diagonalen	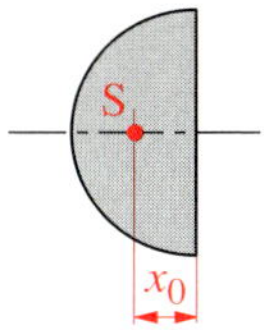 $x_0 = \frac{4r}{3\pi} = 0{,}424 \cdot r$	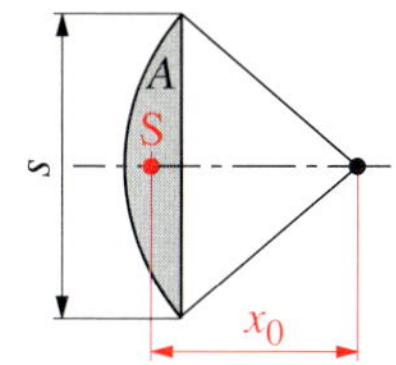 $x_0 = \frac{s^3}{12A}$
Trapez	**Viertelkreis**	**Kreisringfläche**
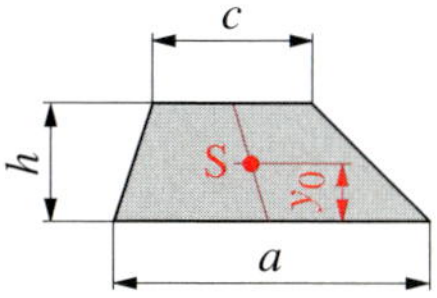 $y_0 = \frac{h}{3} \cdot \frac{a+2c}{a+c}$	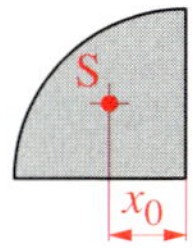 $x_0 = \frac{4r}{3\pi} = 0{,}424 \cdot r$	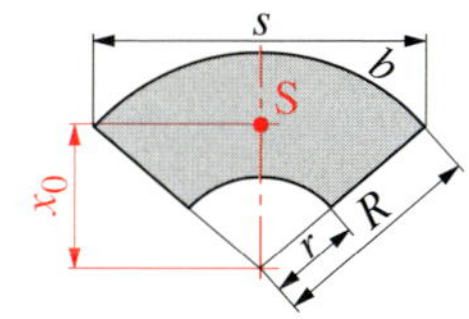 $x_0 = \frac{2}{3} \cdot \frac{R^3-r^3}{R^2-r^2} \cdot \frac{s}{b}$

Schwerpunkt der Kreislinie

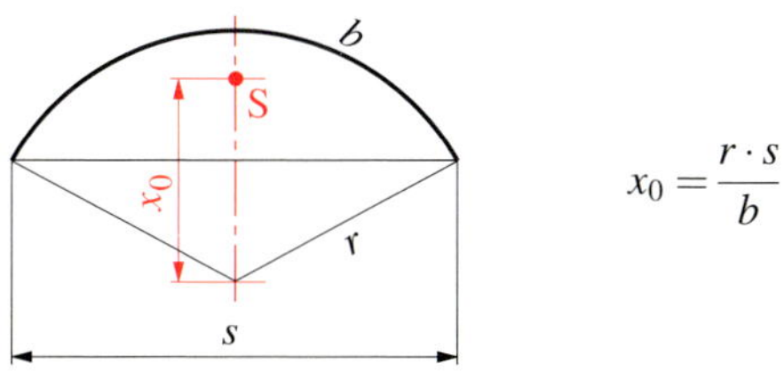

$$x_0 = \frac{r \cdot s}{b}$$

14.3 Die Guldinschen Regeln

Körper, die durch Drehung einer Fläche um eine Drehachse erzeugt werden, nennt man **Drehkörper**. Das Volumen und die Mantelfläche solcher Körper kann mithilfe der Schwerpunkte der gedrehten Fläche bzw. ihrer „äußeren“ Begrenzungsstrecke berechnet werden. Mitunter ist dieses Vorgehen rationeller als das übliche.

Die nebenstehende Zeichnung veranschaulicht für Drehkörper wichtige Begriffe. Im Folgenden wird die zu drehende Fläche mit A, ihr Flächeninhalt mit A bezeichnet, die Strecke, die durch die Drehung die Mantelfläche erzeugt, mit l, ihre Länge mit l. Die Drehachse heißt y. Mit S wird der Schwerpunkt von A, mit S_1 der von l bezeichnet. r bzw. R stehen für die Längen des kleinen bzw. des großen Radius der Kreise, welche S und S_1 bei der Drehung beschreiben, entsprechend d und D für die Längen der Durchmesser. Die Mantelfläche des Drehkörpers schließlich wird mit M, ihr Flächeninhalt mit M bezeichnet.

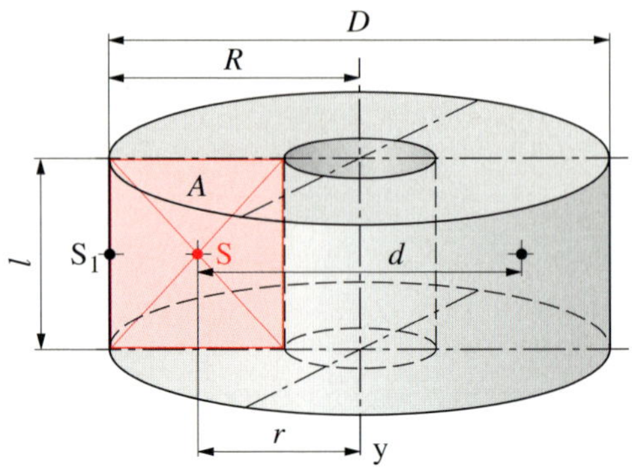

Problem: Die erste Guldinsche Regel lautet: Das Volumen V eines Drehkörpers ist gleich dem Produkt aus dem Flächeninhalt A der bewegten Fläche und dem Weg ihres Schwerpunkts S um die Drehachse: $V = A \cdot \pi \cdot d$ oder $V = A \cdot 2\pi r$.
Wie kann man das beweisen?

Die Fläche A kann man sich in sehr viele kleine Teilflächen $A_1, A_2, \cdots, A_n$ zerlegt denken. Nach dem Drehmomentensatz muss das Drehmoment der Fläche A der Summe der Drehmomente der Teilflächen von A_1 bis A_n, bezogen auf die Drehachse, gleich sein.

Für geometrische Schwerpunkte heißt das: Das Produkt aus dem Flächeninhalt A und dem Abstand r des Schwerpunkts S von der Drehachse ist gleich der Summe der Produkte aus den Inhalten $A_1, A_2, \cdots, A_n$ der Teilflächen A_1 bis A_n und den Abständen $x_1, x_2, \cdots, x_n$ der Schwerpunkte dieser Teilflächen von der Drehachse.

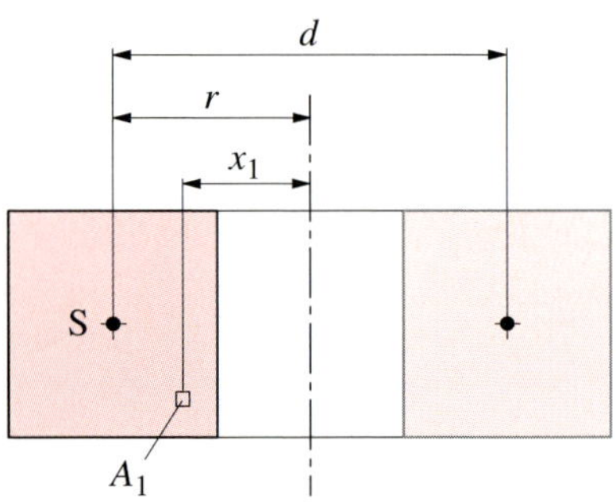

Das liefert eine Ausgangsgleichung. Multipliziert man beide Seiten dieser Ausgangsgleichung mit 2π, so erhält man eine neue Gleichung.

- Ausgangsgleichung:

$$A \cdot r = A_1 \cdot x_1 + A_2 \cdot x_2 + \cdots A_n x_n$$

Durch die Rotation der Teilflächen A_i entstehen Teilkörper mit den Volumina V_i. Die Terme $A_i x_i 2\pi$ $(i = 1, 2, \cdots, n)$ beschreiben diese Volumina.

- Multiplikation der Gleichung mit 2π führt auf:

$$A \cdot r \cdot 2\pi = A_1 \cdot x_1 \cdot 2\pi + A_2 \cdot x_2 \cdot 2\pi + \cdots + A_n \cdot x_n \cdot 2\pi$$

Wird die Anzahl der Teilflächen immer größer, schrumpfen die Teilflächen also gewissermaßen auf ihre Schwerpunkte, so nähert sich die auf rechten Seite der neuen Gleichung stehende Summe immer besser dem Volumen des Drehkörpers an.

Für größer werdendes n nähert sich die Summe auf der rechten Seite dieser Gleichung dem Volumen V des Drehkörpers. Also gilt für eine wachsende Anzahl von Teilflächen mit immer größer werdender Genauigkeit:

$$A \cdot 2\pi r = V.$$

Merke:

Das Volumen V eines Drehkörpers ist gleich dem Produkt aus dem Flächeninhalt A der bewegten Fläche und der Länge des Wegs des Schwerpunkts von A um die Drehachse:
$\boldsymbol{V = A \cdot 2\pi r}$ oder $\boldsymbol{V = A \cdot \pi d}$ ► **1. Guldinsche Regel**

Problem: Wie muss man vorgehen, um auf analoge Weise eine Formel für den Inhalt der Mantelfläche des vorstehenden Drehkörpers zu finden?

Die Strecke l kann man sich in sehr viele kleine Teilstrecken $l_1, l_2, \cdots, l_n$ zerlegt denken. Nach dem Drehmomentensatz muss das Drehmoment der Strecke l der Summe der Drehmomemte der Teilstrecken l_1 bis l_n, bezogen auf die Drehachse, gleich sein.

Für geometrische Schwerpunkte heißt das: Das Produkt aus der Länge l und dem Abstand r des Schwerpunkts S_1 von der Drehachse ist gleich der Summe der Produkte aus den Längen $l_1, l_2, \cdots, l_n$ jeweils multipliziert mit den Entfernungen $x_1, x_2, \cdots, x_n$ der Schwerpunkte der Teilstrecken von der Drehachse.

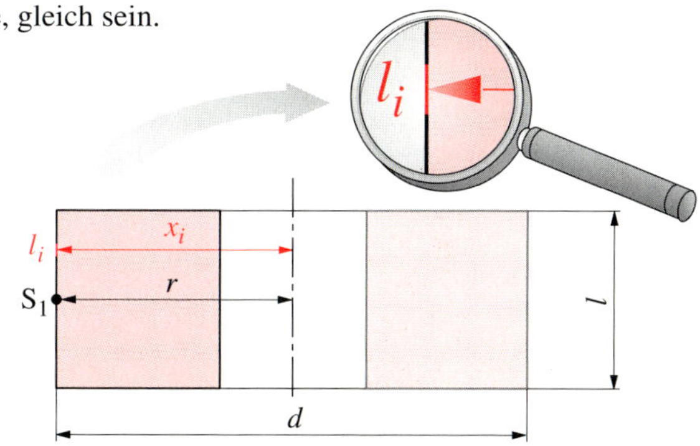

Das liefert eine Ausgangsgleichung. Multipliziert man beide Seiten dieser Ausgangsgleichung mit 2π, so erhält man eine neue Gleichung.
Durch die Rotation der Teilstrecken l_i entstehen Teilflächen mit den Flächeninhalten A_i. Die Terme $l_i 2\pi x_i$ beschreiben diese Flächeninhalte.
Wird die Anzahl der Teilstrecken immer größer, schrumpfen die Teilstrecken also gewissermaßen auf ihren Schwerpunkt, so nähert sich die auf der rechten Seite der neuen Gleichung stehende Summe immer besser dem Inhalt der Mantelfläche des Drehkörpers an.

► Ausgangsgleichung:

$l \cdot r = l_1 x_1 + l_2 x_2 + \cdots + l_n x_n.$

► Multiplikation der Gleichung mit 2π führt auf:

$l \cdot 2r\pi = l_1 2x_1\pi + l_2 2x_2\pi + \cdots + l_n 2x_n\pi.$

Für größer werdendes n nähert sich die Summe auf der rechten Seite der letzten Gleichung dem Inhalt der Mantelfläche des Drehkörpers. Also gilt für eine wachsende Anzahl von Teilstrecken mit immer größerer Genauigkeit:

$$l \cdot 2\pi r = M.$$

Merke:

Der Flächeninhalt M der Mantelfläche eines Drehkörpers ist gleich dem Produkt aus der Länge l der begrenzenden Strecke der zu drehenden Fläche und der Länge des Wegs ihres Schwerpunkts S bei der Drehung um die Drehachse:
$\boldsymbol{M = l \cdot 2\pi r}$ oder $\boldsymbol{M = l \cdot \pi d}$. ► **2. Guldinsche Regel**

Beispiel:

Von nebenstehend gezeichnetem Drehkörper aus Stahl $\left(\rho = 7{,}8\,\frac{\text{kg}}{\text{dm}^3}\right)$ sollen

a) der Flächeninhalt der Mantelflächen,

b) die Masse in kg berechnet werden.

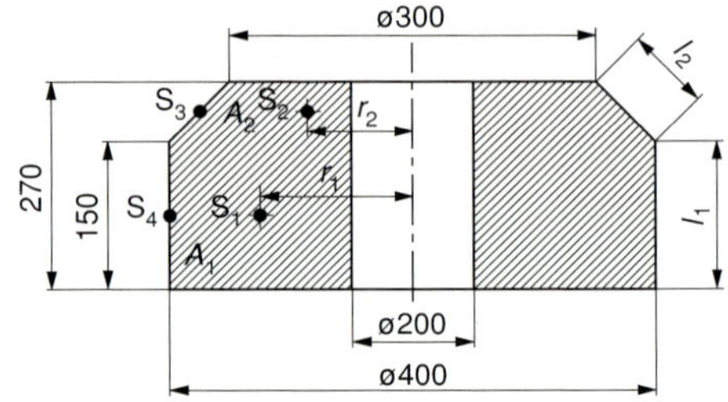

► Maßangaben in mm

a) Die Mantelfläche wird von den zwei Strecken l_1 and l_2 mit den Längen l_1 und l_2 erzeugt.

Der Abstand r_4 des Schwerpunkts S_4 von der Drehachse kann unmittelbar der Zeichnung entnommen werden.
Der Abstand r_3 des Schwerpunkts S_3 von der Drehachse kann als Länge der Mittellinie eines Trapezes bestimmt werden.
l_1 kann der Zeichnung entnommen, l_2 mithilfe des Lehrsatzes des Pythagoras berechnet werden.
Durch Einsetzen der errechneten Werte in die Formel wird der Flächeninhalt der Mantelfläche berechnet.
Sie beträgt 3314,38 cm^2.

Der Flächeninhalt M der Mantelfläche ist die Summe zweier Größen:

$$M = l_1 \cdot 2\,r_4\pi + l_2 \cdot 2\,r_3\pi$$
$$= 2\pi(l_1 r_4 + l_2 r_3)$$
$$r_4 = 20\text{ cm}$$
$$r_3 = \frac{20\text{ cm} + 15\text{ cm}}{2} = 17{,}5\text{ cm}$$
$$l_1 = 15\text{ cm}$$
$$l_2^2 = (5\text{ cm})^2 + (12\text{ cm})^2$$
$$l_2 = \sqrt{169\text{ cm}^2} = 13\text{ cm}$$
$$\underline{\underline{M}} = 2\pi(15\text{ cm} \cdot 20\text{ cm} + 13\text{ cm} \cdot 17{,}5\text{ cm})$$
$$= \underline{\underline{3314{,}38\text{ cm}^2}}$$

b) Der Drehkörper wird von den zwei Flächen A_1 und A_2 mit den Flächeninhalten A_1 und A_2 erzeugt.

Der Abstand r_1 des Schwerpunkts S_1 von der Drehachse kann der Zeichnung entnommen werden.
Der Abstand r_2 des Schwerpunkts S_2 von der Drehachse wird mithilfe der Formel für den Schwerpunkt eines rechtwinkligen Trapezes berechnet.

A_1 erhält man als Flächeninhalt eines Rechtecks, A_2 als Flächeninhalt eines Trapezes.

Durch Einsetzen der errechneten Werte in die Formel erhält man das Volumen des Drehkörpers.
Multipliziert man das Volumen mit der Dichte, erhält man die gesuchte Masse. Der Drehkörper hat eine Masse von 171,5 kg.

Das Volumen des Drehkörpers ist die Summe zweier Größen:

$$V = A_1 \cdot 2\,r_1\pi + A_2 \cdot 2\,r_2\pi$$
$$= 2\pi(A_1 r_1 + A_2 r_2)$$
$$r_1 = 15\text{ cm}$$
$$r_2 = \frac{a^2 + a \cdot c + c^2}{3(a+c)} + 10\text{ cm}$$
$$= \frac{(10\text{ cm})^2 + 10\text{ cm} \cdot 5\text{ cm} + (5\text{ cm})^2}{3(10\text{ cm} + 5\text{ cm})} + 10\text{ cm}$$
$$= 13{,}88\text{ cm}$$
$$A_1 = 10\text{ cm} \cdot 15\text{ cm} = 150\text{ cm}^2$$
$$A_2 = \frac{10\text{ cm} + 5\text{ cm}}{2} \cdot 12\text{ cm} = 90\text{ cm}^2$$
$$V = 2\pi(150\text{ cm}^2 \cdot 15\text{ cm} + 90\text{ cm}^2 \cdot 13{,}88\text{ cm})$$
$$= 21\,986{,}122\text{ cm}^3 = 21{,}986\text{ dm}^3$$
$$\underline{\underline{m}} = V \cdot \varrho$$
$$= 21{,}986\text{ dm}^3 \cdot 7{,}8\,\frac{\text{kg}}{\text{dm}^3} = \underline{\underline{171{,}5\text{ kg}}}$$

Übungen zu 14

Schwerpunkte von Streckenzügen und Kreisbögen

Berechnen Sie die Koordinaten der Schwerpunkte folgender Figuren (alle Maßangaben in mm).

1.

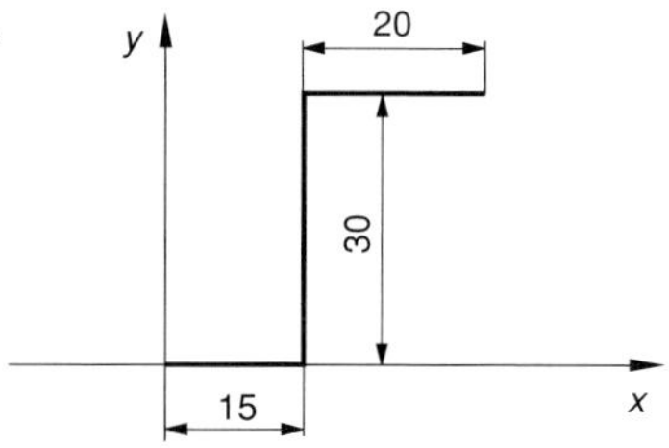

2.

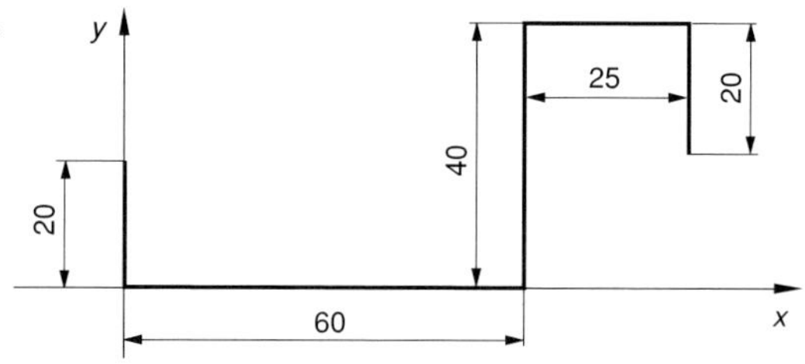

3.

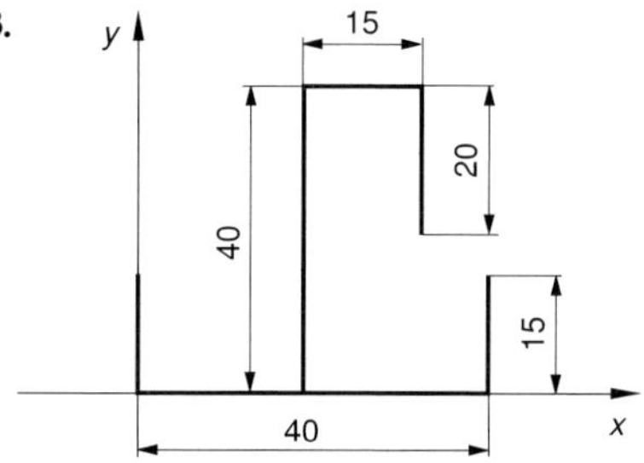

4.

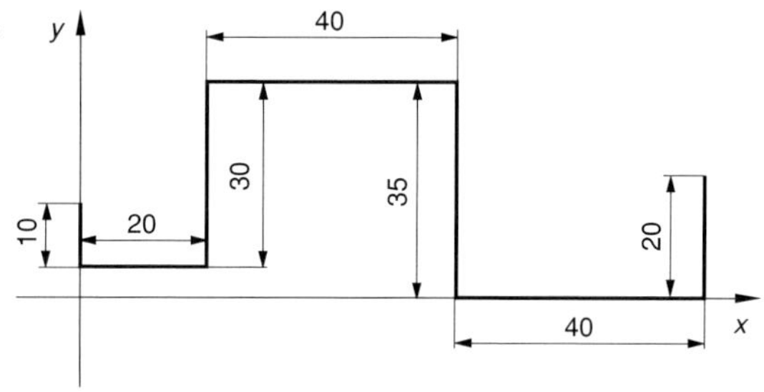

5.

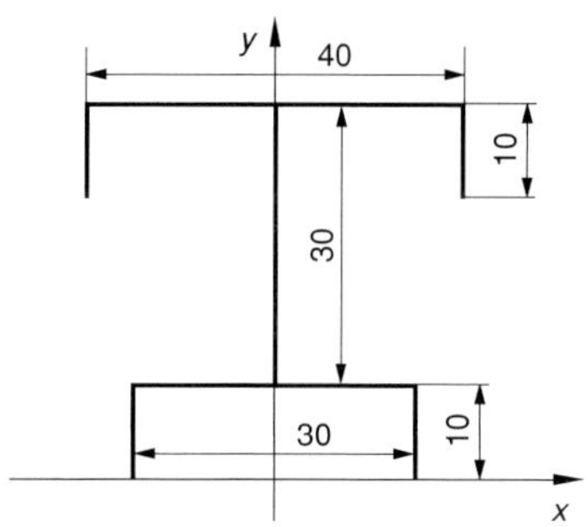

6.

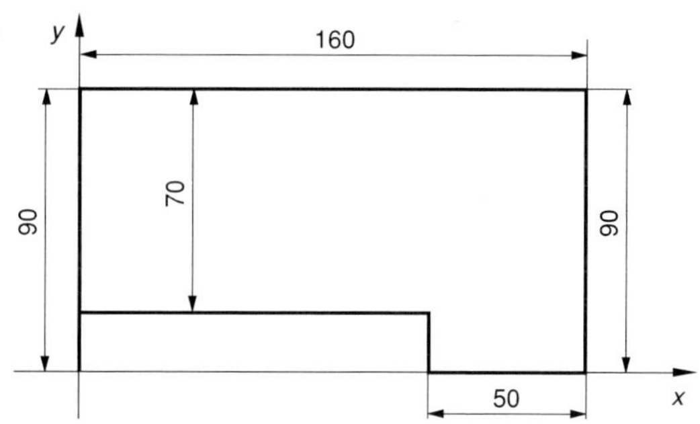

7.

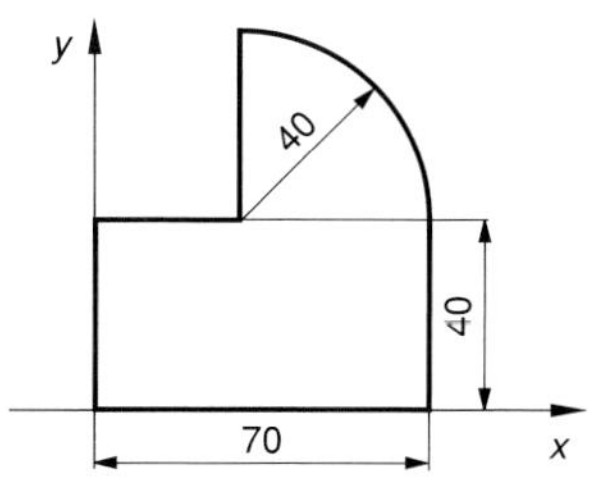

8.

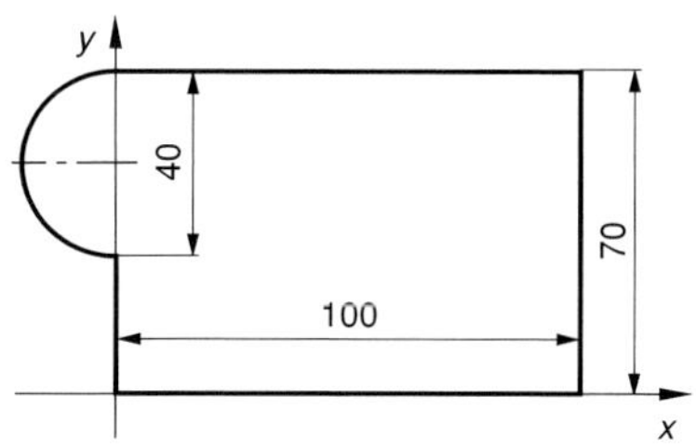

9.

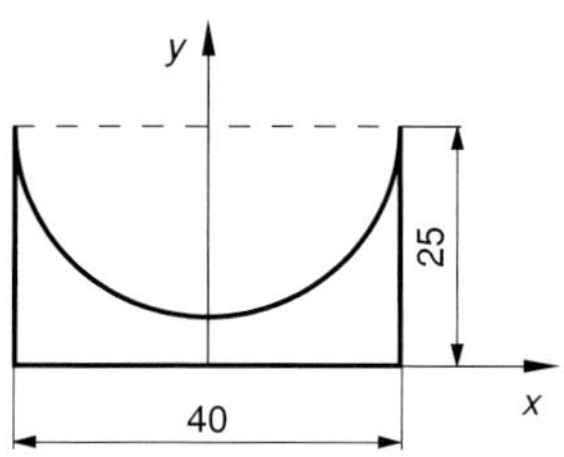

10.

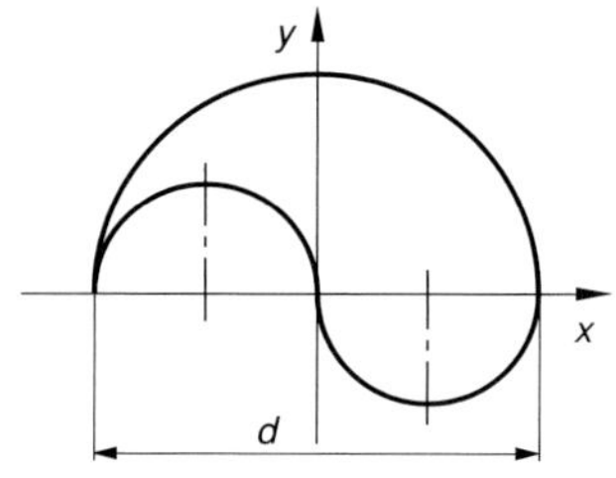

Schwerpunkte von Flächen

1. Bestimmen Sie die Koordinaten des Schwerpunktes eines Halbkreises, dessen Radius die Länge r hat.

Berechnen Sie die Koordinaten der Schwerpunkte folgender Figuren (alle Maßangaben in mm).

2.

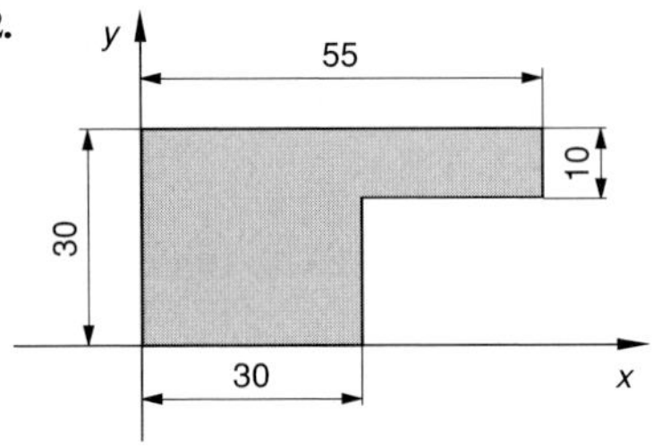

3.

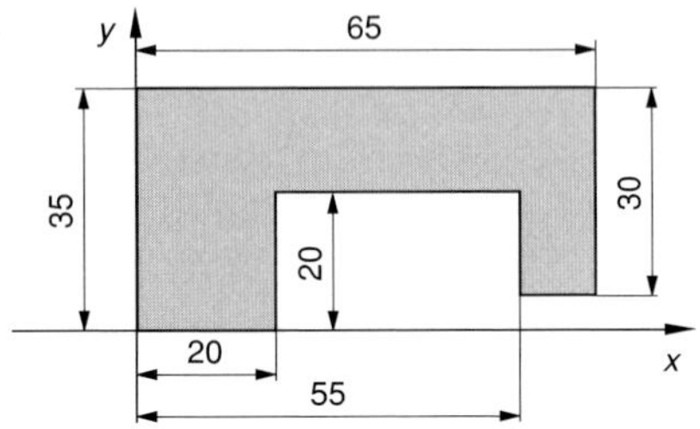

4.

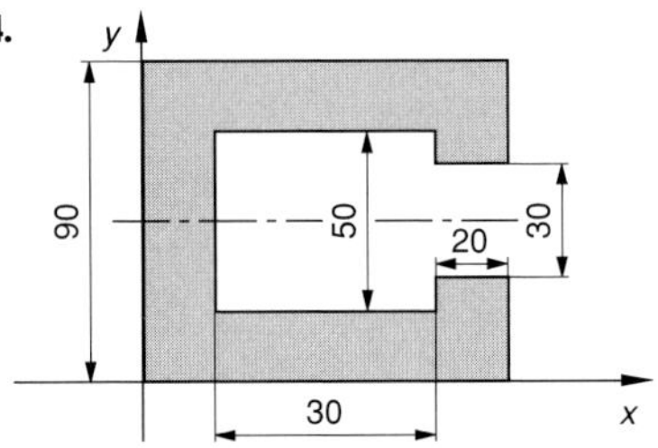

5.

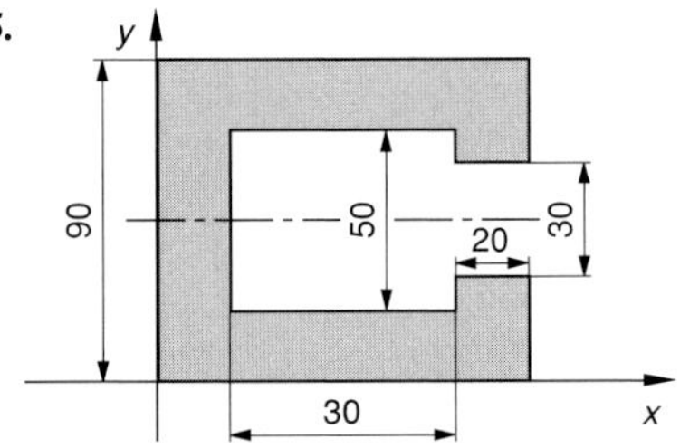

6.

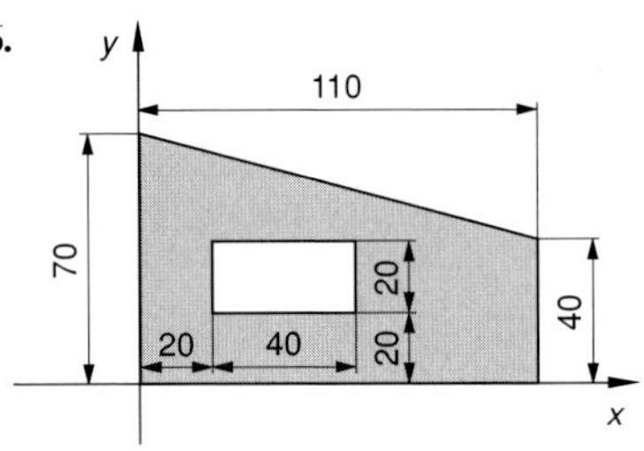

7.

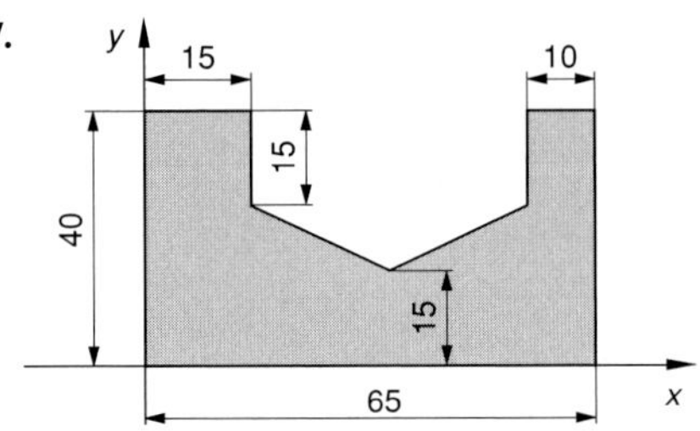

8.

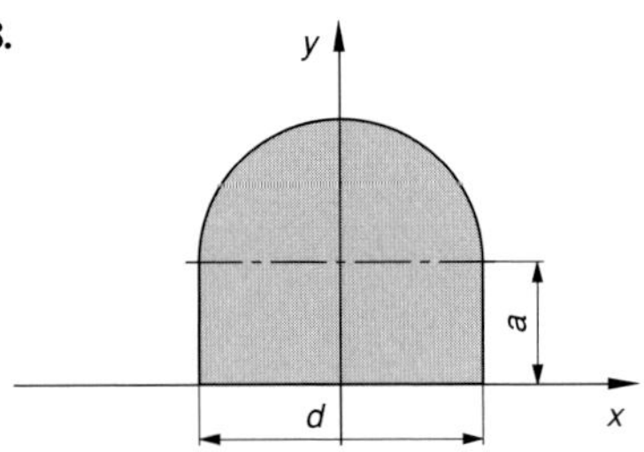

9.

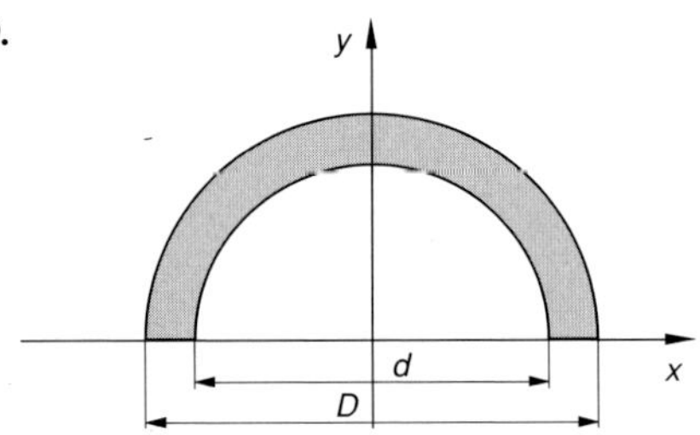

10.

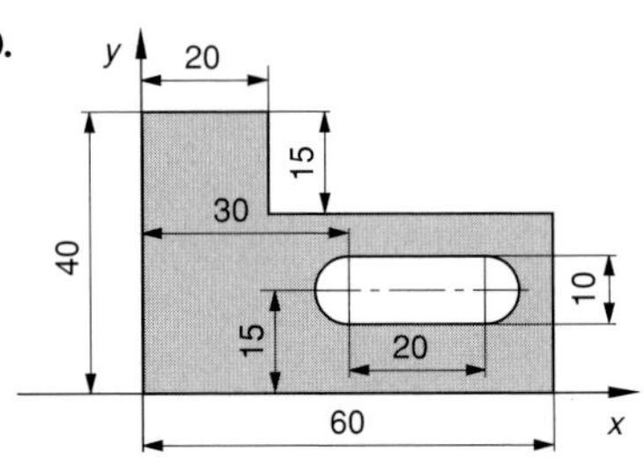

11.

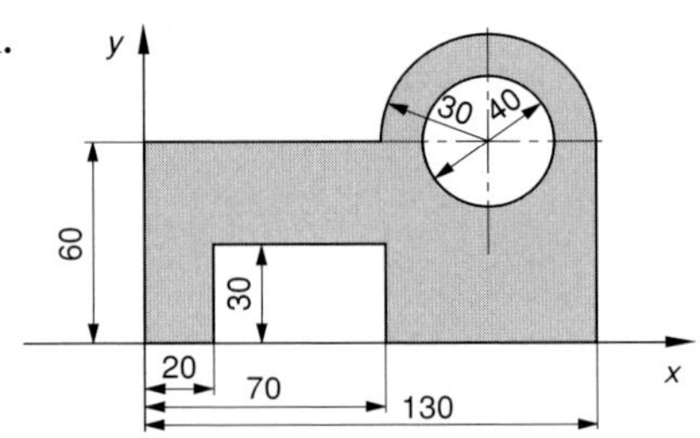

12. Ein Trapez ABCD ist gleichschenklig, $|\overline{AD}| = |\overline{BC}|$; und seine Höhe hat die Länge h. Zeigen Sie, dass für die Ordinate y_0 seines Schwerpunkts gilt:

$$y_0 = \frac{h}{3} \cdot \frac{a+2c}{a+c}.$$

Hinweis: Legen Sie den Eckpunkt A des Trapezes in den Ursprung und die Seite c auf die x-Achse eines Koordinatensystems.

13. Bestimmen Sie zeichnerisch die Schwerpunkte folgender Figuren und beschreiben Sie Ihr Vorgehen:

a) Allgemeines Dreieck,

b) allgemeines Trapez,

c) allgemeines Viereck.

Drehkörper

Maßangaben in mm

1. Dichtungsring (Messing) ($\varrho = 8{,}5\,\frac{\text{kg}}{\text{dm}^3}$)

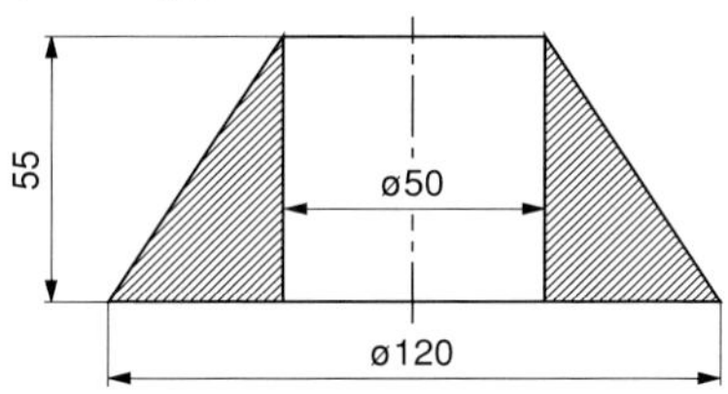

Gesucht: **a)** Masse in kg

b) Inhalt der Mantelfläche in cm^2

2. Ring aus Halbrundstahl ($\varrho = 7{,}8\,\frac{\text{kg}}{\text{dm}^3}$)

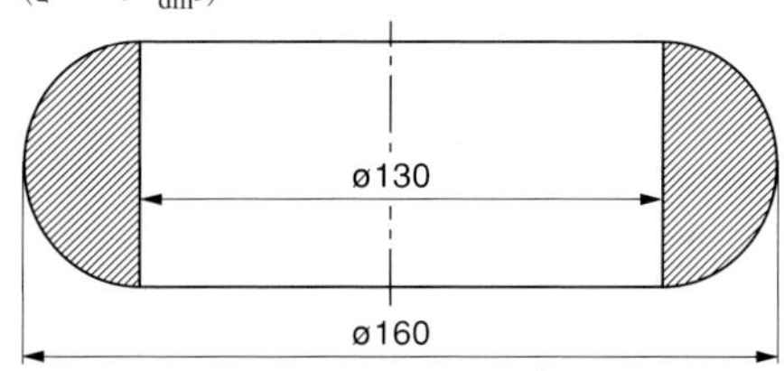

Gesucht: **a)** Rauminhalt in dm^3

b) Masse in kg

3. Laufring (Stahl) ($\varrho = 7{,}8\,\frac{\text{kg}}{\text{dm}^3}$)

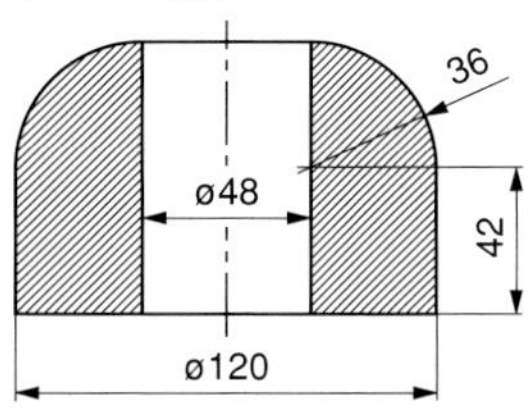

Gesucht: **a)** Masse in kg

b) Inhalt der Mantelfläche in cm^2

4. Messingbuchse ($\varrho = 8{,}4\,\frac{\text{kg}}{\text{dm}^3}$)

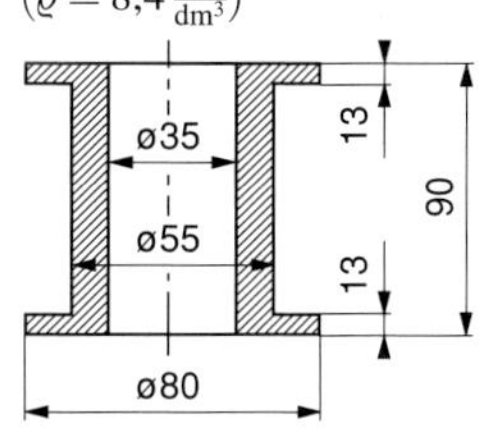

Gesucht: Masse von 12 Stücken in kg

5. Ring aus Stahl ($\varrho = 7{,}8\,\frac{\text{kg}}{\text{dm}^3}$)

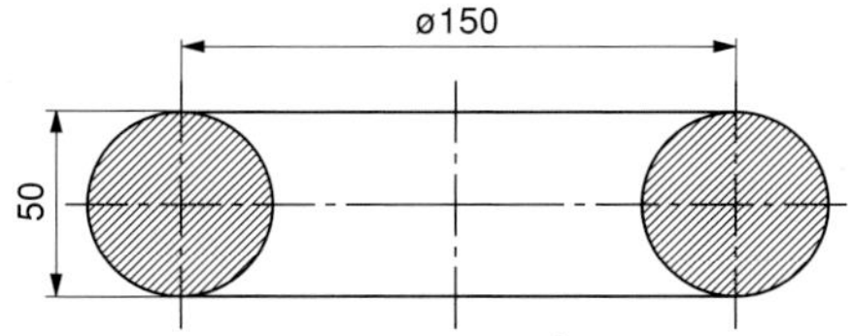

Gesucht: **a)** Rauminhalt in dm^3

b) Masse in kg

6. Schwungrad aus Stahlguss ($\varrho = 7{,}8\,\frac{\text{kg}}{\text{dm}^3}$)

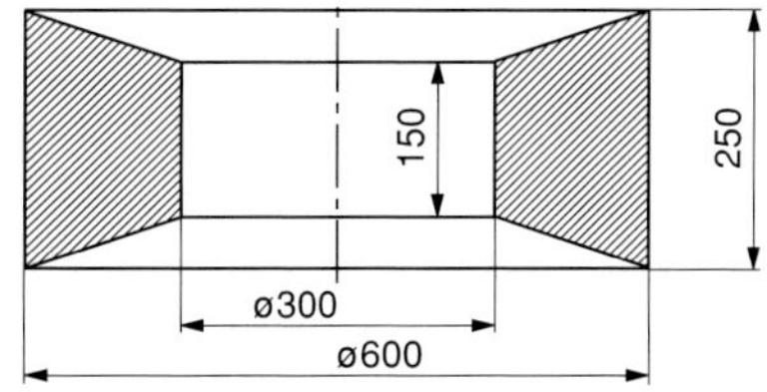

Gesucht: **a)** Rauminhalt in dm^3

b) Masse in kg

7. Keilriemenrad aus Stahlguss
($\varrho = 7{,}8\,\frac{\text{kg}}{\text{dm}^3}$)

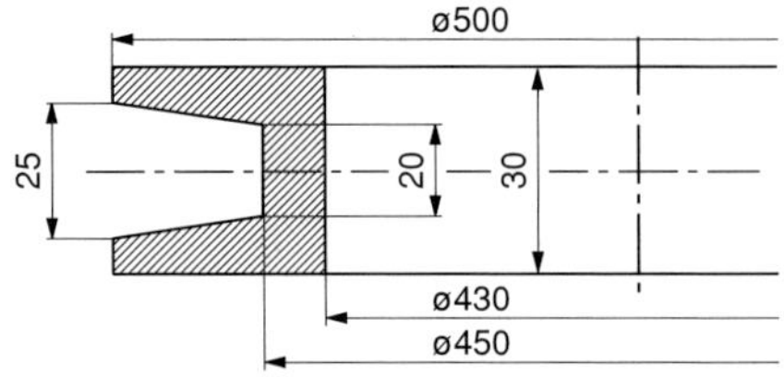

Berechnen Sie: **a)** Rauminhalt in dm^3
b) Masse in kg

8. Schwungrad aus Grauguss
($\varrho = 7{,}3\,\frac{\text{kg}}{\text{dm}^3}$)

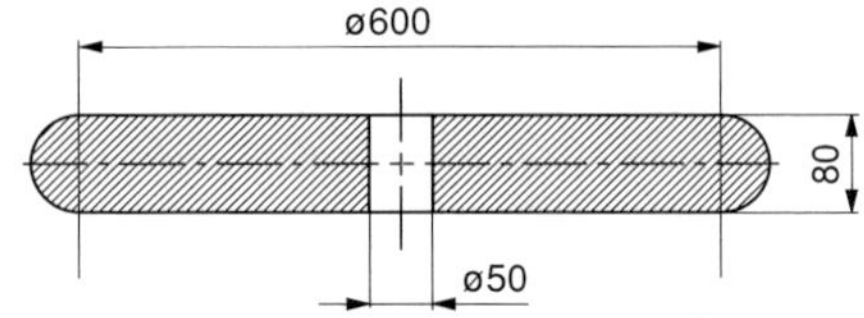

Berechnen Sie: **a)** Rauminhalt in dm^3
b) Masse in kg

9. Standfuß aus Grauguss
($\varrho = 7{,}3\,\frac{\text{kg}}{\text{dm}^3}$)

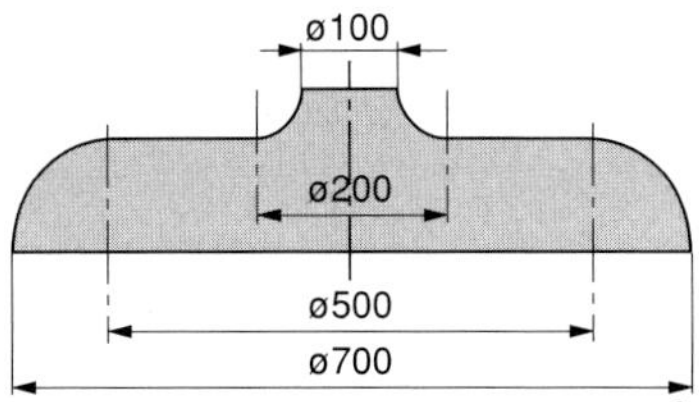

Berechnen Sie: **a)** Rauminhalt in dm^3
b) Masse in kg

10. Deckel aus Grauguss
($\varrho = 7{,}3\,\frac{\text{kg}}{\text{dm}^3}$)

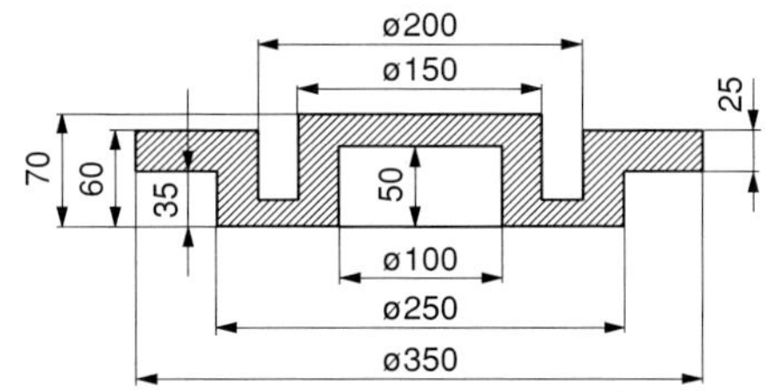

Berechnen Sie: **a)** Rauminhalt in dm^3
b) Masse in kg

Wiederholungsfragen zu 14

1. Wo liegt der Schwerpunkt einer Strecke?

2. Wie findet man zeichnerisch den Schwerpunkt
a) eines Dreiecks,
b) eines Parallelogramms,
c) eines regelmäßigen Vielecks?

3. Wie könnte man zeichnerisch den Schwerpunkt eines nicht regelmäßigen Fünfecks bestimmen?

4. Wie berechnet man die Koordinaten des Schwerpunktes eines Streckenzuges?

5. Wie berechnet man die Koordinaten des Schwerpunktes einer Fläche, die aus mehreren Teilflächen zusammengesetzt ist?

6. Wie werden Volumen und Mantelflächeninhalt von Drehkörpern mithilfe der Guldinschen Regeln berechnet?

15 Trigonometrie

Die **geometrische Konstruktion** eines Dreiecks gelingt, wenn die Maße für mindestens drei seiner Seiten oder Winkel bekannt sind und wenn unter diesen Maßen mindestens eine Seitenlänge ist. ► Kapitel 3

Solche Konstruktionen sind eindeutig, wenn die Stücke, deren Maße gegeben sind, den Kongruenzsätzen für Dreiecke entsprechen. In diesen Fällen sind durch die Maße der gegebenen Seiten oder Winkel die Längen aller anderen Seiten und die Größen aller anderen Winkel bestimmt. ► Abschnitt 3.4

In diesem Kapitel werden Seitenlängen und Winkelgrößen von Dreiecken **rechnerisch** bestimmt.

Spezielle Dreiecke haben charakteristische Eigenschaften. Um sie eindeutig konstruieren zu können, genügen z. B. bei gleichschenkligen oder rechtwinkligen Dreiecken nur zwei Maßangaben. Ein **rechtwinkliges** Dreieck ist eindeutig bestimmt, wenn man außer dem rechten Winkel die Größe eines weiteren (spitzen) Winkels und die Länge einer Seite – das entspricht dem Kongruenzsatz WSW – oder die Längen zweier Seiten – das entspricht den Kongruenzsätzen SWS oder SsW – kennt.

Da man jedes ebene Dreieck durch eine Höhe in zwei rechtwinklige Dreiecke unterteilen kann, lässt sich die Berechnung allgemeiner ebener Dreiecke auf die Berechnung von rechtwinkligen Dreiecken zurückführen, von denen man die Größen einer Seite und eines Winkels oder zweier Seiten kennt. Dabei spielen Funktionen von Winkelgrößen, sog. **Winkel- oder trigonometrische Funktionen**, eine wichtige Rolle. ► Trigonometrie ist das griechische Wort für Dreiecksmessung.

Trigonometrischen Funktionen kommt auch für Naturwissenschaft und Technik große Bedeutung zu. So können z. B. viele rhythmisch oder periodisch ablaufende Vorgänge wie die Schwingungen des Wechselstroms, Pendel- und Drehbewegungen durch sie beschrieben und der Berechnung zugänglich gemacht werden.

Während trigonometrische Berechnungen früher mithilfe von Tafeln der trigonometrischen Funktionen und Tafeln ihrer Logarithmen ausgeführt wurden, werden sie heute mit dem Taschenrechner (TR) vollzogen. Dies ist bedeutend einfacher und in vielen Fällen auch genauer als das frühere Vorgehen.

Auszug aus einer Tafel für den Sinus

Tafel **8** Sinus 0° → 45°

	0′	6′	12′	18′	24′	30′	36′	42′	48′	54′	60′	
Grad	,0	,1	,2	,3	,4	,5	,6	,7	,8	,9	1,0	
0	0	0,00175	00349	00524	00698	00873	0105	0122	0140	0157	0175	89
1	0,0175	0192	0209	0227	0244	0262	0279	0297	0314	0332	0349	88
2	0349	0366	0384	0401	0419	0436	0454	0471	0488	0506	0523	87
3	0523	0541	0558	0576	0593	0610	0628	0645	0663	0680	0698	86
4	0,0698	0715	0732	0750	0767	0785	0802	0819	0837	0854	0872	85
5	0872	0889	0906	0924	0941	0958	0976	0993	1011	1028	1045	84
6	1045	1063	1080	1097	1115	1132	1149	1167	1184	1201	1219	83
7	0,1219	1236	1253	1271	1288	1305	1323	1340	1357	1374	1392	82

15.1 Die trigonometrischen Funktionen

Auf Verkehrsschildern werden bei Bergauffahrten die Steigungen von Straßen in Prozent angegeben. Was bedeutet eine solche Angabe? Wie groß sind Höhen- und Horizontalunterschied der Straße für die Angaben im nebenstehenden Bild? Um wie viel m steigt die Straße auf 100 m Straßenlänge durchschnittlich an?

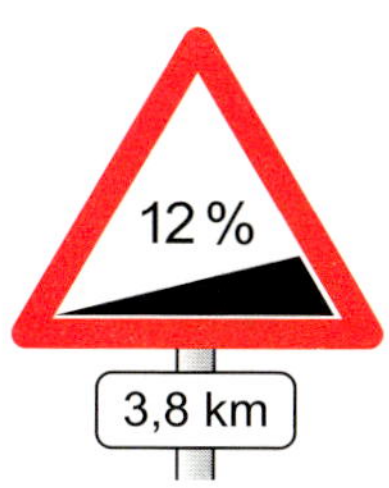

In der Praxis geht man davon aus, dass eine Straße im Profil eine Strecke ist. „12% Steigung“ wird dann fälschlicherweise oft so verstanden, dass auf einer Streckenlänge von 100 m die Straße um 12 m ansteigt. Korrekt hingegen ist, dass die Straße bezogen auf eine horizontal gemessene Entfernung von 100 m um 12 m ansteigt. Die Angabe 3,8 km gibt an, für welche Streckenlänge die angegebene Steigung gilt.

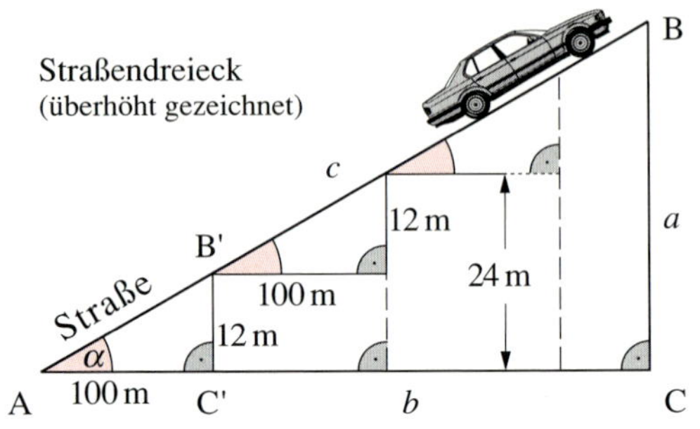

Da rechtwinklige Dreiecke mit gleich großen spitzen Winkeln **ähnlich** sind (► Abschnitt 10.3), sind für alle „Steigungsdreiecke“ im obenstehenden Bild die Längenverhältnisse entsprechender Seiten gleich. Sie sind eindeutig durch die Größe des „Steigungswinkels“ a der Straße festgelegt.

Insbesondere gilt für das Straßendreieck selbst: $\frac{a}{b} = \frac{12}{100} = 12\%$.

Um die Antworten auf die gestellten Fragen zu finden, werden die rechtwinkligen Dreiecke $\triangle ABC$ und $\triangle AB'C'$ betrachtet, die in der obigen Skizze zu erkennen sind.

Wegen $\triangle ABC \sim \triangle AB'C'$ gilt:

$$\frac{|\overline{C'B'}|}{|\overline{AC'}|} = \frac{|\overline{CB}|}{|\overline{AC}|}.$$

$\frac{|\overline{C'B'}|}{|\overline{AC'}|} = \frac{12}{100} \Rightarrow \frac{|\overline{CB}|}{|\overline{AC}|} = \frac{12}{100}$, mit a für $|\overline{CB}|$ und b für $|\overline{AC}|$ also

$$\frac{a}{b} = \frac{12}{100} \text{ oder } a = \frac{12}{100} b.$$

Für rechtwinklige Dreiecke gilt der Lehrsatz des Pythagoras. ► Abschnitt 10.4
Über ihn berechnet man den Horizontalunterschied b.

► $c = 3800$ m

► $a = \frac{12}{100} b$

$a^2 + b^2 + c^2$ ► Pythagoras

$\left(\frac{12}{100} b\right)^2 + b^2 = 3800^2 \text{ m}^2$ ► Ausgangsgleichung

$$144 b^2 + 10\,000 b^2 = 10\,000 \cdot 3800^2 \text{ m}^2$$

$$\rightarrow 10\,144 b^2 = 10\,000 \cdot 3800^2 \text{ m}^2$$

$$\Rightarrow \underline{\underline{b}} = \sqrt{14\,235\,016 \text{ m}^2}$$

$\approx \underline{\underline{3772{,}93}}$ m ► Horizontalunterschied

Kennt man den Horizontalunterschied, kann der Höhenunterschied aus der Gleichung $a = \frac{12}{100} b$ berechnet werden.

$$a = \frac{12}{100} \cdot 3772{,}93 \text{ m}$$

$\underline{\underline{a \approx 452{,}75}}$ m ► Höhenunterschied

Auf 3800 m steigt die Straße um 452,75 m an, auf 1 m Straßenlänge also den 3800sten Teil. Bezogen auf 100 m Straßenlänge steigt die Straße also durchschnittlich „nur“ um ca. 11,91% an.

$\underline{\underline{x}} = \frac{452{,}75 \text{ m}}{3800 \text{ m}} \cdot 100 \text{ m} \approx \underline{\underline{11{,}91}}$ m ► Anstieg pro 100 m Straßenlänge

Ein wesentliches Hilfsmittel bei der Lösung der Aufgabe war die Ähnlichkeit aller rechtwinkligen Dreiecke, die in der Größe eines spitzen Winkels α übereinstimmen. Wie lang auch die Seiten solcher Dreiecke sein mögen, wegen der Ähnlichkeit sind die Verhältnisse entsprechender Seiten stets gleich groß.

Für zwei Dreiecke $\triangle ABC$ und $\triangle A'B'C'$ mit $\gamma = \gamma' = 90°$ und $\alpha = \alpha'$ gilt also für die sechs möglichen Längenverhältnisse ihrer Seiten:

$$\frac{a}{c} = \frac{a'}{c'};\ \frac{b}{c} = \frac{b'}{c'};\ \frac{a}{b} = \frac{a'}{b'};$$

$$\frac{c}{a} = \frac{c'}{a'};\ \frac{c}{b} = \frac{c'}{b'};\ \frac{b}{a} = \frac{b'}{a'}.$$

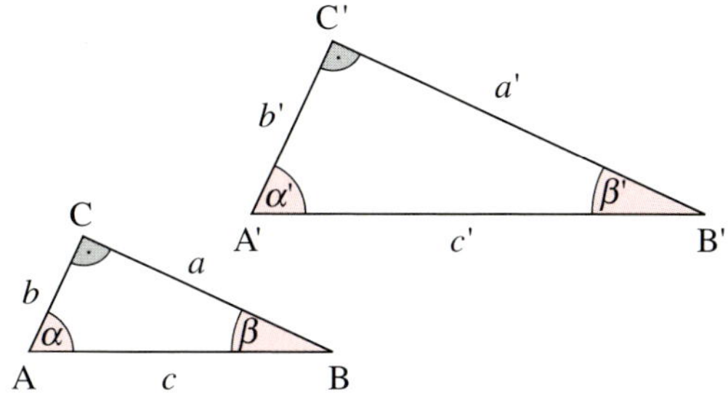

Die sechs Längenverhältnisse der Seiten $\frac{a}{c}$, $\frac{b}{c}$, $\frac{a}{b}$ und $\frac{c}{a}$, $\frac{c}{b}$, $\frac{b}{a}$ in einem rechtwinkligen Dreieck mit dem rechten Winkel bei C sind nur von der Größe von α abhängig. Ändert sich die Größe des Winkels α, so ändern sich auch die angeführten Verhältnisse, denn wenn z. B. α bei gleich bleibendem c größer wird, wird auch $\frac{a}{c}$ größer, weil a wächst. ► Vgl. nebenstehende Zeichnung.

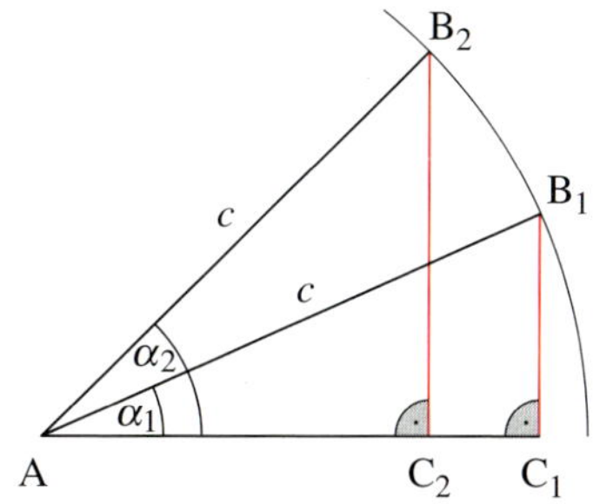

Zu jedem Wert der Winkelgröße von α mit $0° < \alpha < 90°$ gehört jeweils sogar **genau ein** Wert der angeführten Verhältnisse, denn alle rechtwinkligen Dreiecke, die in einem der spitzen Winkel übereinstimmen, stimmen nach dem Lehrsatz über die Winkelsumme im Dreieck auch in dem anderen spitzen Winel überein, sind also ähnlich und stimmen deswegen auch in den Verhältnissen entsprechender Seiten überein.
Diese Verhältnisse sind also **Funktionen** der Winkelgrößen α. ► Band 1, Kapitel 4
Man nennt sie deshalb **Winkelfunktionen**. Sie heißen auch **trigonometrische Funktionen**, weil sie für die Berechnung von Dreiecken wichtig sind.
Analoge Aussagen gelten für die Abhängigkeit der genannten Verhältnisse von der Größe des spitzen Winkels β. ► $\beta = 90° - \alpha$.
Von den sechs angeführten Winkelfunktionen sind nur die ersten drei, durch die Verhältnisse $\frac{a}{c}$, $\frac{b}{c}$, $\frac{a}{b}$ bestimmten für die Praxis wichtig. ► Die restlichen Funktionen sind jeweils die Kehrwertfunktionen der ersten drei.

● Die durch $\frac{a}{c}$ bestimmte Funktion heißt **Sinusfunktion** (Zeichen: sin).
Es ist üblich, für deren Funktionsterm statt $\sin(\alpha)$ nur $\sin\alpha$ – gelesen sinus von α – zu schreiben.

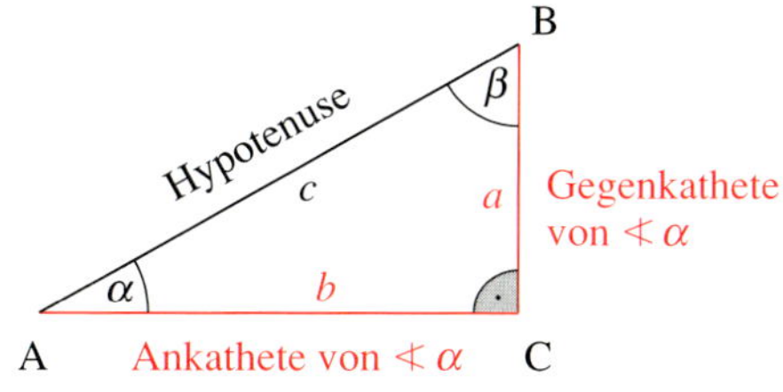

● sin: $\alpha \mapsto \sin\alpha$

$$\sin\alpha = \frac{a}{c} = \frac{\text{Gegenkathete}}{\text{Hypotenuse}}$$ ► $0° < \alpha < 90°$

- Die durch $\frac{b}{c}$ bestimmte Funktion heißt **Cosinusfunktion** (Zeichen: cos). Man schreibt auch hier $\cos a$ – gelesen cosinus von a – statt $\cos(a)$.
- Die durch $\frac{a}{b}$ bestimmte Funktion heißt **Tangensfunktion** (Zeichen: tan). Man schreibt $\tan a$ und liest: tangens von a.

Man bezeichnet die dem spitzen Winkel a anliegende Kathete als **Ankathete**, die ihm gegenüber liegende Kathete als **Gegenkathete** von a.
Setzt man zur übersichtlichen Darstellung die Bezeichnung der Seiten für ihre Längen, so erhält man die in der rechten Spalte beschriebenen drei Winkelfunktionen.

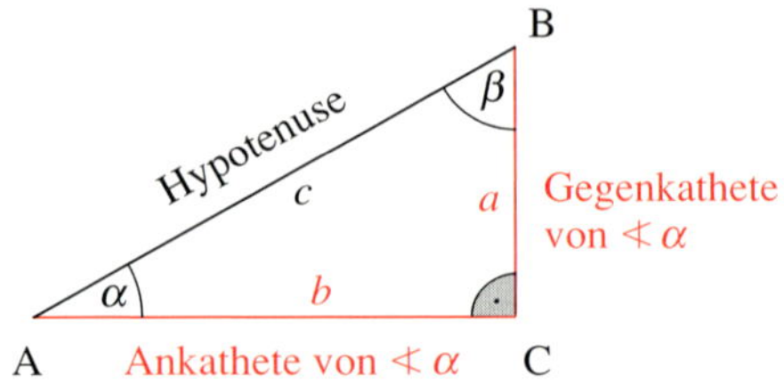

- cos: $a \mapsto \cos a$

$$\cos a = \frac{b}{c} = \frac{\text{Ankathete}}{\text{Hypotenuse}}$$ ► $0° < a < 90°$

- tan: $a \mapsto \tan a$

$$\tan a = \frac{a}{b} = \frac{\text{Gegenkathete}}{\text{Ankathete}}$$ ► $0° < a < 90°$

Zwischen den Funktionen sin, cos und tan bestehen Beziehungen, die man aus den die Funktionen bestimmenden Seitenverhältnissen ableiten kann.

- Am rechtwinkligen Dreieck △ABC gilt: $\sin a = \frac{a}{c}$, $\cos a = \frac{b}{c}$ und $\tan a = \frac{a}{b}$. Hieraus folgt $\mathbf{\frac{\sin \alpha}{\cos \alpha} = \tan \alpha}$, denn: $\frac{a}{c} : \frac{b}{c} = \frac{a \cdot c}{c \cdot b} = \frac{a}{b}$.

- Bedenkt man, dass $\sin a = \frac{a}{c}$ und $\cos a = \frac{b}{c}$ gilt und bildet man die Summe der Quadrate von $\sin a$ und $\cos a$, so erhält man einen Quotienten, der mithilfe des pythagoreischen Lehrsatzes umgeformt werden kann.

► $(\sin a)^2 = \sin^2 a$ und $(\cos a)^2 = \cos^2 a$

$$\sin^2 a + \cos^2 a = \frac{a^2}{c^2} + \frac{b^2}{c^2}$$

$$= \frac{a^2 + b^2}{c^2}$$ ► $a^2 + b^2 = c^2$

$$\mathbf{\sin^2 a + \cos^2 a = 1}$$

Merke:

Für Winkelmaße a mit $0° < a < 90°$ gilt in einem rechtwinkligen Dreieck △ABC mit dem rechten Winkel bei C:
$\mathbf{\sin a = \frac{a}{c}}$, $\mathbf{\cos a = \frac{b}{c}}$, $\mathbf{\tan a = \frac{a}{b}}$ sowie $\mathbf{\frac{\sin a}{\cos a} = \tan a}$ und $\mathbf{\sin^2 a + \cos^2 a = 1}$.

Da die Hypotenuse die längste Seite in einem rechtwinkligen Dreieck ist, liegen die Werte der sin- und cos-Funktion im offenen Intervall $(0, 1)$, während die Werte der tan-Funktion wegen $\tan a = \frac{\sin a}{\cos a}$ im Intervall $(0, \infty)$ liegen.
Die Zeichnung rechts zeigt die Graphen der sin-, cos- und tan-Funktion.

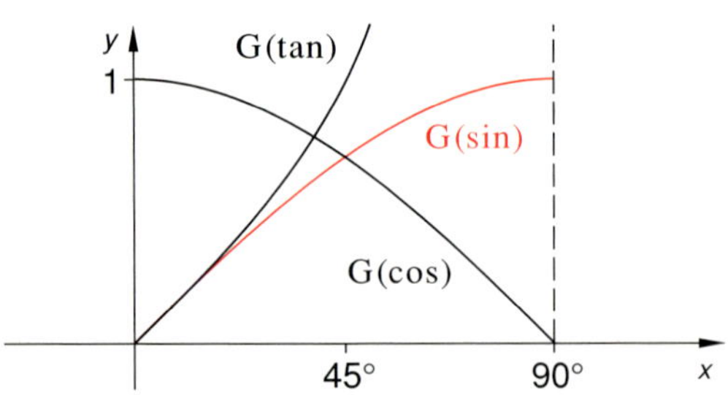

Man kann die Funktionswerte der Winkelfunktionen entweder graphisch näherungsweise bestimmen oder für spezielle Winkelmaße sogar exakt mithilfe des Satzes des Pythagoras.
► Abschnitt 15.2

Einfacher geht es mit dem Taschenrechner (TR). Wissenschaftliche TR sind so programmiert, dass sie zu a mit $0° < a < 90°$ auf Tastendruck der Tasten sin, cos und tan jeweils mehrstellige zugehörige Funktionswerte liefern. Dabei muss der Taschenrechner auf das übliche **Gradmaß** (°) eingestellt sein, was in der Regel der Fall ist, wenn man ihn einschaltet. Das Gradmaß wird auf dem TR in der Anzeige mit DEG (englisch: degree: Grad) abgekürzt. Auch in den beiden Grenzfällen 0° und 90° liefert der TR z.T. Funktionswerte, die im Folgenden erklärt werden.

Nähert sich bei gleich bleibender Länge der Hypotenuse die Größe von a immer mehr dem Wert 0° an, so nähert sich der **Sinus** dem Wert 0, denn die Länge der Gegenkathete wird immer kleiner, während die Länge der Hypotenuse konstant bleibt.
Nähert sich bei gleich bleibender Länge der Hypotenuse die Größe von a immer mehr dem Wert 90° an, so nähert sich der Sinus dem Wert 1, denn die Länge der Gegenkathete nähert sich immer mehr derjenigen der Hypotenuse.

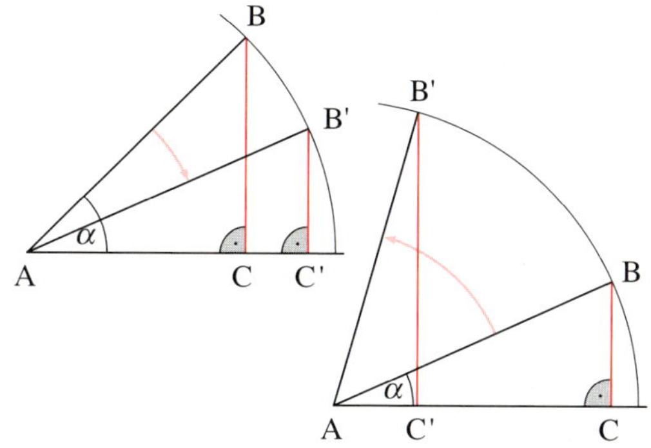

Nähert sich bei gleich bleibender Länge der Hypotenuse die Größe von a immer mehr dem Wert 0°, so nähert sich der **Cosinus** dem Wert 1, denn die Länge der Ankathete nähert sich immer mehr der Länge der Hypotenuse. Nähert sich bei gleich bleibender Länge der Hypotenuse die Größe von a immer mehr dem Wert 90°, so nähert sich der Cosinus dem Wert 0, denn die Länge der Ankathete wird immer kleiner und nähert sich der 0.

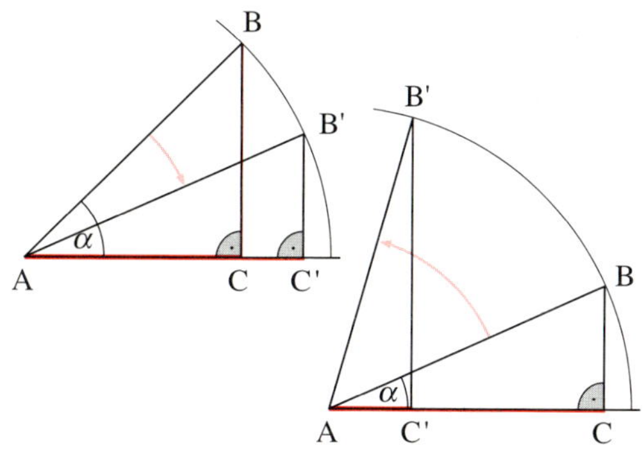

Nähert sich bei gleich bleibender Länge der Hypotenuse die Größe von a immer mehr dem Wert 0°, so nähert sich der **Tangens** dem Wert 0, denn die Länge der Gegenkathete nähert sich der 0, während die Länge der Ankathete sich der Länge der Hypotenuse annähert. Nähert sich bei gleich bleibender Länge der Hypotenuse die Größe von a immer mehr dem Wert 90°, so wächst der Tangens über alle Grenzen, denn während sich die Länge der Gegenkathete der Länge der Hypotenuse annähert, wird die Länge der Ankathete immer kleiner und nähert sich immer mehr der 0. Für $a = 90°$ ist deshalb das Verhältnis Gegenkathete zu Ankathete nicht erklärt, denn die Division durch 0 ist nicht möglich.

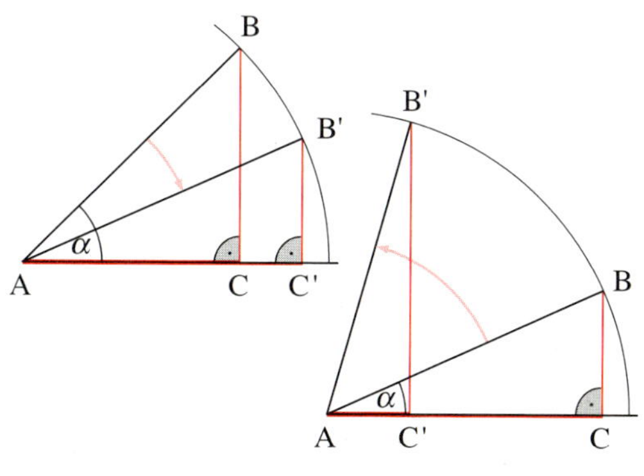

Anmerkung: Im Handel sind Schablonen der Graphen der trigonometrischen Funktionen erhältlich.

Die drei Winkelfunktionen sin, cos und tan sind zunächst nur für Winkelgrößen a mit $0° < a < 90°$ erklärt, denn in den beiden Grenzfällen $a = 0°$ und $a = 90°$ liegt kein rechtwinkliges Dreieck mehr vor. Die vorstehenden Ausführungen über die Graphenverläufe legen es nahe, auch für die Winkelgrößen 0° und 90° Funktionswerte zu definieren.
Man **setzt fest: $\sin 0° = 0$; $\sin 90° = 1$; $\cos 0° = 1$; $\cos 90° = 0$; $\tan 0° = 0$.**

Wegen $\cos 90° = 0$ kann die Funktion tan mit $\tan a = \frac{\sin a}{\cos a}$ für $a = 90°$ nicht sinnvoll erklärt, ihr kein endlicher Funktionswert zugeordnet werden. Der TR zeigt bei der Eingabe tan 90° eine Fehlermeldung an.

Die **Definitionsbereiche** der trigonometrischen Funktionen sind also:
Das abgeschlossene Intervall $[0°, 90°]$ für sin und cos, das halboffene Intervall $[0°, 90°)$ für tan.
Die **Wertebereiche** sind: Das abgeschlossene Intervall $[0, 1]$ für sin und cos, das halboffene Intervall $[0, \infty)$ für tan.

Jede Parallele zur x-Achse schneidet den Graphen der sin-, cos- und tan-Funktion jeweils in höchstens einem Punkt. Die Winkelfunktionen sind daher umkehrbar. ► Kusch 1, Abschnitt 4.5

Das bedeutet, dass sich zu jedem Funktionswert $w \in [0, 1]$ eindeutig das Winkelmaß für a mit $a \in [0°, 90°]$ bestimmen lässt, für das $\sin a = w$ bzw. $\cos a = w$ gilt; für die Tangensfunktion gilt das entsprechend für Werte $w \in [0, \infty)$ und Winkelmaße für a mit $a \in [0°, 90°)$.

Der TR stellt für die Berechnung von a die sog. **Umkehrtasten** $\boxed{\sin^{-1}}$, $\boxed{\cos^{-1}}$ und $\boxed{\tan^{-1}}$ bereit.

Beispiel:

Unter welchem „Steigungswinkel" steigt die Straße aus dem Eingangsbeispiel im Abschnitt 15.1 an?

Ist $\sphericalangle a$ der Steigungswinkel, so gilt nach dem genannten Beispiel in 15.1 für die Steigung von $\overline{AB}$:

$\frac{a}{b} = \frac{12}{100} = \tan a$ und die Taste $\boxed{\tan^{-1}}$ liefert für 0,12 das gerundete Winkelmaß $a \approx 6{,}84°$.

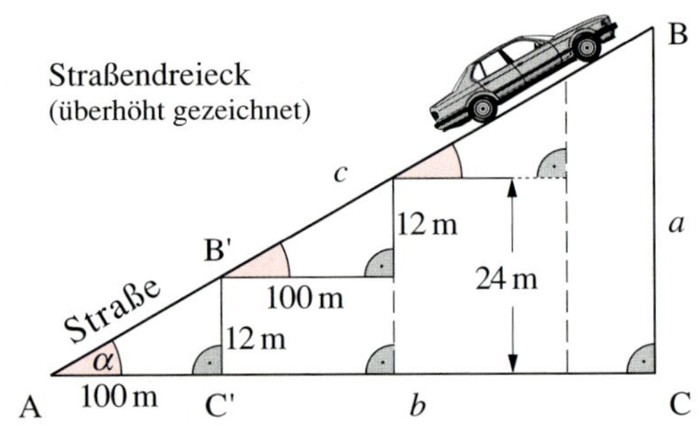

15.2 Einige spezielle Funktionswerte und weitere Beziehungen zwischen den trigonometrischen Funktionen

- Die nebenstehende Zeichnung zeigt, wie man den Sinus- und den Cosinuswert für einen Winkel von 45° mithilfe des pythagoreischen Lehrsatzes berechnen kann.
Das Dreieck $\triangle ABC$ ist rechtwinklig-gleichschenklig. Seine Katheten sind also gleich lang. Dann gilt nach dem Satz des Pythagoras: $c^2 = a^2 + a^2$, also $c = \sqrt{2}a$.

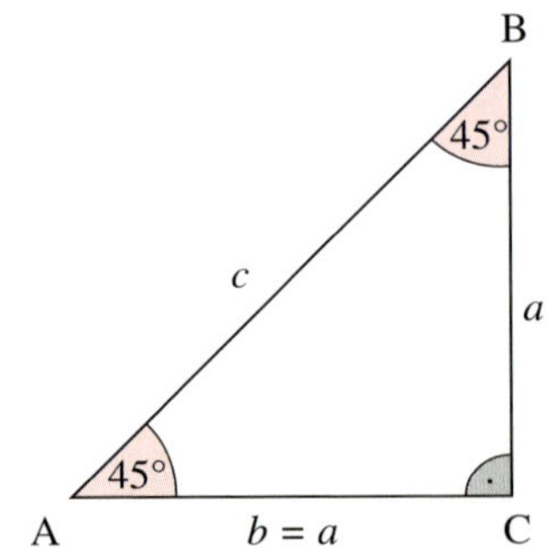

Damit erhält man:

$$\sin 45^\circ = \frac{a}{c} \quad \blacktriangleright\ c = \sqrt{2}\,a$$

$$= \frac{a}{\sqrt{2}\,a} \quad \blacktriangleright\ \text{kürzen}$$

$$= \frac{1}{\sqrt{2}} \quad \blacktriangleright\ \text{mit } \sqrt{2} \text{ erweitern}$$

$$= \frac{\sqrt{2}}{2}$$

$$= \frac{1}{2}\sqrt{2}$$

▸ $\sin 45^\circ = \frac{1}{\sqrt{2}} = \frac{1}{2}\sqrt{2}$

Analog verfährt man für cos 45°. Auch hier gilt: $\cos 45^\circ = \frac{1}{2}\sqrt{2}$.

▸ $\cos 45^\circ = \frac{1}{\sqrt{2}} = \frac{1}{2}\sqrt{2}$

● Am gleichen Dreieck △ABC kann man tan 45° bestimmen. Da die Katheten gleich lang sind, gilt:

$$\tan 45^\circ = \frac{a}{b} = 1.$$

▸ $\tan 45^\circ = 1$

● In ähnlicher Weise berechnet man sin 30°. Die Hypotenuse des Dreiecks △ABC hat die Länge c. Der Winkel ∢CAB beträgt 30°. Um die Länge der Gegenkathete a zu berechnen, denkt man sich das Dreieck an AC gespiegelt. Man erhält das gleichseitige Dreieck △ABB′. Dessen Seiten haben alle die Länge c. Also hat $\overline{BC}$ die Länge $\frac{1}{2}c$.

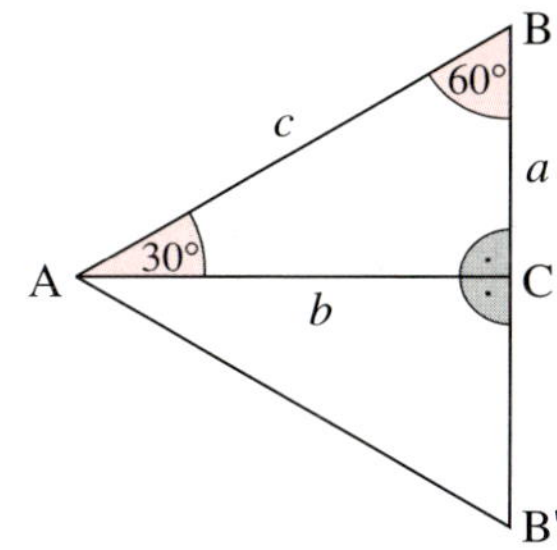

Damit gilt:

$$\sin 30^\circ = \frac{\frac{1}{2}c}{c}, \quad \text{also } \sin 30^\circ = \frac{1}{2}.$$

▸ $\sin 30^\circ = \frac{1}{2}$

● An derselben Figur lässt sich sin 60° bestimmen. Der Winkel ∢ABC beträgt 60°. $\overline{AC}$ ist Höhe im Dreieck △ABB′, für die gilt: $h = \frac{1}{2}c \cdot \sqrt{3}$. ▸ Abschnitt 3.6
Es gilt also:

$$\sin 60^\circ = \frac{\frac{1}{2}c \cdot \sqrt{3}}{c} = \frac{1}{2} \cdot \sqrt{3}.$$

▸ $\sin 60^\circ = \frac{1}{2}\sqrt{3}$

● Für tan 30° erhält man den Quotienten

$$\frac{\frac{1}{2}c}{\frac{1}{2}\sqrt{3}\,c} = \frac{1}{\sqrt{3}} = \frac{1}{3}\sqrt{3}.$$

▸ $\tan 30^\circ = \frac{1}{3}\sqrt{3}$

● Analog ergibt sich für tan 60°:

$$\tan 60^\circ = \frac{\frac{1}{2}\sqrt{3}\,c}{\frac{1}{2}c}, \quad \text{also } \tan 60^\circ = \sqrt{3}.$$

▸ $\tan 60^\circ = \sqrt{3}$

Die Funktionswerte für cos 30° und cos 60° kann man ebenfalls an der obigen Figur ermitteln.

Hier wird eine weitere Möglichkeit vorgestellt.

Für die Sinus- und Cosinusfunktionen gilt: $\sin\alpha = \frac{a}{c}$, $\cos\alpha = \frac{b}{c}$, $\sin\beta = \frac{b}{c}$, $\cos\beta = \frac{a}{c}$. Durch Vergleich der Funktionswerte und unter Beachtung der Beziehungen: $\beta = 90° - \alpha$ sowie $\alpha = 90° - \beta$ kann man sin durch cos und umgekehrt cos durch sin ausdrücken.

► α und β können auch für 0° und 90° stehen.

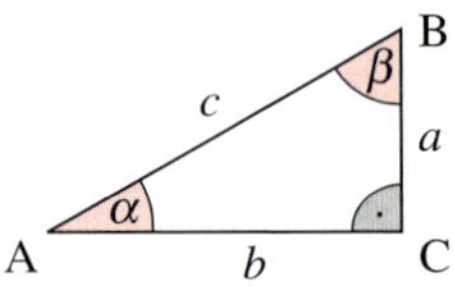

$\sin\alpha = \cos\beta \Rightarrow \sin\alpha = \cos(90° - \alpha)$

$\cos\beta = \sin\alpha \Rightarrow \cos\beta = \sin(90° - \beta)$

Analog: $\sin\beta = \cos(90° - \beta)$ und
$\cos\alpha = \sin(90° - \alpha)$

Anmerkung: Winkel β ergänzt Winkel α zu 90° und umgekehrt. Der eine ist **Komplementwinkel** des anderen. Die Formeln zeigen: Der sin eines Winkels ist gleich dem co-sinus des Komplementwinkels. Das erklärt die Vorsilbe **co**.

● Auf diese Weise kann die Bestimmung von cos 30° und cos 60° auf die Sinuswerte der Komplementwinkel zurückgeführt werden.

$$\cos 30° = \sin(90° - 30°) = \frac{1}{2} \cdot \sqrt{3}$$

$$\cos 60° = \sin(90° - 60°) = \frac{1}{2}$$

Merke:

● Für alle Winkelmaße α mit $0° \leq \alpha \leq 90°$ gilt:
$\mathbf{\sin(90° - \alpha) = \cos\alpha}$ und $\mathbf{\cos(90° - \alpha) = \sin\alpha}$.

● Für einige spezielle Werte der trigonometrischen Funktionen gilt:

	sin	cos	tan
0°	$\frac{1}{2}\sqrt{0}$	$\frac{1}{2}\sqrt{4}$	0
30°	$\frac{1}{2}\sqrt{1}$	$\frac{1}{2}\sqrt{3}$	$\frac{1}{3}\sqrt{3}$
45°	$\frac{1}{2}\sqrt{2}$	$\frac{1}{2}\sqrt{2}$	1
60°	$\frac{1}{2}\sqrt{3}$	$\frac{1}{2}\sqrt{1}$	$\sqrt{3}$
90°	$\frac{1}{2}\sqrt{4}$	$\frac{1}{2}\sqrt{0}$	Nicht erklärt

Anmerkung: Da $\frac{1}{2}\sqrt{0} = 0$, $\frac{1}{2}\sqrt{1} = \frac{1}{2}$ und $\frac{1}{2}\sqrt{4} = 1$ ist, kann man sich spezielle Sinus- und Cosinuswerte besonders gut in der nebenstehenden Form merken.

Prinzipiell lassen sich alle Berechnungen an rechtwinkligen Dreiecken nur mithilfe des sin und des Lehrsatzes des Pythagoras durchführen. Allerdings sind dann die Rechengänge mitunter etwas umständlich.

Im Beispiel „Straßensteigung“ aus 15.1 ließ sich das Winkelmaß von α mithilfe des tan und der Umkehrtaste $\boxed{\tan^{-1}}$ in einem Schritt ermitteln. Man hätte auch mithilfe des Pythagoras die Länge von $\overline{AB}$ ermitteln und dann über die Umkehrtaste $\boxed{\sin^{-1}}$ das Winkelmaß von α feststellen können.

In nebenstehender Zeichnung ist $\sin\alpha = \frac{12}{|\overline{AB'}|}$. Die Länge $|\overline{AB'}|$ wird mithilfe des Pythagoras berechnet.
Den Wert des Winkelmaßes für α erhält man hier in zwei Schritten.

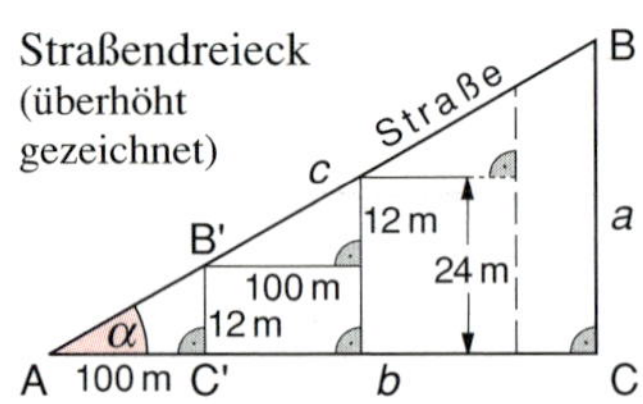

$|\overline{AB'}|^2 = (12\,\text{m})^2 + (100\,\text{m})^2 = 10\,144\,\text{m}^2$

$|\overline{AB'}| \approx 100{,}71743\,\text{m}$

$\sin\alpha = \dfrac{12}{100{,}71743} \approx 0{,}11915$. Die Taste $\boxed{\sin^{-1}}$ liefert für 0,11915 auch hier das gerundete Winkelmaß $\underline{\underline{\alpha \approx 6{,}84°}}$.

Es ist häufig nützlich, eine trigonometrische Funktion durch eine der beiden anderen ausdrücken zu können. Es ist ja z. B. denkbar, dass eine der Winkelfunktionstasten des TR nicht mehr funktioniert. Solche Beziehungen lassen sich aus der Gleichung $\sin^2\alpha + \cos^2\alpha = 1$ ableiten.

Man dividiert die Gleichung $\sin^2\alpha + \cos^2\alpha = 1$ durch $\sin^2\alpha, \alpha \neq 0°$, und formt die so erhaltene Gleichung mithilfe der Beziehungen $\frac{\cos\alpha}{\sin\alpha} = \frac{1}{\tan\alpha}$, $\alpha \neq 90°$, und $\frac{\cos^2\alpha}{\sin^2\alpha} = \left(\frac{\cos\alpha}{\sin\alpha}\right)^2$ weiter um.

► $\frac{\cos\alpha}{\sin\alpha} = \frac{1}{\frac{\sin\alpha}{\cos\alpha}} = \frac{1}{\tan\alpha}$.

► $\sqrt{\frac{\tan^2\alpha}{1+\tan^2\alpha}} = \frac{\tan\alpha}{\sqrt{1+\tan^2\alpha}}$, weil $\tan\alpha > 0$ für $0° < \alpha < 90°$ gilt.

$$\sin^2\alpha + \cos^2\alpha = 1 \quad |:\sin^2\alpha$$

$$1 + \frac{\cos^2\alpha}{\sin^2\alpha} = \frac{1}{\sin^2\alpha}$$

$$1 + \frac{1}{\tan^2\alpha} = \frac{1}{\sin^2\alpha}$$

► $1 + \frac{1}{\tan^2\alpha} = \frac{\tan^2\alpha + 1}{\tan^2\alpha}$

$$\frac{\tan^2\alpha + 1}{\tan^2\alpha} = \frac{1}{\sin^2\alpha} \quad |\cdot \sin^2\alpha \,|: \frac{\tan^2\alpha+1}{\tan^2\alpha}$$

$$\sin^2\alpha = \frac{\tan^2\alpha}{1+\tan^2\alpha}$$

$$\sin\alpha = \frac{\tan\alpha}{\sqrt{1+\tan^2\alpha}}$$

In der so entstandenen Gleichung ist der sin durch den tan ausgedrückt, d. h., ist der tan eines Winkels bekannt, kann mithilfe der Formel sein sin berechnet werden.

Aus der in der Rechnung auftretenden Zeile $1 + \frac{1}{\tan^2\alpha} = \frac{1}{\sin^2\alpha}$ erhält man durch Umstellen nach $\tan^2\alpha$ einen Ausdruck, in welchem $\tan\alpha$ in Abhängigkeit von $\sin\alpha$ dargestellt ist.

$$\tan\alpha = \frac{\sin\alpha}{\sqrt{1-\sin^2\alpha}}$$

Dividiert man $\sin^2\alpha + \cos^2\alpha = 1$ durch $\cos^2\alpha, \alpha \neq 90°$, erhält man nach entsprechenden Umformungen einen Ausdruck, der den cos in Abhängigkeit vom tan darstellt.

$$\cos\alpha = \frac{1}{\sqrt{1+\tan^2\alpha}}$$

Die Formeln für die Abhängigkeit des sin vom cos und umgekehrt erhält man aus der Gleichung $\sin^2\alpha + \cos^2\alpha = 1$ durch Umstellung nach sin bzw. cos. In der folgenden Tabelle sind die erarbeiten Beziehungen zusammengestellt, wobei immer dann, wenn sin oder cos durch tan ausgedrückt werden, die Einschränkung $\alpha \neq 90°$ zu beachten ist.

	sin	**cos**	**tan**
$\sin\alpha$	–	$\sqrt{1-\cos^2\alpha}$	$\frac{\tan\alpha}{\sqrt{1+\tan^2\alpha}}$
$\cos\alpha$	$\sqrt{1-\sin^2\alpha}$	–	$\frac{1}{\sqrt{1+\tan^2\alpha}}$
$\tan\alpha$ $\alpha \neq 90°$	$\frac{\sin\alpha}{\sqrt{1-\sin^2\alpha}}$	$\frac{\sqrt{1-\cos^2\alpha}}{\cos\alpha}$	–

Die in der umseitigen Tabelle enthaltenen Beziehungen zwischen den Winkelfunktionen sind anschaulich an den untenstehend gezeichneten rechtwinkligen Dreiecken ablesbar.

Im Dreieck $\triangle ABC$ mit dem rechten Winkel bei C hat die Hypotenuse eine Länge mit der Maßzahl 1. Wendet man die Definitionen von sin und cos auf die Seiten dieses Dreiecks an, erkennt man, dass die Gegenkathete von α dem $\sin \alpha$ und die Ankathete von α dem $\cos \alpha$ gleich sind. Zum anderen gilt wegen des Satzes des Pythagoras:

$\sin \alpha = \sqrt{1 - \cos^2 \alpha}$ und $\cos \alpha = \sqrt{1 - \sin^2 \alpha}$.

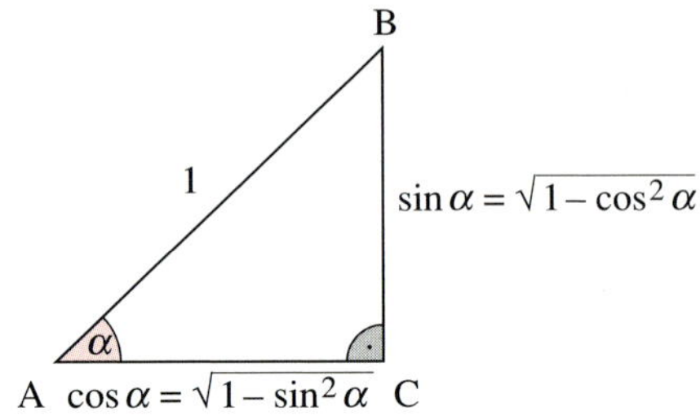

Im Dreieck $\triangle DEF$ mit dem rechten Winkel bei E hat die Ankathete von α eine Länge mit der Maßzahl 1.
Dann ist $|\overline{EF}| = \tan \alpha$ und wegen des Pythagoras $|\overline{DF}| = \sqrt{1 + \tan^2 \alpha}$.
Man sieht hier auch, dass $\tan \alpha$ über alle Grenzen wächst, wenn sich das Winkelmaß von α an 90° annähert.

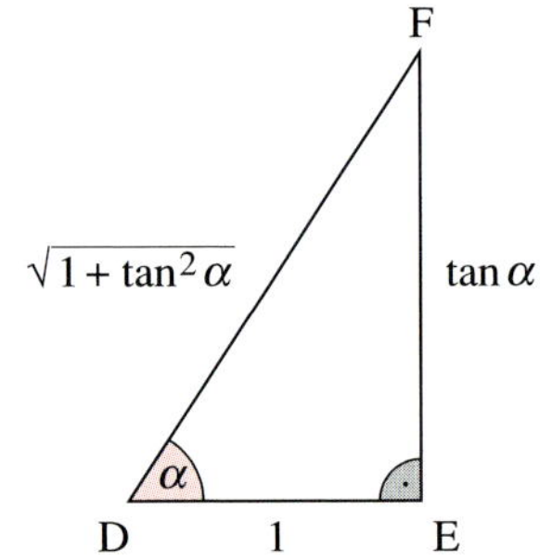

Beispiele:

1. Bekannt ist der Wert $\sin \alpha = 0{,}8949343$. Bestimmen Sie $\cos \alpha$ und $\tan \alpha$.

Zur Lösung dieser Aufgabe und der folgenden beiden Aufgaben werden die Formeln herangezogen, die in der umseitigen Tabelle den Zusammenhang zwischen den Winkelfunktionen beschreiben.

Es ist $\cos \alpha = \sqrt{1 - \sin^2 \alpha}$
► $\sin \alpha = 0{,}8949343$

$\underline{\underline{\cos \alpha}} = \sqrt{1 - 0{,}8009074} \approx \underline{\underline{0{,}4461978}}$

Es ist $\tan \alpha = \dfrac{\sin \alpha}{\sqrt{1 - \sin^2 \alpha}}$

$\underline{\underline{\tan \alpha}} = \dfrac{0{,}8949343}{0{,}4461979} \approx \underline{\underline{2{,}005689}}$

2. Bekannt ist der Wert $\cos \alpha = 0{,}9063077$. Bestimmen Sie $\sin \alpha$ und $\tan \alpha$.

$\sin \alpha = \sqrt{1 - \cos^2 \alpha}$ ► $\cos \alpha = 0{,}9063077$

$\underline{\underline{\sin \alpha}} = \sqrt{1 - 0{,}8213938} \approx \underline{\underline{0{,}4226182}}$

$\tan \alpha = \dfrac{\sqrt{1 - \cos^2 \alpha}}{\cos \alpha}$

$\underline{\underline{\tan \alpha}} = \dfrac{0{,}4226182}{0{,}9063077} \approx \underline{\underline{0{,}4663076}}$

3. Bekannt ist der Wert $\tan \alpha = 1{,}1917536$. Bestimmen Sie $\sin \alpha$ und $\cos \alpha$.

$\sin \alpha = \dfrac{\tan \alpha}{\sqrt{1 + \tan^2 \alpha}}$ ► $\tan \alpha = 1{,}1917536$

$\underline{\underline{\sin \alpha}} = \dfrac{1{,}1917536}{1{,}5557238} \approx \underline{\underline{0{,}7660444}}$

$\cos \alpha = \dfrac{1}{\sqrt{1 + \tan^2 \alpha}}$

$\underline{\underline{\cos \alpha}} = \dfrac{1}{1{,}5557238} \approx \underline{\underline{0{,}6427876}}$

15.3 Berechnungen an rechtwinkligen Dreiecken

Ein rechtwinkliges Dreieck ist nach den Kongruenzsätzen für Dreiecke eindeutig bestimmt, wenn man neben dem rechten Winkel noch zwei Seitenlängen oder die Länge einer Seite und die Größe eines Winkels kennt. Sind zwei Seitenlängen gegeben, kann man zwar die Länge der dritten Seite nach dem pythagoreischen Lehrsatz berechnen, aber nur durch wiederholte Anwendung der Definitionen der trigonometrischen Funktionen lassen sich auch Winkelgrößen bestimmen.
Kennt man nämlich die Größen von zwei der drei Stücke, die in den Definitionsgleichungen der trigonometrischen Funktionen vorkommen, kann man die Größe des unbekannten dritten Stückes berechnen. Kennt man die Längen zweier Seiten, lassen sich mithilfe der Umkehrtasten $\boxed{\sin^{-1}}$, $\boxed{\cos^{-1}}$ oder $\boxed{\tan^{-1}}$ die Winkelmaße der spitzen Dreieckswinkel bestimmen.

Im Folgenden wird mit einem TR gearbeitet. Dabei werden im Ablauf einer Berechnung alle Stellen, mit denen der TR arbeitet, beibehalten, die Ergebnisse aber sinnvoll gerundet.

Beispiele:

1. Von einem rechtwinkligen Dreieck $\triangle ABC$ mit dem rechten Winkel bei C sind bekannt: $\alpha = 50°$, $a = 4$ cm. Berechnen Sie c und b.

Die Planfigur zeigt, dass die Größe eines spitzen Winkels und die Länge seiner Gegenkathete gegeben sind. Die Länge der Hypotenuse wird aus der Definitionsgleichung des Sinus, die Länge der Ankathete auf verschiedene Weise berechnet.

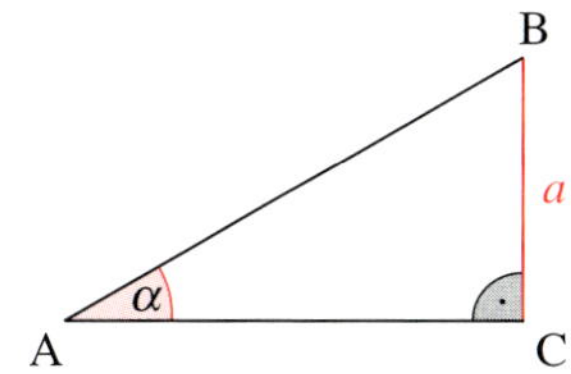

Die Länge c wird aus der Gleichung $\sin\alpha = \frac{a}{c}$ berechnet. ► $\sin\alpha \neq 0$

$$\underline{\underline{c}} = \frac{a}{\sin\alpha} \approx \underline{\underline{5{,}2\text{ cm}}}$$ ► $\sin\alpha \approx 0{,}7660444$

Die Länge b kann mithilfe der Definitionsgleichung des Cosinus berechnet werden.

$$\cos\alpha = \frac{b}{c} \Rightarrow b = c \cdot \cos\alpha$$ ► $\cos\alpha \approx 0{,}6427876$

$$\underline{\underline{b \approx 3{,}3\text{ cm}}}$$

Sie kann aber auch aus dem Lehrsatz des Pythagoras gewonnen werden.

$$a^2 + b^2 = c^2 \Rightarrow \underline{\underline{b}} = \sqrt{c^2 - a^2} \approx \underline{\underline{3{,}3\text{ cm}}}$$

2. Von einem rechtwinkligen Dreieck $\triangle ABC$ sind bekannt: $a = 3$ cm, $c = 5$ cm. Berechnen Sie b und die Winkel α und β.

Die Planfigur macht deutlich, dass für die Berechnung von b der Lehrsatz des Pythagoras benutzt werden kann. Die Größe des Winkels α kann man durch Anwendung der Definitionsgleichung des Sinus berechnen, die Größe von β ergibt sich als Ergänzung von α zu 90°. ► $\beta = 90° - \alpha$. ► β ist Komplementwinkel zu α.

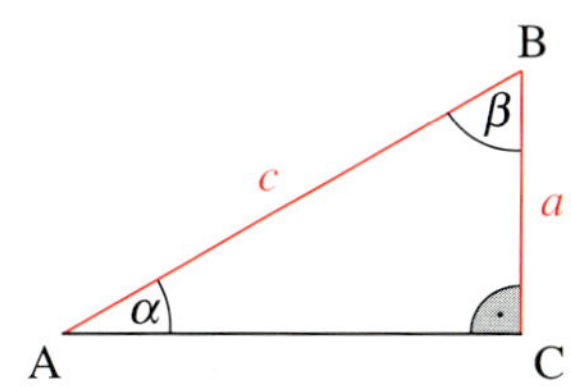

Die Länge b kann mithilfe des Satzes des Pythagoras berechnet werden.

$$\underline{\underline{b}} = \sqrt{c^2 - a^2} = \underline{\underline{4\text{ cm}}}$$ ► 3; 4; 5: Pythagoreisches Zahlentripel

Man kann aber auch zunächst die Größe des Winkels α aus der Definitionsgleichung des Sinus bestimmen. Die Rechnung führt auf einen Wert für sin α. Mithilfe der Umkehrtaste $\boxed{\sin^{-1}}$ stellt man die zugehörige Größe von α fest.

$\sin\alpha = \frac{3}{5} = 0{,}6 \Rightarrow \alpha = 36{,}869898°$

$\Rightarrow \underline{\underline{\alpha \approx 36{,}87°}}$

► $\cos 36{,}869898° = 0{,}80$

Nun kann b entweder aus der Gleichung für Cosinus oder der für Tangens berechnet werden. Beide Wege führen zum selben Ergebnis. Die Größe von β ergibt sich als die Differenz von 90° und 36,87°: $\beta \approx 53{,}13°$.

$b = c \cdot \cos\alpha \Rightarrow \underline{\underline{b}} = 5\text{ cm} \cdot 0{,}8 = \underline{\underline{4\text{ cm}}}$

$\underline{\underline{b}} = \frac{a}{\tan\alpha} \Rightarrow b = \frac{3\text{ cm}}{0{,}75} = \underline{\underline{4\text{ cm}}}$ ► $\tan 36{,}869898° = 0{,}75$

3. Von einem rechtwinkligen Dreieck △ABC sind bekannt: $a = 3$ cm, $b = 4$ cm. Berechnen Sie die Winkel α und β sowie c.

Die Länge c wird über den pythagoreischen Lehrsatz berechnet. Man erhält $c = 5$ cm. Die Größe des Winkels α erhält man aus der Gleichung für den Tangens mithilfe der Umkehrtaste $\boxed{\tan^{-1}}$. Die Größe von β erhält man als Differenz aus 90° und 36,87°.

$9\text{ cm}^2 + 16\text{ cm}^2 = c^2 \Rightarrow \underline{\underline{c = 5\text{ cm}}}$

$\tan\alpha = \frac{3}{4} \Rightarrow \underline{\underline{\alpha \approx 36{,}87°}}$

$\underline{\underline{\beta}} \approx 90° - 36{,}87° \approx \underline{\underline{53{,}13°}}$

4. Eine 10 m lange Leiter ist an eine Hauswand gelehnt. Das untere Ende ist 2,5 m von der Hauswand entfernt. Wie groß ist der Neigungswinkel α?

Die Skizze zeigt ein rechtwinkliges Dreieck, von dem die Längen der Hypotenuse und der Ankathete zum gesuchten Winkel bekannt sind. Die Definitionsgleichung des Cosinus wird angewendet.

$\cos\alpha = \frac{2{,}5\text{ m}}{10\text{ m}}$

Über die Umkehrtaste $\boxed{\cos^{-1}}$ wird die zum Quotienten gehörige Winkelgröße ermittelt. Sie beträgt ungefähr 75,5°.

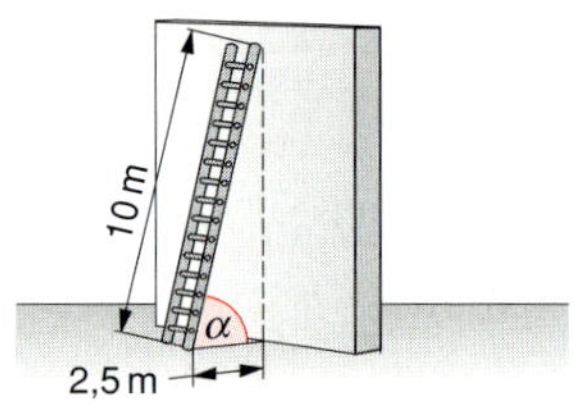

$\cos\alpha = \frac{2{,}5}{10} = 0{,}25$

$\underline{\underline{\alpha \approx 75{,}5°}}$

5. Ein Lastkraftwagen steht auf einer ansteigenden Straße. Der Steigungswinkel α beträgt 9,5°. Die Gewichtskraft F_G des Wagens beträgt 45 000 N.

1. Wie groß ist der Normaldruck F_N auf die Straße?
2. Wie groß ist die Hangabtriebskraft F_H parallel zur Straße?

Der Sachverhalt führt auf eine schiefe Ebene. Der Normaldruck wirkt senkrecht zur Straßenrichtung, die Gewichtskraft senkrecht zur Waagerechten der schiefen Ebene. Deshalb ist der Winkel zwischen den Richtungen des Normaldrucks und der Ge-

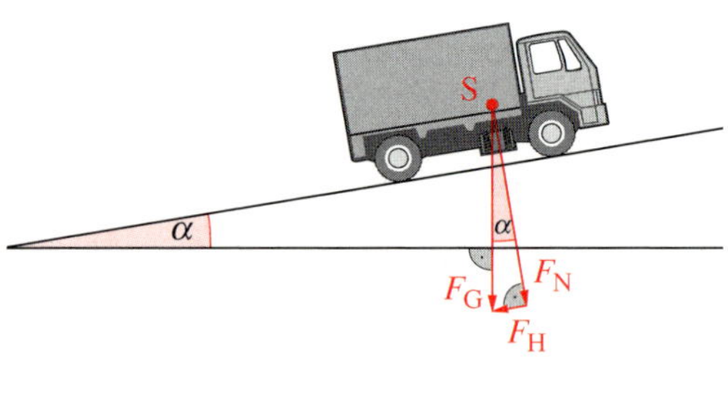

wichtskraft genauso groß wie der Steigungswinkel α. S ist der Schwerpunkt des LKW. Der Winkel zwischen den Richtungen von F_N und F_H ist ein rechter. α und F_G sind bekannt.

Den Normaldruck F_N kann man mit dem Cosinus berechnen.

$\cos\alpha = \frac{F_N}{F_G}$. ► Umstellen nach F_N.

$$\underline{\underline{F_N}} = F_G \cdot \cos\alpha = 45\,000\,\text{N} \cdot \cos 9{,}5° \approx \underline{\underline{44\,382{,}85\,\text{N}}}$$

Die Hangabtriebskraft kann man mithilfe des Sinus berechnen.

$\sin\alpha = \frac{F_H}{F_G}$. ► Umstellen nach F_H.

$$F_H = F_G \cdot \sin\alpha = 45\,000\,\text{N} \cdot \sin 9{,}5° \approx \underline{\underline{7\,427{,}14\,\text{N}}}$$

6. Die Spitze eines Schornsteins erscheint aus einer Entfernung von 125 m unter einem Erhebungswinkel α von 24°. Wie hoch ist der Schornstein, wenn die Augenhöhe 1,70 m beträgt?

Die Skizze zeigt ein rechtwinkliges Dreieck, von dem die Länge der Ankathete zu α bekannt und die Länge der Gegenkathete gesucht ist. Man kann den Tangens verwenden.

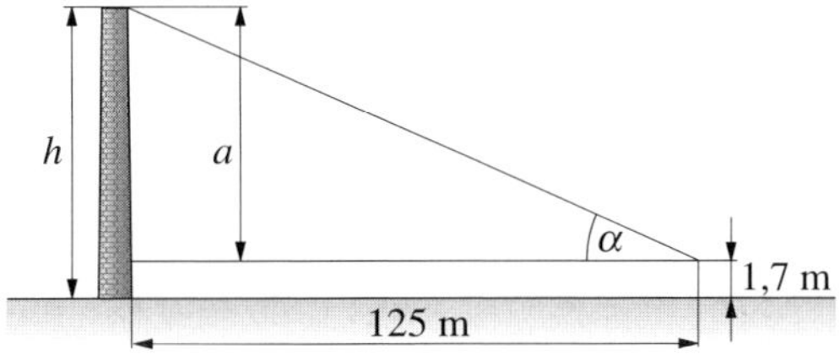

$\tan\alpha = \frac{a}{125\,\text{m}}$ ► Umstellen nach a.

$$\underline{\underline{a}} = 125\,\text{m} \cdot \tan 24° \approx \underline{\underline{55{,}65\,\text{m}}}$$

Die Schornsteinhöhe h erhält man durch Addition der Augenhöhe zu a.

$$\underline{\underline{h}} = 1{,}7\,\text{m} + 55{,}65\,\text{m} = \underline{\underline{57{,}35\,\text{m}}}$$

7. Ein Beobachter B steht am Strand 6 m über dem Wasserspiegel und sieht die Spitze eines 45 m hohen Leuchtturms unter einem Erhebungswinkel ε von 3,3°. Wie weit ist der Beobachter vom Leuchtturm entfernt?

Die Skizze zeigt ein rechwinkliges Dreieck, in dem die Länge der Gegenkathete von ε bekannt und die Länge der Ankathete gesucht ist. Dabei muss berücksichtigt werden, dass $|\overline{AC}|$ um 6 m kleiner als 45 m, also 39 m lang ist.

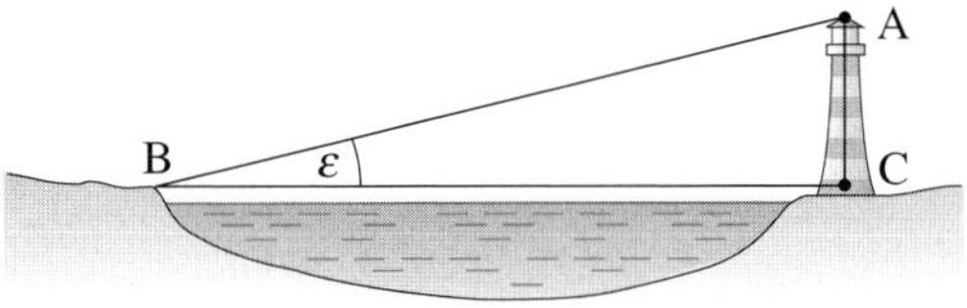

Man kann den Tangens anwenden.

$\tan\varepsilon = \frac{|\overline{AC}|}{|\overline{BC}|}$. ► Umstellen nach der Ankathete.

$$\underline{\underline{|\overline{BC}|}} = \frac{|\overline{AC}|}{\tan\varepsilon} = \frac{39\,\text{m}}{\tan\varepsilon} \approx \underline{\underline{676{,}38\,\text{m}}}$$

Der Beobachter ist ungefähr 676 m vom Leuchtturm entfernt.

Übungen zu 15.1 bis 15.3

Die Sinusfunktion

1. sin α und sin β sollen für jedes der nebenstehenden Dreiecke durch das Verhältnis der Seitenlängen ausgedrückt werden.

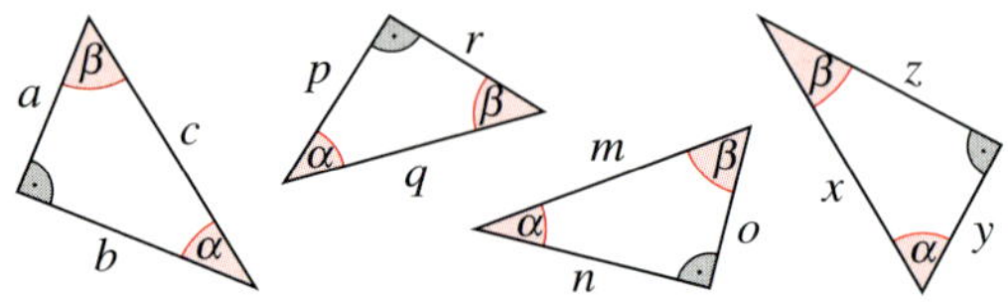

2. Bestimmen Sie mithilfe des TR die Sinuswerte folgender Winkel:

a) 10° **b)** 25° **c)** 30° **d)** 55° **e)** 80°

3. Bestimmen Sie mithilfe des Taschenrechners:

a) sin 5° 20′	**d)** sin 78° 20′	**g)** sin 24° 15′	**k)** sin 63° 17′
b) sin 12° 30′	**e)** sin 38° 50′	**h)** sin 29° 35′	**l)** sin 78° 29′
c) sin 35° 10′	**f)** sin 64° 40′	**i)** sin 62° 25′	**m)** sin 84° 43′

Anmerkung: Wegen der Benutzung des TR ist es notwendig, Winkelgrößen, die in Grad, Minuten und Sekunden gegeben sind, in Gradmaße mit Dezimalstellen umzurechnen.

Hat man ein Gradmaß mit Minuten in ein Gradmaß mit Dezimalbrüchen umzurechnen, überlegt man:

$$1' = \left(\frac{1}{60}\right)^{\circ}, \text{ also } m' = m \cdot \left(\frac{1}{60}\right)^{\circ} = \left(\frac{m}{60}\right)^{\circ}.$$

Hat man ein Gradmaß mit Minuten und Sekunden in einen Dezimalbruch umzurechnen, rechnet man die Minuten zunächst in Sekunden um und überlegt:

$$1'' = \left(\frac{1}{3600}\right)^{\circ}, \text{ also } s'' = \left(\frac{s}{3600}\right)^{\circ}.$$

Beispiele:

$$15°\,30' = 15° + \left(\frac{30}{60}\right)^{\circ} = 15° + 0{,}5° = 15{,}5°$$

$$15°\,10' = 15° + \left(\frac{10}{60}\right)^{\circ} = 15° + 0{,}1\overline{6}° = 15{,}1\overline{6}°$$

$$15°\,10'\,10'' = 15° + \left(\frac{610}{3600}\right)^{\circ} = 15° + 0{,}169°$$

$$= 15{,}169°$$

4. Bestimmen Sie mithilfe des Taschenrechners die Winkelmaße für folgende Sinuswerte:

a) $\sin\alpha = 0{,}9976$	**d)** $\sin\delta = 0{,}7547$	**g)** $\sin\gamma = 0{,}9261$	**k)** $\sin\beta = 0{,}2656$
b) $\sin\beta = 0{,}9563$	**e)** $\sin\alpha = 0{,}6494$	**h)** $\sin\varepsilon = 0{,}3776$	**l)** $\sin\gamma = 0{,}5707$
c) $\sin\gamma = 0{,}0987$	**f)** $\sin\beta = 0{,}8056$	**i)** $\sin\alpha = 0{,}8996$	**m)** $\sin\delta = 0{,}0506$

5. Berechnen Sie die fehlenden Stücke folgender rechtwinkliger Dreiecke (c ist Hypotenuse):

a) $a = 12{,}7$ cm	**b)** $b = 15{,}9$ dm	**c)** $c = 112{,}3$ m	**d)** $c = 58{,}3$ dm
$\alpha = 24°$	$\beta = 65°$	$\beta = 48°\,20'$	$\alpha = 74°\,35'$
$b = ?$	$a = ?$	$a = ?$	$a = ?$
$c = ?$	$c = ?$	$b = ?$	$b = ?$

6. In einem rechtwinkligen Dreieck kennt man:

a) $a:c = 3:4$ **b)** $b:c = 3:7$

Wie groß sind die Winkel α und β?

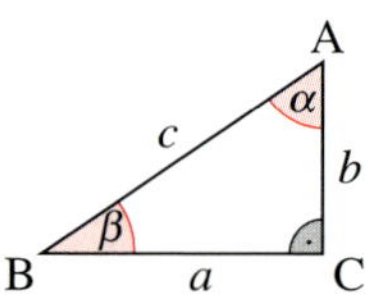

7. Eine Straße hat 12,5% Steigung. Wie groß ist ihr Steigungswinkel?

8. Eine Wetterwarte lässt einen Messballon aufsteigen. Ein Beobachter, der 650 m entfernt ist, sieht den Messballon unter einem Winkel von 24° zur Horizontalen. Wie weit war der Messballon vom Beobachter entfernt, wenn er senkrecht aufgestiegen ist?

9. Berechnen Sie das Winkelmaß α und die Spannweite a der Brücke, $e = 8{,}75$ m, $h = 1{,}85$ m.

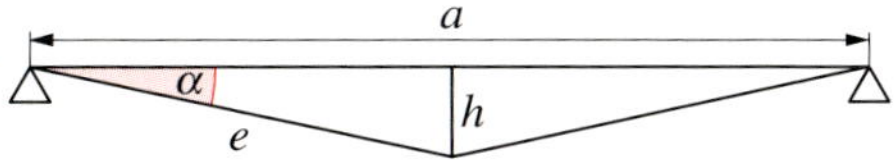

10. Eine Straße ist nach 1250 m Länge (wird am Kilometerzähler abgelesen) um 13,2 m gestiegen. Wie groß ist ihr Steigungswinkel?

Mit welchem Steigungswinkel muss eine Bergstraße angelegt werden, um auf 12 km Länge eine Höhe von 800 m zu überwinden?

11. Zwei Orte A und B liegen auf demselben Breitengrad. Wie weit sind die Orte voneinander entfernt, wenn ihre Längengrade λ_1 und λ_2 ($\lambda > 0$ westl. von Greenwich, $\lambda < 0$ östl. von Greenwich) bekannt sind ($r = 6365$ km)?

a) $\lambda_1 = +64°\,52'$	**b)** $\lambda_1 = +\ 17°\,30'$	**c)** $\lambda_1 = +5°\,25'$	**d)** $\lambda_1 = -24°\ \ 6'$
$\lambda_2 = +\ 7°\,40'$	$\lambda_2 = +157°\,51'$	$\lambda_2 = -6°\ \ 9'$	$\lambda_2 = -\ 8°\,26'$

Die Cosinusfunktion

1. Drücken Sie cos α und cos β wie in Übung 1 zur Sinusfunktion durch das Verhältnis der Seitenlängen aus.

2. Bestimmen Sie mithilfe des Taschenrechners (vgl. Anmerkung bei Übung Nr. 3 zur Sinusfunktion):

a) cos 3° 20′	**c)** cos 24° 40′	**e)** cos 84° 37′
b) cos 18° 30′	**d)** cos 78° 15′	**f)** cos 7° 14′

3. Bestimmen Sie mittels Taschenrechner die Winkelmaße für folgende Cosinuswerte:

a) $\cos\alpha = 0{,}6713$	**c)** $\cos\gamma = 0{,}9945$	**e)** $\cos\varepsilon = 0{,}9409$
b) $\cos\beta = 0{,}8843$	**d)** $\cos\delta = 0{,}0843$	**f)** $\cos\alpha = 0{,}3843$

4. Berechnen Sie die fehlenden Stücke folgender rechtwinkliger Dreiecke (Hypotenuse ist c):

a) $a = 17{,}8$ cm	**b)** $b = 9{,}4$ dm	**c)** $c = 25{,}6$ cm	**d)** $a = 1{,}07$ km
$\alpha = 15°\,20'$	$\alpha = 63°\,10'$	$\beta = 48°\,15'$	$\beta = 9°\,24'$
$b = ?$	$a = ?$	$a = ?$	$b = ?$
$c = ?$	$c = ?$	$b = ?$	$c = ?$

5. Eine Bahnstrecke hat auf einer Karte (1: 30 000) die Länge $l = 7{,}6$ cm. Wie lang ist sie, wenn die Steigung mit $4\frac{1}{2}$% angegeben ist?

6. Wie groß ist der Steigungswinkel (α) der Sparren, und welche Länge hat die Höhe des Daches, wenn die Sparren an der Dachtraufe 0,4 m überstehen?

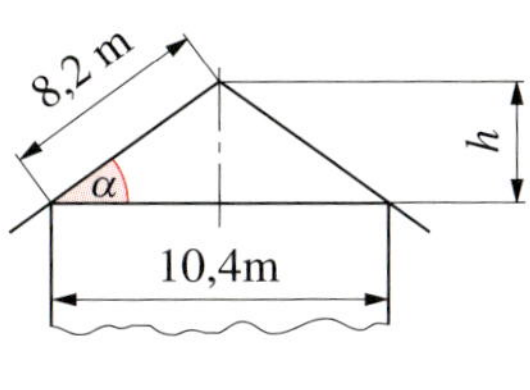

Die Tangensfunktion

1. Drücken Sie tan α und tan β wie in Übung 1 zur Sinusfunktion durch das Verhältnis der Seitenlängen aus.

2. Bestimmen Sie mittels Taschenrechner tan 25°, tan 50°, tan 75°.

3. Bestimmen Sie mittels Taschenrechner (vgl. Anmerkung bei Übung Nr. 3 zur Sinusfunktion):

a) tan 4° 20′	**c)** tan 14° 10′	**e)** tan 45° 45′
b) tan 7° 40′	**d)** tan 25° 50′	**f)** tan 73° 53′

4. Bestimmen Sie mittels Taschenrechner die Winkelmaße für folgende Tangenswerte:

a) $\tan\alpha = 0{,}0612$ **c)** $\tan\gamma = 0{,}6330$ **e)** $\tan\varepsilon = 5{,}558$

b) $\tan\beta = 0{,}3217$ **d)** $\tan\delta = 0{,}9601$ **f)** $\tan\alpha = 22{,}02$

5. Berechnen Sie die fehlenden Stücke folgender rechtwinkliger Dreiecke (Hypotenuse ist c):

a) $a = 9{,}4$ dm, $\alpha = 23°\,20'$, $b = ?$, $c = ?$

b) $b = 27{,}2$ cm, $\alpha = 47°\,10'$, $a = ?$, $c = ?$

c) $a : b = 3 : 4$, $\alpha = ?$, $\beta = ?$

d) $a = b = 7{,}3$ cm, $\alpha = ?$, $h_c = ?$, $c = ?$

6. Bestimmen Sie die Winkel α und β eines rechtwinkligen Dreiecks aus:

a) $a = 5{,}3$ cm, $b = 7{,}5$ cm **b)** $a = 17{,}3$ m, $b = 24{,}4$ m **c)** $a = 46{,}7$ dm, $b = 3{,}7$ m

Aufgaben zu den Winkelfunktionen

1. In einem rechtwinkligen Dreieck sind bekannt:

a) $a = 47$ cm, $h_c = 38$ cm **b)** $a = 24{,}6$ cm, $p = 21{,}3$ cm **c)** $c = 24{,}7$ cm, $h_c = 8{,}4$ cm **d)** $\alpha = 64°\,20'$, $A = 353\ \text{cm}^2$

e) q, α **f)** p, h_c **g)** A, c **h)** a, p

Berechnen Sie die fehlenden Seiten und Winkel.

2. In einem gleichschenkligen Dreieck (c: Grundseite) sind bekannt:

a) $c = 43{,}4$ cm, $a = 28{,}7$ cm **b)** $c = 33$ m, $\alpha = 74°\,55'$ **c)** $b = 5{,}2$ cm, $\gamma = 122°\,40'$ **d)** $a = 16{,}3$ m, $\alpha = 73°\,23'$

e) $h_a = 11$ cm, $c = 23{,}2$ cm **f)** $h_a = 19{,}3$ cm, $\alpha = 42°\,30'$ **g)** $h_c = 43{,}6$ cm, $\gamma = 137°\,40'$ **h)** c, γ

Berechnen Sie die fehlenden Seiten und Winkel und den Flächeninhalt.

3. Eine 15,4 m hohe Tanne wirft einen 33,6 m langen Schatten. Unter welchem Winkel treffen die Sonnenstrahlen den Erdboden?

4. Wie weit ist eine 2,8 m hohe Messlatte vom Betrachter entfernt, wenn der Erhebungswinkel $1°\,40'$ beträgt? (Augenhöhe = 1,5 m.)

5. Ein gerader Kegel hat einen Durchmesser von 26 cm und einen Spitzenwinkel $\gamma = 33°\,10'$. Wie groß ist sein Rauminhalt?

6. Wie hoch ist ein Baum, wenn sein Schatten 58 m lang ist und die Sonnenstrahlen mit dem Erdboden einen Winkel von $23°\,30'$ (Sonnenhöhe) bilden?

7. Berechnen Sie ohne Bestimmung des Winkels die Werte für $\cos\alpha$, $\tan\alpha$ aus:

a) $\sin\alpha = 0{,}4975$ **b)** $\sin\alpha = 0{,}9621$

8. Berechnen Sie ohne Bestimmung des Winkels die Werte für $\sin\alpha$, $\tan\alpha$ aus:

a) $\cos\alpha = 0{,}1507$ **b)** $\cos\alpha = 0{,}8962$

9. Berechnen Sie ohne Bestimmung des Winkels die Werte für $\sin\alpha$, $\cos\alpha$ aus:

a) $\tan\alpha = 0{,}3476$ **b)** $\tan\alpha = 6{,}6912$

10. Zwei Höhenlinien sind auf einer Karte (1 : 30 000) 4 mm voneinander entfernt. Das Gelände hat an dieser Stelle einen Neigungswinkel von **a)** $17\frac{1}{2}°$, **b)** $4\frac{1}{2}$, **c)** 23°. Wie groß ist der Höhenunterschied zwischen beiden Linien?

11. Ein kugelförmiger Wasserbehälter ruht auf einem 15 m hohen Stahlgerüst. Sein Durchmesser wird von einem Punkt, der in waagerechter Richtung 250 m vom Fußmittelpunkt des Gerüstes entfernt ist, unter einem Winkel von $2°\,30'$ gesehen (Augenhöhe: 1,6 m). Berechnen Sie den Durchmesser des Wasserbehälters unter der Annahme, dass der Sehstrahl den höchsten Punkt des Behälters trifft.

12. Von einem Ballon, der in 3400 m Höhe schwebt, erscheint ein Haus unter einem Tiefenwinkel von $29° 38'$. Wie weit ist es vom Beobachter entfernt?

13. Es soll die Breite eines Flusses gemessen werden. Zu diesem Zweck wird am Ufer eine Standlinie $|\overline{AB}| = 30$ m abgesteckt. Punkt A genau gegenüber (also senkrecht zur Standlinie) steht ein Baum C, der von B unter dem Winkel ABC von $34° 20'$ gesehen wird.

14. Von einem Kirchturm ($h = 68$ m) erblickt man ein Auto unter dem Senkungswinkel a von $6° 25'$. Wie weit ist das Auto vom Beobachter entfernt?

15. Vom Fenster eines Hauses, das 25 m von Ufer eines Flusses entfernt ist, erscheinen beide Ufer unter den Senkungswinkeln α von $17° 20'$ und β von $42° 15'$. Wie breit ist der Fluss?

16. Zwei Kräfte $F_1 = 280$ N und $F_2 = 140$ N greifen rechtwinklig an einem Punkt an. Wie groß ist die Resultierende, und welchen Winkel bildet sie mit den Richtungen der Kräfte F_1 und F_2?

17. Eine Kraft $F = 755$ N ist in zwei senkrecht aufeinander wirkende Komponenten zu zerlegen, sodass sie mit einer der Komponenten einen Winkel α von $23° 20'$ bildet. Wie groß sind die Komponenten?

18. Auf einer schiefen Ebene ($\alpha = 18° 20'$) steht ein Wagen ($F_G = 34\,500$ N). Wie groß sind die Kräfte F_1 *und* F_2, in die F_G parallel und senkrecht zur schiefen Ebene zerlegt werden kann?

19. Eine schiefe Ebene hat die Länge $l = 8{,}6$ m und die Höhe 4,1 m. Wie groß ist ihr Winkel? Wie groß ist die Komponente der Schwerebeschleunigung, die längs der Ebene wirkt? ($g = 9{,}81\,\frac{\text{m}}{\text{s}^2}$).

20. Wie viel Kilometer beträgt die Länge des Breitenkreises von Berlin? ($\varphi = 52° 30'$, $r = 6370$ km.)

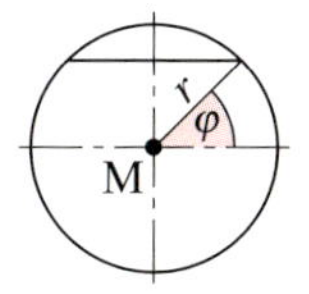

21. Mit welcher Geschwindigkeit dreht sich Berlin um die Erdachse?

22. Welcher Breitenkreis hat die Länge 23 000 km?

23. Wie weit ist Essen ($\varphi = 51° 28'$) von der Erdachse entfernt?

24. Ein Dampfer fährt schon 32 Stunden auf dem 42. Breitengrad. Wie hoch war seine Durchschnittsgeschwindigkeit, wenn sich seine Position gegenüber der geographischen Länge um $17° 40'$ geändert hat?

25. In einem Kreis gehört zu einer Sehne $s = 21{,}3$ cm ein Mittelpunktswinkel α von $38° 20'$. Wie lang ist der Halbmesser des Kreises, und wie weit ist die Sehne vom Mittelpunkt entfernt?

26. Ein Rhombus hat die Seite $a = 9{,}4$ cm und den Winkel α von 58°. Wie lang sind die Diagonalen?

27. Ein Rhombus hat die Diagonalen $e = 32$ cm und $f = 41$ cm. Wie lang sind seine Seiten, und wie groß sind seine Winkel?

28. Zwei Orte haben $14° 20'$ Breitenunterschied und sollen durch einen Tunnel unter der Erde verbunden werden. Wie lang würde er werden, und wie tief läge seine tiefste Stelle unter der Erdoberfläche?

29. Wie lang ist der Riemen?
$R = 530$ mm
$r = 310$ mm
$a = 3800$ mm.

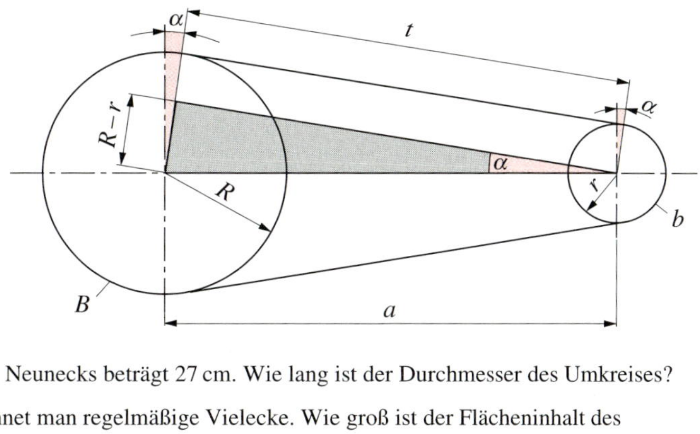

30. Der Umfang eines regelmäßigen Neunecks beträgt 27 cm. Wie lang ist der Durchmesser des Umkreises?

31. In einen Kreis ($d = 14$ cm) zeichnet man regelmäßige Vielecke. Wie groß ist der Flächeninhalt des
a) Siebenecks **b)** Achtecks **c)** Neunecks **d)** Zehnecks **e)** Fünfzehnecks?

Vermischte Aufgaben zur Wiederholung

1. Ein Fesselballon hängt an einem 250 m langen Seil. Das Seil bildet mit dem Erdboden einen Winkel von 70°. Berechnen Sie den seitlichen Abtrieb durch den Wind.

2. 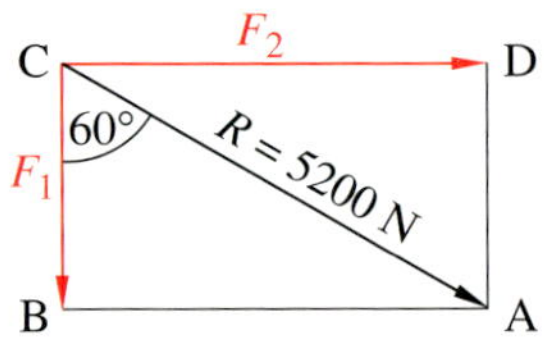

Berechnen Sie die Kräfte F_1 und F_2.

3. Eine Leiter ist 12,5 m lang und wird gegen eine Wand gelehnt; ihr Fuß ist 2,6 m von der Wand entfernt. Welchen Winkel α bilden Leiter und Boden?

4. 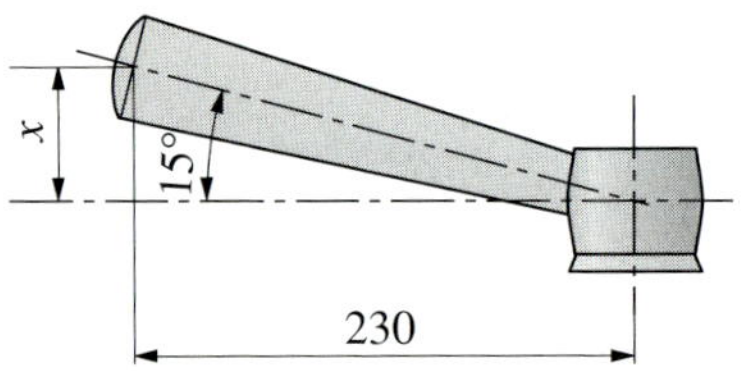

Berechnen Sie das Maß x des Kugelgriffes.

5. Das Fenster eines Hauses liegt 12 m über dem waagerechten Erdboden. In einiger Entfernung steht ein Fabrikschornstein, um dessen Spitze ein Kranz roter Lampen zur Flugsicherung angebracht ist. Vom Fenster misst man den Senkungswinkel zum Fußpunkt des Schornsteins und erhält $\alpha = 15°\,40'$. Die roten Lampen werden unter dem Erhebungswinkel $\beta = 35°\,20'$ gesehen. Berechnen Sie die Höhe des Schornsteines.

6. Ein Wassergraben soll 1,40 m tief werden. Der Böschungswinkel beträgt zu beiden Seiten 32°. Wie lang sind Sohle und schräge Grabenseite, wenn die obere Breite des Wassergrabens 15 m beträgt?

7. Eine Verkehrsampel hängt 9 m über der Mitte einer Straßenkreuzung. Ihr Schatten ist 14 m von der Kreuzungsmitte entfernt. Berechnen Sie die Größe des Höhenwinkels zur Sonne.

8. Für eine Eisenbahnstrecke soll ein 600 m langer Geländeeinschnitt von nebenstehendem Querschnitt hergestellt werden. Wie viel m^3 Erdreich müssen fortgeschafft werden?

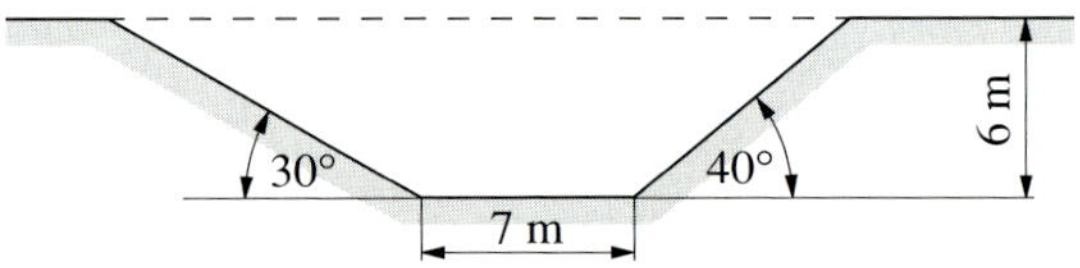

9. Auf der Dachmitte eines 28 m hohen Hauses steht senkrecht eine Stabantenne. Ein Beobachter steht 67 m von der Vorderseite des 10 m breiten Hauses entfernt. Wie lang ist die Antenne, wenn er den Höhenwinkel zur Spitze der Antenne mit 30° misst? Die Augenhöhe beträgt 160 cm.

10. Eine Straße hat die Neigung 3% (12%). Berechnen Sie die Größe des Steigungswinkels.

11. Ein 5 m langer Fahnenmast wirft auf einen waagerechten Platz einen Schatten von 8,4 m Länge. Berechnen Sie die Größe des Höhenwinkels zur Sonne.

12. Eine Schraube hat einen Durchmesser von 10 mm und eine Ganghöhe von 2 mm. Berechnen Sie die Größe des Steigungswinkels.

13. Bei Ölbohrungen wird die Mächtigkeit (Stärke) verschiedener Gesteinsschichten untersucht. Bei 823 m stellt man eine Sandschicht fest, die man bei 983 m wieder verließ. Das Fallen (d. h. der Steigungswinkel) der Sandschicht beträgt 30°. Berechnen Sie die mittlere Mächtigkeit der Sandschicht.

14. Welche Kräfte entstehen im Druckstab bei $\alpha = 35°, 40°, 45°$?

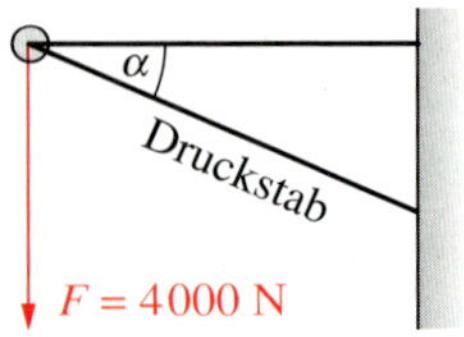

15. Der Querschnitt eines Wasserkanals ist ein gleichschenkliges Trapez. Die Böschung hat einen Neigungswinkel von 40°. Die Höhe beträgt 5,50 m und die Sohlenbreite 12 m. Wie viel m^3 Wasser befinden sich bei 5 m Wasserstand in einem 10 m langen Teilstück?

16. Berechnen Sie beim nebenstehenden Hochofen die Größe der Neigungswinkel α und β.

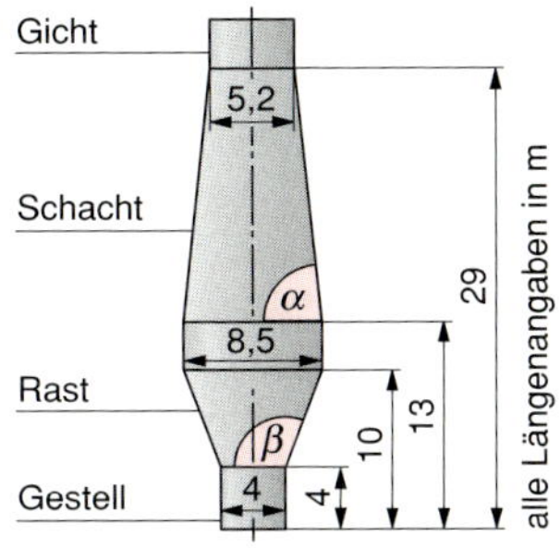

17. Ein Wagen hat ein Gewicht (Gewichtskraft) von $F_G = 20\,000$ N. Der Neigungswinkel der schiefen Ebene beträgt $\alpha = 35°$. Berechnen Sie (ohne Reibung) die Normalkraft F_N und die Hangabtriebskraft F_H

a) mithilfe von Variablen,

b) für die angegebenen Werte.

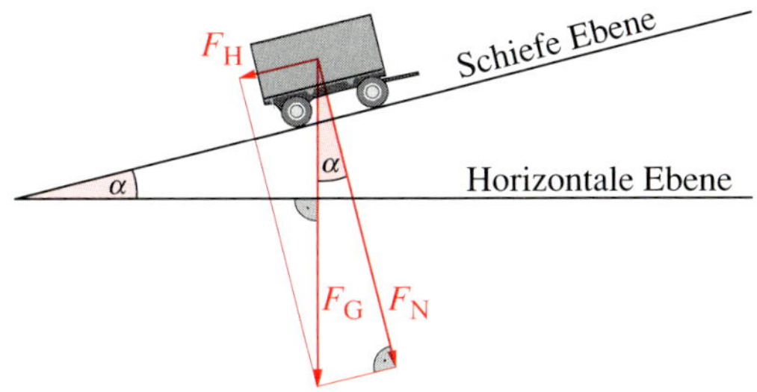

18. Ein Keil mit dem Winkel α wird durch die Kraft $R = 1200$ N in ein Werkstück hineingetrieben. Berechnen Sie unter Vernachlässigung der Reibung die Wangenkräfte F, die für die Spaltwirkung des Keiles verantwortlich sind

a) mithilfe von Variablen,

b) für $\alpha = 35°$ und $\alpha = 15°$.

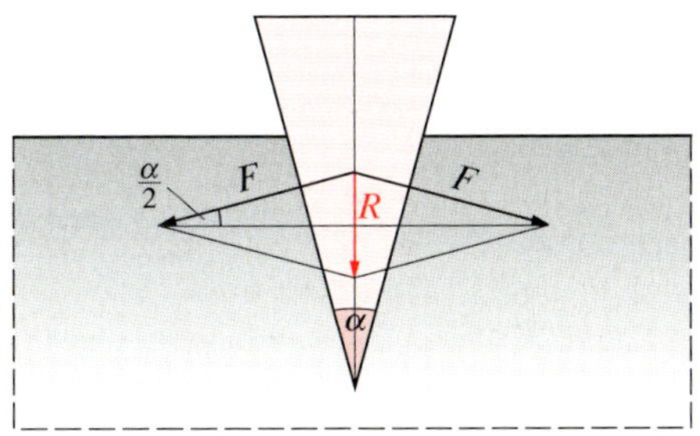

19. Berechnen Sie die Gesamtlänge l des gekreuzten Riemens:

a) mithilfe von Variablen,

b) für $D = 900$ mm, $d = 250$ mm und $a = 2500$ mm.

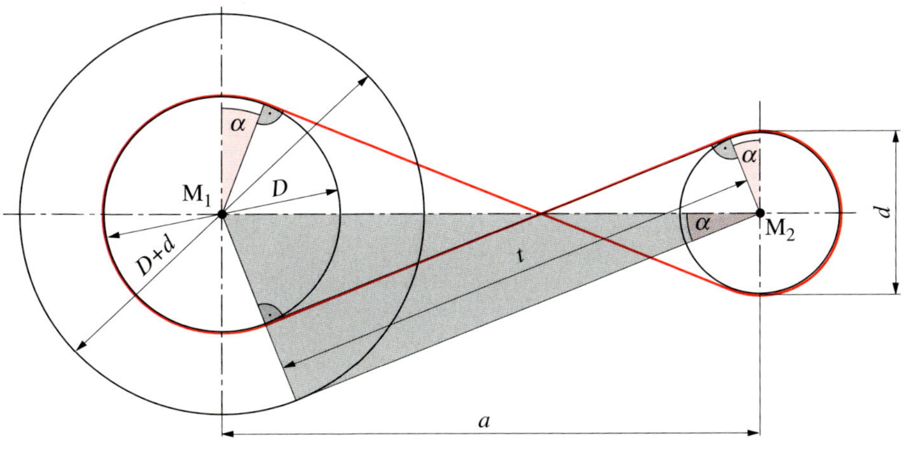

15.4 Berechnungen an beliebigen Dreiecken

Die trigonometrischen Funktionen sind auch dann wichtige Hilfsmittel, wenn es gilt, Berechnungen an solchen Dreiecken auszuführen, die nicht rechtwinklig sondern spitz- oder stumpfwinklig sind. Solche Dreiecke können durch jede ihrer Höhen in rechtwinklige Dreiecke zerlegt werden. Das bietet Ansatzpunkte für die Anwendung der trigonometrischen Funktionen zur Berechnung von Seitenlängen, Winkelgrößen u.a. Stücken. Sind drei Größen gegeben, von denen mindestens eine die Länge einer Seite ist, so können alle anderen Stücke berechnet werden.

Beispiel:

Zwei Punkte Q und R sind durch unzugängliches Gelände voneinander getrennt. Man kann aber von Q aus eine Strecke von 120 m bis zu einem Punkt P abmessen und die Winkel $\sphericalangle PQR$ von 130° und $\sphericalangle QPR$ von 46,75° messen. Wie kann man die Entfernung $|\overline{QR}|$ bestimmen?

Zunächst kann man die Größe des Winkels $\sphericalangle PRQ$ mithilfe des Innenwinkelsatzes berechnen:

$|\sphericalangle PRQ| = (180° - 130° - 46{,}75°)$,
also $|\sphericalangle PRQ| = 3{,}25°$.

Zerlegt man sodann das Dreieck $\triangle PQR$ durch die Höhe aus Q in die rechwinkligen Teildreiecke $\triangle PHQ$ und $\triangle RHQ$, so kann man auf beide Teildreiecke die Definition des sin anwenden, wobei h für die Länge der Höhe steht.

$$\sin \sphericalangle QPR = \frac{h}{|\overline{QP}|}; \quad \sin \sphericalangle PRQ = \frac{h}{|\overline{QR}|}$$

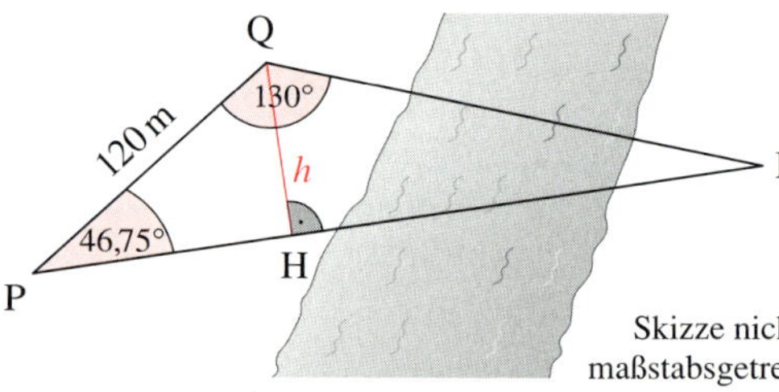

Skizze nicht maßstabsgetreu

$$\sin 46{,}75° = \frac{h}{120\,\text{m}} \Rightarrow h \approx 87{,}40\,\text{m}$$

$$\sin 3{,}25° = \frac{h}{|\overline{QR}|} \quad ► \ h \approx 87{,}40\,\text{m}$$

$$\Rightarrow |\overline{QR}| \approx 1541{,}72\,\text{m}$$

Um die Länge der Seite $\overline{QR}$ zu erhalten, musste zunächst die Länge h der Höhe bestimmt werden. Diese Länge ist aber für die Aufgabe selbst uninteressant. Kann man diese Berechnung umgehen?

Dazu betrachtet man ein Dreieck $\triangle ABC$, von dem die Größen der Winkel α und β mit $0° < \alpha < 90°$, $0° < \beta < 90°$ und b bekannt sind. In diesem Dreieck soll a berechnet werden.
Die Höhe h zerlegt das Dreieck $\triangle ABC$ in die rechtwinkligen Teildreiecke $\triangle AHC$ und $\triangle BHC$, in denen a und b jeweils Hypotenusen sind und h als eine Kathete sowohl im Dreieck $\triangle AHC$ als auch im $\triangle BHC$ liegt. Mithilfe des sin kann man h aus b und α bestimmen. Im Dreieck $\triangle BHC$ kennt man dann die Größe von β und die Länge der Gegenkathete von β. Damit kann man a bestimmen. Man erhält eine Verhältnisgleichung, in der h nicht mehr vorkommt.

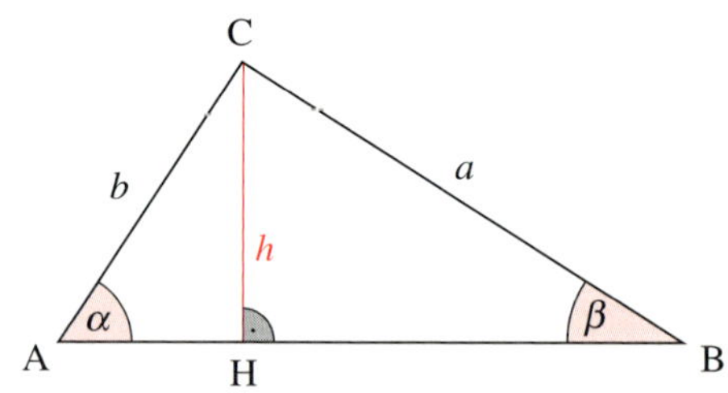

$$\sin \alpha = \frac{h}{b} \rightarrow h = b \sin \alpha$$

$$\sin \beta = \frac{h}{a} = \frac{b \sin \alpha}{a} \quad ► \text{ Division durch } \sin \alpha,\ \sin \alpha \neq 0$$

$$\frac{\sin \beta}{\sin \alpha} = \frac{b}{a} \qquad (1)$$

Sie besagt: Die Sinuswerte von α und β verhalten sich wie die den Winkeln gegenüberliegenden Seiten.

In diesem Beispiel war vorausgesetzt, dass $\alpha < 90°$ ist. Und nur für Winkel, die kleiner oder höchstens gleich 90° sind, sind die trigonometrischen Funktionen bisher definiert. Aber in allgemeinen Dreiecken kommen auch Winkel vor, die größer als 90° sind. Solche Dreiecke möchte man ebenfalls berechnen können.

Problem: Leiten Sie eine der Gleichung $\frac{\sin\beta}{\sin\alpha} = \frac{b}{a}$ entsprechende Gleichung für ein stumpfwinkliges Dreieck her; $\alpha > 90°$.

Die Höhe h von C auf die Verlängerung von c liegt in diesem Falle außerhalb des Dreiecks. $\triangle$AHC ist rechtwinklig bei H, $|\sphericalangle \text{HAC}|$ beträgt $180° - \alpha$.

► $180° - \alpha < 90°$

Man erhält: $\sin(180° - \alpha) = \frac{h}{b}$ und analog für $\triangle$BHC: $\sin\beta = \frac{h}{a}$. Man erhält also hier:

$$\frac{\sin\beta}{\sin(180° - \alpha)} = \frac{b}{a}. \qquad (2)$$

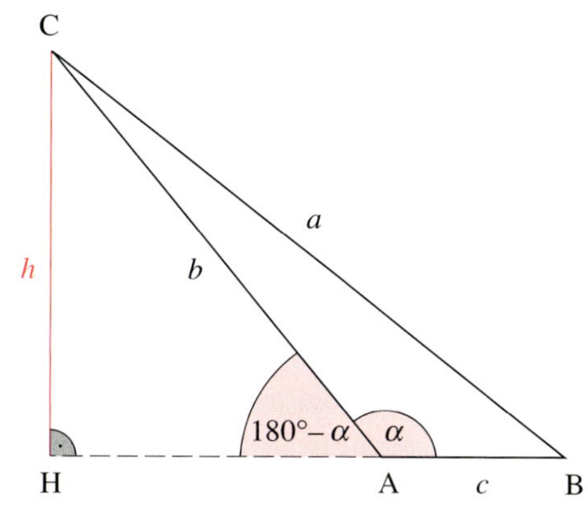

Der Vergleich der Verhältnisgleichungen (1) und (2) legt es nahe, den sin eines stumpfen Winkels α mit $90° < \alpha \leq 180°$ so zu definieren, dass die Verhältnisgleichung (1) auch diesen Fall erfasst. Das erreicht man, wenn man für Winkelmaße α mit $90° < \alpha \leq 180°$ die folgende **Festlegung** trifft: $\mathbf{\sin\alpha = \sin(180° - \alpha)}$.
Durch die neue Definition $\sin\alpha = \sin(180° - \alpha)$ für alle Winkelmaße α mit $90° < \alpha \leq 180°$ gilt also in jedem Dreieck $\triangle$ABC: $\frac{a}{b} = \frac{\sin\alpha}{\sin\beta}$. Entsprechend erhält man für die anderen Winkelgrößen in einem Dreieck die Gleichungen $\frac{a}{c} = \frac{\sin\alpha}{\sin\gamma}$ und $\frac{b}{c} = \frac{\sin\beta}{\sin\gamma}$.

Je zwei Seiten eines Dreiecks verhalten sich also wie die Sinus ihrer Gegenwinkel. Das ist der Inhalt des Sinussatzes der Trigonometrie.

Merke:

In jedem Dreieck $\triangle$ABC gilt:

$$\frac{a}{b} = \frac{\sin\alpha}{\sin\beta};\ \frac{a}{c} = \frac{\sin\alpha}{\sin\gamma};\ \frac{b}{c} = \frac{\sin\beta}{\sin\gamma}.$$ ► **Sinussatz**

Anmerkung: Die drei Gleichungen werden häufig zu einer fortlaufenden Proportion (► Kusch 1, Abschnitt 2.3.6) zusammengefasst:

$a:b:c = \sin\alpha : \sin\beta : \sin\gamma$ oder $\frac{a}{b}:\frac{b}{c}:\frac{c}{a} = \frac{\sin\alpha}{\sin\beta}:\frac{\sin\beta}{\sin\gamma}:\frac{\sin\gamma}{\sin\alpha}$.

Im Sinussatz kommen die Längen zweier Seiten und die Größen der ihnen gegenüber liegenden Winkel vor. Er ermöglicht die Berechnung fehlender Dreiecksstücke in folgenden Fällen:

1. Es sind die Längen zweier Seiten und die Größe eines Winkels gegeben, der nicht von den gegebenen Seiten eingeschlossen wird.
   Liegt der gegebene Winkel der größeren Seite gegenüber, ist das Dreieck eindeutig bestimmt. ► SsW. Die Rechnung führt aber auf einen Sinuswert, zu dem zwei Winkel gehören. Man muss von Fall zu Fall prüfen, welcher davon Lösung ist und welcher keine Lösung sein kann.
   Liegt der gegebene Winkel nicht der größeren Seite gegenüber, so gibt es entweder kein oder ein Dreieck mit den gegebenen Maßen oder aber zwei Dreiecke.
2. Es sind die Länge einer Seite und die Größen der beiden anliegenden Winkel gegeben. Das Dreieck ist eindeutig bestimmt. ► WSW. Berechnet man die Größe des dritten Winkels als Differenz von 180° und der Summe der Größen der beiden gegebenen Winkel, so sind alle fehlenden Stücke eindeutig berechenbar.

Beispiele:

1. Von einem Dreieck △ABC sind bekannt: $\alpha = 50°$, $a = 6$ cm, $b = 5$ cm. Berechnen Sie c und die Größe der anderen Innenwinkel.

Der Winkel α liegt der größeren Seite gegenüber, △ABC ist also eindeutig bestimmt.

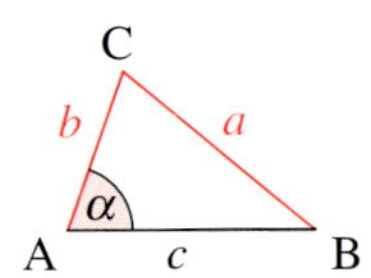

Man wendet zur Berechnung von β den Sinussatz an:
$\sin\alpha : \sin\beta = a : b$.
β_1 ist Lösung, β_2 nicht, denn die Summe $\alpha + \beta_2$ ist schon größer als 180°.
Die Größe von γ wird mithilfe des Innenwinkelsatzes für Dreiecke bestimmt.
Auch zur Berechnung von c wird der Sinussatz verwendet.

$\sin 50° : \sin\beta = 6 : 5 \quad | \cdot \sin\beta | : 6 | \cdot 5$

$5 \cdot 0{,}7660444 : 6 = \sin\beta$

$\sin\beta \approx 0{,}6383703$

$\beta_1 \approx 39{,}7°;\ \beta_2 \approx 140{,}3°$

$\gamma \approx 180° - 50° - 39{,}7°,$

$\gamma \approx 90{,}3°$

$\sin\gamma : \sin\alpha = c : a$

$$\underline{\underline{c}} \approx \frac{6\text{ cm} \cdot \sin 90{,}3°}{\sin 50°} = \underline{\underline{7{,}8\text{ cm}}}$$

2. Von einem Dreieck △ABC sind bekannt: $\alpha = 70°$, $\beta = 50°$, $c = 6$ cm. Berechnen Sie die Längen a und b.

Es handelt sich um den Fall WSW. Das Dreieck △ABC ist durch die Angaben eindeutig bestimmt.

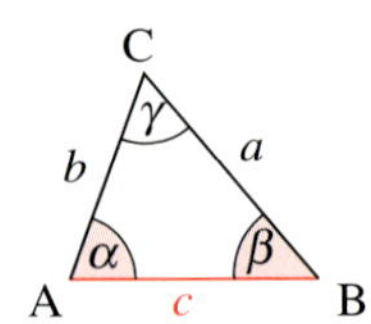

Zunächst muss die Größe des der Seite c gegenüber liegenden Winkels γ bestimmt werden.

► $\underline{\underline{\gamma}} = 180° - 70° - 50° = \underline{\underline{60°}}$

Sodann können durch zweimalige Anwendung des Sinussatzes die Längen a und b berechnet werden.

$a : c = \sin\alpha : \sin\gamma$
$b : c = \sin\beta : \sin\gamma$

$$\underline{\underline{a}} = \frac{6\text{ cm}\sin 70°}{\sin 60°} = \frac{5{,}6381557\text{ cm}}{0{,}8660254} \approx \underline{\underline{6{,}5\text{ cm}}}$$

$$\underline{\underline{b}} = \frac{6\text{ cm}\sin 50°}{\sin 60°} = \frac{4{,}5962667\text{ cm}}{0{,}8660254} \approx \underline{\underline{5{,}3\text{ cm}}}$$

3. Von einem Dreieck $\triangle$ABC sind bekannt: $\alpha = 50°$, $a = 5$ cm, $b = 6$ cm. Berechnen Sie c und die fehlenden Winkelgrößen.

Es handelt sich nicht um den Fall SsW, denn Winkel α liegt der kleineren Seite gegenüber. Das Dreieck $\triangle$ABC ist nicht eindeutig bestimmt. In vorliegender Aufgabe gibt es zwei Dreiecke mit den angegebenen Maßen.
► Abschnitt 3.4
Zunächst wird man Winkel β berechnen.

Es gilt:

$a : b = \sin\alpha : \sin\beta.$

Wegen $\sin\beta = \sin(180° - \beta)$ gehören zu dem Sinuswert 0,9192533 zwei Winkel. Demzufolge gibt es auch zwei Winkel γ_1 und γ_2.
Entsprechend erhält man mittels des Sinussatzes auch für c zwei verschiedene Längen. Es gilt:

$a : c_1 = \sin\alpha : \sin\gamma_1$ und $a : c_2 = \sin\alpha : \sin\gamma_2$.

Die nebenstehende Zeichnung zeigt beide Lösungen:

$|\overline{AB_1}| = c_1$, $|\overline{AB_2}| = c_2$.

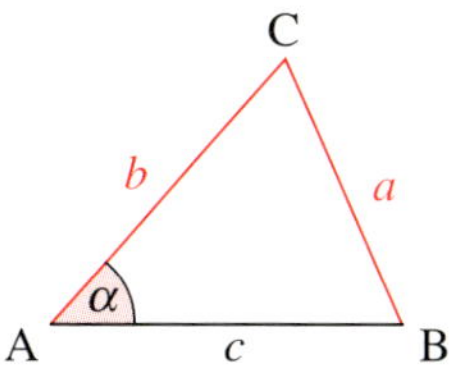

$$\sin\beta = \frac{b\sin\alpha}{a} = \frac{4{,}5962667\text{ cm}}{5\text{ cm}} \approx 0{,}9192533$$

$\underline{\underline{\beta_1}} \approx \underline{\underline{66{,}8°}}$ und $\underline{\underline{\beta_2}} \approx \underline{\underline{113{,}2°}}$

$\underline{\underline{\gamma_1}} \approx \underline{\underline{63{,}2°}}$ und $\underline{\underline{\gamma_2}} \approx \underline{\underline{16{,}8°}}$

$$\underline{\underline{c_1}} = \frac{a\sin\gamma_1}{\sin\alpha} = \frac{4{,}4629291\text{ cm}}{0{,}7660444} \approx \underline{\underline{5{,}8\text{ cm}}}$$

$$\underline{\underline{c_2}} = \frac{a\sin\gamma_2}{\sin\alpha} = \frac{1{,}445159\text{ cm}}{0{,}7660444} \approx \underline{\underline{1{,}9\text{ cm}}}$$

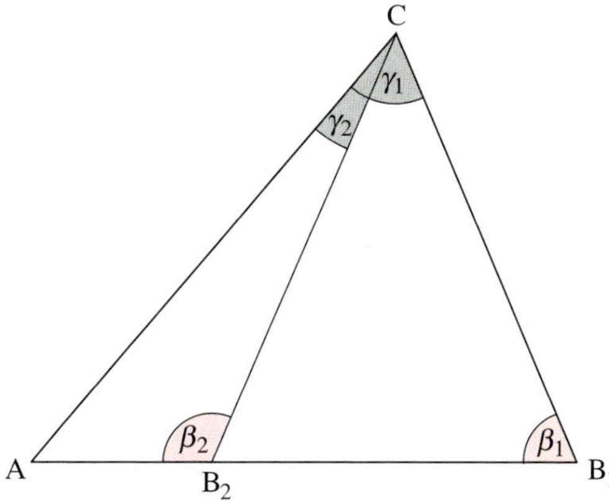

4. Ein Seil ist an zwei Punkten horizontal gespannt und in der Mitte durch eine Masse mit der Gewichtskraft F_G von 500 N belastet. Welcher Seilzug F_Z, gemessen in N, belastet beide Seilenden, wenn sie während der Belastung einen Winkel α von 110° bilden?

Die Skizze zeigt die Komponenten F_Z, in welche die Gewichtskraft F_G mithilfe des Parallelogramms der Kräfte zerlegt werden kann.

Auf jedes der entstandenen Dreiecke kann der Sinussatz angewendet werden.

$\frac{F_Z}{F_G} = \frac{\sin\frac{\alpha}{2}}{\sin\gamma}$. ► Umstellen nach F_Z

Die Seilenden werden mit einem Seilzug von ungefähr 436 N belastet.

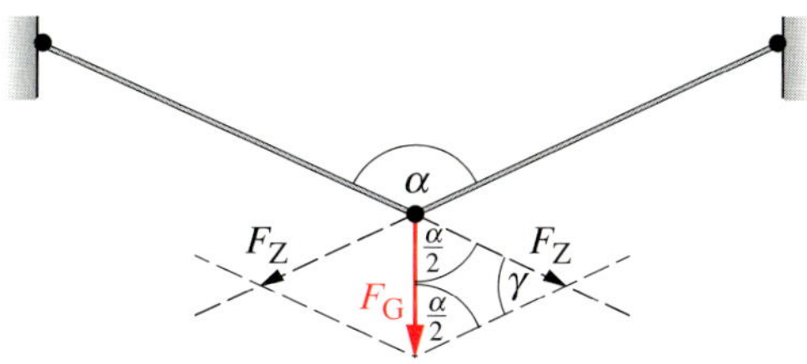

$$\underline{\underline{F_Z}} = \frac{F_G\sin 55°}{\sin 70°} = \frac{409{,}57602\text{ N}}{0{,}9396926} \approx \underline{\underline{435{,}86\text{ N}}}$$

5. In einem Park gehen von einem Punkt P zwei als geradlinig angenommene Wege unter einem Winkel von 70° aus. Sie sollen durch einen dritten Weg miteinander verbunden werden, der vom ersten Weg nach 150 m in Q abgeht und den zweiten 190 m von P entfernt in R trifft. Lässt sich der Sinussatz zur Berechnung des Verbindungsweges anwenden?

Die Skizze zeigt ein Dreieck, von dem man die Länge zweier Seiten und die Größe des von ihnen eingeschlossenen Winkels kennt. Nach SWS ist ein solches Dreieck eindeutig konstruierbar. Der Sinussatz kann zur Berechnung der fehlenden Stücke aber nicht angewendet werden, weil der gegebene Winkel keiner der gegebenen Seiten gegenüberliegt.

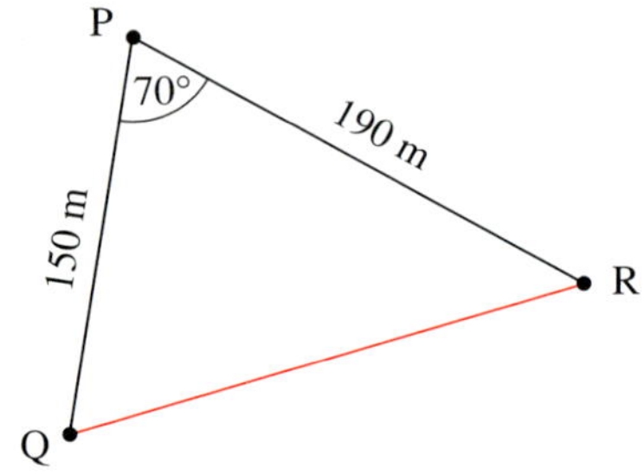

Der Sinussatz erlaubt die Berechnung von Dreiecken, wenn mit den Längen zweier Seiten auch die Größe eines Gegenwinkels einer Seite gegeben ist oder wenn die Größe von zwei Winkeln zusammen mit der Länge einer Seite gegeben ist.

Problem: Leiten Sie eine Formel her, die es erlaubt, aus den Längen dreier Seiten eines Dreiecks (SSS) die Größe seiner Innenwinkel und aus den Längen zweier Seiten und der Größe des von ihnen eingeschlossenen Winkels (SWS) die Länge der dritten Seite zu berechnen.

Dazu werden die Fälle eines spitzwinkligen und eines stumpfwinkligen Dreiecks getrennt betrachtet, in die jeweils die Höhe aus C auf $\overline{AB}$ eingezeichnet ist.

Spitzwinkliges Dreieck

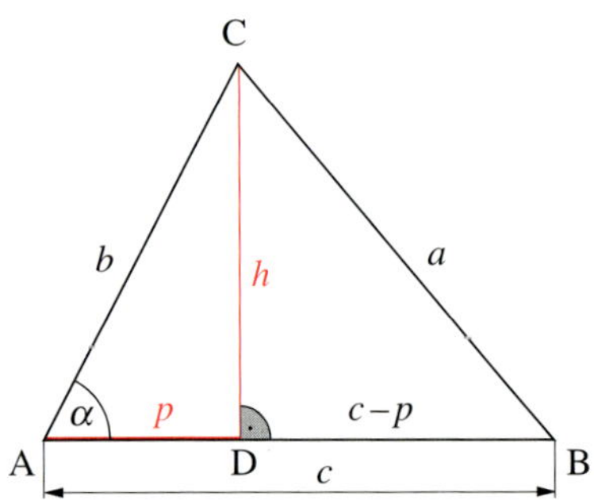

Stumpfwinkliges Dreieck

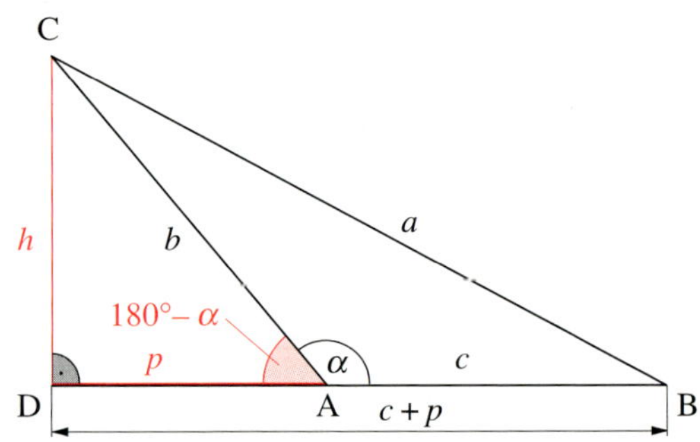

Hierdurch entstehen in beiden Dreiecken je zwei rechtwinklige Dreiecke. Auf die Dreiecke △ADC wird der Satz des Pythagoras angewendet.

$b^2 = h^2 + p^2$

Für das rechtwinklige Dreieck △BCD gilt:

$$\begin{aligned} a^2 &= (c-p)^2 + h^2 \\ &= c^2 - 2pc + p^2 + h^2 \end{aligned}$$

$b^2 = h^2 + p^2$

Für das rechtwinklige Dreieck △BCD gilt:

$$\begin{aligned} a^2 &= (c+p)^2 + h^2 \\ &= c^2 + 2pc + p^2 + h^2 \end{aligned}$$

Ersetzt man für beide Dreiecke den Term $p^2 + h^2$ durch b^2, so erhält man:

$a^2 = c^2 - 2pc + b^2$ $= b^2 + c^2 - 2pc$	$a^2 = c^2 + 2pc + b^2$ $= b^2 + c^2 + 2pc$
Für die Strecke $\overline{\text{AD}}$ gilt: $p = b \cdot \cos\alpha$.	Für die Strecke $\overline{\text{AD}}$ gilt: $p = b \cdot \cos(180° - \alpha)$.

Setzt man das in die vorangehende Gleichung ein, so erhält man:

$a^2 = b^2 + c^2 - 2bc\cos\alpha$.	$a^2 = b^2 + c^2 + 2bc\cos(180° - \alpha)$.

Damit man wie beim Sinussatz für beide Fälle mit nur einer Formel auskommt, liegt es nahe, für Winkel α, die größer 90°, aber kleiner oder gleich 180° sind, festzusetzen: $\boldsymbol{\cos\alpha = -\cos(180° - \alpha)}$.

Durch die neue Definition $\cos\alpha = -\cos(180° - \alpha)$ für alle Winkelmaße α mit $90° < \alpha \leq 180°$ gilt also in jedem Dreieck $\triangle\text{ABC}: a^2 = b^2 + c^2 - 2bc\cos\alpha$.
Entsprechend erhält man für die anderen Seiten und ihre Gegenwinkel in einem Dreieck die Gleichungen $b^2 = c^2 + a^2 - 2ca\cos\beta$ und $c^2 = a^2 + b^2 - 2ab\cos\gamma$.
In diesen Formeln wird jeweils eine Seite in Abhängigkeit von den beiden anderen und dem von diesen eingeschlossenen Winkel dargestellt. Jede dieser Formeln kann nach dem in ihr vorkommenden Winkel umgestellt werden, sodass der jeweilige Winkel in Abhängigkeit von den drei Seiten dargestellt ist. Das Quadrat der Länge einer Seite ist gleich der Summe der Quadrate der Längen der beiden anderen Seiten, vermindert um das Doppelte des Produkts aus den Längen dieser Seiten und dem Cosinus des von ihnen eingeschlossenen Winkels. Das ist der Inhalt des **Cosinussatzes** der Trigonometrie.

Merke:

In jedem Dreieck $\triangle\text{ABC}$ gilt: $\boldsymbol{a^2 = b^2 + c^2 - 2bc\cos\alpha}$

$\boldsymbol{b^2 = c^2 + a^2 - 2ca\cos\beta}$ ► **Cosinussatz**

$\boldsymbol{c^2 = a^2 + b^2 - 2ab\cos\gamma}$

Der Cosinussatz ermöglicht die Berechnung von Dreiecken, wenn die Längen aller drei Seiten oder die Längen zweier Seiten und die Größe des von ihnen eingeschlossenen Winkels bekannt sind.

Anmerkungen:

1. Im Fall, dass γ ein rechter Winkel ist, das Dreieck $\triangle\text{ABC}$ also ein rechtwinkliges ist, geht der Cosinussatz in den Satz des Pythagoras über.

Aus $\gamma = 90°$ folgt $\cos\gamma = 0$ und damit $2ab\cos\gamma = 0$.	$c^2 = a^2 + b^2 - 2ab\cos\gamma$ ► $\gamma = 90°$ $\Rightarrow c^2 = a^2 + b^2$

Der Cosinussatz ist also eine Verallgemeinerung des Satzes von Pythagoras.

2. Vergleicht man die drei Formeln des Cosinussatzes miteinander, so fällt eine Eigenschaft auf, die es ermöglicht, die Formeln auseinander herzustellen. Das ist die sog. **zyklische Vertauschung**.

Man ersetze alle Variablen durch die im Alphabet jeweils folgenden, also a durch b, b durch c und c durch a, außerdem α durch β, β durch γ und γ durch α.	**Zyklische Vertauschung** $a^2 = b^2 + c^2 - 2bc\cos\alpha$ $b^2 = c^2 + a^2 - 2ca\cos\beta$ $c^2 = a^2 + b^2 - 2ab\cos\gamma$

Bisher war die **Tangensfunktion** nur für Winkelmaße α mit $0° \leq \alpha < 90°$ erklärt. Man kann sie durch die Forderung, dass auch für Winkelmaße α mit $90° < \alpha \leq 180°$ die Gleichung $\tan\alpha = \frac{\sin\alpha}{\cos\alpha}$ gelten soll, auf stumpfe Winkel erweitern. Man erhält:

$$\tan\alpha = \frac{\sin\alpha}{\cos\alpha} = \frac{\sin(180° - \alpha)}{-\cos(180° - \alpha)} = -\frac{\sin(180° - \alpha)}{\cos(180° - \alpha)} = -\tan(180° - \alpha).$$

Merke:

Für alle Winkelmaße α mit $0° \leq \alpha \leq 180°$ und $\alpha \neq 90°$ gilt:

$$\boldsymbol{\tan\alpha = \frac{\sin\alpha}{\cos\alpha}}.$$

Beispiele:

Für das vorstehende Wege-Beispiel Nr. 5 ergibt sich mithilfe der erarbeiteten Beziehung die gesuchte Weglänge.

$$|\overline{QR}|^2 = (150\,\text{m})^2 + (190\,\text{m})^2 - 2 \cdot 150\,\text{m} \cdot 190\,\text{m} \cdot \cos 70°$$

$$|\overline{QR}|^2 = 48\,852{,}426\,\text{m}^2 \Rightarrow \underline{\underline{|\overline{QR}| \approx 221{,}03\,\text{m}}}$$

1. Von einem Dreieck $\triangle ABC$ sind die Längen a, b und c bekannt. Sie betragen 4,3 cm, 3,5 cm und 5,2 cm. Berechnen Sie die Größe des Innenwinkels α.

Zur Berechnung von α wird die Formel $a^2 = b^2 + c^2 - 2bc\cos\alpha$ benutzt, die nach $\cos\alpha$ umgestellt wird.

$$\cos\alpha = \frac{b^2 + c^2 - a^2}{2bc} = 0{,}5714285 \Rightarrow \underline{\underline{\alpha \approx 55{,}2°}}$$

2. Von einem Dreieck $\triangle ABC$ sind die Längen 3,5 cm für b und 5,2 cm für c sowie die Größe 55° für α bekannt. Berechnen Sie die Länge a.

Die gesuchte Länge kann unmittelbar mithilfe der Formel $a^2 = b^2 + c^2 - 2bc\cos\alpha$ berechnet werden, denn alle auf deren rechter Seite vorkommenden Größen sind bekannt.

$$a^2 = b^2 + c^2 - 2bc\cos\alpha$$

$$a^2 = 12{,}25 + 27{,}04 - 20{,}878182 = 18{,}411818$$

$$\underline{\underline{a \approx 4{,}3\,\text{cm}}}$$

3. Von einem Dreieck $\triangle ABC$ sind die Längen von a, b und c bekannt. Sie betragen 3 cm, 5 cm und 6 cm. Berechnen Sie die Größen der Innenwinkel des Dreiecks.

Zur Berechnung von α wird die Formel $a^2 = b^2 + c^2 - 2bc\cos\alpha$ benutzt, die nach $\cos\alpha$ umgestellt wird.
Zur Berechnung von β wird die entsprechende Formel nach $\cos\beta$ umgestellt.

$$\cos\alpha = \frac{b^2 + c^2 - a^2}{2bc} = 0{,}866667 \Rightarrow \underline{\underline{\alpha \approx 29{,}93°}}$$

$$\cos\beta = \frac{c^2 + a^2 - b^2}{2ac} = 0{,}555556 \Rightarrow \underline{\underline{\beta \approx 56{,}25°}}$$

Man kann aber auch mit dem Sinussatz weiterarbeiten: $\sin\alpha : \sin\beta = a : b$. Bei der Verwendung des Sinussatzes ist allerdings zu beachten, dass es wegen $\sin\beta = \sin(180° - \beta)$ neben β_1 noch eine zweite Lösung $\beta_2 = 180° - \beta_1$ gibt, und man muss von Fall zu Fall prüfen, ob beide Lösungen brauchbar sind. Hier kommt nur die erste Lösung in Betracht, weil mit der zweiten Lösung $\gamma = 0°$ gelten würde, was nicht sein kann.

$$\sin\beta = \frac{b\sin\alpha}{a} = 0{,}831478 \Rightarrow \beta_1 \approx 56{,}25°, \beta_2 = 123{,}75°$$

Die Größe von γ wird als Differenz der Summe $\alpha + \beta$ zu 180° bestimmt.

$$\underline{\underline{\gamma}} \approx 180° - 29{,}93° - 56{,}25° = \underline{\underline{93{,}82°}}$$

4. Die trigonometrischen Funktionen eröffnen eine weitere Möglichkeit, den Flächeninhalt eines Dreiecks aus den Längen von zwei Seiten zu berechnen, wenn auch der von den Seiten eingeschlossene Winkel bekannt ist. ▶ Abschnitt 11.3

Die Höhe h zerlegt das Dreieck △ABC in die rechtwinkligen Dreiecke △AHC und △BHC. Im Dreieck △AHC gilt:

$\sin\alpha = \frac{h}{b}$, also $h = b\sin\alpha$.

Flächeninhalt eines Dreiecks

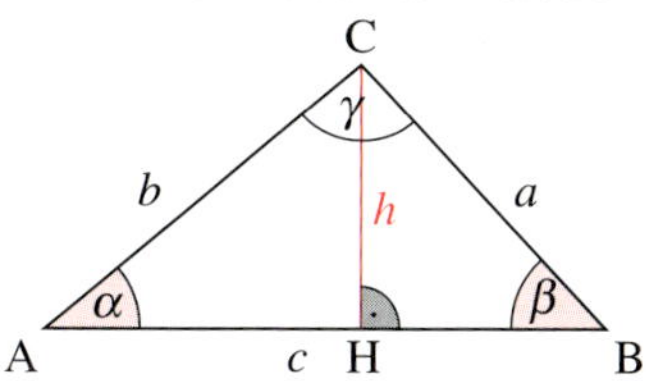

$$|\sphericalangle AHC| = 90°; \sin\alpha = \frac{h}{b} \Rightarrow h = b\sin\alpha$$

Ersetzt man in der Formel für den Flächeninhalt A des Dreiecks $A = \frac{1}{2} g \cdot h$ die Variable h durch den Term $b\sin\alpha$, so erhält man eine neue Formel für A. Durch zyklische Vertauschung kann man leicht zwei gleichwertige Formeln gewinnen.

$$A = \frac{gh}{2}; \blacktriangleright\ g = c, h = b\sin\alpha$$

$$A = \frac{c \cdot b\sin\alpha}{2} = \frac{a \cdot c\sin\beta}{2} = \frac{b \cdot a\sin\gamma}{2}$$

5. Zwei Kräfte F_1 und F_2 von 20 N und 55 N, die unter dem Winkel γ an einem Punkt D angreifen, können durch eine Resultierende R von 43 N ersetzt werden. Berechnen Sie die Größe von $\sphericalangle\gamma$.

Im Kräfteparallelogramm verkörpert die Strecke $\overline{AB}$ die Kraft F_2, die Strecke $\overline{BC}$ die Kraft F_1. In den Dreiecken △ABD und △BDC sind alle drei Seiten bekannt. Die $\overline{AB}$ bzw. $\overline{BC}$ gegenüberliegenden Winkel können mithilfe des Cosinussatzes berechnet werden. Man kann aber auch die Größe von $\sphericalangle\alpha$ berechnen, $\sphericalangle\gamma$ ist dann $180° - \alpha$ groß, denn die Winkel an einer Parallelogrammseite ergänzen einander zu 180°. ▶ Abschnitt 7.6

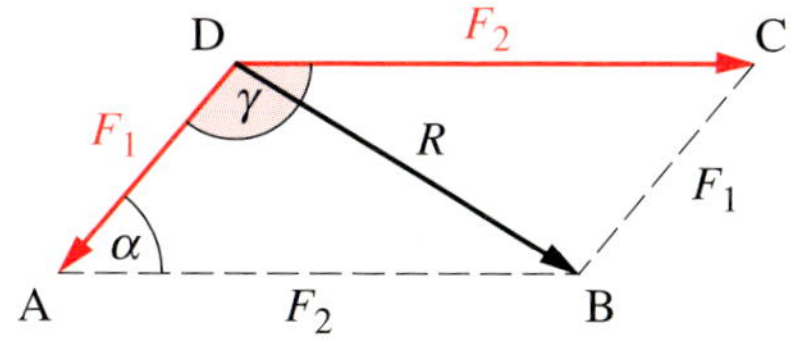

$$\cos\alpha = \frac{F_1^2 + F_2^2 - R^2}{2F_1F_2} = 0{,}7163636$$

$$\Rightarrow \underline{\underline{\alpha \approx 44{,}24°}}$$

Der gesuchte Winkel hat die Größe von 135,76°.

$$\underline{\underline{\gamma}} \approx 180° - 44{,}24° = \underline{\underline{135{,}76°}}$$

6. Von einem Schiff, das in Richtung N 43° 20′ O fährt, sieht man einen Leuchtturm L in Richtung N 78° 40′ O. Nach 5,2 Seemeilen (sm) wird der Leuchtturm unter O 53° 10′ S angepeilt. Wie weit war das Schiff bei beiden Messungen vom Leuchtturm entfernt?

A und B bezeichnen die Standorte des Schiffes zum Zeitpunkt der 1. und der 2. Peilung, L den Standort des Leuchtturms. Der Kurs des Schiffes weicht um 43° 20′ von der Nordrichtung nach Osten ab, also $|\sphericalangle \text{BAN}| = 43°\,20'$. Bei der 1. Peilung sieht man den Leuchtturm unter N 78° 40′. Der Winkel ∢LAB errechnet sich als Differenz: $|\sphericalangle \text{LAB}| = 78°\,40' - 43°\,20'$. Das sind 35° 20′. ► Abschnitt 1

Die 2. Peilung führt auf den Winkel ∢ABL. Es gilt: $|\sphericalangle \text{SBA}| = |\sphericalangle \text{BAN}|$ als Wechselwinkel an geschnittenen Parallelen und $|\sphericalangle \text{SBL}| = 90° - 53°\,10'$, also $|\sphericalangle \text{ABL}| = 43°\,20' + (90° - 53°\,10') = 80°\,10'$. Hieraus folgt für die Größe von ∢ALB: $|\sphericalangle \text{ALB}| = 64°\,30'$.

Nun können $|\overline{\text{AL}}|$ und $|\overline{\text{BL}}|$ mithilfe des Sinussatzes oder zunächst $|\overline{\text{AL}}|$ über den Sinussatz und $|\overline{\text{BL}}|$ mithilfe des Cosinussatzes berechnet werden.

1 sm entspricht 1,852 km. Das Schiff war zum Zeitpunkt der 1. Peilung 10,519 km und zum Zeitpunkt der 2. Peilung 6,167 km vom Leuchtturm entfernt.

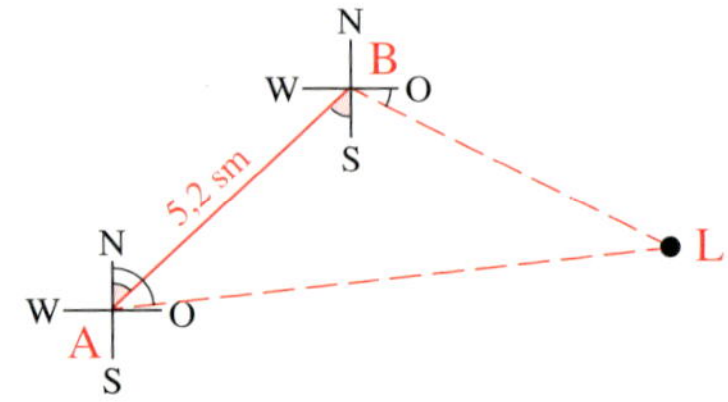

$$|\overline{\text{AB}}| : |\overline{\text{AL}}| = \sin 64°\,30' : \sin 80°\,10'$$
$$= \sin 64{,}5° : \sin 80{,}17°$$

$$\underline{\underline{|\overline{\text{AL}}|}} = \frac{|\overline{\text{AB}}| \sin 80{,}17°}{\sin 64{,}5°} \approx \underline{\underline{5{,}68\ \text{sm}}}$$

$$|\overline{\text{BL}}|^2 = |\overline{\text{AL}}|^2 + |\overline{\text{AB}}|^2 - 2|\overline{\text{AL}}| \cdot |\overline{\text{AB}}| \cos|\sphericalangle \text{LAB}|$$

► $35°\,20' = 35{,}33°$

$$|\overline{\text{BL}}|^2 = 32{,}2624\ \text{sm}^2 + 27{,}04\ \text{sm}^2 - 48{,}21088\ \text{sm}^2$$

$$\underline{\underline{|\overline{\text{BL}}| \approx 3{,}330\ \text{sm}}}$$

► 1 sm = 1,852 km

5,68 sm = 10,519 km

3,33 sm = 6,167 km

15.5 Trigonometrische Funktionen für Winkel größer als 180°

In den Abschnitten 15.1 bis 15.4 wurden die trigonometrischen Funktionen Sinus, Cosinus und Tangens, die anfangs nur für Winkel zwischen 0° und 90° definiert waren, anhand von Dreiecken auch für die Winkel 0° und mit Ausnahme des Tangens auch für 90° sowie für solche Winkel erklärt, die gößer als 90°, aber höchstens gleich 180° sind.

Nunmehr soll die Ausdehnung dieser Begriffe unabhängig von Dreiecken auf beliebige Winkel, also auch für solche, die größer als 180° sind, kurz umrissen werden. Dazu wird ein kartesisches Koordinatensystem verwendet. ► Band 1, Abschnitt 2.4.4

Es wird ein Kreis benutzt, dessen Mittelpunkt im Koordinatenursprung O liegt und dessen Radius die Länge 1 LE (Längeneinheit, z. B. 1,5 cm) hat, ein sog. **Einheitskreis**.

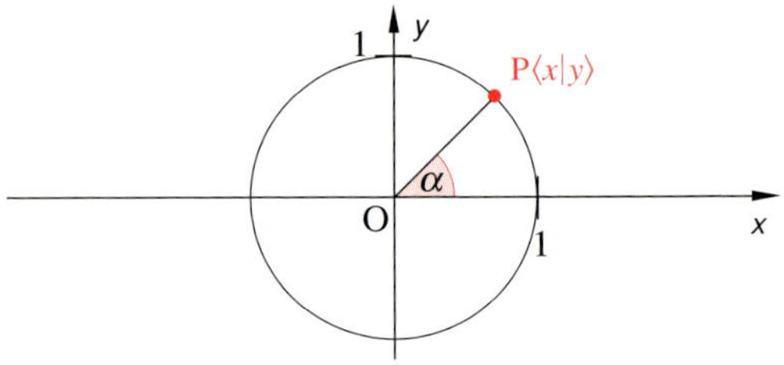

Zunächst wird ein Punkt P mit den Koordinaten $\langle x \mid y \rangle$ betrachtet, der auf der Peripherie des Einheitskreises und im I. Quadranten liegt.
Abszisse und Ordinate von P sind Katheten im rechtwinkligen Dreieck $\triangle$OPQ.

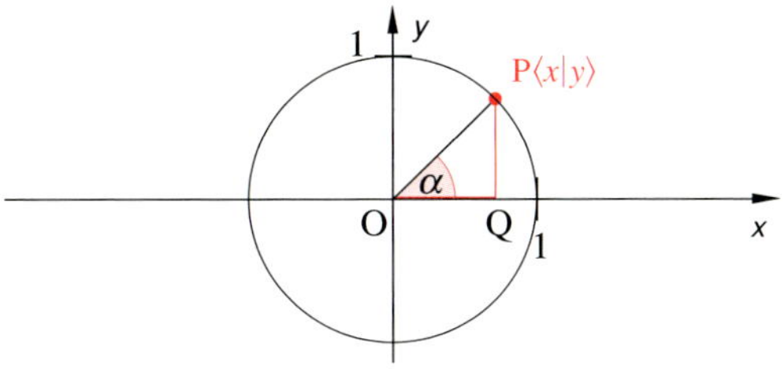

Nach den vorangegangenen Erklärungen der trigonometrischen Funktionen gilt $x = \cos\alpha$ und $y = \sin\alpha$, wenn α für die Größe des Winkels ∢QOP steht.
Dies gilt auch für die Abszisse x und die Ordinate y der Punkte P, für die $\alpha = 90°$ oder $\alpha = 0°$ ist. Man erhält in diesen Fällen:

$\sin 0° = y = 0$; $\sin 90° = y = 1$;
$\cos 0° = x = 1$; $\cos 90° = x = 0$.

$$\sin\alpha = \frac{|\overline{PQ}|}{|\overline{OP}|} = \frac{|\overline{PQ}|}{1\,\text{LE}} = \frac{y}{1} = y$$

$$\cos\alpha = \frac{|\overline{OQ}|}{|\overline{OP}|} = \frac{|\overline{OQ}|}{1\,\text{LE}} = \frac{x}{1} = x$$

Der Winkel ∢α wurde dabei als zwischen 0° und 90° veränderlich vorausgesetzt. Sein freier Schenkel konnte sich von der Ausgangslage 0° um seinen Scheitel, den Koordinatenursprung, entgegengesetzt zum Drehsinn des Uhrzeigers – man spricht hier von einem positiven Drehsinn – bis zur Endlage 90° drehen. Das Winkelmaß α kann als das Maß dieser Drehung aufgefasst werden. Der Winkel ∢α wird in diesem Sinne als **Drehwinkel** bezeichnet und mit dem Symbol ∢α bezeichnet.

Nun soll der Fall betrachtet werden, dass P auf der Peripherie des Einheitskreises und im II. Quadranten liegt. α steht hier für das Drehwinkelmaß mit $90° < \alpha < 180°$ zwischen der positiven Richtung der x-Achse und dem freien Schenkel $\overline{OP}$.

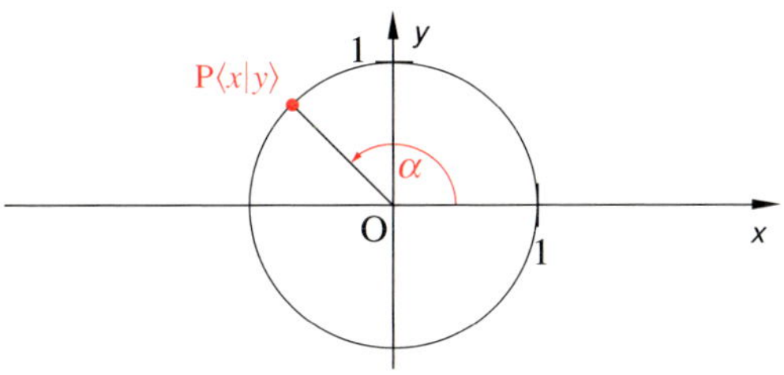

Abszisse und Ordinate von P sind auch hier Katheten in einem rechtwinkligen Dreieck $\triangle$OPQ.

Es gilt $x = -\cos(180° - \alpha)$ und
$y = \sin(180° - \alpha)$,

da $180° - \alpha$ für die Größe des Winkels ∢QOP steht und die Abszisse im II. Quadranten negativ sein muss.

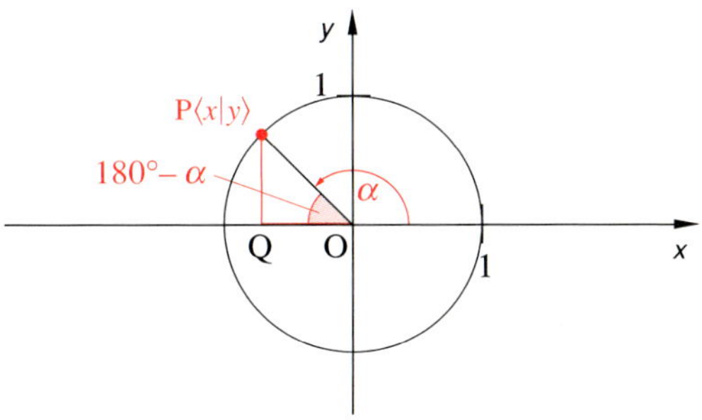

► Der Winkel ∢QOP mit dem Winkelmaß $180° - \alpha$ ist ein spitzer Winkel, da $90° < \alpha < 180°$ gilt.

Nach den Ergebnissen von Abschnitt 15.4 gilt andererseits $\cos(180° - \alpha) = -\cos\alpha$ und $\sin(180° - \alpha) = \sin\alpha$. Daher folgt für die Koordinaten des Punktes P:
$x = \cos\alpha$ und $y = \sin\alpha$.

Das gilt auch noch für die Abszisse und Ordinate des Punktes P, für den $\alpha = 180°$ ist.

Sowohl im I. als auch im II. Quadranten eines kartesischen Koordinatensystems gilt für die Koordinaten eines Punktes $P\langle x \mid y \rangle$ auf der Peripherie des Einheitskreises:
$x = \cos\,\alpha$ und $y = \sin\,\alpha$.
Es liegt daher nahe, die Sinus- und die Cosinusfunktion für Drehwinkel mit den Winkelmaßen α und $0° \leq \alpha \leq 360°$ wie folgt zu **definieren**:

Merke:

Liegt ein Punkt $P\langle x \mid y \rangle$ auf dem Einheitskreis um den Ursprung O eines kartesischen Koordinatensystems und bildet die Strecke $\overline{OP}$ mit der positiven Richtung der x-Achse einen positiv orientierten Winkel der Größe α, so gilt:

$$\boldsymbol{x = \cos\alpha} \quad \text{und} \quad \boldsymbol{y = \sin\alpha}.$$

Zu jedem Winkelmaß α aus dem Intervall $0° \leq \alpha \leq 360°$ gehört auf dem Einheitskreis genau ein Punkt P und damit genau ein Sinus- und ein Cosinuswert. Das Wachsen und Fallen dieser Werte für veränderliche Größen von α kann man unmittelbar an der Figur des Einheitskreises an den Abszissen und Ordinaten von P ablesen.

Die Vorzeichenverteilung der Winkelfunktionen sin und cos in den verschiedenen Quadranten ergibt sich unmittelbar aus den Vorzeichen der Koordinaten ihrer Punkte.

► Auf dem Einheitskreis gilt:
$x = \cos\,\alpha$ und $y = \sin\,\alpha$

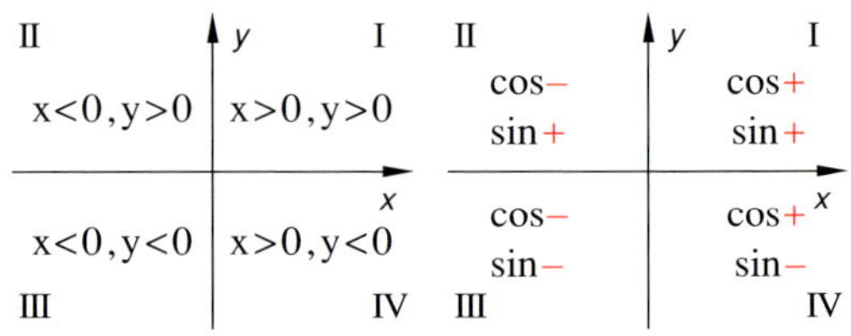

Jeder Winkelfunktionswert der sin- und cos-Funktion lässt sich auf den Winkelfunktionswert eines spitzen Winkels – also auf Winkelmaße mit $0° < \alpha < 90°$ – zurückführen.

Die Resultate dieser Rückführung lassen sich der nebenstehenden Zeichnung entnehmen, in der auf dem Einheitskreis neben $P\langle x \mid y \rangle$ und dem spitzen Winkel $\sphericalangle\alpha$ symmetrisch liegende Punkte mit ihren Koordinaten und ihren Drehwinkeln eingezeichnet sind.

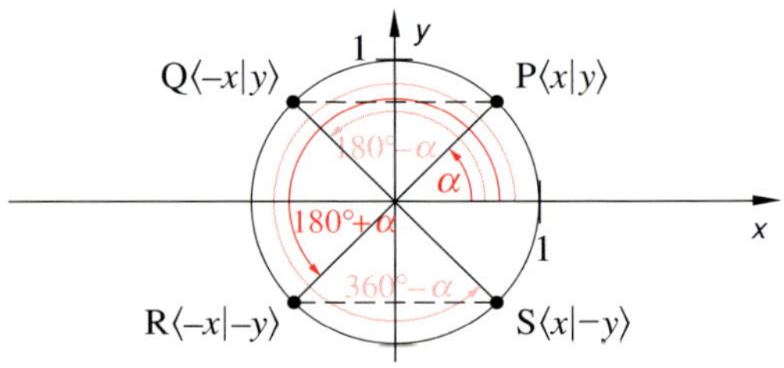

Danach gilt in den einzelnen Quadranten:

II. Quadrant	III. Quadrant	IV. Quadrant
$\sin(180° - \alpha) = \sin\,\alpha$	$\sin(180° + \alpha) = -\sin\,\alpha$	$\sin(360° - \alpha) = -\sin\,\alpha$
$\cos(180° - \alpha) = -\cos\,\alpha$	$\cos(180° + \alpha) = -\cos\,\alpha$	$\cos(360° - \alpha) = \cos\,\alpha$

Wegen der erweiterten Definitionen der Winkelfunktionen sin und cos für Winkelmaße $\alpha = 0°$ und $\alpha = 90°$ lassen sich nach der vorstehenden Tabelle auch die anderen Randfälle behandeln.
Die Ergebnisse sind nebenstehend zusammengefasst.

Winkelmaß	sin α	cos α
0°	0	1
90°	1	0
180°	0	−1
270°	−1	0
360°	0	1

Man entnimmt den vorstehenden Betrachtungen auch, dass die Gleichung $\sin^2 \alpha + \cos^2 \alpha = 1$ für alle Winkelmaße α mit $0° \leq \alpha \leq 360°$ gilt, sind doch die sin- und die cos-Werte von α in allen Quadranten durch die Katheten der am Einheitskreis zu α gehörenden rechtwinkligen Dreiecke bestimmt. ► Die Kreisgleichung für den Einheitskreis lautet: $x^2 + y^2 = 1$ mit $x = \cos \alpha$ und $y = \sin \alpha$.

● Die Drehung des freien Winkelschenkels kann in zweifacher Weise ergänzt werden.

Zum einen kann der freie Schenkel von α auch nach einem vollen Umlauf, also nach dem Erreichen der 360°, seine Drehbewegung fortsetzen und den vollen Kreis sogar beliebig oft überstreichen. Das Winkelmaß von $\sphericalangle \alpha$ kann also über 360° und immer weiter über 720°, 1080° ··· hinaus wachsen.
Man entnimmt der Figur, dass die Funktionswerte von sin und cos sich bei jedem Umlauf wiederholen. Man sagt, sin und cos sind **periodische Funktionen** mit der Periode 360°.

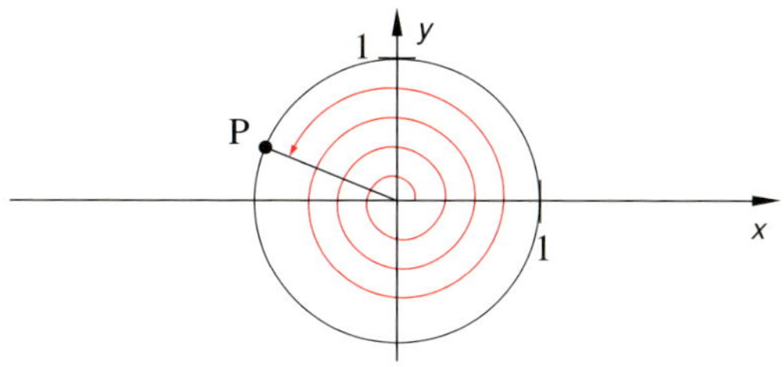

$\alpha = (360° + 45°) = 405°$

$\sin 405° = \sin 45°$

$\sin(360° + \alpha) = \sin \alpha$

$\cos(360° + \alpha) = \cos \alpha$

Zum anderen kann die Drehbewegung des freien Schenkels im Drehsinn des Uhrzeigers erfolgen. Solchen Winkeln gibt man negative Maßzahlen, z. B. −90°, −120° usw. Auch für sie gelten die Erklärungen der trigonometrischen Funktionen am Einheitskreis.

Der nebenstehenden Zeichnung lässt sich entnehmen, dass für alle Drehwinkelmaße α stets gilt: $\sin(-\alpha) = -\sin \alpha$ und $\cos(-\alpha) = \cos \alpha$. ► Kongruenz von Dreiecken

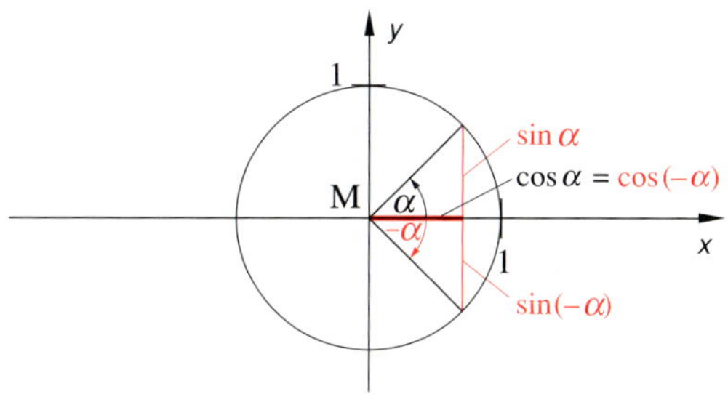

$\alpha = -45°$

$\sin(-45°) = -\sin 45°$; $\cos(-45°) = \cos 45°$

$\sin(-\alpha) = -\sin \alpha$; $\cos(-\alpha) = \cos \alpha$

Auf diese Weise wird der Definitionsbereich der sin- und cos-Funktion auf alle denkbaren positiven und negativen Winkelmaße erweitert.

Die nachfolgenden Bilder zeigen den Graphenverlauf der Sinus- und der Cosinusfunktion für positive und negative Winkelmaße.

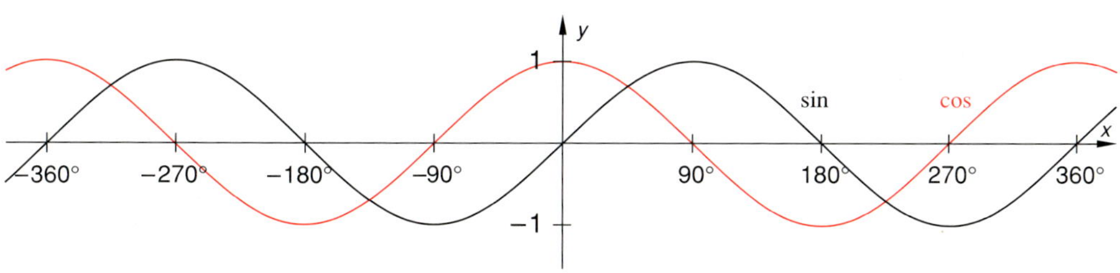

Man erkennt an den Graphenverläufen nochmals, dass sich die Funktionswerte von sin und cos nach jeweils 360° wiederholen. sin and cos sind **periodische Funktionen** mit der Periode 360°. Es gilt also: $\sin(\alpha + k \cdot 360°) = \sin \alpha$ und $\cos(\alpha + k \cdot 360°) = \cos \alpha$, $k \in \mathbb{Z}$.

Im Folgenden wird die Tangensfunktion für beliebige Drehwinkelmaße definiert. Für Drehwinkelmaße α mit $0° \le \alpha \le 180°$ und $\alpha \neq 90°$, also $\cos\alpha \neq 0$, gilt:
$\tan\alpha = \frac{\sin\alpha}{\cos\alpha}$. Es liegt daher nahe, die Tangensfunktion für Drehwinkelmaße α mit $0° \le \alpha \le 360°$ entsprechend zu definieren:

Merke:

Für alle Drehwinkelmaße α mit $\cos\alpha \neq 0$ gilt: $\mathbf{\tan\alpha = \frac{\sin\alpha}{\cos\alpha}}$.

Zur Veranschaulichung der Tangenswerte zeichnet man an den Einheitskreis die Tangente t im Punkt $Q\langle 1\,|\,0\rangle$ und verlängert den freien Schenkel des Winkels $\sphericalangle\alpha$ bzw. für $90° < \alpha < 270°$ die Verlängerung des freien Schenkels über den Koordinatenursprung hinaus bis zum Schnittpunkt P mit t.
In allen Fällen ist die Ordinate von P der tan des Winkels α, denn

$$\tan\alpha = \frac{|\overline{QP}|}{1} = \frac{y}{1} = y.$$

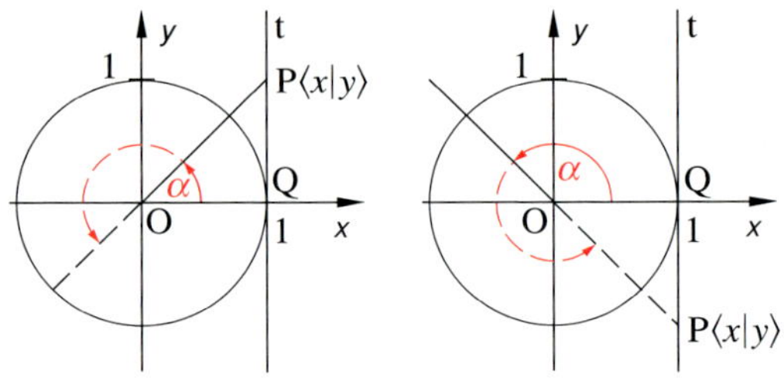

Das Wachsen und Fallen der Funktionswerte des Tangens und die Vorzeichen der Tangenswerte können unmittelbar aus den beschriebenen Figuren abgelesen werden.

	I. Quadrant $0° < \alpha < 90°$	II. Quadrant $90° < \alpha < 180°$	III. Quadrant $180° < \alpha < 270°$	IV. Quadrant $270° < \alpha < 360°$
tan	+	−	+	−

Man erkennt an der Figur auch, dass sich die Werte der Tangensfunktion nach jeweils 180° wiederholen. Der tan ist ebenfalls eine periodische Funktion, jedoch mit der Periode 180°. Es gilt also: $\tan(\alpha + 180°) = \tan\alpha$ oder allgemein $\tan(\alpha + k \cdot 180°) = \tan\alpha$, $k \in \mathbb{Z}$.
Diese Eigenschaft ermöglicht es, negative Winkelmaße auf positive zurückzuführen. So erhält man z. B. $\tan(-45°) = \tan(-45° + 180°) = \tan 135°$ oder
$\tan(-200°) = \tan(-200° + 360°) = \tan 160°$.

Man kann den Figuren auch die Beziehungen der Tangenswerte zueinander in den verschiedenen Quadranten entnehmen.

II. Quadrant	III. Quadrant	IV. Quadrant
$\tan(180° - \alpha) = -\tan\alpha$	$\tan(180° + \alpha) = \tan\alpha$	$\tan(360° - \alpha) = -\tan\alpha$

Nebenstehend ist der Graph der Tangensfunktion dargestellt.

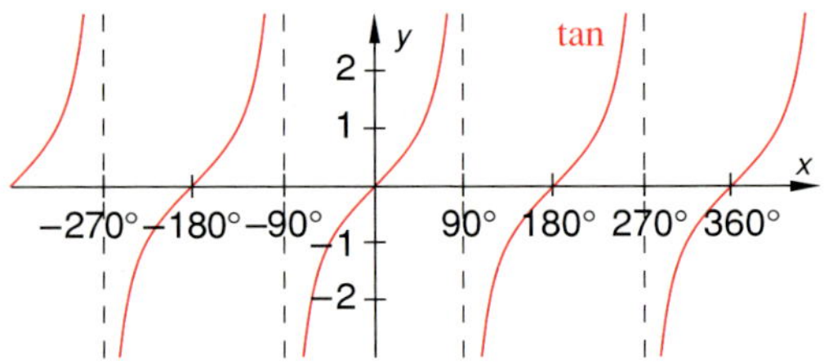

Merke:

- Die sin- und die cos-Funktion sind für alle positiven und negativen Winkelmaße erklärt. Sie sind periodische Funktionen mit der Periode 360°, d. h., es gilt:
  $\mathbf{sin(\alpha + k \cdot 360°) = sin\,\alpha}$ und $\mathbf{cos(\alpha + k \cdot 360°) = cos\,\alpha}$, $k \in \mathbb{Z}$ für alle Winkelmaße α.
- Die tan-Funktion ist nur für Winkelmaße α mit $\alpha \neq 90° + k \cdot 180°$ und $k \in \mathbb{Z}$ erklärt. Für diese Winkelmaße ist der tan eine periodische Funktion mit der Periode 180°, d. h., es gilt:
  $\mathbf{tan(\alpha + k \cdot 180°) = tan\,\alpha,\ k \in \mathbb{Z}}$.

Anmerkung: Auch die Funktionswerte für Winkel, die größer als 180° sind, können mit den entsprechenden Tasten des TR festgestellt werden.

15.6 Das Bogenmaß von Winkeln

Um die Graphen der trigonometrischen Funktionen zu zeichnen, wurden im vorangehenden Abschnitt auf der Abszissenachse eines Koordinatensystems in einem frei gewählten Maßstab Winkelgrößen, auf der Ordinatenachse reelle Zahlen aufgetragen. Um den Graph z. B. der Sinusfunktion zu zeichnen, kann man dann viele ihrer Paare $\langle \alpha \,|\, \sin \alpha \rangle$ mithilfe eines TR bestimmen, die zugehörigen Punkte im Koordinatensystem aufsuchen und diese Punkte so glatt wie möglich verbinden.

Eine andere Möglichkeit, diese Graphen zu erhalten, bedient sich der Definition der trigonometrischen Funktionen am Einheitskreis. Auf der Abszissenachse wird für die Drehwinkelgrößen wieder eine beliebige Maßeinheit gewählt. Daneben wird ein Einheitskreis gezeichnet, dessen Mittelpunkt auf der Abszissenachse liegt. Zu jedem Drehwinkelmaß α gehört auf dem Einheitskreis ein Punkt $P\langle x \,|\, y \rangle$ mit $x = \cos\alpha$ und $y = \sin\alpha$. Man kann deshalb z. B. die y-Koordinate von P, also den Funktionswert sin α an die zugehörige Stelle im Koordinatensystem übertragen und dieses Vorgehen beliebig oft, auch für cos α, wiederholen. Im untenstehenden Bild ist das für den sin und die Drehwinkelmaße 0°, 30°, 60°, 90°, 120°, 150°, 180°, 210°, 240°, 270°, 300° und 360° erfolgt. Man erhält wiederum annäherungsweise die Graphen der Sinus- bzw. der Cosinusfunktion, wenn man die konstruierten Punkte möglichst glatt verbindet.

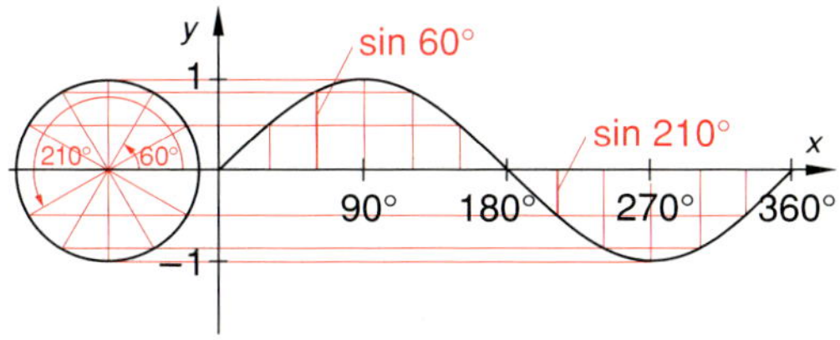

Diesem Vorgehen haftet eine gewisse Willkür an. Sie liegt in der Wahl des Maßstabs auf der Abszissenachse. Wie lang soll der Abschnitt von 0° bis 90° auf der Abszissenachse sein? Man kann ihn relativ groß, aber auch sehr viel kleiner wählen. Der Graph ein und derselben Winkelfunktion kann daher je nach Wahl des Maßstabs auf den Achsen sehr unterschiedlich aussehen: vergrößert oder verkleinert, zusammengedrückt oder auseinander gezogen. Diese Willkür wird mithilfe des **Bogenmaßes** eines Winkels überwunden.

Bei der Erweiterung der Definition der sin- und cos-Funktionen auf beliebige positive oder negative Winkelmaße hat der Winkel α eine besondere Lage: Sein Scheitelpunkt liegt im Ursprung des kartesischen Koordinatensystems und ist der Mittelpunkt eines Einheitskreises.

$\sphericalangle\alpha$ ist also ein Mittelpunkts- oder Zentriwinkel.

Im Abschnitt 12.1 wurde gezeigt, dass zwischen der Größe eines Mittelpunktswinkels eines Kreises und der Länge des zugehörigen Bogens direkte Proportionalität besteht. In den Bezeichnungen des nebenstehenden Bildes gilt:

$b = \frac{\pi}{180°} \cdot r \cdot \alpha$, $0° \leq \alpha \leq 360°$. Dividiert man die Gleichung durch r, so erhält man: $\frac{b}{r} = \frac{\pi}{180°} \cdot \alpha$. $\frac{b}{r}$ ist eine reelle Zahl und für jeden Mittelpunktswinkel α eindeutig bestimmt.

Im Einheitskreis ist $r = 1$, und damit erhält man: $b = \frac{\pi}{108°} \cdot \alpha$. Der Term $\frac{\pi}{180°} \cdot \alpha$ steht für das **Bogenmaß** des Winkels α am Einheitskreis.

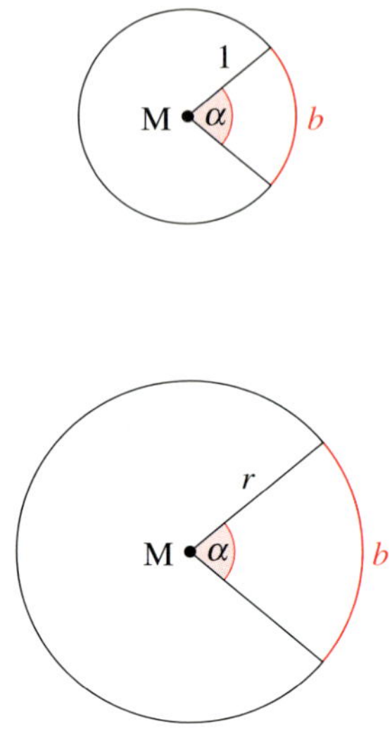

Er liefert für alle positiven oder negativen Drehwinkel das zugehörige Bogenmaß. Für $\alpha > 0°$ stimmt dies mit der Maßzahl der Länge des zu α am Einheitskreis gehörenden Bogens überein. Für $\alpha < 0°$ ist es eine negative reelle Zahl.

Man kann sich diesen Sachverhalt veranschaulichen, indem man den Einheitskreis vom Koordinatenursprung aus nach rechts (positiver Drehwinkel) oder nach links (negativer Drehwinkel) abrollt. Die Stelle auf der x-Achse, an welcher der zu α gehörende Bogen endet, bezeichnet das zugehörige Bogenmaß.

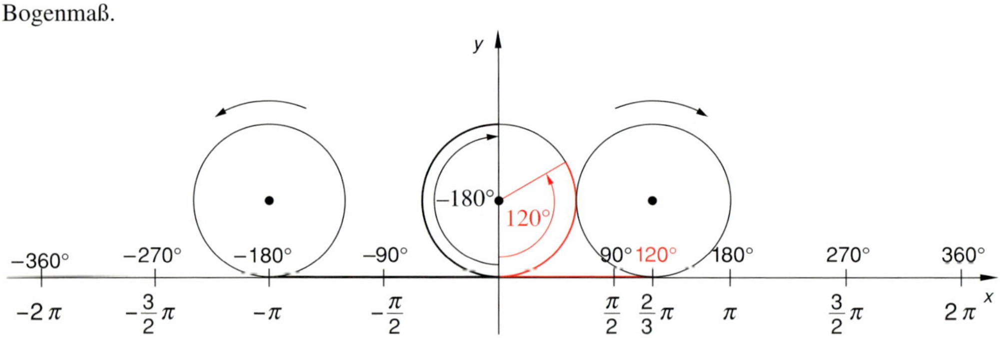

► Negatives Bogenmaß ► Positives Bogenmaß

Die Formel $b = \frac{\pi}{180°} \cdot \alpha$ ermöglicht die Umrechnung eines Gradmaßes ins Bogenmaß und die nach α umgestellte Formel $\alpha = \frac{b}{\pi} \cdot 180°$ die Umrechnung von Bogen- in Gradmaß.

In der nebenstehenden Tabelle sind für einige markante Winkelgrößen die Bogenmaße angegeben.

Wird α negativ, wird auch das zugehörige Bogenmaß b negativ. Der Drehwinkel von $-90°$ z. B. hat das Bogenmaß $-\frac{\pi}{2}$.

$\alpha = 0° \Leftrightarrow b = 0$	$\alpha = 90° \Leftrightarrow b = \frac{\pi}{2}$
$\alpha = 30° \Leftrightarrow b = \frac{\pi}{6}$	$\alpha = 180° \Leftrightarrow b = \pi$
$\alpha = 45° \Leftrightarrow b = \frac{\pi}{4}$	$\alpha = 270° \Leftrightarrow b = \frac{3}{2} \cdot \pi$
$\alpha = 60° \Leftrightarrow b = \frac{\pi}{3}$	$\alpha = 360° \Leftrightarrow b = 2\pi$

Merke:

- Das **Bogenmaß** eines Winkels $\sphericalangle\alpha$ ist die Zahl für $\frac{\pi}{180°} \cdot \alpha$. Es ist eine reelle Zahl. Am Einheitskreis entspricht das Bogenmaß von $\sphericalangle\alpha$ für $\alpha > 0°$ der Maßzahl der Länge des zugehörigen Bogens.
- Jedem positiven oder negativen Winkelmaß entspricht genau ein Bogenmaß.
- Jeder reellen Zahl als Bogenmaß entspricht genau ein Winkelmaß.
- Mithilfe der Formel $b = \frac{\pi}{180°} \cdot \alpha$ kann jedes Winkelmaß in das zugehörige Bogenmaß umgerechnet werden und umgekehrt durch die Formel $\alpha = \frac{b}{\pi} \cdot 180°$ jedes Bogenmaß in ein Winkelmaß.

Trägt man auf der x-Achse des kartesischen Koordinatensystems statt der Winkelmaße für α die zugehörigen Bogenmaße ab, so lassen sich die Graphen der Winkelfunktionen verzerrungsfrei mit ihren „normalen" Graphenverläufen darstellen. Die nachfolgenden Bilder zeigen diese Darstellung.

• **sinus**

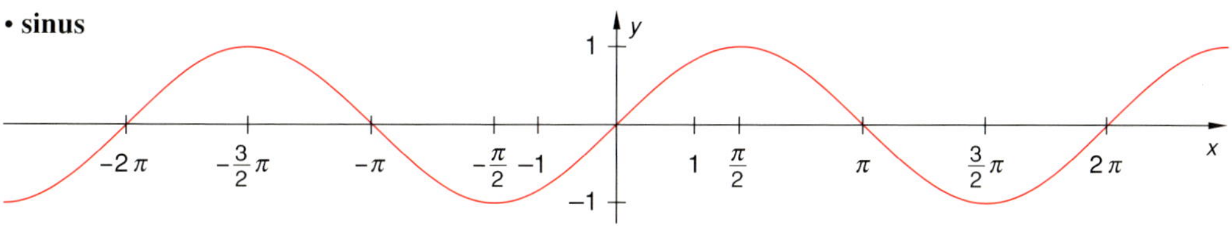

• **cosinus**

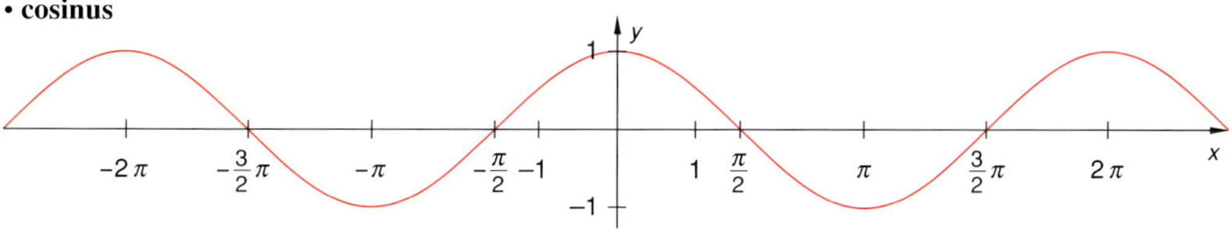

• **tangens**

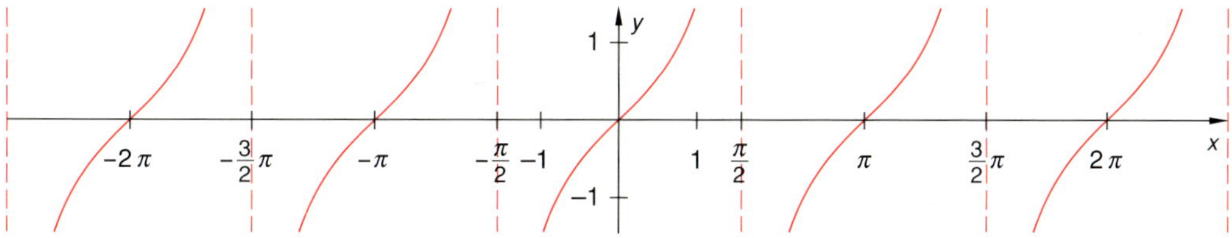

Durch die Verwendung des Bogenmaßes anstelle des Gradmaßes werden die Winkelfunktionen zu **reellen Funktionen**. ► Kusch 1, Abschnitt 4.1. Um sie von den Winkelfunktionen, die sich auf das Gradmaß beziehen, unterscheiden zu können, ist es üblich, statt der Argumentvariablen α die übliche Variable x mit $x \in \mathbb{R}$ zu schreiben, also z. B. $\sin x$ anstelle von $\sin \alpha$. Man muss aus dem Zusammenhang erschließen, welche Funktion gemeint ist. Das ist insbesondere wichtig, wenn man mit einem TR arbeitet. Denn der TR verarbeitet die Winkelfunktionen sowohl in Gradmaßen (Einstellung DEG) als auch in Bogenmaßen (Einstellung RAD). So gilt z. B. bei einem wissenschaftlichen TR mit 8-stelliger Anzeige:

$\sin 1° \approx 0{,}0174524$, aber $\sin 1 \approx 0{,}8414709$.

Die folgende Merkregel zur Charakterisierung der trigonometrischen Funktionen verwendet anstelle des Gradmaßes nun das Bogenmaß.

Merke:

- Die Sinus- und die Cosinusfunktion sind für $x \in \mathbb{R}$ definiert. Sie sind periodische Funktionen mit der Periode 2π, d. h., es gilt: $\mathbf{\sin(x + 2\pi) = \sin x}$ und $\mathbf{\cos(x + 2\pi) = \cos x}$ für jedes $x \in \mathbb{R}$.
- Die Tangensfunktion ist nur für Bogenmaße $x \in \mathbb{R}$ definiert mit $x \neq \frac{\pi}{2} + k \cdot \pi$ und $k \in \mathbb{Z}$. Für diese Bogenmaße ist sie eine periodische Funktion mit der Periode π, d. h., es gilt: $\mathbf{\tan(x + \pi) = \tan x}$.

Übungen zu 15.4

Der Sinussatz

1. Berechnen Sie die fehlenden Größen (Seiten, Winkel, Flächeninhalt) folgender Dreiecke aus:

a) $a = 24$ cm, $\alpha = 10° 30'$, $\beta = 72° 50'$
b) $c = 32{,}4$ cm, $\alpha = 40° 50'$, $\beta = 19° 10'$
c) $a = 49$ m, $b = 23{,}5$ m, $\alpha = 74° 20'$
d) $a = 29{,}2$ dm, $b = 11{,}4$ dm, $\beta = 12° 35'$

e) $a = 35{,}4$ cm, $c = 39$ cm, $h_b = 25$ cm
f) $a = 11$ cm, $h_b = 2{,}4$ m, $\alpha = 153°10'$
g) $p = 5$ cm, $q = 2{,}8$ cm, $h_c = 4$ cm
h) $b = 29{,}2$ dm, $h_b = 11{,}4$ dm, $\alpha = 12°35'$

i) $r = 50{,}5$ cm, $h_b = 11{,}4$ cm, $\alpha = 23°10'$
k) $b + c = 9$ dm, $h_a = 3{,}8$ dm, $\gamma = 19°10'$
l) $b = 49$ m, $w_a = 23{,}5$ m, $\gamma = 74°20'$
m) $w_\gamma = 5{,}3$ m, $\alpha = 80°17'$, $\gamma = 57°12'$

2. Eine Kraft $F = 480$ N ist in zwei Komponenten zu zerlegen, deren Richtung mit der Richtung der gegebenen Kraft die Winkel der Größe $10° 20'$ und $36° 50'$ bildet. Wie groß sind die Beträge der Komponenten?

3. Zwei Punkte A und B am Ufer eines Flusses sind 45 m voneinander entfernt. Am anderen Ufer steht ein Baum C. Es werden folgende Winkel gemessen: $|\sphericalangle CAB| = 72° 20'$ und $|\sphericalangle CBA| = 83° 50'$. Wie breit ist der Fluss?

4. Auf der Spitze eines Turmes steht eine 7 m lange Stabantenne. Das obere Ende erscheint unter dem Erhebungswinkel der Größe $55° 20'$, das untere Ende unter dem Erhebungswinkel der Größe $51° 20'$. Die Augenhöhe befindet sich bei beiden Messungen 1,5 m höher als der Fußpunkt des Turmes. Wie hoch ist der Turm, und wie weit ist der Beobachter vom Turm entfernt?

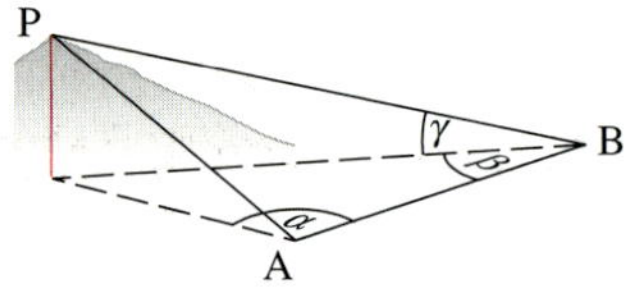

5. Um die Höhe einer Bergkuppe P zu bestimmen, steckt man eine waagerechte Standlinie $|\overline{AB}| = 250$ m ab und misst folgende Winkel:

$$\alpha = 79° 40', \quad \beta = 58° 10', \quad \gamma = 27° 50'$$

Wie hoch liegt P über A?

6. Wie groß ist ein Kreisabschnitt in einem Kreis mit $r = 16$ cm, wenn die zugehörige Sehnenlänge s 23,5 cm beträgt?

7. Berechnen Sie den Flächeninhalt A von folgenden Dreiecken:

a) $a = 15$ cm, $b = 17{,}3$ cm, $\beta = 25° 10'$
b) $b \cdot c = 120$ cm², $a = 7$ cm, $r = 8{,}3$ cm
c) $r = 48{,}6$ m, $\gamma = 55° 10'$, $\alpha = 47° 10'$
d) $\varrho = 10$ cm, $b + c = 197$ cm, $a = 68$ cm

Der Cosinussatz

1. Berechen Sie die fehlenden Größen (Seiten, Winkel, Flächeninhalt) folgender Dreiecke:

a) $b = 58$ cm, $c = 98$ cm, $\alpha = 81°\,10'$
b) $a = 34$ m, $c = 41$ m, $\beta = 44°\,20'$
c) $a = 17{,}4$ dm, $b = 15{,}8$ dm, $\gamma = 112°\,50'$
d) $a = 450$ mm, $b = 380$ mm, $c = 632$ mm
e) $b = 46{,}4$ cm, $s_b = 61{,}1$ cm, $\gamma = 14°\,10'$
f) $s_c = 40{,}2$ cm, $s_b = 15{,}8$ cm, $a = 30{,}2$ cm
g) $b = 314$ m, $w_a = 124$ m, $\alpha = 137°\,50'$
h) $s_a = 4{,}8$ cm, $b = 5{,}1$ cm, $\gamma = 59°\,40'$

2. Ein Parallelogramm (Seiten, Winkel, Diagonalen, Flächeninhalt) ist zu berechnen aus:

a) $b = 16{,}1$ cm, $c = 44{,}2$ cm, $\gamma = 99°\,50'$
b) $a = 23{,}1$ cm, $b = 15{,}1$ cm, $\alpha = 71°\,40'$
c) $a = 6{,}3$ m, $b = 5{,}1$ m, $e = 9{,}1$ m
d) $a = 93$ dm, $e = 151$ dm, $f = 61$ dm

3. Ein Trapez (Seiten, Winkel, Diagonalen, Flächeninhalt) ist zu berechenen aus:

a) $a = 41$ cm, $b = 23$ cm, $c = 9{,}6$ cm, $\beta = 81°\,30'$
b) $a = 49{,}3$ m, $c = 13{,}4$ m, $h_a = 41{,}9$ m, $\beta = 48°\,50'$
c) $a = 61{,}3$ dm, $b = 58{,}2$ dm, $c = 19{,}8$ dm, $e = 45{,}2$ dm

4. Zwei Kräfte ($F_1 = 390$ N und $F_2 = 140$ N) wirken an einem Punkt unter dem Winkel der Größe $54°\,10'$. Wie groß ist der Betrag der Resultierenden R, und welche Winkel bildet ihre Richtung mit der Richtung beider Kräfte?

5. Zwei Orte A und B liegen auf verschiedenen Seiten eines Sees. Zwei Straßen, die von A und B geradlinig ausgehen, treffen sich in C unter einem Winkel von $57°\,40'$. Wie weit ist A von B entfernt (Luftlinie), wenn die Entfernung von B bis C 5,4 km und die Entfernung von A bis C 8,4 km beträgt?

6. Von einem Schiff, das nach Norden fährt, sieht man einen Leuchtturm in 4,5 sm Entfernung in Richtung N $23°\,50'$ W. Nach 7,2 sm geradliniger Fahrt wird der Leuchtturm erneut angepeilt. In welcher Richtung erscheint er dann, und wie weit ist das Schiff von ihm entfernt? (1 sm $\widehat{=}$ 1,852 km)

7. Zwei Schiffe A und B nehmen um 13.20 Uhr Funkverbindung auf. A hat eine Geschwindigkeit von 16 $\frac{\text{sm}}{\text{h}}$, B von 18 $\frac{\text{sm}}{\text{h}}$. Um 18.30 Uhr treffen sie zusammen. Ihre Wege schneiden sich unter einem Winkel von $67°\,40'$. Wie weit (km) waren sie um 13.20 Uhr voneinander entfernt, wenn sie immer in gleicher Richtung gefahren sind?

8. Zwei geradlinige Arme eines Flussdeltas, die einen Winkel von $39°\,40'$ bilden, schneiden ein dreieckiges Stück Land ab. Wie groß ist die Fläche des Landes, wenn die Arme 17,4 km und 34,3 km lang sind?

9. Die Mantellinien ($s_1 = 10{,}2$ cm; $s_2 = 16{,}5$ cm) eines schiefen Kegels bilden einen Spitzenwinkel von $108°\,10'$. Wie schwer ist der Kegel, wenn er aus Stahl ($\varrho = 7{,}8\,\frac{\text{kg}}{\text{dm}^3}$) ist?

10. Zwei Kräfte $F_1 = 253$ N und $F_2 = 174$ N können durch die Resultierende $R = 364$ N ersetzt werden. Welchen Winkel bilden beide Kräfte?

11. Zwei Pkw A und B (A: 55 $\frac{\text{km}}{\text{h}}$, B: 68 $\frac{\text{km}}{\text{h}}$) fahren gleichzeitig von einem Kreuzungspunkt in verschiedene Richtungen geradlinig ab. Die Straßen bilden einen Winkel von $106°\,40'$. Wie weit sind die beiden Pkw nach 25 Minuten voneinander entfernt?

12. Zeigen Sie, dass die Gleichung $\cos\alpha = -\cos(180° - \alpha)$ auch für Winkelmaße α mit $0° < \alpha < 90°$ gilt.

Vermischte Aufgaben zur Wiederholung

1. Ein Flussdampfer ist mit einer Kette R an einem im Fluss stehenden Eisenträger befestigt. Infolge der Strömung herrscht in der Kette eine Zugkraft von 2800 N. Da die Kette schadhaft ist, muss der Dampfer zusätzlich mit zwei Seilen am Ufer verankert werden. Berechnen Sie die Zugkräfte in den Seilen für $\alpha = 38°\,10'$ und $\beta = 21°\,50'$.

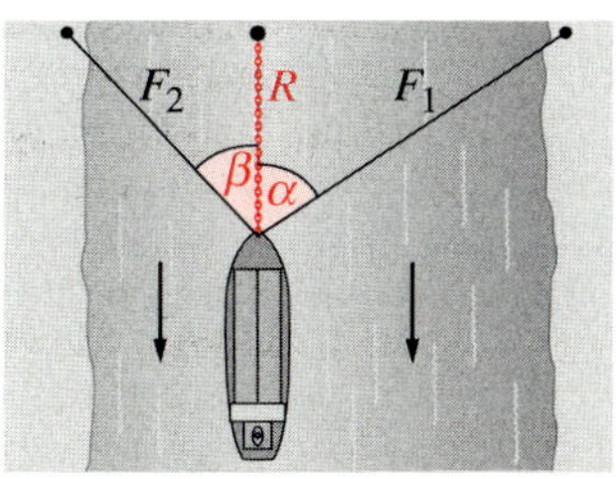

2. Von einem Dreieck kennt man die Länge der Seite a und die Größen der beiden anliegenden Winkel β und γ. Berechnen Sie allgemein den Dreiecksflächeninhalt A.

3. Eine Stahlkonstruktion wird mit 30 kN belastet. Berechnen Sie die Stabkräfte F_1 und F_2.

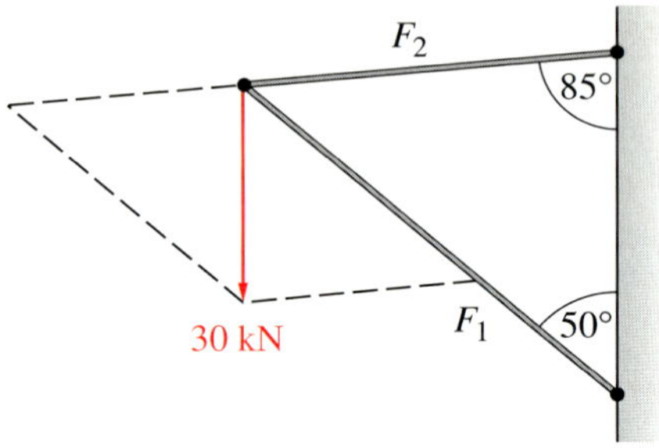

4. Zwei Stahlseile, die an der Decke einer Fabrikhalle befestigt sind, halten eine Last. Welche Zugkräfte F_1 und F_2 herrschen in den Stahlseilen, wenn die angehängte Last eine Gewichtskraft von 13 kN hat?

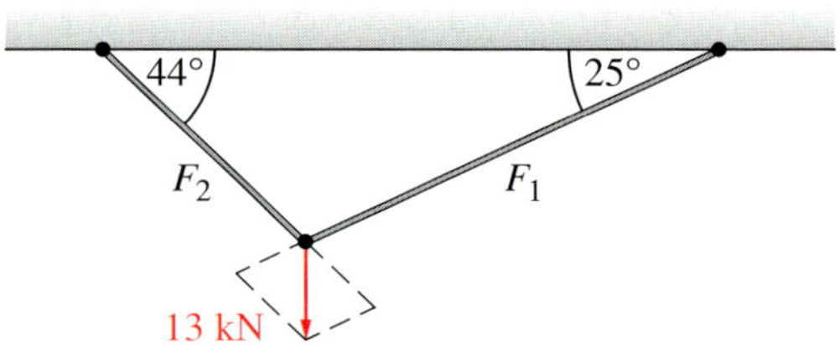

5. Zwei Orte A und B liegen auf dem gleichen Längengrad. Ein Erdsatellit überfliegt in unbekannter Höhe diesen Längengrad und wird dabei unter folgenden Erhebungswinkeln gesehen:

von A aus in nördlicher Richtung unter 42°,

von B aus in südlicher Richtung unter 61°.

Der Ort A liegt $31^\circ\,20'$ nördlicher Breite, der Ort B $60^\circ\,10'$ nördlicher Breite. Berechnen Sie den Abstand des Körpers von der Erdoberfläche ($r = 6370$ km).

6. Zwei Schiffe A and B liegen an der Küste vor Anker. Wie weit ist A von B entfernt?

$a = 35$ m $\qquad \gamma = 23^\circ\,40'$

$\alpha = 84^\circ\,20' \qquad \delta = 58^\circ\,30'$

$\beta = 108^\circ\,10'$

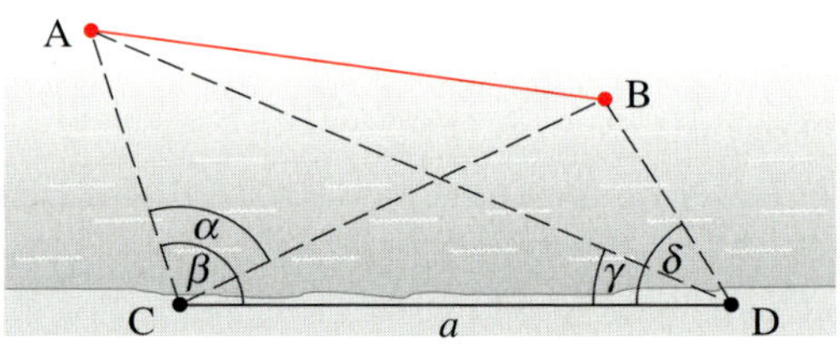

7. Aus einer Ebene erhebt sich senkrecht ein 120 m hohes Plateau. Ein Kind ist über den Rand gestürzt und in unbekannter Höhe hängengeblieben. Mit Hilfe eines Seiles will man es vom oberen Rand des Plateaus bergen. Von einem beliebigen Punkt in der Ebene misst man folgende Höhenwinkel: bis zur Plateaukante $39^\circ\,20'$ und bis zum Kind $30^\circ\,30'$. Berechnen Sie die Mindestlänge des Seiles.

8. Auf einem hohen Sockel steht ein Standbild. Um die Höhe des Standbildes zu messen, wird auf der waagerechten Straßenebene auf einer Seite des Standbildes eine Strecke $|\overline{AB}| = a$ abgesteckt, die mit dem Standbild auf einer Geraden liegt. Von ihrem hinteren Endpunkt A misst man zur Spitze des Standbildes den Höhenwinkel β. Vom vorderen Endpunkt B sind die entsprechenden Höhenwinkel zum Fuß und zur Spitze des Standbildes γ und δ. Berechnen Sie die Höhe des Standbildes:

a) mithilfe von Variablen,

b) für $a = 4$ m, $\beta = 27^\circ\,50'$, $\gamma = 24^\circ\,30'$, $\delta = 38^\circ\,40'$.

9. Um die Höhe eines Balkons festzustellen, werden von seiner Plattform aus bei der Augenhöhe a über dieser Fuß- und Endpunkt einer Straßenlaterne von der Höhe b anvisiert. Die gemessenen Tiefenwinkel sind α und β. Haus und Straßenlaterne liegen auf einer Waagerechten. Berechnen Sie die Höhe des Balkons:

a) mithilfe von Variablen,

b) für $a = 170$ cm, $b = 5$ m, $\alpha = 40^\circ\,50'$, $\beta = 29^\circ\,30'$.

10. Die Plattform C eines Leuchtturmes hat die Höhe h. Um die Entfernung zweier Segelschiffe A und B zu bestimmen, misst man die Tiefenwinkel α und β. Der Winkel, unter dem beide Schiffe erscheinen (Sehwinkel), wird als γ gemessen. Berechnen Sie die Entfernung $|\overline{AB}|$

a) mithilfe von Variablen,

b) für $h = 60$ m, $\alpha = 15° 40'$, $\beta = 12° 10'$, $\gamma = 98° 30'$.

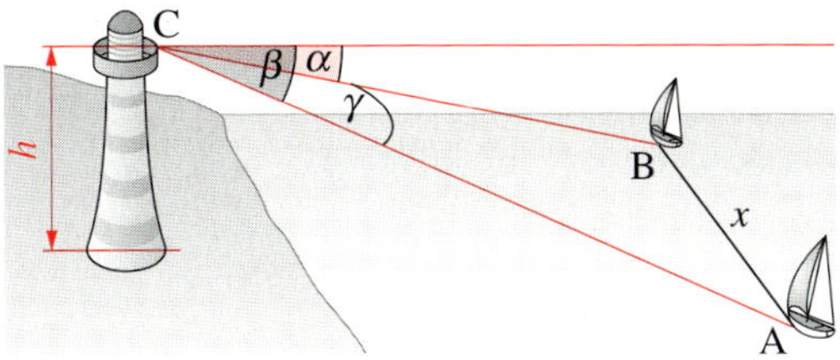

11. Ein Fischdampfer befand sich in Seenot und trieb mit einer durchschnittlichen Geschwindigkeit von 5 kn vor dem Winde nach NO. Er wurde von einem Dampfer, der mit 7 kn nach N 53° 10′ W fuhr, aus 5,4 sm Entfernung in Richtung N 81° 20′ O gesichtet. Nach 1 Stunde traf der Dampfer ein Rettungsschiff, das 19 kn Fahrt lief. Welchen Kurs hatte das Rettungsschiff? (1 kn = 1 $\frac{\text{sm}}{\text{h}} \mathrel{\widehat{=}} 1{,}852\ \frac{\text{km}}{\text{h}}$)

12. Leiten Sie an einem Dreieck $\triangle ABC$ unter Benutzung der Höhen h_a und h_b die Formeln $b^2 = c^2 + a^2 - 2ac\cos\beta$ und $c^2 = a^2 + b^2 - 2ab\cos\gamma$ des Cosinussatzes her.

Übungen zu 15.5

Winkelmaße

1. Bestimmen Sie als Dezimalbruch das Winkelmaß von:

a) 10° 1′ **b)** 10° 10′ **c)** 105° 17′ **d)** 45° 10″ **e)** 30° 20′ 30″

Winkelfunktionswerte für Winkel zwischen 0° und 180° (Taschenrechner!)

1. Bestimmen Sie:

a) sin 92,16° **b)** sin 163,25° **c)** sin 131° 12′

2. Welche Werte kann das Winkelmaß α haben, wenn:

a) $\sin\alpha = 0{,}12186$ **b)** $\sin\alpha = 0{,}90630$ **c)** $\sin\alpha = 0{,}81915$

3. Bestimmen Sie:

a) cos 94,16° **b)** cos 144,25° **c)** cos 98° 19′

4. Welchen Wert hat das Winkelmaß α, wenn:

a) $\cos\alpha = -0{,}98480$ **b)** $\cos\alpha = -0{,}32886$ **c)** $\cos\alpha = -0{,}88539$

5. Bestimmen Sie:

a) tan 91,66° **b)** tan 144,84° **c)** tan 177° 19′

6. Welchen Wert hat das Winkelmaß α, wenn:

a) $\tan\alpha = -0.66188$ **b)** $\tan\alpha = -1{,}81149$ **c)** $\tan\alpha = -0{,}27169$

7. Welchen Wert hat das Winkelmaß α, wenn:

a) $\sin\alpha = -0{,}10745$ **b)** $\cos\alpha = -0{,}92934$ **c)** $\tan\alpha = -2{,}21133$

d) $\sin\alpha = 0{,}92502$ **e)** $\cos\alpha = 0{,}09871$ **f)** $\tan\alpha = 5{,}63829$

Übungen zu 15.6

1. Berechnen Sie das Bogenmaß für die Winkelmaße:

a) $60°$ **b)** $45°$ **c)** $54{,}5°$ **d)** $114{,}7°$ **e)** $125°\,25'$ **f)** $185°\,16'$ **g)** $1°$ **h)** $30'$ **i)** $30''$ **j)** 180

2. Berechnen Sie im Bogenmaß:

a) $\dfrac{54{,}6° + 125°\,20'}{0{,}4}$ **b)** $\dfrac{127{,}4° - 27{,}4°}{0{,}5}$ **c)** $\dfrac{215°\,27' - 17°\,15'}{114}$

3. Die Schreibweise x rad bedeutet: x ist das Bogenmaß eines Winkels. Rechnen Sie das Bogenmaß in Gradmaß um:

a) 1,57080 rad **b)** 2,96706 rad **c)** 2,27189 rad **d)** 1,75595 rad **e)** 5,41763 rad **f)** 4,01721 rad

4. Berechnen Sie die Bogenlängen der Kreisausschnitte mit:

a) $\alpha = 45°\,20'$; $r = 25{,}4$ cm **b)** $\alpha = 115°\,15'$; $r = 20{,}5$ m

c) $\alpha = 195°\,15'\,10''$; $r = 170$ m **d)** $\alpha = 17°\,20'$; $r = 6370$ km

5. Berechnen Sie das Bogenmaß des Winkels für:

a) $b = 17{,}2$ m; $r = 12{,}57$ m **b)** $b = 28{,}4$ cm; $r = 354{,}6$ cm

6. Berechnen Sie das Gradmaß des Winkels für:

a) $b = 7{,}5$ m; $r = 25$ m **b)** $b = 25$ cm; $r = 76$ cm

7. Bestimmen Sie mithilfe des TR die Funktionswerte der sin-, cos- und tan-Funktion für die Bogenmaße:

a) $\dfrac{\pi}{2}$ **b)** $\dfrac{3\pi}{2}$ **c)** $-\pi$ **d)** -3 **e)** 0,57 **f)** 1,6 **g)** 4,17 **h)** $-5{,}11$

15.7 Trigonometrische Funktionen von Winkelsummen (Additionstheoreme) und Summen sowie Produkte von trigonometrischen Funktionen

Im Folgenden werden einige weitere Formeln aus dem traditionellen Bestand der Trigonometrie hergeleitet, auch wenn diese heute durch die Rechenmöglichkeiten, welche die TR und Computer bieten, für die Praxis nicht mehr so bedeutsam sind wie früher. Zunächst werden die sog. Additionstheoreme behandelt.

In der nebenstehenden Figur ist $|\sphericalangle \mathrm{ACB}| = 90°$. Der Flächeninhalt A des Dreiecks $\triangle \mathrm{ABB}'$ ist gleich der Summe der Flächeninhalte A_1 und A_2 der Dreiecke $\triangle \mathrm{ABC}$ und $\triangle \mathrm{AB}'\mathrm{C}$. Nach der Formel für den Flächeninhalt eines Dreiecks (▶ Abschnitt 15.4) gilt also:

$$\frac{c\,c'\sin(\alpha+\beta)}{2} = \frac{b\,c\sin\beta}{2} + \frac{bc'\sin\alpha}{2}.$$

Die Additionstheoreme

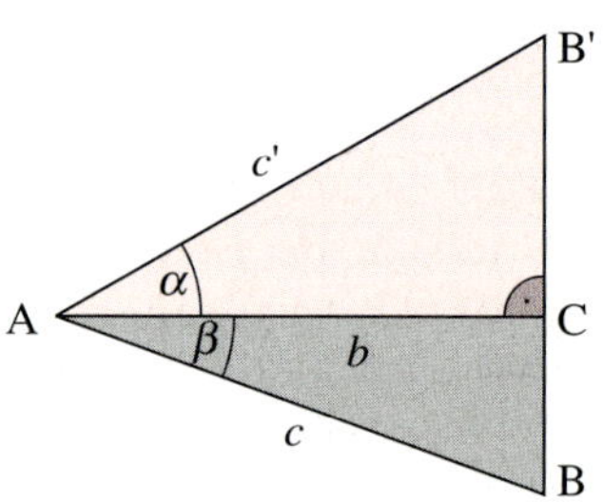

Dividiert man diese Gleichung durch $\frac{1}{2}\,c\,c'$, so findet man das erste Additionstheorem, wenn man bedenkt, dass
$\frac{b}{c'} = \cos\,\alpha$ und $\frac{b}{c} = \cos\,\beta$ ist.

$$\frac{c\,c'\sin(\alpha+\beta)}{2} = \frac{b\,c\,\sin\,\beta}{2} + \frac{b\,c'\sin\,\alpha}{2} \quad |:\tfrac{1}{2}cc'$$

$$\sin(\alpha+\beta) = \frac{b}{c'}\sin\,\beta + \frac{b}{c}\sin\,\alpha$$

$$\mathbf{\sin(\alpha+\beta) = \sin\alpha\cos\beta + \cos\alpha\sin\beta}$$

Eine analoge Überlegung führt auf die entsprechende Formel für den sin von $\alpha - \beta$.

In der nebenstehenden Figur ist $\sphericalangle AC'B$ ein rechter und $|\sphericalangle BAC| = \alpha - \beta$. Für die Flächeninhalte der Dreiecke gilt: Der Flächeninhalt des $\triangle ABC$ ist gleich der Differenz der Flächeninhalte der Dreiecke $\triangle AC'C$ und $\triangle AC'B$.

Diese Flächeninhalte kann man wieder nach der Formel für den Flächeninhalt eines Dreiecks berechnen.
Dividiert man die so entstandene Gleichung durch $\frac{1}{2}b\,c$ und bedenkt, dass $\frac{b'}{c} = \cos\,\beta$ und $\frac{b'}{b} = \cos\,\alpha$ gilt, so erhält man das zweite Additionstheorem für die Sinusfunktion.

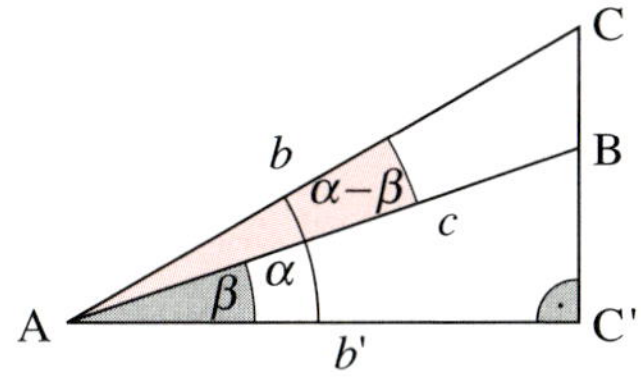

$$\frac{b\,c\sin(\alpha-\beta)}{2} = \frac{b'b\sin\,\alpha}{2} - \frac{b'c\sin\,\beta}{2} \quad |:\tfrac{1}{2}bc$$

$$\sin(\alpha-\beta) = \frac{b'}{c}\sin\,\alpha - \frac{b'}{b}\sin\,\beta$$

$$\mathbf{\sin(\alpha-\beta) = \sin\alpha\cos\beta - \cos\alpha\sin\beta}$$

Beide Formeln sind für spitze Winkel α und β hergeleitet worden. Sie gelten aber für alle Winkelmaße.
Die entsprechenden Formeln für den cos findet man mithilfe der eben gewonnenen Formel für den sin.

Man ersetzt zunächst das Winkelmaß α durch das Winkelmaß $90° - \alpha$.

► $\sin[(90° - \alpha) - \beta] = \sin[90° - (\alpha + \beta)]$

In der nebenstehenden Zeichnung erkennt man, dass die Dreiecke $\triangle OPQ$ und $\triangle OP'Q'$ kongruent sind. Sie stimmen in den Größen aller Winkel und der Länge ihrer Hypotenuse überein (WSW). Wegen $|\overline{PQ}| = |\overline{OP'}|$ gilt also $\sin(90° - \alpha) = \cos\,\alpha$, und daraus folgt:
$\sin[90° - (\alpha+\beta)] = \cos(\alpha+\beta)$.
In gleicher Weise erkennt man, dass $\cos(90° - \alpha) = \sin\,\alpha$ gilt. Diese Beziehungen werden auf die nebenstehende Gleichung angewendet. Ganz ähnlich gewinnt man aus dem Additionstheorem für $\sin(\alpha+\beta)$ dasjenige für $\cos(\alpha-\beta)$.

$$\sin[(90° - \alpha) - \beta] = \sin(90° - \alpha)\cos\,\beta - \cos(90° - \alpha)\sin\,\beta$$

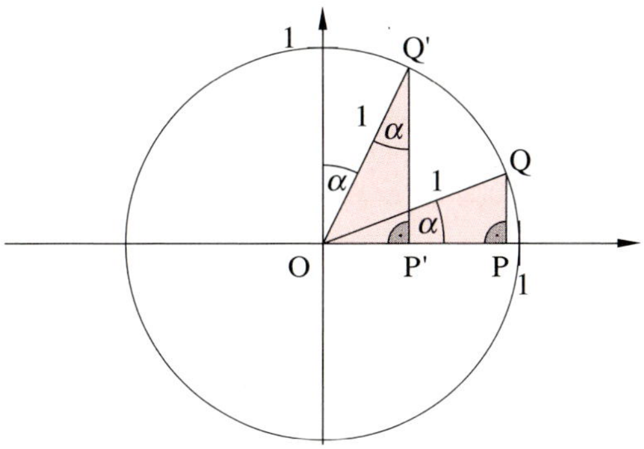

$$\mathbf{\cos(\alpha+\beta) = \cos\alpha\cos\beta - \sin\alpha\sin\beta}$$

$$\mathbf{\cos(\alpha-\beta) = \cos\alpha\cos\beta + \sin\alpha\sin\beta.}$$

Auch für die Tangensfunktion gibt es entsprechende Formeln. Man erhält sie über die Beziehung $\tan\alpha = \frac{\sin\alpha}{\cos\alpha}$.

Für $\tan(\alpha+\beta)$ muss der Quotient aus $\sin(\alpha+\beta)$ und $\cos(\alpha+\beta)$ gebildet werden.

$$\tan(\alpha+\beta) = \frac{\sin\alpha\cos\beta + \cos\alpha\sin\beta}{\cos\alpha\cos\beta - \sin\alpha\sin\beta}$$

Man kürzt ihn mit $\cos\alpha\cos\beta$.

Die Quotienten $\frac{\sin}{\cos}$ werden dann durch tan ersetzt.

$$\tan(\alpha+\beta) = \frac{\frac{\sin\alpha}{\cos\alpha} + \frac{\sin\beta}{\cos\beta}}{1 - \frac{\sin\alpha}{\cos\alpha}\cdot\frac{\sin\beta}{\cos\beta}}$$

Analog findet man für $\tan(\alpha-\beta)$ den Ausdruck $\boldsymbol{\tan(\alpha-\beta) = \frac{\tan\alpha-\tan\beta}{1+\tan\alpha\tan\beta}}$

$$\boldsymbol{\tan(\alpha+\beta) = \frac{\tan\alpha+\tan\beta}{1-\tan\alpha\cdot\tan\beta}}$$

Merke:

Für alle Winkelmaße α und β gilt:

- $\boldsymbol{\sin(\alpha+\beta) = \sin\alpha\cos\beta + \cos\alpha\sin\beta}$
- $\boldsymbol{\sin(\alpha-\beta) = \sin\alpha\cos\beta - \cos\alpha\sin\beta}$
- $\boldsymbol{\cos(\alpha+\beta) = \cos\alpha\cos\beta - \sin\alpha\sin\beta}$
- $\boldsymbol{\cos(\alpha-\beta) = \cos\alpha\cos\beta + \sin\alpha\sin\beta}$

Für alle Winkelmaße α und β, für die $\tan\alpha$, $\tan\beta$, $\tan(\alpha+\beta)$ und $\tan(\alpha-\beta)$ definiert sind, gilt:

- $\boldsymbol{\tan(\alpha+\beta) = \frac{\tan\alpha+\tan\beta}{1-\tan\alpha\tan\beta}}$
- $\boldsymbol{\tan(\alpha-\beta) = \frac{\tan\alpha-\tan\beta}{1+\tan\alpha\tan\beta}}$

Beispiele:

1. Mithilfe der Additionstheoreme kann man beispielsweise die Berechnung des Sinuswertes eines Winkelmaßes zwischen 90° und 180° auf die Berechnung der Sinus- und Cosinuswerte zweier Winkelmaße zwischen 0° und 90° zurückführen. Berechnen Sie auf diese Weise sin 150°.

$\sin 150° = \sin(90° + 60°)$

▸ $\sin 90° = 1; \sin 60° = \frac{1}{2}\sqrt{3}$

▸ $\cos 60° = \frac{1}{2}; \cos 90° = 0$

$\sin(90° + 60°) = \sin 90°\cos 60° + \cos 90°\sin 60°$

$$\underline{\underline{\sin 150°}} = 1\cdot\frac{1}{2} + 0\cdot\frac{1}{2}\sqrt{3} = \underline{\underline{\frac{1}{2}}}$$

2. Berechnen Sie mithilfe des entsprechenden Additionstheorems tan 105°.

$\tan 105° = \tan(60° + 45°)$

▸ $\tan 60° = \sqrt{3}$; $\tan 45° = 1$

$$\tan(60° + 45°) = \frac{\tan 60° + \tan 45°}{1 - \tan 60°\cdot\tan 45°}$$

$$\underline{\underline{\tan 105°}} = \frac{\sqrt{3}+1}{1-\sqrt{3}} = \frac{1+\sqrt{3}}{1-\sqrt{3}} \approx \underline{\underline{-3{,}73}}$$

Es folgen zwei weitere Anwendungen der Additionstheoreme. Zunächst wird in den Formeln, für die das sinnvoll ist, $\alpha = \beta$ gesetzt. Auf diese Weise entstehen Formeln, in denen trigonometrische Funktionen mit dem Argument 2α auf Summen bzw. Produkte aus trigonometrischen Funktionen mit dem Argument α zurückgeführt werden. Setzt man sodann für 2α den Term ξ, für α also $\frac{\xi}{2}$, so werden die Funktionen eines Winkelmaßes auf Funktionen des zugehörigen halben Winkelmaßes zurückgeführt.

- $\sin(\alpha + \beta) = \sin \alpha \cos \beta + \cos \alpha \sin \beta$
  ► $\alpha = \beta$
- $\sin 2\alpha = \sin \alpha \cos \alpha + \sin \alpha \cos \alpha,$
  $= 2 \sin \alpha \cos \alpha.$
- $\cos(\alpha + \beta) = \cos \alpha \cos \beta - \sin \alpha \sin \beta$
  ► $\alpha = \beta$
- $\cos 2\alpha = \cos \alpha \cos \alpha - \sin \alpha \sin \alpha,$
  $= \cos^2 \alpha - \sin^2 \alpha.$

Stellt man die Formel $\sin^2 \alpha + \cos^2 \alpha = 1$ einmal nach $\sin^2 \alpha$ und dann nach $\cos^2 \alpha$ um und setzt die erhaltenen Terme in die rechte Seite der Formel für $\cos 2\alpha$ ein, so kann man $\cos 2\alpha$ durch die sin- bzw. cos-Funktion allein ausdrücken.

$\sin^2 \alpha + \cos^2 \alpha = 1$ ► $\sin^2 \alpha = 1 - \cos^2 \alpha$

- $\cos 2\alpha = \cos^2 \alpha - (1 - \cos^2 \alpha) = 2\cos^2 \alpha - 1$

$\sin^2 \alpha + \cos^2 \alpha = 1$ ► $\cos^2 \alpha = 1 - \sin^2 \alpha$

- $\cos 2\alpha = 1 - \sin^2 \alpha - \sin^2 \alpha = 1 - 2\sin^2 \alpha$

- $\tan(\alpha + \beta) = \dfrac{\tan \alpha + \tan \beta}{1 - \tan \alpha \tan \beta}$ ► $\alpha = \beta$

$$\tan 2\alpha = \frac{\tan \alpha + \tan \alpha}{1 - \tan \alpha \cdot \tan \alpha}$$

- $\tan 2\alpha = \dfrac{2 \tan \alpha}{1 - \tan^2 \alpha}$

Als eine weitere Anwendung der Additionstheoreme wird die Summe zweier sin-Werte in ein Produkt aus einem sin- und einem cos-Wert umgeformt.

Die Sinuswerte werden in der Form $\sin(\xi + \eta)$ und $\sin(\xi - \eta)$ geschrieben, ihre Additionstheoreme verwendet und beide Seiten der Gleichungen addiert.

$$\sin(\xi + \eta) = \sin \xi \cos \eta + \cos \xi \sin \eta$$
$$\sin(\xi - \eta) = \sin \xi \cos \eta - \cos \xi \sin \eta$$

$$\sin(\xi + \eta) + \sin(\xi - \eta) = 2 \sin \xi \cos \eta.$$

Setzt man nun $\xi + \eta = \alpha$ und $\xi - \eta = \beta$, so erhält man durch Auflösen dieser Gleichungen nach ξ den Term $\frac{\alpha+\beta}{2}$ und durch Auflösen nach η den Term $\frac{\alpha-\beta}{2}$.

- $\sin \alpha + \sin \beta = 2 \sin \dfrac{\alpha + \beta}{2} \cos \dfrac{\alpha - \beta}{2}.$

Die Formel, die man so erhält, ermöglicht die Umformung einer Summe von zwei sin-Werten in ein Produkt aus einem sin- und einem cos-Wert.

Durch analoges Vorgehen erhält man entsprechende Formeln für $\sin \alpha - \sin \beta$, $\cos \alpha + \cos \beta$, $\cos \alpha - \cos \beta$, $\tan \alpha + \tan \beta$ und $\tan \alpha - \tan \beta$. Sie werden umseitig mit angegeben.

Merke:

- Für alle Winkelmaße α und β gilt:

$$\sin 2\alpha = 2\sin\alpha\cos\alpha;\quad \cos 2\alpha = \cos^2\alpha - \sin^2\alpha;\quad \tan 2\alpha = \frac{2\tan\alpha}{1-\tan^2\alpha}$$

$$\sin\alpha + \sin\beta = 2\sin\frac{\alpha+\beta}{2}\cos\frac{\alpha-\beta}{2};\quad \sin\alpha - \sin\beta = 2\cos\frac{\alpha+\beta}{2}\sin\frac{\alpha+\beta}{2};$$

$$\cos\alpha + \cos\beta = 2\cos\frac{\alpha+\beta}{2}\cos\frac{\alpha-\beta}{2};\quad \cos\alpha - \cos\beta = -2\sin\frac{\alpha+\beta}{2}\sin\frac{\alpha-\beta}{2}.$$

- Für alle Winkelmaße α, β, $\alpha+\beta$ und $\alpha-\beta$, für welche die tan-Funktion erklärt ist, gilt:

$$\tan\alpha + \tan\beta = \frac{\sin(\alpha+\beta)}{\cos\alpha\cos\beta};\quad \tan\alpha - \tan\beta = \frac{\sin(\alpha-\beta)}{\cos\alpha\cos\beta}.$$

Beispiele:

1. Für sin α ist der Wert 0,5 bekannt. Berechnen Sie den Wert von sin 2α ohne Verwendung des TR.

Für sin 2α gilt: $\sin 2\alpha = 2\sin\alpha\cos\alpha$. Der Wert für sin α ist bekannt. Da sich damit auch der Wert für cos α bestimmen lässt, kann man auch sin 2α berechnen.

► $\sin^2\alpha + \cos^2\alpha = 1$

► $\cos\alpha = \sqrt{1-\sin^2\alpha}$

$\cos\alpha = \sqrt{1-0{,}25}$

$\cos\alpha = \sqrt{\frac{3}{4}} = \frac{1}{2}\sqrt{3}$

$\underline{\underline{\sin 2\alpha}} = 2\cdot\frac{1}{2}\cdot\frac{1}{2}\sqrt{3}$

$= \underline{\underline{\frac{1}{2}\sqrt{3}}}$

2. Berechnen Sie die Summe sin 75° + sin 15°, ohne den TR zu benutzen.

► $\sin\alpha + \sin\beta = 2\sin\frac{\alpha+\beta}{2}\cos\frac{\alpha-\beta}{2}$

$\sin 75° + \sin 15° = 2\sin\frac{75°+15°}{2}\cos\frac{75°-15°}{2}$

$= 2\sin 45°\cos 30°$

$= 2\cdot\frac{1}{2}\sqrt{2}\cdot\frac{1}{2}\sqrt{3}$

$= \frac{1}{2}\sqrt{6}$

$\approx \underline{\underline{1{,}2247449}}$

Zum Vergleich mit TR bei 8-stelliger Anzeige: sin 75° ≈ 0,9659258,
sin 15° ≈ 0,2588190,
sin 75° + sin 15° ≈ 1,2247448

15.8 Goniometrische Gleichungen

Gleichungen, in denen die Variablen auch als Argumente von trigonometrischen Funktionen vorkommen, heißen **goniometrische Gleichungen**. Gegeben sind also Funktionswerte, und gesucht werden die zugehörigen Winkelgrößen oder Bogenmaße. Um solche Gleichungen lösen zu können, muss oft eine trigonometrische Funktion durch eine andere ersetzt werden. Das Ziel der Umformungen ist die Herstellung der Form $\mathrm{f}(\alpha) = c$ oder $\mathrm{f}(x) = c$, α Gradmaß, x Bogenmaß, $c \in \mathbb{R}$, wobei f für sin, cos oder tan steht. Wegen der Periodizität der trigonometrischen Funktionen gibt es meist mehrere Winkelgrößen, welche eine Gleichung erfüllen.

Beispiel:

Bestimmen Sie diejenigen Winkelmaße α, für die gilt: $2\sin\alpha = \sqrt{2}$.

1. Schritt: Die Form $\sin\alpha = c$ wird hergestellt, also $\sin\alpha$ isoliert.

$2\sin\alpha = \sqrt{2} \mid :2$

$\sin\alpha = \frac{1}{2}\sqrt{2}.$

2. Schritt: Die Winkelmaße α werden bestimmt, die Lösungen der Ausgangsgleichung sind.

Die Taste $\boxed{\sin^{-1}}$ des TR liefert für $\frac{1}{2}\sqrt{2}$:

$\alpha = 45°$

Aus $\alpha = 45°$ erhält man wegen $\sin\alpha = \sin(180° - \alpha)$ das Gradmaß 135° als zweite Lösung der Ausgangsgleichung.

Ein Blick auf den Graph der Sinusfunktion zeigt aber: Es gibt noch viele andere Winkelmaße, deren Sinuswert $\frac{1}{2}\sqrt{2}$ beträgt. Die Abszissen aller Punkte, in denen die Parallele zur x-Achse im Abstand $\frac{1}{2}\sqrt{2}$ den Graph der Sinusfunktion schneidet, sind Lösungen der Ausgangsgleichung.

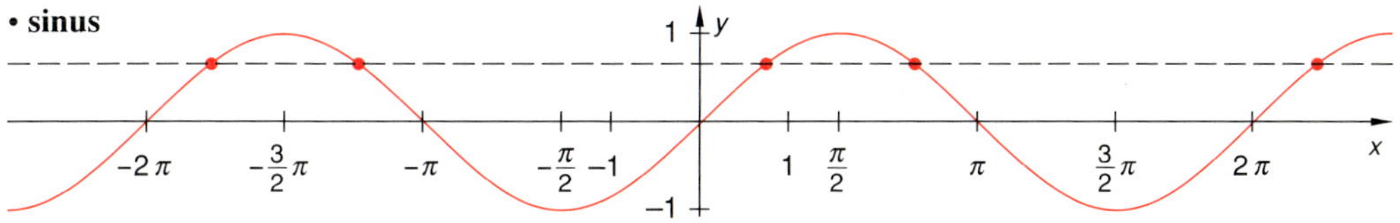

Da die Sinusfunktion periodisch mit der Periode 360° ist, sind alle Winkelmaße $45° + k \cdot 360°$ und $135° + k \cdot 360°$, $k \in \mathbb{Z}$, Lösungen der Gleichung.

Warum liefert der TR nur eines der unendlich vielen Winkelmaße, die Lösungen der Ausgangsgleichung sind?

Wie die Graphen der Winkelfunktionen sin, cos and tan mit ihren erweiterten Definitionsbereichen zeigen, sind diese Winkelfunktionen dort nicht umkehrbar: Es gibt für jede Winkelfunktion Parallelen zur x-Achse, die ihren Graphen in mehr als genau einem Punkt schneiden.

► Kusch 1, Abschnitt 4.5

Hinter den Funktionstasten $\boxed{\sin^{-1}}$, $\boxed{\cos^{-1}}$ und $\boxed{\tan^{-1}}$ verbergen sich die **Umkehrfunktionen** zu den folgenden **eingeschränkten** Winkelfunktionen:

- sin: $\alpha \mapsto \sin\alpha$; $\alpha \in [-90°, 90°]$

Im Intervall $[-90°, 90°]$ ist die sin-Funktion streng monoton steigend, also umkehrbar. Ihre Umkehrfunktion $\sin^{-1}$ besitzt das Intervall $[-1, 1]$ als Definitionsmenge und das Intervall $[-90°, 90°]$ als Wertemenge.

- sin: $\alpha \mapsto \sin\alpha$; $\alpha \in [-90°, 90°]$

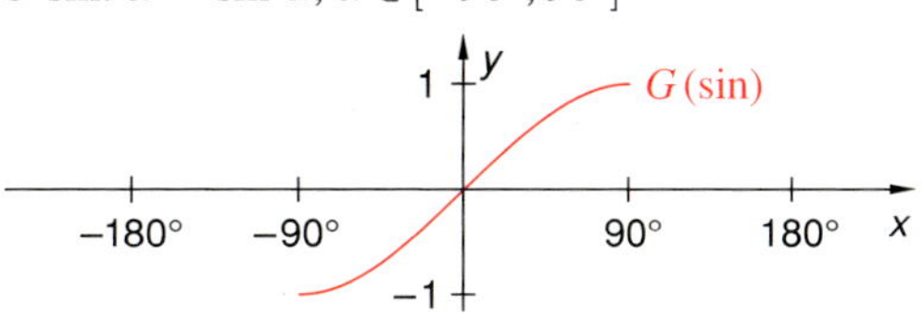

● cos: $\alpha \mapsto \cos\alpha;\ \alpha \in [0°, 180°]$
Im Intervall $[0°, 180°]$ ist die cos-Funktion streng monoton fallend, also umkehrbar. Ihre Umkehrfunktion $\cos^{-1}$ besitzt das Intervall $[-1, 1]$ als Definitionsmenge und das Intervall $[0°, 180°]$ als Wertemenge.

● cos: $\alpha \mapsto \cos\alpha;\ \alpha \in [0°, 180°]$

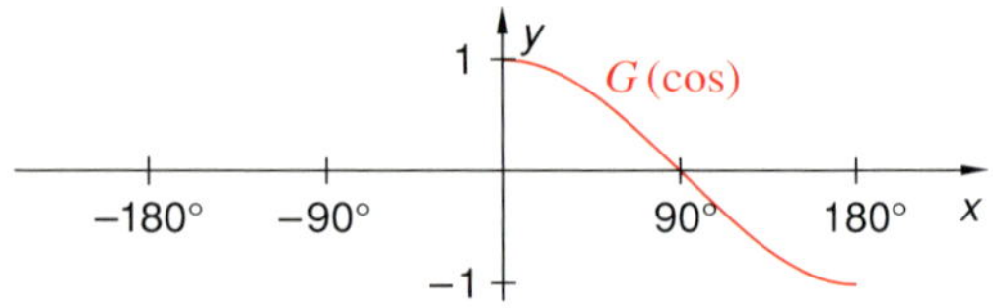

● tan: $\alpha \mapsto \tan\alpha;\ \alpha \in (-90°, 90°)$
Im Intervall $(-90°, 90°)$ ist die tan-Funktion streng monoton steigend, also umkehrbar. Ihre Umkehrfunktion $\tan^{-1}$ besitzt die Menge $\mathbb{R}$ als Definitionsmenge und das offene Intervall $(-90°, 90°)$ als Wertemenge.

● tan: $\alpha \mapsto \tan\alpha;\ \alpha \in (-90°, 90°)$

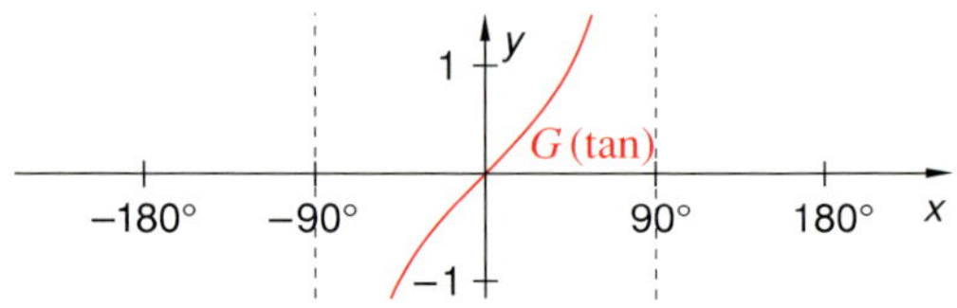

Merke:

Die auf ihren Definitionsbereichen eingeschränkten Winkelfunktionen
sin: $\alpha \mapsto \sin\alpha;\ \alpha \in [-90°, 90°]$
cos: $\alpha \mapsto \cos\alpha;\ \alpha \in [0°, 180°]$
tan: $\alpha \mapsto \tan\alpha;\ \alpha \in (-90°, 90°)$
sind umkehrbar.

$\sin^{-1}$, $\cos^{-1}$ und $\tan^{-1}$ sind ihre jeweiligen Umkehrfunktionen
$\sin^{-1}\colon [-1, 1] \mapsto [-90°, 90°]$
$\cos^{-1}\colon [-1, 1] \mapsto [0°, 180°]$
$\tan^{-1}\colon (-\infty, +\infty) \mapsto (-90°, 90°)$

Weil mit der Taste [$\sin^{-1}$] die Winkelmaße aus dem Wertebereich der Umkehrfunktion der eingeschränkten Sinusfunktion aufgerufen werden, erhält man jeweils genau ein Winkelmaß als Funktionswert für ein Argument aus dem Definitionsbereich.
Wie man die anderen Lösungen einer goniometrischen Gleichung findet, wurde für eine Gleichung mit $\sin\alpha$ als Gleichungsvariabler vorstehend beschrieben.

• **sin**

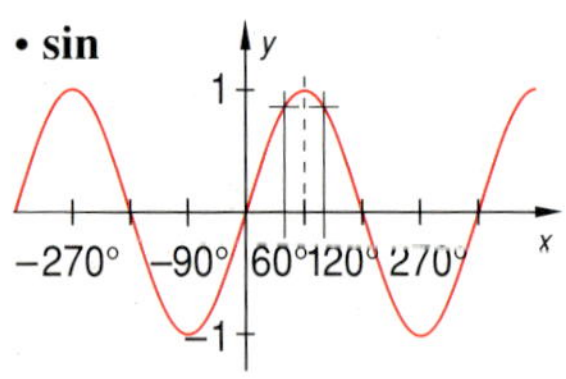

$\sin\alpha = \sin(180° - \alpha)$

► $\sin 60° = \sin 120°$

• **cos**

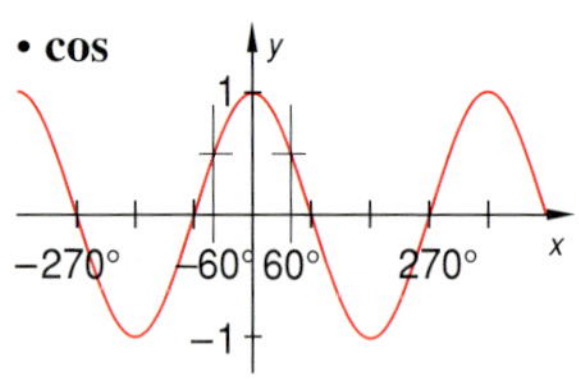

$\cos\alpha = \cos(360° - \alpha)$,

auch: $\cos\alpha = \cos(-\alpha)$

► $\cos 60° = \cos(-60°)$

• **tan**

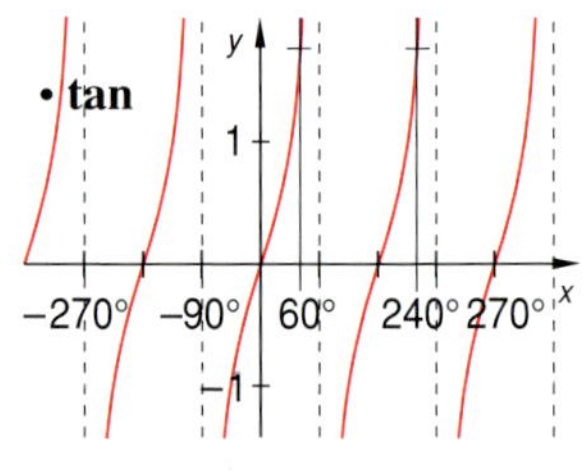

$\tan\alpha = \tan(\alpha + k \cdot 180°)$

► $\tan 60° = \tan 240°$

Die Taste [$\cos^{-1}$] eines TR liefert ebenfalls für einen cos-Wert aus $[-1, 1]$ genau ein Winkelmaß aus $[0°, 180°]$. Wegen der für alle Winkelmaße α geltenden Beziehung $\cos\alpha = \cos(-\alpha)$ erhält man mit einer Lösung α auch die zweite Lösung $-\alpha$ und damit wegen der Periodizität der cos-Funktion alle Lösungen $\alpha + k \cdot 360°$ und $-\alpha + k \cdot 360°$, $k \in \mathbb{Z}$.

Die Taste [$\tan^{-1}$] eines TR liefert ebenfalls für einen tan-Wert aus $(-\infty, +\infty)$ genau ein Winkelmaß α aus $(-90°, 90°)$. Alle anderen Lösungen einer goniometrischen Gleichung mit der Gleichungsvariablen $\tan\alpha$ erhält man wegen der Periodizität der tan-Funktion mit der Periode $180°$ als $\alpha + k \cdot 180°$, $k \in \mathbb{Z}$.

Diese Überlegungen gelten sinngemäß für goniometrische Gleichungen, in denen **im Bogenmaß gemessene Winkel** auftreten. ($x \in \mathbb{R}$ und $c \in \mathbb{R}$) ► RAD-Einstellung des TR.

► Ist x_1 eine mit der Umkehrtaste $\boxed{\sin^{-1}}$ ermittelte Lösung der Gleichung $\sin x = c$, dann erhält man wegen $\sin(\pi - x) = \sin x$ eine zweite Lösung $x_2 = \pi - x_1$. Alle Lösungen der Gleichung erhält man durch Addition ganzzahliger Vielfacher von 2π zu x_1 und x_2.

► Ist x_1 eine mit der Umkehrtaste $\boxed{\cos^{-1}}$ ermittelte Lösung der Gleichung $\cos x = c$, dann erhält man wegen $\cos x = \cos(-x)$ eine zweite Lösung $x_2 = -x_1$. Alle Lösungen der Gleichung erhält man durch Addition ganzzahliger Vielfacher von 2π zu x_1 und x_2.

► Ist x_1 eine mit der Umkehrtaste $\boxed{\tan^{-1}}$ ermittelte Lösung der goniometrischen Gleichung $\tan x = c$, so erhält man alle Lösungen der Gleichung durch Addition ganzzahliger Vielfacher von π.

Beispiele:

1. Bestimmen Sie im Intervall $[0°, 360°]$ die Lösung der Gleichung $\sin 2\alpha = -\sin\alpha$.

Man addiert zuerst auf beiden Seiten der Gleichung $\sin\alpha$ und drückt dann $\sin 2\alpha$ als Funktion von α aus.
► $\sin 2\alpha = 2\sin\alpha\cos\alpha$
Durch Ausklammern entsteht ein Produkt, das genau dann gleich 0 ist, wenn mindestens einer seiner Faktoren gleich 0 ist.
Daher sind zwei Fälle zu unterscheiden.

$\sin 2\alpha = -\sin\alpha \quad | + \sin\alpha$
$\sin 2\alpha + \sin\alpha = 0$
$2\sin\alpha\cos\alpha + \sin\alpha = 0$
$\sin\alpha(2\cos\alpha - 1) = 0$

1. Fall: $\sin\alpha = 0$
Der TR zeigt $\alpha_1 = 0°$.
Wegen $\sin\alpha = \sin(180° - \alpha)$, ist $\alpha_2 = 180°$ eine zweite Lösung.
Wegen $0° + 1 \cdot 360° = 360°$ ist auch $\alpha_3 = 360°$ eine im Intervall $[0°, 360°]$ gelegene Lösung.

2. Fall: $2\cos\alpha + 1 = 0 \quad | -1 | : 2$

$$\cos\alpha = -\tfrac{1}{2}$$

Der TR zeigt $\alpha_4 = 120°$. Wegen $\cos(-\alpha) = \cos\alpha$ ist zwar α_5 mit $\alpha_5 = -120°$ eine Lösung der Gleichung, die aber nicht im Intervall $[0°; 360°]$ liegt. Eine weitere Lösung α_6, die in diesem Intervall liegt, erhält man durch Addition von 360° zu α_5. Es ist $\alpha_6 = 240°$.

0°, 120°, 180°, 240° und 360° sind Lösungen der Gleichung im Intervall $[0°; 360°]$.

2. Bestimmen Sie im Intervall $[0°, 360°]$ die Lösungen der Gleichung $\sin\alpha - 2\cos\alpha = 0$.

Man versucht, die Gleichung so umzuformen, dass sie nur noch eine Winkelfunktion enthält. Da $\alpha = 0°$, $\alpha = 180°$ und $\alpha = 360°$ keine Lösungen der Ausgangsgleichung sein können (Einsetzen!), kann man diese durch $\sin\alpha$ dividieren. Beim weiteren Umformen wird verwendet:

$$\frac{\cos}{\sin} = \frac{1}{\frac{\sin}{\cos}} = \frac{1}{\tan}$$

► $\tan\alpha = \tan(\alpha + 180°)$

$\sin\alpha - 2\cos\alpha = 0 \quad | : \sin\alpha$

$$\frac{\sin\alpha}{\sin\alpha} - \frac{2\cos\alpha}{\sin\alpha} = 0$$

$$1 - 2\frac{1}{\tan\alpha} = 0$$

$\tan\alpha = 2 \Rightarrow \alpha_1 = 63{,}43°$
$\alpha_2 = 63{,}43° + 180° = 243{,}43°$

63,43° und 243,43° sind die Lösungen der Gleichung im Intervall $[0°; 360°]$.

3. Bestimmen Sie im Intervall $[0, 2\pi]$ die Lösungen der Gleichung $\tan x + \frac{1}{\tan x} = 2$, $x \neq 0$, $x \neq \pi$.

► RAD-Einstellung

Um die Gleichung nennerfrei zu machen, multipliziert man die Ausgangsgleichung mit $\tan x$.
Die entstehende quadratische Gleichung wird auf die Normalform gebracht und mithilfe der Lösungsformel gelöst. ► Band 1, Abschnitt 5.1

$$\tan x + \frac{1}{\tan x} = 2 \quad | \cdot \tan x$$

$$\tan^2 x + 1 = 2\tan x$$

$$\tan^2 x - 2\tan x + 1 = 0$$

$$\tan x = 1 \pm \sqrt{1-1}$$

$$\tan x = 1 \Rightarrow x_1 = \frac{\pi}{4}$$

► $\tan(\pi + x) = \tan x$

$$x_2 = \pi + \frac{\pi}{4} = \frac{5\pi}{4}$$

$\frac{\pi}{4}$ und $\frac{5\pi}{4}$ sind die Lösungen der Gleichung im Intervall $[0; 2\pi]$.

4. Bestimmen Sie im Intervall $[0°, 360°]$ die Lösungen der Gleichung $\tan 2\alpha = 2\sin\alpha$.

Zunächst stellt man fest, dass $\alpha = 45°$ und $\alpha = 135°$ keine Lösungen der Gleichung sind.
Man ersetzt daher zweckmäßig $\tan 2\alpha$ durch $\frac{\sin 2\alpha}{\cos 2\alpha}$, $\alpha \neq 45°$, $\alpha \neq 135°$, und sodann $\sin 2\alpha$ durch $2\sin\alpha\cos\alpha$.
Auf beiden Seiten der so entstandenen Gleichung wird $\sin 2\alpha$ subtrahiert, die resultierende Gleichung mit $\cos 2\alpha$ multipliziert.
Durch Ausklammern von $2\sin\alpha$ entsteht ein Produkt. Jeder Faktor des entstandenen Produkts wird 0 gesetzt. Aus

$\cos 2\alpha = \cos^2\alpha - \sin^2\alpha$ und

$\cos^2\alpha + \sin^2\alpha = 1$ folgt

$\cos 2\alpha = 2\cos^2\alpha - 1$.

Die quadratische Gleichung wird mithilfe der Lösungsformel gelöst.

$$\tan 2\alpha = 2\sin\alpha$$

$$\frac{\sin 2\alpha}{\cos 2\alpha} = 2\sin\alpha$$

$$\frac{2\sin\alpha\cos\alpha}{\cos 2\alpha} = 2\sin\alpha \,|\, - 2\sin\alpha \,|\, \cdot \cos 2\alpha$$

$$2\sin\alpha\cos\alpha - 2\sin\alpha\cos 2\alpha = 0$$

$$2\sin\alpha(\cos\alpha - \cos 2\alpha) \qquad = 0$$

$$2\sin\alpha = 0 \Rightarrow \alpha_1 = 0°, \alpha_2 = 180°, \alpha_3 = 360°$$

$$\cos\alpha - (2\cos^2\alpha - 1) = 0 \quad |: -2$$

$$\cos^2\alpha - \tfrac{1}{2}\cos\alpha - \tfrac{1}{2} = 0$$

$$\cos\alpha = \frac{1}{4} \pm \sqrt{\frac{1}{16} + \frac{1}{2}}$$

$$\cos\alpha = \frac{1}{4} \pm \frac{3}{4}$$

Aus $\cos\alpha = 1$ erhält man wieder die bereits errechneten Lösungen 0° und 360°.

$$\cos_1 \alpha = 1 \Rightarrow \alpha_1 = 0°, \alpha_2 = 360°$$

Aus der anderen Lösung der quadratischen Gleichung folgt die Winkelgröße von 120°, und wegen $\cos\alpha = \cos(-\alpha)$ ist auch die Winkelgröße −120° eine Lösung der Gleichung, die aber nicht im Intervall $[0°; 360°]$ liegt.

$$\cos_2 \alpha = -\frac{1}{2} \Rightarrow \alpha_3 = 120°, \alpha_4 = -120°$$

Durch Addition von 360° zu α_4 erhält man eine weitere im Intervall liegende Lösung der Gleichung $\alpha_5 = 240°$.

Die Winkelgrößen 0°, 120°, 180°, 240° und 360° sind die Lösungen der Gleichung im Intervall $[0°; 360°]$.

5. Bestimmen Sie im Intervall $[0°, 360°]$ die Lösungen der Gleichung $\sin\alpha + \frac{3}{2}\cos\alpha = 1$.

Es wird zunächst cos durch sin ausgedrückt.

$\cos\alpha = \sqrt{1-\sin^2\alpha}$

Um die Wurzel zu eliminieren, müssen beide Seiten der Gleichung quadriert werden. Dazu muss der Term mit dem Wurzelzeichen allein auf einer Seite der Gleichung stehen.

▶ Scheinlösungen möglich!

$$\sin\alpha + \frac{3}{2}\cos\alpha = 1$$

$$\sin\alpha + \frac{3}{2}\sqrt{1-\sin^2\alpha} = 1$$

$$\frac{3}{2}\sqrt{1-\sin^2\alpha} = 1 - \sin\alpha \mid \text{quadrieren}$$

$$\frac{9}{4}(1-\sin^2\alpha) = 1 - 2\sin\alpha + \sin^2\alpha$$

Es entsteht eine in $\sin\alpha$ quadratische Gleichung.

$$-\frac{9}{4}\sin^2\alpha - \sin^2\alpha + 2\sin\alpha + \frac{9}{4} - 1 = 0$$

Sie wird auf die Normalform gebracht und mit der Lösungsformel gelöst.

$$\sin^2\alpha - \frac{8}{13}\sin\alpha - \frac{5}{13} = 0$$

$$\sin\alpha = \frac{8}{26} \pm \sqrt{\frac{8}{26} + \frac{5}{13}}$$

$$= \frac{8}{26} \pm \frac{18}{26}$$

Wegen der Gefahr von Scheinlösungen muss geprüft werden:
– Liegen die möglichen Lösungen im Definitionsbereich der Gleichung? Das trifft bis auf α_2 zu.
– Erfüllen die möglichen Lösungen tatsächlich die Gleichung?

1. Lösung: $\sin\alpha = 1 \Rightarrow \alpha_1 = 90°$

2. Lösung: $\sin\alpha = -\frac{10}{26} \Rightarrow \alpha_2 = -22{,}62°$

Die Proben mit den errechneten Winkelgrößen zeigen: Die Winkelgröße 202,62 ist nicht Lösung der Gleichung im Intervall $[0, 360]$. Nur die Werte 90 und 337,38 sind dort Lösungen.

Denselben Sinuswert wie das Winkelmaß $-22{,}62$ hat wegen der Periodizität des sin auch das Winkelmaß $-22{,}62° + 360°$, das sind $337{,}38°$. Wegen $\sin\alpha = \sin(180° - \alpha)$ kommt auch das Winkelmaß $180° - (-22{,}62°)$, also $202{,}62°$, als eine Lösung infrage.

6. Bestimmen Sie im Intervall $[0, 360]$ die Lösungen der Gleichung
$\cos(30° + \alpha) = \sin(30° - \alpha)$.

▶ $\cos(\alpha+\beta) = \cos\alpha\cos\beta - \sin\alpha\sin\beta$
▶ $\sin(\alpha-\beta) = \sin\alpha\cos\beta - \cos\alpha\sin\beta$
▶ $\alpha = 30°$, $\beta = \alpha$

$$\cos(30° + \alpha) = \sin(30° - \alpha)$$

Die entsprechenden sin- und cos-Werte werden eingesetzt.

$$\cos 30°\cos\alpha - \sin 30°\sin\alpha = \sin 30°\cos\alpha - \cos 30°\sin\alpha$$

Die Gleichung wird mit 2 multipliziert und geordnet.

$$\frac{1}{2}\sqrt{3}\cos\alpha - \frac{1}{2}\sin\alpha = \frac{1}{2}\cos\alpha - \frac{1}{2}\sqrt{3}\sin\alpha \mid \cdot 2$$

$\cos\alpha$ und $\sin\alpha$ werden ausgeklammert.

$$\sqrt{3}\cos\alpha - \cos\alpha = \sin\alpha - \sqrt{3}\sin\alpha$$

Da die Winkelmaße 90° und 270° nicht Lösungen der Ausgangsgleichung sein können (Einsetzen!), kann die entstandene Gleichung durch $\cos\alpha$ dividiert und sodann durch $(1-\sqrt{3})$ dividiert werden.

► $\frac{\sin\alpha}{\cos\alpha} = \tan\alpha$

Die Winkel von 315° und 135° sind Lösungen der Gleichung im Intervall $[0°, 360°]$.

$(\sqrt{3}-1)\cos\alpha = (1-\sqrt{3})\sin\alpha \,|:\cos\alpha\,|:(1-\sqrt{3})$

$\frac{\sin\alpha}{\cos\alpha} = \frac{\sqrt{3}-1}{1-\sqrt{3}}$

$\tan\alpha = -1$; der TR liefert $\alpha = -45°$. Dieses Winkelmaß liegt nicht im geforderten Intervall. Wegen $\tan\alpha = \tan(\alpha + k\cdot 180°)$, $k \in \mathbb{Z}$, sind aber $-45° + 180°$, also 135°, und $-45° + 360°$, also 315°, Lösungen der Gleichung.

Übungen zu 15.7 und 15.8

Additionstheoreme und Summen von trigonometrischen Funktionen

1. Berechnen Sie mithilfe der Tabelle spezieller Sinus-, Cosinus- und Tangenswerte aus Abschnitt 15.2:
a) $\sin 15°$, $\sin 75°$, $\sin 105°$,
b) $\cos 15°$, $\cos 75°$, $\cos 105°$.

2. Berechnen Sie nach dem zutreffenden Additionstheorem:

a) $\sin(45° + \alpha)$	**d)** $\cos(90° + \alpha)$	**g)** $\tan(30° + \alpha)$
b) $\sin(30° - \alpha)$	**e)** $\cos(60° - \alpha)$	**h)** $\tan(45° - \alpha)$
c) $\sin(90° - \alpha)$	**f)** $\cos(45° + \alpha)$	**i)** $\tan(60° + \alpha)$

3. Erproben Sie die sechs Formeln der Additionstheoreme mit den Winkelgrößen:

a) $\alpha = 90°$, $\beta = 60°$	**c)** $\alpha = 45°$, $\beta = 15°$	**e)** $\alpha = 90°$, $\beta = 45°$
b) $\alpha = 45°$, $\beta = 30°$	**d)** $\alpha = 90°$, $\beta = 30°$	**f)** $\alpha = 60°$, $\beta = 30°$

4. Bestimmen Sie:
a) $\cos(60° + \alpha) + \cos(60° - \alpha)$ **b)** $\sin(30° + \alpha) - \sin(30° - \alpha)$
c) $\cos(45° + \alpha) + \cos(45° - \alpha)$

5. Berechnen Sie folgende Summen durch Einführung von $\xi + \eta = \alpha$ und $\xi - \eta = \beta$:
a) $\sin(\xi + \eta) - \sin(\xi - \eta)$ **b)** $\cos(\xi + \eta) + \cos(\xi - \eta)$ **c)** $\tan(\xi + \eta) + \tan(\xi - \eta)$

6. Setzen Sie in die Summenformel $\tan(\alpha + \beta)$ für $\beta = \alpha$ und berechnen Sie den Ausdruck.

7. Setzen Sie in der Summenformel $\cot(\alpha + \beta)$ α für β und berechnen Sie den Ausdruck.

8. Ersctzen Sie in der Gleichung $\tan 2\alpha = \frac{2\tan\alpha}{1-\tan^2\alpha}$ 2α durch α und α durch $\frac{\alpha}{2}$.
Berechnen Sie nach der Umformung $\tan\frac{\alpha}{2}$.

9. Bestimmen Sie: **a)** $\sin\alpha + \sin(120° + \alpha) + \sin(240° + \alpha)$
b) $\sin(\alpha - 120°) + \sin\alpha + \sin(\alpha + 120°)$

10. Berechnen Sie $\sin 2\alpha$ und $\cos 2\alpha$ aus:
a) $\sin\alpha = \frac{1}{2}\sqrt{2}$ **c)** $\cos\alpha = \frac{1}{2}\sqrt{3}$
b) $\sin\alpha = \frac{1}{2}\sqrt{3}$ **d)** $\cos\alpha = 0{,}7880$

11. Berechnen Sie tan 2α aus:

a) $\tan\alpha = \frac{1}{3}\sqrt{3}$

b) $\tan\alpha = \sqrt{3}$

12. Berechnen Sie sin 3α.

13. Man kennt $\sin 30° = 0{,}5$ und $\cos 30° = \frac{1}{2}\sqrt{3}$.
Berechnen Sie die Winkelfunktionswerte des sin und cos für:

a) $\alpha = 60°$
b) $\alpha = 15°$
c) $\alpha = 7{,}5°$
d) $\alpha = 22{,}5°$
e) $\alpha = 75°$
f) $\alpha = 37°\,30'$

Goniometrische Gleichungen

Bestimmen Sie für das Intervall von 0° bis 360° die Lösungen der folgenden Gleichungen:

1. $\tan\alpha \cdot \tan 2\alpha = 1$

2. $\sin\alpha - 1\frac{1}{2}\cos\alpha = 0$

3. $\cos^2\alpha = \frac{4}{9}$

4. $\sin^2\alpha = \frac{3}{4}$

5. $\tan^2\alpha = \frac{1}{3}$

6. $\sin\alpha - 1\frac{1}{4}\cos\alpha = 0$

7. $\sin\alpha + \frac{3}{5}\tan\alpha = 0$

8. $1\frac{1}{3}\sin\alpha + \tan\alpha = 0$

9. $3\sin\alpha = 1 + 4\cos\alpha$

10. $\sin\alpha + \frac{1}{3}\sqrt{3}\cos\alpha = 1$

11. $2\sin\alpha + 5\cos\alpha = -1$

12. $\sin\alpha + \sin\beta = 1{,}444$
$\alpha + \beta = 93°\,30'$

13. $\cos\alpha \cdot \cos\beta = \frac{1}{4}\sqrt{6}$
$\alpha - \beta = 15$

Wiederholungsfragen zu 15

1. Was versteht man am rechtwinkligen Dreieck unter den Winkelfunktionen?
2. Wie werden die trigonometrischen Funktionen am Einheitskreis definiert?
3. Was wissen Sie über die Definitionsbereiche und die Wertebereiche der trigonometrischen Funktionen?
4. Erklären Sie das Bogenmaß eines Winkels am Einheitskreis.
5. Wie berechnet man die Bogenlänge eines Winkels?
6. Skizzieren Sie die Graphen der trigonometrischen Funktionen im Intervall von 0° bis 360°.
7. Wie lautet der Sinussatz, in welchen Fällen wendet man ihn an?
8. Wie lautet der Cosinussatz, in welchen Fällen wendet man ihn an?
9. Wie kann man den Flächeninhalt eines Dreiecks mithilfe des Sinus berechnen?
10. Nennen Sie eines der Additionstheoreme.
11. Wodurch zeichnen sich goniometrische Gleichungen aus?
12. Wie löst man goniometrische Gleichungen?

16 Ausblick – Nichteuklidische Geometrie

Große Teile des in diesem Buch in den Kapiteln 1 bis 14 behandelten Stoffs sind bereits länger als 2000 Jahre bekannt. Sie sind schon in den ungefähr 300 v.d.Z. von EUKLID verfassten 13-bändigen sog. „Elementen" enthalten. Diese Bücher bildeten bis ins 20. Jahrhundert hinein die Grundlage und den Ausgangspunkt elementargeometrischen Arbeitens. Euklids Elemente – es handelt sich dabei eigentlich um eine Gemeinschaftsarbeit verschiedener Mathematiker – haben über den reinen mathematischen Inhalt hinaus eine zusätzliche Bedeutung. In ihnen wurde die Geometrie erstmals nicht als empirisch begründete Faktensammlung sondern als deduktive Wissenschaft dargestellt und behandelt. Euklid entwarf ein System von Grundbegriffen und Grundaussagen, die er als zweckmäßig und wahr annahm. Aus ihnen leitete er alle anderen Begriffe und Aussagen nach logischen Grundsätzen und Regeln ab.

Zu den von Euklid verwendeten Grundannahmen gehören die fünf folgenden Postulate, wie er diese Annahmen nannte:

1. Von jedem Punkt soll man nach jedem Punkt eine Strecke ziehen können.
2. Eine begrenzte Linie soll man gerade verlängern können.
3. Mit jedem Mittelpunkt soll man mit jedem Radius einen Kreis zeichnen können.
4. Alle rechten Winkel sollen einander gleich groß sein.
5. Das Parallelenpostulat.

Das klassische Parallelenpostulat des Euklid besagt in seiner modernen Fassung, „dass es in einer Ebene durch einen Punkt außerhalb einer Geraden höchstens eine Parallele (Nichtschneidende) gibt". Da sich aus den ersten vier Postulaten des Euklid beweisen lässt, dass es mindestens eine solche Parallele geben muss, lässt sich aus dem Parallelenpostulat als Folgerung ableiten:

5a. In einer Ebene lässt sich durch einen Punkt außerhalb einer Geraden nur **genau eine** Parallele ziehen.

Parallelenpostulat

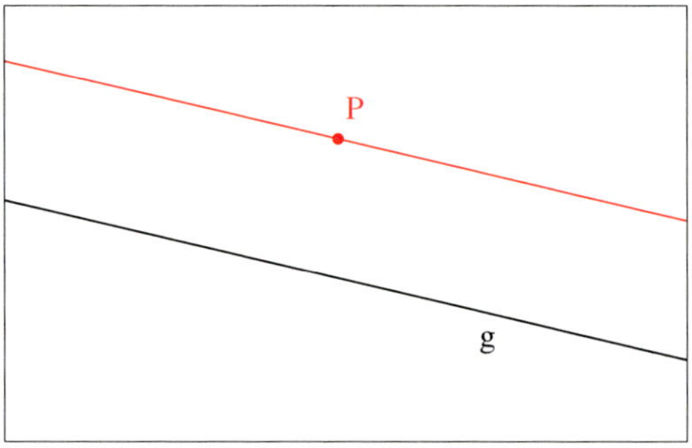

Auch im vorliegenden Buch wurde eine Reihe von Begriffen und Aussagen als anschaulich klar vorausgesetzt, also weder definiert noch bewiesen. Von den Begriffen seien als Beispiele genannt: Punkt, Gerade, Ebene und (Punkt P) liegt auf (der Geraden g). Von den Aussagen seien als Beispiele genannt:

– Zwei Punkte einer Ebene bestimmen stets genau eine Gerade,
– sind zwei Strecken einer dritten kongruent, so sind sie auch untereinander kongruent,
– das Parallelenpostulat.

Solche Begriffe und Aussagen wurden schon früh aus der realen Welt und den Erfahrungen der Menschen im Umgang mit dieser gewonnen. So könnte z. B. die Ecke eines Würfels die reale Vorlage für den abstrakten Begriff des Punktes, die Kante eines Würfels analog das Vorbild für den Begriff der Strecke gewesen sein. Sieht man von der materiellen Beschaffenheit und dem räumlichen Charakter von Ecke und Kante ab, so erhält man die Gebilde, die man Punkt und Strecke nennt. Denkt man sich eine unendlich lange Würfelkante, so ist dies die Grundlage für den Begriff der Geraden.

Neuere geometrische Forschungen haben sich von solchen anschaulichen Vorstellungen gelöst. Grundaussagen der beschriebenen Art nennt man heute Axiome, Systeme aus Grundbegriffen und Grundaussagen dementsprechend Axiomensysteme. Wenn in modernen Axiomensystemen der Geometrie die Wörter „Punkt“, „Gerade“, „liegt auf“ … vorkommen, so stehen sie für irgendwelche Begriffsinhalte, die mit den geschilderten ursprünglichen Vorstellungen nichts mehr gemein haben müssen. Deswegen werden z. B. mitunter anstelle der Begriffe „Punkt“, „Gerade“ und „Ebene“ die Bezeichnungen Element 1. Art, Element 2. Art und Element 3. Art verwendet. Welchen Inhalt diese Bezeichnungen haben, bleibt völlig offen. Sie müssen nur den Beziehungen genügen, die in den Axiomen über sie ausgesprochen sind.

Mit den Mitteln der Logik kann man auch aus solchen Grundbegriffen andere Begriffe ableiten und aus den entsprechenden Axiomen andere Aussagen herleiten oder beweisen. So entsteht eine abstrakte Theorie. Sie wird in eine konkrete verwandelt, wenn man den Grundbegriffen und Grundaussagen eine zulässige Bedeutung gibt. Für die abstrakte Theorie gibt es offenbar mehrere **Modelle**. Und eines davon ist die Geometrie Euklids.

Jahrhunderte lang haben Mathematiker versucht, das Parallelenpostulat Euklids aus den ersten vier seiner Postulate zu beweisen, weil sie der Meinung waren, es könne von diesen nicht unabhängig sein. Das gelang nicht. Wohl aber fand man heraus, dass es zum sogenannten Parallelenaxiom 5 a gleichwertige Aussagen gibt wie z. B.: „Zwei parallele Geraden haben überall den gleichen Abstand“ oder „die Summe der Innenwinkelgrößen eines Dreiecks beträgt 180° “. Jede dieser Aussagen ist geeignet, dieselbe euklidische Geometrie zu begründen, setzt man an sie an die Stelle des Parallelenaxioms 5 a.

Erst der deutsche Mathematiker C.F. GAUSS (1777–1855), der russische Mathematiker N.I. LOBATSCHEWSKI (1793–1856) und der ungarische Mathematiker J. BOLYAI (1802–1860) erkannten, dass das euklidische Parallelenaxiom nicht beweisbar ist, sondern eine Erfahrungstatsache darstellt. Sie entwickelten eine in sich widerspruchsfreie Geometrie, in der das euklidische Parallelenaxiom 5 a durch das folgende nichteuklidische Parallelenaxiom ersetzt ist:

5 b. In einer Ebene gibt es durch einen Punkt außerhalb einer Geraden **mindestens zwei** Parallelen.

Es ist also eine **nichteuklidische Geometrie** denkbar. In ihr bleiben alle Grundbegriffe der euklidischen Geometrie erhalten und von den Grundaussagen alle außer dem Parallelenaxiom. Auch das Vorgehen beim Aufbau der neuen geometrischen Theorie bleibt das gleiche: Neue, abgeleitete Begriffe werden definiert, neue, abgeleitete Aussagen werden bewiesen, Konstruktionen begründet. Aber die aus der euklidischen Geometrie gewohnte Veranschaulichung geometrischen Denkens durch Bilder und Zeichnungen stößt in der **hyperbolischen Geometrie**, wie diese nichteuklidische Geometrie genannt wird, auf Schwierigkeiten.

Was in der hyperbolischen Geometrie „Gerade“ heißt, kann nicht mehr die „alte“ Gerade sein. Denn mithilfe eines Lineals kann man in einer Ebene zu einer Geraden g durch einen Punkt P außerhalb der Geraden nur genau eine Parallele zeichnen.

Die hyperbolische Annahme von (mindestens) zwei Parallelen durch P zu g kann man mithilfe eines Lineals also nicht realisieren. Man kann sich zwei Parallelen h_1 und h_2 denken, aber nicht wie bisher zeichnen. Man hilft sich mitunter, indem man diese „Geraden“ gekrümmt und sich an g annähernd zeichnet.

Parallele hyperbolische Geraden

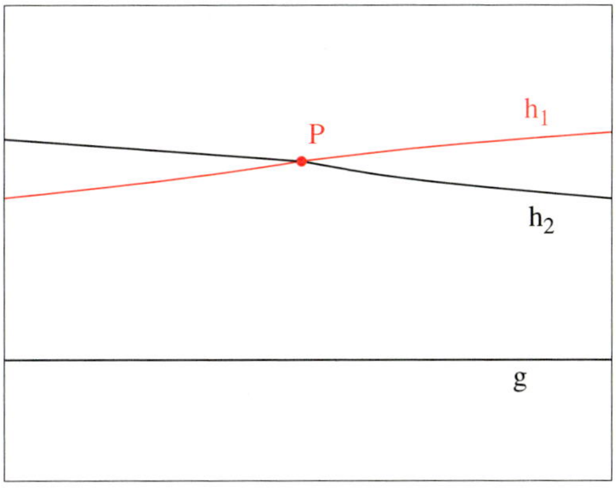

Zur Veranschaulichung der hyperbolischen Geometrie insgesamt konnten Modelle gefunden werden, indem man den Wörtern „Punkt“, „Gerade“, ... Bedeutungen gab, die sich zeichnerisch verwirklichen lassen. Ein solches zweidimensionales Modell stammt von F. KLEIN (1849–1925).

Im Kleinschen Modell entspricht der hyperbolischen Ebene das Innere eines Kreises. Alle Punkte des Kreisinneren gelten als hyperbolische „Punkte“, alle Sehnen ohne ihre Endpunkte als hyperbolische „Geraden“. Wie nebenstehend angedeutet, gibt es zu jeder „Geraden“ g und jedem nicht auf ihr liegenden „Punkt“ P unendlich viele „Geraden“, die g nicht schneiden, also zu g parallel sind.

Modell von F. Klein

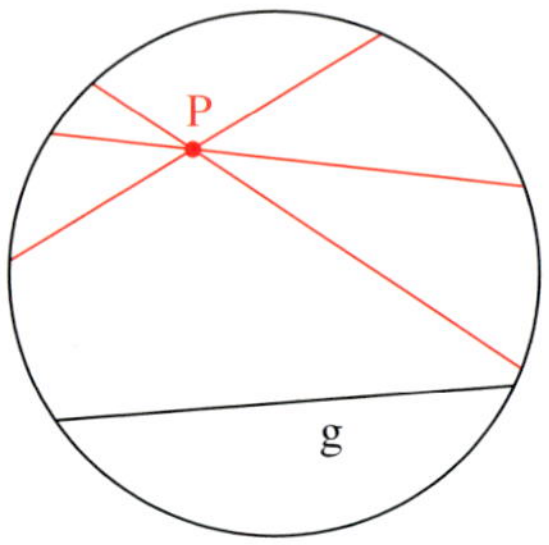

Das euklidische Parallelenaxiom gilt in dieser „Bierdeckelgeometrie“ nicht. Man kann aber zeigen, dass alle anderen euklidischen Axiome erfüllt sind. Man sieht auch unmittelbar, dass in der hyperbolischen Geometrie parallele Geraden nicht äquidistant sein müssen, also nicht überall den gleichen Abstand voneinander haben. Das kann nicht anders sein, denn die Gleichabständigkeit von Parallelen ist, wie vorstehend mitgeteilt, eine dem Parallelenaxiom 5a äquivalente Aussage, und das Parallelenaxiom 5a gilt ja in der hyperbolischen Geometrie nicht.

In diesem Zusammenhang ist das folgende Resultat wahrnehmungspsychologischer Forschung bemerkenswert.

Werden auf Anweisungen einer Testperson zwei Punktereihen (Verkehrshütchen) links und rechts ihrer festen Blickrichtung so aufgestellt, dass die Testperson einmal den Eindruck von „gleichgerichtet“ und ein andermal von „gleichabständig“ zu einer vorgegebenen Mittellinie gewinnt, so zeigt sich, dass jede dieser Punktereihen in Wahrheit gekrümmt ist. Außerdem weisen die Linienführungen dieser Punktereihen deutliche Unterschiede voneinander auf.
Man kann daher sagen, dass das euklidische Parallelenaxiom 5a für den menschlichen Sehraum keine Gültigkeit hat, weil die Eigenschaften „gleichgerichtet“ und „gleichabständig“ auseinander fallen. Mit anderen Worten: Der subjektive Anschauungsraum hat eine hyperbolische und keine euklidische Struktur.

Parallele Geraden in der Anschauung

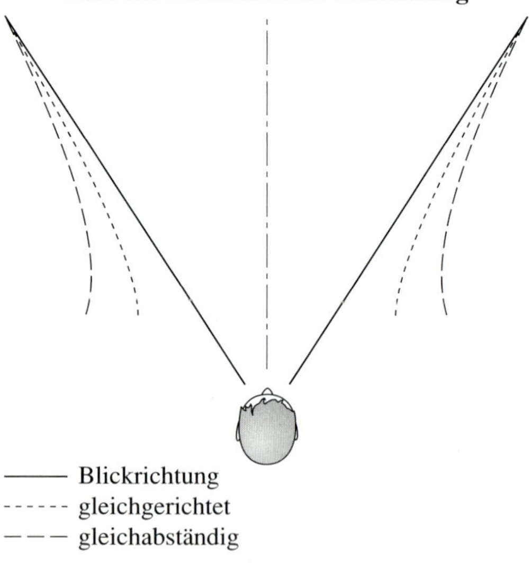

Wenige Jahrzehnte nach Gauß, Lobatschewski und Bolyai zeigte B. RIEMANN (1826–1866), dass es eine weitere Möglichkeit gibt, das euklidische Parallelenaxiom 5a durch eine andere Aussage zu ersetzen, nämlich durch das sog. **elliptische Parallelenaxiom:**

5c. In einer Ebene gibt es durch einen Punkt P außerhalb einer Geraden g **keine** Parallele zu g.

Wiederum entsteht eine in sich widerspruchsfreie Geometrie, die sogenannte **elliptische Geometrie**.

Auch für die Veranschaulichung der elliptischen Geometrie gibt es Modelle. Eines davon wird durch eine von A. EINSTEIN (1879-1955) im Zusammenhang mit der Allgemeinen Relativitätstheorie beschriebene „Käferwelt" auf einer Kugel nahegelegt.
Man stelle sich vor, auf einer Kugel von großem Durchmesser lebten zweidimensionale Wesen, die eine dritte Dimension nicht kennen. Könnten diese „Käfer" in einer nicht zu großen Umgebung ihres Lebensraumes Geometrie treiben, dabei unter einer „Strecke" die kürzeste Verbindung zweier Punkte und unter einer „Geraden" das Gebilde verstehen, welches durch die gedachte unendliche Verlängerung einer Strecke über beide Endpunkte hinaus entsteht, und könnten sie auch Längen und Winkel messen, so würden sie die Aussagen der euklidischen Geometrie finden. Wären sie aber in der Lage, mit dem gleichen Werkzeug ihre ganze Kugel zu erforschen und auf ihr Geometrie zu treiben, so würden sie Aussagen erhalten, die von denen der euklidischen Geometrie abweichen. Die kürzeste Verbindung zweier auf einer Kugel gelegenen Punkte ist nämlich der kleinere Bogen des durch sie bestimmten Großkreises. Was die „Käfer" als Geraden ansehen müssten, wären also Großkreise ihrer Kugel.

Großkreise einer Kugel sind die Schnittfiguren von solchen Ebenen mit der Kugeloberfläche, die durch den Mittelpunkt der Kugel gehen. Z. B. sind alle Längenkreise der Erdkugel und der Äquatorkreis solche Großkreise.
Geht ein Großkreis durch einen Punkt P der Kugeloberfläche, so geht er auch durch dessen antipodischen Punkt P′, den man als Schnittpunkt der Geraden durch P und den Kugelmittelpunkt M mit der Kugeloberfläche erhält. Man nennt P und P′ auch **Gegenpunkte**.

Großkreise einer Kugel

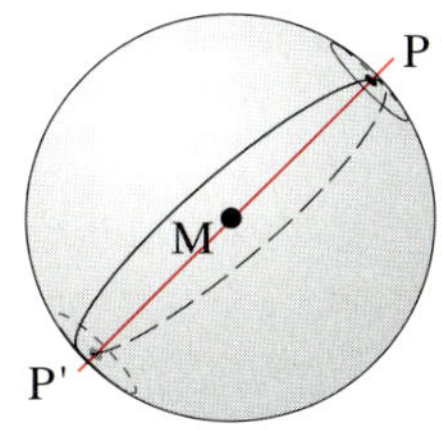

Würden die besagten Käfer sich auf einem solchen Großkreis immer weiter fortbewegen, so würden sie die aus der Sicht der euklidischen Geometrie merkwürdige Erfahrung machen, dass ihre Wanderung zwar nie zu einem Endpunkt führte, die „Gerade" also endlos ist, dass sie aber nach einer gewissen Zeit immer wieder an derselben Stelle vorbei kommen. Sie würden feststellen, dass diese endlose „Gerade" eine endliche Länge hat.

Sie würden außerdem finden, dass die Summe der Innenwinkelgrößen eines Dreiecks in ihrer Geometrie stets größer als 180° ist.
In der nebenstehenden Zeichnung ist z. B. $\overline{AB}$ der kleinere Abschnitt eines Großkreises um M durch A und B, etwa des Äquators (also eine „Strecke" auf AB), und $\overline{CA}$ und $\overline{CB}$ sind entsprechende Abschnitte auf zwei anderen Großkreisen (also „Strecken" auf zwei anderen „Geraden" der Käfergeometrie). Man sieht, dass schon die Summe $|\sphericalangle BAC| + |\sphericalangle ABC|$ eine Größe von 180° hat, denn die „Strecken" $\overline{CA}$ und $\overline{CB}$ stehen senkrecht auf AB. Nimmt man den Winkel bei C hinzu, so ist jedenfalls die Summe $|\sphericalangle ABC| + |\sphericalangle BAC| + |\sphericalangle ACB|$ sicher größer als 180°.

Winkelsumme im Dreieck auf der Kugel

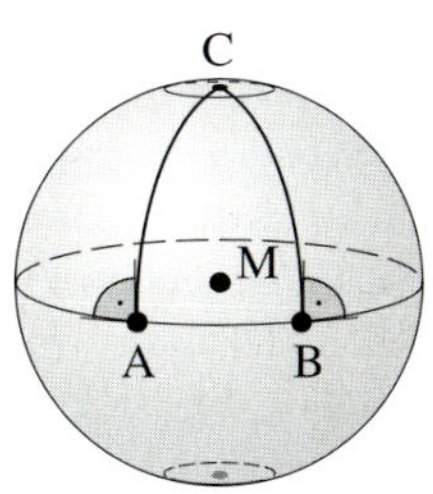

► $|\sphericalangle BAC| + |\sphericalangle ABC| = 180°$

► $|\sphericalangle ABC| + |\sphericalangle BAC| + |\sphericalangle ACB| > 180°$

Eine Dreiecks-Innenwinkelsumme, die größer als 180° ist, kann es in der euklidischen Geometrie nicht geben. Dort beträgt diese Summe stets genau 180°. ► Abschnitt 3.2
Diese Aussage der euklidischen Geometrie ist – wie vorstehend mitgeteilt – äquivalent zum Parallelenaxiom 5a. Setzt man anstelle des euklidischen Parallelenaxioms 5a die Forderung, dass die Summe der Innenwinkelgrößen eines Dreiecks größer als 180° ist, so begründet man die elliptische Geometrie.

Zwei Großkreise einer Kugel schneiden sich immer. D. h., es gibt zu einem Großkreis keinen anderen, der ihn nicht schneidet.

Man sieht dies am einfachsten am Beispiel des Äquators einer Kugel: Wie man zwei Gegenpunkte C und C′ auf der Oberfläche der Kugel auch wählt, der zugehörige Großkreis schneidet den Äquator immer.

Zwei Großkreise

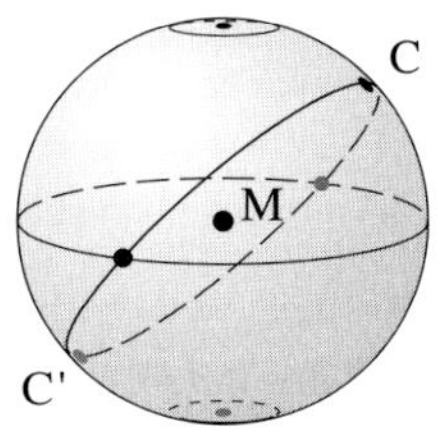

In der Geometrie der Käfer gäbe es also zu einer gegebenen „Geraden“ (einem Großkreis) keine Parallele (keinen den gegebenen Großkreis nicht schneidenden Großkreis).

Die Geometrie auf der Kugel ist ein euklidisches Modell der elliptischen Geometrie, wenn man jedes Punktepaar aus Punkt und Gegenpunkt als einen elliptischen Punkt betrachtet.

Die Überlegungen zur Erfahrungswelt der „flachen“ Kugelbewohner zeigen, dass die euklidische Geometrie durchaus keine sachlich bedingte Vorzugsstellung vor der elliptischen hat. Beide sind gleichermaßen möglich und berechtigt.

Euklidische, hyperbolische und elliptische Geometrie sind jede in sich widerspruchsfrei. Damit ist die Frage, welche Geometrie die wahre sei – die vorzugsweise von Philosophen aufgeworfen wurde – mathematisch bedeutungslos.

Auch die Frage, welche dieser Geometrien unsere Welt am besten beschreibt, ist kein mathematisches sondern ein physikalisches Problem. Zweifellos „passt“ die euklidische Geometrie auf den uns üblicherweise zugänglichen Raum. Aber auch für die beiden anderen Geometrien sind Anwendungen bekannt oder zumindest denkbar.

Einstein stellte in seiner Allgemeinen Relativitätstheorie einen Zusammenhang zwischen dem physikalischen Trägheits- und Gravitationsgesetz her. Er vermutete in seiner Theorie, dass der Kosmos ein vierdimensionaler, durch Gravitationsfelder gekrümmter Raum sei, dessen vierte Dimension die Zeit wäre. Dabei benutzte er geometrische Erkenntnisse, die auf Gauß und den Mathematiker B. Riemann zurückgehen, also Elemente der elliptischen Geometrie. Die anfängliche Abneigung gegen diese Theorie in der Fachwelt wich in dem Maße, in dem sich immer mehr Voraussagen aus dieser Theorie in der Praxis bestätigten. So konnte z. B. am 29. Mai 1919 bei einer totalen Sonnenfinsternis tatsächlich nachgewiesen werden, dass das Sternenlicht in der Nähe der Sonne zur Sonne hin abgelenkt (gekrümmt) wird. Damit wurde zugleich die Vorstellung von Lichtstrahlen als Repräsentanten von euklidischen Geraden widerlegt. Auch sonst erweist sich Einsteins gekrümmter Raum als ein Raum, in dem die euklidische Geometrie nur in kleinen Raum-Zeit-Dimensionen gilt, aber in kosmischen Dimensionen Abweichungen erfährt. Nimmt man z. B. die Lichtstrahlen als „Geraden“, dann gilt der Satz des Pythagoras in seiner klassischen Form in kosmischen Dimensionen nicht mehr.

Die Entdeckung der Raumkrümmung beschäftigt seither die Astrophysiker mit der Frage, ob unser Universum ein geschlossenes Universum oder ein offenes Universum ist. Bei einem geschlossenen Universum spricht man von einer „positiven“ Krümmung des Raumes. Licht wird hier genauso „nach innen“ gebogen, wie es auch in der Nähe der Sonne geschieht, und kehrt irgendwann einmal in sich zurück. Einstein war schon früh der Meinung, dass unser Universum wie ein Ei geschlossen ist. Aber der Raum könnte auch „negativ“ gekrümmt wie ein Cowboysattel sein. Licht wird hier „nach außen“ gebogen und kehrt nicht mehr zu seinem Startpunkt zurück. Ein Universum mit negativer Krümmung ist offen. Es unterscheidet sich von einem geschlossenen Universum u. a. dadurch, dass es eine unendliche Ausdehnung hat. Noch ist diese Frage der Astrophysiker nicht entschieden. Sollte sich aber herausstellen, dass unser Weltraum negativ gekrümmt ist, dann findet in ihm auch die hyperbolische Geometrie ihre praktische Anwendung.

Stichwortverzeichnis